U0263671

"十三五"国家重点出版物出版规划项目
大气污染控制技术与策略丛书

区域大气污染源排放清单的优化、校验和应用

赵 瑜 刘 露 张 洁 等 著

科学出版社
北 京

内 容 简 介

排放清单是国内外空气质量研究与管理中最为重要的技术工具之一。在我国以长三角等为代表的经济发达地区，其大气污染源复杂排放特征受到广泛的关注。本书以长三角地区为例，从区域排放清单的优化、校验和应用三方面，介绍典型行业高分辨率排放清单建立和优化的过程与结果、基于观测和数值模拟等手段的重要大气污染物排放清单的校验和改进，以及精细化排放清单在污染成因和减排成效评估方面的应用。

本书可供大气污染防治领域的科学研究人员及生态环境保护部门的政策制定与管理人员阅读，也可作为高等院校环境科学与工程、大气科学等专业师生的参考书。

审图号：GS 京(2023) 2183 号

图书在版编目(CIP)数据

区域大气污染源排放清单的优化、校验和应用/赵瑜等著. —北京：科学出版社，2024.1

(大气污染控制技术与策略丛书)

“十三五”国家重点出版物出版规划项目

ISBN 978-7-03-077782-9

Ⅰ. ①区…　Ⅱ. ①赵…　Ⅲ. ①区域环境–空气污染–大气监测
Ⅳ. ①X831

中国国家版本馆 CIP 数据核字(2024)第 009416 号

责任编辑：黄　梅　沈　旭/责任校对：郝璐璐
责任印制：张　伟/封面设计：许　瑞

科学出版社 出版
北京东黄城根北街 16 号
邮政编码：100717
http://www.sciencep.com

河北鑫玉鸿程印刷有限公司 印刷

科学出版社发行　各地新华书店经销

*

2024 年 1 月第　一　版　开本：720×1000　1/16
2024 年 1 月第一次印刷　印张：27 3/4
字数：557 000

定价：299.00 元

(如有印装质量问题，我社负责调换)

丛书编委会

丛　书　序

当前，我国大气污染形势严峻，灰霾天气频繁发生。以可吸入颗粒物（PM_{10}）、细颗粒物（$PM_{2.5}$）为特征污染物的区域性大气环境问题日益突出，大气污染已呈现出多污染源多污染物叠加、城市与区域污染复合、污染与气候变化交叉等显著特征。

发达国家在近百年不同发展阶段出现的大气环境问题，却在我国近 20 年间集中爆发，使问题的严重性和复杂性不仅在于排污总量的增加和生态破坏范围的扩大，还表现为生态与环境问题的耦合交互影响，其威胁和风险也更加巨大。可以说，我国大气环境保护的复杂性和严峻性是历史上任何国家工业化过程中所不曾遇到过的。

为改善空气质量和保护公众健康，2013 年 9 月，国务院正式发布了《大气污染防治行动计划》（以下简称为"大气十条"）。该计划由国务院牵头，环境保护部、国家发展和改革委员会等多部委参与，被誉为我国有史以来力度最大的空气清洁行动。"大气十条"明确提出了 2017 年全国与重点区域空气质量改善目标，以及配套的十条 35 项具体措施。从国家层面上对城市与区域大气污染防治进行了全方位、分层次的战略布局。

中国大气污染控制技术与对策研究始于 20 世纪 80 年代。2000 年以后科技部首先启动"北京市大气污染控制对策研究"，之后在"863"计划和科技支撑计划中加大了投入，研究范围也从"两控区"（酸雨控制区和二氧化硫污染控制区）扩展至京津冀、珠江三角洲、长江三角洲等重点地区；各级政府不断加大大气污染控制的力度，从达标战略研究到区域污染联防联治研究；国家自然科学基金委员会近年来从面上项目、重点项目到重大项目、重大研究计划各个层次上给予立项支持。这些研究取得丰硕成果，使我国的大气污染成因与控制研究取得了长足进步，有力支撑了我国大气污染的综合防治。

在学科内容上，由硫氧化物、氮氧化物、挥发性有机物及氨等气态污染物的污染特征扩展到气溶胶科学，从酸沉降控制延伸至区域性复合大气污染的联防联控，由固定污染源治理技术推广到机动车污染物的控制技术研究，逐步深化和开拓了研究的领域，使大气污染控制技术与策略研究的层次不断攀升。

鉴于我国大气环境污染的复杂性和严峻性，我国大气污染控制技术与策略领域研究的成果无疑也应该是世界独特的，总结和凝聚我国大气污染控制方面已有的研究成果，形成共识，已成为当前最迫切的任务。

我们希望本丛书的出版，能够大大促进大气污染控制科学技术成果、科研理论体系、研究方法与手段、基础数据的系统化归纳和总结，通过系统化的知识促进我国大气污染控制科学技术的新发展、新突破，从而推动大气污染控制科学研究进程和技术产业化的进程，为我国大气污染控制相关基础学科和技术领域的科技工作者和广大师生等，提供一套重要的参考文献。

2015 年 1 月

前　言

排放清单通常是指在一定的时间和空间范围内，不同类型排放源在生产活动或运行过程中释放到大气中的关键污染物的数量及其时空分布信息的数据集。环境空气质量的改善依赖于对大气污染来源的正确认识和对污染源排放的有效控制，而排放清单是有效识别污染来源、科学制定控制措施的基础和依据，因此，排放清单能够直接支撑大气污染成因与控制对策的研究和污染防治工作的开展，成为国内外空气质量研究与管理中最为重要的技术工具之一。

随着我国国民经济快速发展和污染防治工作的深入推进，近年来我国大气污染形势出现了明显的变化。尤其在经济发达、能源消耗和工业密集的地区，复杂排放源共同作用、互相影响，导致以细颗粒物($PM_{2.5}$)和臭氧(O_3)为标志的区域复合污染问题成为持续改善空气质量的重要挑战，这对研发和构建高精度排放清单提出了更高的要求。基于逐渐完善的源分类体系和日趋详细的排放源信息与现场测试数据，我国排放清单相比于早期针对全球和亚洲的结果，其适用性和可靠性得到了明显改善。但在区域和局地尺度，受数据来源或表征方法的局限，现有排放清单对污染物排放水平和时空分布特征的估计不确定性依然较大，排放清单的精细化程度及其对空气质量模拟的适用性还有待提升。上述局限导致区域和局地尺度排放清单难以充分应用于大气污染来源的精确追溯与污染防治成效评估，为开展污染源的靶向治理带来困难。

长三角作为我国经济最发达、能源利用和工业生产最密集的地区之一，其大气污染源复杂排放特征受到广泛的关注。在区域复合污染背景下，对其开展排放清单的优化、校验和应用研究，并形成完整的技术方法框架体系，有助于准确量化和掌握区域内大气污染物排放状况，为有针对性地制定减排措施提供理论依据和数据支持，也能为其他地区空气质量改善提供借鉴和帮助。因此，相关工作具有重要的科学价值和切实的政策意义。

围绕上述迫切的研究和政策需求，国家自然科学基金委员会联合重大研究计划于 2016 年起资助了“长三角排放清单的优化集成与综合校验”项目(91644220)，相关研究内容同时得到“江苏省 $PM_{2.5}$ 和臭氧污染协同控制重大专项”课题(2019023)的支持，由南京大学和江苏省环境科学研究院承担。该项目针对长三角典型区域和城市的排放清单的优化、集成和评估校验开展了系统性研究：通过对典型行业和污染物排放表征方法的改进和优化，提升了区域和城市排放清单的精确性；基于观测资料和数值模拟手段，在不同空间尺度实现了对排放特征的校验和订正，提升了排放清单的可靠性；集成和融合多元排放清单信息，评估了排放控制对空气质量改善的成效。研究深化了对长三角大气污染物排放特征的认识，为扩展和完善区域排放清单评估体系提供了新的思路，增强了区域排放清单对空气质量模拟的支撑能力和在污染过程与成因识别中发挥的作用。研究成果在地方大气污染防治行动方案制定和重大活动空气质量保障中得到应用，为有效开展区域大气复合污染防治提供了科学依据。

上述研究项目负责人、本书主要作者赵瑜教授来自南京大学，长期从事大气污染物排放及其环境效应研究。作者基于研究团队在区域排放清单领域所取得的成果，总结并提炼出本书核心内容，以期为减少区域大气污染、改善环境空气质量提供科学依据和学术参考，并期盼向大气污染防治领域的科研人员和生态环境保护部门的管理人员求教。

全书共 12 章，从区域排放清单(主要以长三角为例)的优化、校验和应用三方面展开，主要包括典型行业高分辨率排放清单的建立和优化的方法与结果、基于观测和数值模拟的重要大气污染物排放清单的校验和改进，以及精细化排放清单在污染成因和减排成效评估方面的应用等内容。全书主要基于作者完成的相关研究完成，由赵瑜负责总体设计，不同作者和研究人员分工执笔，最后由赵瑜、刘露、张洁统稿，赵瑜定稿。除封面署名作者外，第 2 章由周亚端、仇丽萍完成，第 3 章由毛攀、吴融融、周亚端完成，第 4 章由袁梦晨完成，第 5 章由张妍完成，第 7 章由杨杨完成，第 8 章由王俞彤完成，第 9 章由赵雪芬完成，第 10 章由夏银敏、杨杨完成，第 11 章由黄奕玮、徐紫碟完成，第 12 章由张妍、杨杨完成。顾晨对第 2 章、第 5 章和第 11 章，王峥对第 4 章，周恺悦对第 7 章，赵文鑫对第 9 章，王寒颖对第 10 章，马明睿对第 12 章做出了贡献。科学出版社的黄梅编辑在本书立项和出版各个环节提供了诸多建议和帮助，在此一并表示衷心的感谢。

特别感谢郝吉明院士、贺克斌院士、任洪强院士、贺泓院士、朱彤院士、王会军院士、张小曳院士、王自发研究员、葛茂发研究员、陈建民教授、毕军教授、刘学军教授、郑君瑜教授、王雪梅教授、廖宏教授、王书肖教授、张强教授、丁爱军教授、段雷教授等多位专家在成书过程中对作者的大力支持和指导。

本书涉及的主要内容和研究成果，得到国家自然科学基金联合重大研究计划、优秀青年科学基金项目，以及科技部国家重点研发计划和“江苏省 $PM_{2.5}$ 和臭氧污染协同控制重大专项”等科研项目的资助，在此一并深表谢意。同时，感谢清华大学、南京信息工程大学、江苏省环境科学研究院、南京市生态环境保护科学研究院、南京市环境监测中心站、上海市环境科学研究院、上海市环境监测中心、江苏省常州环境监测中心等单位在项目开展过程中的大力支持和协助。

精细化排放清单的建立与应用是目前环境大气科学研究及空气质量管理的重点和难点。囿于研究条件和作者学术水平，书中难免存在疏漏、不当之处，恳请同行专家和广大读者批评指正。

作　者

2023 年 10 月于南京大学

目　录

第 1 章　绪　　论

改革开放以来，我国经济规模和能源消费高速增长、工业化和城镇化持续推进，导致了较高的大气污染物排放和严重的环境空气污染问题。尤其在经济发达、人口和工农业活动密集的东部地区，在化石燃料燃烧、工农业生产活动、城市和农村居民日常生活等复杂排放源的共同作用下，以细颗粒物(particulate matter 2.5，$PM_{2.5}$)和臭氧(ozone，O_3)为标志的区域性大气复合污染问题突出，严重灰霾和光化学污染事件时有发生，对人体健康和生态环境产生危害。严重的空气污染成为公众关注的焦点和社会亟待解决的问题。2013 年 9 月，国务院正式发布《大气污染防治行动计划》，要求到 2017 年我国京津冀、长三角、珠三角地区 $PM_{2.5}$ 浓度分别下降 25%、20%、15%，实现空气质量的切实改善。2018 年 7 月，国务院发布《打赢蓝天保卫战三年行动计划》，明确大幅减少主要大气污染物排放总量，进一步明显降低 $PM_{2.5}$ 浓度，明显减少重污染天数，明显改善环境空气质量的目标指标。

区域环境空气质量的改善依赖于对大气复合污染成因与机制的正确认识和对污染源排放的有效控制，而对污染成因、机制的认识和对排放的控制离不开完整详细和准确可靠的源排放资料。排放清单是有效识别大气污染来源、深入理解大气化学过程和科学制定污染控制措施的基础及依据，直接支撑大气污染成因与控制对策的研究和污染源防治工作的开展。因此，大气污染源排放清单的构建已成为我国空气质量研究与管理中最为迫切和重要的任务之一。长三角作为我国经济最发达、能源利用和工业生产最密集的地区之一，其大气污染源复杂排放特征受到日益广泛的关注，相关研究工作具有重要的科学价值和政策意义。

本章将围绕空气质量管理过程中对排放清单的需求，介绍排放清单的定义和作用、国内外排放清单的发展历程及不同尺度排放清单的基本特征，概述长三角大气污染物排放和空气质量状况，并阐明本书的目的、意义和内容。

1.1　排放清单定义与作用

1.1.1　排放清单定义和类型

1.1.1.1　排放清单定义

目前，国内外对于排放清单尚没有统一的定义，但是各相关机构对排放清单的定义在含义上基本类似。例如：

(1) 美国国家环境保护局(United States Environmental Protection Agency，USEPA) 对排放清单的定义为："An emission inventory is a database that lists, by source, the amount of air pollutants discharged into the atmosphere of a community during a given time period"，即"排放清单本质上是一种数据库，它按排放源列出一定时期内释放到大气中的污染物的量"。此定义说明排放清单应包括时间段、排放源、物种及排放量信息。

(2) 欧洲环境署(European Environment Agency，EEA) 对排放清单的定义为："Emission estimates are collected together into inventories or databases which usually also contain supporting data on, for example: the locations of the sources of emissions; emission measurements where available; emission factors; capacity, production or activity rates in the various source sectors; operating conditions; methods of measurement or estimation, etc."，即"排放清单除包括排放估算结果以外，通常还包括支持信息，如排放源的位置、排放量测量、排放因子、不同来源部门的产能产量等活动水平、运行工况、排放测量和估算的方法等"。此定义详细地列出了高质量的排放清单应包括的各种信息。其中，排放因子关联了排放源生产运行过程中物料生产、消耗水平(即"活动水平"，如能源消耗量、工业产品产量等) 与污染物排放水平，表示单位活动水平的排放强度，其具体含义见1.2.1.1 节。

(3) 清华大学贺克斌院士主编的《城市大气污染物排放清单编制技术手册》中对排放清单的定义为："排放清单指各种排放源在一定的时间跨度和空间区域内向大气中排放的大气污染物的量的集合"。此定义简洁明了地概括了排放清单应包括的基本信息。

综合上述定义，本书认为排放清单是指在一定的时间和空间范围内，不同类型排放源在生产活动或运行过程中释放到大气中的一种或多种污染物的量的数据集。完整的排放清单应包括排放源类型、污染物成分、排放量及其时间和空间分布信息；此外，还应提供排放清单建立过程中应用的方法及排放因子、活动水平等数据。

1.1.1.2　排放清单类型

按照不同分类依据，排放清单可分为不同类型：

(1) 按照排放源的性质，排放清单可分为人为源排放清单和天然源排放清单。其中，人为源排放清单主要包括固定燃烧源、工业过程源、道路移动源、非道路移动源、有机溶剂使用源、存储与运输源、扬尘源、农牧源、生物质燃烧源等；天然源排放清单主要包括植被释放、土壤排放、地球活动等。

(2)按照排放的物种类型，排放清单可分为大气污染物排放清单、温室气体排放清单、有毒有害气体污染物排放清单等。其中，大气污染物主要包括二氧化硫(sulfur dioxide，SO_2)、氮氧化物(nitrogen oxides，NO_x)、颗粒物(particulate matter，PM)、挥发性有机物(volatile organic compounds，VOC)、氨(ammonia，NH_3)、一氧化碳(carbon monoxide，CO)等；温室气体主要包括二氧化碳(carbon dioxide，CO_2)、甲烷(methane，CH_4)、一氧化二氮(nitrous oxide，N_2O)等；有毒有害气体污染物主要包括汞(mercury，Hg)、二噁英、多环芳烃(polycyclic aromatic hydrocarbon，PAH)等。

(3)按照空间尺度，排放清单可分为全球尺度排放清单、洲际尺度排放清单、国家尺度排放清单、区域尺度排放清单、城市尺度排放清单等。不同尺度排放清单的基本特征见1.3节。

1.1.2 排放清单在空气质量管理中的作用

USEPA明确指出排放清单对于空气质量管理的重要作用：“The development of a complete emission inventory is an important step in an air quality management process”，即“编制完整的排放清单是空气质量管理过程中的一个重要步骤”。此外，USEPA还简要概述了排放清单在空气质量管理中的作用：“Emission inventories are used to help determine significant sources of air pollutants, establish emission trends over time, target regulatory actions, and estimate air quality through computer dispersion modeling”，即“排放清单可用于确定大气污染物的重要来源，获取排放的时间变化趋势，明确污染防治管理行动的目标，并通过数值扩散模型评估空气质量”。

由此可见，排放清单是识别污染来源的基础环节，也是制订污染控制策略的根本依据。在复杂的大气传输、化学转化和沉降清除等过程的作用下，污染源的排放和空气质量之间存在显著的非线性关系(Wang et al.，2011)，因此详细、完整的排放清单通常与大气化学模式相结合，被广泛应用于空气质量管理决策技术体系当中。以排放清单作为必需输入信息，大气化学模式能够较为深入地刻画排放-空气质量之间的响应关系及其影响因素，从而评估排放变化对空气质量的影响及减排带来的成效。目前，排放清单已成为直接支撑污染来源解析、空气质量预报预警、重污染天气应急方案制定与效果评估，以及空气质量达标规划等科学研究和环境管理工作的基础性工具和数据资料，在我国大气污染防治中发挥了重要作用。

1.2 国内外排放清单的发展历程

1.2.1 国外排放清单的发展历程

1.2.1.1 美国排放清单

从 20 世纪 60 年代起，美国针对排放清单编制的重要基础——排放因子开展了大量工作。1968 年，USEPA 首次发布了《大气污染物排放因子汇编》(*Compilation of Air Pollutant Emissions Factors*)，即 AP-42，这是全球首个排放因子数据库。USEPA 将排放因子定义为："An emissions factor is a representative value that attempts to relate the quantity of a pollutant released to the atmosphere with an activity associated with the release of that pollutant. These factors are usually expressed as the weight of pollutant divided by a unit weight, volume, distance, or duration of the activity emitting the pollutant (e.g., kilograms of particulate emitted per megagram of coal burned)"，即"排放因子是一种代表值，它试图将排放到大气中的污染物的量与该污染物排放有关的活动联系起来，通常被表示为污染物的重量除以排放该污染物的活动的单位重量、体积、距离或持续时间[如每燃烧 1 t 煤炭排放的 PM 的质量(kg)]"。目前，AP-42 已发展到第五版，并于 1995 年发布，包含 200 多种大气污染源的排放因子和过程信息。这些排放因子主要根据源测试数据、物料平衡研究和工程估算进行计算和确定。由于污染源类型众多，USEPA 于 1990 年发布了污染源分类码(source classification code，SCC)，并将 AP-42 中的排放因子与 SCC 对应，以便查询和使用。

在 AP-42 逐渐完善的过程中，USEPA 于 1985 年开展了国家酸沉降评价项目(National Acid Precipitation Assessment Program，NAPAP)，除编制 SO_2、NO_x 等常规污染物排放清单以外，还建立了详细的 VOC 排放清单；随后于 1990 年改进了 SO_2 和 NO_x 排放清单。1993 年，USEPA 制定了排放清单改进计划(Emission Inventory Improvement Program，EIIP)，目的是指导排放清单编制工作，促进排放数据的收集、计算、存储、报告、共享等标准化过程的发展。目前，USEPA 通过 EIIP 建立了排放估算的标准方法、数据质量的保证和控制(quality assurance/quality control，QA/QC)方法、数据收集和共享方法等。上述方法体系和 AP-42 共同促进了排放清单编制的标准化和规范化，切实提高了排放清单质量，降低了排放清单的不确定性。在此基础上，USEPA 于 1993 年编制了国家颗粒物排放清单，于 1996 年编制了国家排放趋势清单。1999 年，USEPA 编制了污染物种类相对全面的国家排放清单(National Emissions Inventory，NEI)，主要包括 SO_2、NO_x、可吸入颗粒物(particulate matter 10，PM_{10})、$PM_{2.5}$、CO、VOC、NH_3 等，并要求每三年更新一次数据。

1.2.1.2　欧洲排放清单

欧洲由多个国家组成，较难统一各国的排放清单编制规范。英国、法国等国家相对较早地编制了全国尺度的排放清单，并由环保部门进行定期的更新和维护。1979 年，34 个国家和欧洲共同体签署了《远距离跨境空气污染公约》(*Convention on Long-range Transboundary Air Pollution*，LRTAP)，这为欧洲国家就减少大气污染展开科技合作和政策协商提供了契机。根据 LRTAP，欧洲开展了欧洲大气污染物远距离传输监测和评价合作计划(Co-operative Programme for Monitoring and Evaluation of the Long-range Transmission of Air Pollutants in Europe，EMEP)，旨在通过国际合作解决跨境空气污染问题。最初，EMEP 的重点是评估酸化和富营养化的跨界传输。随后，该计划涉及的范围扩展到研究地面 O_3 的形成，最近又扩展到研究持久性有机污染物(persistent organic pollutants，POPs)、重金属和 PM 的形成。

EEA 在众多成员国参与 EMEP 的基础上，于 1996 年发布了第一版《EMEP/CORINAIR 排放清单指南》(*EMEP/CORINAIR Emission Inventory Guidebook*)，指导了欧洲的排放清单编制工作，提高了欧洲排放清单的完整性、一致性和透明性。该系列排放清单覆盖欧洲 30 个国家，采用统一的污染源分类方法 SNAP90，共计覆盖 260 多种人类活动；涉及的物种包括 5 种气态污染物、9 种重金属、26 种 POPs 和 3 种粒径段的 PM；覆盖的年份可追溯到 1980 年，并预测了每隔 5 年的排放量，直至 2030 年，同时每年进行动态更新。

1.2.1.3　亚洲排放清单

相对于美国和欧洲，亚洲排放清单的发展起步较晚，且尚未形成统一的排放清单编制规范。目前，具有代表性的亚洲排放清单编制工作如下。

(1) Streets 等(2003)基于跨太平洋传输和化学演变计划(Transport and Chemical Evolution over the Pacific，TRACE-P)建立了 2000 年亚洲排放清单，空间分辨率为 1°×1°，涉及的污染物包括 SO_2、NO_x、CO、NH_3、CH_4 等。

(2) Zhang 等(2009)基于对 TRACE-P 排放清单方法的改进和修正，建立了支持大陆化学传输实验-B 阶段(Intercontinental Chemical Transport Experiment-Phase B，INTEX-B)的 2006 年亚洲人为源排放清单，覆盖的污染源有电厂源、工业源、居民源和移动源，涉及的污染物有 SO_2、NO_x、CO、PM_{10}、$PM_{2.5}$、黑碳(black carbon，BC)和有机碳(organic carbon，OC)，空间分辨率高达 0.5°×0.5°，时间分辨率达到月。

(3) Ohara 等(2007)、Kurokawa 等(2013，2020)分别建立了 1980～2020 年(2010

年及之后年份的排放为预测值）、2000～2008 年和 1950～2015 年亚洲排放清单(Regional Emission Inventory in Asia，REAS)。第一版 REAS(REAS v1.1)，即覆盖 1980～2020 年的排放清单，是当时亚洲较为完整的综合性排放清单，空间分辨率达 0.5°×0.5°，涉及的污染物包括 SO_2、NO_x、CO、VOC、PM_{10}、$PM_{2.5}$、BC、OC、NH_3、CH_4、N_2O 和 CO_2。第二版 REAS(REAS v2.1)，即覆盖 2000～2008 年的排放清单，是基于更新的活动水平数据和参数估算的，空间分辨率提高到了 0.25°×0.25°。第三版 REAS(REAS v3.2)覆盖的时间范围扩展到了 1950～2015 年，提供了东亚、东南亚和南亚每个国家和地区的主要人为源排放的详细信息。

(4) Li 等(2017)为亚洲模式比较计划(Model Inter-Comparison Study for Asia，MICS-Asia)和联合国半球大气污染传输计划(Hemispheric Transport of Air Pollution，HTAP)开发了 2008 年和 2010 年亚洲人为源排放清单，并命名为 MIX。MIX 采用多尺度数据耦合方法开发，集成了多个地区的权威性排放清单。该排放清单涵盖了电力、工业、民用、交通、农业五个排放部门，空间分辨率达 0.25°×0.25°，涉及的污染物包括 SO_2、NO_x、CO、NH_3、VOC、PM_{10}、$PM_{2.5}$、BC、OC 和 CO_2。

1.2.2　我国排放清单的发展历程

相较于欧美发达国家，我国排放清单的发展起步较晚。按照不同时期编制技术方法的完善程度，大致可分为以下四个阶段。

1.2.2.1　第一阶段

我国排放清单发展的第一阶段始于 20 世纪 80 年代中后期，止于 90 年代中后期，主要关注煤烟型大气污染问题。在该阶段，原国家环境保护局主导和推动了环境统计工作，旨在为污染物排放总量管理提供服务。自 1989 年起，每年发布《中国环境状况公报》，涵盖的污染物包括 SO_2、烟尘和工业粉尘。针对不同类型的污染来源部门，采取了不同的排放统计方法：对国有大中型企业逐一调查排放量；对乡镇企业进行抽样调查并推算得到排放量；对民用部门根据燃煤量进行排放量估算。

第一阶段排放清单(或总量统计)在确定全国污染物排放总量、部门分布及年际变化等方面发挥了重要作用，但也存在明显局限。从污染源角度看，重点关注电厂和工业锅炉，对其他污染源的关注度相对较低，污染源的分类也相对粗糙；另外，在不同年份排放统计过程中，对于部门边界的定义发生了变化，导致一些排放量年际变化可比性不强。从污染物角度看，涵盖的污染物种类过少，无法完全满足对大气污染成因科学分析的需求。从时空分布角度看，该阶段多进行总量估算，极少关注排放量的时空分布特征，难以识别排放量高的时段和地区并加以管控。从不确定性角度看，统计过程缺乏足够的质量保证和质量控制(QA/QC)。从应用角度看，排放估算结果极少应用于空气质量模型。

1.2.2.2　第二阶段

第二阶段始于20世纪90年代中后期，止于2005年，仍然主要关注煤烟型大气污染问题。除原国家环境保护局以外，国内外研究者也开展了排放清单编制工作，涉及 SO_2、NO_x 等主要大气污染物。该阶段排放清单主要基于排放因子法建立，使用的排放因子大多是在AP-42等发达国家排放因子数据库基础上根据经验进行调整得到的；采用的活动水平数据主要包括分省、分部门的不同燃料消费量，以及主要工、农业生产的原料消费量和产品产量。相较于第一阶段，第二阶段的排放清单覆盖的部门和成分更完整，时间分辨率提高至月，空间分辨率提高至网格，并且进行了不确定性分析，能够初步满足空气质量模型的需求。

该阶段的排放清单也存在一定缺陷。从污染源角度看，污染源分类的细致程度较低，一般使用3级分类体系(产业-行业-产品)，缺乏更深层次的污染源信息；同时遗漏了部分当时对排放量贡献较大的重要污染源，比如水泥立窑、土焦炉、土法炼锌等。从污染物角度看，较少涉及除 SO_2 和 NO_x 以外的关键污染物，如分粒径 PM、VOC、重金属等。从排放清单编制方法和使用的数据看，排放计算方法和数据来源均不够规范，造成排放清单间的可比性不强；所使用的数据缺乏重要的基本信息，如本土化的排放因子、准确且足够详细的活动水平、污染控制技术的效率及分布等。从不确定性角度看，排放清单年际变化存在较大偏差，无法充分反映经济发展和技术进步对排放水平的影响。

1.2.2.3　第三阶段

第三阶段始于2005年左右，止于2014年。在此阶段，以 $PM_{2.5}$ 和 O_3 为标志的区域性大气复合污染问题日益突出，排放清单研究和编制工作受到重视。相较于上一阶段，此阶段排放清单的污染源分类从第3级深入到第4级(从产业-行业-产品扩展至产业-行业-产品-工艺)，涉及的污染物在上一阶段的基础上增加了PM、VOC、Hg等。在底层数据逐渐完善的基础上，重点行业如电力等实现了基于“自下而上”方法(即由最微小的排放环节开始，逐渐加和至宏观层面)的点源排放清单建立(Zhao et al.，2008)。对于排放因子，更多基于的是我国实测的排放数据，并初步建立了反映排放因子随污染控制水平逐年变化的函数关系库(Zhao et al.，2010；Lei et al.，2011)。对于活动水平，初步建立了反映第4级污染源分类和技术信息的活动水平数据库及模型工具。基于蒙特卡罗方法，开发了针对排放清单建立全过程的不确定性分析方法，较为系统地评估了各行业、各成分排放量计算的不确定性及主要影响因素(Zhao et al.，2011)。排放清单的不确定性较上一阶段有所降低，被更加深入地应用于空气质量模型进行污染过程和控制决策研究。

2010 年，清华大学开发了中国多尺度排放清单模型（Multi-resolution Emission Inventory model for Climate and air pollution research，MEIC），旨在构建高分辨率的中国人为源大气污染物及 CO_2 排放清单，并通过云计算平台向科学界共享数据产品，进而为相关科学研究、政策评估和空气质量管理工作提供基础排放数据支持。MEIC 已被国内外大量研究工作使用，是认可度较高的中国排放清单之一。该清单覆盖中国大陆地区 700 多种人为污染源，涉及的大气成分包括 SO_2、NO_x、CO、非甲烷 VOC（non-methane volatile organic compounds，NMVOC）、NH_3、$PM_{2.5}$、PM_{10}、BC、OC 和 CO_2。该清单基于统一的方法学和基础数据建立，采用版本化管理，持续动态更新，同时能够与空气质量模型无缝链接，提供网格化排放数据的在线计算和下载。除国家尺度排放清单外，随着本地排放源信息和排放因子数据的不断积累和完善，针对经济发达地区（如京津冀、长三角和珠三角）的区域尺度排放清单也在这一段时间得到了发展（Zheng et al.，2009a，2009b；Wang et al.，2010；Huang et al.，2011）。

这一阶段的排放清单研究仍存在一些不足。首先，尚未形成统一的排放清单编制规范；由于数据来源和计算方法的差异，区域尺度排放清单中污染物排放水平和时空分布特征的不确定性较大。以长三角为例，工业源污染控制技术应用率和去除效率等关键参数取值的差别导致 MEIC 对该地区 SO_2、NO_x 和一次 PM 的排放估算结果高于区域尺度排放清单（李莉，2012；Fu et al.，2013）。上述差异及其主要来源并未得到充分评估，不同研究的结果难以有效融合并达到提升排放清单质量的目的。其次，利用观测资料和大气化学模式对排放清单的检验和评估相对较少，尤其在区域尺度，除排放总量外，几乎没有研究分析排放空间分布和化学组分分配等对模拟结果的影响，导致对排放清单质量及大气污染来源的认识存在局限。

1.2.2.4 第四阶段

第四阶段的时间为 2014 年至今。2014～2015 年，环境保护部发布了《大气细颗粒物一次源排放清单编制技术指南（试行）》《大气挥发性有机物源排放清单编制技术指南（试行）》《大气氨源排放清单编制技术指南（试行）》《大气可吸入颗粒物一次源排放清单编制技术指南（试行）》《扬尘源颗粒物排放清单编制技术指南（试行）》《道路机动车大气污染物排放清单编制技术指南（试行）》《非道路移动源大气污染物排放清单编制技术指南（试行）》《生物质燃烧源大气污染物排放清单编制技术指南（试行）》共计 8 项技术指南。上述指南针对各类行业、各类大气成分排放源项、排放量计算方法、活动水平与排放因子确定依据或取值进行了较为全面的梳理、确定或推荐，初步形成了较为统一的排放清单编制规范，有效提升了我国排放清单编制的系统性、完整性和科学性。

随着我国大气污染防治的深入推进和对污染源精准施策需求的提升，区域和城市尺度排放清单在此阶段日益受到关注。2015 年，环境保护部开展了城市排放清单编制试点工作，试点城市包括北京市、上海市、广州市、深圳市、南京市、天津市、武汉市、济南市、沈阳市、石家庄市、成都市、乌鲁木齐市、福州市和长沙市；2017 年，京津冀大气污染传输通道上的“2+26”城市开展了精细化排放清单研究与编制工作。2017 年，清华大学主编了《城市大气污染物排放清单编制技术手册》，并于 2018 年进行了更新，为城市尺度排放清单的编制提供了技术支撑。

由于精细化大气环境管理对排放清单提出了更高要求，现有清单在特定行业和大气成分的排放表征方法与时空分配的精确度方面还有待进一步优化和提升。例如，对于农业源 NH_3 排放清单，常规方法一般基于恒定的排放因子计算全年 NH_3 排放，忽略了当地气候、地理环境条件(如土壤酸碱度和环境温度)和农时农事特征(如施肥方式和季节分布)对排放强度的影响，进而产生较大的排放时间分布偏差(Huang et al.，2012)。除建立方法存在缺陷外，部分排放源高精度的关键信息尚未充分整合。例如，工业源连续排放监测系统(continuous emission monitoring system，CEMS)数据的应用对于城市大气污染物排放表征及空气质量模拟的改善具有重要作用(Kim et al.，2009)，但还较少被科学用于区域排放清单编制。在排放清单校验方面，基于观测和数值模式的“自上而下”方法(即由空气中的污染物含量约束排放强度)被逐渐应用于评估污染物排放特征(Liu et al.，2016)。但受限于排放清单不确定性和大气化学模式精度，区域尺度排放校验研究相对较少，有关排放清单可靠性方面的结论尚不一致，表明进一步开展区域尺度排放清单校验工作、厘清排放-模拟-观测体系不确定性来源具有重要意义。

1.3 不同尺度排放清单基本特征

按覆盖范围的大小和关注问题的不同，排放清单可分为全球尺度、大洲尺度、国家尺度和区域/城市尺度排放清单。不同尺度排放清单所关注的研究对象、研究目标及其估算方法均有所差异。本节概述不同尺度排放清单的基本特征。

全球尺度排放清单通常用于研究全球性大气物理化学过程、大气-生态圈循环过程、污染物长距离传输和气候变化问题等。其关注的目标成分多为各种温室气体、O_3 前体物、含碳气溶胶及持久性污染物。全球尺度排放清单一般基于宏观能源、经济统计资料和部门平均排放因子估算排放量，其排放源分类和空间分辨率通常较为粗糙，排放源分类一般到经济部门，空间分辨率一般到国家。大洲尺度排放清单的建立方法和精细程度与全球尺度排放清单类似，主要依赖各国国家层面的活动水平统计信息和污染控制水平建立。

表 1.1 列出了目前应用较为广泛的全球、大洲和国家尺度排放清单产品，包括由欧盟委员会联合研究中心(Joint Research Centre，JRC)和荷兰环境评估署(Planbureau voor de Leefomgeving，PBL)联合研究项目所建立的覆盖几乎全球所有地区和十类大气污染物(CO、NO_x、NMVOC、CH_4、NH_3、SO_2、PM_{10}、$PM_{2.5}$、BC、OC)，空间分辨率为 0.1°×0.1°的 EDGAR 排放清单(Johansson et al.，2017)，由国际应用系统分析研究所(International Institute for Applied Systems Analysis，IIASA)开发、空间分辨率为 0.5°×0.5°的 ECLIPSE 排放清单(Stohl et al.，2015)，由北京大学研究团队开发的全球能源消耗引起的大气污染物 0.1°×0.1°排放清单(PKU-FUEL，Luo et al.，2020)。马克斯·普朗克研究所等团队将全球尺度排放清单 EDGAR 应用于大气化学模拟和环境健康效应评估，量化了与全球室外空气污染相关的过早死亡率，结果表明，由 $PM_{2.5}$ 造成的污染每年会导致 330 万人的过早

表 1.1　国内外代表性全球、大洲和国家尺度排放清单

排放清单	全称	开发机构	覆盖范围	年份	空间分辨率
EDGAR	Emission Database for Global Atmospheric Research	欧盟委员会联合研究中心、荷兰环境评估署	全球	1970～2018	0.1°×0.1°
ECLIPSE	Evaluating the Climate and Air Quality Impacts of Short-Lived Pollutants	国际应用系统分析研究所	全球	1990～2050	0.5°×0.5°
PKU-FUEL	PKU-FUEL	北京大学	全球	1960～2014	0.1°×0.1°
CEDS	Community Emissions Data System	联合全球变化研究所	全球	1750～2014	0.5°×0.5°
HTAP	Hemispheric Transport of Air Pollution	美国国家环境保护局	半球	2008、2010	0.1°×0.1°
EMEP	Co-operative Programme for Monitoring and Evaluation of the Long-range Transmission of Air Pollutions in Europe	欧盟环境署	欧洲	2010～2020	国家
TRACE-P	Transport and Chemical Evolution over the Pacific	美国阿贡国家实验室	亚洲	2000	1°×1°
INTEX-B	Intercontinental Chemical Transport Experiment-Phase B	美国阿贡国家实验室、清华大学	亚洲	2006	0.5°×0.5°
MIX	—	清华大学	亚洲	2008、2010	0.25°×0.25°
REAS	Regional Emission Inventory in Asia	日本国立环境研究所	亚洲	1950～2015	0.25°×0.25°
NEI	National Emissions Inventory	美国国家环境保护局	美国	1990～2021	国家、州
MEIC	Multi-resolution Emission Inventory for China	清华大学	中国	1990～2017	0.25°×0.25°

死亡，主要集中在亚洲区域(Lelieveld et al.，2015)。此外，美国阿贡国家实验室建立的2000年(0.1°×0.1°)与2006年(0.5°×0.5°)亚洲地区排放清单(TRACE-P，Streets et al.，2003；INTEX-B，Zhang et al.，2009)、日本国立环境研究所建立的1950～2015年亚洲地区0.25°×0.25°排放清单(REAS，Ohara et al.，2007；Kurokawa et al.，2013，2020)，以及清华大学团队(Li et al.，2017)建立的2008年和2010年亚洲地区0.25°×0.25°排放清单(MIX)，均是目前较为完整的综合性大洲尺度排放清单。

国家尺度排放清单主要为进行大范围大气污染特征研究(如污染物在大气中的转化、迁移及传输机制)和宏观空气质量管理(如区域空气质量预报预警与联防联控政策制定等)而建立，更加关注一些直接或间接影响区域空气质量的污染物，如致酸物质 SO_2 和 NO_x，O_3 前体物 NO_x 和 VOC，PM 及其前体物等。相比于全球或大洲尺度，国家尺度排放清单更多考虑了地区间的差异，估算方法和数据的精细程度有所提升，有助于更加准确地表达污染物排放的时间和空间分布特征。在欧美等环境监测和管理制度较为完善的国家，排放清单的建立综合了在线监测、污染源调查、排放因子等方法，因此可达到较高的精确度。由于传统排放清单存在编制周期长、分辨率低等不足，国外开展了一系列研究，以期改进编制方法。如1.2.1.1节所述，美国针对不同排放源的清单编制方法开展了大量的研究工作，比如实施国家酸沉降评价项目(NAPAP)、国家颗粒物排放清单项目(National Particulate Inventory，NPI)、排放清单改进项目(EIIP)和国家排放趋势清单项目(National Emissions Trend，NET)等，形成了较为完备的排放清单编制技术体系和框架。在此基础上，开发了国家排放清单(NEI)，并建立了其校验和定期更新制度，应用于环境影响评价及污染控制规划(Jones et al.，1994)。印度、韩国、泰国等亚洲国家借鉴欧美大气污染源排放清单技术方法，分别建立了国家尺度排放清单(Gargava et al.，1999；Vongmahadlek et al.，2009；Lee et al.，2011；Kurokawa et al.，2013)。

随着我国 $PM_{2.5}$ 和 O_3 污染问题的日益突显，国内学者对于排放清单研究愈加重视，对排放源分类、排放因子、计算方法等方面持续进行了改进和优化，大气污染物排放清单的精确度和可靠性随之逐步提升。例如，曹国良等(2010)基于国内实测结果更新了排放因子，并建立了关键反应性气体(SO_2、NO_x、CO、NH_3、VOC)排放清单。Wu 等(2016)提出了 VOC 排放源四级分类方法，建立了相应的排放因子数据库，并据此计算了2008～2012年我国 VOC 排放量。清华大学基于对不同行业排放数据的积累(Zheng et al.，2014；Liu et al.，2015；Li et al.，2019；Liu et al.，2020)开发建立了 MEIC，已被广泛应用于污染源成因分析、空气质量预报预警、大气污染防治政策评估等科研和业务工作(Zheng et al.，2018)。

过去二十年，国内外学者与研究机构基于不同的方法和数据，针对中国典型的大气污染物开展了一系列排放清单研究。图 1.1 总结和比较了具有代表性的全球尺度排放清单 EDGAR、大洲尺度排放清单 REAS、国家尺度排放清单 MEIC 及其他典型研究工作对我国 2000～2020 年四种重要大气污染物(SO_2、NO_x、NMVOC 和 $PM_{2.5}$)年排放量的估计。几乎所有排放清单都反映出较为一致的我国大气污染物过去二十年排放趋势。值得注意的是，全球尺度排放清单 EDGAR 中，部分大气污染物(如 SO_2、NO_x 和 $PM_{2.5}$)的排放趋势与其他研究结果明显不同，没有完全体现出近年来我国排放量迅速下降的特点，这可能是由于 EDGAR 排放清单对于中国大气污染控制进展信息掌握得不够充分。

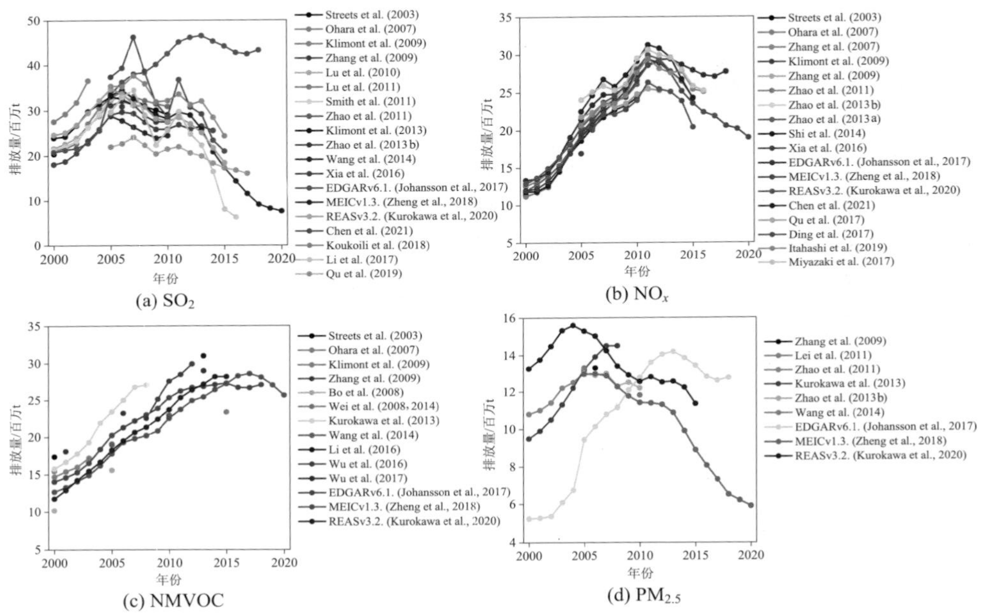

图 1.1　不同研究对我国 2000～2020 年四种主要大气污染物年排放量的估计

区域/城市尺度排放清单一般为城市空气质量管理、污染防治措施执行效果评估服务，主要关注直接影响空气质量的污染物，如 SO_2、NO_x、VOC、PM 等。排放清单中排放源类型、燃料/原辅材料性质、生产和污染控制技术等信息精细程度进一步提升，部分行业可达终端产污设备水平，空间分辨率可达 1 km。Zheng 等(2009b)系统收集了排放源空间位置、工艺类型、燃料质量与消耗量、产品产量、控制技术去除效率等信息，采用“自下而上”方法建立了珠三角首个高分辨率大气污染物排放清单，提高了区域排放清单的准确性。Huang 等(2011)通过综合调研获得了长三角地区污染源排放实测资料和活动水平统计资料，建立了人为源大气污染物排放清单，为改善长三角地区空气质量状况提供了支撑。Qi 等(2017)基于精细的排放源设备活动信息数据，对2013年京津冀地区大气污染物的排放量进行了计算，明确了京津冀各类大气污染物的主要城市排放来源。Zhong等(2018)在排放源分类、计算方法、排放因子的选择、空间分配方法等方面进行了改进并建立了2012年广东省高分辨率人为源大气污染物排放清单。由于我国幅员辽阔、地大物博，自然地理条件和经济发展水平在区域尺度上存在巨大的差异，相较于全国尺度，以区域/城市为研究范围建立精细化排放清单能够更加细致地识别和区分污染物排放特征，有效支持区域污染成因分析和精准化管控措施的制定。

1.4 长三角大气污染物排放和空气质量概况

长三角地区是我国经济最活跃、最具增长潜力的区域之一(图1.2)。2020年度统计数据表明，长三角地区(江苏省、浙江省、安徽省和上海市)面积仅占全国陆地面积的3.7%，而常住人口和地区生产总值占全国的比重分别达到16.7%和24.1%；公路网密度、高速公路网密度分别为全国平均水平的3倍和5.8倍(中华人民共和国国家统计局，2021)。随着城市化、工业化、一体化进程的不断加快，长三角大气污染防治面临一系列有待解决的问题。能源消耗量大、产业结构不合理导致长三角地区大气污染物排放强度较高，并成为区域复合型大气污染较为严重的区域之一。根据全国尺度排放清单MEIC的计算结果，《大气污染防治行动计划》发布前(2013年)，长三角大气污染物SO_2、NO_x、NMVOC、$PM_{2.5}$和NH_3排放量分别达到242.5万t、452.9万t、541.2万t、144.7万t和125.4万t，单位面积人为源排放量分别是全国平均水平的2.6倍、4.4倍、5.2倍、3.4倍和3.2倍。$PM_{2.5}$年均浓度为67 μg/m^3(基于129个国控站观测数据)，是国家环境空气质量二级标准(35 μg/m^3)的1.9倍(Zheng et al.，2018)。

大气环境质量的恶化，不仅直接影响了公众的健康和生活，而且间接制约着区域经济的发展。2006年2月，《国家中长期科学和技术发展规划纲要(2006—2020年)》将环境列为重点领域，明确提出要“实施区域环境综合治理”“突破城市群大气污染控制等关键技术”。《国家环境保护“十二五”科技发展规划》将“区域大气复合污染与雾霾综合控制研究”和“环境空气质量管理关键技术研究”列为大气污染防治重点领域的主要任务。由此可见，有效提高大气污染防治成效，特别是针对重点区域进行大气污染综合科学治理，是我国环境保护领域中长期科技发展的重要任务。自2013年9月国务院发布《大气污染防治行动计划》以来，长三角地区将大气污染防治列入重点民生工程，逐步完善与大气污染治理有关的法律法规。2018年7月，国务院发布的《打赢蓝天保卫战三年行动计划》中，明确提出以京津冀及周边地区、长三角地区、汾渭平原等区域为重点，大力调整优化产业结构、能源结构、运输结构和用地结构，强化区域联防联控，狠抓秋冬季污染防治。2019 年 11 月生态环境部、发展改革委、公安部等多部门印发《长三角地区 2019—2020 年秋冬季大气污染综合治理攻坚行动方案》的通知，着重要求对长三角地区的产业、能源、运输结构等进行优化调整，以加强其应对重污染天气的能力。

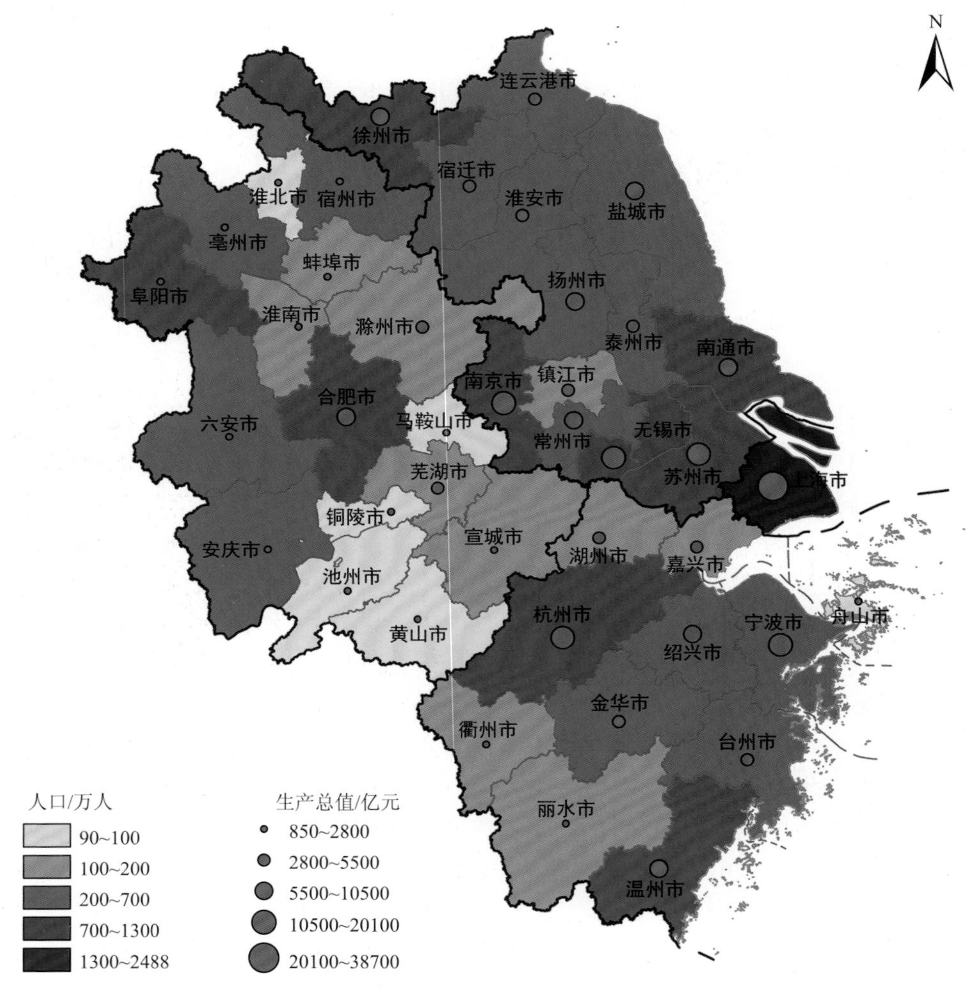

图 1.2　长三角地区地理位置及各地级市 2020 年的常住人口和生产总值

随着大气污染防治的深入推进，近年来长三角区域空气质量得以明显改善。生态环境部发布的《2020 中国生态环境状况公报》显示，“十三五”期间，长三角区域的主要大气污染物年均浓度值呈现逐步下降的态势，SO_2、NO_2、PM_{10} 和 $PM_{2.5}$ 的年均浓度分别下降了 66.7%、21.6%、32.5%和 34.0%，2020 年长三角区域 41 个城市平均空气质量优良天数为 85.2%，较 2015 年上升 13.1%，重度及以上污染天数比 2015 年下降 1.9%。但另一方面，O_3 污染问题逐渐凸显。“十三五”期间，长三角 O_3 日最大 8 小时浓度(maximum daily 8-h average O_3 concentrations，MDA8)明显上升，以 O_3 和 $PM_{2.5}$ 为首要污染物的超标天数分别占总超标天数的 50.7%和 45.1%，O_3 已逐渐成为多数城市的季节性首要污染物，并呈现逐年加剧的态势。这也说明当前长三角地区不仅面临着 $PM_{2.5}$ 与 O_3 污染的双重压力，且 O_3 逐渐超过 $PM_{2.5}$ 成为目前制约环境空气质量改善的首要因素。上述两类污染物具有很强的二次非线性生成特性，精确定量其前体物排放特征对于制定科学有效的减排方案具有重要意义。

1.5　本书目的、意义和内容

1.5.1　目的和意义

我国大气污染已由传统和单一的煤烟型污染向多类排放源共存、多类成分相互影响的复合型污染转变，建立完整、精确和可靠的大气污染物排放清单逐渐成为有效应对大气复合污染和开展区域联防联控的重要基础。目前，针对我国大气污染源的排放特征已开展了大量研究。随着污染源分类体系的逐渐完善、污染源信息与现场测试数据的日趋详细，我国排放清单的适用性和可靠性得到不断改善和提升。但在区域和局部尺度，受到数据来源或表征方法的局限，现有排放清单对污染物排放水平和时空分布特征的研究不确定性依然较大，排放清单准确性有待进一步提高。尤其对于部分关键源(如 NH_3、生物质燃烧、非道路交通源排放等)的排放清单研究仍较分散，缺乏完整可靠的方法体系及系统性的校验。

中国以长三角为代表的发达地区工业经济和能源消耗增长迅速，大气污染问题较为突出。极高的人为源排放强度是导致区域灰霾和大气复合污染的重要原因；工业燃煤、石油化工等排放源对典型城市空气质量产生重要的影响(Cheng et al.，2014；Zhao et al.，2015)。开展长三角大气污染物的排放状况及时空分布特征研究有助于掌握区域内大气污染特性和排放变化规律，能够为有针对性地制定污染控制政策和减排措施、改善区域环境空气质量提供有力的数据支持和理论依据。尽管已有部分研究开展了区域内高分辨率排放清单编制，但不同排放清单的结果存在明显差异，且这些差异的来源及其对空气质量模拟的影响尚未得到充分的分析和评估。因此，在大气复合污染严重的背景下，以准确量化区域大气污染物排放为目标，开展排放清单的优化和不确定性分析，并基于观测和模拟对区域排放清单进行综合校验，从而形成完整的方法框架体系，具有重要的科学价值和政策指导意义。

基于此，本书作者研究团队主要在国家自然科学基金委员会“中国大气复合污染的成因、健康影响与应对机制”联合重大研究计划重点项目“长三角排放清单的优化集成与综合校验”的支持下，针对上述问题开展了多年研究，有效提升了长三角区域排放清单的质量和准确度，也为进一步明确长三角复合污染的来源与控制机制提供了科学依据。通过近年来积累的工作经验，作者研究团队试图构建区域尺度排放清单优化、校验和应用的技术框架体系，系统介绍典型源(电力行业、VOC 工业排放源、农业源、非道路源、生物质开放燃烧、天然源等)排放清单的优化方法与结果，典型成分(BC 和 NO_x 等)排放强度与空间分布的评估校验，以及典型城市和地区减排成效评估及二次污染生成研判中排放清单所发挥的作用，以期为区域排放清单质量的全面提升及其在空气质量管理中的深度应用提供参考和帮助。

1.5.2 内容架构

本书的内容架构如下，每章均以作者研究团队学术成果为例展开介绍：

(1)排放清单优化部分：第 2 章以典型省份为例介绍省级和城市尺度排放清单的建立和评估方法；第 3 章和第 4 章分别针对关键污染物，即 VOC 和 NH_3，介绍其排放清单的优化和评估方法；第 5 章到第 8 章关注不同类型的排放源，即电力行业、农业机械、生物质开放燃烧和天然源，介绍相应排放清单的优化和评估方法。

(2)排放清单校验部分：第 9 章重点介绍基于地面观测约束的城市群尺度 BC 排放水平和行业贡献的校验方法与结果；第 10 章重点介绍基于卫星观测约束的区域尺度 NO_x 排放水平和时空分布的校验方法与结果。

(3)排放清单应用部分：第 11 章介绍城市和区域排放清单应用于空气质量变化驱动因素和减排成效评估研究的方法与结果；第 12 章介绍区域排放清单应用于环境政策的效果及二次污染生成评估中的方法与结果。

参 考 文 献

曹国良，安心琴，周春红，等. 2010. 中国区域反应性气体排放源清单. 中国环境科学，30(7)：900-906.

李莉. 2012. 典型城市群大气复合污染特征的数值模拟研究. 上海：上海大学.

中华人民共和国国家统计局. 2021. 中国统计年鉴 2020. 北京：中国统计出版社.

Bo Y, Cai H, Xie S D. 2008. Spatial and temporal variation of historical anthropogenic NMVOCs emission inventories in China. Atmospheric Chemistry and Physics, 8(23): 7297-7316.

Chen Y F, Zhang L, Henze D K, et al. 2021. Interannual variation of reactive nitrogen emissions and their impacts on $PM_{2.5}$ air pollution in China during 2005-2015. Environmental Research Letters,

16(12): 125004.

Cheng Z, Wang S, Fu X, et al. 2014. Impact of biomass burning on haze pollution in the Yangtze River Delta, China: A case study in summer 2011. Atmospheric Chemistry and Physics, 14(9): 4573-4585.

Ding J Y, Miyazaki K, Johannes V R, et al. 2017. Intercomparison of NO_x emission inventories over East Asia. Atmospheric Chemistry and Physics, 17(16): 10125-10141.

Fu X, Wang S X, Zhao B, et al. 2013. Emission inventory of primary pollutants and chemical speciation in 2010 for the Yangtze River Delta region, China. Atmospheric Environment, 70: 39-50.

Gargava P, Aggarwal A L. 1999. Emission inventory for an industrial area of India. Environmental Monitoring and Assessment, 55(2): 299-304.

Huang C, Chen C H, Li L, et al. 2011. Emission inventory of anthropogenic air pollutants and VOC species in the Yangtze River Delta region, China. Atmospheric Chemistry and Physics, 11(9): 4105-4120.

Huang X, Song Y, Li M M, et al. 2012. A high-resolution ammonia emission inventory in China. Global Biogeochemical Cycles, 26: GB1030.

Itahashi S, Yumimoto K, Kurokawa J I, et al. 2019. Inverse estimation of NO_x emissions over China and India 2005-2016: Contrasting recent trends and future perspectives. Environmental Research Letters, 14(12): 124020.

Johansson L, Jalkanen J P, Kukkonen J, et al. 2017. Global assessment of shipping emissions in 2015 on a high spatial and temporal resolution. Atmospheric Environment, 167: 403-415.

Jones D L, Adams L, Goodenow D, et al. 1994. Emission Inventory Improvement Program (EIIP) Area Source Committee. Report for November-December 1994. United States Environmental Protection Agency.

Kim S W, Heckel A, Frost G J, et al. 2009. NO_2 columns in the western United States observed from space and simulated by a regional chemistry model and their implications for NO_x emissions. Journal of Geophysical Research: Atmospheres, 114: D11301.

Klimont Z, Cofala J, Xing J, et al. 2009. Projections of SO_2, NO_x and carbonaceous aerosols emissions in Asia. Tellus Series B-Chemical and Physical Meteorology, 61(4): 602-617.

Klimont Z, Smith S J, Cofala J. 2013. The last decade of global anthropogenic sulfur dioxide: 2000-2011 emissions. Environmental Research Letters, 8(1): 014003.

Koukouli M E, Theys N, Ding J Y, et al. 2018. Updated SO_2 emission estimates over China using OMI/Aura observations. Atmospheric Measurement Techniques, 11(3): 1817-1832.

Kurokawa J, Ohara T. 2020. Long-term historical trends in air pollutant emissions in Asia: Regional Emission inventory in Asia (REAS) version 3. Atmospheric Chemistry and Physics, 20(21): 12761-12793.

Kurokawa J, Ohara T, Morikawa T, et al. 2013. Emissions of air pollutants and greenhouse gases over Asian regions during 2000-2008: Regional Emission inventory in ASia (REAS) version 2.

Atmospheric Chemistry and Physics, 13 (21): 11019-11058.

Lee D G, Jang K W, Lee Y M, et al. 2011. Korean national emissions inventory system and 2007 air pollutant emissions. Asian Journal of Atmospheric Environment, 5 (4): 278-291.

Lei Y, Zhang Q, He K B, et al. 2011. Primary anthropogenic aerosol emission trends for China, 1990-2005. Atmospheric Chemistry and Physics, 11 (3): 931-954.

Lelieveld J, Evans J S, Fnais M, et al. 2015. The contribution of outdoor air pollution sources to premature mortality on a global scale. Nature, 525 (7569): 267-371.

Li J, Li L Y, Wu R R, et al. 2016. Inventory of highly resolved temporal and spatial volatile organic compounds emission in China//24th International Conference on Modelling, Monitoring and Management of Air Pollution (AIR 2016), Abstract Air Pollution XXIV. WIT Transactions on Ecology and the Environment.

Li M, Zhang Q, Kurokawa J, et al. 2017. MIX: a mosaic Asian anthropogenic emission inventory under the international collaboration framework of the MICS-Asia and HTAP. Atmospheric Chemistry and Physics, 17 (2): 935-963.

Li M, Zhang Q, Zheng B, et al. 2019. Persistent growth of anthropogenic non-methane volatile organic compound (NMVOC) emissions in China during 1990-2017: Drivers, speciation and ozone formation potential. Atmospheric Chemistry and Physics, 19 (13): 8897-8913.

Liu F, Beirle S, Zhang Q, et al. 2016. NO_x lifetimes and emissions of cities and power plants in polluted background estimated by satellite observations. Atmospheric Chemistry and Physics, 16 (8): 5283-5298.

Liu F, Zhang Q, Tong D, et al. 2015. High-resolution inventory of technologies, activities, and emissions of coal-fired power plants in China from 1990 to 2010. Atmospheric Chemistry and Physics, 15 (23): 13299-13317.

Liu J, Zheng Y X, Geng G N, et al. 2020. Decadal changes in anthropogenic source contribution of $PM_{2.5}$ pollution and related health impacts in China, 1990-2015. Atmospheric Chemistry and Physics, 20 (13): 7783-7799.

Lu Z, Streets D G, Zhang Q, et al. 2010. Sulfur dioxide emissions in China and sulfur trends in East Asia since 2000. Atmospheric Chemistry and Physics, 10 (13): 6311-6331.

Lu Z, Zhang Q, Streets D G. 2011. Sulfur dioxide and primary carbonaceous aerosol emissions in China and India, 1996-2010. Atmospheric Chemistry and Physics, 11 (18): 9839-9864.

Luo J M, Han Y M, Zhao Y, et al. 2020. An inter-comparative evaluation of PKU-FUEL global SO_2 emission inventory. Science of the Total Environment, 722: 137755.

Miyazaki K, Eskes H, Sudo K, et al. 2017. Decadal changes in global surface NO_x emissions from multi-constituent satellite data assimilation. Atmospheric Chemistry and Physics, 17 (2): 807-837.

Ohara T, Akimoto H, Kurokawa J, et al. 2007. An Asian emission inventory of anthropogenic emission sources for the period 1980-2020. Atmospheric Chemistry and Physics, 7 (16): 4419-4444.

Qi J, Zheng B, Li M, et al. 2017. A high-resolution air pollutants emission inventory in 2013 for the Beijing-Tianjin-Hebei region, China. Atmospheric Environment, 170: 156-168.

Qu Z, Henze D K, Capps S L, et al. 2017. Monthly top-down NO_x emissions for China (2005-2012): A hybrid inversion method and trend analysis. Journal of Geophysical Research: Atmospheres, 122(8): 4600-4625.

Qu Z, Henze D K, Li C, et al. 2019. SO_2 emission estimates using OMI SO_2 retrievals for 2005-2017. Journal of Geophysical Research: Atmospheres, 124(14): 8336-8359.

Shi Y, Xia Y F, Lu B H, et al. 2014. Emission inventory and trends of NO_x for China, 2000-2020. Journal of Zhejiang University-Science A, 15: 454-464.

Smith S J, van Aardenne J, Klimont Z, et al. 2011. Anthropogenic sulfur dioxide emissions: 1850-2005. Atmospheric Chemistry and Physics, 11(3): 1101-1116.

Stohl A, Aamaas B, Amann M, et al. 2015. Evaluating the climate and air quality impacts of short-lived pollutants. Atmospheric Chemistry and Physics, 15(18): 10529-10566.

Streets D G, Bond T C, Carmichael G R, et al. 2003. An inventory of gaseous and primary aerosol emissions in Asia in the year 2000. Journal of Geophysical Research: Atmospheres, 108(D21): 8809.

Vongmahadlek C, Thao P T B, Satayopas B, et al. 2009. A compilation and development of spatial and temporal profiles of high-resolution emissions inventory over Thailand. Journal of the Air & Waste Management Association, 59(7): 845-856.

Wang S X, Xing J, Jang C, et al. 2011. Impact assessment of ammonia emissions on inorganic aerosols in east China using response surface modeling technique. Environmental Science & Technology, 45(21): 9293-9300.

Wang S X, Zhao B, Cai S Y, et al. 2014. Emission trends and mitigation options for air pollutants in East Asia. Atmospheric Chemistry and Physics, 14(13): 6571-6603.

Wang S X, Zhao M, Xing J, et al. 2010. Quantifying the air pollutants emission reduction during the 2008 Olympic Games in Beijing. Environmental Science & Technology, 44(7): 2490-2496.

Wei W, Wang S X, Chatani S, et al. 2008. Emission and speciation of non-methane volatile organic compounds from anthropogenic sources in China. Atmospheric Environment, 42(20): 4976-4988.

Wei W, Wang S X, Hao J M, et al. 2014. Trends of chemical speciation profiles of anthropogenic volatile organic compounds emissions in China, 2005-2020. Frontiers of Environmental Science & Engineering, 8(1): 27-41.

Wu R R, Bo Y, Li J, et al. 2016. Method to establish the emission inventory of anthropogenic volatile organic compounds in China and its application in the period 2008-2012. Atmospheric Environment, 127: 244-254.

Wu R R, Xie S D. 2017. Spatial distribution of ozone formation in China derived from emissions of speciated volatile organic compounds. Environmental Science & Technology, 51(5): 2574-2583.

Xia Y M, Zhao Y, Nielsen C P. 2016. Benefits of China's efforts in gaseous pollutant control indicated by the bottom-up emissions and satellite observations 2000-2014. Atmospheric Environment, 136: 43-53.

Zhang Q, Streets D G, Carmichael G R, et al. 2009. Asian emissions in 2006 for the NASA INTEX-B mission. Atmospheric Chemistry and Physics, 9 (14): 5131-5153.

Zhang Q, Streets D G, He K B, et al. 2007. NO_x emission trends for China, 1995-2004: The view from the ground and the view from space. Journal of Geophysical Research: Atmospheres, 112 (D22): D22306.

Zhao B, Wang S X, Liu H, et al. 2013a. NO_x emissions in China: historical trends and future perspectives. Atmospheric Chemistry and Physics, 13 (19): 9869-9897.

Zhao Y, Nielsen C P, Lei Y, et al. 2011. Quantifying the uncertainties of a bottom-up emission inventory of anthropogenic atmospheric pollutants in China. Atmospheric Chemistry and Physics, 11 (5): 2295-2308.

Zhao Y, Qiu L P, Xu R Y, et al. 2015. Advantages of city-scale emission inventory for urban air quality research and policy: The case of Nanjing, a typical industrial city in the Yangtze River Delta, China. Atmospheric Chemistry and Physics, 15 (21): 12623-12644.

Zhao Y, Wang S X, Duan L, et al. 2008. Primary air pollutant emissions of coal-fired power plants in China: Current status and future prediction. Atmospheric Environment, 42 (36): 8442-8452.

Zhao Y, Wang S X, Nielsen C P, et al. 2010. Establishment of a database of emission factors for atmospheric pollutants from Chinese coal-fired power plants. Atmospheric Environment, 44 (12): 1515-1523.

Zhao Y, Zhang J, Nielsen C P. 2013b. The effects of recent control policies on trends in emissions of anthropogenic atmospheric pollutants and CO_2 in China. Atmospheric Chemistry and Physics, 13 (2): 487-508.

Zheng B, Huo H, Zhang Q, et al. 2014. High-resolution mapping of vehicle emissions in China in 2008. Atmospheric Chemistry and Physics, 14 (18): 9787-9805.

Zheng B, Tong D, Li M, et al. 2018. Trends in China's anthropogenic emissions since 2010 as the consequence of clean air actions. Atmospheric Chemistry and Physics, 18 (19): 14095-14111.

Zheng J Y, Shao M, Che W W, et al. 2009a. Speciated VOC emission inventory and spatial patterns of ozone formation potential in the Pearl River Delta, China. Environmental Science & Technology, 43 (22): 8580-8586.

Zheng J Y, Zhang L J, Che W W, et al. 2009b. A highly resolved temporal and spatial air pollutant emission inventory for the Pearl River Delta region, China and its uncertainty assessment. Atmospheric Environment, 43 (32): 5112-5122.

Zhong Z M, Zheng J Y, Zhu M N, et al. 2018. Recent developments of anthropogenic air pollutant emission inventories in Guangdong province, China. Science of the Total Environment, 627: 1080-1092.

第 2 章　省级和城市尺度排放清单建立和评估

在我国长三角等工业经济发达地区，以灰霾和近地面臭氧为代表的大气污染问题较为严重，深入认识各类关键大气污染物排放特征，对于有效开展污染防治和改善空气质量具有重要作用。尽管部分城市先后开展了排放清单研究，初步实现了各类大气污染物排放量的时空和组分分配，但仍然存在一定局限。例如，各类排放源分类不够规范完善，也缺乏具体和详细的本地排放源信息，排放清单的时空分辨率和对空气质量的模拟适用性还有待提升。由于建立方法和数据来源的不同，长三角区域大气污染物排放清单的研究结果独立而分散，相互间存在的差异及其原因尚不清楚，可比性不强，不确定性较大。上述局限导致现有区域排放清单一方面不能全面准确地反映污染源的排放状况和时空分布特征，为开展污染源的靶向精确治理带来困难；另一方面难以在区域尺度充分应用于大气污染来源的追溯与排放控制措施的制定和成效评估。

随着我国能源和产业结构的调整及污染控制措施的推进，大气污染物排放和空气质量的时空分布特征及两者之间的关系发生了明显变化。以准确定量大气污染物排放特征为目标开展省级和城市尺度排放清单的建立与优化工作，并基于观测和空气质量模拟对排放清单进行评估与检验，成为大气污染研究和控制决策的关键问题，具有重要的科学及政策意义。准确、可靠的高精度排放清单能够科学应用于区域污染来源识别与成因分析，为持续改善区域大气复合污染问题提供重要科学依据。

2.1　基于详细排放源信息的省级排放清单建立

我国多尺度排放清单的研究正处于不断完善的阶段，在省级和城市尺度，排放清单质量及其空气质量模拟表现仍存在较大的提升空间。受限于建立方法和数据精细度，直接根据国家或较大区域尺度排放清单降尺度后获得的局地排放信息可能与实际排放状况存在较大偏差，进而影响对本地污染物排放特征的正确认识和空气质量模拟研究的有效开展。因此，迫切需要基于详细本地化污染源信息建立符合实际排放特征的人为源排放清单，以满足区域污染来源识别和高精度污染模拟的需求。

江苏省位于长三角区域，是典型的工业大省，2012 年其地区生产总值占当年全国的 10.4%，仅次于广东省，发电量、水泥、生铁、粗钢等工业产品产量分别是全国的 8.0%、7.6%、8.9%、10.2%，均位于全国前列(中华人民共和国国家统计局，2013)。2010～2012 年，江苏省电厂煤炭消耗增长率达到 28.9%，能源消费和工业经济的高速增长带来了较高的污染物排放和较严重的空气污染问题。本书以江苏省为例，通过整合不同来源的各城市污染源特征信息，采用排放因子法"自下而上"(即由最微小的环节开始，逐渐加和至宏观层面)地建立分城市人为源排放清单，有效改进对各类大气污染物排放强度和时空分布的估计，从而为大气污染防治科学研究和政策制定提供排放基础数据。

2.1.1　省级尺度高精度大气污染物排放清单建立方法

2.1.1.1　排放源分类

排放源的细致程度决定了排放清单精度，在污染源数据可获得的条件下，排放源划分越细致，排放清单的精细度越高(翟一然，2012)。如表 2.1 所示，本书建立排放清单时将污染源细化至 5 级分类，1 级分类排放源包括电力、工业、溶剂产品使用、交通、民用及商用、农业、其他排放源。其中，工业包括黑色金属冶炼(钢铁)、有色金属冶炼、非金属矿物制品制造(水泥、砖瓦、石灰)、炼油和化工(石油炼制、精细化工、合成化工等)及其他工业。民用及商用源按燃料分为民用化石燃烧、家用生物质和开放生物质燃烧。交通源包括道路移动源和非道路移动源，而非道路移动源又细分为航空、船舶、铁路机车、农用机械、农用拖拉机、渔船和工程机械。农业源排放的主要污染物为氨(NH_3)，来源于牲畜养殖和化肥施用过程。溶剂产品使用源是挥发性有机物(VOC)的主要排放源之一，细

表 2.1　江苏省大气污染物排放清单排放源分类

1 级	2 级	3 级	4 级	5 级
电力	电厂	烟煤/无烟煤/天然气	煤粉炉/层燃炉/链条炉/循环流化床	直流切圆等
工业	黑色金属冶炼	炼焦	机械炼焦/土法炼焦	
		烧结		
		炼铁	高炉	
		炼钢	电炉/转炉	
	有色金属冶炼	铜/锌/铝/铅		
	非金属矿物制品制造	水泥	新型干法/立窑/旋窑	
		砖瓦/石灰		
	炼油和化工	石油炼制		
		精细化工	合成氨/硫酸/硝酸/化肥生产	

续表

1 级	2 级	3 级	4 级	5 级
工业	炼油和化工	合成化工	树脂/橡胶/纤维制品	
		基础化学原料		
		塑料橡胶生产		
	其他工业	玻璃/食品/造纸制造		
溶剂产品使用	工业溶剂使用	纺织/印刷/金属制品/木材加工/制鞋/制革等		
	非工业溶剂使用	建筑涂料/干洗/家用溶剂/农药施用		
交通	道路移动源	汽油/柴油	小型客车/大型客车/重型货车/轻型货车等	国一/国二/国三/国四
	非道路移动源	交通运输	航空/船舶/铁路	
		农业	农用机械/拖拉机/其他车/渔船	
		建筑	工程机械	
民用及商用	民用化石燃料燃烧	煤/天然气/液化石油气	链条炉/手烧炉/小煤炉	
	家用/开放生物质燃烧	秸秆/薪柴		
农业	畜牧养殖	牛	乳牛/其他牛	
		马/驴/骡/猪/羊/兔		
		家禽	肉鸡/蛋鸡	
	化肥施用	磷肥/钾肥/氮肥/复合肥		
其他排放源	餐饮			
	污水和垃圾处理			
	人体排放			

分为工业溶剂使用和非工业溶剂使用。其中，工业溶剂使用的 VOC 排放主要产生于纺织、印刷、金属制品、木材加工、制鞋、制革等生产制造过程；非工业溶剂使用的 VOC 产生于民用溶剂使用过程，如建筑涂料喷刷、干洗、家用溶剂使用、农药施用。其他排放源则包括餐饮排放、人体排放、污水和垃圾处理过程。

2.1.1.2　估算方法

本章采用排放因子法，“自下而上”建立 2012 年江苏省人为源大气污染物的排放清单，以及 2010～2012 年重点城市（南京市）排放清单，主要污染物类型包含二氧化硫（SO_2）、氮氧化物（NO_x）、一氧化碳（CO）、总悬浮颗粒物（total suspended particulate，TSP）、可吸入颗粒物（PM_{10}）、细颗粒物（$PM_{2.5}$）、黑碳（BC）、有机碳

(OC)、VOC 和 NH_3。排放清单建立的技术方法如图 2.1 所示。

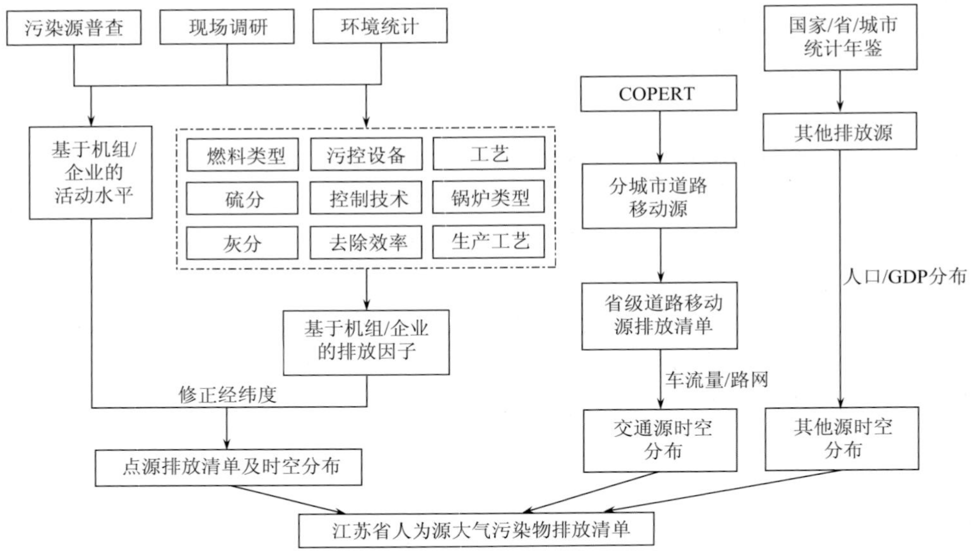

图 2.1　江苏省人为源大气污染物排放清单的技术方法

根据污染源基础数据的详细程度，将不同的排放源分别定义为点源、移动源和面源。点源指掌握了地理经纬度信息的工业排放源，移动源指道路交通源，面源则包括小部分工业源、民用和非道路交通等其他排放源。对于点源，污染物年排放量依据式(2.1)计算：

$$E_i = \sum_{j,m} \mathrm{AL}_{i,j,m} \times \mathrm{EF}_{i,j,m} \times \left(1-\eta_{i,j,m}\right) \tag{2.1}$$

式中，E 为污染物排放量；AL 为活动水平；EF 为未安装末端控制的污染物排放因子；η 为末端控制设备的污染物去除效率；i、j 和 m 分别为污染物、点源企业和燃料/工业类型。

被定义为点源的排放源，其信息主要来源于江苏省污染物普查、环境统计、大型工业企业的现场调研资料及行业统计年鉴。根据上述公开发表的统计资料，可获得基于机组或者企业的活动水平，以及地理经纬度、燃料类型、锅炉类型、生产工艺、末端控制技术等排放源特征参数。对不同数据来源的特征参数进一步整合与校正，获得基于机组或者企业的排放因子，利用统计年鉴对活动水平数据进行质量控制，通过式(2.1)估算污染物的排放量，结合修正后的地理经纬度及工业产品分月产量等信息获得点源大气污染物排放的时空分布特征。

对于道路交通源，采用欧洲环境署资助开发的 COPERT(computer programme

to calculate emissions from road transport）模型计算污染物排放量。模型输入参数主要包括车队组成、年均行驶里程、累计行驶里程、燃料参数、气象参数、平均行驶车速等。气象信息包括各个城市基准年各月平均最低温度、最高温度和平均相对湿度，主要来源于《中国气象年鉴》和国家气象科学数据中心（https://data.cma.cn）。根据机动车统计信息数据获取机动车保有量、车队组成比例等数据信息；由于交通监测系统数据可获得性的限制，本书重点调研南京市主要道路逐时车流量，得到道路交通源时间变化信息，并假设江苏省其他城市的道路车流量逐时变化与南京市相同；结合省内路网信息获得道路移动源的时间和空间分布特征。

对于被定义为面源的其他排放源，如小型工业企业、民用燃烧源、农业源和非道路移动源等，其活动水平数据包括产品产量、民用燃料消耗量、柴油消耗量、飞机起飞与降落周期数（landing and taking-off，LTO），主要获取自国家、省、城市和行业统计年鉴，具体的估算方法如下。

$$E_{i,j} = \sum_{j} \mathrm{AL}_j \times \mathrm{EF}_{i,j} \tag{2.2}$$

式中，E 为排放量；AL 为活动水平；EF 为排放因子；i、j 分别为污染物和排放源。

工业面源排放的污染物以 1 km 网格国内生产总值（gross domestic product，GDP）分布进行空间分配；民用燃烧源按照 1 km 网格人口分布分配；农业源和农用机械、拖拉机等排放需综合考虑土地利用类型、网格 GDP 和人口分布进行分配；船舶排放按航道长度分配；生物质开放燃烧则依据中分辨率成像光谱仪（moderate-resolution imaging spectroradiometer，MODIS；https://modis.gsfc. nasa.gov/）探测火点位置和亮温进行分配。

在本章的研究基础上，我们对典型污染物 VOC 和 NH_3，以及典型污染源包括电力、农业机械、生物质开放燃烧、天然源的排放特征进行了进一步的优化，详见第 3～8 章。

2.1.1.3 活动水平的确定

由《中国能源统计年鉴》可知，2012 年江苏省电厂煤炭消耗量最高，占全省总量的 64.9%；其次为工业，占比为 34.8%；民用燃煤量仅为 73.74 万 t，占比仅为 0.3%。因此，对电厂和工业这两类排放源的估算是否准确对排放清单的结果影响较大。在本书建立的江苏省排放清单中作为点源估算的工业企业共有 6750 家，其中电厂 191 家、钢铁厂 185 家、水泥厂 231 家、砖瓦石灰厂 707 家、炼油和化工厂 365 家、其他工业企业 5071 家。苏南地区（包括南京市、常州市、无锡市、苏州市、南通市、镇江市 6 个城市）的工业企业多于苏北地区（宿迁市、连云港市、盐城市、淮安市、徐州市），且较多企业集中在苏州、无锡和常州三个城市。

根据环境统计数据估算得出江苏省电厂 2012 年总发电量为 3683.5 亿 kW·h，占《江苏统计年鉴》中全省总发电量的 88.6%，因为年鉴中的年发电量除火力发电外，还包含风电及水力发电等清洁能源。根据环境统计数据估算的 2012 年江苏省电厂煤炭消耗量比统计年鉴给出的火电行业煤炭消费量高 8.2%，说明现有排放清单在建立过程中将江苏省电厂均作为点源估算。图 2.2 对比了作为点源估算的各类工业产品产量与统计年鉴的差异，基于环境统计数据获得的水泥熟料、焦炭、生铁产量均略高于统计年鉴，二者比例分别为 120.5%、108.7%、104.1%；而水泥、粗钢以点源计的产量之和与统计年鉴的比值分别为 94.7%和 98.0%。这说明本书对于钢铁和水泥的基础数据调研相对充分，但仍有部分数据不完全。对于有色金属冶炼，所有已计算点源的铜、锌、铝、铅产量均高于统计数据，合成氨的产量却仅占统计年鉴数据的 31.7%，说明在目前掌握的工业企业调研资料中遗漏了较多的合成氨企业。另外，化肥、炼油、硫酸、硝酸的产量均低于统计年鉴，说明本书对小型工业企业的调研仍有不足，主要原因可能是环境统计数据和统计年鉴的统计口径存在一定差异。因此，我们在估算污染物排放时假设：若依据环境统计数据获得的工业产品产量高于统计年鉴，则该类排放源全部作为点源计入排放清单，不存在工业企业遗漏；若产品产量低于统计年鉴，则环境统计数据中遗漏

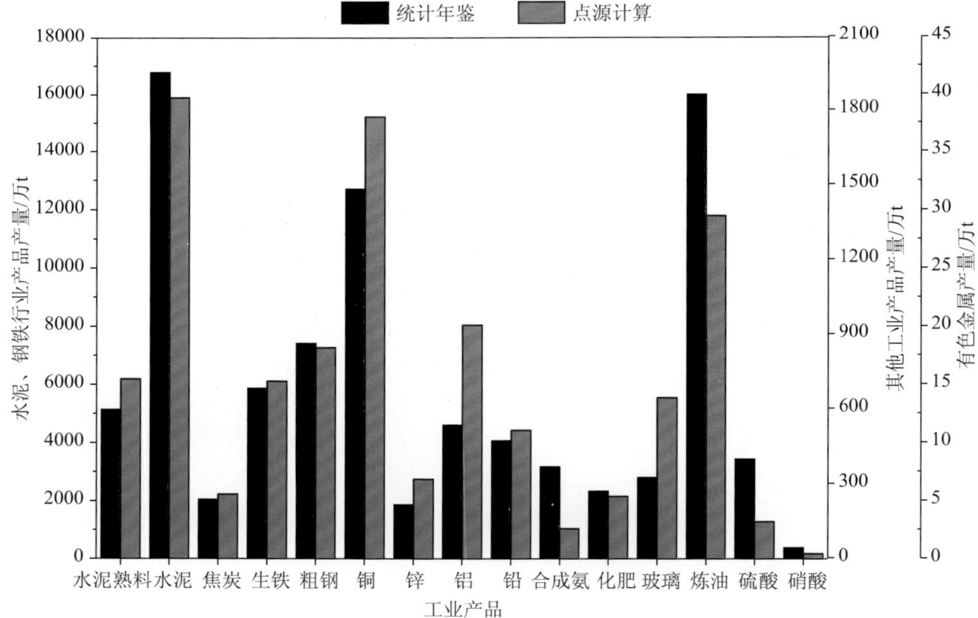

图 2.2 基于环境统计数据计算的点源工业产品产量总和与统计年鉴的比较

水泥熟料、水泥为水泥行业产品；焦炭、生铁、粗钢为钢铁行业产品；铜、锌、铝、铅为有色金属产品

了部分该行业的排放源(即环境统计数据与统计年鉴产品产量的差值)，这部分遗漏的排放源按照行业平均排放因子进行排放估算，并作为面源计入省级排放清单。根据环境统计数据，2012 年电厂、钢铁和水泥的煤炭消耗量与所有点源工业企业煤炭消耗量分别为 2.14 亿 t 与 2.53 亿 t，分别占《中国能源统计年鉴》中全省总消耗量的 77.2%和 91.2%。

由江苏省各市统计年鉴提供的机动车保有量及车型分布可知，2012 年苏州市机动车保有量最高，其次为南通市和南京市；从车型比例看，小客车和摩托车占全省机动车保有量的比例最高，分别为 50.3%和 41.4%。

民用源分为民用化石燃料燃烧和家用生物质燃烧。对于化石燃料燃烧，煤炭、石油、天然气和液化石油气等能源的消耗量来源于《中国能源统计年鉴》。对于家用生物质燃烧，秸秆燃烧量为各城市农作物(包括小麦、水稻、玉米、棉花等)的年产量、农作物的谷草比和秸秆家用燃烧比例三者的乘积，农作物年产量来源于各市统计年鉴，谷草比引自苏继峰等(2012)，燃烧比例采用刘丽华等(2011)针对江苏省各城市乡村秸秆利用现状的问卷调查统计结果。生物质开放燃烧主要包括森林火灾和草原火灾，各地区森林火灾受害面积、草原火灾过火面积可分别从林业和农业部门的年度统计资料中获取。由于不同植被气候带和草地类型的生物量有所差别，应按照植被气候带和草地类型分别分配森林和草地受害面积，具体数值参考清华大学编写的《城市大气污染物排放清单编制技术手册》(贺克斌等，2018)中的推荐值。

2.1.1.4 排放因子的选取

根据江苏省工业源环境统计资料，本书获得了面向企业的污染特征信息，如排放口高度、能源类型、能源消耗量、锅炉类型、末端控制设备的去除效率等，结合污染源普查结果、行业年鉴、生态环境部公开文件(如全国投运燃煤机组脱硫设施清单、全国投运燃煤机组脱硝设施清单、全国投运钢铁烧结机脱硫设施清单、全国投运钢铁球团脱硫设施清单、全国投运水泥生产线脱硝设施清单等)等资料交叉验证环境统计关键参数的可靠性，对存在偏差的参数进行校正，最终获得建立高精度省级排放清单所需的 2012 年江苏省工业污染源信息数据库。因此，在本书建立的排放清单中，工业点源的排放因子是针对单个企业或机组获得的。对于本地化排放因子较缺乏的排放源，如非道路移动源、VOC 溶剂使用、民用商用燃烧等，主要选用美国国家环境保护局推荐的排放因子，同时结合不同研究者在中国本地的最新测试结果进行修正。

对于钢铁，本书详细调研了四个主要生产过程(炼焦、烧结、炼铁、炼钢)的关键参数，包括生产工艺、产品产量、能源消费量、污染控制设备的去除效率，基于这些参数获得符合企业实际特征的排放因子。水泥的污染物排放按熟料烧制和粉磨两个过程分开计算，需要根据每个水泥厂投入的原材料种类判别熟料来源，若水泥熟料由企业自己生产则熟料生产和粉磨过程的污染物排放均需估算；若水泥熟料来源于外购，则仅考虑粉磨过程的排放。根据《江苏统计年鉴》，2012 年全省水泥产量为 16777.87 万 t。根据经验公式，采用新型干法生产 1 t 水泥需要消耗 0.72 t 熟料(Lei et al.，2011)，由此计算需要消耗 12080 万 t 熟料，而统计年鉴中江苏省水泥熟料产量仅为 5138 万 t，说明可能存在较多水泥厂仅有粉磨而无熟料烧制生产过程，最终调研结果为江苏省 231 家水泥厂仅有 52 家企业有熟料烧制生产过程。

江苏省电力、钢铁、水泥、砖瓦和其他工业锅炉典型生产过程的污染控制水平见表 2.2。可以看出，2012 年江苏省电厂的烟气脱硫(flue gas desulfurization，FGD)、选择性催化/非催化还原烟气脱硝(selective catalytic/non-catalytic reduction，SCR/SNCR)和除尘设备的装机率分别达到 96.6%、57.4%和 98.9%，平均脱硫效率、脱硝效率和除尘效率分别为 83.3%、37.1%和 98.0%，对 SO_2 和 NO_x 的控制明显比其他行业更加严格。钢铁行业 FGD 的装机率和脱硫效率分别为 64.3%和 78.0%，炼铁、炼钢过程基本安装了除尘设备且平均效率分别为 95.7%和 94.0%。水泥主要针对颗粒物的排放进行控制，除尘器装机率高达 99.2%，由于除尘器基本上采用布袋除尘和静电除尘，平均除尘效率也高达 97.3%。另外，虽然大部分工业锅炉对 SO_2 和颗粒物采取了污染控制措施(FGD 和除尘器的装机率分别为 73.4%和 90.5%)，但对 NO_x 排放的控制较少，SCR/SNCR 的装机率仅为 4.5%。

表 2.2 2012 年江苏省电力、钢铁、水泥、砖瓦和其他工业锅炉的主要污染控制设备装机率和平均去除效率

项目	控制技术	装机率/%	平均去除效率/%
电力	FGD	96.6	83.3
	SCR/SNCR	57.4	37.1
	除尘器	98.9	98.0
钢铁	FGD	64.3	78.0
	炼铁过程除尘器	99.9	95.7
	炼钢过程除尘器	99.3	94.0
水泥	除尘器	99.2	97.3
砖瓦	除尘器	7.1	78.2
其他工业锅炉	FGD	73.4	62.0
	SCR/SNCR	4.5	47.5
	除尘器	90.5	90.4

本书采用的排放因子主要来源于 Zhao 等(2011，2012a，2012b，2013)建立的排放因子库，同时也结合了部分本地化排放因子。农业源排放的主要污染物是

NH_3，排放估算方法和排放因子引自尹沙沙(2011)和董文煊等(2010)的研究，详细信息见表 2.3，其中畜牧养殖、化肥施用、污水处理和垃圾焚烧的排放因子单位分别为 kg/头或只、g/kg 肥料、g/m^3 污水和 g/kg 焚烧量，垃圾填埋环节的 NH_3 排放因子单位为 kg/kg CH_4。表 2.4 给出了本书选取的典型工业过程的排放因子。对于交通源，道路移动源采用 COPERT 模式估算，非道路移动源的污染物排放量估算方法和排放因子主要引自于叶斯琪等(2014)、张礼俊等(2010)和 Fu 等(2013)的研究结果。生物质开放燃烧源的排放因子来源于祁梦(2014)针对长三角地区的研究。溶剂使用源的 VOC 排放因子主要来源于魏巍(2009)和 Fu 等(2013)的研究。

表 2.3　农业及废物处理 NH_3 排放因子

排放源		排放因子	参考文献
畜牧养殖/(kg/头或只)	乳牛	21.2	董文煊等(2010)
	其他牛	9.7	董文煊等(2010)
	马/驴/骡	10.6	董文煊等(2010)
	猪	4.8	董文煊等(2010)
	羊	1.2	董文煊等(2010)
	兔	0.62	董文煊等(2010)
	家禽	0.22	董文煊等(2010)
	蛋鸡	0.32	董文煊等(2010)
化肥施用/(g/kg 肥料)	尿素	17.4	尹沙沙等(2010)
	碳酸氢铵	21.3	尹沙沙等(2010)
	其他氮肥	4	尹沙沙等(2010)
废物处理	污水处理/(g/m^3 污水)	2	尹沙沙等(2010)
	垃圾填埋/(kg/kg CH_4)	0.0073	尹沙沙等(2010)
	垃圾焚烧/(g/kg 焚烧量)	0.21	尹沙沙等(2010)

2.1.2　人为源大气污染物排放清单及其时空分布特征

采用 2.1.1 节介绍的方法建立江苏省 2012 年及重点城市(南京市)2010～2012 年的高精度人为源大气污染物排放清单，获得各类污染物排放的地区分布、部门分布、时空分布特征。

2.1.2.1　排放总量及地区分布

本书计算获得的江苏省各城市人为源大气污染物排放量如表 2.5 所示。2012 年江苏省 SO_2、NO_x、CO、TSP、PM_{10}、$PM_{2.5}$、BC、OC、CO_2、NH_3 及 VOC 的排放量分别为 114.3 万 t、164.3 万 t、768.0 万 t、260.5 万 t、139.5 万 t、94.1 万 t、

表 2.4　典型工业过程的排放因子

行业	过程	SO_2 /(kg/t)	NO_x /(kg/t)	CO /(kg/t)	CO_2 /(kg/t)	VOC /(kg/t)	NH_3 /(kg/t)	TSP /(kg/t)	分粒径颗粒物占 TSP 的比例			占 $PM_{2.5}$ 的比例	
									$PM_{>10}$	$PM_{2.5\sim10}$	$PM_{2.5}$	BC	OC
水泥	熟料烧制		13.7[a]	12.5[b]	1731/549[b]	0.177[g]		117[a]	0.58	0.24	0.18	0.01[c]	0.02[c]
	粉磨							140[c]	0.76	0.17	0.07		
钢铁	炼焦	0.7[a]	1.7[d]	0.4[a]		2.4[f]		5[a]	0.58	0.16	0.26	0.4[a]	0.35[a]
	烧结	2.9[a]	1.0[a]	22[a]	2067[b]	0.25[f]	0.07[c]	47[a]	0.85	0.08	0.07	0.01[a]	0.05[a]
	炼铁	0.5[a]	0.2[a]	15[a]				48.8[a]	0.73	0.12	0.15	0.19[a]	0.04[a]
	炼钢			11.3/9.0[a]		0.06[f]		40/12.2[a]	0.43/0.42	0.13/0.15	0.44/0.43	0.05/0[a]	0.01/0.2[a]
有色金属冶炼	铜	212.07[a]						258[a]	0.08	0.1	0.82		
	锌	80[a]			1720[b]			196[a]	0.08	0.1	0.82		
	铝	61[a]			1600[b]			45[a]	0.43	0.19	0.38		
	铅	80[a]			520[b]			250[a]	0.08	0.1	0.82		
砖瓦		16[a]	3.8[a]	150[b]	1731[b]	0.132[h]		3.7[a]	0.8	0.13	0.07	0.4[a]	0.4[a]
石灰		0.98[a]	1.6[a]	115[b]	1731/750[b]	0.177[g]		90[a]	0.88	0.1	0.02	0.02[c]	0.01[c]
硫酸		3.43[a]											
硝酸			7.1[a]				3.8[e]						
合成氨		0.53[a]		142[b]	4582/3273/2104[b]	4.72[f]	2.1[e]						
玻璃					200[b]	3.15[g]		10.6/3.2[a]	0.05	0.04	0.91		
化肥							2/0.07[e]	2.36[a]	0.1	0.11	0.79		
炼油		0.9[a]	0.3[a]	10[a]			0.16[e]	0.12[a]		0.2	0.8		

注：TSP 为未安装污染控制设备的排放因子；a，Zhao et al.，2013，分粒径颗粒物排放因子来源与 TSP 相同，炼钢过程中排放因子分别为转炉炼钢和电炉炼钢的排放因子；b，Zhao et al.，2012a，合成氨的 CO_2 排放因子分别指以煤、油、气作为原材料时的排放因子，砖瓦和石灰排放因子单位为 kg/t 燃料；c，Lei et al.，2011；d，Huo et al.，2012；e，尹沙沙，2011；f，魏巍，2009；g，Bo et al.，2008；h，中华人民共和国环境保护部，2014。

5.9 万 t、14.0 万 t、86045.6 万 t、110.0 万 t 和 174.6 万 t。2012 年苏州、南京、无锡、徐州四个城市的工业 GDP 占全省总工业 GDP 的 53.8%，而其排放的 SO_2、NO_x、CO、$PM_{2.5}$、CO_2 和 VOC 占总量的比例分别为 53.3%、55.4%、45.3%、41.7%、58.7%和 48.5%。NH_3 主要来源于农业源，因此农业和畜牧业规模较大的城市排放量相对较高，淮安和南通排放的 NH_3 分别为 19.6 万 t 和 18.2 万 t，明显高于其他城市。可见，人口密集程度、经济发展状况和产业结构组成是造成不同城市排放差异的主要原因。

表 2.5　2012 年江苏省各城市污染物排放量　　（单位：万 t）

城市	SO_2	NO_x	CO	TSP	PM_{10}	$PM_{2.5}$	BC	OC	CO_2	NH_3	VOC
南京	14.1	21.1	74.3	15.7	9.7	7.6	0.6	0.7	9710.0	6.4	22.2
苏州	22.1	28.7	138.3	38.1	19.5	13.7	1.0	1.1	18440.5	14.5	29.8
无锡	10.8	18.0	54.5	27.1	12.7	7.7	0.3	1.0	8452.0	2.4	16.7
常州	10.4	10.8	73.5	41.3	19.5	12.6	0.4	0.8	6518.5	3.3	10.4
南通	7.7	13.0	44.3	24.5	10.8	6.6	0.5	0.9	5159.1	18.2	16.2
扬州	5.5	9.4	31.1	5.4	4.0	3.1	0.3	0.9	5209.5	8.3	8.2
镇江	4.4	9.0	23.2	14.3	6.7	4.1	0.2	0.7	5304.7	3.8	5.5
泰州	5.7	7.1	31.5	20.8	9.8	5.2	0.3	0.9	3139.4	10.1	7.7
徐州	13.9	23.2	80.5	22.3	14.6	10.2	0.6	1.9	13919.3	4.9	16.1
淮安	5.2	6.1	59.0	9.7	6.5	5.0	0.4	1.2	3252.3	19.6	7.9
盐城	5.0	7.8	64.0	20.4	11.2	7.2	0.6	1.6	2815.3	10.1	18.5
连云港	6.1	6.1	57.1	13.1	8.9	6.9	0.4	1.2	2834.2	2.5	7.8
宿迁	3.4	4.0	36.7	7.8	5.6	4.2	0.3	1.1	1290.8	5.9	7.6
合计	114.3	164.3	768.0	260.5	139.5	94.1	5.9	14.0	86045.6	110.0	174.6

2.1.2.2　部门分布

图 2.3 给出了本书建立的省级排放清单中点源(包括电厂和工业点源)、道路移动源、面源(包括工业面源、民用源、非道路移动源)和生物质开放燃烧的污染物排放量占总排放量的比重。由于本书掌握了江苏省内大部分工业企业的经纬度坐标和活动水平，所以估算的点源 SO_2、NO_x、CO、TSP、PM_{10}、$PM_{2.5}$、BC 和 OC 排放分别占各污染物总排放量的 83.9%、71.2%、55.2%、82.7%、75.0%、63.8%、40.7%和 30.9%，其中电厂、钢铁和水泥三个部门点源排放的 SO_2、NO_x、CO、TSP、PM_{10}、$PM_{2.5}$、BC 和 OC 分别占总量的 51.6%、56.8%、46.3%、57.0%、62.0%、51.7%、26.9%和 26.7%。

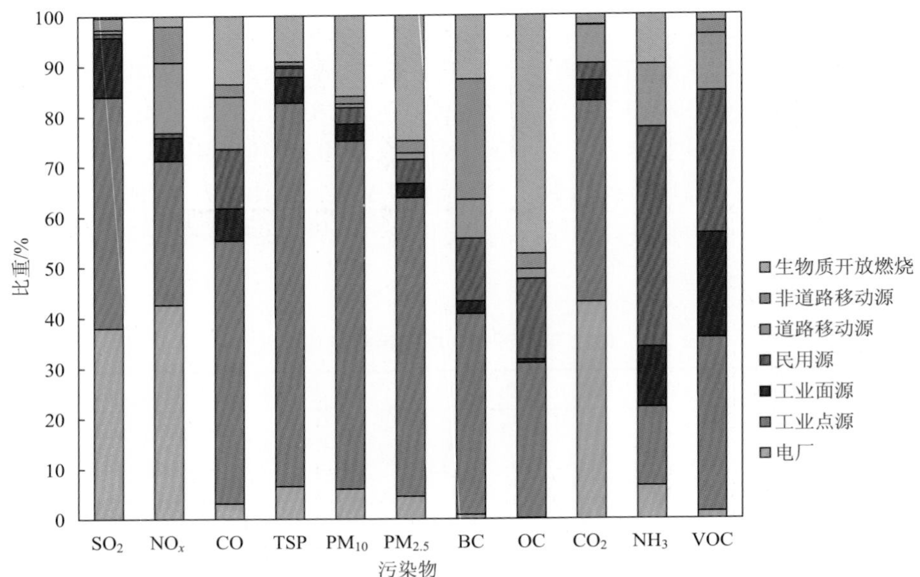

图 2.3　点源（包括电厂和工业点源）、道路移动源、面源（包括工业面源、民用源、非道路移动源）和生物质开放燃烧的污染物排放量占总排放量的比重

对于其他工业，虽然煤炭消耗仅占全省消耗量的 20.1%，但是由于污染控制设备应用率及污染物去除效率较低，其 SO_2 和 TSP 的排放量占总排放量的比例分别为 44.7%和 21.4%，明显高于煤炭消耗量所占比例。因此，在排放清单编制过程中有必要对中小型工业企业进行全面调研，掌握企业的详细信息有助于降低排放估算的不确定性，更好地表征地区排放特征。另外，从环境管理层面，中小型企业低煤耗、高排放的结果也说明在电力、钢铁等行业减排负荷趋于饱和时，提升中小型工业企业污染控制管理水平能取得较大减排效果。

图 2.4 给出了各类污染源的污染物排放分担率。SO_2 主要来源于电厂、钢铁和其他工业的排放，三者分别占总排放量的 37.5%、10.3%和 44.7%。虽然电厂的煤炭消耗量是工业的 1.87 倍，但其 SO_2 排放量却低于工业，说明随着电力行业脱硫设施的广泛使用，电厂排放的 SO_2 明显降低；同时也说明加强对工业源的控制是持续降低 SO_2 排放量的重要手段。

电厂、其他工业、道路移动源是 NO_x 的主要排放源，占 NO_x 总排放的比例分别为 41.4%、18.2%和 16.6%。自“十二五”开始，我国电力行业的 NO_x 排放控制力度逐渐加大，2005 年全国电厂 SCR/SNCR 装机容量为 4.2 GW，2010 年升高至 80.7 GW（Zhao et al.，2013）。Tian 等（2013）认为，虽然 SCR 和 SNCR 的设计脱硝效率分别为 85%～90%和 30%～50%，但是二者的全国平均实际脱硝效率为 70%和 25%。依据环境统计，2012 年江苏省电厂的 SCR/SNCR 装机率为 57.4%，平均

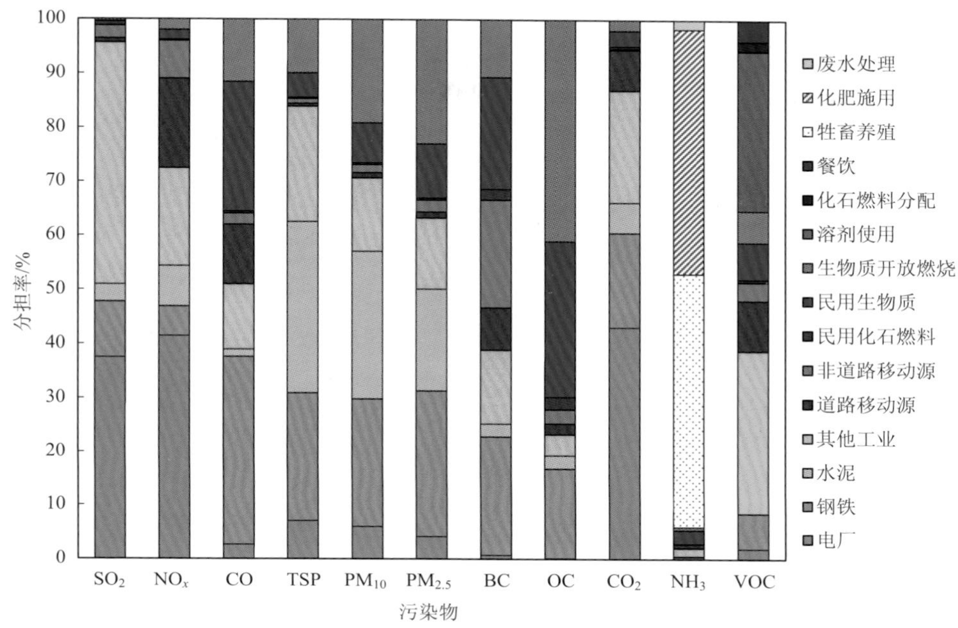

图 2.4　江苏省人为源大气污染物排放分担率(2012 年)

脱硝效率为 37.1%，低于 Tian 等(2013)采用的全国平均水平。另外，近三十年来中国的机动车保有量及成品油消费量呈显著增长趋势(He et al.，2005；Huo et al.，2012)，2005～2010 年全国交通源的年 NO_x 排放量逐年增加(Zhao et al.，2013)。在本书建立的排放清单中，交通源 NO_x 排放量占总量的 23.6%，是除电厂外 NO_x 排放分担率最大的污染源。

CO 主要来源于钢铁、民用生物质燃烧、其他工业和生物质开放燃烧，排放量分别占总量的 35.0%、24.0%、12.0%和 11.5%，交通源 CO 排放分担率也达到 13.1%。钢铁行业的 CO 来自烧结、炼铁和炼钢生产过程，而其他源的 CO 排放则主要来源于不完全燃烧。

对于颗粒物，由于电厂除尘器应用率高达 98.9%且平均除尘效率为 98.0%，所以 $PM_{2.5}$ 和 PM_{10} 的排放分担率低于其他气态排放物，仅为 4.1%和 6.0%。钢铁、水泥、生物质开放燃烧是 $PM_{2.5}$ 和 PM_{10} 的主要来源，对 $PM_{2.5}$ 的排放分担率分别为 27.2%、18.7%和 23.0%，对 PM_{10} 的分担率分别为 23.9%、27.2%和 19.1%。BC 和 OC 的部门分布存在较大差异，BC 最主要的排放源是钢铁，OC 最大的排放源则是生物质开放燃烧，民用生物质和生物质开放燃烧的 OC 排放量占总量的 69.7%。非道路移动源对 BC 分担率为 20.0%，对 OC 分担率仅为 2.6%，主要是因为非道路移动源包括农用机械、船舶和工程机械均大量使用柴油，而柴油机械 BC 的排放量明显高于 OC(何立强等，2015；Hildemann et al.，1991；Lowenthal et al.，1994)。

CO_2 产生于燃料的燃烧，所以其部门分布与各类排放源的能源消耗比例直接相关。牲畜养殖和化肥施用是 NH_3 的主要排放源，二者占 NH_3 总排放的 92.4%，其他排放源仅占 7.6%。VOC 的两个最主要来源是其他工业和溶剂使用，分别占排放总量的 29.6%和 30.2%。其他工业包括炼油和化工过程及工业燃烧，其中炼油和化工过程的 VOC 排放占比为 74.0%。溶剂使用则包括工业和民用溶剂使用，其中工业溶剂使用的 VOC 排放量占溶剂使用总排放量的 61.6%。另外，餐饮油烟排放也占到 VOC 总量的 4.0%。

2.1.2.3 时空分布

本书对江苏省排放清单进行了时间、空间及化学组分分配，以满足高时空分辨率的空气质量模拟需求。排放清单的时间和空间分配需要针对不同的排放源选取合理的特征变化表征参数，而化学物种分配主要针对颗粒物和 VOC，需要将污染物按源成分谱(即各类源排放颗粒物或 VOC 中不同成分的组成)细化为空气质量模式可识别的物种。

排放清单的时间分配主要需要确定各类排放源随月份、周、小时的变化情况。对于月变化系数，电厂、钢铁、水泥及其他工业源主要依据国家统计局发布的分月发电量及钢铁行业、水泥行业和其他工业产品产量确定。图 2.5 为调研得到的电厂及部分工业源月变化时间谱，根据全省分月发电量、成品油产量、平板玻璃产量和硫酸产量确定电厂、炼油、玻璃、硫酸生产的月变化，钢铁的月变化取焦炭、生铁、粗钢月产量变化的平均值，水泥的月变化取水泥熟料和水泥产量的平均值，有色金属冶炼的月变化取铜、锌、铝、铅四种产品产量变化平均值，其他工业的月变化取所有已知排放月变化系数的平均值。从图中可以看出，在冬季和

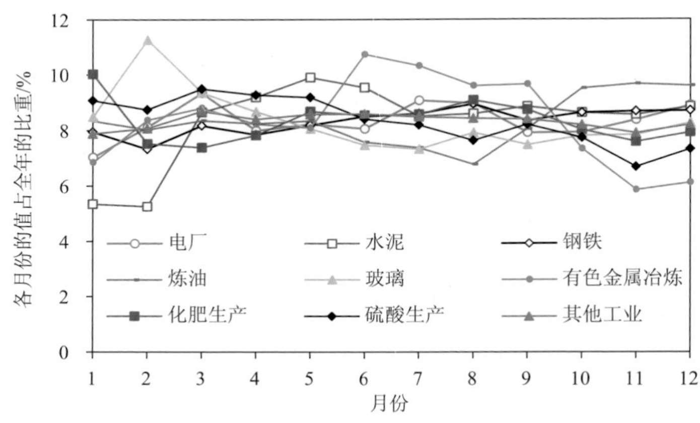

图 2.5　电厂及部分工业源月变化时间谱

夏季电厂的月发电量明显高于其他月份，造成污染物的排放量在这两个季节相对较高。民用、交通、农业和溶剂使用源的月变化、周变化主要引自李莉(2012)调研的结果；道路移动源的日变化特征引自杨浩明等(2011)对南京市的车流量实地观测的结果。

图 2.6 为 2012 年江苏省人为源排放 SO_2、NO_x、CO、$PM_{2.5}$、VOC 和 NH_3 的空间分布(空间分辨率为 3 km×3 km)。由于在空间分配时应用了大量点源的经纬度信息，所以从图中可识别出 SO_2、NO_x、CO 和 $PM_{2.5}$ 排放量较高的网格。从数量上看，苏南地区大型排放源明显多于苏北地区，且集中于苏州市和无锡市。对于 NO_x，除大型点源外，也可以明显识别出交通源排放在路网上的分布。NH_3 的空间分布与其他污染物存在较大差异，主要分布在农业和畜牧业较发达的南通市、淮安市、苏州市和泰州市。

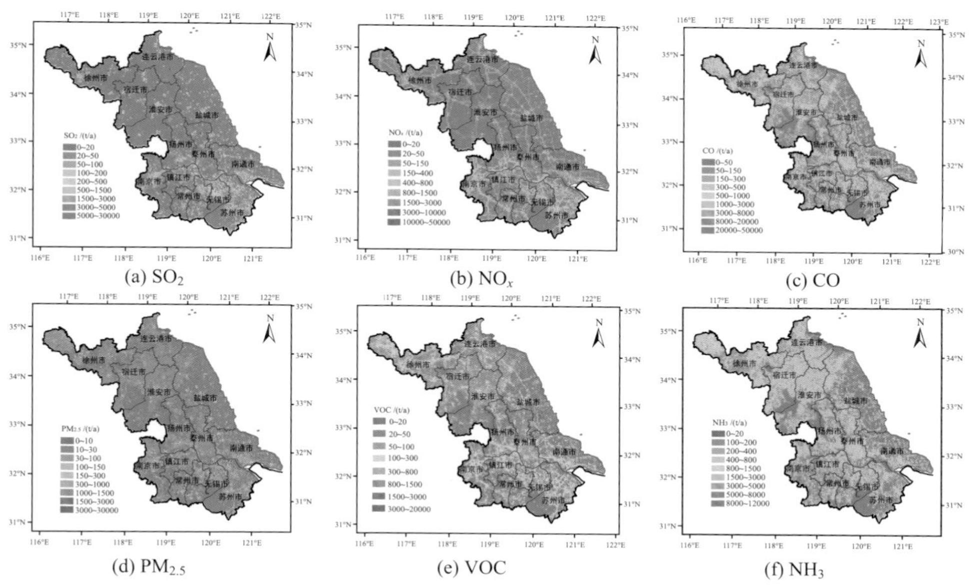

(a) SO_2　(b) NO_x　(c) CO

(d) $PM_{2.5}$　(e) VOC　(f) NH_3

图 2.6　2012 年江苏省 SO_2、NO_x、CO、$PM_{2.5}$、VOC 和 NH_3 的空间分布(3 km×3 km)

2.1.2.4　典型城市(南京)大气污染物排放及时空分布特征

我们计算了 2010～2012 年南京市各类大气污染物排放量。2010 年南京市 SO_2、NO_x、CO、VOC、$PM_{2.5}$、PM_{10}、TSP、BC、OC 及 CO_2 的排放量分别为 165 Gg、216 Gg、800 Gg、224 Gg、71 Gg、93 Gg、158 Gg、6.2 Gg、6.7 Gg 和 79975 Gg(此处颗粒物排放量不包含扬尘)。2012 年南京市 SO_2 与 NO_x 的排放量分别为 141 Gg 与 210 Gg，可见尽管三年间南京总耗煤量大幅度上升(从 2010 年的

3189 万 t 上升至 2012 年的 3560 万 t），人为源 SO_2 与 NO_x 排放量却在下降，表明南京市 SO_2 与 NO_x 排放得到了有效的控制。如表 2.6 所示，本书对南京市所有电厂开展了现场调研，结果表明，自 2010 年到 2012 年南京市电厂烟气脱硫、脱硝设施应用率及对相应污染物去除效率逐步提高。FGD 安装率从 92.4%增长至 98.3%，平均去除效率从 66.0%增长至 81.2%；SCR/SNCR 安装率从 43.7%增长至 67.4%，平均去除效率从 17.7%增长至 77.0%。2011～2012 年 SO_2 排放量轻微上升是由于 2011～2012 年燃煤量的增长集中在除电厂以外的工业部门，而这些企业当时尚未使用脱硫设备。对颗粒物排放控制水平的提升使 2010～2012 年 $PM_{2.5}$ 和 PM_{10} 排放量仅有轻微的上升，而 $PM_{2.5}$ 占 TSP 的百分比从 44.9%上升至 48.4%，表明细颗粒物相比粗颗粒物更难控制。由于能源消耗量增加，2010～2012 年 CO_2 年排放量增长 26.1%，而 CO 排放变化幅度不大，这反映出城市能源使用效率在逐步提高。

表 2.6　南京电力、钢铁和水泥行业典型过程主要污染物控制设备装机率和去除效率（单位：%）

年份	电厂-FGD		电厂-SCR/SNCR		水泥-除尘器
	装机率	脱硫效率	装机率	脱硝效率	除尘效率
2010	92.4	66.0	43.7	17.7	96.9
2011	97.0	78.5	66.6	41.8	97.0
2012	98.3	81.2	67.4	77.0	99.6

年份	钢铁				
	焦炉煤气散发率	高炉煤气散发率	烧结脱硫效率	炼铁除尘效率	炼钢除尘效率
2010	0.5	1.5	70.0	98.9	97.3
2011	0.5	1.5	70.0	98.9	96.7
2012	0.5	1.5	70.0	98.8	96.7

图 2.7 为 2010～2012 年南京市各类大气污染物排放量和燃煤量的部门分布。电力、钢铁及其他工业源为 SO_2 的三大最主要排放源，分别占 SO_2 总排放的 41%～42%、14%～19%及 23%～32%。除电厂以外，SO_2 的其他排放源也应得到有效控制，尤其是工业锅炉和冶金企业。对 NO_x 贡献最大的排放源为电力和交通，占全市总 NO_x 排放的比例分别保持在 45%和 20%左右。尽管 2010～2012 年电力部门耗煤量持续增长，但由于污染物控制设备应用率和污染物去除效率的逐步提高，三年间电力部门 SO_2、NO_x 及颗粒物的排放量占总排放量的比例变化不大，且显著小于火力发电耗煤量占全市总耗煤量的比例（57%～64%）及电力部门 CO_2 排放占全市总 CO_2 排放比重（48%～57%）。

对 VOC 排放贡献最大的行业是化工企业和溶剂使用，2010～2012 年两个行业分别占全市总 VOC 排放量的 52.0%～52.3%和 29%～30%。其他源所占比重均较

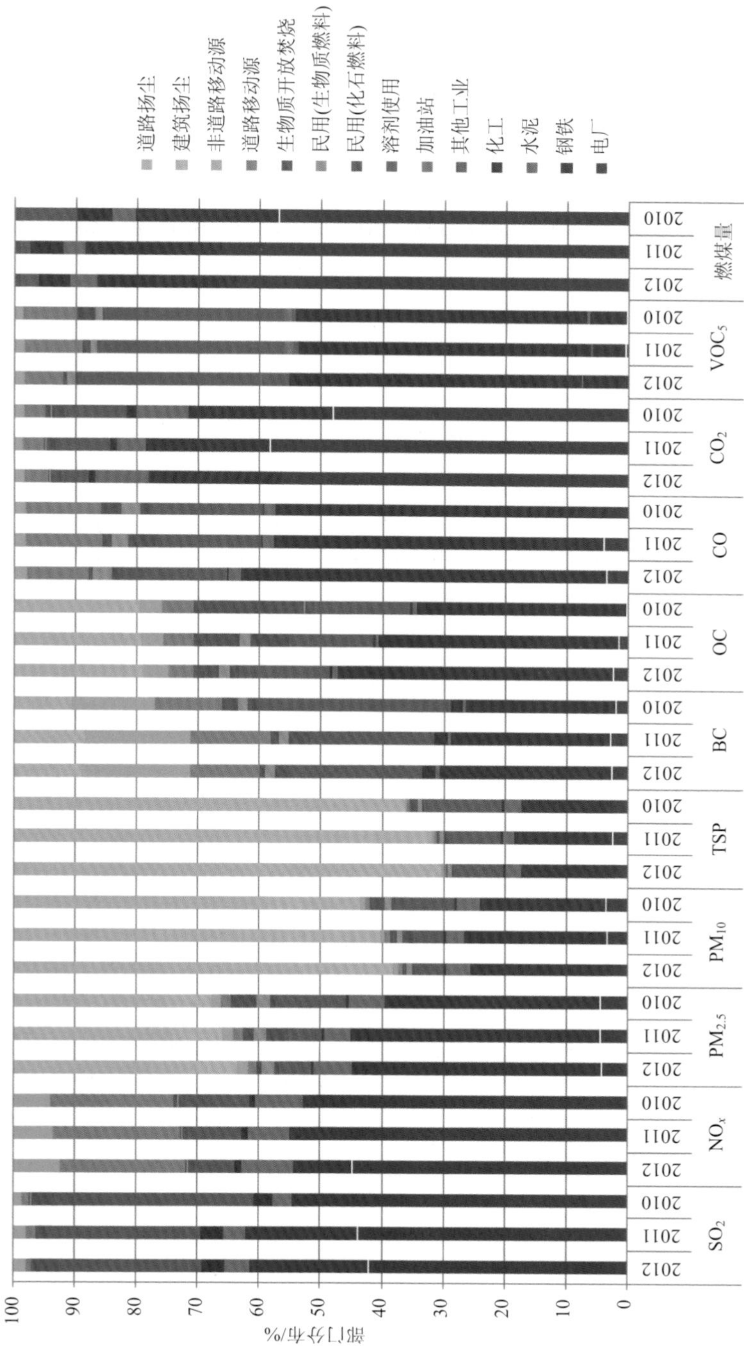

图 2.7　2010~2012 年南京市人为源大气污染物排放量及燃煤量部门分布

低，如 2012 年钢铁、交通及民用 VOC 排放量分别仅占全市总排放量的 7%、8%及 2%。随着南京市加油站油气回收装置的逐步安装，2010～2012 年加油站 VOC 排放量占全市比重从 1.3%下降至 0.4%。

钢铁是南京市最大的 CO 排放源，虽然本研究现场调研所获得的钢铁生产各过程排放因子低于全国平均水平(Zhao et al.，2013)，但 2010～2012 年 CO 排放量占全市总排放量的 54%～60%。2012 年其他源 CO 排放按贡献率从高到低排序依次为其他工业源(17%)、道路移动源(10%)、民用(6%)、电力(4%)、非道路移动源(2%)及水泥(2%)。由于缺乏相应的排放控制技术及设备，CO_2 排放部门分布与能源消耗量显著相关，电力、钢铁、水泥及其他工业为四个最大的 CO_2 排放部门，分别占 2012 年南京市 CO_2 总排放量的 56%、22%、9%及 4%。

尽管 2010～2012 年南京市机动车保有量迅速增加(从 117 万辆到 150 万辆)，但由于机动车排放标准逐步严格(自 2011 年起南京市开始实施第四阶段国家机动车排放标准，“国四”)，2011～2012 年道路移动源的 SO_2、NO_x、CO、VOC、$PM_{2.5}$、BC 及 OC 排放量占总排放的比重分别从 1.6%、20.7%、13.4%、9.3%、1.6%、13.1%及 5.0%下降至 0.8%、20.4%、11.1%、6.3%、1.4%、11.5%及 3.9%。由于在此期间南京市推行较为有效的秸秆禁烧政策，生物质开放燃烧污染物排放量及占总排放的比重同样有所下降。以 OC 为例，2010 年生物质开放燃烧 OC 排放量为 1.5 Gg，占全市 OC 总排放的 17.9%，而 2012 年生物质开放燃烧 OC 排放量下降至 0.4 Gg，占全市 OC 总排放的 4.2%。

根据排放源地理位置、南京市人口分布、MODIS 卫星探测火点及路网分布与车流量等信息完成 2012 年大气污染物空间分配(3 km×3 km)，如图 2.8 所示。南京市高污染物排放主要集中于城区和大型企业(点源排放源)所在位置，SO_2 排放最多的 13 家企业的 SO_2 排放量及 NO_x 排放最多的 20 家企业的 NO_x 排放量均占 2012 年南京市 SO_2 和 NO_x 总排放量的 60%。两家钢铁厂 $PM_{2.5}$ 排放量占南京工业 $PM_{2.5}$ 的 60%，高于 Zhao 等(2013)估算的全国平均水平 31%。这主要是因为南京某大型钢铁厂(产量占全市总产量的一半以上)在转炉炼钢过程中，对大约 10%的颗粒物采用湿法除尘，平均除尘效率仅为 85%。与钢铁相似，4 个化工厂 VOC 排放量占南京总 VOC 排放量的 46%。相比于大型企业排放源的主导污染物为 SO_2、NO_x 和 $PM_{2.5}$，尽管化工过程对 VOC 排放贡献也较大，但由于溶剂使用也具有较高排放量，VOC 排放的空间分布更为分散。特大排放企业在污染物排放量和空间分配中的主导性作用表明，对各个企业排放相关的参数进行详细调研和分析对提高城市尺度排放清单的准确度和可靠度至关重要。

值得注意的是，尽管特大排放企业主导了城市污染物排放水平和空间分布，相对分散的小型排放源对城市污染物排放量的贡献亦不可忽视。如图 2.9(本图颗粒物分析中不包含扬尘源结果)所示，2012 年重点污染源(电力、钢铁、水泥和化

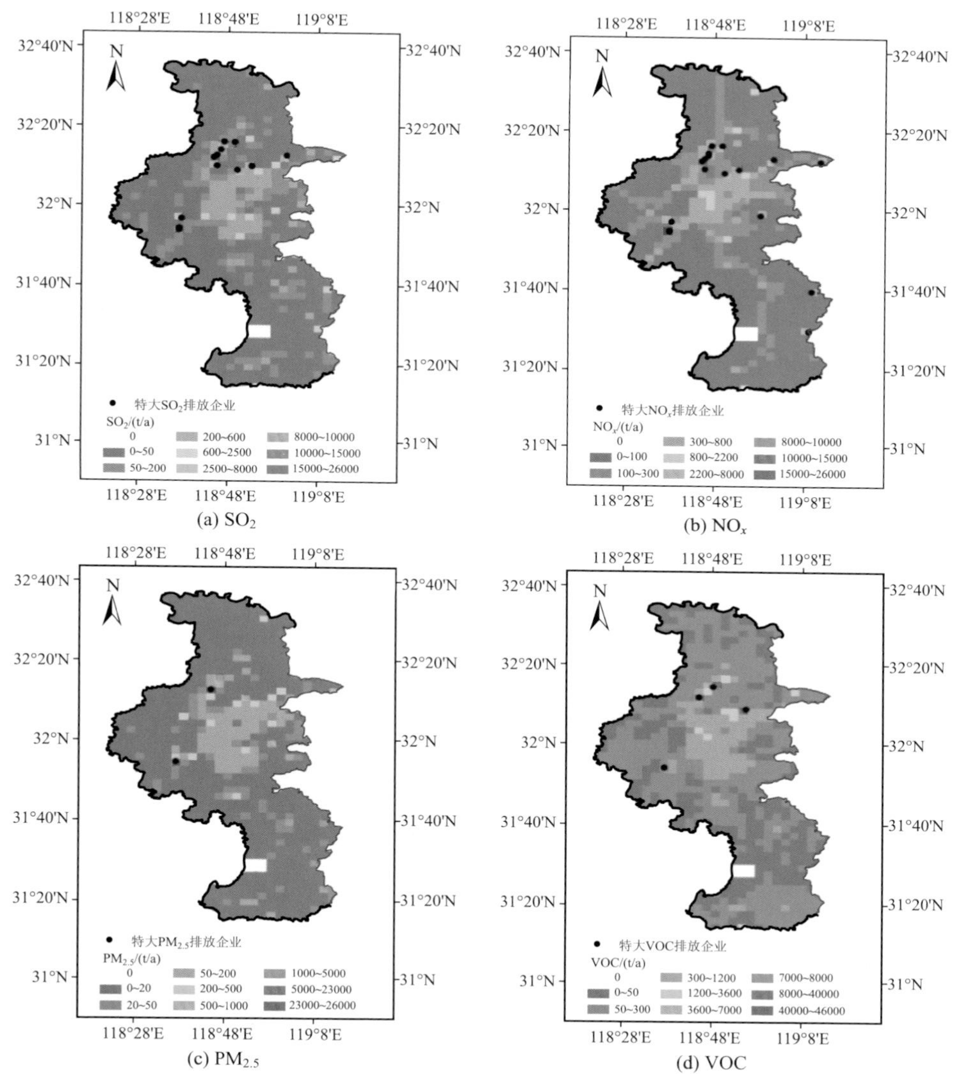

(a) SO_2　(b) NO_x　(c) $PM_{2.5}$　(d) VOC

图2.8　2012年南京市SO_2、NO_x、$PM_{2.5}$和VOC排放空间分布

工)的SO_2、NO_x、$PM_{2.5}$、PM_{10}、TSP、BC、OC、CO、CO_2及VOC排放量分别占全市总排放的69%、63%、81%、78%、66%、38%、62%、65%、88%及55%，远小于其耗煤量占全市总耗煤量的比例(96%)。由于分散的小型燃煤源的污染物排放控制设备应用率和去除效率均低于大型企业，尽管其耗煤量占比较低，污染物排放量占比却相对较高。一方面，从污染物排放控制和空气质量改善的角度来说，在大型排放源污染物控制设备应用率和去除效率都趋于饱和、未来排放削减

潜力缩小的情况下，将污染控制措施从大型排放源推广至中小型排放源显得十分必要；另一方面，从改善排放清单的角度来说，不同工艺类型的中小型锅炉和窑炉排放因子存在较大差异和不确定性，因此需要对这部分排放源开展更详细的现场调研和测试，优化排放因子，以更好地认识中小型排放源的排放特征。

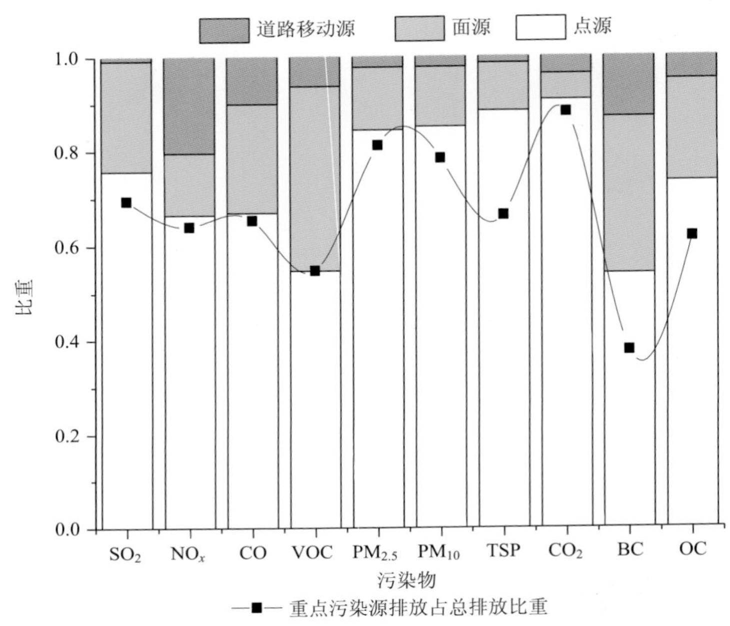

图 2.9　点源、移动源和面源污染物排放量占总排放比重及重点污染源（电力、钢铁、水泥和化工污染物）排放量占总排放比重

本书结合实地调研所获得的工业企业月活动水平（能源消耗量、原辅料消耗量及产品产量等）、烟气在线系统监测的主要污染物月均浓度值及MODIS火点信息，最终获取了较为精确的南京市人为源大气污染物排放月变化系数，如图2.10所示，其中图2.10(a)为不同部门排放SO_2月变化系数，而图2.10(b)为不同成分排放月变化系数。同时，将南京市的结果与清华大学开发的中国多尺度排放清单模型(MEIC；http://meicmodel.org/)中2010年的污染物排放月变化系数进行了对比。在MEIC与本书中，与能源消耗及工业产量密切相关的污染物（包括SO_2和NO_x等）排放均显示出较明显的季节变化。例如，年底因工业产量增加而在12月份出现显著的峰值，以及由于春节放假停工而在1～2月出现明显的波谷，这一点与中国CO_2排放时间变化(Liu et al.，2013)一致。本书实地调研所获得的南京市大气污染物排放的时间变化系数波动幅度要小于MEIC。以电力和工业部门为例，2010年MEIC电力部门1月、2月和12月的排放量占全年总排放量的比例分别为8.9%、

6.2%和 10.2%，而本书中相应的比例分别为 8.0%、8.7%和 9.5%，波动幅度小于前者；2010 年 MEIC 工业部门 1 月、2 月和 12 月的排放量占全年总排放量的比例分别为 7.3%、6.4%和 9.8%，而本书相应比例分别为 8.0%、7.5%和 8.9%，变化幅度同样小于 MEIC。超过 90%的生物质开放燃烧主要集中于 5～7 月，分别占全年的 29.5%、23.0%和 39.3%，导致这三个月 OC 排放量显著高于其他月份。

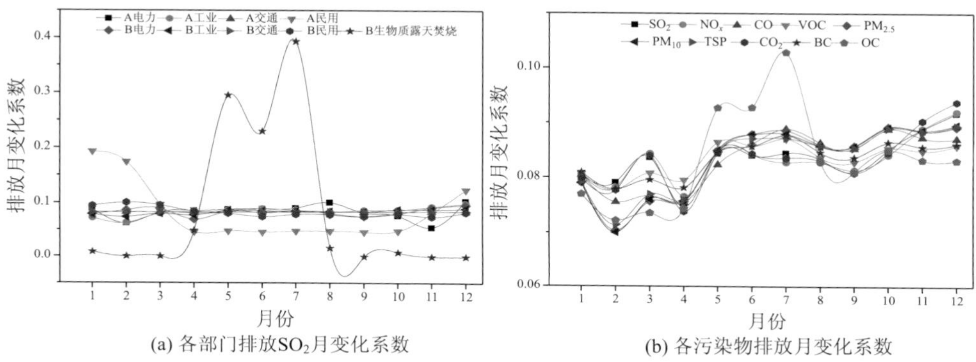

图 2.10　本书(南京市)及 MEIC 各部门 2010 年排放月变化系数(A 代表 MEIC，B 代表本书)及本书各污染物排放月变化系数

如图 2.11 所示，道路移动源的大气污染物排放有显著的日变化规律，24 小时内两个显著的排放高峰期均出现在早、晚交通高峰段。基于 COPERT 假设，机动车 CO 和 VOC 排放因子在冷启动期间要显著高于稳定运行期间，而 NO_x 和 $PM_{2.5}$ 受冷启动影响相对较小，同时大部分机动车的冷启动在早高峰时期，造成 08:00～10:00 的早高峰时期道路移动源 CO 和 VOC 的排放量分别占全天总排放量的 16.1%和 15.9%，高于 NO_x(14.2%)和 $PM_{2.5}$(14.9%)。

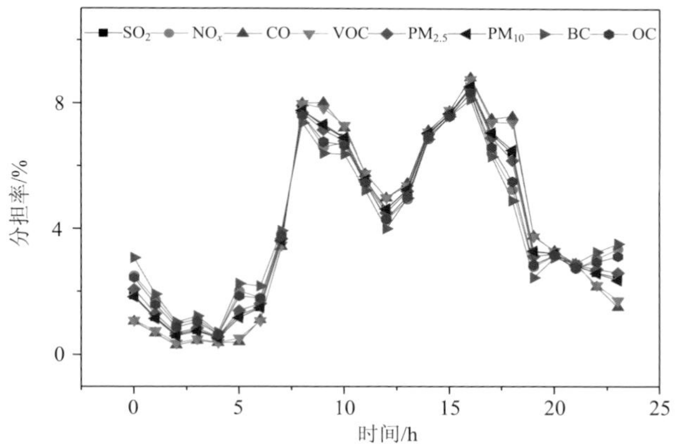

图 2.11　道路移动源排放日变化系数

2.2　省级和城市排放清单的不确定性分析

影响大气污染物排放清单质量的主要因素包括活动水平、排放因子、燃料质量、控制措施、去除效率等关键数据，其不确定性分析方法包括定性、定量或半定量三种。本书主要通过定性方法分析排放清单编制过程中采用的活动水平、排放因子和控制措施的去除效率导致的不确定性。

从省级尺度而言，根据环境统计，2012 年江苏省所有工业源煤炭消耗量为 25314.5 万 t，较《中国能源统计年鉴》给出的结果低 1732.8 万 t，这部分能源消耗在省级排放清单中作为工业面源估算。环境统计给出的电力行业煤炭消耗量为 17287.8 万 t，年鉴中的统计数据为 15965.7 万 t，存在 1322.1 万 t 的差距。有研究者认为，中国能源统计在一定时期内可能存在高估(Guan et al.，2012)，因此不同来源活动水平数据的差异会造成一定的不确定度。虽然环境统计中的污染物控制措施是针对每个工业点源分别给出的，但是仍存在同类型排放源去除效率相同的情况，如全江苏省 3661 家存在工业锅炉的中小型工业企业中有 306 家的除尘效率均为 87.2%。这些数据可能与实际情况有出入，会造成排放清单估算的不确定性。江苏省排放清单中道路移动源的排放因子采用 COPERT 模型估算，受到众多因素的影响，如平均车速、车重、年均行驶里程等。统计年鉴中给出的车型分类与 COPERT 不一致，导致在模型输入分车型机动车保有量时需要对统计数据进行转化，因此机动车排放的不确定性较高。对于非道路移动源，由于现有的国内测试文献结果中没有包含所有移动源类型的排放因子，估算时通常采用已给类型排放因子的平均值，所以不确定性较大。

而对于城市尺度的排放，基于实地调研获得的基于机组/设备的排放因子与实际更接近，但由于同一类型不同规模的工业源较少，数据样本不足，其排放因子变化范围还难以有效确定。除排放因子外，本书评估了城市排放清单建立过程中不同来源的活动水平数据之间的不一致造成的不确定性。中国能源统计的准确度和可靠性一直受到研究者的关注。在国家尺度上，不同统计来源发布的能源统计数据之间存在一定的分歧，而究竟选取哪一个能源统计数据作为基准建立排放清单目前仍存有争议。举例来说，国家尺度统计的中国总能源消耗量通常与分省统计的能源消耗量之和不一致，而这可导致估算的污染物排放量出现偏差(Akimoto et al.，2006；Guan et al.，2012；Zhao et al.，2013)。Akimoto 等(2006)认为，基于修正后的逐省的统计数据计算的排放清单年际变化趋势与卫星观测结果更一致，表示国家尺度总能源消耗量可能在一定程度上被低估；Guan 等(2012)则认为，省级尺度的能源数据存在过量报道的情况。然而，由于目前很少有聚焦于城市尺度排放的研究，对于城市尺度统计信息的准确度与可靠度的质疑很少。本书研究发现，城市尺度不同统计来源的能源消耗统计信息存在显著差异。城市统计年鉴报道的 2010 年南京市总煤炭消耗量为 2790 万 t，而环境统计报道的 2010 年南京市总煤炭消耗量为 3189 万 t，比前者高出 14%。不同来源的总耗煤量之间的差异主要来自对小型工业源耗煤量数据的收集。在大中型企业能源消耗数据质控已经逐步提高的情况下，相当一部分小型企业依然缺乏较完善的能源使用信息记录，这使城市统计很难完全掌握部分企业的能源使用情况。环境统计部门统计能源消耗的最终目的是控制污染物排放，因此环境统计部门会通过现场调研的方式获取和审核各个企业的能源消耗数据，我们认为本书中环境统计报道的总能源消耗量对于建立排放清单而言更准确。环境统计数据表明，大中型企业的耗煤量占全市总耗煤量的比例从 2010 年的 84%上升至 2012 年的 91%，主要归因于能源消耗数据不确定性较大的小企业的逐步关停。随着小锅炉/小企业不断被淘汰，不同的统计来源造成的不确定性将会逐步降低。

2.3　城市排放清单的观测评估和验证

本节以南京市高精度排放清单为对象，基于卫星观测和地面观测评估城市排放清单代表大气成分排放水平和空间分配的准确度及尚存的不理想之处，同时探索根据高分辨率城市排放清单对观测数据质量进行评估验证的方法。该研究旨在为南京市大气污染控制和空气质量改善提供科学依据，也可为其他城市排放清单的建立和评估提供思路和方法借鉴。

2.3.1　基于卫星观测评估城市排放清单

本书对比基于臭氧探测仪（Ozone Monitoring Instrument，OMI）观测获得的 NO_2 垂直柱浓度（vertical column density，VCD）与本书建立的高分辨率城市排放清单中 NO_x 排放的空间分布，以评估城市排放清单的质量。采用荷兰皇家气象研究所反演的 OMI 观测的 NO_2 VCD 产品（Boersma et al.，2007；2011），其发布的卫星数据产品的时间分辨率为月，空间分辨率为 0.125°×0.125°（http://www.temis.nl/airpollution/no2col/no2regioomimonth_qa.php）。

我们采用 OMI 观测南京市夏季（6～8 月）NO_2 VCD，与本书所建立的 3 km×3 km 城市排放清单及 5 km×5 km 的 MEIC（2010 年）进行对比。夏季由于温度高，对流活动较强，NO_2 生命期较短，不易积累，故夏季观测值最低，且更接近人为排放。此外，由于 OMI 夏季 NO_2 VCD 数据最低，在某个点某个月的数据缺失不会对结果造成太大影响。为便于直观对比及降低数据处理过程造成的误差，本书将排放清单省尺度空间分辨率定为 0.125°×0.125°，与 OMI 观测的 NO_2 VCD 空间分辨率一致。

图 2.12 从左到右依次为本书估算的 2010 年南京市人为源 NO_x 排放空间分布、2010 年夏季 OMI 观测的南京区域 NO_2 VCD 及 MEIC(2010 年)的南京市人为源 NO_x 排放空间分布。可以看出，NO_x 排放空间分布与 NO_2 VCD 空间分布特征基本相似，由于交通源的集中排放及大型点源(电力、钢铁等)排放信息较易获取，在三幅图中均可以在市中心城区部分识别出显著的高污染(表现为高 NO_x 排放量或者高 NO_2 VCD)。与 MEIC 相比，本书所建立的城市 NO_x 排放清单的排放高污染区域与 OMI 观测的高 NO_2 VCD 区域更接近，但两份排放清单排放高值区范围均小于 OMI 观测浓度高值区。

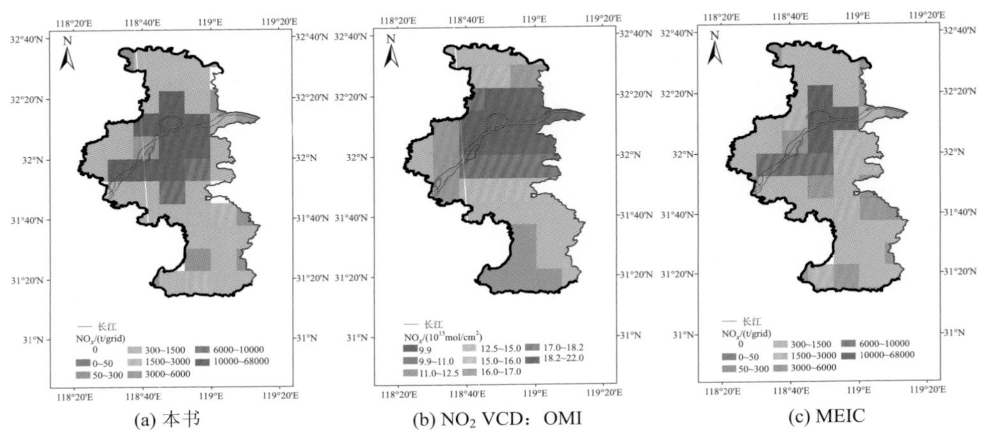

图 2.12　本书、OMI 和 MEIC 获取的南京市 2010 年 NO_x 排放或 NO_2 VCD 空间分布 (0.125°×0.125°)

为了进一步评估本城市排放清单在污染物空间分配上的优化程度，本书对卫星观测的 NO_2 VCD 空间分布与排放清单 NO_x 空间分布进行了相关性分析。如图 2.13(a)所示，城市排放清单中 NO_x 0.125°×0.125°网格排放量与 OMI 观测的 NO_2 VCD 之间的相关性较好(相关系数 R 为 0.450)，略高于 MEIC 与 NO_2 VCD 之间的相关性(相关系数 R 为 0.408)。相近的相关系数表明，尽管基于详细的本地源建立的城市排放清单的空间分布直观上与卫星观测更为一致，但在总体排放水平方面，MEIC 对城市排放的估算也具备一定的准确度。此外，本书设计敏感性测试，逐步去除排放清单中 NO_x 排放量最大的网格及 OMI 观测 NO_2 VCD 分布中与之对应的网格，对剩余网格的 NO_x 排放量及 NO_2 VCD 做相关性分析，通过相关系数的变化分析排放清单的精确度。如图 2.13(b)所示，随着高值 NO_x 排放网格及其对应的 NO_2 VCD 被逐步去除，城市排放清单中 NO_x 排放与 NO_2 VCD 之间的相关系数 R 在 0.430 左右轻微波动，而 MEIC 的 NO_x 排放与 NO_2 VCD 之间的相关系数 R 下降较快，当去除 7 个 NO_x 排放最大网格时，MEIC 的 NO_x 排放与

NO_2 VCD 之间的相关性已经较弱。本书中关于南京市所有的电力及工业排放源(钢铁、水泥及化工行业等)的排放参数均通过对逐个企业的综合调查(包括实地调研及地方统计资料如环境统计、污染源普查、排污申报等)获取，因此在城市尺度精细化排放定量方面应有所改进，尤其是对中小型排放源的估算。两份排放清单中去除的排放量最大的网格均为电厂所在网格，当同时去除10个包含电力排放的网格后，城市排放清单排放量估算值与 NO_2 VCD 之间的相关性依然较好，相关系数 R 为0.436，而 MEIC 排放量估算值与 NO_2 VCD 的相关系数小于0.1[图2.13(c)]。这一结果表明，较大空间尺度的排放清单对大型排放源的估算优于中小型排放源，当把研究对象范围缩小到某一城市时，对中小型排放源信息的深入掌握对提高排放清单准确度具有重要作用。

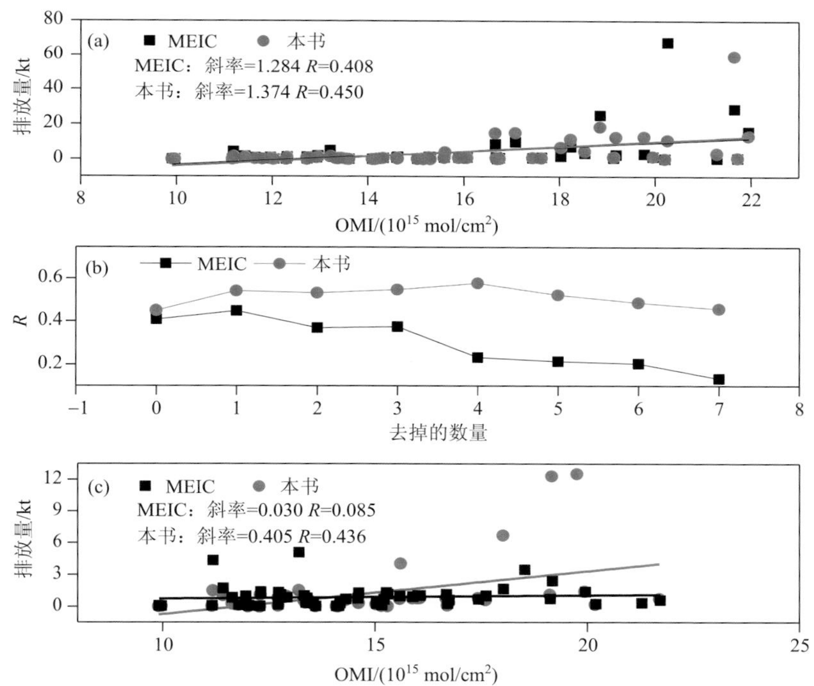

图2.13　OMI-NO_2 VCD 与排放清单[本排放清单与 MEIC(2010)]NO_x 排放相关性

(a)所有数据；(b)逐步去除排放清单中 NO_x 排放量最大的网格及对应的 OMI 观测网格；(c)去除10个电厂排放所在的网格及 OMI 中对应的网格

从图2.12中可以看出，OMI 观测的 NO_2 VCD 相比 NO_x 排放在高污染区域有比较明显的向东北方向扩张的趋势。高 NO_2 污染相比 NO_x 排放扩散方向跟长江南京段下游位置是一致的。从江浙沪皖地区 NO_2 VCD 的空间分布(图2.14)来看，长江下游江苏、上海段航道上，以及航道周边观测到的 NO_2 VCD 很高，一方面是因为沿江周边地区经济发达，本地 NO_x 排放量比较高；另一方面也有船舶排放量较高的原因。南京夏季主导风向是东南风及东风，来自南京市下游方向船舶的 NO_x 排放在风力的作用下扩散，导致观测到的 NO_2 VCD 相比于 NO_x 排放在高污染区域有比较明显的向东北方向扩张的趋势。

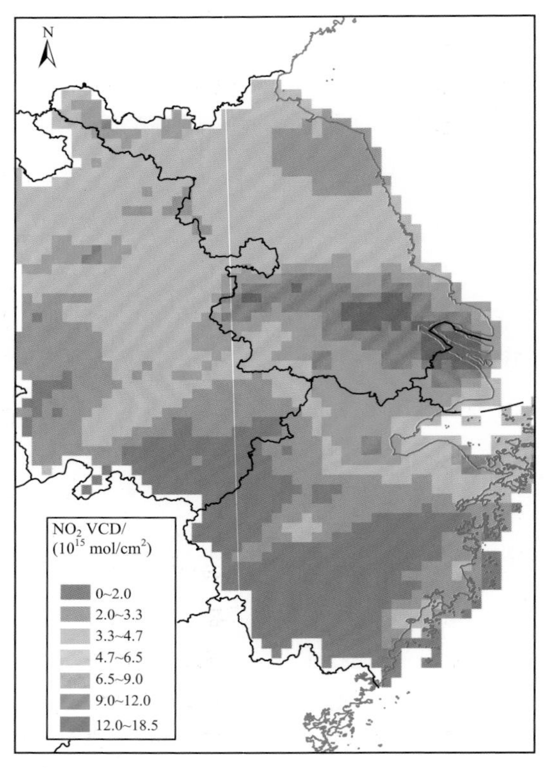

图 2.14　2010 年夏季 0.125°×0.125°江浙沪皖地区 NO_2 VCD 空间分布

本书所建立的城市排放清单和 MEIC 均未充分反映南京市范围内长江航道上的高 NO_x 排放量，对非道路移动源中的船舶排放存在低估。本书计算南京市船舶排放的活动水平数据来自统计年鉴提供的南京市年客运量及货物吞吐量等数据，仅包含在长江南京段内靠港的船舶，不包含经过长江南京段的船舶，因而可能低估了船舶实际活动水平。因此，基于更可靠的数据(如船舶流量信息)进一步研究长江航道上观测到的高 NO_2 VCD 与船舶及沿江工业园 NO_x 排放的关系，以及过往船舶对南京市 NO_x 排放量的影响十分必要。

2.3.2　基于地面观测评估城市排放清单

利用南京市 9 个环境空气质量国控自动监测站(简称国控点)2012 年日均 SO_2、NO_2、CO 及 $PM_{2.5}$ 浓度值来评估城市排放清单。9 个国控点分别位于南京市草场门、玄武湖、瑞金路、中华门、山西路、迈皋桥、仙林大学城、奥体中心及浦口。其中，草场门与中华门为城区观测点；由于城市化迅速发展，原先设定的郊区点如仙林大学城和浦口目前已经成为城郊观测点。SO_2、NO_2、CO 及 $PM_{2.5}$ 观测仪器分别为 Ecotech EC9850B/ Api 100E/ OPSIS AR500、Ecotech EC9841B/ Api 200E/ OPSIS AR500、Ecotech EC9830B/ Api 300E 及 Metone 1020。

2.3.2.1　基于观测浓度和排放量空间相关性评估城市排放清单

气态污染物 SO_2 和 NO_x 寿命较短，其大气环境浓度能在一定程度上反映排放强度，据此可以通过排放量与观测浓度之间的相关性分析来评估排放清单的准确度。本书分别提取以 9 个国控点为中心 0.04°×0.04°网格范围内各类污染物的排放量，与对应的观测到的年均浓度值做相关性分析，结果如图 2.15 所示。本书估

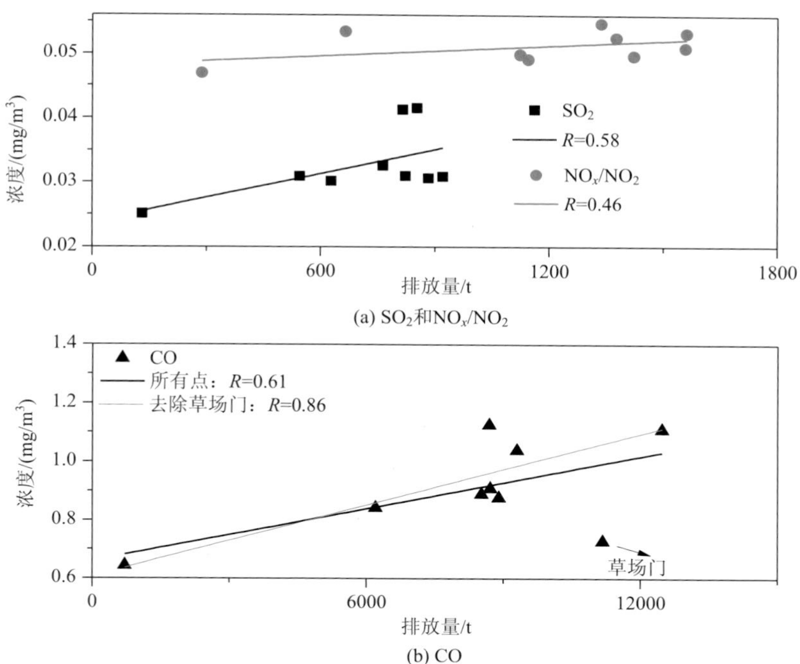

图 2.15　2012 年南京市 9 个国控点周边污染物浓度及其排放量相关性分析

算的 SO_2 和 NO_x(NO_2)排放量与观测的周边环境浓度之间的相关性较好，相关系数 R 分别为 0.58 和 0.46；CO 排放量与浓度的相关系数为 0.61。尽管 CO 在大气中的寿命长于 SO_2 和 NO_x，但南京市大气中 CO 主要来自不完全燃烧引起的一次排放，表明根据观测对排放量进行评估是合理的。尽管本书对逐个工业排放源做了详细的现场调研，依然无法充分掌握或精确定量小型燃煤源的污染物排放量，因此导致 CO 排放量与观测浓度之间存在一定的偏差。

相比气态污染物，颗粒物 $PM_{2.5}$ 排放量与大气浓度之间的空间相关性非常小。一方面，$PM_{2.5}$ 在大气中生命周期较长且受区域传输影响，同时二次气溶胶对大气中的 $PM_{2.5}$ 贡献显著(Yang et al.，2011；Huang et al.，2014b)，导致观测到的颗粒物浓度并不能反映本地的排放；另一方面，部分小型分散的燃煤活动和非燃烧工业过程等占总 $PM_{2.5}$ 排放量较大比例的源，由于缺乏详尽的工艺技术信息及污染物排放控制水平信息，估算其 $PM_{2.5}$ 排放的准确度相比大型点源也较低；此外城市排放清单中对扬尘排放量的估算及在空间分配上存在偏差，也可能是造成观测浓度与排放量相关性较小的原因。

2.3.2.2　基于不同大气成分的观测约束评估城市排放清单

对于一些因来自相同排放源而拥有相似排放特征的污染物，或者因化学活性较低而可在大气中存在较长时间的污染物，连续观测获得的大气污染物浓度可以为排放清单评估提供“自上而下”的有效约束(即由空气中的污染物含量推测地面排放强度)。本书基于 2012 年南京市各类大气污染物地面观测数据分析了三组大气污染物(BC 和 CO、OC 和 EC，以及 CO_2 和 CO)之间的特定关系，据此评估城市排放清单的可靠度。

1. BC/CO

BC 和 CO 主要来自固体燃料的不充分燃烧及一些工业过程。由于在大气中的寿命较长，CO 经常被用作分析大气污染传输路径的示踪物质(Liu et al.，2010)。将 CO 与 BC 观测数据相结合可以用来评估排放清单质量(目前多用于区域或国家尺度排放清单的评估)，尤其是排放量估算不确定性较大的 BC(Kondo et al.，2011；Wang et al.，2011a；Zhao et al.，2011，2012b)。本书依据 Wang 等(2011a)提出的方法，基于南京城区草场门监测站观测的 BC 与 CO 浓度之间的相关性，评估所建立的南京市排放清单中 BC 与 CO 的排放特征。BC 日均浓度采用 Magee AE 31 观测，CO 日均浓度采用 Ecotech EC9830B 观测。由于大气中的 BC 和 CO 观测浓度不仅仅受排放影响，同时也受多种大气过程影响，如 BC 干湿沉降、CO 与羟基自由基(·OH)的化学反应、BC 与 CO 在大气中的混合对流(Wang et al.，2011a)等，自上而下观测得到的 BC/CO 在计算中需要在观测数据的基础上去除这些大气过程的影响，计算公式如式(2.3)所示：

$$\mathrm{dBC}/\mathrm{dCO}|_t = \mathrm{BC}/\mathrm{CO}|_{E,\text{top-down}}\ F_{\text{dry}}F_{\text{chem}}F_{\text{mixing}}F_{\text{wet}} \tag{2.3}$$

式中，dBC 与 dCO 为 BC 和 CO 在大气物理化学过程(干湿沉降、化学反应和混合对流)中的浓度贡献；F_{wet} 为 BC 湿沉降影响；F_{dry}、F_{chem} 和 F_{mixing} 分别为 BC 干沉降影响、CO 与 · OH 的化学反应影响及 BC 与 CO 在大气中的混合对流影响。

线性分析表明，2012 年南京市草场门站点观测的 BC/CO 为 0.00709 μg/ $(\mathrm{m^3 \cdot ppbv})$ (ppbv 指十亿分之一的体积比)，当去除 BC 湿沉降之后 BC/CO 上升至 0.00735 μg/ $(\mathrm{m^3 \cdot ppbv})$ (图 2.16)。由于测量具有一定的不确定性(Wang et al.，2011b)，本次分析采用简化主轴法替代最小二乘法进行线性拟合。去除掉大气物理化学过程后，$\mathrm{BC/CO}|_{E,\text{top-down}}$ 值为 0.00791 μg/$(\mathrm{m^3 \cdot ppbv})$，小于南京市排放清单中 $\mathrm{BC/CO}|_{E,\text{bottom-up}}$ [0.01075 μg/$(\mathrm{m^3 \cdot ppbv})$]的结果。

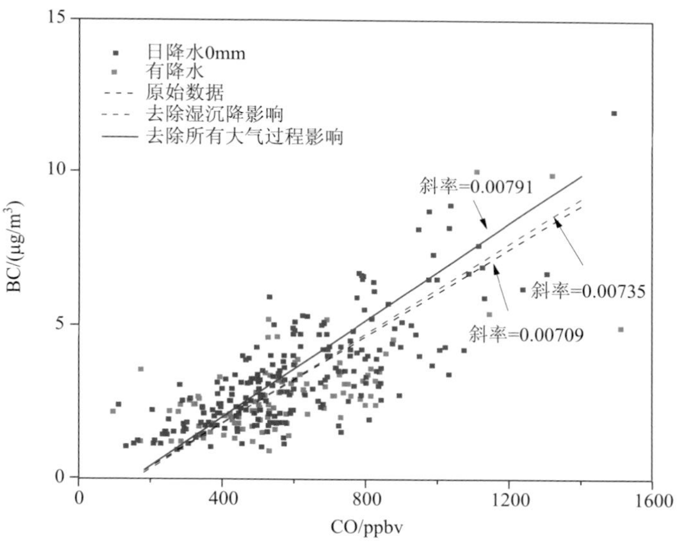

图 2.16　2012 年南京市草场门观测日均 BC 与 CO 相关性

本书采用的观测站点位于南京市中心，受局地交通源如汽油车排放影响严重，而汽油车 BC/CO 较低，因此，据草场门观测站观测得出的 $\mathrm{BC/CO}|_{E,\text{top-down}}$ 理论上应低于基于全市总排放量得出的 $\mathrm{BC/CO}|_{E,\text{bottom-up}}$。本书结果与此分析一致，一定程度上验证了城市排放清单的可靠度和准确度。除了年均值，我们同样分析了不同季节的排放情况，结果见表 2.7。

表 2.7　2012 年南京草场门站点观测 $BC/CO|_{E,top\text{-}down}$ 和南京市排放 $BC/CO|_{E,bottom\text{-}up}$

时期	城区观测							"自下而上"排放清单
	Avg. BC[a] /(μg/m³)	Avg. CO[a] /ppbv	Avg. BC[b] /(μg/m³)	Avg. CO[b] /ppbv	$BC/CO\|_{E,top\text{-}down}$[a] /[μg/(m³·ppbv)]	$BC/CO\|_{E,top\text{-}down}$[b] /[μg/(m³·ppbv)]	$BC/CO\|_{E,top\text{-}down}$[c] /[μg/(m³·ppbv)]	$BC/CO\|_{E,bottom\text{-}up}$ /[μg/(m³·ppbv)]
春季	2.946	661.3	3.009	684.9	0.00696	0.00717	0.00773	0.01120
夏季	2.644	490.3	3.000	491.0	0.00826	0.00846	0.00911	0.01064
秋季	4.206	619.6	3.822	627.1	0.00807	0.00808	0.00869	0.01055
冬季	3.007	615.0	3.068	637.7	0.00506	0.00601	0.00647	0.01063
全年	3.156	588.0	3.264	600.5	0.00709	0.00735	0.00791	0.01075

注：a，原始观测值；b，去除 BC 湿沉降影响；c，去除所有大气物理化学过程影响。

由表 2.7 可以看出，$BC/CO|_{E,top\text{-}down}$ 夏季最高，冬季最低，而本书所建立城市排放清单中 $BC/CO|_{E,bottom\text{-}up}$ 春季最高，秋季最低。$BC/CO|_{E,top\text{-}down}$ 和 $BC/CO|_{E,bottom\text{-}up}$ 之间季节变化差异性较大的主要原因有三点。第一，本书排放的月变化系数主要通过调研大中型企业的活动水平而得，而本节评估的相关大气污染物，尤其是 BC，主要来源是小型工业源及民用源，目前仍然缺少这类源污染物排放的详细时间分配资料。第二，由于低温，冬季机动车冷启动排放比重上升(Cai and Xie，2009)会导致冬季交通源 CO 排放量上升；而 COPERT 模型未能完全捕捉这一点，这也是造成冬季 $BC/CO|_{E,top\text{-}down}$ 较低，而 $BC/CO|_{E,bottom\text{-}up}$ 没有显著变化的一个重要原因。第三，本书在分析 $BC/CO|_{E,top\text{-}down}$ 过程中忽略了 F_{chem} 的季节变化，对四个季节采取同一个 F_{chem} 值，这与实际情况有偏差。冬季太阳辐射较弱，边界层 ·OH 浓度较低，从而造成较小的 CO 汇，而与夏季正好相反(Seiler et al.，1984；Huang et al.，2014a)，因此夏季较高的 F_{chem} 值可能使 $BC/CO|_{E,top\text{-}down}$ 实际值低于本书目前估算的结果，即本书的 $BC/CO|_{E,top\text{-}down}$ 在夏季可能被高估，而在冬季则可能被低估。

2. OC/EC

OC 和 EC 均是不完全燃烧的副产物，因此观测的 OC/EC 可以用来评估碳质气溶胶的排放及 OC 的二次生成。通常认为基于观测获得的一次 OC/EC 值，即 $(OC/EC)_{pri}$，去除了二次有机气溶胶(secondary organic aerosol，SOA)的影响，可以作为对 OC 和 EC 排放比值的"自上而下"约束。本研究利用石英膜对南京市下风向大气中的 EC 和 OC 进行采集，采用 DRI2001 热光碳分析仪进行分析得出 OC 与 EC 季节浓度(Li et al.，2015)。$(OC/EC)_{pri}$ 为各个季节采样期间观测到的最低日均 OC/EC，春季、夏季、秋季及冬季分别为 1.7、1.27、1.53 及 1.85，年均值为 1.59；而从“自下而上”的角度，本书建立的城市排放清单中的 OC/EC 为 1.38。两者结果较为接近，一定程度上证明了城市尺度排放清单的可靠性。

本书获得的城市排放清单中的 OC/BC 低于观测的 $(OC/EC)_{pri}$。由于观测点周边排放源较少，本书获得的 $(OC/EC)_{pri}$ 的观测点受本地源（如排放 OC/BC 相对较低的道路移动源）影响小于区域污染物传输影响（Li et al.，2015），因此南京市内较少而南京市外较多的 OC/BC 较高的排放源可能对观测浓度的影响较大，包括民用化石燃料燃烧、民用生物质燃烧及生物质开放燃烧等。2010 年江苏省和安徽省排放的 OC/BC 分别为 1.91 和 2.13（Zhao et al.，2013），均显著高于南京本地排放的 OC/BC。另外，Li 等（2015）采用的碳质气溶胶采样方法会对 OC 进行采样监测产生正偏差，因为石英膜会吸附大气中的一部分半挥发有机物（Chen et al.，2009），从而使 $(OC/EC)_{pri}$ 偏高。为了更好地评估城市尺度 OC 和 BC 排放清单及其变化情况，建议在本地排放源主导的观测点进行更长时间的连续观测。

3. CO_2/CO

CO_2 是重要的温室气体，主要来自化石燃料燃烧及工业过程等人为源排放。不同排放源由于燃烧效率不同，CO_2/CO 比值也不同，因此可以用观测获得的大气中 CO_2/CO 摩尔比评估排放清单。本排放清单估算的 2010 年、2011 年及 2012 年 CO_2/CO 排放摩尔比分别为 65.7、73.6 及 76.2，显著高于 2008 年北京市 CO_2/CO 排放摩尔比（32.8，Zhao et al.，2012b），也显著高于 2008 年北京郊区站观测到的 CO_2/CO 摩尔比（26.8，Wang et al.，2010）和日本波照间岛（Hateruma Island）2010 年观测到的 CO_2/CO 摩尔比（34.5，Tohjima et al.，2014）。基于以上存在的巨大差异，本书分析了南京市城区草场门观测站的 CO_2/CO 摩尔比，以评估南京市排放清单。为了去除高温导致的自然源排放对结果的影响，仅采用冬季（2012 年 1 月、2 月及 12 月）的观测数据进行分析。南京冬季的主导风向是东风及东北风，而 CO_2 排放量占全市总排放 65%的大排放点源均处于草场门观测站的东风及东北风向位置，表明采用草场门观测站的观测数据来评估南京污染物排放估算结果是合理的。

2012 年冬季（1 月、2 月及 12 月）南京市 CO_2 和 CO 平均浓度分别为 421 ppmv（ppmv 指百万分之一的体积比）和 608 ppbv。据 Wang 等（2010）所提出的方法将整个冬季 CO_2 和 CO 的日均浓度数据集分为三部分（图 2.17）：①CO 浓度低于 30%百分位部分（CO、CO_2 平均浓度分别为 350 ppbv、410 ppmv），②CO 浓度介于 30%和 90%百分位之间的部分（CO、CO_2 平均浓度分别为 659 ppbv、424 ppmv），③CO 浓度高于 90%百分位的部分（CO、CO_2 平均浓度分别为 894 ppbv、431 ppmv）。我们认为数据集①主要受来自南京以外的相对清洁的区域的气团影响；数据集②主要受南京本地排放的影响，且气团混合较充分；而数据集③可能受附近燃烧效率很低的污染源（如民用燃烧等）造成的极端污染的影响（Wang

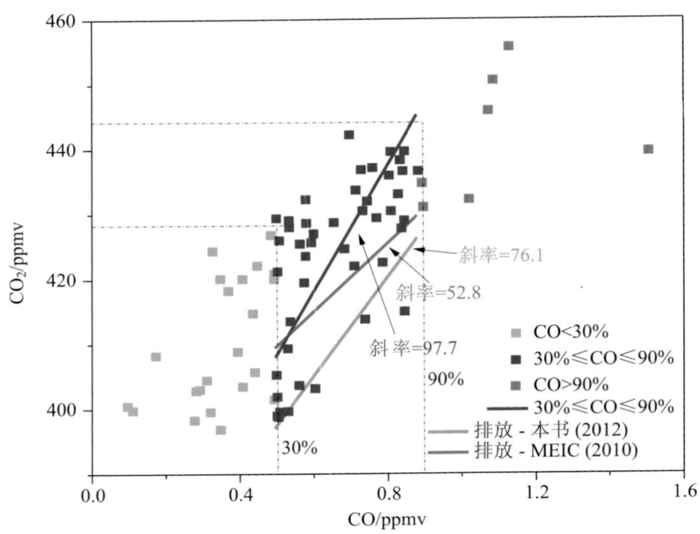

图 2.17　2012 年南京草场门观测站观测的冬季日均 CO_2 和 CO 浓度及其相关性(CO 浓度在 30%～90%百分位的观测值)与“自下而上”排放清单中 CO_2/CO 摩尔比值

et al.，2010)，或者是受到了整个长三角区域复合污染的影响。图 2.18 为三种数据集对应的 48 h 后向轨迹的聚类分析。图 2.18(a)和(b)的对比结果表明，在数据集①所对应的日期，影响南京市草场门观测站的气团主要来自我国北部和海上，且气团在到达南京之前气流速度和气团高度均较高，为相对清洁气团。在数据集②对应的日期，影响南京草场门站点的气团虽然有 90%来自中国北方和海上，但在靠近南京之前气团的高度较低且气流速度缓慢，表明这部分气团在南京境内流动时间较长，受南京本地污染物排放影响较大；另外有 11%的气团一直在草场门站点周边，同样受南京本地源排放影响较大。图 2.18(c)表明影响草场门站点的气团受到了来自上海和浙江方向气团的影响，且气团在南京境内的高度显著低于数据集①和②所对应的气团，同时气团的流动方向相比图 2.18(a)和(b)呈显著多样化趋势，同一股气团的气流方向变化也较大，表明其可能受极端天气或者长三角地区复合污染的影响。后向轨迹聚类分析结果在一定程度上证明了本书对 CO_2 和 CO 观测数据筛选的合理性。

通过以上数据筛选，本书认为 CO 浓度介于 30%和 90%百分位之间的数据集对应的 CO 和 CO_2 数据能更好地反映南京本地排放源对 CO 和 CO_2 观测的影响，因此本书采用此数据集对排放清单进行评估。

图 2.17 展示了南京市观测及排放清单的 CO_2/CO 摩尔比。与 BC/CO 分析类似，CO_2/CO 观测数据的拟合依然采用简化主轴算法。对本地观测的数据集进行筛选之后，计算得到 CO_2/CO 摩尔比为 97.7，而本书所建立的城市排放清单中的

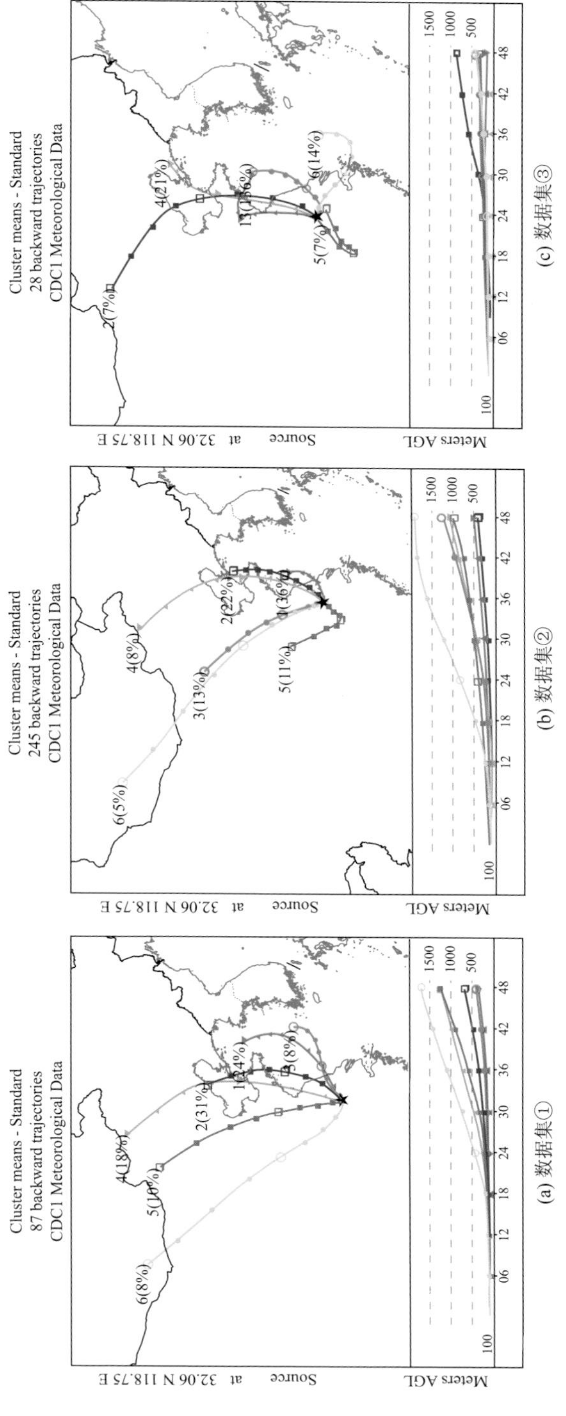

图 2.18　2012 年 1 月、2 月及 12 月南京市草场门观测站不同浓度数据集 48 h 后向轨迹聚类分析

CO_2/CO 摩尔比为 76.1，与 MEIC 估算结果(52.8)相比，更接近本地观测结果，表明本书基于详细本地信息建立的城市排放清单在准确度上有一定的提升。我们认为，理论上观测的 CO_2/CO 摩尔比应低于排放清单估算值，其原因有如下三方面。一是南京市 CO_2 排放主要来自大型点源，如 19 个大型点源(包括 17 个电厂和 2 个钢铁厂) CO_2 排放量占全市总排放量的 78%；而有相当一部分 CO 排放来自民用和交通部门，这些源分布较分散，更易在局地范围的大气环境中很好地扩散混合，导致观测的 CO_2/CO 摩尔比在一定程度上偏低而不能完全代表本地的排放特征。二是目前排放清单估算的 CO 排放仅包含一次排放，而 VOC 的氧化也会生成一定量的 CO。Duncan 等(2007)估算的非甲烷 VOC(NMVOC)氧化产生的 CO 量约占全球 CO 一次排放量的 50%。南京本地化工企业众多，VOC 排放量较高，这会导致一定量的 VOC 氧化产生 CO，从而使观测的 CO_2/CO 摩尔比低于一次排放的结果。三是如在 BC/CO 分析部分所述，城区观测站受局地交通源排放影响非常大，而交通源排放的 CO_2/CO 摩尔比远低于工业源。在本书中，观测的 CO_2/CO 摩尔比却高于城市排放清单估算结果，与上述分析并不一致，表明我们建立的城市排放清单仍然有可提升之处。

南京市观测和排放清单估算的 CO_2/CO 摩尔比均高于北京，这是由以下两方面造成的。一方面，城市的经济和能源结构对 CO_2/CO 摩尔比有着重要影响。南京重工业密集，电力、钢铁、水泥及大型化工企业这类能源使用效率相对较高的行业耗煤量占全市 90%以上，导致排放的 CO_2/CO 摩尔比较高，进一步推动了观测的 CO_2/CO 摩尔比上升。另一方面，交通源(尤其是汽油车)是 CO 的重要排放源，而对 CO_2 贡献较小，其对 CO_2/CO 摩尔比有重要的影响。以北京市为例，Wang 等(2010)发现，2008 年 9 月观测大气中 CO_2/CO[(46.4±4.6) ppmv/ppmv]相比 2005 年到 2007 年 9 月的结果(23～29 ppmv/ppmv)显著提高，这与北京奥运会期间的临时机动车管控措施造成的 CO 排放量下降有关。而根据统计年鉴，2012 年北京市机动车保有量高出南京市 3.5 倍，北京市交通源 CO 排放量约占人为源总排放量的 29%～37%(MEIC；Zhao et al.，2013)，本书估算的南京交通源 CO 排放量仅占全市人为源总排放量的 14%，这也是南京具有较高 CO_2/CO 摩尔比的原因之一。

根据上述分析，可以得出如下结论：通过比较城市排放清单和城区观测的 CO_2/CO，在一定程度上验证了城市排放清单的可靠性；南京城区观测主要受本地排放影响，尤其是道路移动源的影响，导致城区观测的 CO_2/CO 摩尔比低于城市排放清单的估算结果；如有可能，建议基于受局地特定排放源影响较小的观测资料(如郊区及背景观测)进一步完善对城市排放清单的评估和检验。

2.3.3　基于排放清单重审观测数据

通常研究是基于地面观测信息来评估排放清单的。我们认为高精度的城市排放清单同样可以用来评估观测数据质量。本书发现，与草场门 CO 观测有关的分析尽管可以证明高精度城市排放清单的可靠性，但二者之间仍然存在一些不一致，主要反映在两方面：①在评估国控点周边浓度与排放的相关性的过程中，当去除掉草场门观测点（该点 CO 排放量为 9 个国控点网格次高值而观测的年均 CO 浓度为 9 个国控点中次低值）时，CO 排放量与浓度之间的相关系数将从 0.61 显著上升至 0.86；②草场门观测的 CO_2/CO 摩尔比高于城市排放清单估算结果，与理论上观测的 CO_2/CO 摩尔比应低于排放的摩尔比不符合。这两方面不太理想的评估结果均是由较低的草场门 CO 观测浓度导致的，因此我们详细地对比分析了草场门观测站及其相邻观测站在同年及相邻年份的逐时 CO 浓度数据，以评估观测数据本身的质量。

图 2.19 是 2012 年及 2014 年草场门观测站和山西路观测站（南京市区另一观测站，距离草场门仅 3.5 km）所观测的逐时 CO 浓度值的概率分布图。以图 2.19(a)为例，2012 年草场门观测站的 CO 逐时浓度共有 6690 个数据，山西路观测站 2012 年的 CO 逐时浓度共有 6591 个数据，总数据量接近，而草场门 CO 逐时浓度显著低于山西路；图 2.19(b)表明，2014 年草场门和山西路观测的 CO 逐时浓度概率分布基本一致。由图 2.19(c)可以看出，2012 年草场门 CO 逐时浓度整体上显著低于 2014 年观测结果，而图 2.19(d)则反映出 2012 年与 2014 年山西路 CO 逐时浓度较为一致。基于较近距离及相似的功能区设定，我们认为草场门和山西路两个站点观测的 CO 浓度之间不应存在较大的差异。2012 年和 2014 年草场门 CO 平均浓度分别为 0.73 mg/m^3 和 1.01 mg/m^3，因此我们将 2012 年草场门 CO 逐时浓度整体提升 30%（提升后年均浓度为 0.95 mg/m^3，与 2014 年观测情况较为接近）进行敏感性分析。调整草场门 CO 浓度后，观测的 CO_2/CO 摩尔比从原始值 97.7 下降至 75.1，低于城市排放清单估算的排放 CO_2/CO 摩尔比(76.1)，与理论上 CO_2/CO 摩尔比低于排放结果相符合。这表明调整草场门 CO 观测浓度后，与排放清单的对比结果更加一致，这为基于城市排放清单重审和评估地面观测数据质量提供了一个新视角。应当说明的是，这样的修正出于我们的主观判断，还有待根据两个观测站更长时间的观测数据进行进一步验证。

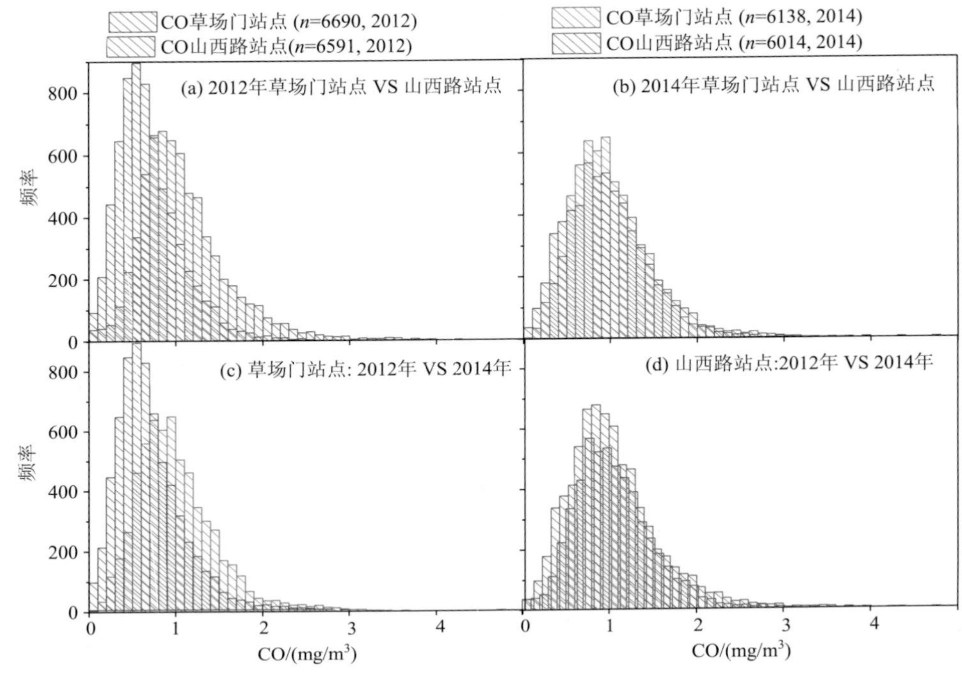

图 2.19　2012 年和 2014 年草场门及山西路 CO 浓度概率分布

2.4　基于改进排放清单的数值模拟优化

空气质量模式是基于排放清单分析大气化学污染过程的重要工具。本节将搭建中尺度气象模式(weather research and forecasting，WRF)-多尺度区域空气质量模式(community multi-scale air quality，CMAQ)系统，基于不同尺度排放清单开展苏南地区空气质量模拟，通过模拟表现评估省级高精度排放清单的改进和对空气质量模拟的优化程度。

2.4.1　空气质量模式设置及气象模拟表现评估

2.4.1.1　模拟区域及模拟时段的选取

近年来，美国国家环境保护局开发的 Models-3/CMAQ 空气质量模拟系统已被大量研究证明对亚洲地区的空气质量状况有良好的再现性能(Zhang et al.，2006a；Uno et al.，2007；Fu et al.，2008；Wang et al.，2009；Liu et al.，2010)。本书采用该模式进行江苏省南部地区的空气质量模拟研究，具体研究区域如图 2.20 所示。

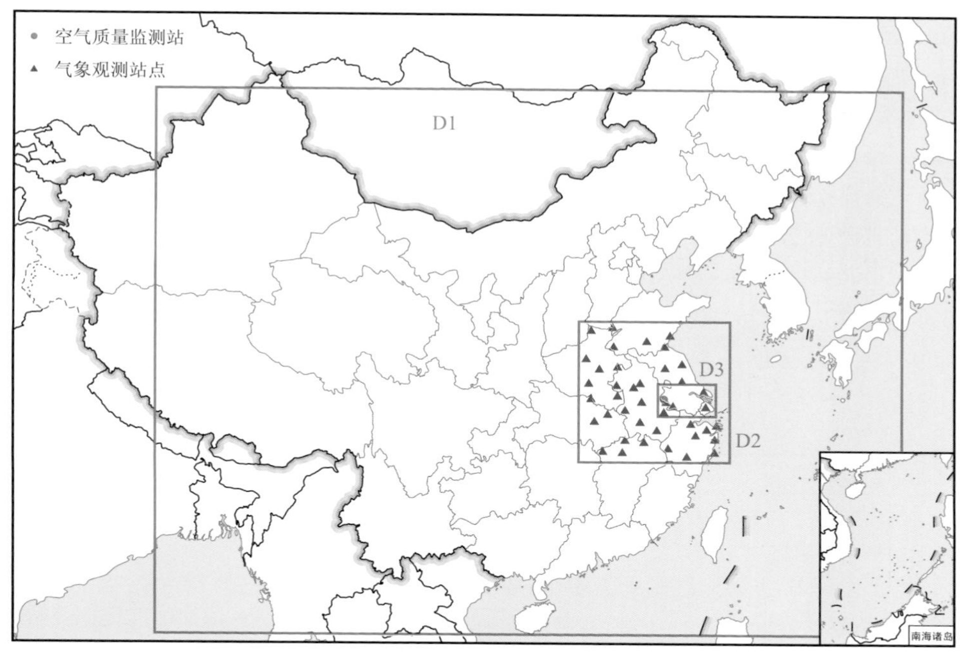

图 2.20　模拟区域及模式验证观测站点分布示意图

模拟采用三层网格嵌套，网格精度分别为 27 km×27 km、9 km×9 km 和 3 km×3 km。整个模拟区域采用兰勃特(Lambert)投影坐标系，两条真纬度分别为 25°N 和 40°N，坐标系原点坐标为(110°E，34°N)，最外层网格左下角坐标为(–2430 km，–1755 km)。第一层网格区域(D1)覆盖大部分东亚地区，网格数为 180×130 个。第二层网格区域(D2)主要包括江苏、浙江、上海、安徽及其他省份部分地区，网格数为 118×97 个，江苏省位于其中心区域。第三层网格区域(D3)覆盖江苏省南部的 6 个城市(南京市、常州市、镇江市、无锡市、苏州市、南通市)和上海市及其周边地区，网格数为 124×70 个。本书选择 2012 年 10 月 1 日至 10 月 31 日作为模拟时段，为减小初始条件对模拟结果的影响，将 10 月 1 日至 10 月 5 日作为 CMAQ 模式的“spin-up”时段，重点分析 10 月 6 日至 10 月 31 日模拟的污染物浓度变化。

2.4.1.2　模式参数化设置

本书输入 CMAQ 的气象场由 WRF 模式提供。WRF 是由美国国家大气研究中心(National Center for Atmospheric Research，NCAR)、美国国家环境预报中心(National Centers for Environmental Prediction，NCEP)、美国国家海洋与大气管理局(National Oceanic and Atmospheric Administration，NOAA)预报管理实验室

(Forecast Systems Laboratory，FSL)和俄克拉何马大学的风暴分析预报中心联合开发的中尺度气象预报和资料同化系统(https://www.mmm.ucar.edu/models/wrf)。

WRF模拟采用双向嵌套，地形和地表类型采用美国地质调查局(United States Geological Survey，USGS)的全球数据，以1.0°×1.0°的6小时NCEP再分析数据作为气象模拟的初始场和边界场，采用四层土壤模式，顶层气压设为50 mbar①，垂直方向分为28层，每层对应的eta值分别为1.000、0.993、0.983、0.970、0.954、0.934、0.909、0.880、0.830、0.780、0.729、0.678、0.592、0.514、0.443、0.380、0.323、0.273、0.228、0.188、0.152、0.121、0.094、0.070、0.048、0.0297、0.014、0.000。其他具体的参数化选择方案见表2.8。

表2.8　WRF模拟参数化方案

参数	方案设置	参考文献
长波辐射方案	RRTM	
短波辐射方案	RRTMG	
近地面层	Pleim-Xiu	
边界层计算模式	ACM2	Pleim(2007)
积云参数化方案	Kain-Fritsch	Kain(2004)
微物理方案	Morrison 2-mom	Morrison等(2012)

本书选择美国国家环境保护局于2010年6月发布的Models-3/CMAQ 4.7.1版本进行大气污染模拟工作。整个CMAQ系统由初始条件模块(initial conditions processor，ICON)、光解速率模块(photolysis rate processor，JPROC)、边界条件模块(boundary condition processor，BCON)、气象-化学接口模块(meteorology-chemistry interface processor，MCIP)和化学传输模块(CMAQ chemistry-transport model，CCTM)构成。CCTM是整个模式系统的核心，负责计算污染物在大气场内的扩散、传输、沉降、化学转化等复杂过程，输出结果包括污染物的浓度、能见度、干湿沉降速率等参数。其他模块的主要功能是为CCTM提供输入资料，气象资料经MCIP处理后输入CCTM，ICON和BCON为CCTM提供模拟时的初始浓度和边界浓度，本书第一层网格模拟以清洁大气为背景场，第二层和第三层模拟由母网格模拟浓度场输出得到，JPROC提供模拟光化学反应所需的光解速率常数。平流、垂直对流和垂直扩散分别选择hyamo、vyamo和acm2模组；光解计算模块选择phot，气象化学机理采用CB05，气溶胶化学机理选择AERO5，气溶胶沉降速率选择aero_depv2模组，云模块选择cloud_acm_ae5。

① mbar，毫巴，非法定压力单位，1 mbar=100 Pa。

排放清单经排放处理模块进行时间、空间、化学物种分配后获得高时空分辨率的动态网格化排放清单。模拟区域 D1 和 D2 输入的人为源排放清单为 MEIC，模拟区域 D3 输入的排放清单除本书建立的江苏省人为源排放清单外，江苏省外区域的排放清单采用 Fu 等(2013)建立的长三角区域排放清单。天然源排放清单采用 Sindelarova 等(2014)建立的全球天然源排放清单(Model of Emissions of Gases and Aerosols from Nature developed under the Monitoring Atmospheric Composition and Climate project，MEGAN-MACC)，Cl、HCl 和闪电排放 NO_x 引自 Price 等(1997)建立的全球排放计划(global emissions initiative，GEIA)数据库。

2.4.1.3　模式表现的评价

为了验证 WRF 模拟气象场的准确度，本书采用统计分析法选取统计指标评价模式的表现。本书对比了江苏、浙江、安徽、上海及其他地区的 43 个地面气象站资料(包括温度、相对湿度、风速、风向，时间间隔为 3 h)的模拟值与观测值。观测资料来源于美国国家气候数据中心(National Climatic Data Center，NCDC)，各站点具体空间位置如图 2.20 所示。采用的统计分析参数包括平均偏差(bias)、标准平均偏差(normalized mean bias，NMB)、标准平均误差(normalized mean error，NME)、一致性指数(index of agreement，IOA)和均方根误差(root mean squared error，RMSE)(Zhang et al.，2006b)，各项指标的计算公式如下：

$$\text{bias}=\frac{1}{n}\sum_{i=1}^{n}(P_i-O_i) \tag{2.4}$$

$$\text{NMB}=\frac{\sum_{i=1}^{n}(P_i-O_i)}{\sum_{i=1}^{n}O_i}\times 100\% \tag{2.5}$$

$$\text{NME}=\frac{\sum_{i=1}^{n}\left|P_i-O_i\right|}{\sum_{i=1}^{n}O_i} \tag{2.6}$$

$$\text{IOA}=1-\frac{\sum_{i=1}^{n}(P_i-O_i)^2}{\sum_{i=1}^{n}\left(\left|P_i-\bar{O}\right|+\left|O_i-\bar{O}\right|\right)^2} \tag{2.7}$$

$$\text{RMSE}=\sqrt{\frac{1}{n}\sum_{i=1}^{n}(P_i-O_i)^2} \tag{2.8}$$

式中，P_i 和 O_i 分别为气象参数的模拟和观测时间序列值；n 为样本数；$\bar{O}$ 为观测站点气象参数的时间序列平均值。

表 2.9 为 2012 年 10 月 1 日至 10 月 31 日第二层和第三层模拟区域内气象站点的风速、风向、温度和相对湿度的模拟值与观测值的对比结果。可以看出，四项气象参数的模拟值与观测值的差距均属于可接受误差范围，模式对温度和相对湿度的再现情况较好，第三层网格模拟与观测的温度和相对湿度与观测值的 bias 为 0.1℃和 2.3%，IOA 指数也分别达到 0.97 和 0.90，NMB 和 NME 分别为 0.3%和 4.5%、3.5%和 10.9%，与 Fu 等(2014)的结果具有可比性；WRF 风速的模拟值大于观测值，bias 为 1.2 m/s，其与观测值的 RMSE(1.4 m/s)和 IOA(0.73)满足指标要求，且 NMB 和 NME 分别为 39.2%和 42.6%，均小于 50%，所以 WRF 能够较好地再现模拟时段主要气象因子的变化。另外，对比 D2 和 D3 风速和温度的评价参数发现，模拟空间分辨率越高并不代表模拟值越精确(Wang et al.，2014)，因此在进行模拟研究时需要针对不同的科学问题合理选择空间分辨率。

表 2.9　2012 年 10 月模拟区域 D2 和 D3 内模拟值与观测值的对比统计结果

观测	评价参数	模拟区域 D2	模拟区域 D3	指标
风速	观测平均值/(m/s)	2.4	2.7	
	模拟平均值/(m/s)	3.5	3.9	
	bias/(m/s)	1.1	1.2	
	RMSE/(m/s)	1.3	1.4	≤2.0
	IOA	0.85	0.73	≥0.6
风向	观测平均值/(°)	141.3	131.3	
	模拟平均值/(°)	145.4	135.0	
	bias/(°)	4.0	3.6	≤10
温度	观测平均值/℃	18.1	19.0	
	模拟平均值/℃	18.7	19.1	
	bias/℃	0.6	0.1	≤0.5
	RMSE/℃	1.1	1.1	
	IOA	0.97	0.97	≥0.7
相对湿度	观测平均值/%	65.0	66.2	
	模拟平均值/%	61.4	68.5	
	bias/%	−3.6	2.3	
	RMSE/%	9.7	9.3	
	IOA	0.89	0.90	≥0.7

图 2.21 和图 2.22 为 D2 和 D3 区域内气象站点模拟与观测的风向、风速、温度和相对湿度的时间序列变化情况。从图 2.21 可以看出，在模拟区域 D2，风向、

温度和相对湿度的表现较好，与观测值的相关系数分别为 0.88、0.97 和 0.83，模拟风速略高于观测值，但二者的相关系数也达到了 0.85。与 D2 结果相似，在模拟区域 D3(图 2.22)，温度和相对湿度的模拟结果均好于风速，与观测值的相关系数分别为 0.92 和 0.83，风向和风速的相关系数为 0.78 和 0.80，风速的模拟值仍略偏大。

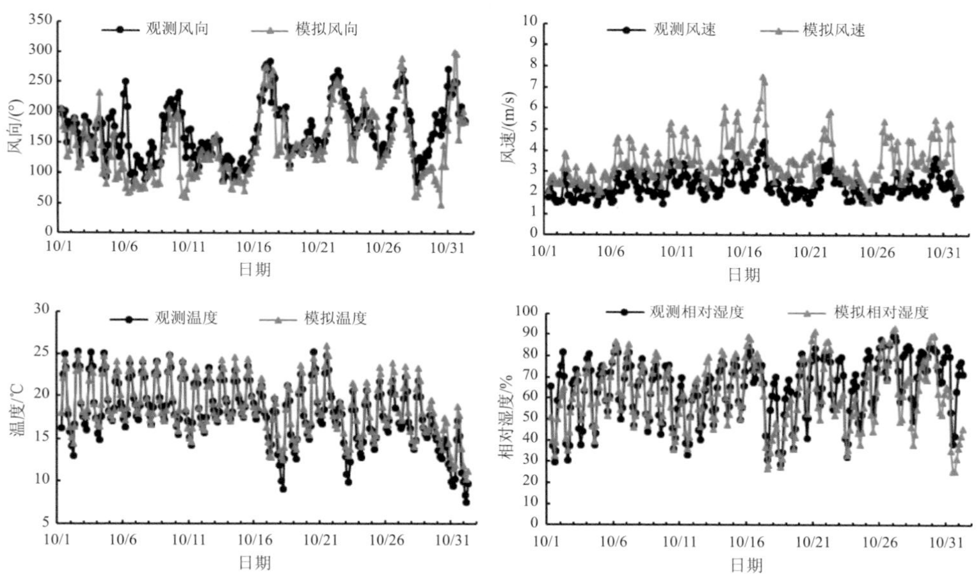

图 2.21 D2 区域内气象站点风向、风速、温度和相对湿度模拟与观测时间序列值的比较

2.4.2 地面观测评估空气质量模拟结果

2.4.2.1 模拟值与观测值的比较

为了量化污染物的排放量及空间分布对高精度空气质量模拟结果的影响，本节基于三套不同尺度排放清单(国家尺度、区域尺度和省级尺度)，模拟 2012 年 10 月 1～31 日期间苏南地区(图 2.20 的 D3 区域)的空气质量(10 月 1～5 日为模式“spin-up”时间)，对比模拟值与地面观测的 SO_2、NO_2、O_3 和 $PM_{2.5}$ 小时浓度的时间序列变化，评估不同排放清单的模拟表现。其中，国家、区域、省级尺度排放清单分别来源于 MEIC、Fu 等(2013)和本书建立的江苏省高精度排放清单。

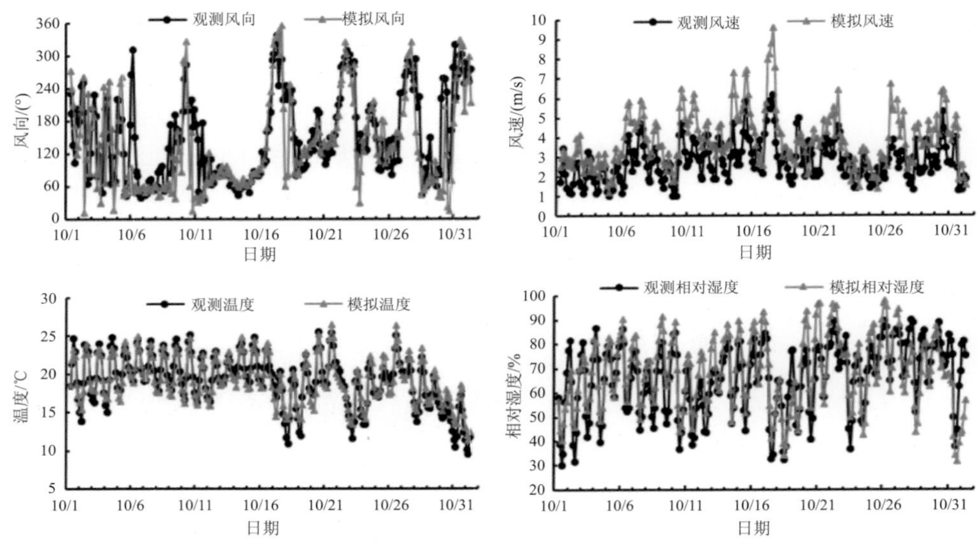

图 2.22 D3 区域内气象站点风向、风速、温度和相对湿度模拟与观测时间序列值的比较

2012 年全国重点城市国控站点的常规污染物监测数据并未公开发布，因此仅使用可获得的南京市 9 个国控站点的地面观测数据评估和验证模拟可靠性，统计结果见表 2.10。一方面，省级排放清单对四种污染物的模拟均优于国家和区域排放清单，SO_2、NO_2、O_3 和 $PM_{2.5}$ 的 NMB 分别为–9.97%、–14.47%、–24.98%和–43.64%，NME 分别为 47.49%、33.22%、44.29%和 51.81%。这说明对本地源排放特征的掌握有利于改善空气质量模拟的效果，可为进一步利用模式分析有关大气化学的科学问题提供更好的基础。另一方面，虽然省级排放清单对气态污染物的模拟表现优于 $PM_{2.5}$，但四种污染物均存在不同程度的低估，可能是因为气象模式 WRF 模拟的风速(平均值为 3.9 m/s)高于实际观测值(平均值为 2.7 m/s)，加剧了污染物在大气环境中的水平和垂直扩散过程；另外，省级排放清单未考虑扬尘源的排放，也可能导致 $PM_{2.5}$ 浓度被低估(Fu et al.，2014)。此外，空气质量模

表 2.10 国家、区域和省级排放清单的 SO_2、NO_2、$PM_{2.5}$ 和 O_3 模拟值与观测值的对比

污染物	国家排放清单		区域排放清单		省级排放清单	
	NMB/%	NME/%	NMB/%	NME/%	NMB/%	NME/%
SO_2	48.45	76.53	74.08	95.04	–9.97	47.49
NO_2	21.02	35.99	29.84	43.45	–14.47	33.22
O_3	–65.55	68.57	–53.93	61.59	–24.98	44.29
$PM_{2.5}$	–51.63	55.32	–49.16	56.00	–43.64	51.81

式在二次污染生成机理的缺陷，如模式中对硫酸盐、铵盐的转化和二次有机气溶胶的生成处理较简单等，也可能是造成 $PM_{2.5}$ 被低估的一个原因(Wang et al.，2009)。

国家和区域排放清单的 SO_2 模拟值与观测值的 NME 分别为 76.53%、95.04%，O_3 模拟值与观测值的 NME 分别为 68.57%和 61.59%，均超过±50%的误差范围。从排放总量上看，区域排放清单(Fu et al.，2013)估算的江苏省 SO_2 排放与本书相近(排放量分别为 112.6 万 t 和 114.3 万 t)，NO_x 排放低于本书(排放量分别为 125.7 万 t 和 161.6 万 t)，但其模拟得到的 SO_2 和 NO_2 浓度却远高于本书建立的省级排放清单，主要原因在于南京市的 9 个国控站点均位于城区或城郊，若以 GDP 或人口为特征因子进行排放的空间分配，一般会高估城区的污染物排放，进而导致城区的模拟值高于观测值。总体上看，NO_2 的模拟效果最好，三份排放清单模拟的 NMB 均在±30%范围内；对于二次污染物 O_3 和 $PM_{2.5}$ 的模拟效果还不够理想，存在不同程度的低估，国家、区域和省级尺度排放清单对 O_3 分别低估了 65.55%、53.93%和 24.98%，对 $PM_{2.5}$ 分别低估了 51.63%、49.16%和 43.64%。

图 2.23 为 SO_2、NO_2、O_3 和 $PM_{2.5}$ 月均模拟浓度的空间分布，图 2.24 为基于不同排放清单模拟浓度的差值。由于三份排放清单采用的数据来源、排放源资料的详细程度和空间分配方式均有不同，所以可通过对比上述三份排放清单的模式输出污染物浓度的空间分布，分析排放源的更新和优化对模拟表现的影响。国家排放清单污染物模拟浓度高值区域范围较广且相对分散，大体上位于各城市的城区，而区域和省级排放清单的结果中存在部分网格区域的模拟浓度显著高于周边的情况，高值中心即对应于较大的点源。这主要是因为将国家排放清单直接降尺度到 3 km×3 km 空间分辨率后，初始源排放被平均化，因此在建立排放清单时即使存在大型点源信息，在降尺度后也较难完全识别其准确的空间位置；而将 Fu 等(2013)建立的区域排放清单由原始分辨率 4 km×4 km 转化为 3 km×3 km 后，污染物排放整体空间分布并未出现较大的变化，仍可识别高排放区域。图 2.24(b)为省级和区域排放清单的污染物模拟浓度差异(省级排放清单减去区域排放清单的模拟浓度)，可以看出，在江苏省内，基于两份排放清单的模拟浓度高值区分布明显不一致。这主要是因为在长三角区域排放清单中，仅有电厂和部分钢铁厂、水泥厂以点源估算，其他大部分的工业排放分配至 GDP 或人口较为集中的城区；而本书基于详细调研建立的省级排放清单对工业排放源信息掌握较好，将其区域排放清单中分配至城区的部分排放更新为点源，明显降低了城区排放，所以城区 SO_2 和 NO_2 的模拟浓度有所下降，而在工业源密集区域，SO_2 和 NO_2 模拟浓度上升。类似的，Wang 等(2014)也认为，区域排放清单中排放分配方式的不合理会导致城区站点被高估，而郊区站点被低估的情况。

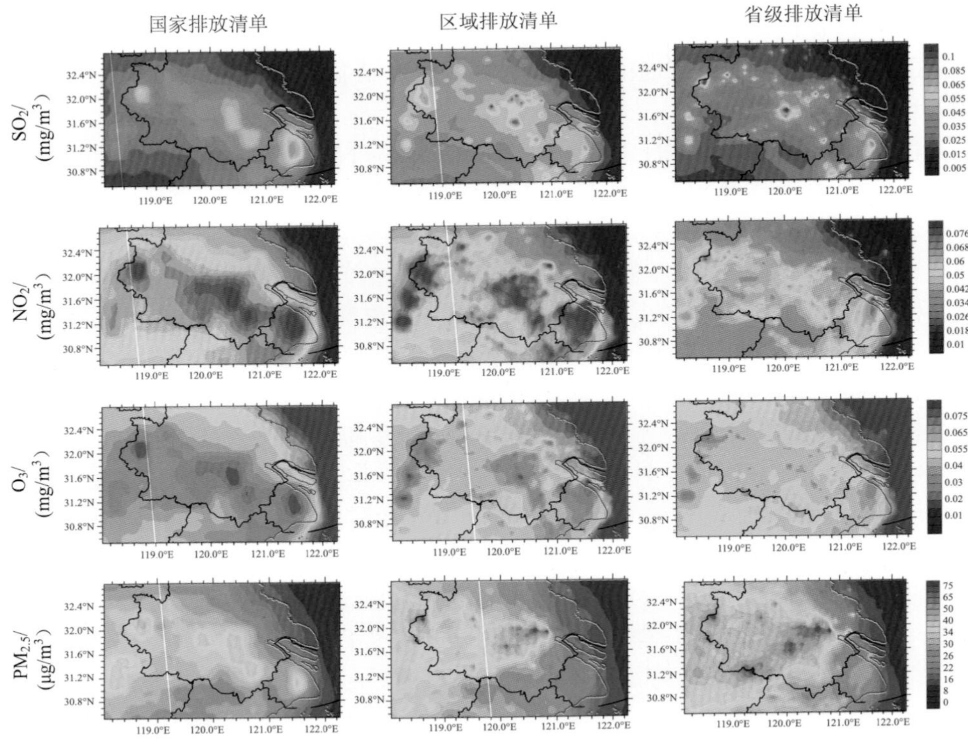

图 2.23　国家、区域和省级排放清单的 SO_2、NO_2、O_3 和 $PM_{2.5}$ 月均模拟浓度的空间分布

2.4.2.2　典型时段 SO_2 模拟浓度对不同排放输入的响应

2012 年 10 月 6～14 日，位于南京城区的玄武湖、瑞金路和中华门三个站点 SO_2 模拟浓度与观测浓度的时间序列变化如图 2.25 所示。可以看出，当源排放输入为国家排放清单和长三角区域排放清单时，SO_2 的模拟浓度在 10 月 9 日 14 时至 10 月 10 日 5 时出现显著高于观测浓度的超高值。10 月 9 日 20 时，区域排放清单在玄武湖、瑞金路和中华门站点的 SO_2 模拟浓度分别高达 550 μg/m^3、477 μg/m^3 和 476 μg/m^3，比观测值(分别为 33 μg/m^3、12 μg/m^3 和 14 μg/m^3)高出 16～40 倍；国家排放清单 MEIC 在玄武湖、瑞金路和中华门站点的 SO_2 模拟浓度分别为 205 μg/m^3、246 μg/m^3 和 228 μg/m^3，比观测值高出 6～20 倍；而省级排放清单在上述三个站点的 SO_2 模拟浓度分别为 59 μg/m^3、76 μg/m^3 和 50 μg/m^3，虽然仍高于观测值，但是与另外两份排放清单的模拟结果相比，准确度已有较大的提升。为了探究造成 SO_2 极高模拟值的原因，本书从 WRF 输出气象因子的变化(包括地面风速、风向和边界层高度)和排放的差异两个方面进行分析。

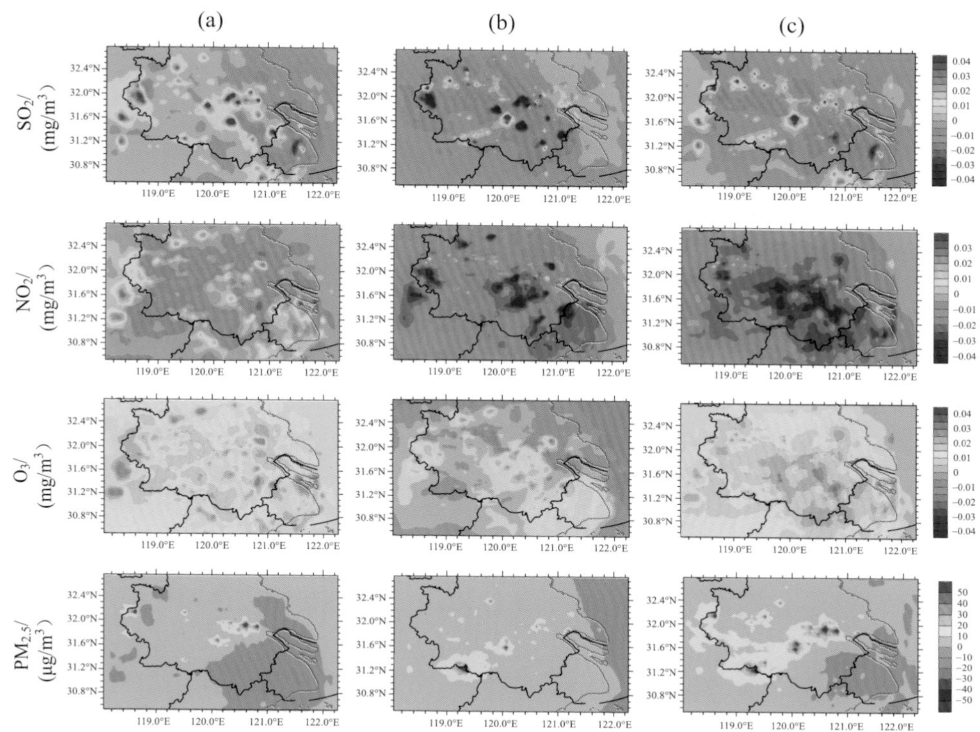

图 2.24　国家、区域和省级排放清单模拟 SO_2、NO_2、O_3 和 $PM_{2.5}$ 的月均浓度差值

(a) 区域排放清单–国家排放清单；(b) 省级排放清单–区域排放清单；(c) 省级排放清单–国家排放清单

图 2.26 为 2012 年 10 月 9 日 14 时至 10 月 10 日 5 时模拟区域 D3 内的 3 h 时间间隔模拟风场变化，由于瑞金路、中华门站与玄武湖站的变化情况相似，故针对玄武湖站的模拟风场进行分析。从 9 日 14 时开始，南京市城区的地面风速逐渐降低，到 9 日 20 点时地面风速达到最小值，仅为 0.22 m/s；在 9 日 14 时至 10 日 5 时，城区的地面风速基本≤2 m/s，处于典型的静小风条件，不利于污染物的水平输送。而风向统计分析结果显示，9 日 11 时至 20 时，城区地面主导风向为东南风，而在 20 时至次日 11 时，主导风向变为西北风，23 时至 10 日 5 时，主导风向又转变为东南风。由于玄武湖站位于南京城区偏北位置，所以风向为东南风时，易受城区周边环境的影响，而污染物在水平方向的扩散传输能力主要受近地面风速和风向的影响，静小风的气象条件不利于污染物的水平扩散，易造成局地污染物浓度显著升高。另外，边界层高度是影响污染物在垂直方向上扩散能力的重要参数。根据模拟气象资料，2012 年 10 月玄武湖站的边界层高度平均值为 485 m，在 23 时均值为 140 m。但是在 SO_2 高污染期间(9 日 17 时至 10 日 2 时)，该站点的平均边界层高度仅为 39 m，最小值达到 32 m。在这种情况下，污染物

的垂直对流和垂直扩散受到较大限制，使得局地污染更加严重。

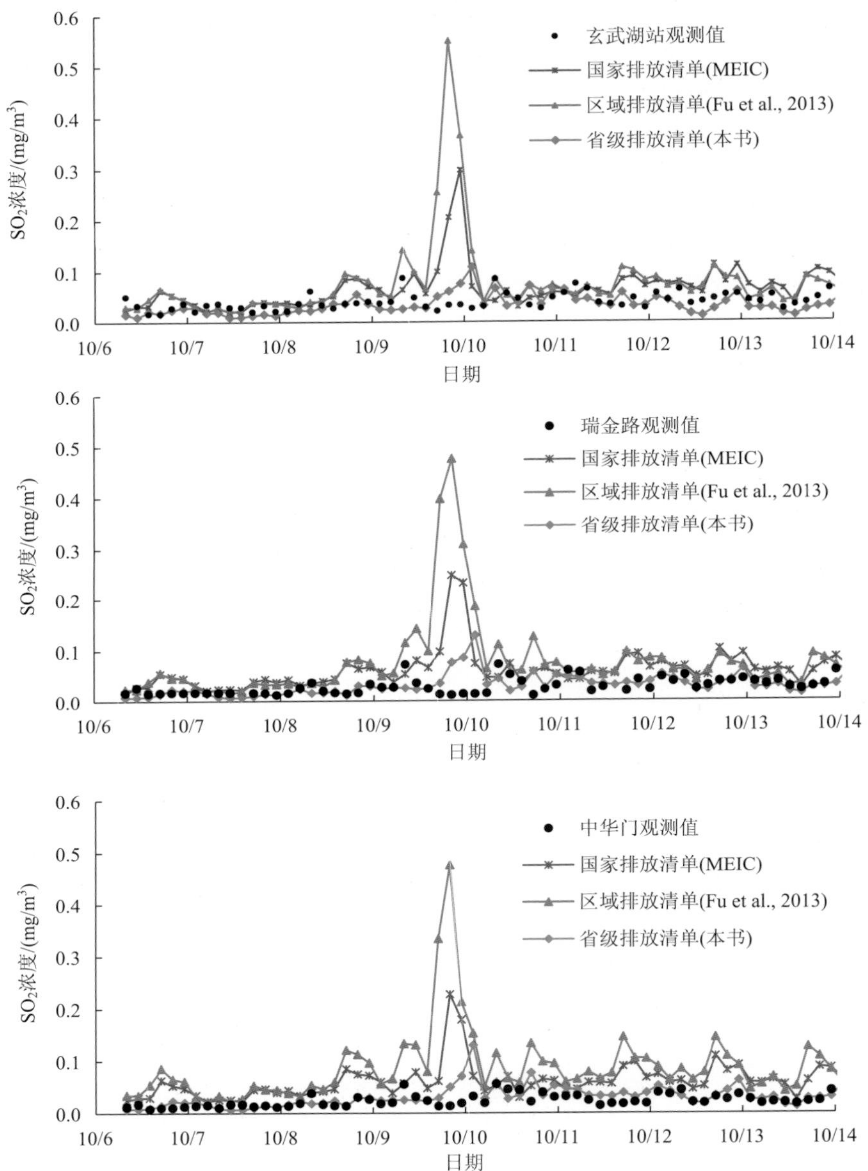

图 2.25　2012 年 10 月 6～14 日不同排放清单在玄武湖、瑞金路和中华门站点的 SO_2 模拟浓度与观测浓度的时间序列变化

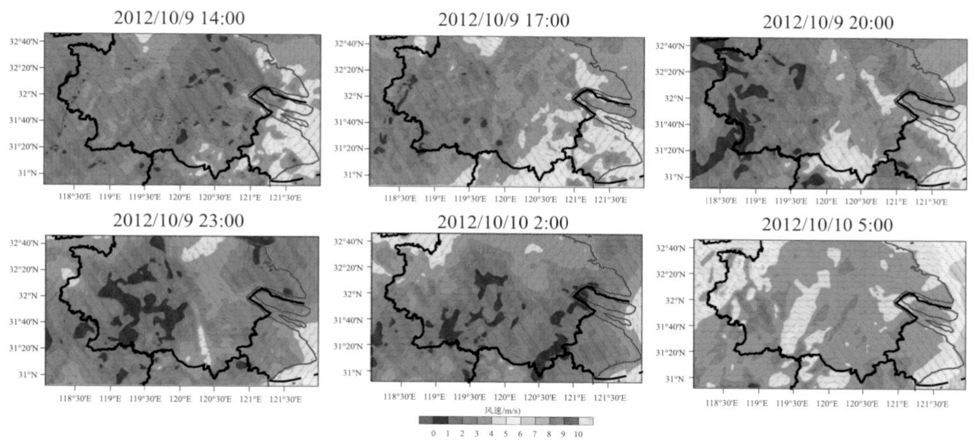

图 2.26　2012 年 10 月 9 日 14 时至 10 月 10 日 5 时模拟区域 D3 内的 3 h 时间间隔模拟风速和风向的变化

对于排放清单，本书估算的 2012 年南京市 SO_2 排放总量为 14.1 万 t，MEIC 和 Fu 等(2013)估算的 2010 年南京市 SO_2 排放量分别为 13.8 万 t 和 13.2 万 t。从总量上看，本书结果仅比 MEIC 和区域排放清单高 2.2%和 6.8%。为了比较空间分布的差异，本书将上述三份排放清单中南京市 SO_2 排放提取后进行空间再分配(分辨率为 3 km×3 km)，如图 2.27 所示。从图中可以看出，将 MEIC 降尺度获得的南京市排放清单在市区存在大区域的高值排放[图 2.27(c)]。这是因为采用按网格面积等分的方式对其进行降尺度，最终得到的分布中存在大量相同排放的网格。例如，位于城区的玄武湖、瑞金路、中华门和迈皋桥四个站点所在网格的 SO_2 排放量均为 1297.5 t(表 2.11)。长三角区域排放清单[图 2.27(b)]与省级排放清单[图 2.27(a)]的空间分布也存在较大的差别，在南京市城区，前者排放明显高于后者。区域排放清单在玄武湖、瑞金路、中华门和草场门所在网格的排放量分别为 1790.9 t、1720.8 t、1918.3 t 和 1635.3 t，而江苏省排放清单在上述四个网格的 SO_2 排放量分别仅为区域排放清单的 22.9%、17.6%、20.7%和 22.7%(表 2.11)。我们认为，基于详细基础资料建立的省级排放清单能够更加准确地掌握不同规模工业企业空间位置和计算其污染物排放水平，从而改善较大尺度排放清单(如区域和国家尺度)基于经济或人口进行排放空间分配时对城区排放造成高估的情况。在地面风场为静风且边界层高度较低的气象条件下，污染物不易发生水平及垂直扩散，应用城区排放较高的国家或区域排放清单开展空气质量模拟，会使城区站点附近 SO_2 大量积累，模拟浓度快速升高，甚至出现超过 500 μg/m^3 的极高值；而应用改进了排放空间分布后的省级尺度排放清单则大幅度提升了模拟表现。这一结果充分说明了局地尺度排放清单对排放强度和空间分布的改进能够有效改进和充分支

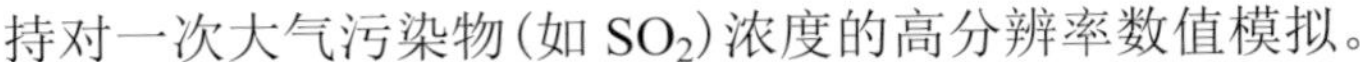

持对一次大气污染物(如 SO_2)浓度的高分辨率数值模拟。

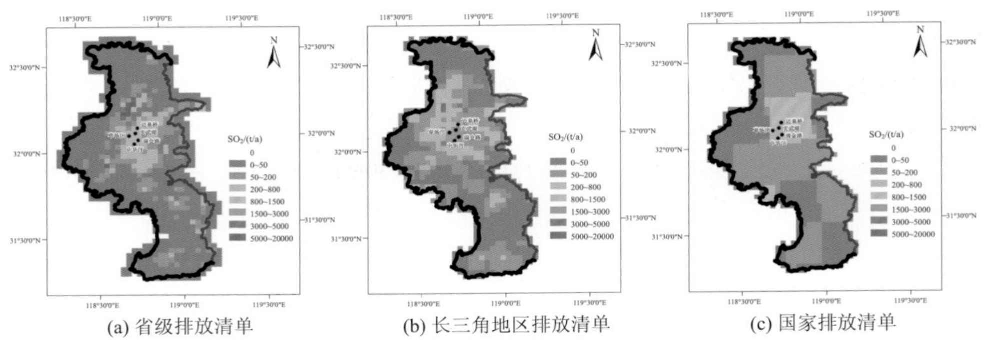

(a) 省级排放清单　　(b) 长三角地区排放清单　　(c) 国家排放清单

图 2.27　不同排放清单的南京市 SO_2 排放空间分布

其中黑色实心点为南京市城区五个国控站的空间位置

表 2.11　省级、区域和国家排放清单在南京市城区空气质量观测站点所在网格的 SO_2 排放量的对比　　（单位：t）

观测站点	SO_2 排放量		
	国家排放清单	长三角区域排放清单	省级排放清单
中华门	1297.5	1918.3	396.2
瑞金路	1297.5	1720.8	303.1
草场门	928.6	1635.3	371.8
玄武湖/山西路	1297.5	1790.9	411.0
迈皋桥	1297.5	478.6	395.0

2.5　本 章 小 结

本章通过对环境统计、污染源普查和大型污染源现场调研等数据资料的整合与校正，获得了江苏省工业企业排放特征信息数据库，采用排放因子法建立了“自下而上”的江苏省及其典型城市人为源大气污染物排放清单。利用可获得的卫星、地面观测资料和空气质量模式，对省级(或城市)、区域和国家尺度排放清单进行对比检验，评估省级(或城市)排放清单的可靠性及相对以往研究的改善。

相比以往研究，江苏省级尺度排放清单具有较高的点源化率，大部分污染物(除 BC 和 OC 外)点源排放占比超过 60%；而对大型电力和工业源排放控制的改善有效降低了省内典型城市(南京)代表污染物(如 SO_2 和 NO_x)的排放量。相比国家尺度排放清单，本章建立的省级排放清单的 NO_x 排放与卫星观测柱浓度的空间分布更为接近，且对中小型排放源的估算有所改善；基于地面观测检验，城市尺度排放清单典型成分之间(BC 与 CO、OC 与 BC、CO_2 与 CO)排放量关系较为合理。区域高分辨率空气质量模拟结果表明，应用省级尺度排放清单使典型一次和二次污染物浓度模拟结果与观测值更为吻合，且能够有效改善因国家和区域尺度排放清单空间分配不合理(对城区排放高估)而导致的一次污染物浓度模拟偏高的问题。因此，建立符合本地排放特征的精细化人为源排放清单，并对其可靠性进行有效评估和检验，能够更好地为大气污染来源追溯及污染控制管理服务。

参 考 文 献

董文煊, 邢佳, 王书肖. 2010. 1994～2006 年中国人为源大气氨排放市控分布. 环境科学, 31(7): 1457-1463.

贺克斌, 王书肖, 张强, 等. 2018. 城市大气污染物排放清单编制技术手册.

何立强, 胡京南, 祖雷, 等. 2015. 国 I ～国III重型柴油车尾气 $PM_{2.5}$ 及其碳质组分的排放特征. 环境科学学报, 35(3): 656-662.

李莉. 2012. 典型城市群大气复合污染特征的数值模拟研究. 上海: 上海大学.

刘丽华, 蒋静艳, 宗良纲. 2011. 秸秆燃烧比例时空变化与影响因素——以江苏省为例. 自然资源学报, 26(9): 1535-1544.

祁梦. 2014. 长三角地区秸秆开放燃烧大气污染物排放定量表征. 南京: 南京大学.

苏继峰, 朱彬, 康汉青, 等. 2012. 长江三角洲地区秸秆露天焚烧大气污染物排放清单及其在空气质量模式中的应用. 环境科学, 33(5): 1418-1424.

魏巍. 2009. 中国人为源挥发性有机化合物的排放现状及未来趋势. 北京: 清华大学.

杨浩明, 王惠中, 吴云波. 2011. 南京市城区车流量的观测与特征分析. 环境科技, 24(S2): 98-101.

叶斯琪, 郑君瑜, 潘月云, 等. 2014. 广东省船舶排放源清单及时空分布特征研究. 环境科学学报, 34(3): 537-547.

尹沙沙. 2011. 珠江三角洲人为源氨排放清单及其对颗粒物形成贡献研究. 广州: 华南理工大学.

尹沙沙, 郑君瑜, 张礼俊, 等. 2010. 珠江三角洲人为氨源排放清单及特征. 环境科学, 31(5): 1146-1151.

翟一然. 2012. 长江三角洲地区大气污染物人为源排放特征研究. 南京: 南京大学.

张礼俊, 郑君瑜, 尹沙沙, 等. 2010. 珠江三角洲非道路移动源排放清单开发. 环境科学, 31(4): 886-891.

中华人民共和国国家统计局. 2013. 中国统计年鉴. 北京: 中国统计出版社.

中华人民共和国环境保护部. 2014. 大气挥发性有机物源排放清单编制技术指南(试行).

Akimoto H, Oharaa T, Kurokawac J, et al. 2006. Verification of energy consumption in China during 1996-2003 by using satellite observational data. Atmospheric Environment, 40(40): 7663-7667.

Bo Y, Cai H, Xie S D. 2008. Spatial and temporal variation of historical anthropogenic NMVOCs emission inventories in China. Atmospheric Chemistry and Physics, 8(23): 7297-7316.

Boersma K F, Eskes H J, Dirksen R J, et al. 2011. An improved tropospheric NO_2 column retrieval algorithm for the Ozone Monitoring Instrument. Atmospheric Measurement Techniques, 4(9): 1905-1928.

Boersma K F, Eskes H J, Veefkind J P, et al. 2007. Near-real time retrieval of tropospheric NO_2 from OMI. Atmospheric Chemistry and Physics, 7(8): 2103-2118.

Cai H, Xie S D. 2009. Tempo-spatial variation of emission inventories of speciated volatile organic compounds from on-road vehicles in China. Atmospheric Chemistry and Physics, 9(18): 6983-7002.

Chen Y J, Zhi G R, Feng Y L, et al. 2009. Measurements of black and organic carbon emission factors for household coal combustion in China: Implication for emission reduction. Environmental Science & Technology, 43(24): 9495-9500.

Duncan B N, Logan J A, Bey I, et al. 2007. Global budget of CO, 1988-1997: Source estimates and validation with a global model. Journal of Geophysical Research: Atmospheres, 112(D22): 449-456.

Fu J S, Jang C J, Streets D G, et al. 2008. MICS-Asia II: Modeling gaseous pollutants and evaluating an advanced modeling system over East Asia. Atmospheric Environment, 42(15): 3571-3583.

Fu X, Wang S X, Cheng Z, et al. 2014. Source, transport and impacts of a heavy dust event in the Yangtze River Delta, China, in 2011. Atmospheric Chemistry and Physics, 14(3): 1239-1254.

Fu X, Wang S X, Zhao B, et al. 2013. Emission inventory of primary pollutants and chemical speciation in 2010 for the Yangtze River Delta region, China. Atmospheric Environment, 70: 39-50.

Guan D B, Liu Z, Geng Y, et al. 2012. The gigatonne gap in China's carbon dioxide inventories. Nature Climate Change, 2(9): 672-675.

He K B, Huo H, Zhang Q, et al. 2005. Oil consumption and CO_2 emissions in China's road transport: Current status, future trends, and policy implications. Energy Policy, 33(12): 1499-1507.

Hildemann L M, Markowski G R, Cass G R. 1991. Chemical composition of emissions from urban sources of fine organic aerosol. Environmental Science & Technology, 25(4): 744-759.

Huang K, Fu J S, Gao Y, et al. 2014a. Role of sectoral and multi-pollutant emission control strategies in improving atmospheric visibility in the Yangtze River Delta, China. Environmental Pollution, 184: 426-434.

Huang R J, Zhang Y L, Bozzetti C, et al. 2014b. High secondary aerosol contribution to particulate pollution during haze events in China. Nature, 514(7521): 218-222.

Huo H, Wang M, Zhang X L, et al. 2012. Projection of energy use and greenhouse gas emissions by motor vehicles in China: Policy options and impacts. Energy Policy, 43: 37-48.

Kain J S. 2004. The Kain-Fritsch convective parameterization: An update. Journal of Applied Meteorology, 43(1): 170-181.

Kondo Y, Oshima N, Kajino M, et al. 2011. Emissions of black carbon in East Asia estimated from observations at a remote site in the East China Sea. Journal of Geophysical Research:

Atmospheres, 116: D16201.

Lei Y, Zhang Q, He K B, et al. 2011. Primary anthropogenic aerosol emission trends for China, 1990-2005. Atmospheric Chemistry and Physics, 11 (3) : 931-954.

Li B, Zhang J, Zhao Y, et al. 2015. Seasonal variation of urban carbonaceous aerosols in a typical city Nanjing in Yangtze River Delta, China. Atmospheric Environment, 106: 223-231.

Liu M, Wang H, Oda T, et al. 2013. Refined estimate of China's CO_2 emissions in spatiotemporal distributions. Atmospheric Chemistry and Physics, 13 (21) : 10873-10882.

Liu X H, Zhang Y, Cheng S H, et al. 2010. Understanding of regional air pollution over China using CMAQ, part I performance evaluation and seasonal variation. Atmospheric Environment, 44 (20) : 2415-2426.

Lowenthal D H, Zielinska B, Chow J C, et al. 1994. Characterization of heavy-duty diesel vehicle emissions. Atmospheric Environment, 28 (4) : 731-743.

Morrison H, Thompson G, Tatarskii V. 2012. Impact of Cloud Microphysics on the development of trailing stratiform precipitation in a simulated squall line: Comparison of one- and two-moment schemes. Monthly Weather Review, 137 (3) : 991-1007.

Pleim J E. 2007. A combined local and nonlocal closure model for the atmospheric boundary layer. Part I: Model description and testing. Journal of Applied Meteorology and Climatology, 46 (9) : 1383-1395.

Price C, Penner J, Prather M. 1997. NO_x from lightning: Global distribution based on lightning physics. Journal of Geophysical Research: Atmospheres, 102 (D5) : 5929-5941.

Seiler W, Giehl H, Brunke E G, et al. 1984. The seasonality of CO abundance in the Southern Hemisphere. Tellus Series B-Chemical and Physical Meteorology, 36 (4) : 219-231.

Sindelarova K, Granier C, Bouarar I, et al. 2014. Global dataset of biogenic VOC emissions calculated by the MEGAN model over the last 30 years. Atmospheric Chemistry and Physics, 14: 9317-9341.

Tian H Z, Liu K Y, Hao J M, et al. 2013. Nitrogen oxides emissions from thermal power plants in China: Current status and future predictions. Environmental Science & Technology, 47 (19) : 11350-11357.

Tohjima Y, Kubo M, Minejima C, et al. 2014. Temporal changes in the emissions of CH_4 and CO from China estimated from CH_4/CO_2 and CO/CO_2 correlations observed at Hateruma Island. Atmospheric Chemistry and Physics, 14 (3) : 1663-1677.

Uno I, He Y, Ohara T, et al. 2007. Systematic analysis of interannual and seasonal variations of model-simulated tropospheric NO_2 in Asia and comparison with GOME-satellite data. Atmospheric Chemistry and Physics, 7 (6) : 1671-1681.

Wang K, Zhang Y, Jang C, et al. 2009. Modeling study of intercontinental air pollution transport over the trans-pacific region in 2001 using the Community Multiscale Air Quality modeling system. Journal of Geophysical Research: Atmospheres, 114: D04307.

Wang L T, Wei Z, Yang J, et al. 2014. The 2013 severe haze over southern Hebei, China: Model evaluation, source apportionment, and policy implications. Atmospheric Chemistry and Physics, 14(6): 3151-3173.

Wang S X, Xing J, Jang C R, et al. 2011a. Impact assessment of ammonia emissions on inorganic aerosols in East China using response surface modeling technique. Environmental Science & Technology, 45(21): 9293-9300.

Wang Y X, Munger J W, Xu S, et al. 2010. CO_2 and its correlation with CO at rural site near Beijing: Implications for combustion efficiency in China. Atmospheric Chemistry and Physics, 10(18): 8881-8897.

Wang Y X, Wang X, Kondo Y, et al. 2011b. Black carbon and its correlation with trace gases at a rural site in Beijing: Top-down constraints from ambient measurements on bottom-up emissions. Journal of Geophysical Research: Atmospheres, 116: D24304.

Yang F, Tan J, Zhao Q, et al. 2011. Characteristics of $PM_{2.5}$ speciation in representative megacities and across China. Atmospheric Chemistry and Physics, 11(11): 5207-5219.

Zhang M G, Uno I, Zhang R J, et al. 2006a. Evaluation of the Models-3 Community Multi-scale Air Quality (CMAQ) modeling system with observations obtained during the TRACE-P experiment: Comparison of ozone and its related species. Atmospheric Environment, 40(26): 4874-4882.

Zhang Y, Liu P, Pun B, et al. 2006b. A comprehensive performance evaluation of MM5-CMAQ for the Summer 1999 Southern Oxidants Study episode-Part I: Evaluation protocols, databases, and meteorological predictions. Atmospheric Environment, 40(26): 4856-4873.

Zhao Y, Nielsen C P, Lei Y, et al. 2011. Quantifying the uncertainties of a bottom-up emission inventory of anthropogenic atmospheric pollutants in China. Atmospheric Chemistry and Physics, 11(5): 2295-2308.

Zhao Y, Nielsen C P, McElroy M B. 2012a. China's CO_2 emissions estimated from the bottom up: Recent trends, spatial distributions, and quantification of uncertainties. Atmospheric Environment, 59: 214-223.

Zhao Y, Nielsen C P, McElroy M B, et al. 2012b. CO emissions in China: Uncertainties and implications of improved energy efficiency and emission control. Atmospheric Environment, 49: 103-113.

Zhao Y, Zhang J, Nielsen C P. 2013. The effects of recent control policies on trends in emissions of anthropogenic atmospheric pollutants and CO_2 in China. Atmospheric Chemistry and Physics, 13(2): 487-508.

第 3 章　典型省份和城市挥发性有机物排放清单优化

挥发性有机物(VOC)是指在标准大气压下，熔点低于室温、沸点低于 200～260℃的有机化合物。VOC 组成复杂，根据化学结构的不同可分为非甲烷烃类(non-methane hydrocarbon，NMHC，如烷烃、烯烃、炔烃、芳香烃)、含氧类(oxygenated VOC，OVOC，如醇类、醛类、醚类、酮类、酸类、酯类)、卤代烃及其他。作为大气光化学反应的“燃料”，VOC 能够与羟基自由基(·OH)和氧气反应生成超氧化氢自由基(·HO_2)和各种过氧烷氧自由基(·RO_2)，在一氧化氮(nitric oxide，NO)的参与下生成臭氧(O_3)；同时，部分 VOC 的氧化产物随着气团光化学老化，挥发性不断降低，最终通过凝结或各种化学过程停留在悬浮颗粒物表面，形成二次有机气溶胶(SOA)，促进颗粒物生成。随着近年来污染防治措施不断深入推进，我国环境空气质量明显改善，但细颗粒物($PM_{2.5}$)污染尚未得到根本性控制；与此同时，O_3 浓度逐渐升高，成为影响空气质量的重要因素。VOC 作为 $PM_{2.5}$ 和 O_3 两者生成的共同重要前体物，精确识别其来源、定量其关键成分排放强度和贡献，从而有针对性地开展高效、科学减排，是进一步实现 $PM_{2.5}$ 和 O_3 协同控制的关键步骤。

本章将以江苏省为例，对本地源谱信息较为缺乏的典型化工行业进行实地采样和测试，结合文献调研获取最新源谱，以更好地反映 VOC 排放的组分特征；通过多种途径获取本地污染源特征信息，建立 2005～2014 年高精度江苏省人为源 VOC 排放清单，并对排放的部门分布、空间分布、组分特征及年际变化进行全面分析；通过地面观测、化学传输模式等技术手段校验 VOC 排放清单的可靠性。

3.1　化工行业 VOC 源谱现场测试

VOC 各类成分在大气中参与二次反应的活性有较大差异，对污染的贡献程度不同，因此对不同行业 VOC 排放化学成分组成(即“源成分谱”或“源谱”)的深入研究是开展污染防治的重要依据。美国国家环境保护局通过收集各类源排放信息，建立了大气污染源有机气体与颗粒物成分谱数据库(The Organic Gas and PM Speciation Profiles of Air Pollution Sources，SPECIATE；Simon et al.，2010)，现已更新到 4.5 版，包括 2175 个 VOC 成分谱、2602 个化学组分及 34 类涉及 VOC 的排放源。虽然我国对 VOC 排放化学成分谱的研究起步较晚，但近年来有较多研究者进行了相关测试工作，测试对象涵盖生物质燃烧、机动车、溶剂使用、工艺过程等排放源。总体而言，我国典型排放源成分谱已初步建立，但工业排放特别是石油化工的成分谱研究仍较为欠缺(莫梓伟等，2014)。对于长三角地区，化工过程源是十分重要的 VOC 排放源，贡献的 VOC 排放占人为源排放总量的 30%～40%(Huang et al.，2011；Fu et al.，2013)。因此，本书选择化工类排放源进行 VOC 采样及分析，以期继续完善我国本土 VOC 成分谱信息，并增进对江苏省 VOC 排放化学组分特征的了解。

3.1.1　采样对象与测试方法

3.1.1.1　采样对象的选取

化工类排放源包含的具体行业数量较多。为确定采样对象，本章按优先考虑排放量大和国内暂无源谱测试行业的原则，筛选出以下 9 类化工源，对其基本生产工艺及 VOC 排放主要环节进行文献和企业资料调研。

1. 合成橡胶生产

合成橡胶产品种类较多，其中丁苯橡胶(styrene-butadiene rubber，SBR)、顺丁橡胶(butadiene rubber，BR)、丁腈橡胶(nitrile butadiene rubber，NBR)是最主要的产品种类，苯乙烯-异戊二烯-苯乙烯嵌段共聚物(styrene isoprene styrene，SIS)橡胶和氢化苯乙烯-丁二烯嵌段共聚物(styrene ethylene butylene styrene，SEBS)橡胶也是常见的产品种类。合成橡胶生产工艺按照单体在溶液中或乳液中聚合可分为溶液聚合法和乳液聚合法，生产过程中主要的 VOC 排放环节包括未反应原料的分离回收过程、反应产物的干燥过程等。

2. 醋酸纤维生产

醋酸纤维是指由醋酸纤维素溶于溶剂制得纺丝液后纺成的纤维。醋酸纤维生产工艺包括醋片单元、稀醋酸回收单元、丝束单元和丙酮回收单元，其中醋片单元、丝束单元及丙酮回收单元均有 VOC 排放。主要排放的 VOC 组分为醋酸和丙酮。

3. 聚醚多元醇生产

聚醚多元醇(简称聚醚)一般可分为四大类，其中聚氧化丙烯多元醇(polyoxypropylene polyol，PPG)和聚合物多元醇(polyether polyol，POP)是目前国内聚醚多元醇的主要产品系列。聚合单元、精制单元均有 VOC 排放。

4. 醋酸乙烯生产

醋酸乙烯的生产工艺路线主要有石油乙烯法、天然气乙炔法和电石乙炔法三种。以石油乙烯法为例，该方法以乙烯和醋酸为原料，在催化剂作用下进一步氧化合成醋酸乙烯。生产过程中排放的 VOC 组分包括醋酸、乙烯、醋酸乙烯及一些反应副产物(如乙醛)。

5. 乙烯生产

乙烯主要通过热裂解石脑油制得。VOC 主要排放环节为裂解产物分离过程。

6. 丁辛醇生产

丁辛醇的生产工艺有两种路线，一种是以乙醛为原料的缩合加氢法；另一种是以丙烯为原料的羰基合成法。丁辛醇装置排放的废气主要来源是碳基合成系统、加氢系统及各个设备安全阀的泄压气、罐区丁醛储罐的放空气，其主要成分为丁醛、丁醇和丙烯。

7. 环氧丙烷生产

目前国内环氧丙烷的主要生产工艺为氯醇法，其主要的 VOC 排放环节为分离过程(包括丙烯分离器、初馏塔、精馏塔)，主要排放组分包括丙烯、环氧丙烷及二氯丙烷。

8. 聚乙烯生产

聚乙烯产品包括低密度聚乙烯和高密度聚乙烯。聚乙烯生产过程中 VOC 排放的主要途径为管道和阀门泄漏，成分包括未反应的单体(乙烯)、部分反应产物(烯烃、烷烃)及少量的添加剂。

9. 乙二醇生产

目前国内生产乙二醇的主要方法为石油路线法，即以石油化工产品乙烯或其所制产品环氧乙烷为原料，经不同反应过程制得乙二醇。应用最广的具体工艺为环氧乙烷水化法。主要的 VOC 排放环节为反应溶液的蒸发脱水提浓及精馏分离过程。

根据以上调研结果，在江苏省选取 9 家生产相应产品且规模较大的企业，现场调查其生产情况及废气管线布置情况，选取适宜位置进行 VOC 样品采集。不同企业的样品采集情况见表 3.1。

表 3.1　VOC 排放样品采集情况

企业序号	行业类型	产品	样品数量	样品种类/采样位置
1	基础化学原料制造	环氧丙烷	2	无组织
		聚醚(PPG)	4	工艺尾气
		聚醚(POP)	3	工艺尾气
2	基础化学原料制造	乙烯	3	乙烯裂解炉烟气
		乙烯	3	无组织
3	基础化学原料制造	乙烯	3	乙烯裂解炉烟气
		乙二醇	3	无组织
4	合成化工	醋酸乙烯	3	工艺尾气
		聚乙烯	3	无组织
5	基础化学原料制造	丁辛醇	3	无组织
6	塑料、橡胶制品	SBR 橡胶	3	干燥尾气
7	塑料、橡胶制品	SIS 橡胶	3	干燥尾气
8	塑料、橡胶制品	SEBS 橡胶	3	干燥尾气
9	合成化工	醋酸纤维	6	醋片单元水洗塔尾气
			11	丙酮吸附塔尾气
合计			56	

3.1.1.2　采样装置和方法

固定源 VOC 排放采样方法包括采样袋采样、吸附管采样及气体采样罐采样等，其中采样袋采样和吸附管采样都需要泵来提供动力将废气输入采样容器，而采样罐可预先抽真空，采样时打开阀门即可采样。由于本章的采样对象为化工企业，考虑到用电安全及避免安全隐患，最终采用不锈钢采样罐作为样品采集装置。

本章采样对象可分为两类：化工生产装置的尾气排放，即有组织排放；生产装置的法兰、阀门等密封点的逸散排放，即无组织排放。对于此两类排放均采用 2 L 不锈钢采样罐进行采样。采样罐内壁经过抛光、硅烷化处理，以降低对 VOC 的吸附，使用前用高纯氮清洗，经检测确认清洗干净后抽真空备用。

有组织采样装置设置如下：使用内壁经抛光的不锈钢管连接采样罐，并在管路中连接一段 15 cm 的玻璃过滤管(填充玻璃棉及无水硫酸钠)，以去除废气中的颗粒物和水汽。管路中还设置有一段约 10 m 长的盘管，以使高温废气经充分冷却后进入采样罐。采样管路如图 3.1 所示。

图 3.1　固定源 VOC 排放采样装置示意

源排放废气样品均采集于企业内，有组织排放样品在排气烟囱处采集，无组织排放样品在目标产品生产设备下风向采集。采样过程中，生产装置正常运行。

1. 有组织排放采样

有组织样品的采集位置一般选取目标产品生产设备的尾气烟囱，具体位置的选择参照《固定源废气监测技术规范》（HJ/T 397—2007）。但部分企业尾气烟囱缺乏规范的采样孔，只能尽量避开涡流区，根据现场实际情况选择采样位置。有组织排放现场采样情况如图 3.2 所示。

图 3.2　化工企业内现场采样情况

采样时间约 10 min，采完后使用油压表测定采样罐压力以判断是否采满，确保样品采集完整。

2. 无组织排放采样

无组织样品采集位置位于目标产品生产装置的下风向约 50 m，利用便携式的 VOC 浓度测试仪器寻找浓度较高的点进行样品采集。采样过程中采样人员手持采样装置根据风向的变化和仪器的示数走动。采样时间约为 8 min，采样完成后同样使用油压表测定采样罐是否充满，以确保样品采集完整。

3.1.1.3　实验室分析方法

本书参照美国国家环境保护局毒害有机物分析方法(Toxic Organics-15，TO-15；https://www.epa.gov/sites/default/files/2019-12/documents/to-15a_vocs.pdf)和 O_3 前体混合物分析方法(Photochemical Assessment Monitoring Stations，PAMS；https://www.epa.gov/amtic/photochemical-assessment-monitoring-stations-pams)进行气体样品分析。样品通过自动进样器进样，经过低温冷阱预浓缩后，采用气相色谱-质谱联用(gas chromatography-mass spectrometry，GC-MS)定性、定量检测 C_2～C_{12} VOC 组分。样品分析前要进行仪器的调谐与校准，样品分析包括样品预浓缩、色谱分离、质谱分析和定性定量检测 4 个过程。分析流程如图 3.3 所示。

3.1.2　典型行业排放源成分谱

通过将样品分析结果进行平均处理得到 14 种不同产品或不同排放环节的 VOC 成分谱，包括 9 种组织源谱、5 种无组织源谱。检出组分共 61 种，将其分为烷烃、烯烃、芳烃、卤代烃、含氧 VOC(OVOC)及其他共计 6 类化学种类，以展示各类源排放化学组分的总体特征，如图 3.4 所示。

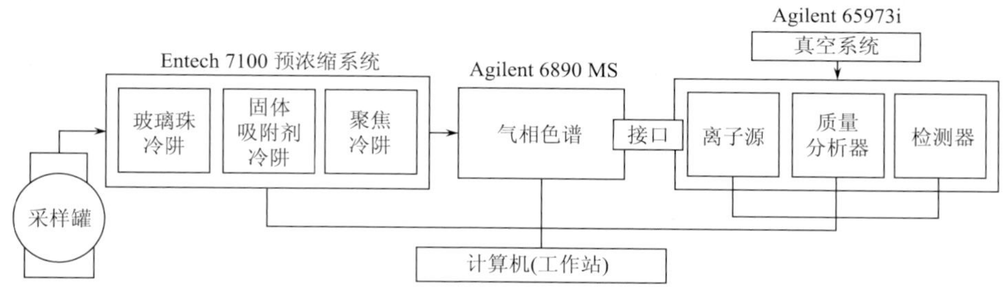

图 3.3 样品分析流程

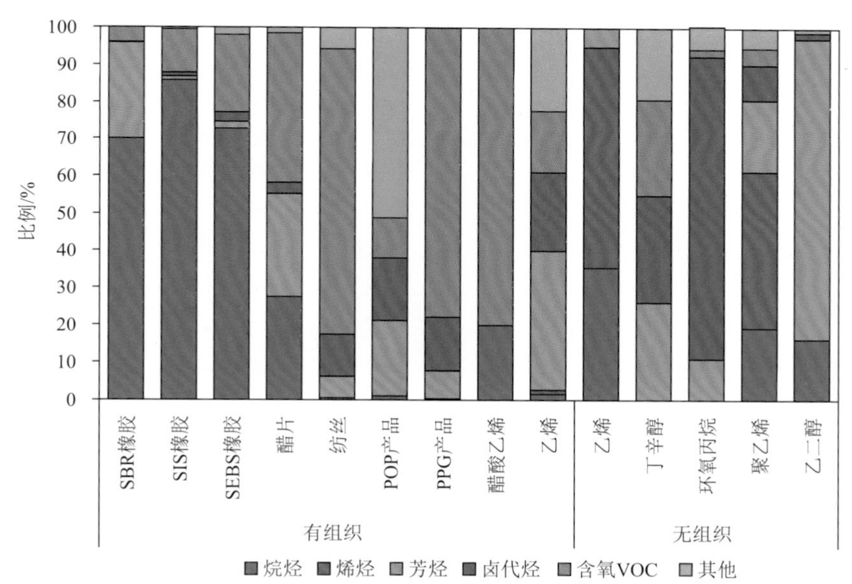

图 3.4 源谱总体特征

由图 3.4 可知，烷烃是合成橡胶(SBR 橡胶、SIS 橡胶、SEBS 橡胶)干燥尾气排放的主要组分，比例均在 70%以上；醋酸纤维生产醋片环节排放的烷烃、芳烃和 OVOC 都占较高比例，而纺丝环节则以 OVOC 为主；两种聚醚产品由于原料不同，排放组分有较大差异，PPG 产品生产排放的 OVOC 比例接近 80%，而 POP 产品排放的 VOC 则以其他物质、芳烃和卤代烃为主；醋酸乙烯排放的 VOC 以 OVOC 为主；乙烯生产有组织排放为乙烯裂解炉烟气，以芳烃、卤代烃和其他物质为主，而乙烯裂解无组织源谱以烯烃和烷烃为主，更能反映整个生产设施的 VOC 排放情况。丁辛醇、环氧丙烷、聚乙烯及乙二醇等产品无组织排放源谱则由于原辅料及反应过程的不同而呈现出较大差异。

由于缺乏相应国内测试结果，将本章测试结果与 SPECIATE 数据库中类似源谱结果进行比较(图 3.5～图 3.7)。SPECIATE 中的 SBR 橡胶源谱与本书结果相比有较大差异。SPECIATE 源谱仅包含苯乙烯与 1,3-丁二烯两种组分(合成 SBR 的主要原料)，而本书结果以环己烷为主。主要原因是 SPECIATE 中合成橡胶源谱对应工艺为乳液聚合法，而本书测试对象企业生产工艺为溶液聚合法。乳液聚合法不涉及溶剂使用，因此排放的 VOC 组分以挥发性原料为主；而溶液聚合法合成橡胶工艺排放的 VOC 除含有原料成分外，还有大量比例的有机溶剂在干燥环节被释放。

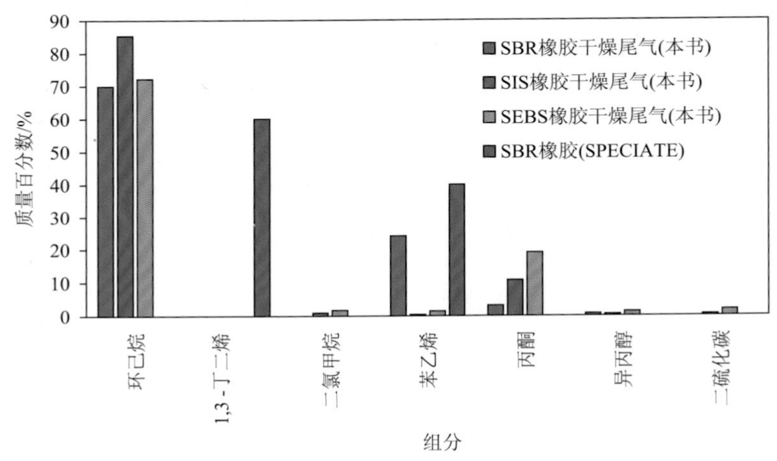

图 3.5　合成橡胶生产排放 VOC 主要组分比较

由图 3.6 可知，本书乙烯无组织源谱与 SPECIATE 数据库中的乙烯排放源谱主要组分较为相似，都含有较多的乙烯(32.02%、39.87%)和异丁烷(15.11%、39.87%)，但同时本书结果中的丙烯(26.36%)和正己烷(20.42%)含量明显高于 SPECIATE 结果。而本书中的乙烯有组织(乙烯裂解炉烟气)排放源谱与本书中的无组织结果及 SPECIATE 结果差异较大，主要是由于其虽属于乙烯生产工艺设备的尾气，但主要成分为燃料燃烧过程未燃尽的组分。本书和 SPECIATE 中的聚乙烯源谱比较如图 3.7 所示，可见本书和 SPECIATE 结果中的 VOC 组分均以乙烯为主，其他组分主要为烷烃和芳烃。

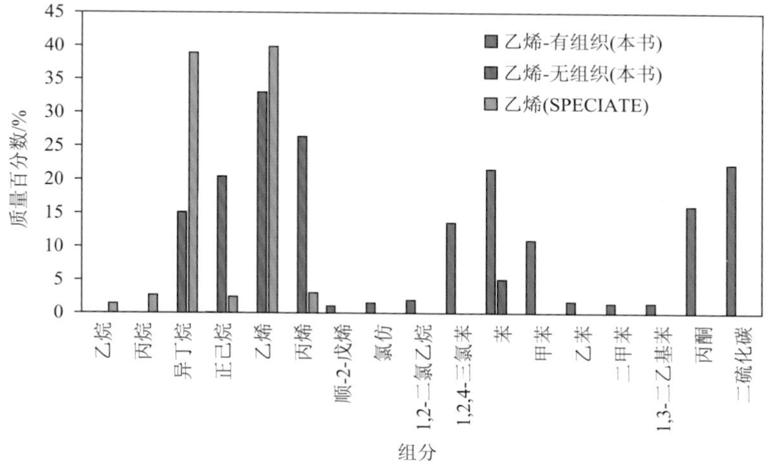

图 3.6　乙烯生产主要组分比较

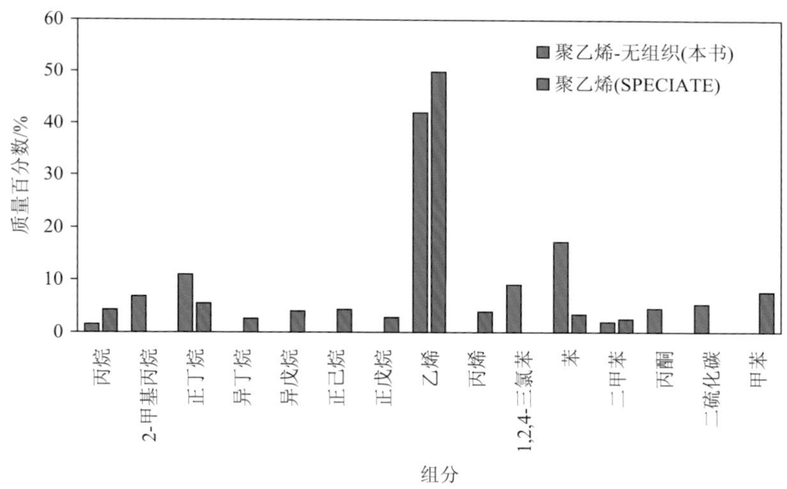

图 3.7　聚乙烯生产排放 VOC 主要组分比较

3.2　“自下而上”VOC 排放清单建立方法

3.2.1　省级尺度 VOC 排放清单建立基本方法

本章采用排放因子法“自下而上”(即从最微小环节开始，逐渐加和至全市全行业)建立江苏省人为源 VOC 排放清单。如第 2 章所述，采用排放因子法对排放源进行系统分类，获取每个排放单元的活动水平信息、包含控制措施减排效果的排放因子和化学组分信息，并基于这些信息计算一定时空范围的污染物排放水平。

$$E_i = \sum_{k=1}^{n} \mathrm{AL}_k \times \mathrm{EF}_k \times (1-\eta_k) \tag{3.1}$$

式中，E_i 为排放源 i 的 VOC 排放总量；AL_k 为排放源 k 的活动水平；EF_k 为排放源 k 不考虑污染控制措施的排放因子；η_k 为排放源 k 的 VOC 去除效率。

基于式(3.1)获得的 VOC 排放量为总排放量。为满足精细化管控需求，需利用不同排放源的源成分谱对 VOC 排放进行分解，从而获得各化学组分的排放量，计算公式如下。

$$E_{i,j} = E_i \times P_{i,j} \tag{3.2}$$

式中，$E_{i,j}$ 为排放源 i 中组分 j 的排放量；E_i 为排放源 i 中 VOC 总排放量；$P_{i,j}$ 为排放源 i 的源谱中组分 j 的比例。

为满足数值模式模拟需求，各化学组分排放量还要进一步转化为机制组分排放量，计算公式如下。

$$E_{i,\alpha} = \frac{E_{i,j}}{M_j} \times C_{j,\alpha} \tag{3.3}$$

式中，$E_{i,\alpha}$ 为排放源 i 中机制组分 α 的排放量；M_j 为化学组分 j 的摩尔质量；$C_{j,\alpha}$ 为化学组分 j 到机制组分 α 的转换系数(Carter，2015)。

3.2.2 VOC 排放源分类与估算参数获取

3.2.2.1 排放源分类

根据 VOC 排放特征，本章将 VOC 排放源划分为生物质燃烧源、化石燃料固定燃烧源、工艺过程源、溶剂使用源、油气储运源、移动源及废弃物处理及其他源 7 个一级部门，并结合江苏省排放源调查情况建立了深入到第四级的 VOC 排放源分类体系，如表 3.2 所示。

表 3.2 江苏省人为源 VOC 排放源分类体系

第一级	第二级	第三级	第四级
生物质燃烧源	生物质炉灶燃烧	秸秆/薪柴	
	生物质露天焚烧	秸秆	水稻/玉米/小麦/其他
化石燃料固定燃烧源	火力发电	煤/油/天然气/垃圾/生物质	
	热力和工业	煤/焦炭/油/天然气	
	民用和商业	煤/油/液化石油气/天然气	

续表

第一级	第二级	第三级	第四级
工艺过程源	钢铁冶炼	炼焦	机械/土法
		烧结矿/球团矿/粗钢	
	非金属矿物制品	玻璃	平板玻璃/玻璃纤维/玻璃制品
		水泥熟料/石灰/砖瓦/陶瓷	
	原油开采加工	原油开采/原油炼制	
	基础化学原料制造	乙烯/苯/甲醇/醋酸/合成氨/邻苯二甲酸酐/环氧乙烷/醋酸乙烯/苯乙烯	
	合成化工	合成树脂	聚乙烯/聚丙烯/聚苯乙烯/聚氯乙烯
		合成纤维	黏胶纤维/醋酸纤维/锦纶/涤纶/腈纶/丙纶
		合成橡胶	
	精细化工	化学原料药/化学农药原药/涂料/油墨/胶黏剂/染料/颜料	
	食品	发酵酒精/白酒/啤酒	
		面包/糕点/饼干	
		植物油提炼	
	塑料、橡胶制品	泡沫塑料/塑料制品/轮胎/橡胶制品	
	纺织	丝/布/毛线	
	炭黑		
溶剂使用源	涂料	建筑内墙/外墙	水性/溶剂型
		汽车生产/修补	
		装修木器/木制家具	
		防腐涂料	
		装修木器/木制家具	
		防腐涂料	
		其他涂料	
	油墨	印刷	
	颜料/染料	印染	
	胶黏剂	制鞋/木材/其他	
	农药使用		
	织物涂层		
	其他溶剂使用	干洗/溶剂家用/去污脱脂	
油气储运源	原油/汽油/柴油	存储/运输/装卸/加油站	

续表

第一级	第二级	第三级	第四级
移动源	道路移动源	汽车	载重(轻型/重型) 燃料(汽油/柴油)
		摩托车	汽油
	非道路移动源	铁路/内河船舶/工程机械/农用拖拉机/农用运输车/农用机械	
废弃物处理及其他源	废弃物处理	生活垃圾	焚烧/填埋/堆肥
		烹饪	

3.2.2.2　活动水平

排放清单中的活动水平信息指对污染物排放产生影响的各种人类活动信息，包括行为活动量、工艺技术、排放点地理位置等多方面信息。本章主要利用江苏省环境统计数据、污染源普查数据等资料及现场调查的方式，获取化石燃料固定燃烧源中电力和工业锅炉、工艺过程源及溶剂使用源的工业使用部分排放源详细到企业的活动水平信息(点源信息，包含经纬度坐标、原辅料用量、产品产量及生产工艺等)。以 2014 年为例，我们获取了江苏省 6023 家涉 VOC 排放企业的详细活动水平信息。对于点源信息未覆盖的排放源则通过统计资料获取其活动水平信息，进行排放估算。

3.2.2.3　排放因子

排放因子是指在一定的经济、技术条件下，生产单位数量的产品、燃烧单位数量的燃料或其他单位强度的行为过程，排放到环境中的污染物数量。国内部分研究者持续开展了各类源 VOC 排放因子的测试工作。中华人民共和国环境保护部于 2014 年发布了《大气挥发性有机物源排放清单编制技术指南(试行)》(中华人民共和国环境保护部，2014)，其中给出了各类源 VOC 排放因子推荐值。本章参考了上述文件，并进行了广泛的文献调研，以获取用于江苏省 VOC 排放清单编制的排放因子数据。对不同来源的排放因子，采用如下原则进行选取：一是优先考虑本土测试或行业调研结果；二是考虑我国相关法规对 VOC 的标准限值；三是参考以往研究针对我国具体情况做出的专家判断；四是当上述信息均缺乏时，参考美国国家环境保护局排放因子数据库(AP-42；https://www.epa.gov/air-emissions-factors-and-quantification/ap-42-compilation-air-emissions-factors）和欧盟环境署排放因子数据库(European Environment Agency Guidebook，EMEP/EEA；http://www.eea.europa.eu//publications/emep-eea-guidebook- 2013)。

本书中生物质燃烧源、化石燃料燃烧源、工艺过程源和溶剂使用源等典型行业的 VOC 排放因子的取值如表 3.3 所示。

表 3.3　生物质燃烧源、化石燃料燃烧源、工艺过程源和溶剂使用源等典型行业 VOC 排放因子

（单位：g/kg 燃料/产品）

排放源	行业类型	燃料/产品	排放因子取值
生物质燃烧源	生物质炉灶燃烧	薪柴/秸秆	3.23/13.77
	生物质露天焚烧	水稻/小麦/玉米/其他秸秆	7.48/7.48/10.4/8.94
化石燃料燃烧源	火力电力	煤炭/垃圾/生物质/油/天然气[a]	0.15/0.74/1.1/0.09/0.083[a]
	工业锅炉	煤炭/油/天然气[a]	0.18/0.12/0.094[a]
	民用燃烧	煤炭/油品/液化石油气/天然气[a]/煤气	4.5/0.35/5.29/0.15[a]/0.00044
工艺过程源	钢铁	机械炼焦/土法炼焦	3.96/5.36
		烧结矿/球团矿/粗钢	0.25/0.25/0.06
	非金属矿物制品	平板玻璃/玻璃纤维/玻璃制品	4.4/3.15/4.4
		水泥熟料/石灰/砖瓦/陶瓷	0.33/0.177/0.13/29.22
	炼油	原油开采/原油炼制	1.42/1.82/0.34
	化工	乙烯/苯/甲醇	0.097/0.1/5.95
		聚乙烯/聚丙烯	10/8
		聚苯乙烯/聚氯乙烯	5.4/3
		醋酸/合成氨/邻苯二甲酸酐	1.814/4.72/21
		环氧乙烷/醋酸乙烯/苯乙烯	3/4.705/0.223
		黏胶纤维/醋酸纤维/锦纶	14.5/73.4/3.3
		涤纶/腈纶/丙纶	0.7/40/37.1
		合成橡胶	7.17
		化学原料药/化学农药原药	430/20
		涂料/油墨/胶黏剂/染料/颜料	15/50/30/81.4/10
	塑料、橡胶制品	泡沫塑料/塑料制品	120/3.2
		轮胎/橡胶制品	0.91[b]/0.22
	食品	发酵酒精/白酒/啤酒/葡萄酒	60/25/0.25/0.5
		糕点饼干	1
		植物油提炼	3.7
	纺织	丝/布/毛线	10/10/10
	炭黑	—	64.7
溶剂使用源	油墨	新型/传统油墨	100/750
	染料	—	81.4
	涂料	建筑-内墙	120
		建筑-外墙-水性/溶剂型	120/580

续表

排放源	行业类型	燃料/产品	排放因子取值
溶剂使用源	涂料	汽车生产/修补	470/720
		木器-水性/溶剂型	250/670
		防腐	442
		其他	240
	胶黏剂	制鞋/木材/其他	670/90/89
	其他溶剂	PU 涂层胶/农药/干洗	224/470/0.16
		溶剂家用/去污脱脂	0.08/0.044

注：a，排放因子单位为 g/m^3 燃料；b，排放因子单位为 kg/条轮胎。

3.2.3 排放清单不确定性分析方法

VOC 排放清单的估算过程实质上是对各排放单元活动水平和排放信息的整合计算过程。这些信息一般通过统计、测试和数学模拟获取，不可避免地携带自身误差，这些误差会随着计算过程传递至排放清单结果，造成排放清单的不确定性(Brown et al.，2001)。若不确定性得不到正确评估，就无法识别排放清单的缺陷和不足，从而影响基于排放清单结果的污染物控制措施的有效性和可行性(Frey and Bammi，2002)。定量评估排放清单的不确定性包括两部分关键性工作：一是确定输入参数(即活动水平数据和排放因子数据)的概率密度分布函数；二是应用数学方法(如蒙特卡罗方法)将输入参数的不确定度传递至排放清单结果。

本书假设排放清单的输入参数呈正态分布或对数正态分布(或根据数据情况确定为其他分布)，根据数据来源的可靠性、有效性，参考专家判断的经验数值确定其相对标准偏差，从而建立输入参数的概率密度函数。活动水平概率密度函数的相关参数见表 3.4，排放因子分布相关参数见表 3.5 和表 3.6。

表 3.4 活动水平概率密度函数信息

排放源类别		分布类型	相对标准偏差/%
化石燃料固定燃烧源	电厂	正态分布	5
	工业锅炉	正态分布	10
	民用	正态分布	20
工艺过程源	工艺点源	正态分布	10
	工艺面源	正态分布	20
溶剂使用源	溶剂使用点源	正态分布	20
	溶剂使用面源	对数正态分布	80

续表

排放源类别		分布类型	相对标准偏差/%
移动源	道路移动源	正态分布	30
	非道路移动源	对数正态分布	50
油气储运源	—	正态分布	30
生物质燃烧源	—	正态分布	30
其他源	—	正态分布	30

表 3.5　部分溶剂使用源排放因子概率分布相关参数（单位：g/kg，全部为均匀分布）

排放源类别	最小值	最大值
印刷-传统油墨	400	1000
建筑外墙涂料-溶剂型	100	1000
汽车涂料-生产	200	800
汽车涂料-修补	300	900
木器涂料-溶剂型	300	900
防腐涂料	150	800
胶黏剂-制鞋	400	900
PU 涂层	100	450
农药使用	150	800

表 3.6　其他源排放因子概率分布相关参数（均为对数正态分布）

排放源类别		相对标准偏差/%
化石燃料固定燃烧源	—	150
工艺过程源	玻璃纤维	500
	玻璃制品	500
	食品	500
	其他橡胶制品	500
	塑料制品	500
	纺织	500
	炭黑	500
	其他工艺过程源	300
溶剂使用源	—	300
移动源	道路移动源	150
	非道路移动源	300
油气储运源	—	150
生物质燃烧源	—	100
其他源	垃圾焚烧	300
	餐饮油烟	500

随后，采用蒙特卡罗方法将输入信息的不确定度传递至排放清单结果。如图 3.8 所示，其基本原理为：在各个输入值的概率密度函数上选择随机值，计算相应的输出值；通过多次重复计算构成输出值的概率密度函数。

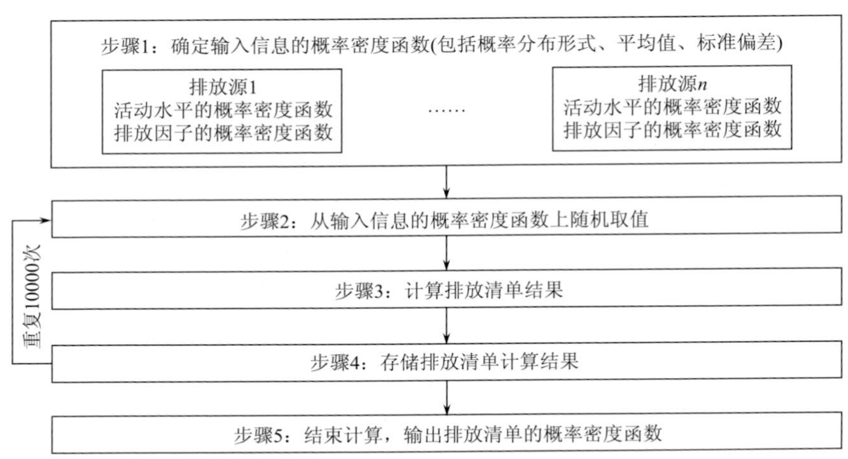

图 3.8　基于蒙特卡罗模拟评估排放清单不确定性的原理

3.3　多年份 VOC 排放变化与行业分布

基于 3.2 节描述的 VOC 排放清单编制方法，结合本地调查及测试得到的源谱数据，本节获得能较为全面、可靠地反映 2005～2014 年江苏省人为源 VOC 排放特征的排放清单。

3.3.1　排放年际变化及部门分布特征

江苏省人为源 VOC 排放量从 2005 年的 177 万 t 增长至 2014 年的 251 万 t (图 3.9)，增长比例为 41.8%，年均增长率为 3.9%。其间 VOC 排放总体增长趋势较为稳定，但 2007～2008 年排放有所降低，主要是由于生物质燃烧源排放降低。工艺过程源和溶剂使用源是排放增长最为显著的部门，对总量的贡献比例分别从 2005 年的 26.0%、21.4%升至 2014 年的 38.2%、38.6%。2005 年，生物质燃烧 VOC 排放较为可观，占排放总量的 25.9%，2014 年则降至 4.4%。移动源排放贡献率在 2005～2008 年保持相对稳定，随后持续降低，2005 年为 18.4%，2014 年为 11.2%。化石燃料固定燃烧源、油气储运源及其他源排放贡献率保持相对稳定，三者贡献率之和在 7%～9%之间波动。

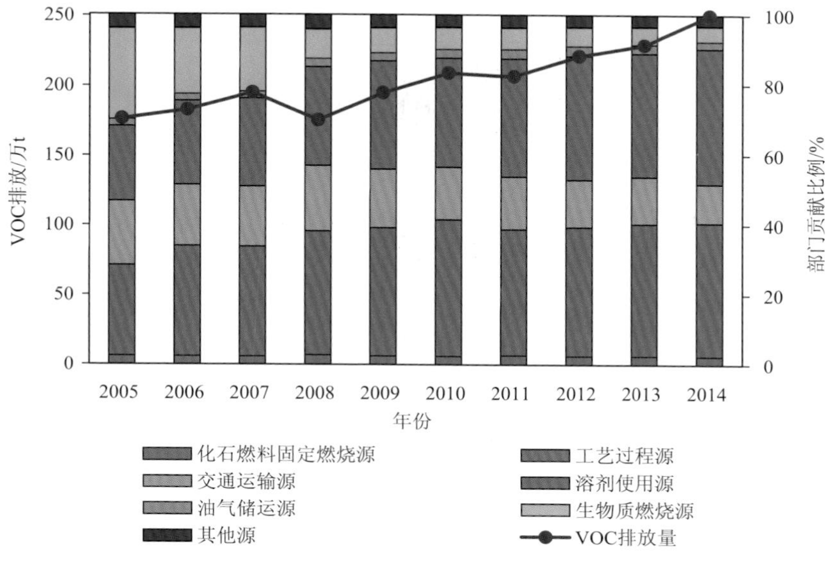

图 3.9　2005～2014 年江苏省人为源 VOC 排放及部门分布

3.3.2　排放组分特征与 O_3 生成潜势

本节利用建立的源谱数据库将 VOC 排放分解，获取了 500 多种 VOC 组分的分组分排放数据，并计算了排放的 O_3 生成潜势(ozone formation potential，OFP)。本节将对江苏省人为源 VOC 排放的组分特征及 OFP 进行阐述和分析。

3.3.2.1　VOC 排放组分特征

因单独组分数量太多，本节将 VOC 按官能团划分为烷烃、烯烃、炔烃、芳烃、醇类、醛类、酮类、醚类、酸类、酯类、卤代烃及其他组分 12 类，对 VOC 排放的组分特征进行展示和分析。

如图 3.10 所示，2005～2014 年江苏省人为源 VOC 排放各类组分质量百分数保持相对稳定：烷烃占比为 25.9%～29.9%，不饱和烃(烯烃、炔烃)占比为 13.2%～18.5%(11.1%～15.9%、2.1%～2.6%)，芳烃占比为 20.8%～23.2%，OVOC(醇类、醛类、酮类、醚类、酸类、酯类)占比为 18.2%～21.0%，卤代烃占比为 3.4%～4.4%，其他组分占比为 11.5%～12.4%。各类源的组分特征相对稳定，图 3.11 以 2014 年为例给出了 7 类一级排放源的 VOC 化学组分特征。

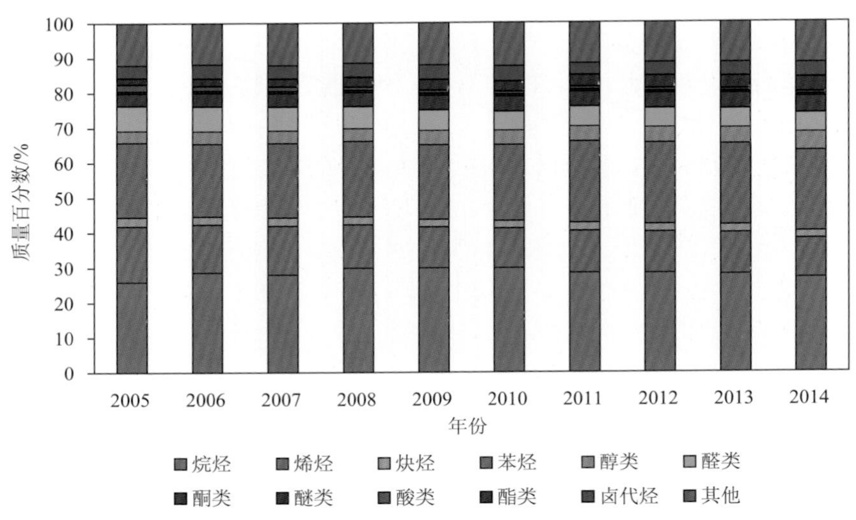

图 3.10　2005～2014 年江苏省人为源 VOC 排放组分特征

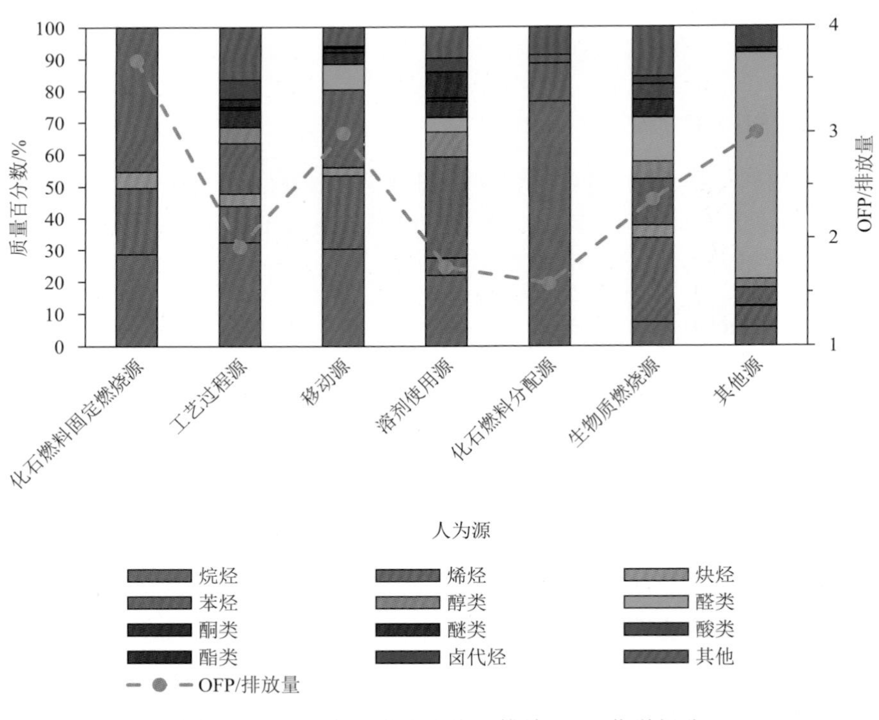

图 3.11　2014 年江苏省人为源排放 VOC 化学组分

化石燃料固定燃烧源、移动源和生物质燃烧源都涉及燃烧过程，但因燃料种类及燃烧条件不同，排放组分有较大差异。化石燃料固定燃烧源 VOC 排放组分以芳烃为主，排放占比为 45.3%，其次是烷烃(28.6%)；烯烃和炔烃占比分别为 21.0%和 5.1%。移动源排放的 VOC 以烷烃、芳烃和烯烃为主，占比分别为 30.2%、24.3%和 23.1%；此外，醛类化合物占比为 8.1%。生物质燃烧源排放的烯烃、芳烃和醛类占比分别为 26.1%、14.6%和 13.7%，OVOC 合计占比为 29.7%。相对于化石燃料固定燃烧和交通运输，生物质燃烧不完全程度更高，排放的 VOC 烯烃含量较高而烷烃含量较少。化石燃料固定燃烧源排放的 VOC 主要来自煤的燃烧(燃煤排放占比 83%)，VOC 组分相对简单，几乎不含 OVOC、卤代烃。对于移动源，道路移动源 VOC 排放以汽油车为主，主要组分为烷烃(35.4%)、芳烃(28.0%)和烯烃(22.9%)；非道路移动源燃料以柴油为主，VOC 排放主要组分为烯烃(23.7%)、醛类(23.1%)、烷烃(16.9%)和芳烃(14.7%)。

工艺过程源排放主要组分为烷烃、芳烃和烯烃，质量百分数分别是 32.3%、15.7%和 11.5%。其中，钢铁冶炼排放(其中炼焦占 74%)的主要成分为烷烃、芳烃、烯烃和卤代烃，质量百分数分别为 25.8%、22.7%、21.9%和 16.7%；食品工业排放的成分以烷烃和醇类为主，质量百分数分别为 57.3%和 29.0%；石油开采加工排放组分包括烷烃、烯烃和芳烃，质量百分数分别为 77.0%、12.1%和 10.9%。化工过程排放的各类组分相对平均，芳烃、酮类、烯烃、烷烃、卤代烃和酯类质量占比分别为 19.4%、14.7%、10.9%、10.1%、10.1%和 6.9%。

溶剂使用源排放的 VOC 以芳烃和烷烃为主，占比分别为 31.8%和 21.9%。OVOC 比例也较为可观，其中酯类、醇类、酮类、醛类和醚类化合物分别占比 8.3%、7.7%、5.1%、4.5%和 1.0%，合计 26.6%。油气储运源的排放来自原油、汽油和柴油在储存、运输、装卸和加油过程中的泄漏，主要的化学组分为烷烃和烯烃，占比分别为 76.3%和 12.0%。其他源的排放以醛类为主(占比 71.0%)，主要来自烹饪过程。

3.3.2.2　VOC 排放的 OFP

OFP 是不同 VOC 化学组分的排放量与其最大增量反应活性的乘积。如图 3.12 所示，2005～2014 年江苏省人为源 VOC 排放的 OFP 从 388 万 t 增至 520 万 t，增长率为 34%。OFP 的变化趋势及各一级源的贡献情况与 VOC 排放相近，但有细微差异，如 2011 年的排放与 2010 年相比略有下降，而 OFP 却保持上升趋势。这是由于不同排放源排放 VOC 的化学组分不同，其大气氧化活性亦不同，反映为其单位排放量对应的 OFP 有所差异。图 3.11 给出了 7 类一级排放源 OFP 与 VOC 排放量的比值。其中油气储运源排放以反应活性较低的烷烃为主，其 OFP/排放量比值最低(1.58)；而化石燃料燃烧源排放的 VOC 含有较高比例的烯烃和芳烃(此两类化学组分反应活性较高)，比值最高(3.68)。醛类物质也有较高的反应活性，排放以醛类物质为主的其他源 OFP/排放量为 3.00。

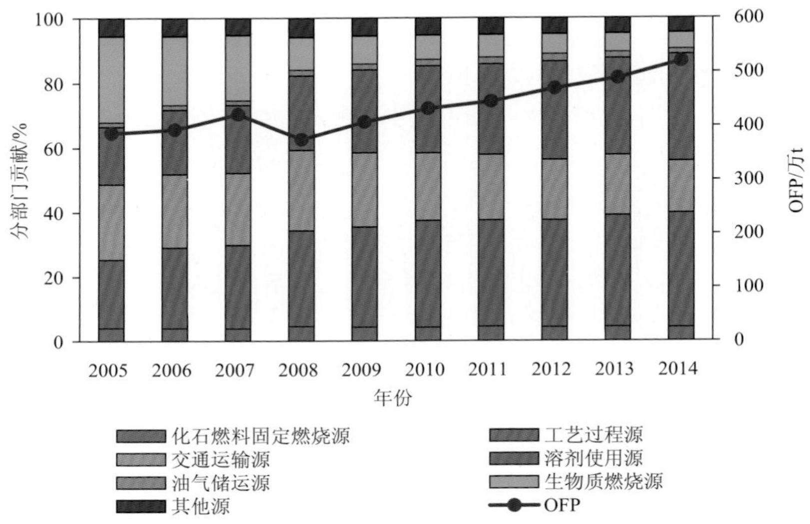

图 3.12　2005～2014 年江苏省人为源排放 VOC 的 OFP 及分部门贡献

但从单一组分的排放及对 OFP 的贡献来看，2005 年与 2014 年有着明显差异。图 3.13 和图 3.14 分别展示了 2005 年和 2014 年江苏省人为源 VOC 排放中 OFP 贡献最大的 25 种组分及其来源情况。2005 年 OFP 最高的 25 种组分贡献了 VOC 排放总量的 44%、OFP 的 83%。其中烷烃 5 种、烯烃 8 种、芳烃 5 种、醇类 2 种、醛类 5 种，分别贡献了 OFP 的 5%、34%、27%、6%和 12%。由图 3.13 可知，二甲苯、甲苯和乙苯等芳烃主要来自溶剂使用源、工艺过程源和移动源。对于乙烯、丙烯等烯烃，生物质燃烧源、工艺过程源及移动源是其主要来源；特别的，对于 2-甲基-2-丁烯和异丁烯，移动源是最主要的来源。对于醛类，生物质燃烧源和其他源是其主要来源，其中，甲基乙二醛和乙二醛主要来自生物质燃烧源，而丁烯醛和正丁醛主要来自其他源(该类源下的餐饮排放)。2014 年 OFP 最高的 25 种组分贡献了 VOC 排放的 38%、OFP 的 81%。其中烷烃 4 种、烯烃 7 种、芳烃 6 种、醇类 4 种、醛类 4 种，分别贡献了 OFP 的 5%、29%、33%、8%和 6%。与 2005 年相比，工艺过程源和溶剂使用源在 VOC 排放中所占比重显著增加，且这两类源排放较多的组分 OFP 排位更加靠前，如溶剂使用源的特征组分异丙醇、正丁醇。而生物质燃烧源排放贡献大量减少，其特征组分甲基乙二醛的 OFP 贡献靠后，乙二醛不再出现在 25 种最重要的组分中。

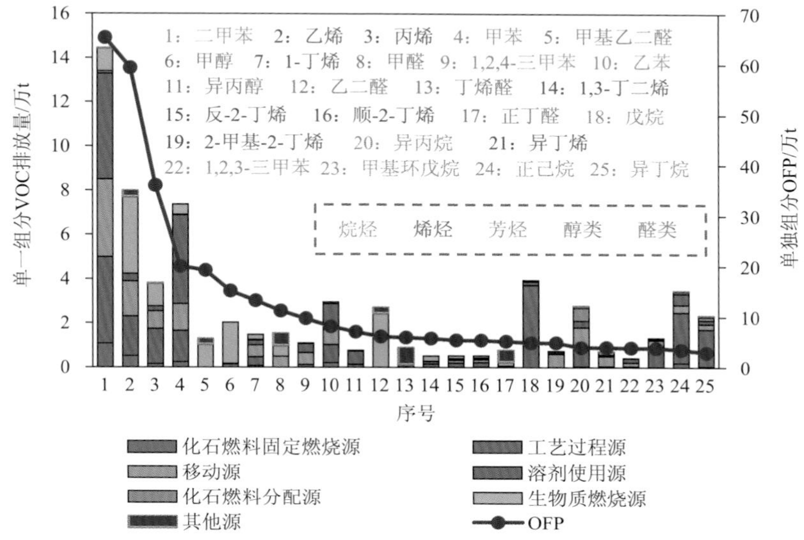

图 3.13 江苏省 2005 年最重要的 25 种 VOC 排放组分及对应 OFP

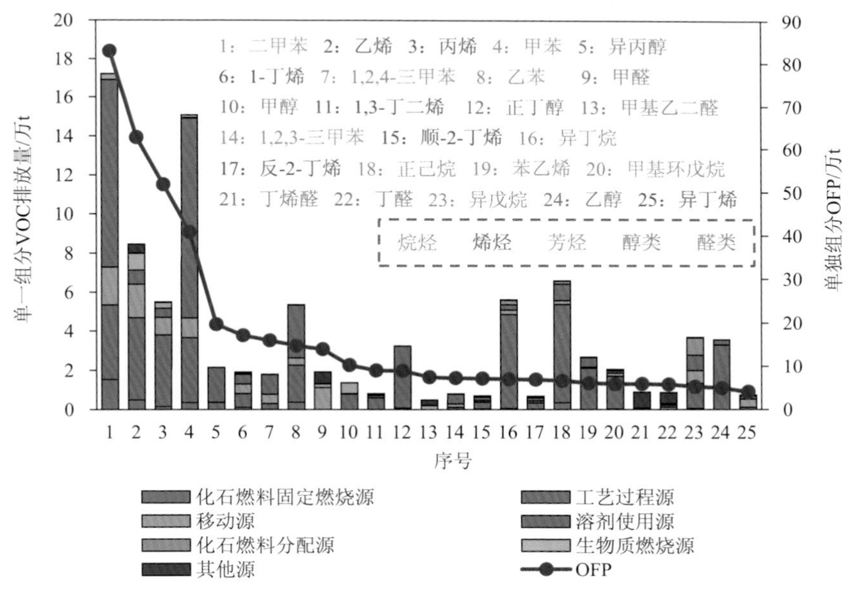

图 3.14 江苏省 2014 年最重要的 25 种 VOC 排放组分及对应 OFP

3.3.3 排放空间分布特征

我们将江苏省人为源 VOC 排放分配到 3 km×3 km 网格中。对于获取了详细信息的重点排放源，根据经纬度坐标对其排放进行分配；对于其他源，则根据以下代用参数对其进行分配：工业面源——国内生产总值(GDP)；溶剂使用面源——人口；道路移动源——路网及车流量；非道路移动源——铁路线路、运河、人口；油气储运——GDP；生物质燃烧——农村人口。

2005 年、2010 年、2014 年全省 VOC 排放空间分配结果如图 3.15 所示。VOC 排放强度较大的区域主要为江苏南部沿江城市城区(南京、扬州、镇江及南通)和无锡、苏州的中心城区。排放量最高的区域分布受点源的影响较为明显，主要分布在上述区域，但亦有部分高值区位于苏中和苏北地区。例如，图 3.15(c)中 A 区域的高值区即反映了盐城大型砖瓦、陶瓷企业排放的影响。

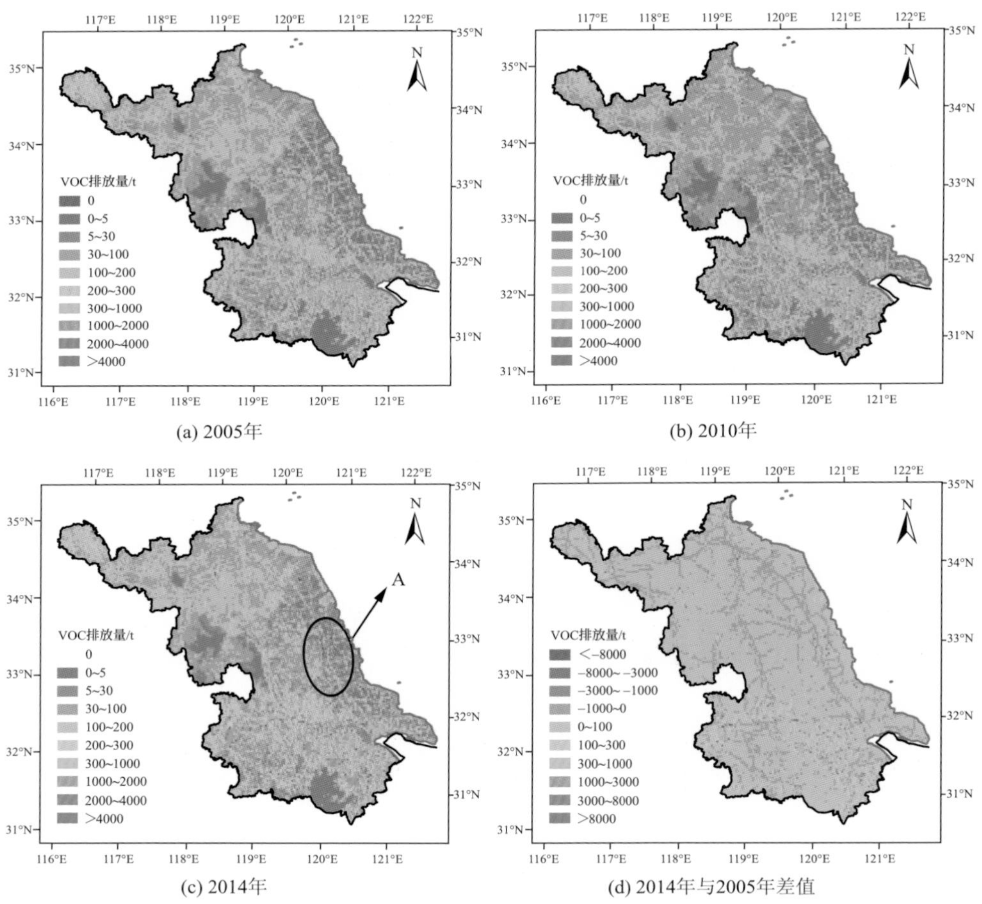

(a) 2005年　(b) 2010年　(c) 2014年　(d) 2014年与2005年差值

图 3.15　江苏省人为源 VOC 排放空间分布

与 2005 年相比，2010 年、2014 年排放量较高的区域从各城市中心城区向外扩展，高排放区域明显增多。2014 年与 2005 年 VOC 排放差值的空间分配如图 3.15(d)

所示，排放增量较大的区域主要集中在江苏省南部；排放量降低的区域则主要与路网重合，原因是 2005～2014 年道路移动源的 VOC 排放显著降低。

3.3.4 排放清单不确定性分析

2005～2014 年江苏省人为源 VOC 排放不确定性(以 95%置信区间表示)比较接近且无明显的年际变化规律。因此，本节仅以 2014 年为例对 VOC 排放的不确定性进行分析。表 3.7 列出了 2014 年江苏省人为源 VOC 排放的不确定性及不确定性的主要贡献参数。除溶剂使用源外，各类一级排放源的不确定性主要来源都是排放因子。事实上，由于 VOC 排放包括有组织和无组织排放，来源相对复杂、位点较为分散，现场测试难度较大，测试数据比较有限，排放因子的不确定性较大(其相对标准偏差在 300%～500%之间，远大于活动水平)。对于溶剂使用源，由于缺乏不同行业溶剂使用量的统计信息，其活动水平根据相关参数对全国各类溶剂消费量进行分摊，其 VOC 排放的不确定性主要来自活动水平。

表 3.7 2014 年江苏省人为源 VOC 排放不确定性及主要贡献参数

排放源类别	排放量	不确定性	不确定性主要贡献参数	
化石燃料固定燃烧源	5.9	(−66%, +190%)	$EF_{电厂，煤}$(67.5%)	$EF_{工业锅炉，煤}$(6.5%)
工艺过程源	95.8	(−58%, +146%)	$EF_{橡胶轮胎}$(22.6%)	$EF_{炼焦}$(12.8%)
溶剂使用源	96.6	(−68%, +131%)	$AL_{建筑外墙涂料}$(20.2%)	$EF_{其他涂料}$(13.6%)
移动源	28	(−51%, +117%)	$EF_{内河船舶}$(12.6%)	$EF_{工程机械}$(8.4%)
油气储运源	5.3	(−66%, +162%)	$EF_{原油存储}$(26.8%)	$EF_{汽油销售}$(23.2%)
生物质燃烧源	11	(−76%, +499%)	$EF_{秸秆-炉灶}$(74%)	秸秆炉灶燃烧比(5.3%)
其他源	7.9	(−98%, +490%)	$EF_{餐饮}$(84.4%)	$EF_{固体废物焚烧}$(13.7%)
合计	250.5	(−41%, +93%)		

注：排放量以万 t 为单位，不确定性以 95%置信区间表示。

本书与其他研究主要部门的不确定性比较见表 3.8。总体而言，与国家和区域排放清单相比，本书 VOC 排放的不确定性有所降低，其中移动源的不确定性降低最为明显。这主要是由于我们的排放源分类更细致，特别是获取了分车型和控制阶段的机动车保有量，并对每种车型-控制阶段应用独立的排放因子，较大程度地降低了移动源 VOC 排放的不确定性。溶剂使用源和工艺过程源 VOC 排放的不确定性亦有降低，主要原因是我们通过环境统计、现场调查等途径获取了重点排放企业的详细信息，降低了活动水平的不确定性。

表 3.8　本书与其他研究主要部门不确定性比较(以 95%置信区间表示)

排放清单	研究尺度	不确定性			
		工艺过程源	溶剂使用源	移动源	所有源合计
魏巍(2009)	全国	(−88%, +283%)	(−82%, +223%)	(−86%, +261%)	(−51%, +133%)
Bo 等(2008)	全国	—	—	—	(−36%, +94%)
Fu 等(2013)	长三角	(−57%, +152%)	(−60%, +147%)	—	(−52%, +105%)
Huang 等(2011)	长三角	(−60%, +152%)	(−59%, +150%)	—	(−53%, +113%)
本书	江苏省	(−58%, +146%)	(−68%, +131%)	(−51%, +117%)	(−41%, +93%)

3.4　VOC 排放清单的对比检验

3.4.1　不同数据来源及估算方法对结果的影响

为寻求能更恰当、准确地反映省级尺度 VOC 排放特征的排放清单编制方法，我们分别以不同活动水平数据来源及相应的估算方法得到 VOC 排放清单，并比较相互之间的差别、分析差异原因。受限于数据的可获得性，我们并未将不同方法应用于所有排放源、所有年份的排放估算，仅作为寻找更优方法的探究。

3.4.1.1　点源数据对统计资料的补充校正

图 3.16 以 2010 年为例列出了各重点行业 VOC 点源排放情况。对于原油加工、化工、酒类及陶瓷等工艺过程源，点源排放占有较高比例，说明调查资料对于这些源的覆盖较为全面。而对于溶剂使用源，特别是涂料、胶黏剂和印刷，点源排放占比较低，主要是由于获取的环境统计资料对于涉及溶剂使用的企业及相关信息有较大缺失。汇集所有源的情况，2010 年点源排放量占排放总量的 31%。同时，由于获取的点源信息包含一些未纳入年鉴统计范畴的排放源类别(陶瓷制品、玻璃纤维、玻璃制品及其他橡胶制品)及部分小型企业的活动水平，可以对统计年鉴的活动水平进行补充和校正。结果表明，如果只基于统计资料进行排放估算，会低估或遗漏上述源的 VOC 排放。

3.4.1.2　基于调查资料、环境统计及统计年鉴的化工源排放结果比较

江苏省炼油和化工产业发达，对 VOC 排放的贡献突出。该行业产品种类繁多，VOC 排放环节复杂，排放估算有较大的不确定性。我们获取了典型化工城市——南京市 2011 年 241 家炼油和化工企业的调查资料，基于此计算了该行业的 VOC 排放量，并与基于环境统计和基于统计年鉴的结果进行比较(表 3.9)。基于

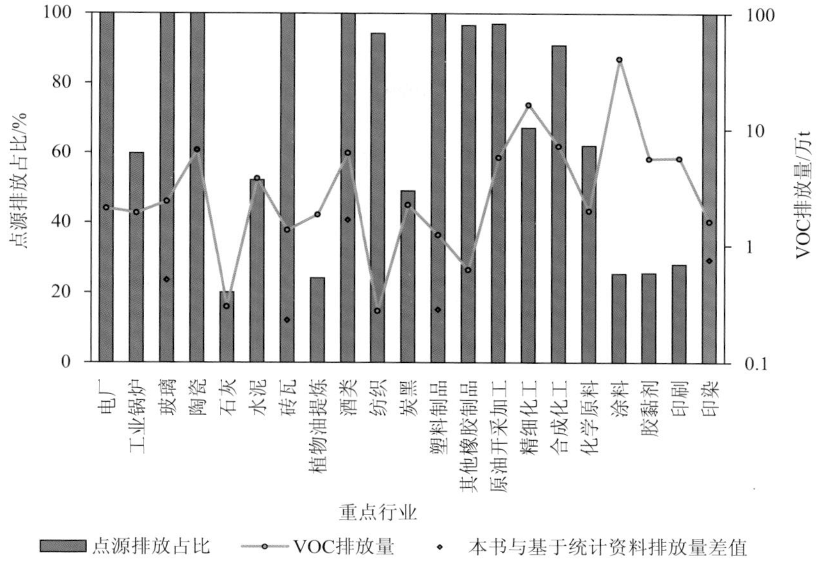

图 3.16　2010 年重点行业 VOC 点源排放情况

调查资料的结果显著高于基于环境统计和基于统计年鉴的结果，而基于环境统计和基于统计年鉴的结果虽然总量相差不大，但对基础化学原料、合成化工和精细化工三个次级部门进行细致比较可发现较大差异。由于部分基础化工产品(丁辛醇、环氧丙烷、环氧乙烷、乙二醇等)及合成化工产品(聚醚、聚乙烯等)的产量并未纳入年鉴的统计范畴，基于统计年鉴估算的结果会遗漏这部分源的排放；而基于环境统计与基于统计年鉴的精细化工排放和基于调查资料的结果相比明显偏小，主要由于其包含的此类化工企业不全。

调查资料和环境统计包含的化工企业数量分别为 241 家和 233 家，由于环境统计只包含每家企业最多 3 种产品的产量，这对于大部分化工企业可以较为充分地反映其活动水平，但部分大型化工企业的产品多达十多种甚至数十种，这样的数据获取方式会遗漏部分产品，从而低估 VOC 排放。

此外，值得注意的是，化工产品种类繁多，且排放环节相对复杂，排放因子测试难度较大，缺乏相当一部分有机化工产品生产过程的 VOC 排放因子，因而无法用排放因子法计算其排放量。从这个角度来看，即使基于详细调查资料、采用排放因子进行估算仍会在一定程度上低估化工行业的 VOC 排放。

表 3.9　基于不同来源活动水平数据的 2011 年南京市炼油和化工 VOC 排放估算结果比较

排放单元	VOC 排放量/t		
	基于调查资料	基于环境统计	基于统计年鉴
炼油	39690	39691	39664
基础化学原料	14879	7944	2152
苯	238		167
苯酐	969	1868	
苯乙烯	254		
丙烯	229		
丙烯酸	72		
丁辛醇	4658	4658	
合成氨	1062	1062	1062
环氧丙烷	2452	141	
环氧乙烷	1278	51	
甲醛	83	95	
烷基苯	690		
乙二醇	1192		
乙烯	1702	70	923
合成化工	13436	9388	5397
丙纶	50		50
涤纶	77		77
腈纶	6		6
尼龙	20		20
黏胶纤维	875	1066	111
聚苯乙烯	580		261
聚丙烯	1342		1342
聚醚	5265	2480	
聚乙烯	4263	4263	1570
合成橡胶	1959	1579	1959
精细化工	12159	11790	11772
油墨		18	
胶黏剂	54		
染料	7427	7427	7427
涂料	4678	4345	4345
合计	80164	68813	58985

根据企业经纬度坐标将基于调查资料的排放分配到 3 km×3 km 网格上，其中通过统计年鉴补充计算的排放量(占总排放量的 15%)采用南京市 1 km×1 km 人口分布数据进行分配。对于基于统计年鉴的排放结果，全部根据人口进行分配。空间分配结果如图 3.17 所示。

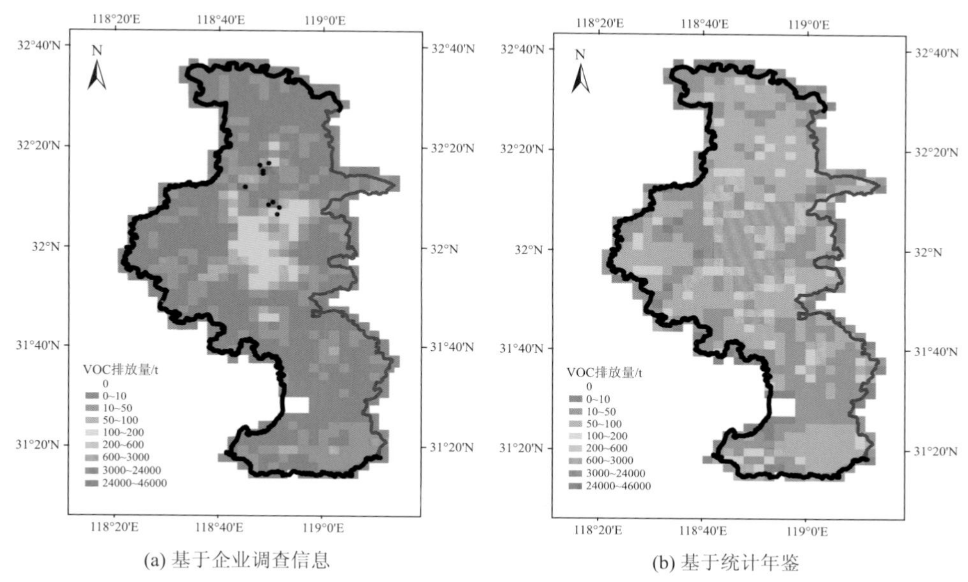

(a) 基于企业调查信息　(b) 基于统计年鉴

图 3.17　2011 年南京市化工行业 VOC 排放空间分布

由图 3.17(a)可知，不同区域的排放强度差异显著，排放强度最高的区域位于栖霞区及栖霞区和六合区的交界处，排放强度比大部分地区高 1～2 个数量级。该区域集中了 VOC 排放量居于前十的重点化工企业(占全市化工行业总排放量的 80%)，可见城市 VOC 排放空间分布主要受重点排放企业位置分布的影响。由图 3.17(b)可见，基于统计年鉴的 VOC 排放空间分布主要集中在城区，没有反映出大型点源排放的影响。因此，对于化工行业的排放，按照以往排放清单中通常采用的以人口或 GDP 为代用参数对排放进行空间分配的方法，可能高估城区排放水平，与实际排放情况存在偏差。

3.4.1.3　排污收费方法与排放因子法估算重点石化企业 VOC 排放的差异

炼油和化工行业的大部分 VOC 排放集中在数量有限的重点排放企业，因此有必要对大型炼油和化工企业 VOC 排放进行更深入、细致的研究。

财政部于 2015 年印发了《挥发性有机物排污收费试点办法》的通知，同时给出了石油化工行业的 VOC 排放计算方法。该方法将石化行业 VOC 排放分为设备动静密封点泄漏，有机液体储存与调和挥发损失，有机液体装卸挥发损失及废水集输、储存、处理处置过程逸散等 12 类排放，并分别给出了各类排放计算方法及所需信息。炼油和化工企业 VOC 排放大部分集中在动静密封点泄漏，有机液体储存与调和挥发损失，有机液体装卸挥发损失及废水集输、储存、处理处置过程逸散 4 个过程。我们以南京市为例，获取了 2014 年 15 家重点石化企业的详细信息，并参照财政部排污收费的排放计算方法得到这些企业的 VOC 排放量。获取的信息包括：①设备动静密封点种类及数量；②有机液体储罐存储物质种类、储罐类型、储罐尺寸及年周转次数等参数；③油品装卸量；④废水集输处理量。同时，获取的信息还包括各企业原辅料用量和产品产量，并以排放因子法计算其 VOC 排放量，两种方法得到的结果见表 3.10。

表 3.10　基于排污收费方法与排放因子法计算重点石化企业排放量对比

企业序号	VOC 排放量/t		主要原料或产品
	排污收费方法	排放因子法	
A	40554	34372	原油
B	13638	15190	原油
C	5225	911	合成氨、氯苯、环己酮
D	4830	9353	乙烯、乙二醇、丁醇等
E	4279	5684	甲醇、丁辛醇
F	3355	42	烷基苯
G	679	0	叔丁胺等
H	594	2357	聚醚
I	432	1322	醋酸乙烯
J	265	0	己内酰胺
K	261	0	聚醋酸乙烯酯
L	222	0	羟乙基纤维素
M	205	1919	醋酸
N	115	3704	环氧丙烷、聚醚
O	114	0	表面活性剂
合计	74768	74854	

由表 3.10 可知，采用排污收费计算的结果与排放因子计算的结果十分接近，但从各个企业的排放量来看却有较大差异。企业 C 和 G 等企业排污收费方法计算的结果显著偏高，主要是由于氯苯、环己酮、叔丁胺等有机化学产品排放因子数据缺乏，因而无法计算这部分产品生产过程的排放，而基于更详细信息的排污收费方法可计算出这部分排放量。对于 D、F 及 H 等企业，两种方法计算结果的差

异较大，这可能是由于乙二醇、丁辛醇、环氧丙烷及聚醚等化工产品生产排放因子数据有限、来源单一，存在较大不确定性，或不同企业间的排放情况有较大差异。总体而言，基于企业生产设备、储罐等详细信息的排污收费方法计算的结果比未能捕捉不同企业差异的排放因子法计算的结果，应更能反映具体企业的排放水平。

3.4.2　源谱更新对排放清单组分特征的影响

为评价使用实地测试和近年本土测试文献结果对江苏省 VOC 分组分排放带来的影响，分别利用更新前源谱数据库(SPECIATE；Li et al.，2014)和基于实地测试及最新文献报道结果更新后的源谱数据库对 2010 年江苏省 VOC 排放进行组分分解。图 3.18 给出了源谱更新前后排放量均在 10 t 以上的 445 种组分(占总排放量的 99.6%以上)的排放结果。大部分的组分在更新前后排放量相对变化不显著，主要由于 VOC 排放源种类较多，而更新源谱覆盖的排放源及对应的排放量相对较少。但部分组分如乙酸乙酯、苯、甲苯、二甲苯和乙苯的排放绝对值有较大变化(超过 1 万 t)。乙酸乙酯的排放结果增大，是由于更新后的源谱中涂料制造排放采用了 Zheng 等(2013)的本土测试结果，该结果相对于 SPECIATE 的源谱乙酸乙酯比例较高。而苯排放量减少主要由于使用了本地化的炼焦测试文献结果；甲苯排放量减少主要由于建筑涂料使用、汽车喷涂、涂料制造源谱更新；二甲苯和乙苯排放量增大主要由于炼焦、涂料及油墨生产、摩托车排放源谱更新。

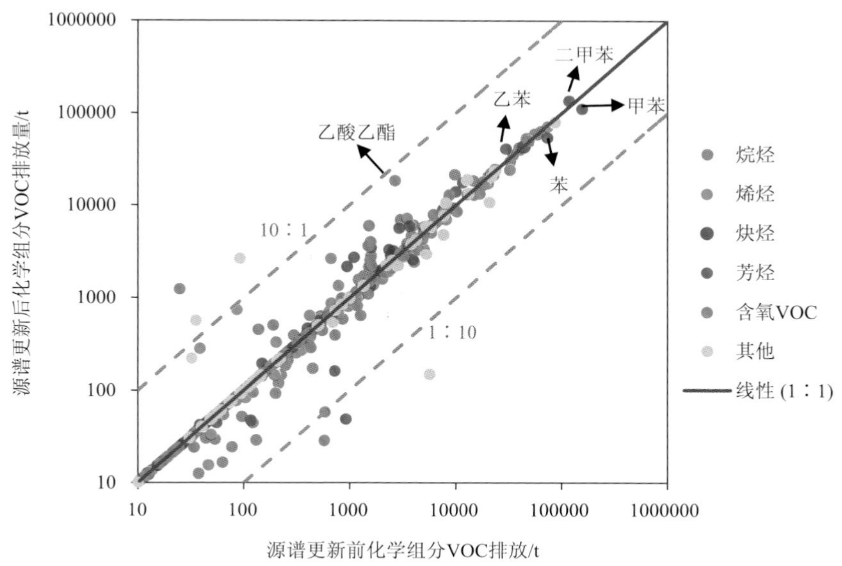

图 3.18　源谱更新对江苏省人为源 VOC 化学组分排放的影响(以 2010 年为例)

为评价源谱更新对空气质量模式输入 VOC 排放数据的影响，本书将 2010 年江苏省 VOC 化学组分排放结果转化为空气质量模式常用的化学机制 CB05、SAPRC99 组分，并对比了源谱更新前、源谱更新后及清华大学开发的中国多尺度排放清单模型(MEIC)的机制组分排放量，结果如图 3.19 所示。总体而言，源谱更新前后各化学机制组分的排放结果存在一定差异。变化相对突出的包括 CB05

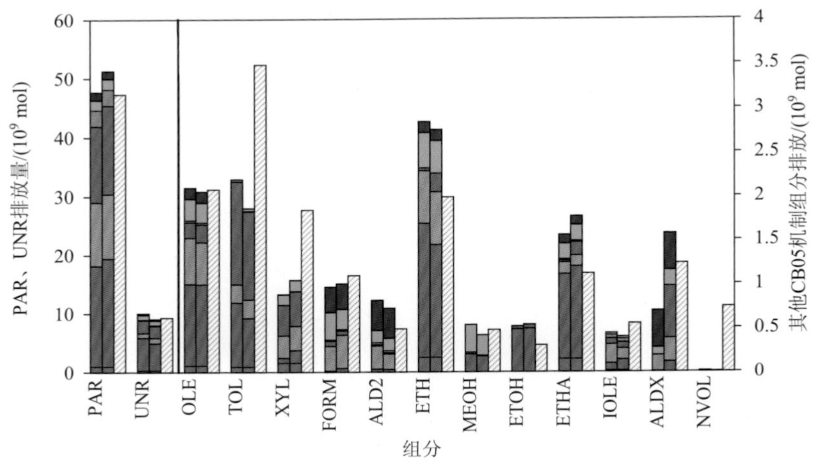

(a) CB05

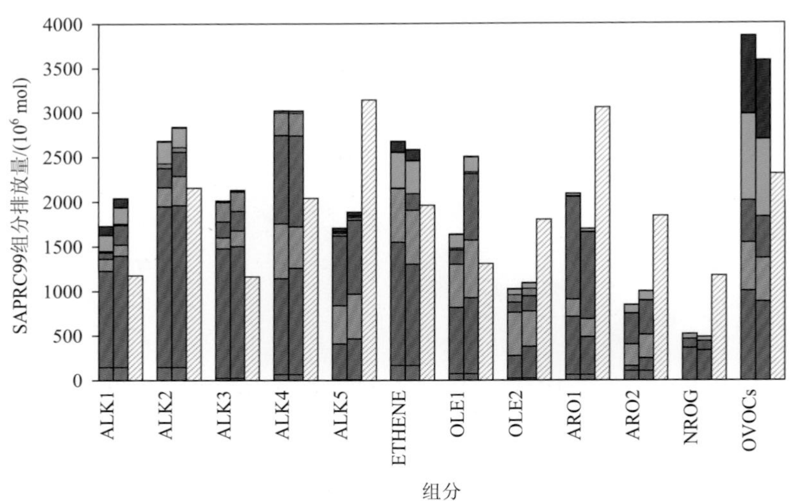

(b) SAPRC99

图 3.19　2010 年江苏省人为源 VOC 化学机制组分排放比较

左侧柱形为本书源谱更新前结果，中间为本书源谱更新后结果，右侧为 MEIC 结果机制 ALDX 组分及 SAPRC99 机制 OLE1 组分。ALDX 对应的 VOC 组分为含 3 个以上碳原子的醛类，本书更新的印刷油墨和汽车喷涂的源谱中该部分比例更高是造成差异的主要原因；OLE1 组分排放量增大则是由于建筑涂料源谱更新。

3.4.3 不同空间尺度研究的 VOC 排放特征比较

3.4.3.1 排放总量及分部门排放

我们比较了本书得到的江苏省人为源 VOC 排放结果与其他排放清单，包括亚洲区域排放清单(Regional Emission Inventory in Asia version 2，REAS v2；Kurokawa et al.，2013)、MEIC，以及部分其他研究的结果。图 3.20 为不同研究中江苏省人为源 VOC 排放总量，图 3.21 则进一步对比了分部门 VOC 排放结果。其他研究的结果均在本书的 95%置信区间内；除 REAS v2 以外，本书的结果与其他研究的结果比较接近。本书包括的 VOC 排放源较为全面，而其他研究在排放估算中遗漏了部分排放源。如魏巍(2009)估算的 2005 年工艺过程源的排放结果明显低于本书(图 3.21)，主要是由于其遗漏了发酵酒精、橡胶制品、染料生产和有机化学原料生产等源的排放；Bo 等(2008)的研究中未包括装修木器涂层、胶黏剂使用和农药使用等溶剂使用源的排放；Fu 等(2013)估算的工艺过程源结果明显低

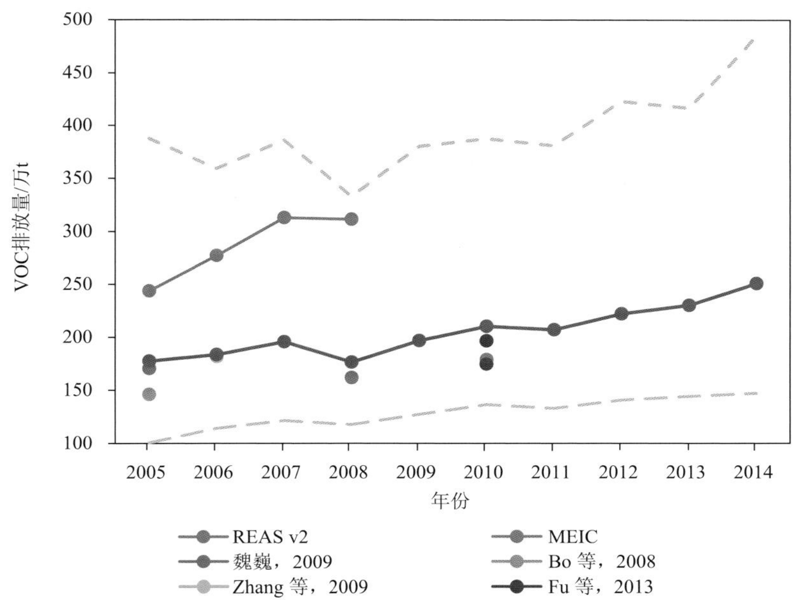

图 3.20 不同研究中江苏省人为源 VOC 排放量的比较

灰色虚线为本书 VOC 排放 95%置信区间的上界和下界

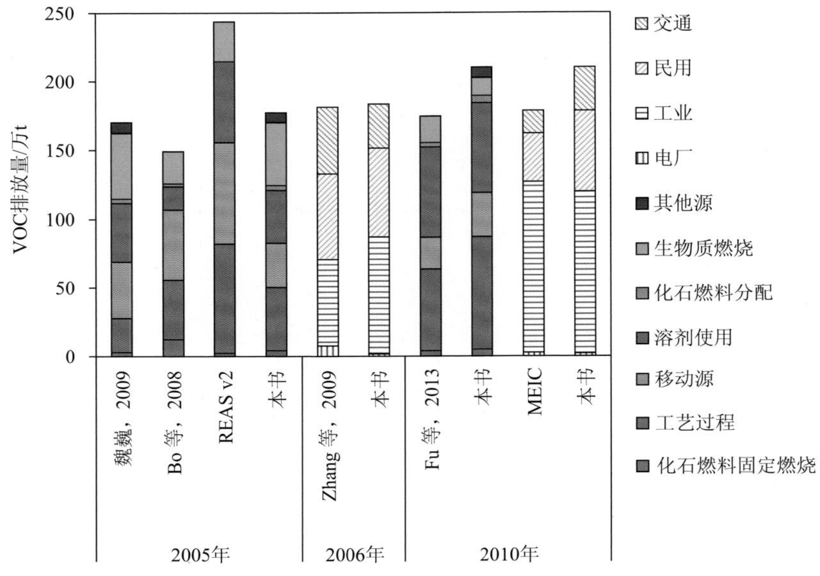

图 3.21　与其他研究分部门 VOC 排放比较

于本书，是由于其忽略了玻璃制品、橡胶制品、农药生产及炭黑生产等源的排放；REAS v2、MEIC、Zhang 等(2009)未考虑生物质开放燃烧的排放；除魏巍(2009)外，其他研究均未考虑固废处理及餐饮的排放(在本书中包含在其他源内)。

此外，不同研究活动水平获取的方法、参数及排放因子选取的不同亦给排放估算结果带来差异。魏巍(2009)与 Bo 等(2008)估算的移动源结果高于本书，主要由于其使用较高的摩托车行驶里程数据；Bo 等(2008)估算的生物质燃烧排放结果比本书低，主要由于其采用了更低的秸秆炉灶燃烧排放因子；在溶剂产品使用方面，Bo 等(2008)对建筑涂料和汽车涂料使用以人口为活动水平，选取美国国家环境保护局排放因子，并根据两国人均收入水平差异乘以 0.0246 的转换系数，计算得到的排放量远低于本书。

3.4.3.2　排放空间分布特征

为探究采用不同来源的活动水平数据编制的省级 VOC 排放清单和国家排放清单在排放空间分布特征上的差异，将本书中 2010 年 VOC 排放空间分布与 MEIC 中江苏省部分 VOC 排放的空间分布进行对比，如图 3.22 所示。由于可获取的 MEIC 排放空间分布精度为 0.25°×0.25°，将本书的排放进行重新分配与之匹配，以便比较。

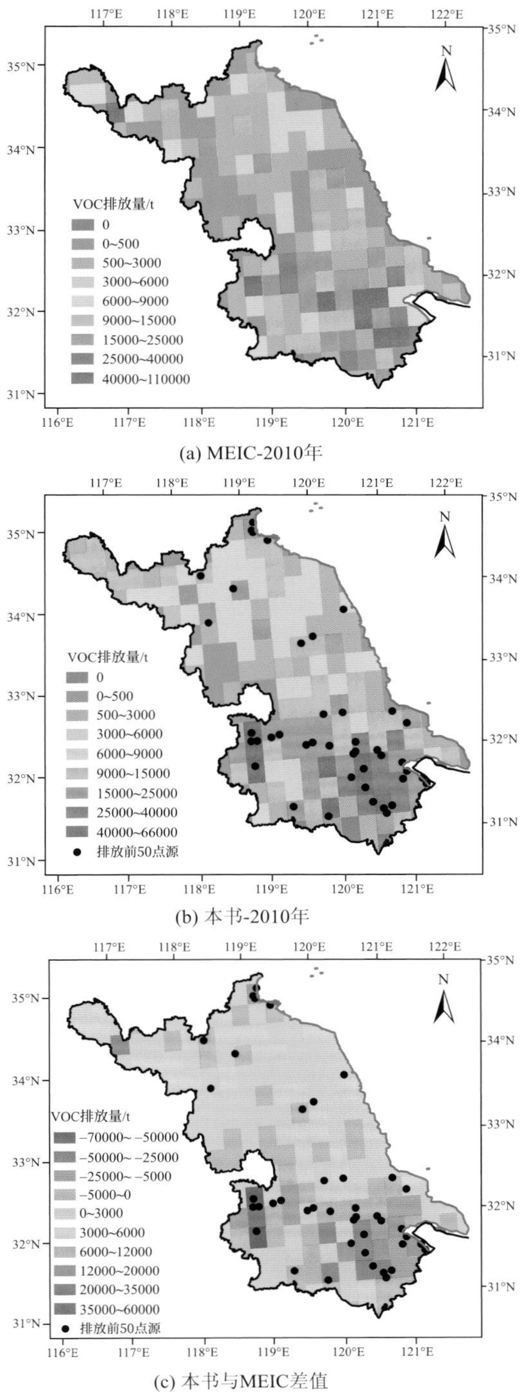

(a) MEIC-2010年

(b) 本书-2010年

(c) 本书与MEIC差值

图 3.22　本书 2010 年江苏省人为源 VOC 排放空间分布特征与 MEIC 比较

由图 3.22(a)可见，MEIC 空间分配高值区主要出现在江苏南部南京、苏州、无锡等城市的中心城区。本书高值区域分布虽以各城市中心城区为中心，但分布相对分散，排放高值区域受大型点源的影响较大[图 3.22(b)]。本书的排放结果在大部分区域高于 MEIC，两者具有显著差异的空间位置与大型点源分布较为一致；在南京、无锡、苏州及徐州中心城区，本书结果却远低于 MEIC，可能由于 MEIC 将部分排放基于人口或 GDP 等代用参数进行分配，高估了人口与经济密集区域的排放量[图 3.22(c)]。

3.4.3.3 VOC 化学组分特征

图 3.19 展示了本书和 MEIC 按常用的大气化学机制 CB05、SAPRC99 划分的分组、分排放结果。结果表明，本书和 MEIC 相比，TOL、XYL、ETH 及 ETHA 组分有较大差异，其中本书的 TOL、XYL 结果明显低于 MEIC，而 ETH、ETHA 明显高于 MEIC，其他组分排放则比较接近。按 SAPRC99 机制组分划分，本书各种组分的排放均与 MEIC 有较大差异。其中 OLE1 组分与 MEIC 的差异可能由本书对建筑涂料源谱的更新所致，而其他组分的差异多由 VOC 排放部门分布的差异造成。

可见，虽然从排放量来看，本书仅比 MEIC 高 31.5 万 t(17.7%)，但由于所使用源谱的差异和因排放清单编制方法不同而造成的部门排放分布差异使两者排放组分特征相差较大。这样的差异可能会进一步对空气质量模拟结果产生较为复杂的影响。

3.5 基于地面观测约束校验城市 VOC 排放清单

如 3.3 节和 3.4 节所述，江苏省人为源 VOC 排放的不确定性较此前的研究有所降低，但仍然受到活动水平和排放因子等参数不确定性的影响。为进一步提升 VOC 排放估算的准确性，本节以江苏省典型城市南京市为例，基于 3.2 节研究方法“自下而上”建立 2017 年城市尺度 VOC 排放清单，并基于地面观测数据“自上而下”(由空气中污染物含量约束地面排放强度)约束校验 VOC 排放。

3.5.1 基于地面观测约束的排放清单校验方法

VOC 化学组分与示踪物的排放比值结合示踪物排放量常用于评估和验证 VOC 排放清单(即示踪物比值法)。该方法约束获得的 VOC 排放量为多污染源共同排放的结果，计算公式如下：

$$E_j = E_{\mathrm{CO}} \times \mathrm{ER}_j \times \frac{\mathrm{MW}_j}{\mathrm{MW}_{\mathrm{CO}}} \tag{3.4}$$

式中，E_j 为化学组分 j 的排放量；E_{CO} 为示踪物 CO 的排放量；ER_j 为化学组分 j 与 CO 的约束系数；MW_j 和 MW_{CO} 分别为组分 j 和 CO 的相对分子质量。

本书选择 CO 作为示踪物，主要是因为 CO 的大气反应活性较弱，较少受到光化学反应的影响；同时，CO 排放清单的不确定性远低于 VOC（Wang et al.，2014；Warneke et al.，2007）。南京市 CO 排放量来源于长三角排放清单（An et al.，2021），数值为 1445.6 Gg。在 95%置信区间下，不确定性范围为–42%～+75%。

约束系数 ER_j 的计算基础是 VOC 组分与 CO 的观测浓度，是影响 VOC“自上而下”排放量的关键。光化学龄法和线性拟合法是计算 ER_j 的常用参数化方法（Warneke et al.，2007；Borbon et al.，2013；de Gouw et al.，2005，2018；Salameh et al.，2017）。其理论依据是当 VOC 和 CO 来源相似时，去除光化学反应影响后的 VOC 与 CO 浓度比值可以代表排放比值特征。作为典型的工业城市，南京市 VOC 浓度受多种污染源的复合影响，特别是工业过程和溶剂使用等部门，化石燃料燃烧源或移动源并不是 VOC 排放的主要部门。因此，本书采用 ·OH 暴露水平法结合差异浓度法计算约束系数（Thera et al.，2019）。由于光化学反应的影响，到达观测点的气团往往经历了一系列化学反应，VOC 各组分的观测浓度与初始排放时的浓度可能存在较大差异。·OH 暴露水平法被用于计算 VOC 各组分的初始排放浓度（简称初始浓度），计算公式如下：

$$\left[\mathrm{VOC}_j\right]_t=\left[\mathrm{VOC}_j\right]_0\times \mathrm{e}^{-k_j[\cdot\mathrm{OH}]\Delta t} \tag{3.5}$$

$$\left[\cdot\mathrm{OH}\right]\Delta t=\frac{1}{k_X-k_E}\times\left[\ln\left(\frac{[X]}{[E]}\right)_0-\ln\left(\frac{[X]}{[E]}\right)_t\right] \tag{3.6}$$

式中，$[\mathrm{VOC}_j]_0$ 和 $[\mathrm{VOC}_j]_t$ 分别为组分 j 的初始浓度和观测浓度；k_j 为组分 j 与 ·OH 的反应速率常数；k_X 和 k_E 分别为间/对二甲苯和乙苯与 · OH 的反应速率常数；$[\cdot\mathrm{OH}]\Delta t$ 为 ·OH 暴露量，即 ·OH 的环境浓度对时间的积分；$([X]/[E])_0$ 和 $([X]/[E])_t$ 分别为间/对二甲苯和乙苯的初始浓度比值和观测浓度比值。

本书选择间/对二甲苯和乙苯的比值估算 ·OH 暴露水平的原因是二者来源相似，间/对二甲苯的大气寿命（11.8～19.4 h）显著低于乙苯（1.6 d）（Monod et al.，2001），因此其比值变化反映了光化学反应的影响。$([X]/[E])_0$ 被定义为观测期间 $[X]/[E]$ 夜间最高值的平均值（Wang et al.，2014）。

基于小时分辨率的 VOC 初始浓度和 CO 观测浓度，采用差异浓度法首先定义了 VOC 和 CO 日间和夜间背景值，即当日日间和夜间的浓度最小值；随后将 VOC 和 CO 的小时浓度分别减去相应时段的背景值获得差异浓度，即 Δ(VOC) 和 Δ(CO)；最后约束系数 ER 被定义为差异浓度比值的均值，即 Δ(VOC)/Δ(CO) 在观测期间的均值。

上述方法需要大量长时段、日夜兼顾的观测数据，较适用于在线观测数据集。对于离线观测数据集，由于夜间数据缺失，较难估算 VOC 初始浓度。已有研究采用 09:00 的观测数据直接计算 VOC 各组分与 CO 的比值(Wang et al.，2014)。仅采用 09:00 的观测数据是因为此时大气反应还较弱，光化学损耗的影响较小；同时，此时受到早高峰的影响，VOC 和 CO 的同源性增强。为评估两种方法对 ER 估算的差异，本书采用南京大学仙林校区站点 55 种 NMHC 组分的观测数据，分别使用差异浓度法和直接比值法计算各组分的 ER，并开展线性回归分析。如图 3.23 所示，两种方法估算 ER 的相关系数 R^2 达到 0.8104。总体而言，直接比值法相较于差异浓度法的估算值偏高 1.14 倍。对于丙烯、1-丁烯和 1-戊烯，直接比值法估算得到的 ER 值明显高于差异浓度法，主要是由于交通源对烯烃浓度影响较大，仅采用 09:00 的观测数据导致直接比值法估算结果偏高。

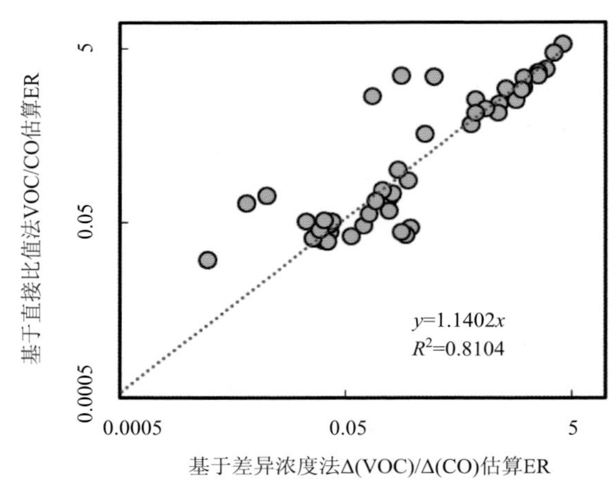

图 3.23　差异浓度法与直接比值法估算化学组分 ER 的差异

3.5.2　基于观测约束的 VOC 化学组分排放量

基于南京市 VOC 观测数据，本书利用示踪物比值法“自上而下”约束了 VOC 年排放量，并对比校验了 2017 年城市尺度“自下而上”VOC 排放清单。观测数据包括城郊站点 55 种 VOC 组分的在线观测结果，以及城郊、城区、城市公园、工业区和背景区等不同功能区站点 105 种化学组分的离线采样结果。结果表明，105 种观测组分的“自上而下”排放总量为 195.6 Gg，相较“自下而上”结果(108.0 Gg)高 81.1%。图 3.24 对比了“自下而上”和“自上而下”排放清单不同组分排放量的差异。总体而言，两套排放清单中 48 种 NMHC 组分的年排放量差

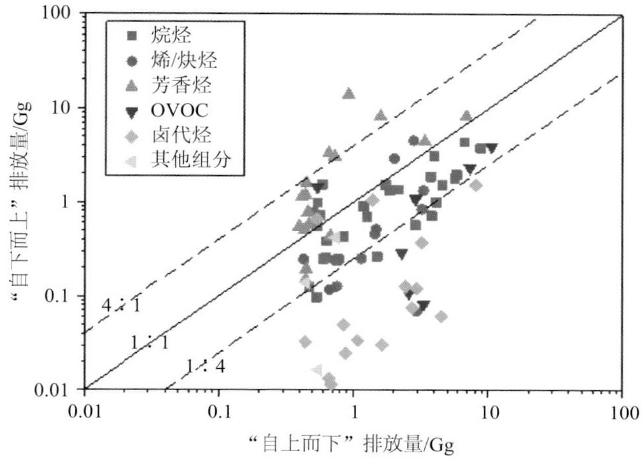

图 3.24　基于"自下而上"和"自上而下"排放清单的 VOC 组分年排放量对比

异在 4 倍范围内，23 种 NMHC 组分在 2 倍范围内。OVOC 和卤代烃的"自上而下"排放量显著高于"自下而上"排放清单结果。由于夜间数据缺失，部分组分(特别是 OVOC)的 ER 值可能被略微高估，这能在一定程度上解释两套排放清单排放量的差异。更重要的，这些差异反映了"自下而上"清单可能存在的不确定性。

图 3.25 逐一对比了不同组分的排放量，其中"自上而下"排放量的不确定范围由 5 个站点 ER 的标准偏差表征。由于异戊烷、异丁烷、1-丁烯、甲苯、乙酸乙酯和二氯甲烷在不同区域的 ER 值存在较大空间差异，其"自上而下"排放的不确定范围较为广泛。具体而言，丙烷、正丁烷、异丁烷和乙炔的"自上而下"排放量分别为 8.8 Gg、5.8 Gg、5.7 Gg 和 3.3 Gg，约为"自下而上"排放量的 2.3～3.2 倍。大部分烯烃的"自上而下"排放量高于"自下而上"结果。已有研究表明，丙烷和丁烷是天然气和汽油的主要组成成分，乙炔则是不完全燃烧的示踪物。因此，这一结果很可能表明"自下而上"排放清单低估了移动源排放。"自下而上"排放清单的建立采用机动车保有量作为活动水平，可能忽视了大量过路车的排放影响。此外，由于数据来源有限，排放清单的建立采用了平均化的排放系数，忽视了油品品质、道路条件等多重因素对实时排放的影响，可能导致移动源排放被低估。

乙苯和间/对二甲苯的"自上而下"排放量相较于"自下而上"排放清单分别降低了 80.9%和 93.3%，该差异可能主要来自源成分谱的不确定性。芳香烃主要来源于溶剂使用源，其源成分谱大多基于有机溶剂的测试结果。随着 VOC 控制政策的不断推进，水性涂料、高固体分涂料等环保涂料正在逐步取代溶剂型涂料。已有研究表明，溶剂型涂料中芳香烃占比高达 52.3%～71.5%，而水性涂料中芳香烃仅占 11.3%。现有源谱数据库未能及时更新和细化不同涂料的源成分谱，给 VOC 组分分配带来了较大不确定性。

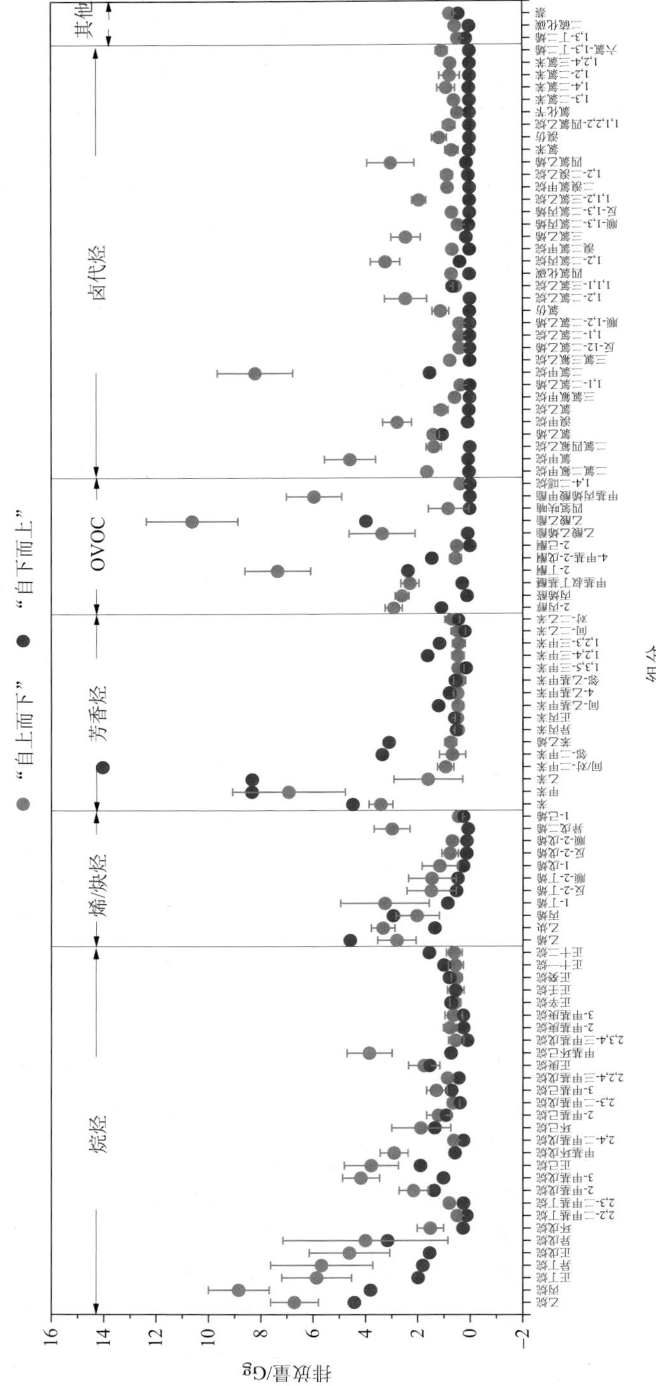

图 3.25 基于“自下而上”和“自上而下”排放清单的 VOC 单一组分排放量对比

OVOC 和卤代烃的“自上而下”排放普遍高于“自下而上”排放清单结果。例如，四氢呋喃“自上而下”排放量为 0.8 Gg，是“自下而上”排放清单中的 98.7 倍。二氯甲烷和 1,1,1-三氯乙烷“自上而下”排放量分别为 8.2 Gg 和 1.1 Gg，而在“自下而上”排放清单中仅为 1.5 Gg 和 0.8 Gg。已有研究在北京(Li et al.，2019)和成都(Simayi et al.，2020)获得了类似结果。由于示踪物比值法无法区分一次排放和二次生成对大气 OVOC 的影响，OVOC“自上而下”排放量可能会被高估，这是造成两套排放清单差异的原因之一。但造成差异的更重要的因素仍是源成分谱的不确定性。国内现有源谱的实测工作更关注 NMHC，可能导致 OVOC 和卤代烃在源成分谱中的占比被低估(Mo et al.，2016)。此外，由于国内实测源谱覆盖的行业有限，一些行业的源成分谱采用了美国 SPECIATE 数据库。SPECIATE 数据库较少考虑低活性的 VOC 组分，如二氯甲烷、1,1,1-三氯乙烷及氟化物等(Li et al.，2019)。因此 VOC 排放总量在组分分配时较少分配到 OVOC 和卤代烃，导致“自下而上”排放清单对这些组分的低估。

3.6 基于改进 VOC 排放清单的 O_3 模拟优化

本节利用中尺度气象模式(WRF)-多尺度区域空气质量模式(CMAQ)系统，基于不同尺度 VOC 排放清单开展 O_3 模拟研究，通过模拟表现评估省级和城市尺度 VOC 排放清单的改进及其对 O_3 模拟的优化程度。

3.6.1 省级排放清单改进对 O_3 模拟改善的贡献

基于空气质量模式 WRF-CMAQ，本节分别以 2012 年江苏省排放清单和国家排放清单 MEIC 作为排放输入，评估省级尺度排放清单的改进对 O_3 模拟改善的贡献。模式采用三层网格嵌套，其中第一层网格区域(D1)和第二层网格区域(D2)与第 2 章保持一致，第三层网格区域(D3)主要覆盖了江苏省南部地区(苏州市、无锡市、常州市、镇江市和南京市)及上海市部分区域，网格分辨率为 3 km×3 km，网格数为 133×73 个。模拟时段为 2012 年 1 月、4 月、7 月、10 月。

图 3.26 展示了基于不同排放清单的南京市国控站点 O_3 日最大小时浓度(maximum daily 1-h O_3 concentrations，MDA1)模拟值的时间序列，并对比了观测结果。表 3.11 则统计了两套排放清单 O_3 浓度模拟的标准平均偏差(NMB)和标准平均误差(NME)(计算公式详见 2.4 节)。总体而言，除 4 月份的 MEIC 以外，所有情景中 NMB 均为负值，即 O_3 浓度模拟结果均低于观测值。这表明 MEIC 和省级排放清单可能均低估了 VOC 排放。相较 MEIC，省级排放清单通常具有更好的 O_3 浓度模拟表现(7 月除外)，表明在完善排放源信息和更新源谱信息后，省级尺度排放清单能够提升区域 O_3 浓度模拟结果的可靠性。

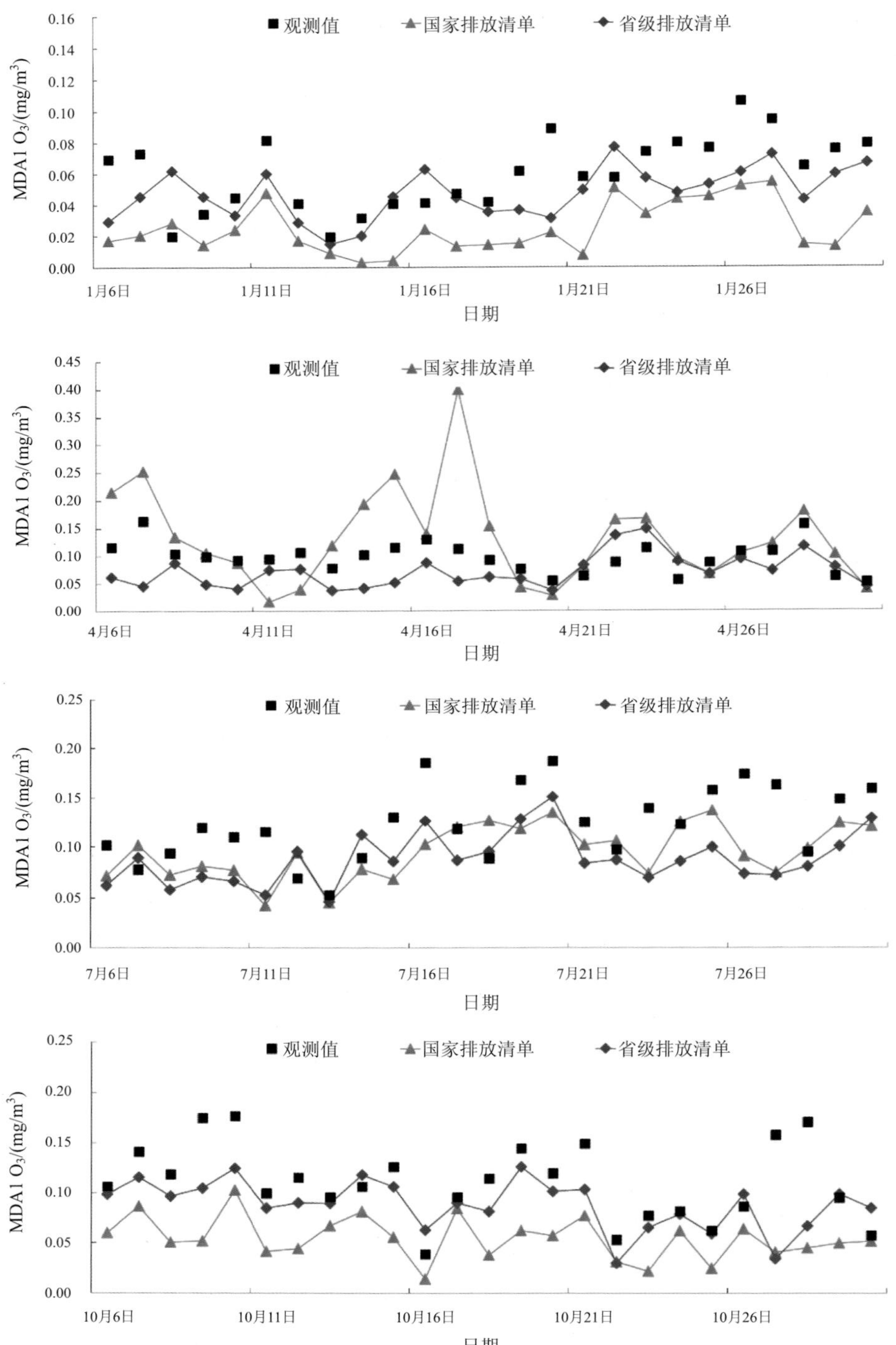

图 3.26　基于不同排放清单的南京市国控站点 O_3 模拟与观测对比

表 3.11　2012 年 1 月、4 月、7 月、10 月省级、国家排放清单的 O_3 浓度模拟表现　（单位：%）

月份	省级排放清单		国家排放清单	
	NMB	NME	NMB	NME
1	–21	34	–58	59
4	–26	38	35	55
7	–28	33	–23	29
10	–20	26	–50	50

本书 O_3 浓度模拟值与观测值仍具有一定差异。除应用更精细的“自下而上”排放清单编制方法以外，基于观测数据的约束方法能够有效地校验 VOC 排放水平，进一步提升排放估算的可靠性。此外，NO_x 排放清单的不确定性也能在一定程度上解释 O_3 浓度模拟结果的偏差。近年来 NO_x 排放控制发生了明显变化，NO_x 排放水平有所下降，但尚未充分反映到“自下而上”排放清单中。在 O_3 生成以 VOC 控制为主的长三角地区，NO_x 排放的高估可能是模式低估 O_3 浓度的原因之一。除了排放清单的不确定性，模式机制对 O_3 模拟结果的影响也有待进一步探讨。

3.6.2　城市排放清单改进对 O_3 模拟改善的贡献

基于 3.5 节获得的“自下而上”和“自上而下”的南京市 VOC 排放清单，本节利用 WRF-CMAQ 模式分别模拟了南京市 2017 年 1 月、4 月、7 月、10 月的 O_3 浓度，并将模拟结果与南京市 9 个国控站点的 O_3 观测浓度进行对比。“自上而下”排放清单改变了 105 种观测组分的排放量，其他组分排放量、排放空间分布与部门分布均与“自下而上”排放清单保持一致。相关系数 R、NMB 和 NME 等统计指标被用于定量评估 O_3 日最大 8 小时浓度(MDA8)的模拟表现。模拟值与观测值的统计结果见表 3.12。除 7 月以外，两套排放清单的模拟值均低于观测值。采用“自上而下”排放清单时模拟低估的现象略有改善。基于“自下而上”排放清单，1 月、4 月、7 月和 10 月 MDA8 的 NMB 评价指标分别为–24.5%、–12.1%、1.7%和–6.7%，NME 分别为 37.2%、22.5%、21.4%和 21.3%；基于“自上而下”排放清单，四个月份 MDA8 的 NMB 评价指标分别为–24.0%、–11.0%、3.4%和–6.1%，NME 分别为 37.0%、22.0%、21.2%和 21.1%。因此，基于两套城市 VOC 排放清单均能较好地再现 O_3 生成过程；同时，“自上而下”排放清单的模式表现相较“自下而上”排放清单有小幅度的改善，表明基于观测约束的排放能够进一步提升各 VOC 组分排放估算的准确度。

表 3.12　2017 年 1 月、4 月、7 月和 10 月“自下而上”和“自上而下”排放清单的 MDA8 模拟表现

月份	“自下而上”排放清单			“自上而下”排放清单		
	NMB/%	NME/%	R	NMB/%	NME/%	R
1	−24.5	37.2	0.26	−24.0	37.0	0.27
4	−12.1	22.5	0.57	−11.0	22.0	0.58
7	1.7	21.4	0.66	3.4	21.2	0.67
10	−6.7	21.3	0.67	−6.1	21.1	0.67

2017 年南京市“自下而上”排放清单准确掌握了大量南京市工业点源数据（6123 家企业），如地理位置、细化到环节的活动水平及污控措施运行情况等，对污染物排放的部门分布和空间分布等方面的估计具有较高可靠性，因此能够获得较好的模拟表现。本研究除 1 月以外，MDA8 模拟值的 NMB 均在±15%范围内，优于现有大部分城市尺度模拟研究结果。相较于“自下而上”排放清单，“自上而下”排放清单的模拟表现提升尚不显著，一方面是由于“自上而下”排放清单仅改变了 105 种观测组分的排放量，空间分布和部门分布仍与“自下而上”排放清单保持一致，且不同化学组分排放量的上升或下降导致 O_3 模拟浓度的变化可能被相互抵消；另一方面结果也受到 NO_x 排放清单不确定性和模拟区域以外 VOC 排放清单不确定性等多种因素的影响。随着相关研究工作的深入，可通过排放源测试持续更新 VOC 排放因子和源成分谱，并融合卫星与地面观测手段开展更加全面的 VOC 排放约束和校验，推动 VOC 排放清单的改进与优化。

参 考 文 献

莫梓伟, 邵敏, 陆思华. 2014. 中国挥发性有机物(VOCs)排放源成分谱研究进展. 环境科学学报, 34(9): 2179-2189.

魏巍. 2009. 中国人为源挥发性有机化合物的排放现状及未来趋势. 北京: 清华大学.

中华人民共和国环境保护部. 2014. 大气挥发性有机物源排放清单编制技术指南(试行).

An J, Huang Y, Huang C, et al. 2021. Emission inventory of air pollutants and chemical speciation for specific anthropogenic sources based on local measurements in the Yangtze River Delta region, China. Atmospheric Chemistry and Physics, 21(3): 2003-2025.

Bo Y, Cai H, Xie S D. 2008. Spatial and temporal variation of historical anthropogenic NMVOCs emission inventories in China. Atmospheric Chemistry and Physics, 8(23): 7297-7316.

Borbon A, Gilman J B, Kuster W C, et al. 2013. Emission ratios of anthropogenic volatile organic compounds in northern mid-latitude megacities: Observations versus emission inventories in Los Angeles and Paris. Journal of Geophysical Research: Atmospheres, 118(4): 2041-2057.

Brown L, Brown S A, Jarvis S C, et al. 2001. An inventory of nitrous oxide emissions from agriculture in the UK using the IPCC methodology: Emission estimate, uncertainty and sensitivity analysis. Atmospheric Environment, 35(8): 1439-1449.

Carter W. 2015. Development of a database for chemical mechanism assignments for volatile organic emissions. Journal of the Air & Waste Management Association, 65(10): 1171-1184.

de Gouw J A, Gilman J B, Kim S W, et al. 2018. Chemistry of volatile organic compounds in the Los Angeles Basin: Formation of oxygenated compounds and determination of emission ratios. Journal of Geophysical Research: Atmospheres, 123(4): 2298-2319.

de Gouw J A, Middlebrook A, Warneke C, et al. 2005. Budget of organic carbon in a polluted atmosphere: Results from the New England Air Quality Study in 2002. Journal of Geophysical Research: Atmospheres, 110(D16): D16305.

Frey H C, Bammi S. 2002. Quantification of variability and uncertainty in lawn and garden equipment NO_x and total hydrocarbon emission factors. Journal of the Air & Waste Management Association, 52(4): 435-448.

Fu X, Wang S X, Zhao B, et al. 2013. Emission inventory of primary pollutants and chemical speciation in 2010 for the Yangtze River Delta region, China. Atmospheric Environment, 70: 39-50.

Huang C, Chen C H, Li L, et al. 2011. Emission inventory of anthropogenic air pollutants and VOC species in the Yangtze River Delta region, China. Atmospheric Chemistry and Physics, 11(9): 4105-4120.

Kurokawa J, Ohara T, Morikawa T, et al. 2013. Emissions of air pollutants and greenhouse gases over Asian regions during 2000-2008: Regional Emission inventory in Asia (REAS) version 2. Atmospheric Chemistry and Physics, 13(21): 11019-11058.

Li J, Hao Y, Simayi M, et al. 2019. Verification of anthropogenic VOC emission inventory through ambient measurements and satellite retrievals. Atmospheric Chemistry and Physics, 19(9): 5905-5921.

Li M, Zhang Q, Streets D G, et al. 2014. Mapping Asian anthropogenic emissions of non-methane volatile organic compounds to multiple chemical mechanisms. Atmospheric Chemistry and Physics, 14(11): 5617-5638.

Mo Z, Shao M, Lu S. 2016. Compilation of a source profile database for hydrocarbon and OVOC emissions in China. Atmospheric Environment, 143: 209-217.

Monod A, Sive B C, Avino P, et al. 2001. Monoaromatic compounds in ambient air of various cities: A focus on correlations between the xylenes and ethylbenzene. Atmospheric Environment, 35(1): 135-149.

Salameh T, Borbon A, Afif C, et al. 2017. Composition of gaseous organic carbon during ECOCEM in Beirut, Lebanon: New observational constraints for VOC anthropogenic emission evaluation in the Middle East. Atmospheric Chemistry and Physics, 17(1): 193-209.

Simayi M, Shi Y, Xi Z, et al. 2020. Understanding the sources and spatiotemporal characteristics of VOCs in the Chengdu Plain, China, through measurement and emission inventory. Science of the Total Environment, 714: 136692.

Simon H, Beck L, Bhave P V, et al. 2010. The development and uses of EPA's SPECIATE database. Atmospheric Pollution Research, 1 (4): 196-206.

Thera B T P, Dominutti P, Öztürk F, et al. 2019. Composition and variability of gaseous organic pollution in the port megacity of Istanbul: Source attribution, emission ratios, and inventory evaluation. Atmospheric Chemistry and Physics, 19 (23): 15131-15156.

Wang M, Shao M, Chen W, et al. 2014. A temporally and spatially resolved validation of emission inventories by measurements of ambient volatile organic compounds in Beijing, China. Atmospheric Chemistry and Physics, 14 (12): 5871-5891.

Warneke C, McKeen S A, de Gouw J A, et al. 2007. Determination of urban volatile organic compound emission ratios and comparison with an emissions database. Journal of Geophysical Research: Atmospheres, 112 (D10): D10S47.

Zhang Q, Streets D G, Carmichael G R, et al. 2009. Asian emissions in 2006 for the NASA INTEX-B mission. Atmospheric Chemistry and Physics, 9 (14): 5131-5153.

Zheng J, Yu Y, Mo Z, et al. 2013. Industrial sector-based volatile organic compound (VOC) source profiles measured in manufacturing facilities in the Pearl River Delta, China. Science of the Total Environment, 456: 127-136.

第 4 章　区域大气氨排放清单优化

氨(NH_3)对大气化学和生物多样性有重要影响。NH_3 与硫酸(H_2SO_4)和硝酸(HNO_3)反应生成硫酸盐、硝酸盐和铵盐，是细颗粒物($PM_{2.5}$)形成的关键组分。NH_3 在中国作为非约束性污染物，其对流层柱浓度在主要农业区呈现上升趋势。NH_3 排放清单可以反映排放强度及时空分布特征，同时 NH_3 是空气质量模式的重要输入，其准确性和优化方法成为目前重要的研究方向。现有 NH_3 排放清单在排放量、时空分布方面存在较大差别，探究这些差异及差异在空气质量模式中的表现，有助于深入理解影响 NH_3 挥发的重要因素，为 NH_3 排放清单的改进提供方向，进而更好地为大气化学研究及污染控制管理服务。

本章以长三角三省(江苏省、浙江省、安徽省)一市(上海市)为例，建立 2014 年区域大气 NH_3 排放清单，其中针对 NH_3 最大的贡献源——农业源化肥施用和畜禽养殖，分别采用了排放因子法和农业过程表征法这两种不同方法进行估算，其他源采用排放因子法进行估算，最终得到两套 NH_3 排放清单。分析两套 NH_3 排放清单的时空分布差异及其原因，并与其他研究估算的长三角地区人为源 NH_3 排放量和部门分布进行对比，为进一步提升 NH_3 排放清单质量提供方向。

此外，基于上述两套 NH_3 排放清单开展空气质量模拟，利用地面和卫星观测资料评估对 NH_3 及二次气溶胶的模拟表现，分析两套 NH_3 排放清单模拟差异及其原因，明确不同排放清单建立方法对 NH_3 空间分布的影响。同时，探讨环境因素及二氧化硫(SO_2)、氮氧化物(NO_x)排放量对 NH_3 模拟结果的影响。NH_3 排放清单评估及模拟表现受到多方面因素的共同影响，除了排放清单的可靠性与准确度外，现有模式对化学机制的认识对结果也有较大影响。

4.1　大气 NH_3 排放清单建立的两类方法

4.1.1　排放因子法建立 NH_3 排放清单

4.1.1.1　排放源的分类

向大气环境直接排放 NH_3 的排放源统称为大气 NH_3 排放源，主要分为自然源和人为源。其中，自然源包括土壤挥发、植被释放、海水蒸发和野生动物排泄物释放等；人为源包括农业源、生物质燃烧源、人体粪便、化工生产、废物处理、交通排放等。Hamaoui-Laguel 等(2014)指出全球 NH_3 主要来源于畜禽养殖和化肥施用，但海洋排放、生物质和农作物燃烧也很重要，全球 NH_3 排放量约有 60%来自人为源。在中国，不少研究者针对农业源 NH_3 排放进行研究，结果显示畜牧养殖和化肥施用源占中国总排放的 77.9%～94.4%。基于中国 NH_3 排放源的主要特点，考虑活动水平的可获取性，本书将污染源分为八类，农业源主要包括畜禽养殖源和化肥施用源，非农业源包括合成氨/化肥工业生产等、生物质燃烧源、污水固废处理源、道路移动源、燃料燃烧源、人体代谢源。排放源具体二级分类如表 4.1 所示。

表 4.1　长三角地区 NH_3 人为排放源分类

一级排放源	二级排放源	一级排放源	二级排放源
化肥施用源	尿素	燃料燃烧源	工业燃煤
	碳酸氢酸		工业燃油
	硝酸铵		工业天然气
	硫酸铵		民用燃煤
	复合肥		民用燃油
畜禽养殖源	肉牛		民用天然气
	奶牛	生物质燃烧源	家用秸秆燃烧
	马/驴/骡		薪柴燃烧
	母猪		秸秆露天燃烧
	肉猪	道路移动源	轻型汽油车
	山羊		重型汽油车
	绵羊		轻型柴油车
	蛋鸡		重型柴油车
	蛋鸭		摩托车
	肉鸡	污水固废处理源	固废填埋
	肉鸭		固废焚烧
	肉鹅		固废堆肥
	兔		污水处理
	黄牛/水牛	人体代谢源	汗液
化学工业源	合成氨		呼吸
	氮肥		排泄
	磷肥		婴儿
	炼焦		

4.1.1.2　估算方法

本书利用排放因子法“自下而上”(即由最微小的环节开始，逐渐加和至宏观层面）建立长三角地区 2014 年人为源 NH_3 排放清单，NH_3 排放量依据式（4.1）计算：

$$E_{i,j} = \sum_j \mathrm{AL}_{i,j} \times \mathrm{EF}_j \times 10^{-3} \tag{4.1}$$

式中，E 为 NH_3 排放量（t）；AL 为活动水平（t）；EF 为 NH_3 的排放因子（kg/t）；i、j 分别为长三角地级市、排放源类别。

畜禽养殖源的活动水平表征为动物的存栏量或出栏量；化肥施用源的活动水平表征为不同化肥的施肥量；化工行业源的活动水平为氮肥、合成氨等产品产量等。在用排放因子法估算过程中，不同源的活动水平表征方式、计算方法及排放因子的选取会有所差别。

4.1.1.3　表征活动水平

1. 畜禽养殖源

畜禽养殖源包括肉牛、奶牛、马、驴、骡、兔、母猪、肉猪、山羊、绵羊、蛋鸡、蛋鸭、肉鸡、肉鸭、肉鹅、黄牛和水牛共 17 种畜禽种类。本书从长三角地区各省各地级市统计年鉴中获取 2014 年畜禽养殖量。同时考虑到奶牛、母猪、山羊、绵羊、蛋鸡、蛋鸭等饲养周期大于一年，在获取饲养量时应选取其年末存栏量；而对于肉牛、兔、肉猪、肉鸡、肉鸭和肉鹅等饲养周期小于一年的物种，将年末出栏量作为它们的活动水平。统计年鉴中可以获取地级市禽蛋总量而非蛋鸡、蛋鸭的年饲养量，根据该地区鸡蛋与鸭蛋的比例计算得到鸡蛋和鸭蛋的数量，利用式（4.2）将禽蛋数量转化成家禽数量：

$$A_i = \frac{O_i \times 10^6}{M_i \times N_i} \tag{4.2}$$

式中，A 为家禽年末存栏数（个）；O 为禽蛋总产量（t）；M 为单个禽蛋平均质量（g/个），其中鸡蛋为 57.41 g/个，鸭蛋为 69.52 g/个；N 为家禽年均产蛋数（个），其中蛋鸡年均产蛋 201.88 个，蛋鸭年均产蛋 220.04 个；i 为家禽种类。

对于肉禽饲养量的计算，可以从统计年鉴中获取全国肉鸡、肉鸭和肉鹅的数量，利用各省和上海市在全国的占比得到江浙沪皖肉禽分种类的数量，再根据每个省各地级市省内占比计算得到各地级市肉禽分种类饲养量。经数据收集及计算后，得到的长三角地区 2014 年各地级市畜禽年饲养量，见表 4.2。

2. 化肥施用源

尿素和碳酸氢铵（ammonium bicarbonate，ABC）是应用最广和 NH_3 挥发较多的化肥种类。2014 年中国生产尿素 3218 万 t，生产 ABC 348 万 t，占化肥生产总

表 4.2　长三角地区 2014 年各地级市畜禽年饲养量

地区	肉牛/万头	奶牛/万头	母猪/万头	肉猪/万头	山羊/万头	绵羊/万头	蛋鸡/万只	蛋鸭/万只	肉鸡/万只	肉鸭/万只	肉鹅/万只	马/万头	驴/万头	骡/万头	兔/万只	黄牛/万头	水牛/万头
上海	0.10	5.80	13.90	243.13	26.70	1.40	379.05	37.61	23.81	1051.68	140.00	—	—	—	9.60	—	—
南京	—	1.75	—	—	11.73	—	491.68	119.51	12.57	562.96	108.92	—	—	—	17.49	0.01	1.08
无锡	—	0.67	—	74.77	3.67	0.09	174.87	42.51	6.31	282.49	54.65	—	—	—	2.23	—	—
徐州	—	—	—	—	218.91	8.63	3783.84	919.73	96.01	4301.53	832.24	0.13	1.59	0.87	—	—	—
常州	0.01	0.54	49.10	83.62	6.05	0.14	166.90	40.57	18.98	850.37	164.53	—	—	—	—	—	—
苏州	—	2.39	76.69	103.46	4.36	6.37	278.52	67.70	9.82	440.12	85.15	—	—	—	9.32	—	—
南通	—	0.75	270.76	394.71	227.33	—	2984.22	725.37	47.46	2126.22	411.37	—	—	—	—	—	0.32
连云港	10.89	6.36	20.03	300.50	18.04	—	612.70	148.93	13.86	620.76	120.10	—	0.49	—	—	—	—
淮安	2.21	0.82	15.68	267.11	23.29	—	849.60	206.51	29.18	1307.15	252.90	—	—	—	—	—	3.06
盐城	—	1.97	41.79	735.62	138.68	—	7591.19	486.72	81.09	3633.09	702.91	—	0.02	—	228.00	1.38	1.10
扬州	0.41	0.47	5.12	135.72	6.26	—	651.50	391.05	19.44	870.89	168.49	—	—	—	11.09	—	—
镇江	—	—	40.58	42.30	4.17	—	164.29	39.93	8.07	361.71	69.98	—	—	—	—	—	—
泰州	0.35	0.97	17.77	297.09	15.82	—	7.40	1.48	12.90	578.07	111.84	—	—	—	—	—	—
宿迁	5.92	7.77	146.14	260.75	29.67	—	923.53	224.48	26.05	1167.05	225.79	—	—	—	80.56	—	—
杭州	1.23	0.74	15.45	333.26	23.12	—	959.79	102.66	17.97	804.96	155.74	—	—	—	86.57	—	—
宁波	0.71	0.80	9.56	165.95	—	—	537.08	57.45	10.54	472.28	91.38	—	—	—	62.00	—	—
温州	2.47	0.74	6.55	112.60	14.16	—	318.72	34.09	8.65	387.40	74.95	—	—	—	131.64	—	—
嘉兴	—	—	6.65	374.83	—	58.91	429.45	45.93	22.84	1023.31	197.99	—	—	—	—	—	—
湖州	0.26	—	8.34	131.62	35.22	—	421.54	45.09	27.78	1244.38	240.76	—	—	—	61.35	—	—
绍兴	0.93	0.11	12.13	193.84	11.06	—	306.56	32.79	10.05	450.24	87.11	—	—	—	50.23	—	—

续表

地区	肉牛/万头	奶牛/万头	母猪/万头	肉猪/万头	山羊/万头	绵羊/万头	蛋鸡/万只	蛋鸭/万只	肉鸡/万只	肉鸭/万只	肉鹅/万只	马/万头	驴/万头	骡/万头	兔/万只	黄牛/万头	水牛/万头
金华	2.46	1.96	11.96	265.22	8.27	—	373.58	39.96	10.31	461.69	89.33	—	—	—	10.24	—	—
舟山	0.03	—	—	22.32	—	—	—	—	0.93	41.66	8.06	—	—	—	6.10	—	—
台州	—	—	5.80	92.15	6.40	—	244.76	26.18	10.94	489.99	94.80	—	—	—	58.17	—	—
丽水	—	—	4.55	86.66	7.92	—	89.22	9.54	40.32	1806.19	349.45	—	—	—	11.85	—	—
衢州	1.36	—	17.23	400.45	4.53	—	163.31	17.47	13.13	588.25	113.81	—	—	—	—	—	—
合肥	5.07	3.59	15.25	285.48	8.54	0.45	861.96	209.46	75.69	3390.88	656.05	—	—	—	3.76	—	—
淮北	3.05	0.84	—	68.23	100.15	0.65	580.11	140.97	8.17	365.95	70.80	0.004	0.06	0.002	21.37	—	—
安庆	7.09	—	17.89	284.97	7.69	—	1631.00	444.51	29.94	—	—	—	—	—	2.00	—	—
亳州	13.53	—	—	304.66	126.99	—	438.70	106.60	11.57	518.27	100.27	0.04	0.01	0.03	—	—	—
宿州	15.76	—	—	483.34	241.66	3.26	1657.91	402.88	23.10	1034.75	200.20	0.005	0.01	0.003	—	—	—
蚌埠	26.67	—	—	202.87	73.70	0.47	470.98	114.45	31.43	1408.07	272.43	—	—	—	—	—	—
阜阳	31.60	—	—	560.37	138.92	—	909.21	220.94	26.42	1183.72	229.02	0.02	0.12	0.02	—	—	—
淮南	5.05	—	—	50.67	13.06	—	427.94	103.99	11.30	506.30	97.96	—	—	—	—	—	—
滁州	12.72	—	—	335.62	37.21	0.23	721.84	175.41	28.99	1298.97	251.32	—	—	—	—	—	—
六安	11.37	—	—	405.70	46.48	—	774.29	188.16	56.55	2533.44	490.16	—	—	—	—	—	—
马鞍山	0.20	—	—	37.06	6.72	—	132.64	32.23	15.78	707.14	136.81	—	—	—	—	—	—
芜湖	2.70	—	—	83.15	2.92	—	516.96	125.62	25.95	1162.41	224.90	—	—	—	—	—	—
宣城	2.30	—	—	103.72	4.66	—	314.63	76.46	43.47	1947.60	376.81	—	—	—	—	—	—
铜陵	0.11	—	—	10.24	—	—	64.32	15.63	—	—	—	—	—	—	—	—	—
池州	1.07	—	—	73.93	1.41	—	237.85	57.80	8.54	382.44	73.99	—	—	—	—	—	—
黄山	0.81	—	—	96.38	0.49	0.03	137.06	33.31	2.14	95.73	18.52	0.03	0.003	0.004	—	—	—

量的 66.7%和 7.9%。因此本书的化肥种类包括氮肥和复合肥，其中氮肥主要有尿素、ABC、硫酸铵、硝酸铵和其他氮肥，复合肥包括磷酸二铵(diammonium phosphate，DAP)和三元复合肥(ternary compound fertilizer，NPK)。

采用播种面积乘以单位面积施肥率的方法计算施肥量，涉及的农作物包括早稻、中稻、晚稻、粳稻、小麦、玉米、大豆、花生、油菜籽、蔬菜水果等十余种。各地级市不同农作物播种面积由统计年鉴获取，江浙沪皖不同农作物施肥率从《全国农产品成本收益资料汇编 2015》中获取。三省一市施肥率如表 4.3～表 4.6 所示。

表 4.3　江苏省农作物施肥率

种类	施肥率(千克化肥折纯量/亩)				
	尿素	ABC	其他氮肥	DAP	NPK
早稻	8.73	1.32	0.57	—	13.42
中稻	8.05	0.4	—	0.04	6.38
晚稻	8.62	0.885	—	0.14	5.875
粳稻	18.21	1.08	0.04	0.61	12.19
小麦	12.54	0.45	0.05	0.36	11.34
玉米	14.55	0.51	—	0.13	6.02
大豆	0.77	—	—	—	1.28
花生	3.55	—	—	2.35	7.87
油菜籽	8.9	0.55	—	0.49	6.77
棉花	19.2	0.6	—	0.32	5.68
甘蔗	22.72	0.16	0.2	0.28	10.03
蔬菜水果	8.56	0.44	0.03	0.79	21.45
其他作物	11.20	0.64	0.18	0.55	9.03

注：1 亩≈666.7m^2。

表 4.4　上海市农作物施肥率

种类	施肥率(千克化肥折纯量/亩)				
	尿素	ABC	其他氮肥	DAP	NPK
中稻	8.05	0.40	—	0.04	6.38
小麦	10.01	0.35	0.03	0.36	13.14
玉米	12.77	0.33	—	0.13	7.91
大豆	0.77	—	—	—	1.28
花生	3.55	—	—	2.35	7.87
油菜籽	8.45	0.73	—	0.41	5.90
棉花	14.89	0.41	—	1.52	7.25
甘蔗	22.72	0.16	0.20	0.28	10.03
蔬菜水果	8.56	0.44	0.03	0.79	21.45
其他作物	9.97	0.40	0.09	0.73	9.02

表 4.5　安徽省农作物施肥率

种类	施肥率(千克化肥折纯量/亩)				
	尿素	ABC	其他氮肥	DAP	NPK
早稻	9.32	—	—	—	13.95
中稻	8.05	0.40	—	0.04	6.38
晚稻	9.04	0.27	—	—	6.48
粳稻	9.83	0.02	—	—	11.03
小麦	7.47	0.24	0.01	0.35	14.93
玉米	10.99	0.14	—	—	9.80
大豆	0.77	—	—	—	1.28
花生	3.55	—	—	2.35	7.87
油菜籽	6.89	0.10	—	0.33	6.25
棉花	10.57	0.22	—	2.72	8.81
甘蔗	22.72	0.16	0.20	0.28	10.03
蔬菜水果	8.56	0.44	0.03	0.79	21.45
其他作物	8.29	0.15	0.02	0.53	9.37

表 4.6　浙江省农作物施肥率

种类	施肥率(千克化肥折纯量/亩)				
	尿素	ABC	其他氮肥	DAP	NPK
早稻	8.27	1.57	—	—	6.24
中稻	8.05	0.40	—	0.04	6.38
晚稻	8.20	1.50	—	0.14	5.27
粳稻	15.11	0.76	—	—	5.10
小麦	10.01	0.35	0.03	0.36	13.14
玉米	12.77	0.33	—	0.13	7.91
大豆	0.77	—	—	—	1.28
花生	3.55	—	—	2.35	7.87
油菜籽	9.57	1.53	—	—	4.69
棉花	14.89	0.41	—	1.52	7.25
甘蔗	22.72	0.16	0.20	0.28	10.03
烟草	13.79	1.57	—	—	32.95
蔬菜水果	8.60	0.68	—	—	28.01
其他作物	10.48	0.84	0.12	0.69	10.47

根据长三角地区实际情况，基于统计数据计算得到该区域 2014 年各地级市、直辖市化肥施用总量，再通过文献调研得到长三角地区不同类型化肥的使用份

额，从而得到 2014 年长三角区域各地级市、直辖市不同类型化肥的施用量，详见表 4.7。

表 4.7　长三角地区 2014 年各地级市、直辖市不同类型化肥施用折纯量　（单位：t）

地区	尿素	ABC	其他氮肥	DAP	NPK
上海	38522.15	1819.41	42.40	2033.74	62064.75
南京	55146.67	2871.46	87.13	2645.43	62403.70
无锡	52579.17	3148.46	96.79	2347.89	65723.85
徐州	172364.09	10517.59	338.61	5962.65	158593.17
常州	34264.15	2074.58	89.19	1245.92	31052.56
苏州	37217.25	2230.88	54.95	1687.80	48076.94
南通	148372.89	7212.50	244.95	6750.43	138864.20
连云港	97247.39	5461.76	116.09	3958.00	100200.13
淮安	119622.43	6238.65	162.29	4602.12	112485.45
盐城	222512.28	9824.11	331.18	8286.04	236255.69
扬州	74431.37	3258.32	95.35	2118.29	73909.35
镇江	48497.00	2494.58	80.01	1828.16	40582.85
泰州	114868.47	5766.93	177.46	4691.17	106345.44
宿迁	112064.10	6159.27	155.07	3864.92	108296.77
杭州	33929.37	3299.92	28.70	547.89	58816.21
宁波	32399.07	3521.51	33.96	831.42	56213.03
温州	21741.28	3051.39	1.12	169.62	33691.55
嘉兴	37957.00	4132.45	33.92	803.54	57789.34
湖州	28860.28	3742.51	24.82	576.25	35435.87
绍兴	33122.23	3801.65	33.64	768.16	46923.11
金华	28634.59	3062.71	28.88	689.91	39802.20
舟山	2736.04	238.58	3.95	84.67	5136.93
台州	27127.94	2912.86	30.39	500.11	46903.25
丽水	20953.29	2403.46	34.94	563.70	32309.69
衢州	27943.27	3597.69	20.15	461.26	33127.10
合肥	89980.65	3144.89	30.97	4567.19	115602.48
淮北	26884.42	678.84	11.65	897.56	42907.09
安庆	104403.03	2946.83	32.50	5869.18	120970.41
亳州	112979.77	2989.42	65.41	5221.03	182034.98
宿州	104919.73	2576.01	33.97	3810.24	151179.40

续表

地区	尿素	ABC	其他氮肥	DAP	NPK
蚌埠	72865.65	1952.98	34.78	4875.74	119839.95
阜阳	139595.99	3727.81	72.39	5704.04	223239.96
淮南	29430.14	845.13	14.17	1092.56	48097.88
滁州	115575.19	2823.96	51.47	5953.74	176377.86
六安	112162.67	2719.92	34.38	3482.47	155355.50
马鞍山	28821.60	721.00	10.07	1237.55	39867.02
芜湖	46288.38	1159.75	16.60	2845.10	61312.20
宣城	41839.85	1015.86	15.02	1652.20	56933.74
铜陵	5782.12	141.07	1.84	319.57	7754.74
池州	26140.17	558.95	4.35	1588.72	29744.59
黄山	15024.68	364.48	7.93	594.18	19994.08

3. 燃料燃烧源

燃料燃烧源是指煤、油及天然气在燃烧过程中的排放，本书根据各省市统计年鉴收集活动水平，并根据式(4.1)估算排放量。燃料燃烧源活动水平包括工业源和民用源的煤、油、气的消耗量。具体活动水平如表 4.8 所示。

表 4.8　长三角地区 2014 年燃料燃烧活动水平

地区	工业			民用		
	燃煤/万 t	燃油/万 t	天然气/亿 m^3	燃煤/万 t	燃油/万 t	天然气/亿 m^3
安徽	4475	243	11	547	461	15
江苏	5355	788	60	94	898	19
浙江	3274	740	18	111	1137	10
上海	866	1225	31	128	931	21

4. 生物质燃烧源

生物质燃烧源是指锅炉、炉具等使用未经过改性加工的生物质材料的燃烧过程，以及森林火灾、草原火灾、秸秆露天焚烧等。家用生物质燃烧源包括秸秆燃烧和薪柴燃烧。考虑到长三角地区的地形地势特点，本书不涉及森林火灾和草原火灾。根据式(4.3)和式(4.4)计算得到长三角地区家用生物质秸秆量和露天焚烧秸秆量。

$$M_1 = \sum_i \left(P_i \times N_i \times R\right) \tag{4.3}$$

$$M_2 = \sum_i \left(P_i \times N_i \times C_i \times D \times F\right) \tag{4.4}$$

式中，P 为农作物产量；N 为农作物谷草比，数据来自陆炳等(2011)的研究结果；R 为秸秆作为家用燃烧的比例，取自刘丽华等(2011)的调研结果，取值 0.45；C 为谷草干燥比，数值取自 He 等(2011)的研究结果；D 为秸秆露天燃烧比例，数据取自王书肖和张楚莹(2008)的研究结果；F 为焚烧效率，取 0.9；i 为不同农作物种类，本书生物质燃烧源涉及水稻、小麦、玉米、大豆等十种农作物。

生物质燃烧源相关活动水平数据如表 4.9 所示。

表 4.9　长三角地区 2014 年不同农作物产量及相关参数设定

种类	产量/万 t				谷草比	谷草干燥比
	安徽	上海	江苏	浙江		
水稻	1394.6	84.1	1912.0	590.1	1.0	0.88
小麦	1393.6	18.6	1160.4	31.0	1.1	0.80
玉米	465.5	2.6	239.0	30.1	2.0	0.80
大豆	115.0	1.3	70.4	35.8	1.7	0.91
木薯	33.5	0.8	33.9	57.4	1.0	0.45
棉花	26.3	0.1	16.0	2.5	3.0	0.80
花生	94.4	0.2	34.8	4.0	1.5	0.94
芝麻	6.7	0.0	1.7	0.8	2.0	0.80
麻类	2.4	0.0	0.1	0.0	1.7	0.83
甘蔗	19.7	0.6	10.1	62.7	0.1	0.83

5. 工业生产源

化肥的使用能够维持土壤肥力，为农作物的生长提供足够的养分，为保证在有限耕地面积上提高粮食产量，化肥生产始终是我国工业的重要组成部分，我国也是世界上化肥产量和使用量最大的国家。而在化肥和合成氨的生产过程中，会排放大量的 NH_3，焦炭生产也在本书工业源涉及范围内。根据各地级市统计年鉴获得化肥、合成氨及焦炭的生产产量，利用式(4.1)对排放量进行估算。具体工业源活动水平如表 4.10 所示。

表 4.10　长三角地区 2014 年工业生产活动水平　（单位：万 t）

地区	农用肥料(折纯量)		合成氨（无氨水）	焦炭
	氮肥	磷肥		
上海	1.1	0.3	—	—
江苏	211.4	19.1	351.4	—
浙江	34.2	1.4	64.5	297.2
安徽	218.8	80.9	354.6	—

6. 人体代谢源

随着人口不断增加，人体代谢 NH_3 排放量逐渐增加，主要包括四部分：人体呼吸、人体汗液、人体排泄物及婴儿排泄。以各地级市统计年鉴中的常住人口作为人体代谢的活动水平，其中人体粪尿的 NH_3 排放不仅受人口数量的影响，也受排泄物的处理方式的重要影响。鉴于此，本书将常住人口分为城镇人口和农村人口，根据城镇家庭无卫生设施比例对城镇人口粪尿 NH_3 排放进行估算，避免与污水处理 NH_3 排放估算重复。课题“浙江人口居住状况、住房需求与住房保障研究”结果表明，浙江城镇家庭无卫生设施的比例为 0.19，因其他省市缺少该数据，故将此数据应用在长三角地区。婴儿尿布的粪便和尿液不进入污水系统，需要将婴儿排泄单独考虑，计算方法如式(4.5)所示。该源主要活动水平数据见表 4.11。

$$\text{婴儿数量}=\text{户籍人口}\times\text{出生率} \tag{4.5}$$

表 4.11　长三角地区 2014 年人口数据　（单位：万人）

地区	常住人口	城镇人口	农村人口	婴儿
安徽	6059	1574	4485	770
江苏	7939	5090	2849	726
浙江	4859	1580	3279	511
上海	2426	2191	235	124

7. 污水固废处理源

污水处理排放的 NH_3 主要源于污水厂的三个处理阶段，包括活性污泥中微生物吸收和消化、污水营养处理过程和淤泥铺摊。直至 20 世纪 80 年代，污水处理排放源才被列入 NH_3 排放源清单。本书通过统计年鉴收集各省市 2014 年污水处理量作为活动水平，根据式(4.1)计算 NH_3 排放量。

固体废物处理包括垃圾的焚烧、填埋和堆肥。本书通过各省市统计年鉴获取长三角各地区 2014 年固体垃圾产生量，根据文献调研获取不同省市固体垃圾处理方法的比例，最终得到三省一市经焚烧、填埋和堆肥处理的固体废物量。本书假定安徽省垃圾无害化处理率为 99.51%，其他省市为 100%。污水固废处理具体活动水平如表 4.12 所示。

表 4.12 长三角地区 2014 年污水固体废物处理活动水平 （单位：万 t）

地区	垃圾处理量	填埋量	焚烧量	堆肥量	污水处理量
安徽	463	356	92	15	202500
江苏	1017	782	202	33	395930
浙江	1229	945	244	40	268360
上海	743	462	156	125	208145

8. *道路移动源*

一些研究者发现城市的大气 NH_3 浓度有时会与农村环境相当，甚至超过农村大气 NH_3 浓度，这些观测数据说明一定有非农业源对大气 NH_3 的贡献比较显著。从 20 世纪 80 年代开始，三效催化转化器的应用大幅度减少了机动车污染物的排放。虽然三效催化剂和还原性催化还原装置减少了 NO_x 的排放，但却成为机动车 NH_3 排放增加的原因。整体上机动车排放 NH_3 较少，但在城市或交通发达地区机动车会贡献较多的 NH_3。本书从各地级市统计年鉴中获取不同类型机动车保有量，如表 4.13 所示。

表 4.13 长三角地区 2014 年机动车保有量 （单位：万辆）

地区	轻型汽油	轻型柴油	重型汽油	重型柴油	摩托车
安徽	335.18	56.55	2.29	40.37	293.63
江苏	975.52	52.30	5.58	63.43	564.91
浙江	898.21	75.59	3.62	30.13	492.75
上海	224.47	10.40	1.18	13.14	42.52

4.1.1.4 选取排放因子

排放因子是影响排放清单准确性的重要因素，本书排放因子来源主要有以下三个途径：优先采用国内实测数据；在没有本地测试结果的情况下，优先考虑与本书基准年相近的成果中使用的排放因子；对于个别源，采用欧洲、美国等发达地区或国家的排放因子。最终采用的排放因子具体如表 4.14 所示。

表 4.14　人为源 NH_3 排放因子汇总

分类	排放因子	单位	分类	排放因子	单位
化肥施用			垃圾焚烧	0.21	kg/t
尿素	17.4	%NH_3-N	垃圾堆肥	1.275	kg/t
碳酸氢铵	21.3	%NH_3-N	污水处理	0.28	g/m^3
硫酸铵	2	%NH_3-N	**道路移动源**		
硝酸铵	8	%NH_3-N	轻型汽油	43.1	mg/km
其他氮肥	4	%NH_3-N	轻型柴油	4.1	mg/km
磷酸二铵	7.3	%NH_3-N	重型汽油	28	mg/km
三元复合肥	5	%NH_3-N	重型柴油	16.9	mg/km
畜禽养殖			摩托车	7	mg/km
肉牛	19.80	kg/a	**燃料燃烧**		
奶牛	30.53	kg/a	工业燃煤	0.02	kg/t
母猪	14.53	kg/a	工业燃油	0.1	kg/m^3
肉猪	2.87	kg/a	工业天然气	51.3	kg/10^6 m^3
山羊	5.27	kg/a	民用燃煤	0.9	kg/t
绵羊	5.23	kg/a	民用燃油	0.12	kg/m^3
蛋鸡	0.46	kg/a	民用天然气	320.51	kg/10^6 m^3
蛋鸭	0.35	kg/a	**工业生产**		
肉鸡	0.14	kg/a	合成氨	1	kg/t
肉鸭	0.03	kg/a	氮肥	5	kg/t
肉鹅	0.23	kg/a	磷肥	0.07	kg/t
马	17.26	kg/a	焦炭	0.07	kg/t
驴	17.26	kg/a	**人体代谢**		
骡	17.26	kg/a	人体呼吸	3.64	g/(人·a)
兔	0.29	kg/a	人体汗液	17	g/(人·a)
黄牛	22.48	kg/a	人体粪尿	0.76	g/(人·a)
水牛	10.45	kg/a	婴儿	16.64	g/(人·a)
生物质秸秆家用燃烧			**生物质开放燃烧**		
水稻	0.52	kg/t	水稻	4.1	kg/t
小麦	0.37	kg/t	小麦	0.53	kg/t
玉米	0.68	kg/t	玉米	0.68	kg/t
大豆	0.52	kg/t	大豆	0.53	kg/t
木薯	0.52	kg/t	木薯	0.53	kg/t
棉花	0.52	kg/t	棉花	1.3	kg/t
花生	0.52	kg/t	花生	0.53	kg/t
芝麻	0.52	kg/t	芝麻	0.53	kg/t
麻类	0.52	kg/t	麻类	1.3	kg/t
甘蔗	0.52	kg/t	甘蔗	1	kg/t
污水固废			**生物质薪柴燃烧**		
垃圾填埋	0.56	kg/t	薪柴	1.4	kg/t

4.1.2　农业活动过程表征法建立 NH_3 排放清单

化肥施用源的 NH_3 挥发强烈依赖于当地环境条件，如大气温度和土壤酸碱性，不同地区不同农作物的化肥施用量和施肥率不尽相同。因此排放因子法在研究区域内采用统一的排放因子会带来很大不确定性，尤其会表现在时空分布上。考虑到长三角地区具体情况及数据可获取性，本节采用具体的农业活动过程表征法估算第二套化肥施用源 NH_3 排放量。

畜禽养殖源 NH_3 排放易受粪便清理方式、粪便储存设施等影响。杨志鹏(2008)采用物质流的方法，从 NH_3 的直接源——粪尿入手，分别确定粪、尿的排泄量，考察进入粪肥管理过程后各个阶段的氮挥发率，分阶段计算畜禽养殖源的 NH_3 排放量。本书依据此方法估算第二套畜禽养殖源 NH_3 排放量。除这两大源外，其他源使用第一套排放清单的结果。

4.1.2.1　化肥施用源

1. 排放因子的校准计算

地理环境因素会影响特定环境下的排放因子。对于每种化肥，本书用土壤 pH、施肥率、温度和施肥方法来校正基础排放因子(EF_0)，最终得到每种化肥在特定环境下的排放因子，校正公式如式(4.6)所示。

$$EF_i = EF_{0,i} \times CF_{pH} \times CF_{rate} \times CF_T \times CF_{method} \tag{4.6}$$

式中，EF_i 为第 i 种化肥在特定环境下的排放因子；$EF_{0,i}$ 为第 i 种化肥的基础排放因子；CF_{pH} 为不同土壤酸碱度的校正因子；CF_{rate} 为施肥率的校正因子；CF_T 为某一区域地面 2 m 高处温度的校正因子；CF_{method} 为第 i 种化肥不同施肥方法的校正因子，施肥方法分为追肥和基肥两种。

在所有土壤特性中，与 NH_3 挥发相关性最强的是土壤酸碱度，本书采用 Huang 等(2012)的研究结论，假定土壤酸碱性与 NH_3 挥发呈线性关系。长三角地区 1 km×1 km 网格化土壤 pH 取自统一世界土壤数据库。有关施肥率和 NH_3 挥发的测试有限，本书假定当施肥率为 200 kg N/hm^2 及以上时，CF_{rate} 为 1.18；当施肥率不足 200 kg N/hm^2 时，CF_{rate} 为 1。施肥方法是影响 NH_3 挥发的一个重要因素，本书考虑了施基肥和施追肥两种方式。我们认为对于同一种化肥，施基肥的排放因子大概是施追肥时的 32%。农作物农时农事信息来自种植业管理司。已有研究表明，随着温度的升高，NH_3 挥发量增加。欧洲环境署针对不同化肥种类（除 ABC）已做了温度对 NH_3 挥发量影响的相关测试并假定二者呈线性关系。在本书中，温度和 NH_3 挥发量的关系基于调研的测试数据推算，对于 ABC，温度与 NH_3 挥发的相关性取自吕殿青等(1980)的实验数据，详见表 4.15。前文提到将农时农事具体到每月三个旬的具体节点，即 5 日、15 日和 25 日，我们从欧洲中期天气预报中心(European

Centre for Medium-Range Weather Forecasts，ECMWF）获取长三角地区 2014 年日均温度，从中得到这三个时间节点的温度均值来代表不同农时农事当时的环境温度。具体的参数及排放因子计算公式如表 4.15 及式(4.7)和式(4.8)所示。

$$EF_{base} = [(apH \times pH + bpH) + (T_{base} - T_0 - 273.15) \times kT] \times CF_{rate} \times CF_{method} \tag{4.7}$$

$$EF_{top} = [(apH \times pH + bpH) + (T_{top} - T_0 - 273.15) \times kT] \times CF_{rate} \tag{4.8}$$

式中，EF_{base} 为基肥的排放因子；EF_{top} 为追肥的排放因子；T_{base} 为基肥的月均温度；T_{top} 为追肥的月均温度；T_0 为参考温度。

表 4.15　农业活动过程表征法相关参数

化肥种类	pH 修正斜率(apH)	pH 修正截距(bpH)	基础温度	温度修正斜率(kT)	CF_{rate}	CF_{method}
尿素	6.265	−25.029	27.6	0.35	1.18	0.32
碳酸氢铵	6.147	−14.994	27.6	0.44	1.18	0.32
硫酸铵	1.793	−10.45	13	0.06	1.18	0.32
硝酸铵	0	0.8	0	0.01	1.18	0.32
其他氮肥	0	0.8	0	0.01	1.18	0.32
磷酸二胺	0	0.8	0	0.01	1.18	0.32
三元复合肥	2.806	−10.158	13	0.01	1.18	0.32

2. *月活动水平表征*

本书已得到长三角地区 2014 年各地级市不同类型化肥施用折纯量，如表 4.7 所示。在此基础上，根据中华人民共和国农业农村部种植业管理司的农时农事查询资料、《中国主要作物施肥指南》及网络信息，充分调研长三角地区 12 种农作物及蔬菜水果等的生长周期、农事耕作周期等。如早稻施基肥时间通常为 4 月中旬，施 50%的总氮肥及 100%的复合肥。追肥分三次，第一次是插秧后 7 d 左右施分蘖肥，施氮肥的 10%；第二次在插秧后 14 d 左右施分蘖肥，施氮肥的 10%；第三次是施穗肥，施氮肥的 30%。因农作物生长周期及农事耕作周期通常以旬为单位，本书假定每个月三旬时间节点分别为 5 日(上旬)、15 日(中旬)和 25 日(下旬)。本书将各地级市、直辖市不同类型化肥施用折纯量，结合调研得到的不同农作物生长周期、农事耕作周期信息，整合为分地级市、直辖市分月份、分化肥种类、分施肥方式的施肥量。

4.1.2.2　畜禽养殖源

本书按照图 4.1 中的粪便管理过程，根据排泄物状态(液态和固态)分别基于温度计算排放因子，各畜禽不同管理过程 NH_3 排放因子见表 4.16。月均温度数据同样来自欧洲中期天气预报中心(ECMWF)。

表 4.16　物质流法相关参数

（单位：%TAN）

种类	EF 户外	$X_{液}$	EF 圈舍-液态			EF 圈舍-固态			f	EF 存储-液态				EF 存储-固态				EF 施肥还田-液态	EF 施肥还田-固态	$R_{饲料}$
			<10℃	10～20℃	>20℃	<10℃	10～20℃	>20℃		NH_3	N_2O	NO	N_2	NH_3	N_2O	NO	N_2			
散养																				
肉牛	53	11	7	10.5	14	7	10.5	14	10	20	1	0	0.3	27	8	1	30	55	79	—
奶牛	41.5	11	7	10.5	14	7	10.5	14	10	20	1	0	0.3	27	8	1	30	55	79	—
马	0	11	9.3	14	18.7	9.3	14	18.7	10	35	0	0	0.3	35	8	1	30	90	81	—
驴	0	11	9.3	14	18.7	9.3	14	18.7	10	35	0	0	0.3	35	8	1	30	90	81	—
骡	0	11	9.3	14	18.7	9.3	14	18.7	10	35	0	0	0.3	35	8	1	30	90	81	—
母猪	0	11	9.2	14.7	20.2	9.2	14.7	20.2	10	14	0	0	0.3	45	5	1	30	40	81	—
肉猪	0	11	6.2	10.2	14.2	6.2	10.2	14.2	10	14	0	0	0.3	45	5	1	30	40	81	—
山羊	64	11	7	10.5	14	7	10.5	14	10	24	4	0	0.3	27.5	7.5	1	30	72.5	80	—
绵羊	64	11	7	10.5	14	7	10.5	14	10	24	4	0	0.3	27.5	7.5	1	30	72.5	80	—
蛋鸡	69	11	24.9	45.2	56.5	24.9	45.2	56.5	10	0	0	0	0	14	4	1	30	0	63	—
蛋鸭	54	11	24.9	45.2	56.5	24.9	45.2	56.5	10	0	0	0	0	24	3	1	30	0	63	—
肉鸡	66	11	22.2	40.3	50.4	22.2	40.3	50.4	10	0	0	0	0	17	3	1	30	0	63	—
肉鸭	54	11	22.2	40.3	50.4	22.2	40.3	50.4	10	0	0	0	0	24	3	1	30	0	63	—
肉鹅	54	11	22.2	40.3	50.4	22.2	40.3	50.4	10	0	0	0	0	24	3	1	30	0	63	—
集约养殖																				
肉牛	53	50	7	10.5	14	7	10.5	14	10	16	1	0	0.3	4.2	8	1	30	55	79	20
奶牛	41.5	50	7	10.5	14	7	10.5	14	10	16	1	0	0.3	4.2	8	1	30	55	79	20
马	0	50	9.3	14	18.7	9.3	14	18.7	10	16	0	0	0.3	4.2	8	1	30	90	81	0

续表

种类	EF 户外	$X_{液}$	EF 圈舍-液态			EF 圈舍-固态			f	EF 存储-液态				EF 存储-固态				EF 施肥还田-液态	EF 施肥还田-固态	$R_{饲料}$
			<10℃	10～20℃	>20℃	<10℃	10～20℃	>20℃		NH_3	N_2O	NO	N_2	NH_3	N_2O	NO	N_2			
集约养殖																				
驴	0	50	9.3	14	18.7	9.3	14	18.7	10	16	0	0	0.3	4.2	8	1	30	90	81	0
骡	0	50	9.3	14	18.7	9.3	14	18.7	10	16	0	0	0.3	4.2	8	1	30	90	81	0
母猪	0	50	8.9	14.3	19.7	8.9	14.3	19.7	10	3.8	0	0	0.3	4.6	5	1	30	40	81	30
肉猪	0	50	11.3	18.5	25.7	11.3	18.5	25.7	10	3.8	0	0	0.3	4.6	5	1	30	40	81	30
山羊	64	50	7	10.5	14	7	10.5	14	10	16	4	0	0.3	4.2	7.5	1	30	72.5	80	20
绵羊	64	50	7	10.5	14	7	10.5	14	10	16	4	0	0.3	4.2	7.5	1	30	72.5	80	20
蛋鸡	69	0	0	0	0	19.7	35.9	44.9	10	0	0	0	0	3.7	4	1	30	0	63	50
蛋鸭	54	0	0	0	0	19.7	35.9	44.9	10	0	0	0	0	3.7	3	1	30	0	63	0
肉鸡	66	0	0	0	0	22.2	40.3	50.4	10	0	0	0	0	0.8	3	1	30	0	63	50
肉鸭	54	0	0	0	0	22.2	40.3	50.4	10	0	0	0	0	0.8	3	1	30	0	63	0
肉鹅	54	0	0	0	0	22.2	40.3	50.4	10	0	0	0	0	0.8	3	1	30	0	63	0

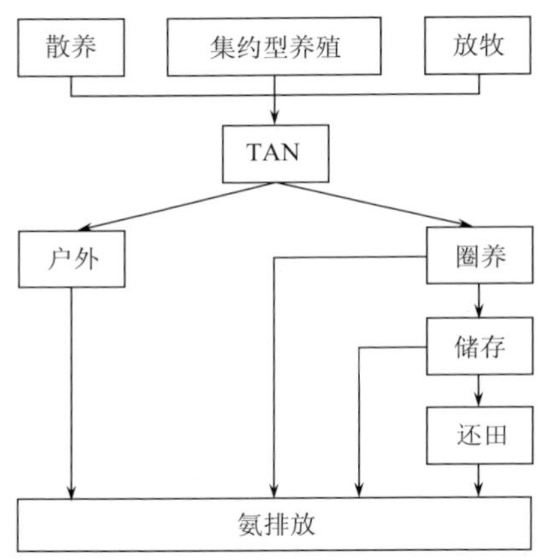

图 4.1　粪便管理过程中氮的流动及 NH_3 的挥发

在中国，畜禽饲养方式分为放牧、圈养和散养，考虑到长三角地区的实际情况，本书的畜禽饲养方式只考虑圈养和散养两种。针对表 4.2 中不同种类的畜禽养殖量，根据养殖年限、每天粪便排泄量、氮含量及铵态氮(total ammonium nitrogen，TAN)百分比，计算出各类畜禽每年排泄物的 TAN 含量。本书中每种畜禽 TAN 年均排泄量的估算参数采用 Huang 等(2012)和杨志鹏(2008)研究中的参数，如表 4.17 所示。依据氮流动和 NH_3 挥发的顺序、粪肥管理阶段和粪便形态，将畜禽养殖源的活动水平分成散养或集约养殖方式下的户外、圈舍-液态、圈舍-固态、存储-液态、存储-固态、施肥还田-液态和施肥还田-固态共 7 类。不同粪便管理阶段 TAN 的计算采用《大气氨源排放清单编制技术指南(试行)》的公式，如式(4.9)～式(4.20)所示。其中户外排泄阶段总 TAN 为 $TAN_{户外}$，室内排泄阶段包含圈舍内、存储管理和施肥还田三个阶段，其总 TAN 为 $TAN_{室内}$，排泄形态物分为固态和液态。

表 4.17　畜禽 TAN 年均排泄量的估算参数

种类	饲育周期/d	排泄/[kg/(d·头或只)]		排泄物含氮率/%		TAN/%	TAN 年排放量/(t/头或只)		
		尿	粪	尿	粪		尿	粪	总 TAN
肉牛	365	7.5	13.5	0.9	0.38	60	0.0148	0.0112	0.0260
奶牛	365	12	23.5	0.9	0.38	60	0.0237	0.0196	0.0433
马	365	6.5	15	1.4	0.2	60	0.0199	0.0066	0.0265
驴	365	6.5	15	1.4	0.2	60	0.0199	0.0066	0.0265
骡	365	6.5	15	1.4	0.2	60	0.0199	0.0066	0.0265
母猪	365	5.7	2.1	0.4	0.34	70	0.0058	0.0018	0.0076

续表

种类	饲育周期/d	排泄/[kg/(d·头或只)]		排泄物含氮率/%		TAN/%	TAN 年排放量/(t/头或只)		
		尿	粪	尿	粪		尿	粪	总 TAN
肉猪	75	3.2	1.5	0.4	0.34	70	0.0007	0.0003	0.0009
山羊	365	0.705	2.05	1.35	0.75	55	0.0019	0.0031	0.0050
绵羊	365	0.705	2.05	1.35	0.75	55	0.0019	0.0031	0.0050
蛋鸡	365	—	0.12	—	1.63	70	—	0.0005	0.0005
蛋鸭	365	—	0.13	—	1.1	70	—	0.0004	0.0004
肉鸡	50	—	0.09	—	1.63	70	—	5×10^{-5}	5×10^{-5}
肉鸭	55	—	0.1	—	1.1	70	—	4×10^{-5}	4×10^{-5}
肉鹅	70	—	0.1	—	0.55	70	—	3×10^{-5}	3×10^{-5}
兔	55	0.3	0.15	0.15	1.72	45	—	6×10^{-5}	6×10^{-5}
黄牛	365	10	18	0.9	0.6	50	0.0164	0.01971	0.0361
水牛	365	10	18	0.9	0.6	45	0.0148	0.0177	0.0325

圈舍内总 TAN（$A_{圈舍}$）计算方法为

$$A_{圈舍-液态} = \text{TAN}_{室内} \times X_{液} \tag{4.9}$$

$$A_{圈舍-固态} = \text{TAN}_{室内} \times (1 - X_{液}) \tag{4.10}$$

式中，$X_{液}$为液态粪肥占总粪肥的质量比重，散养畜禽均取 11%，集约化养殖中畜类取 50%，禽类取 0；$\text{TAN}_{室内}$为畜禽室内排泄阶段总 TAN，估算参考表 4.17。

粪便存储管理阶段 TAN（$A_{存储}$）计算公式为

$$A_{存储-液态} = \text{TAN}_{室内} \times X_{液} - \text{EN}_{圈舍-液态} \tag{4.11}$$

$$A_{存储-固态} = \text{TAN}_{室内} \times (1 - X_{液}) - \text{EN}_{圈舍-固态} \tag{4.12}$$

式中，$\text{EN}_{圈舍-液态}$、$\text{EN}_{圈舍-固态}$分别为圈舍内排泄尿液、粪便过程中 TAN 的损失量，计算公式为

$$\text{EN}_{圈舍-液态} = A_{圈舍-液态} \times \text{EF}_{圈舍-液态} \tag{4.13}$$

$$\text{EN}_{圈舍-固态} = A_{圈舍-固态} \times \text{EF}_{圈舍-固态} \tag{4.14}$$

式中，$\text{EF}_{圈舍-液态}$、$\text{EF}_{圈舍-固态}$分别为圈舍内排泄尿液、粪便过程中 NH_3 排放因子，取值参考表 4.16。

施肥还田过程的总 TAN（$A_{施肥}$）计算方法为

$$A_{施肥-液态} = \left(\text{TAN}_{室内} \times X_{液} - \text{EN}_{圈舍-液态} - \text{EN}_{存储-液态} - \text{EN}_{\text{N}损失-液态}\right) \times \left(1 - R_{饲料}\right) \tag{4.15}$$

$$A_{施肥-固态}=\left[TAN_{室内}\times\left(1-X_{液}\right)-EN_{圈舍-固态}-EN_{存储-固态}-EN_{N损失-固态}\right]\times\left(1-R_{饲料}\right) \tag{4.16}$$

式中，$R_{饲料}$为集约化养殖过程中粪肥用作生态饲料的百分比，表 4.16 中提供了各类畜禽的取值；$EN_{存储-液态}$、$EN_{存储-固态}$分别为存储管理阶段排泄尿液、粪便过程中 TAN 的损失量；$EN_{N损失-液态}$、$EN_{N损失-固态}$分别为基于粪便存储过程一氧化二氮(N_2O)、一氧化氮(NO)和氮气(N_2)排放导致氮损失的估算，计算公式为

$$EN_{存储-液态}=A_{存储-液态}\times EF_{存储-液态} \tag{4.17}$$

$$EN_{存储-固态}=A_{存储-固态}\times EF_{存储-固态} \tag{4.18}$$

$$EN_{N损失-液态}=A_{存储-液态}\times\left(EF_{存储-液态-N_2O}+EF_{存储-液态-NO}+EF_{存储-液态-N_2}\right) \tag{4.19}$$

$$EN_{N损失-固态}=A_{存储-固态}\times\left(EF_{存储-固态-N_2O}+EF_{存储-固态-NO}+EF_{存储-固态-N_2}\right)\times f \tag{4.20}$$

式中，f为固态粪便存储过程中总 TAN 向有机氮转化的比例，各种畜禽均取 10%；$EF_{存储-液态}$、$EF_{存储-固态}$ 分别为存储阶段排泄尿液和粪便过程中 NH_3 排放因子；$EF_{存储-液态-N_2O}$、$EF_{存储-液态-NO}$、$EF_{存储-液态-N_2}$ 分别为尿液存储过程 N_2O、NO 和 N_2 排放中氮排放因子；$EF_{存储-固态-N_2O}$、$EF_{存储-固态-NO}$、$EF_{存储-固态-N_2}$ 分别为粪便存储过程 N_2O、NO 和 N_2 排放中氮排放因子，取值均参考表 4.16。

本书对于畜禽养殖源使用的月活动水平为计算得到的 TAN 总量平均分到 12 个月份的 TAN。

4.1.3 排放时间及空间分配方法

4.1.3.1 时间分配

1. 排放因子法建立的排放清单

基于排放因子法建立的长三角地区 NH_3 排放清单中农业源月分配系数取自文献调研的平均值，具体如表 4.18 所示。非农业源的月分配系数主要引自李莉(2012)的调研结果，如图 4.2 所示。生物质开放燃烧按照中分辨率成像光谱仪(MODIS；https://modis.gsfc.nasa. gov/)火点进行分配。

表 4.18 排放因子法农业源 NH_3 月分配系数

源类别	1 月	2 月	3 月	4 月	5 月	6 月	7 月	8 月	9 月	10 月	11 月	12 月
畜禽养殖源	6.6	6.9	7.0	8.2	9.0	9.6	9.9	9.8	9.4	8.9	7.9	6.8
化肥施用源	3.9	4.4	5.9	9.6	10.6	13.3	12.6	13.1	8.6	5.8	6.7	5.5

2. 农业活动过程表征法建立的排放清单

农业活动过程表征法只针对农业源 NH_3 的估算方式进行了改变，化肥施用源和畜禽养殖源在估算 NH_3 排放量时本身已是基于月均尺度计算活动水平和排放因子，最终得到 NH_3 的月排放量。故而采用该方法获取的农业源 NH_3 排放清单不需设置月分配参数。

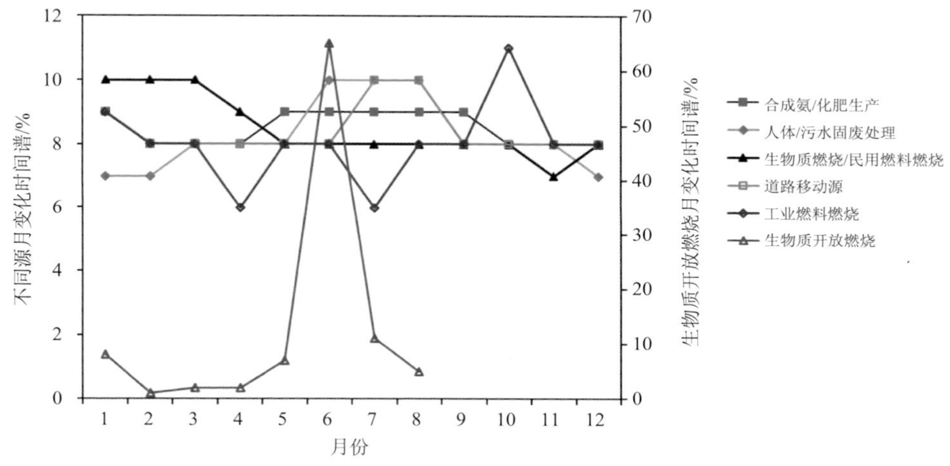

图 4.2　排放因子法非农业源月分配系数

4.1.3.2　空间分布

1. 排放因子法建立的排放清单

将采用排放因子法建立的 NH_3 排放清单利用 ArcGIS 软件，将 NH_3 排放量按照不同排放源特定的空间分布表征参数，分配至长三角地区 9 km×9 km 的网格中。化肥施用源 NH_3 的空间分布参考土地利用类型，根据长三角地区农田面积进行分配；畜禽养殖源、生物质家用燃烧按照农业人口分配；道路移动源按照研究区域的路网信息进行分配；工业生产、燃料燃烧将网格化国内生产总值(GDP)分布图作为特征分配参数；污水固废处理、人体排泄等排放源按照研究区域人口参数进行空间分配；生物质开放燃烧依据 MODIS 探测的火点位置和亮温进行空间分配。

2. 农业活动过程表征法建立的排放清单

在农业活动过程表征法建立的 NH_3 排放清单中，化肥施用源活动水平是各地级市化肥施用量按照农田面积进行分配得到的网格数据，该源 NH_3 排放量即是 9 km×9 km 网格化的结果。畜禽养殖源和其他源采用与排放因子法一致的空间分配方式。

4.2 长三角 NH_3 排放时空分布特征

4.2.1 两套 NH_3 排放清单总体结果

本书计算得到的长三角地区两套人为源 NH_3 排放量如表 4.19 所示，其中 E_1、E_2 分别表示采用排放因子法、农业活动过程表征法建立的排放清单。在排放因子法建立的排放清单中，上海、江苏、浙江和安徽的 NH_3 排放总量分别为 4.47 万 t、79.20 万 t、27.01 万 t 和 65.81 万 t，农业活动过程表征法建立的排放清单中排放总量分别为 3.34 万 t、49.65 万 t、14.73 万 t 和 38.99 万 t。因为江苏和安徽的农业发达，2014 年两省农牧业总产值分别占长三角地区的 46%和 33%，氮肥使用量共占长三角地区的 84%，江苏 NH_3 排放在长三角地区占比最高，为 44.87%～46.54%；其次是安徽，NH_3 排放占比为 37.30%～36.55%。浙江和上海地区工业发达，农牧业活动较少，故而 NH_3 排放量较低。由图 4.3 可知，农业源是长三角地区人为源主要贡献源，占总排放的 74%～84%。排放因子法估算的 NH_3 排放总量约是农业活动过程表征法的 1.6 倍，农业源约是 2 倍。这与董文煊等(2010)和 Huang 等(2012)分别用排放因子法和农业活动过程表征法计算的全国 2006 年 NH_3 排放量比例(1.6 倍)相似。

表 4.19 长三角地区 2014 年两套人为源 NH_3 排放清单排放量汇总 (单位：万 t)

<table>
<tr><th>地区</th><th>方法</th><th>畜禽养殖</th><th>化肥施用</th><th>工业</th><th>生物质燃烧</th><th>污水固废</th><th>道路移动源</th><th>燃料燃烧</th><th>人体</th><th>汇总</th></tr>
<tr><td rowspan="2">上海</td><td>E_1</td><td>1.49</td><td>1.19</td><td rowspan="2">0.01</td><td rowspan="2">0.03</td><td rowspan="2">0.5</td><td rowspan="2">0.19</td><td rowspan="2">0.51</td><td rowspan="2">0.55</td><td>4.47</td></tr>
<tr><td>E_2</td><td>0.65</td><td>0.90</td><td>3.34</td></tr>
<tr><td rowspan="2">江苏</td><td>E_1</td><td>34.08</td><td>35.74</td><td rowspan="2">1.41</td><td rowspan="2">2.91</td><td rowspan="2">0.6</td><td rowspan="2">0.86</td><td rowspan="2">0.52</td><td rowspan="2">3.08</td><td>79.20</td></tr>
<tr><td>E_2</td><td>14.56</td><td>25.71</td><td>49.65</td></tr>
<tr><td rowspan="2">浙江</td><td>E_1</td><td>11.57</td><td>9.38</td><td rowspan="2">0.24</td><td rowspan="2">1.06</td><td rowspan="2">0.69</td><td rowspan="2">0.77</td><td rowspan="2">0.47</td><td rowspan="2">2.83</td><td>27.01</td></tr>
<tr><td>E_2</td><td>3.74</td><td>4.93</td><td>14.73</td></tr>
<tr><td rowspan="2">安徽</td><td>E_1</td><td>24.15</td><td>31.49</td><td rowspan="2">1.47</td><td rowspan="2">3.59</td><td rowspan="2">0.28</td><td rowspan="2">0.33</td><td rowspan="2">0.73</td><td rowspan="2">3.77</td><td>65.81</td></tr>
<tr><td>E_2</td><td>10.23</td><td>18.59</td><td>38.99</td></tr>
<tr><td rowspan="2">汇总</td><td>E_1</td><td>71.27</td><td>77.80</td><td rowspan="2">3.12</td><td rowspan="2">7.59</td><td rowspan="2">2.07</td><td rowspan="2">2.16</td><td rowspan="2">2.23</td><td rowspan="2">10.22</td><td>176.46</td></tr>
<tr><td>E_2</td><td>29.18</td><td>50.13</td><td>106.7</td></tr>
</table>

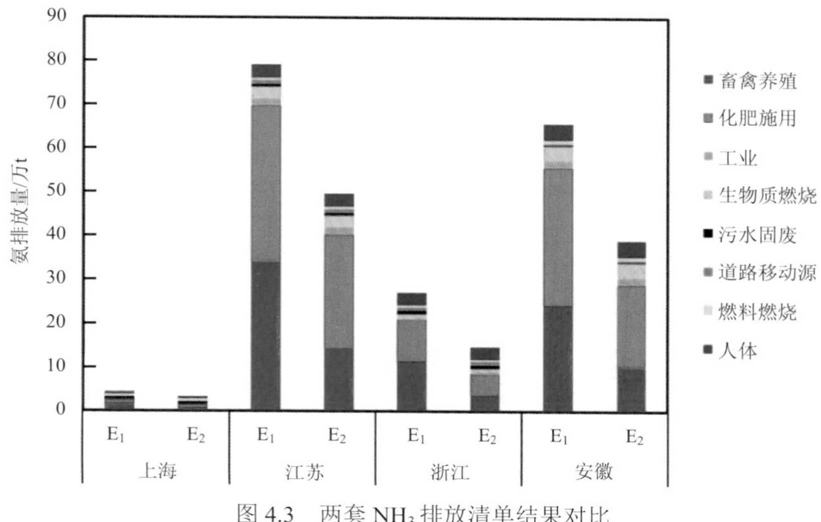

图 4.3　两套 NH_3 排放清单结果对比

E_1 和 E_2 分别为排放因子法和农业活动过程表征法结果

4.2.2　两套排放清单时空分布及差异分析

4.2.2.1　时间分布差异

两套排放清单农业源 NH_3 月排放量对比如图 4.4 所示。排放因子法估算的农业源 NH_3 排放高值时间段在 6～8 月，而农业活动过程表征法估算的农业源 NH_3

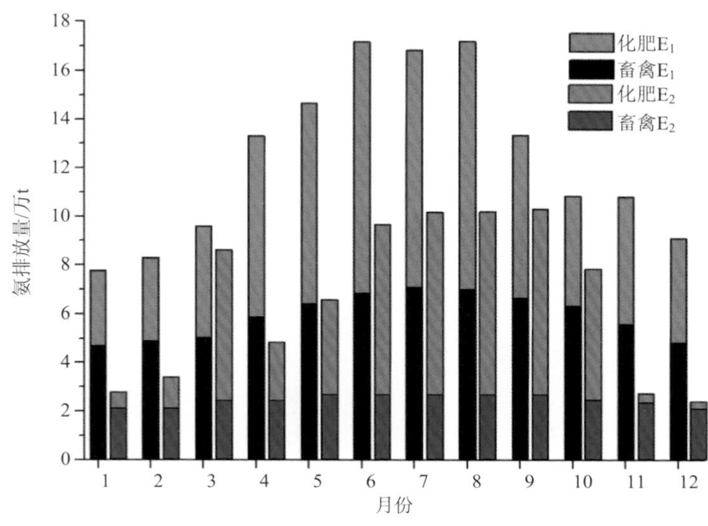

图 4.4　两套排放清单 NH_3 月排放量对比

E_1 和 E_2 分别为排放因子法和农业活动过程表征法结果

排放高值时段在 6～9 月及 3 月。农业活动过程表征法根据各农作物农时农事计算得到化肥施用源的施肥量，考虑了温度对 NH_3 挥发的影响。比如，冬小麦追肥时间多为播种后来年春天的返青至拔节期，即 3 月份左右，同时以氮肥为主、复合肥为辅，这就使得农业活动过程表征法在 3 月份分配的施肥量偏大。在 2014 年长三角地区，8 月温度最高(27.1℃)，随之是 7 月(25.5℃)、6 月(24.1℃)和 9 月(23.9℃)。多因素共同导致农业活动过程表征法化肥施用源的月排放比例不同于排放因子法。相对于化肥施用源，由于畜禽饲养量月变化不显著，两套排放清单畜禽养殖源的月变化相对平缓。综上所述，造成两套排放清单农业源 NH_3 月排放量差异的主要原因是农业活动过程表征法考虑了农作物农时农事信息，以及基于多因素校正 NH_3 挥发率。

4.2.2.2　空间分布差异

两套 NH_3 排放清单在空间分布上的差异集中在化肥施用源和畜禽养殖源。就化肥施用源而言，排放因子法是将该源 NH_3 排放总量按照农田面积分配到长三角地区 9 km×9 km 网格中；农业活动过程表征法是以网格化的施肥量乘以校正后网格化的排放因子，得到网格化的 NH_3 排放量。畜禽养殖源两种方法的分配方式一致，均是按照农业人口进行分配，不同之处在于物质流法是按照 TAN 的流转机制估算排放并考虑了月均温度对 NH_3 挥发的影响，再将月排放量按照农业人口进行分配。

NH_3 在化肥施用源、畜禽养殖源和总量的年排放空间分布如图 4.5 所示。两套排放清单的空间分布特征总体相似，NH_3 排放高值区集中在安徽北部及江苏盐

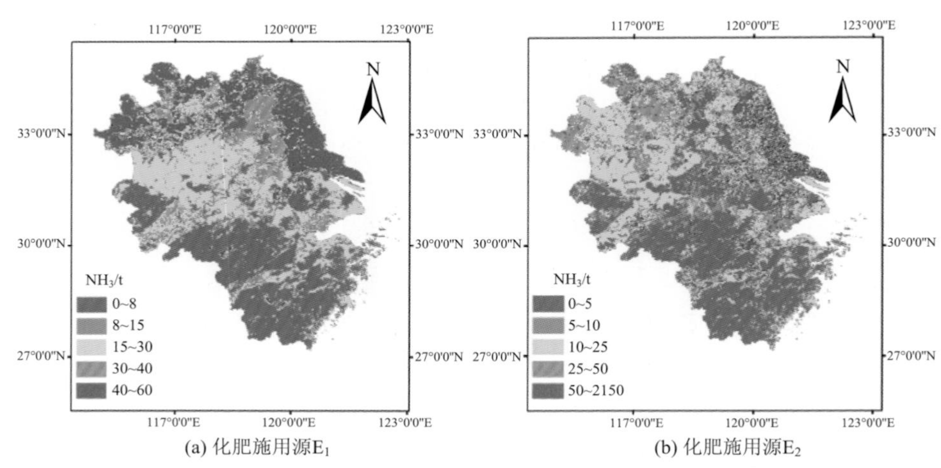

(a) 化肥施用源E_1　　(b) 化肥施用源E_2

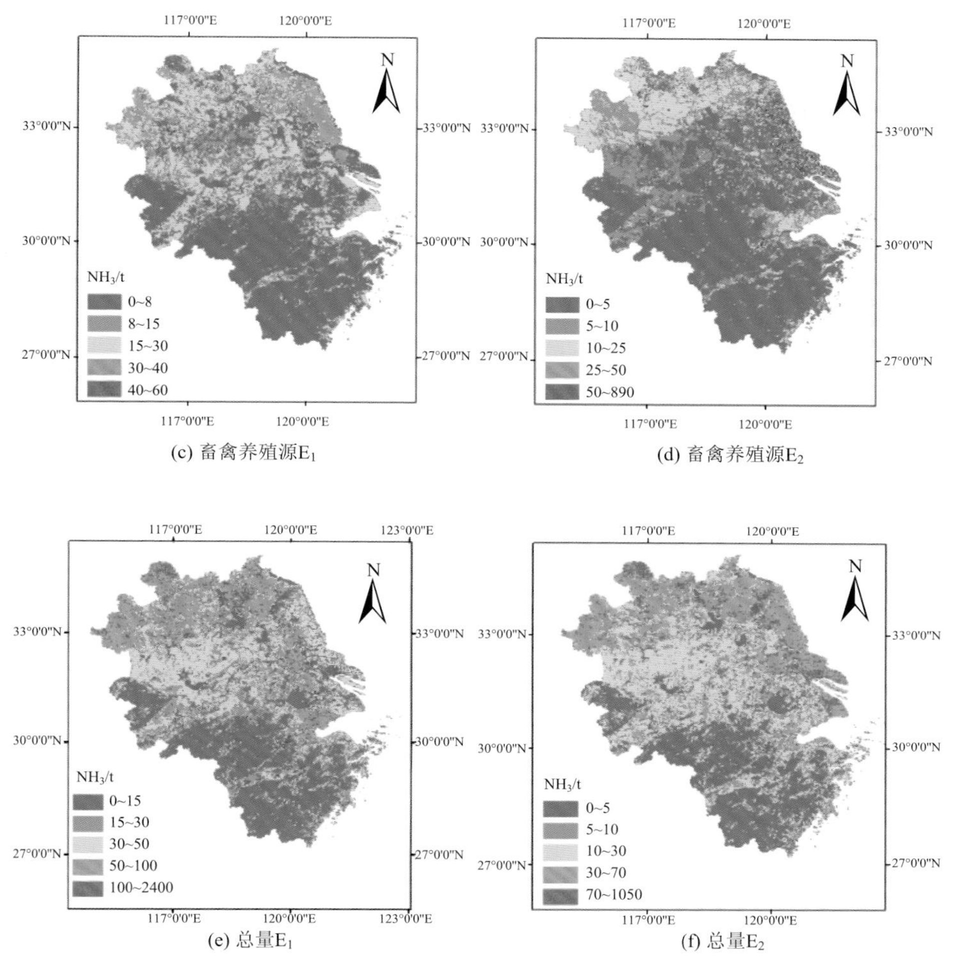

(c) 畜禽养殖源E_1　　(d) 畜禽养殖源E_2

(e) 总量E_1　　(f) 总量E_2

图 4.5　两套排放清单 NH_3 排放量空间分布图

城、徐州等地。徐州市和盐城市化肥施用量占江苏省的 36.12%，二者的农业和牧业总产值占全省的 30.59%和 40.98%。安徽省阜阳市、亳州市和宿州市的农作物总播种面积占全省的 36.39%，农业和牧业总产值在全省占比分别为 36.13%和 34.52%。

为进一步了解不同估算方法在空间分布上的差异，本书以化肥施用源为研究重点，选取 1 月、4 月、7 月、10 月作为分析月份，分别代表冬、春、夏、秋四个季节，定义两套排放清单空间分布差异 $RD=(E_1-E_2)/[(E_1+E_2)/2]$。通过计算 RD，可以得到长三角地区两套 NH_3 排放清单在化肥施用源和总量空间分布上的差异，详见图 4.6。由图 4.6 可知，化肥施用源和 NH_3 排放总量分月份的空间分布差异相似，差异较大的地区集中在安徽和江苏北部、浙江东部，浙江西部差异较小。在1月和4月，长三角地区以排放因子法估算的 NH_3 排放量高于农业活动过程表征法；而7月和10月在江苏省盐城市、徐州市及安徽省北部，排放因子法中化肥施用源和总排放量小于农业活动过程表征法。两套排放清单时空分布上的差异源于月活动水平和排放因子的不同。本书将在下一节分析不同估算方法在化肥施用源活动水平和排放因子方面造成的差异。

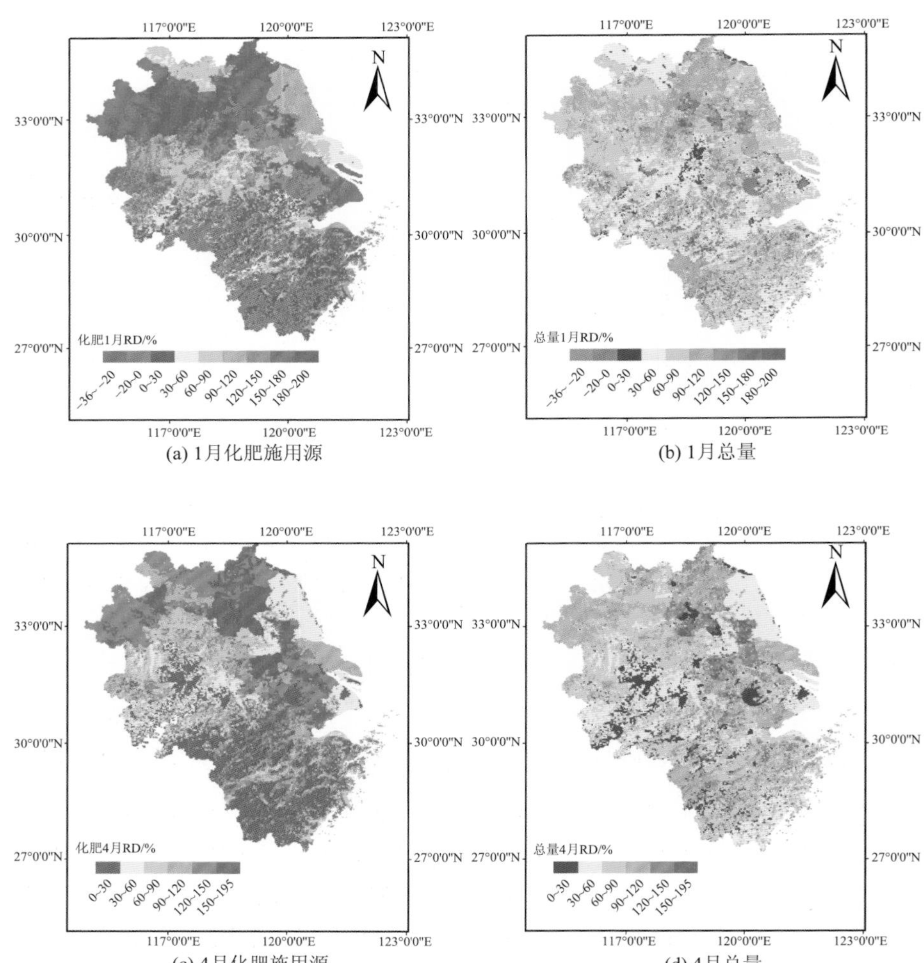

(a) 1月化肥施用源　　(b) 1月总量

(c) 4月化肥施用源　　(d) 4月总量

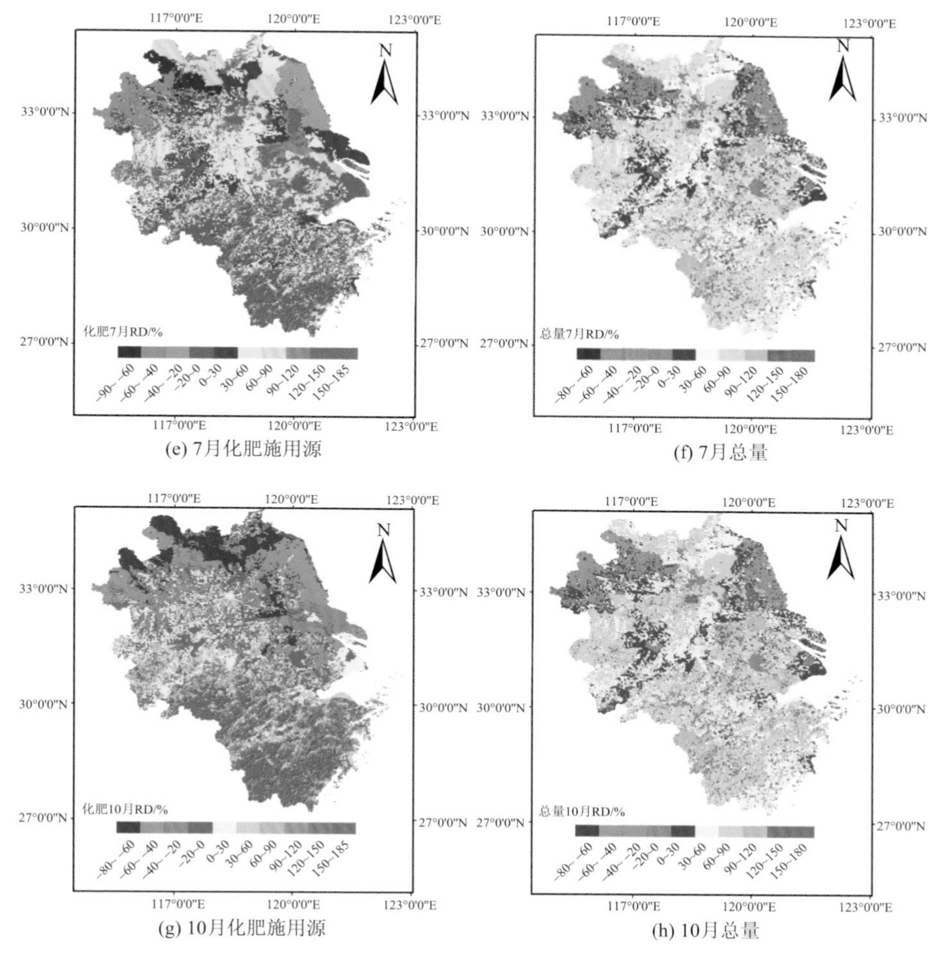

(e) 7月化肥施用源　(f) 7月总量

(g) 10月化肥施用源　(h) 10月总量

图 4.6　两套排放清单 NH_3 空间分布差异图

4.2.2.3　化肥施用源不同估算方法对活动水平和排放因子的影响

图 4.7 为两套排放清单 1 月、4 月、7 月、10 月化肥施用量的分布差异。1 月和 7 月第一套排放清单得到的月施肥量大于第二套根据农时农事信息整合得到的施肥量。这是因为第二套排放清单调研的农事信息中 1 月份只有油菜施少许追肥，7 月份仅有玉米、水稻等农作物施较少追肥；而排放因子法借鉴已有研究成果的月分配系数(1 月 3.9%、7 月 12.6%)，这两个月的比例可能存在高估。4 月份除宿迁、淮安和淮北等几个地级市以外，其他省市采用排放因子法得到的月施肥量要小于第二套排放清单。因为本书调研的 4 月份农事为早稻、中稻、棉花等农作物施基肥，这会直接导致第二套排放清单 4 月份施肥量相对偏多。10 月份除了浙江

南部的温州、丽水几个地级市，其他地区同样是排放因子法得到的月活动水平小于第二套排放清单。主要是因为 10 月份调研得知冬小麦施基肥，油菜等少部分农作物施追肥。综上所述，农时农事信息直接影响月施肥量的多少。

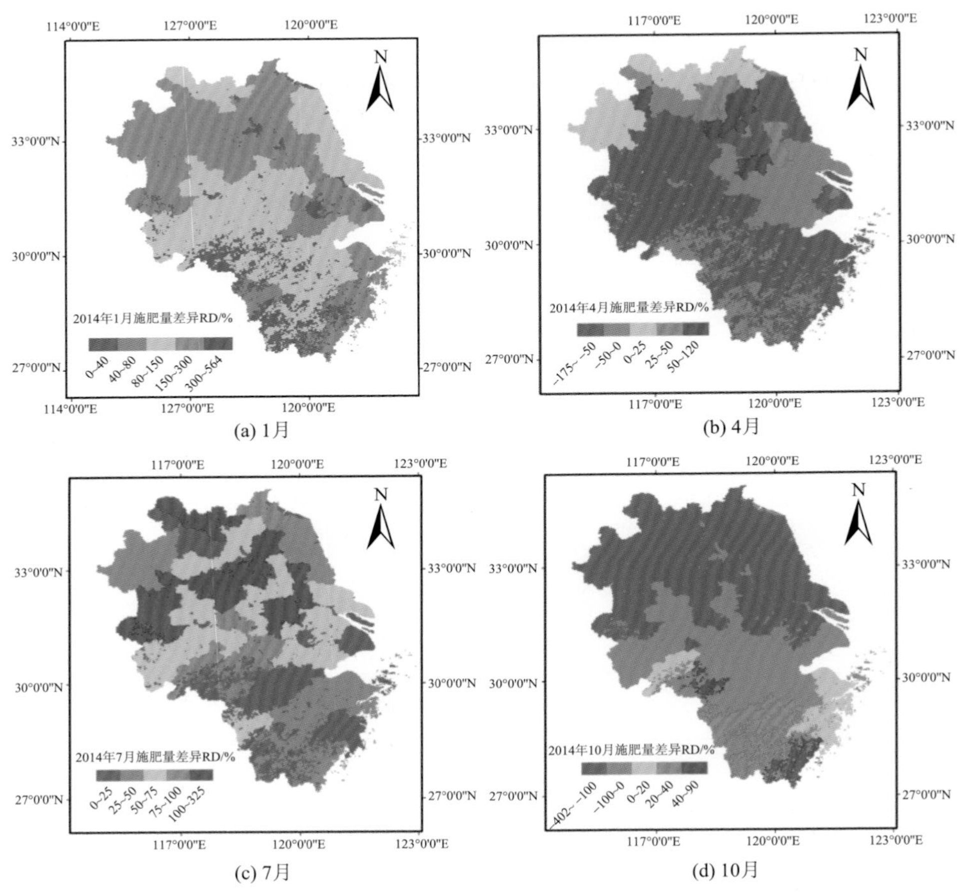

(a) 1月　(b) 4月　(c) 7月　(d) 10月

图 4.7　长三角地区施肥量差异

由于长三角地区使用最多的化肥是尿素和 ABC，二者在化肥中的占比为 91%～98%，所以将排放因子的对比重点放在这两种化肥上。图 4.8 为根据土壤酸碱度、温度等地理信息校正后得到的尿素和 ABC 的分月份排放因子。尿素和 ABC 的 NH_3 挥发率在 4 个月均呈现出长三角北部高、南部低的特点，而且高值区与碱性土壤区域吻合度高，说明考虑土壤 pH 会使 NH_3 挥发率有明显的区域划分。排放因子法中尿素的 NH_3 挥发率为 17.4%(NH_3-N)，而校正后尿素在 4 月和 10 月的排放因子普遍小于 17.4%(NH_3-N)，一方面是因为 4 月和 10 月大部分农作物施基肥，一般施于整个耕作层内，深度为 15～20 cm，这样的施肥方式降低了 NH_3 挥发；另一方面 4 月温度较低(16.41℃)，因此长三角地区 4 月和 10 月校正后尿素的 NH_3 挥发率普遍偏低。7 月校正后尿素的 NH_3 挥发率在安徽北部、江苏盐城等地明显高于 17.4%(NH_3-N)，主要原因是 7 月大部分农作物施追肥，以冲施、撒施和叶面喷施等为主，有利于 NH_3 的挥发；同时高温(25.54℃)及该地域碱性土壤环境也是重要因素，故 7 月的高温环境、施追肥及碱性土壤会促进铵根向 NH_3 转化。由 1 月尿素的 NH_3 挥发率分布图可知，虽然 1 月温度低(5.25℃)，但部分地区 NH_3 挥发率却高于 4 月和 10 月，推测这是由施肥方式引起的。1 月大部分农作物施追肥，4 月和 7 月施基肥，使得低温条件下尿素施追肥时 NH_3 挥发率并不低。ABC 和尿素情况类似，排放因子法中 ABC 的 NH_3 挥发率为 21.3%(NH_3-N)，土壤 pH、温度、施肥方式都会影响 NH_3 的挥发率。

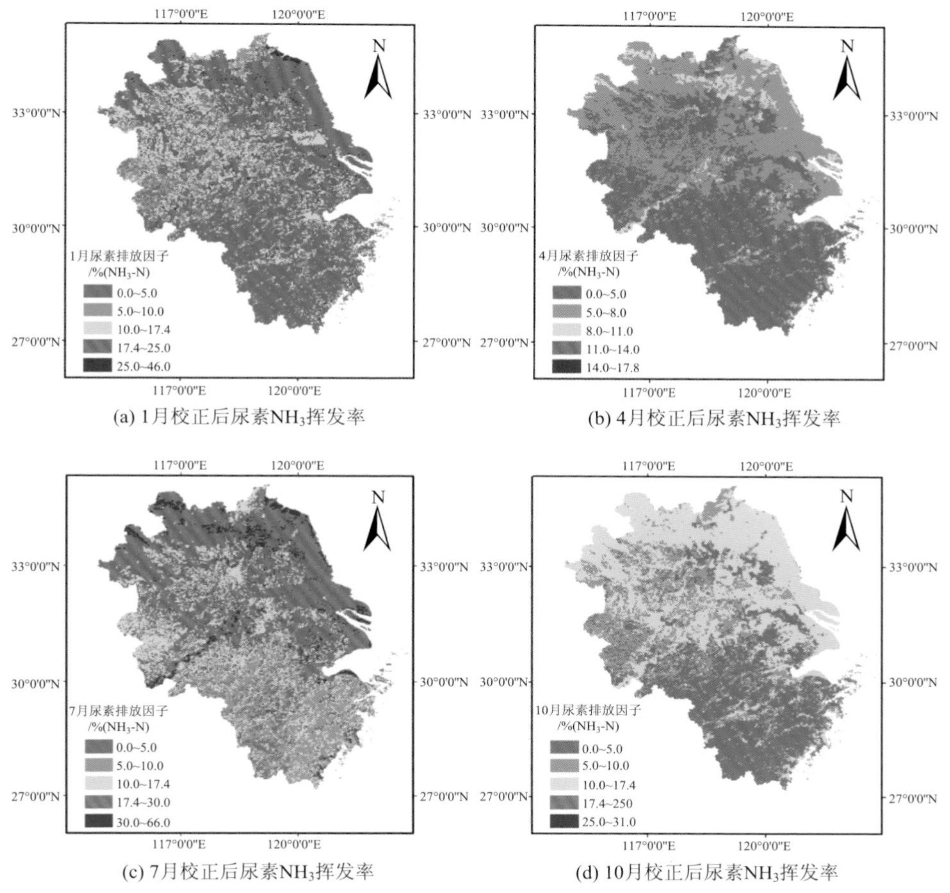

(a) 1月校正后尿素 NH_3 挥发率

(b) 4月校正后尿素 NH_3 挥发率

(c) 7月校正后尿素 NH_3 挥发率

(d) 10月校正后尿素 NH_3 挥发率

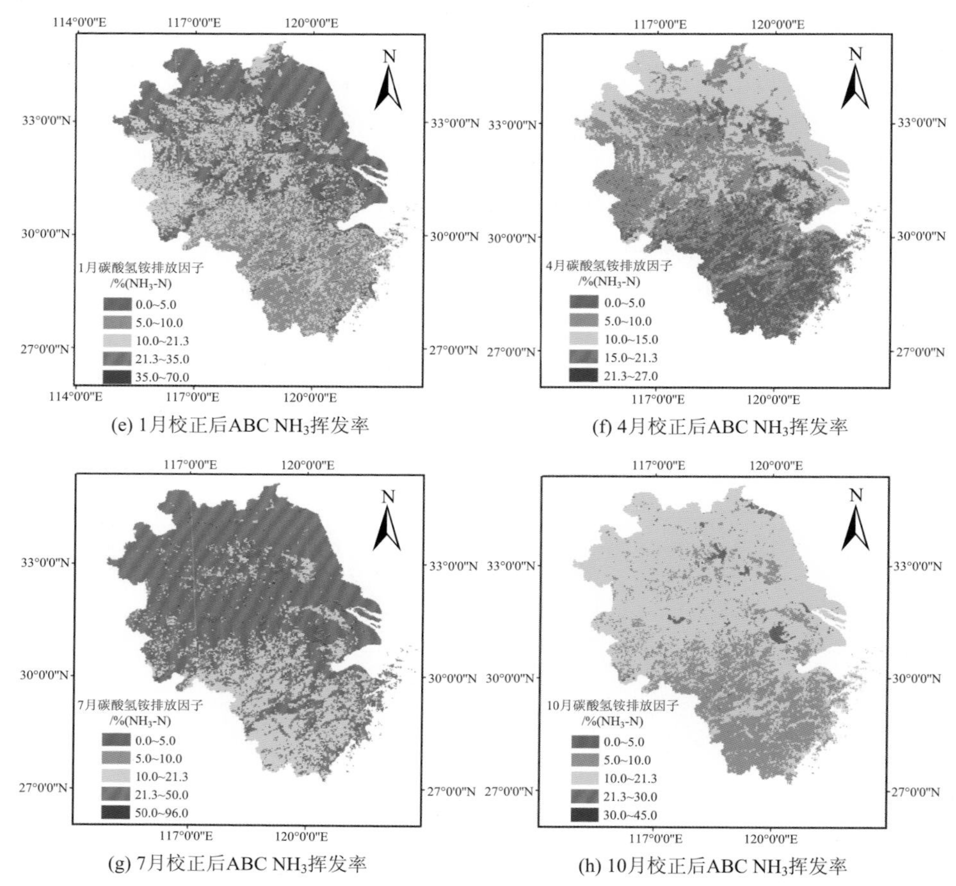

(e) 1月校正后ABC NH_3挥发率　　(f) 4月校正后ABC NH_3挥发率

(g) 7月校正后ABC NH_3挥发率　　(h) 10月校正后ABC NH_3挥发率

图 4.8　长三角地区校正后的尿素和 ABC NH_3 挥发率

基于对化肥施用源活动水平和排放因子的分析，该源 NH_3 排放的差异即可得到解释。第一套排放清单 1 月化肥施用源排放较高的原因是其所根据的已有研究分配的月施肥量偏大；4 月，施基肥使 NH_3 挥发率偏小，导致两套排放清单差异更大；7 月，高温、施追肥方式及土壤 pH 共同促使第二套排放清单在安徽北部和江苏盐城等地有更多的 NH_3 挥发出来；10 月，第二套排放清单根据农事信息得到的月施肥量较高，同时安徽北部和江苏盐城等地的碱性土壤促进了该地区 NH_3 的挥发。综上所述，排放量的差异并不是简单意义上温度低、NH_3 挥发少，而是不同估算方法从活动水平和排放因子两方面共同影响 NH_3 排放。

4.2.3　不确定性的来源分析

将本书基于两种方法估算的长三角地区 2014 年 NH_3 排放量与其他研究的长三角地区各省市结果进行对比。我们选取中国多尺度排放清单模型（MEIC）及针对长三角地区三省一市 NH_3 排放的相关研究作为对比排放清单。

农业源即化肥施用、畜禽养殖源的对比情况如图 4.9 所示。2012 年 MEIC 基于排放因子法建立，所以农业源 NH_3 排放与本书第一套排放清单结果接近。上海农业源结果是房效凤等(2015)利用农业活动过程表征法估算的 2011 年 NH_3 排放量。研究者没有对畜禽养殖源蛋鸡、肉鸡、蛋鸭、肉鸭、鹅、兔、羊的排放因子进行校正，直接采用杨志鹏(2008)使用的排放因子；化肥施用源采用的是张美双和栾胜基(2009)的修正方法，结合土壤酸碱度、温度、灌溉、施肥率和土地利用类型参数对排放因子进行校正。排放因子处理方式及基准年的不同，使其与本书第二套排放清单农业 NH_3 排放结果有差异。江苏省农业 NH_3 排放结果取自刘春蕾和姚利鹏(2016)建立的 2014 年 NH_3 排放清单结果。刘春蕾和姚利鹏(2016)利用排放因子法估算畜牧养殖源 NH_3 排放，排放因子取自杨志鹏(2008)的研究成果。虽然该排放因子以物质流方法为指导，但是刘春蕾和姚利鹏(2016)并没有根据 2014 年具体月均温度进行校正，也没有从 TAN 的流转机制角度考虑 NH_3 挥发。化肥施用源的排放因子取自《大气氨源排放清单编制技术指南(试行)》(中华人民共和国环境保护部，2014)，虽然考虑了温度和土壤酸碱度的影响，但只是将土壤划分为酸性、碱性两类，温度以温度段来考虑。所以刘春蕾和姚利鹏(2016)得到的农业 NH_3 排放量与本书农业活动过程表征法的结果有较大差异。浙江省农业源 NH_3 排放量取自余飞翔等(2016)估算的 2013 年结果。余飞翔等在农业源方面使用的方法、化肥施用源排放因子的校正因素均与本书较为一致，故而农业 NH_3 排放计算结果与本书第二套排放清单相近。安徽省农业 NH_3 排放结果取自郑志侠等(2016)建立的 2014 年 NH_3 排放清单，采用排放因子法进行估算，排放因子取自《大气氨源排放清单编制技术指南(试行)》，由于排放因子选取的不同，该排放清单结果与本书第一套排放清单的 NH_3 排放结果存在一定差异。

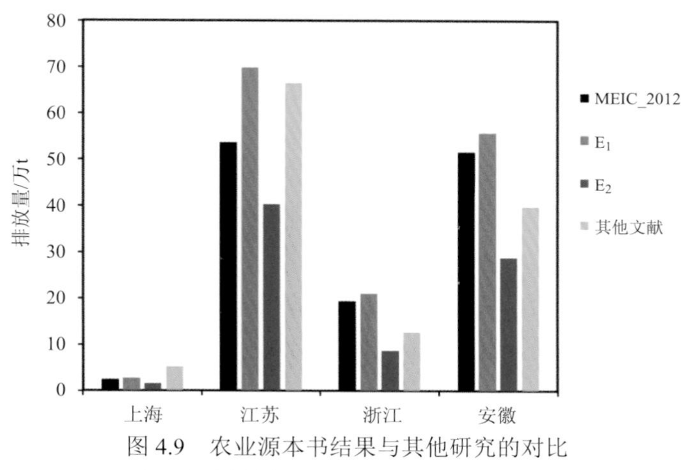

图 4.9　农业源本书结果与其他研究的对比

E_1 和 E_2 分别为排放因子法和农业活动过程表征法结果

对于非农业源，将 2012 年 MEIC 的 NH_3 排放量与本书进行对比，具体结果如表 4.20 所示。两项研究均采用排放因子法估算非农业源 NH_3 排放量，总体上两套排放清单结果较为一致。本书道路移动源 NH_3 排放结果稍低于 MEIC，民用源稍高于 MEIC，推测是由于排放因子选取及基准年不同而产生的差异。

表 4.20 非农业源本书结果与 MEIC 的对比 （单位：万 t）

地区	排放清单	工业	道路移动源	民用
上海	MEIC	0.2	2.8	2.3
	本书	0.1	1.9	3.5
江苏	MEIC	18.4	20.9	17.7
	本书	14.1	8.6	31.3
浙江	MEIC	2	9.11	6.5
	本书	2.4	7.7	13.3
安徽	MEIC	15.8	12.4	25.6
	本书	14.7	3.3	41.5

排放清单的不确定性主要来自活动水平、排放因子和控制措施等关键性参数。由于 NH_3 主要来自农业源且对 NH_3 几乎没有控制措施，故本书主要从活动水平和排放因子两方面进行定性分析。

本书两套排放清单使用的总活动水平一致。化肥施用源的年施肥量根据农田面积与施肥率计算得到，为验证本书计算得到的化肥施用源活动水平是否在合理范围内，将计算结果与统计年鉴提供的数据进行对比。安徽、江苏、浙江、上海化肥施用折纯量与年鉴的差异分别为–1.03%、3.25%、9.05%和 17.45%，长三角地区整体差异为 2.23%，误差在可接受范围内。畜禽养殖源中的家禽、肉禽类饲养量不能直接从统计年鉴中获取，需通过经验公式或按比例计算得到，所以该源的活动水平存在一定的不确定性。非农业源的活动水平均取自各省市统计年鉴，不确定性较小。农业活动过程表征法在活动水平方面根据具体农作物耕作信息和畜禽养殖信息进行分月份处理，最终得到月施肥量及月饲养量。在数据整合过程中，调研资料的误差会导致月活动水平存在不确定性。

本书排放因子法中，各源项排放因子取自已有研究结果，依然保留了之前研究中排放因子的不确定性。农业活动过程表征法虽然依据温度、土壤酸碱度、施肥率、施肥方法等环境因素对排放因子进行了校正，但是关于人为源尤其是农业源 NH_3 挥发的研究仍有局限性，对影响 NH_3 挥发的因素尚未考察清楚，已知参数(如温度、土壤酸碱度等)对 NH_3 挥发的影响机制也在探索阶段，这些认知上的局限都会给农业活动过程表征法的估算结果带来不确定性。

4.3　两套大气 NH_3 排放清单的模式校验

4.3.1　基于空气质量模式和观测评估两套 NH_3 排放清单

4.3.1.1　基于地面观测评估两套 NH_3 排放清单的模拟表现

为评估不同估算方法建立的 NH_3 排放清单的模拟表现，量化不同估算方法对空气质量模拟结果的影响，本书将两套 NH_3 排放清单分别与 MEIC、江苏省高精度大气污染物排放清单的耦合结果作为人为源排放输入，利用中尺度气象模式(WRF)-多尺度区域空气质量模式(CMAQ)模拟 2014 年 1 月、4 月、7 月、10 月长三角地区的空气质量(每个月的前 5 天为模式的“spin-up”时间)，对比模拟与地面观测的 NH_3、NH_4^+、NO_3^- 和 SO_4^{2-} 月均浓度或小时浓度的时间变化序列。本书采用两层网格嵌套，网格精度分别为 27 km×27 km(第一层)、9 km×9 km(第二层)。整个模拟区域采用兰勃特投影坐标系，两条真纬度分别为 25°N 和 40°N，坐标系原点坐标为(110°E，34°N)，最外层网格左下角坐标为(–2389.5 km，–1714.5 km)。第一层网格区域(D1)覆盖了大部分东亚地区，网格数为 177×127 个，第二层网格区域(D2)主要包括江苏、浙江、安徽、上海三省一市全部区域及周边省份部分区域，网格数为 118×121 个。

1. 地面监测站点情况

NH_3 生命周期较短、容易吸附在观测仪器上，并且活性大，易与 SO_2、NO_x 发生化学反应，使 NH_3 的观测面临较大挑战。目前我国对 NH_3 的观测数据十分有限，有限性不只体现在观测站点数量少，也体现在观测数据的时间连续性上。本书利用的 NH_3 地面观测站点共有 4 个，其中 3 个属于 Xu 等(2015)建立的全国氮沉降监测网络(nationwide nitrogen deposition monitoring network，NNDMN)长三角地区三个监测站(SE1、SE2 和 SE3)，另一个是江苏省环境科学研究院站点(Jiangsu Provincial Academy of Environmental Science，JS-PAES)。具体每个站点的情况见表 4.21。SE1 站点位于江苏省南京市江宁区，该站点周边环境复杂，有居民区、工业区和城市农业区。SE2 站点位于安徽省滁州市凤阳县烟草研究所，该站点周边是农田和住宅区，农田的作物种植体系是冬小麦-夏玉米轮作体系(一年两季作物)，复合肥和尿素是作物的主要氮营养源，施肥期通常在 4 月、6 月和 10 月，施肥用量为 380～500 kg N/($hm^2 \cdot a$)。SE3 站点位于浙江省宁波市奉化区莼湖镇，该站点周围有住宅区、少量农业土地和山丘。JS-PAES 站点位于江苏省南京市鼓楼区，周边环境复杂，有较密集的居民区、商业区和交通道路网。

表 4.21 监测站点信息

监测站点编号	地理位置	经纬度	土地利用类型
SE1	江苏省 南京市江宁区	118.85°E, 31.84°N	城市
SE2	安徽省 滁州市凤阳县	117.56°E, 32.88°N	农村
SE3	浙江省 宁波市奉化区	121.53°E, 29.61°N	农村
JS-PAES	江苏省 南京市鼓楼区	118.74°E, 32.05°N	城市

另外，4 个站点的观测数据存在一定的局限性。本书能获取到氮沉降监测网络中 3 个站点 1 月、4 月、7 月、10 月的 NH_3 和 NH_4^+ 月均浓度值，由于 NH_4^+ 大多以细颗粒形式存在，我们将模拟 $PM_{2.5}$ 中的 NH_4^+ 与该观测值进行对比，可以在一定程度上评估模拟效果；JS-PAES 站点虽然可以得到 NH_3、NH_4^+、SO_4^{2-} 和 NO_3^- 的逐时地面浓度，但由于建站时间较晚，只能获取 2014 年 10 月的数据。

2. 两套 NH_3 排放清单模拟表现

根据已有地面观测数据特点，本书在评估两套 NH_3 排放清单模拟表现时，在 JS-PAES 站点对比小时浓度时间序列，在 SE1、SE2 和 SE3 站点进行月均浓度的对比。利用标准平均偏差（NMB）、标准平均误差（NME）和相关性系数（correlation coefficient，R）评估验证两套排放清单的模拟效果，NMB 和 NME 的计算公式详见 2.4 节。

对比 JS-PAES 站点 2014 年 10 月模拟与地面观测的 NH_3 小时浓度时间变化序列，结果如图 4.10 和表 4.22 所示。可以看出，模拟 NH_3 浓度与观测浓度的变化趋势在一定程度上具有相似性，二者在浓度高值时段和低值时段较吻合，如 10 月 20 日出现高值时段，10 月 18 日出现低值时段。但是模拟 NH_3 小时浓度的变化幅度大于观测数据，即模拟高值远高于对应的观测高值，模拟低值远低于对应的观测低值，反映到统计数据上即 NME 较大。两套排放清单 NH_3 模拟与观测的差异都较大，相关性系数分别为 0.19、0.15（$P<0.01$），NMB 分别为 1.73%、–21.75%，NME 分别为 56.94%、53.68%。从统计参数分析，第一套 NH_3 排放清单在 JS-PAES 站点 10 月份的模拟表现稍优于第二套，模拟出的 NH_3 月均浓度为 7.75 μg/m^3，与 JS-PAES 站点地面观测月均值 7.62 μg/m^3 更为接近。

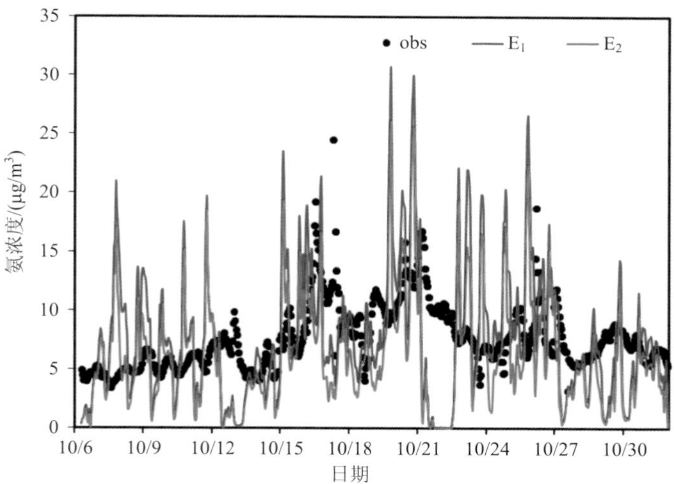

图 4.10　2014 年 10 月 JS-PAES 站点 NH_3 模拟浓度与观测浓度的时间变化序列

obs 为观测值；E_1 和 E_2 分别为基于由排放因子法和农业活动过程表征法建立的 NH_3 排放清单的模拟结果

表 4.22　2014 年 10 月 JS-PAES 站点 NH_3 模拟值与观测值对比统计结果

统计参数	E_1	E_2
NMB/%	1.73	–21.75
NME/%	56.94	53.68
R (P<0.01)	0.19	0.15
均值/(μg/m³)	7.75	5.96
观测均值/(μg/m³)	7.62	

SE1、SE2 和 SE3 站点的 NH_3 地面月均浓度与对应模拟月均浓度的结果如表 4.23 所示，在不同站点月均浓度的模拟值与观测值存在一定差异。由于本书空气质量模式模拟网格空间分辨率是 9 km×9 km，模拟结果代表的是一个 81 km^2 区域的平均浓度；而 NH_3 作为高活性的一次污染物，会与 SO_2、NO_x 快速发生反应，网格平均浓度不能很好对应观测站点的实际监测环境及当地排放情况，因此模拟结果与观测结果存在的差异可能较大。尽管存在上述局限，但从二者对比情况中仍可获取有效信息：在 SE1 和 SE2 站点，排放因子法估算的 NH_3 排放量可能存在高估；对于浙江奉化的 SE3 站点，本书采用的两种计算方法可能存在不同程度的低估。另外，安徽凤阳 SE2 站点 7 月地面 NH_3 月均浓度观测值只有 1.73 μg/m^3，远低于 1 月、4 月、10 月。推测造成这一现象的原因可能是计算的化肥施用量与实际情况有差异：Xu 等(2015)提到，SE2 站点施肥期通常在 4 月、6 月、10 月；而本书在长三角地区调研并使用统一农时农事信息，对 SE2 站点所在区域 7 月施

肥量的估计可能偏高。因此，在具体的省、市、县或某一站点存在的信息误差可能是导致模拟值与观测值出现差异的重要原因。

表 4.23　2014 年氮沉降监测站点 NH_3 模拟月均浓度与观测浓度的对比（单位：μg/m³）

月份	监测点	SE1	SE2	SE3
1	观测值	4.29	4.35	4.76
	E_1	5.46	8.69	1.24
	E_2	1.88	2.43	0.22
4	观测值	4.10	4.37	7.16
	E_1	6.80	14.03	2.59
	E_2	1.99	4.09	0.51
7	观测值	13.43	1.73	4.51
	E_1	13.45	16.08	4.48
	E_2	7.25	7.27	1.78
10	观测值	3.70	4.43	6.38
	E_1	6.31	10.95	2.34
	E_2	4.71	6.45	0.79

对比 JS-PAES 站点 2014 年 10 月模拟与地面观测的 NH_4^+ 小时浓度时间变化序列，结果如图 4.11 和表 4.24 所示。相比于 NH_3，NH_4^+ 小时浓度的模拟值与观测值吻合较好，且两套排放清单对 NH_4^+ 的模拟表现较为相似。模拟 NH_4^+ 月均浓度分别为 10.97 μg/m³ 和 10.45 μg/m³，与观测值 9.54 μg/m³ 都较为接近，NMB 分别

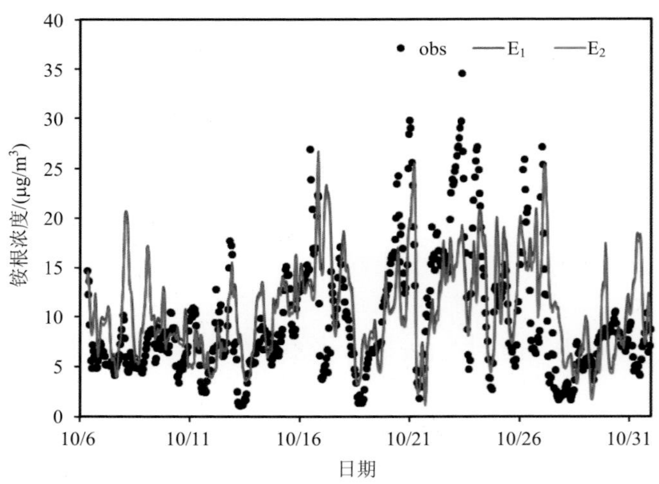

图 4.11　2014 年 10 月 JS-PAES 站点 NH_4^+ 模拟浓度与观测浓度的时间变化序列

为 15.01%和 9.53%，NME 分别为 42.27%和 40.70%，相关性系数 R 均为 0.57。综上所述，NH_4^+ 的模拟表现要好于 NH_3，并且不同估算方法建立的 NH_3 排放清单对 NH_4^+ 的模拟结果影响较小。推测是因为 NH_4^+ 作为二次气溶胶的重要成分，是由一次污染物经大气化学反应生成的，反映的是区域环境状态，9 km×9 km 网格对二次气溶胶的模拟表现要优于对一次污染物 NH_3 的模拟效果。

表 4.24　2014 年 10 月 JS-PAES 站点 NH_4^+ 模拟值与观测值对比统计结果

统计参数	E_1	E_2
NMB/%	15.01	9.53
NME/%	42.27	40.70
R（P<0.01）	0.57	0.57
均值/（μg/m^3）	10.97	10.45
观测均值/（μg/m^3）	9.54	

SE1、SE2 和 SE3 站点的 NH_4^+ 地面观测月均浓度与对应模拟月均浓度的结果如表 4.25 所示。同 JS-PAES 站点情况相似，虽然两套排放清单模拟的 NH_3 月均浓度差异较大，但是 NH_4^+ 模拟结果较为接近，且都与地面观测值相近。另外，在这三个站点模拟的 NH_4^+ 月均浓度普遍高于观测值，造成这一现象的原因之一可能是对 SO_2 和 NO_x 排放量的高估，这将在 4.3.3 节中详细解释。

表 4.25　2014 年氮沉降监测站点 NH_4^+ 模拟月均浓度与观测浓度的对比　（单位：μg/m^3）

月份	监测点	SE1	SE2	SE3
1	观测值	6.87	11.85	4.77
	E_1	11.76	13.17	7.16
	E_2	10.11	11.29	5.12
4	观测值	7.44	5.01	3.35
	E_1	8.08	8.75	4.77
	E_2	6.20	7.23	3.34
7	观测值	8.32	7.30	4.10
	E_1	9.61	9.37	3.28
	E_2	8.35	7.93	2.90
10	观测值	5.18	3.82	2.32
	E_1	9.77	10.41	5.14
	E_2	9.08	9.58	4.08

对比 JS-PAES 站点 2014 年 10 月模拟与地面观测的 NO_3^- 和 SO_4^{2-} 小时浓度时间变化序列，结果如图 4.12 和表 4.26 所示。两套排放清单对 NO_3^- 和 SO_4^{2-} 的模拟表现同样优于 NH_3，同时模拟表现较为接近。两套排放清单模拟 NO_3^- 的 NMB 分别为–6.55%和–14.18%，NME 分别为 44.81%和 44.94%，相关性系数 R 分别为 0.62 和 0.61。SO_4^{2-} 的 NMB 分别为 14.38%和 12.53%，NME 分别为 43.65%和 42.31%，相关性系数 R 分别为 0.34 和 0.36。NO_3^- 浓度的模拟均存在低估，SO_4^{2-} 浓度的模拟存在高估，可能是因为 NH_3 优先与 H_2SO_4 发生不可逆反应，SO_2 和 NO_x 排放的高估使更多的 NH_3 转化成$(NH_4)_2SO_4$，与 HNO_3 反应的 NH_3 相应减少。SO_2 和 NO_x 排放对 NH_3 模拟结果的影响将在 4.3.3 节进行详细介绍。

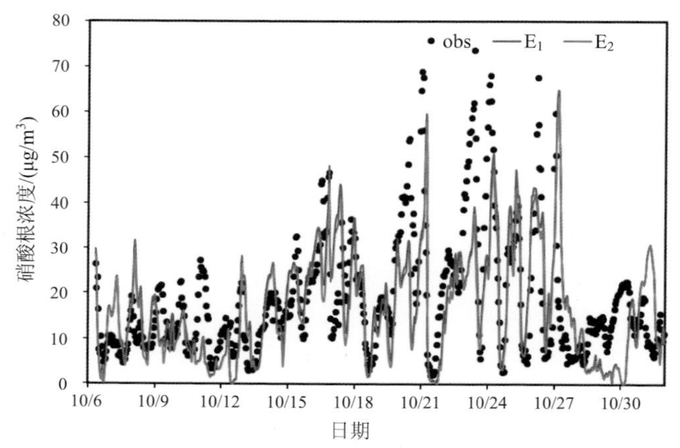

(a) NO_3^-模拟浓度与观测浓度的时间变化序列

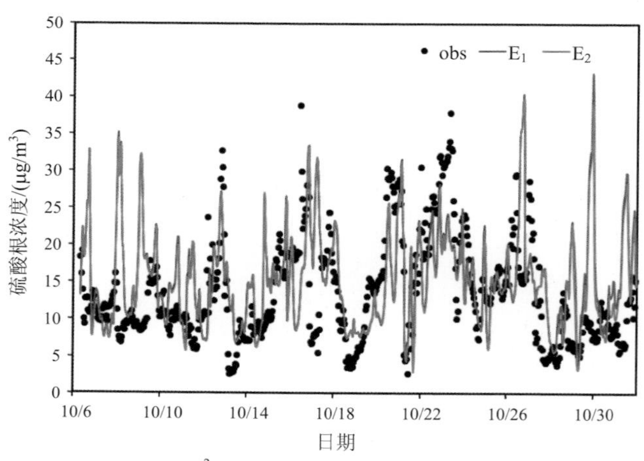

(b) SO_4^{2-}模拟浓度与观测浓度的时间变化序列

图 4.12 2014 年 10 月 JS-PAES 站点 NO_3^- 和 SO_4^{2-} 模拟浓度与观测浓度的时间变化序列

表 4.26　2014 年 10 月 JS-PAES 站点 NO_3^- 和 SO_4^{2-} 模拟值与观测值对比统计结果

统计参数	NO_3^-		SO_4^{2-}	
	E_1	E_2	E_1	E_2
NMB/%	–6.55	–14.18	14.38	12.53
NME/%	44.81	44.94	43.65	42.31
$R\,(P<0.01)$	0.62	0.61	0.34	0.36
均值/(μg/m³)	17.53	16.10	15.50	15.25
观测均值/(μg/m³)	18.76		13.56	

4.3.1.2　基于卫星数据评估两套 NH_3 排放清单的模拟表现

1. IASI 卫星观测数据

本书中的红外大气探测干涉分光仪(infrared atmospheric sounding interferometer，IASI；http://cds-espri.ipsl.upmc.fr/etherTypo/index.php?id=1700&L=1)卫星资料取自布鲁塞尔大学 Simon Whitburn 研究组处理的数据库。IASI-NH_3 柱浓度信息主要包括数据经纬度、NH_3 柱浓度、相对误差、云覆盖率等。卫星过境时间分别为 9:30 和 21:30，对于 IASI-NH_3，大部分研究者只选用早过境时间的数据，因为相对 21:30，9:30 时的热对比(地球表面与 1.5 km 高度处大气温度之差)更高，而 IASI 卫星对 NH_3 观测的敏感度主要依赖于热对比，故而卫星在 9:30 对 NH_3 更敏感，数据误差较小。本书同样采用早过境时间的卫星数据评估排放清单模拟效果。

因 IASI 灵敏性高，在利用数据时需要考虑每个观测值的误差。研究人员在获取数据时利用过滤器得到相对误差和绝对误差。IASI-NH_3 卫星资料依据 Van Damme 等(2014，2015a)提出的标准进行筛选，即云覆盖率小于 25%，相对误差小于 100%且绝对误差小于 5×10^{15} 分子/cm^2。之所以要同时考虑绝对误差，是为了避免柱浓度低时绝对误差小但是相对误差很大的情况出现。从全球 IASI-NH_3 数据库取经度在 114.2°～124.1°E 之间、纬度在 26.1°～35.4°N 之间的数据作为覆盖江浙沪皖的本书所需资料。依据 Van Damme 等(2015b，2015c)在研究中使用的网格信息，将长三角地区卫星数据空间分辨率定为 0.5°(经度)×0.25°(纬度)。判定每个月份有效数据落入的网格，对所属相同网格的数据点计算均值，最终得到每个网格相应的 NH_3 柱浓度。

在计算长三角地区网格化 NH_3 柱浓度时，由于云覆盖率和欧洲气象卫星操作过程链中温度廓线数据存在可用性问题，使用日数据不足以得到有效空间分布信息，故考虑月均值或年均值较为合理。月均值处理目前有两种方式：加权平均和未加权平均。2014 年 9 月 30 日之前的数据采用误差加权平均方法，该日期之后的数据采用未加权平均方法。2014 年 9 月 30 日之前的数据库是 Van Damme 研究组基于 Walker 等(2011)的检索方法，计算 HRI(hyperspectral range index)，通过 LUTs(look-up tables)将 HRI 转化成 NH_3 柱浓度。利用这类数据计算月均值需根据相对误差得到加权平均值，加权均值因用到 IASI 观测信息而减小了误差。将筛选后的 2014 年 1 月、4 月、7 月有效数据用式(4.21)和式(4.22)进行处理。

$$\overline{x} = \frac{\sum w_i x_i}{\sum w_i} \tag{4.21}$$

$$w_i = \frac{1}{\sigma^2} \tag{4.22}$$

式中，x 为日柱浓度；w 为误差权重；σ 为相对误差。

Whitburn 等(2016)对 Van Damme 等(2014)提出的“LUTs-HRI”方法做出了延伸，研究者开始使用神经网络算法检索 IASI-NH_3 柱浓度。近两年已产生出改进版数据 IASI (ANNI)-NH_3-v2.1，数据更新的时间节点为 2014 年 9 月 30 日。该算法主要变化体现在以下几方面：对陆地和海洋观测结果分别进行神经网络计算；通过减少和转换数据参数，使卫星探测条件得到优化；引入陆地和海洋的偏移修正值和卫星天顶角的处理；相对于之前版本中的气象资料，最新版本引入了欧洲中期天气预报中心(ECMWF)的气象输入数据，并且利用专用检索网络获取地球表面温度；最后，对均值计算方法提出新建议，由于已对改进数据进行过滤，在时间和空间上的均值处理方式建议采用算术平均法。因此本书用误差加权平均的方法处理 2014 年 1 月、4 月、7 月有效数据，用未加权平均方法处理 10 月数据，最终用克里金插值法得到 2014 年 IASI-NH_3 柱浓度空间分布。

2. 基于卫星数据评估 NH_3 柱浓度模拟结果

本书只处理 Metop-A IASI 卫星早过境时间的数据，因此在提取空气质量模式模拟结果时，读取 9:00 和 10:00 两个时刻的均值作为 9:30 的 NH_3 柱浓度数据。基于两种方法建立的 NH_3 排放清单模拟的 2014 年 4 个月的 NH_3 柱浓度结果如图 4.13 所示。

从图 4.13 可以看到，4 个月份采用排放因子法建立的排放清单 NH_3 柱浓度模拟结果高于农业活动过程表征法；高值区较为一致，主要集中在安徽北部和江苏北部。此外，将两套排放清单的 NH_3 柱浓度模拟值分别与 IASI-NH_3 卫星数据进行对比，结果如表 4.27 所示。从月均值角度看，由于排放因子法估算的 NH_3 排放量较高，导致 NH_3 柱浓度也高于农业活动过程表征法。1 月两套排放清单和 10 月 E_1 的 NH_3 柱浓度模拟月均值均高于观测值，4 月和 7 月模拟值均低于观测值，可能是由排放量估算误差引起的或者 WRF 温度模拟在 1 月和 10 月存在高估，在 4 月

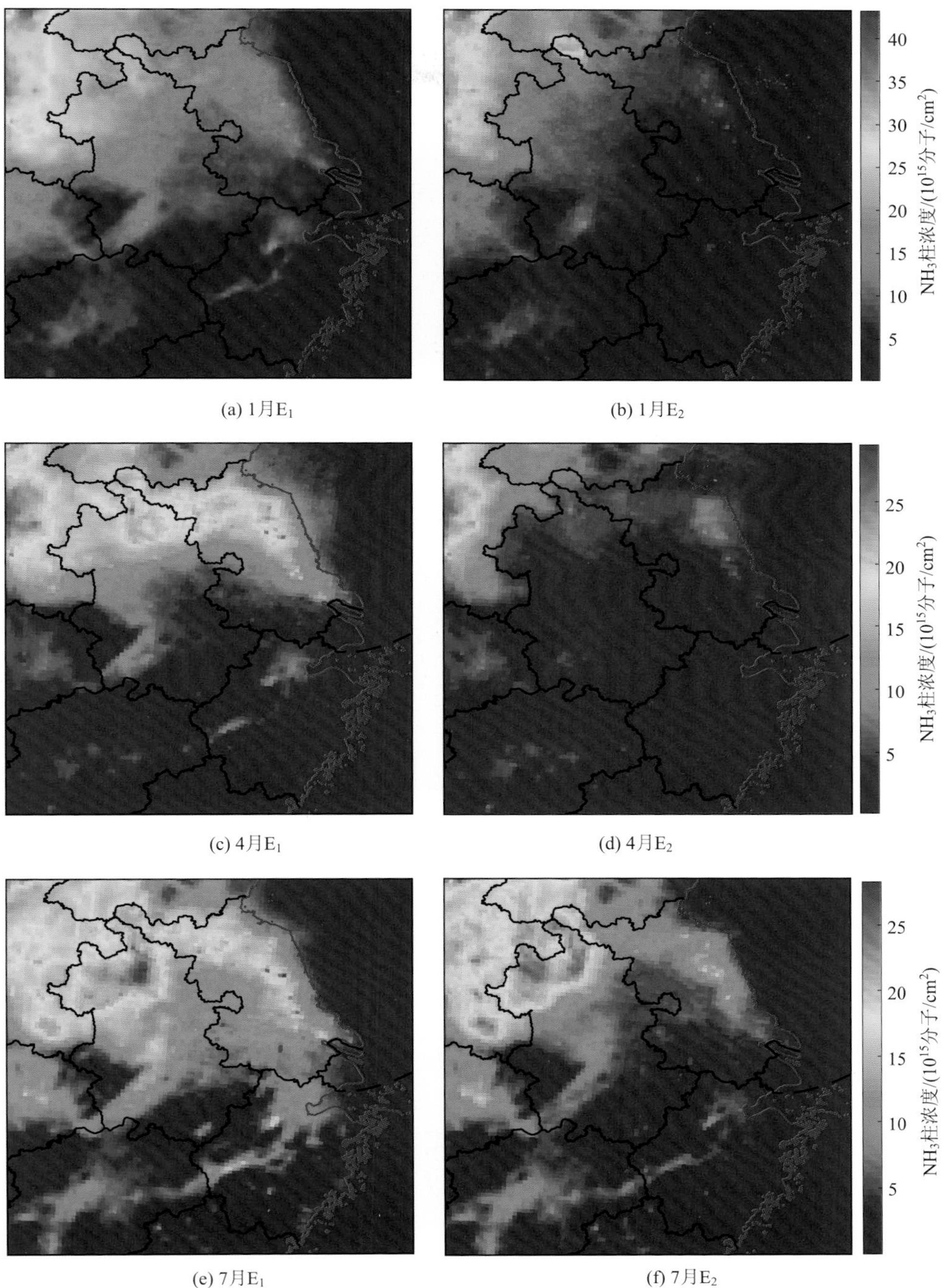

(a) 1月E_1　(b) 1月E_2

(c) 4月E_1　(d) 4月E_2

(e) 7月E_1　(f) 7月E_2

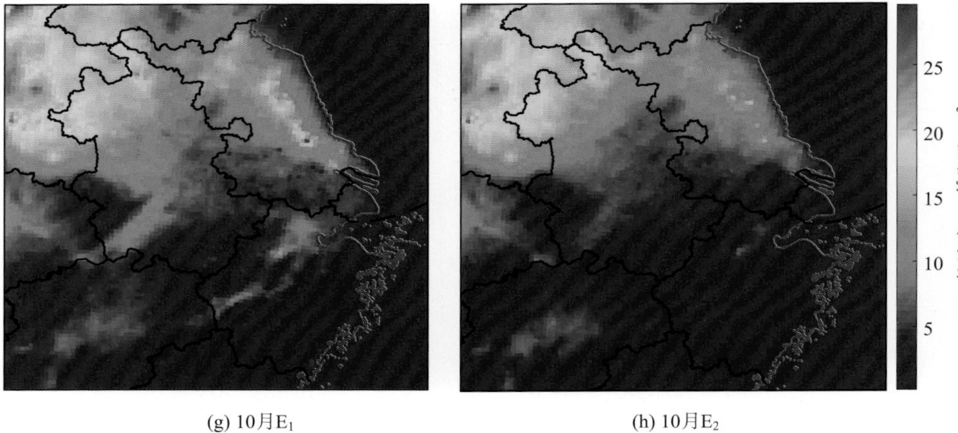

(g) 10月E_1　　(h) 10月E_2

图 4.13　两套排放清单 2014 年 1 月、4 月、7 月、10 月 NH_3 柱浓度模拟结果

和 7 月存在低估。从长三角地区整体空间分布来看，1 月和 10 月采用农业活动过程表征法建立的排放清单模拟的 NH_3 柱浓度空间分布与卫星数据吻合得更好，NMB、NME 和相关性系数 R 都优于排放因子法，可能是农业活动过程表征法考虑到的环境因素改善了 NH_3 排放及柱浓度的空间分布；而 7 月基于排放因子法建立的排放清单模拟效果更好。由于两套排放清单涉及变量较多，为进一步探究两套排放清单不同月份模拟结果的表现和差异，将在 4.3.2 节从土壤环境因素方面入手加以分析。

表 4.27　NH_3 柱浓度模拟结果与卫星观测对比统计结果

参数	1 月		4 月		7 月		10 月	
	E_1	E_2	E_1	E_2	E_1	E_2	E_1	E_2
NMB/%	77.02	4.29	28.49	−59.12	12.19	−34.12	29.46	−1.77
NME/%	83.83	37.54	65.80	60.07	43.93	51.91	46.38	43.17
R (P<0.01)	0.38	0.42	0.50	0.51	0.68	0.64	0.50	0.55
模拟均值/(10^{15} 分子/cm^2)	14.09	8.30	5.88	3.40	6.79	4.87	10.00	7.61
卫星均值/(10^{15} 分子/cm^2)	7.96		7.54		10.23		7.72	

4.3.2　土壤环境因素对模拟结果的影响

本小节将从土壤环境因素方面入手，分析不同土壤酸碱度条件对模拟结果的影响，一般而言，碱性大的土壤环境有利于 NH_3 的挥发。将长三角地区按照土壤酸碱度分为酸性(pH≤6.5)、中性(6.5<pH≤7.5)和碱性(pH>7.5)地区三个部分，探究在不同 pH 范围内两套排放清单模拟结果的表现。具体模拟情况如表 4.28 所示。

表 4.28　不同土壤酸碱度下 NH_3 柱浓度空间分布卫星观测与模拟对比统计结果

土壤酸碱度	参数	1 月		4 月		7 月		10 月	
		E_1/%	E_2/%	E_1/%	E_2/%	E_1/%	E_2/%	E_1/%	E_2/%
YRD	NMB	77.02	4.29	28.49	−59.12	12.19	−34.12	29.46	−1.77
	NME	83.83	37.54	65.80	60.07	43.93	51.91	46.38	43.17
pH>7.5	NMB	114.88	28.04	81.41	−38.99	43.30	4.24	67.99	46.95
	NME	117.80	49.27	89.23	44.38	56.11	48.13	71.49	57.44
6.5<pH≤7.5	NMB	92.82	9.19	44.60	−54.14	39.27	−10.78	44.01	11.13
	NME	95.83	34.16	64.13	54.70	52.52	45.54	52.54	37.69
pH≤6.5	NMB	41.61	−11.76	1.30	−67.41	−12.43	−55.81	8.64	−25.48
	NME	54.72	36.76	60.16	68.50	34.78	56.72	35.27	43.68

注：E_1 和 E_2 分别为基于排放因子法和农业活动过程表征法建立 NH_3 排放清单的模拟结果。YRD 即 Yangtze River Delta，表示长三角。

可以看到，两套排放清单在不同土壤酸碱度下的模拟结果与在长三角地区整体的模拟结果有所差异。在中、碱性土壤环境下，基于由农业过程表征法建立的 NH_3 排放清单模拟获得的 NH_3 柱浓度与卫星观测的 NME 较低，说明该方法可以优化 NH_3 柱浓度空间分布的模拟结果，且 pH 对排放因子的校正结果在碱性大的区域更合理。在酸性土壤环境下，基于农业活动过程表征法建立的排放清单 4 个月份 NH_3 柱浓度模拟值与观测值之间的 NMB 均为负值，说明农业活动过程表征法对酸性土壤环境中的 NH_3 排放存在低估，原因可能是本书经校正后的 NH_3 挥发率偏低，或者化肥施用源及畜禽养殖源的活动水平计算存在低估。4 月农业活动过程表征法建立的排放清单 NH_3 柱浓度模拟值全部低估且低估程度较大。推测 4 月本书调研得到的农事耕作信息是施基肥，施肥深度为 15～20 cm，农业活动过程表征法中尿素和 ABC 使用的 NH_3 挥发率如图 4.8 所示，明显小于排放因子法使用的 17.4%(NH_3-N) 和 21.3%(NH_3-N)，导致 NH_3 排放量被低估。

4.3.3　SO_2 和 NO_x 排放对模拟结果的影响

影响本书模拟结果的因素除了土壤酸碱度等环境因素、NH_3 排放量和气象条件外，SO_2 和 NO_x 的排放也是影响 NH_3 及二次气溶胶模拟结果的因素。NH_3 作为碱性气体易与 SO_2 和 NO_x 发生反应。通常情况下，SO_2 在液相中转化成 H_2SO_3（$SO_2+H_2O \longrightarrow H_2SO_3$），经氧化后形成 H_2SO_4，也可直接通过羟基自由基

或 H_2O_2 直接氧化成 H_2SO_4；有小部分 SO_2 被羟基自由基氧化成 SO_3 接着形成 H_2SO_4。而 HNO_3 来源分为白天和夜间两种情况，白天主要是 NO_2 被羟基自由基氧化生成 HNO_3，夜间 N_2O_5 附着在已生成的气溶胶表面并发生水解产生 HNO_3。NH_3 与生成的 H_2SO_4 和 HNO_3 反应生成 $(NH_4)_2SO_4$ 和 NH_4NO_3。因 $(NH_4)_2SO_4$ 稳定，NH_3 会优先与 H_2SO_4 结合；NH_4NO_3 的生成受 NH_3 和大气条件的影响，它的稳定性强烈依赖于温度和相对湿度，在高温低湿的环境下 NH_4NO_3 易分解。故 NH_3 及二次气溶胶的模拟情况易受 SO_2 和 NO_x 排放的影响。

本书中 SO_2 和 NO_x 的排放数据是 2012 年 MEIC 和江苏省排放清单按照活动水平调整到 2014 年的结果，由于没有考虑污染物控制水平的改变，SO_2 和 NO_x 排放量存在一定程度的高估。鉴于此，本书调研了 2012～2014 年 SO_2 和 NO_2 的卫星垂直柱浓度（VCD）变化率，具体情况见表 4.29。SO_2-VCD 数据取自全球臭氧探测仪（OMI），NO_2-VCD 数据取自 Peking University Ozone Monitoring Instrument NO_2（POMINO）产品，该产品是由 Lin 等（2014）在对流层排放监测服务网（Tropospheric Emission Monitoring Internet Service，TEMIS）提供的云量反演和 NO_2 斜柱浓度反演数据基础上对 NO_2 垂直柱浓度产品反演算法进行优化得到的。可以看出，SO_2 和 NO_2 垂直柱浓度在 2012～2014 年都有一定程度的下降，推测 SO_2 和 NO_x 排放也会有相应程度的降低。因此本书建立的排放清单中 SO_2 和 NO_x 的高估促使更多的 NH_3 与 H_2SO_4 发生不可逆反应，推动了 NH_3 向 NH_4^+ 的转化，而与 HNO_3 反应的 NH_3 相对减少，造成 NH_4^+ 和 SO_4^{2-} 模拟浓度的高估和 NO_3^- 模拟浓度的低估。

表 4.29　2012～2014 年 SO_2-VCD 和 NO_2-VCD 变化率　（单位：%）

物种	江苏	浙江	安徽	上海	长三角地区
SO_2	−49.94	−29.53	−51.38	−56.72	−47.84
NO_2	−29.12	−26.22	−35.69	−29.48	−30.91

4.3.3.1　长三角地区贫富氨判断

探究 SO_2 和 NO_x 排放对 NH_3 及二次气溶胶的影响，需要明确长三角地区是属于贫氨还是富氨状态。NH_3 排放量与 SO_4^{2-} 和 NO_3^- 浓度呈非线性关系，而且在不同的 NH_3 排放量情况下，NH_3、SO_2 和 NO_x 排放量对 SO_4^{2-} 和 NO_3^- 浓度的影响不同。Ansari 和 Pandis（1998）定义了 GR（gas ratio），用以描述某区域的贫/富氨排放状态，公式如下：

$$\mathrm{GR}=\frac{\left(\left[\mathrm{NH_3}\right]+\left[\mathrm{NH_4^+}\right]\right)-2\times\left[\mathrm{SO_4^{2-}}\right]}{\left[\mathrm{NO_3^-}\right]+\left[\mathrm{HNO_3}\right]} \tag{4.23}$$

GR<0 表示该区域处于贫氨状态，0≤GR≤1 表示该区域处于中性状态，GR>1 表示该区域处于富氨状态。Wang 等(2011)研究表明，SO_2 是 SO_4^{2-} 的主要贡献者，在贫氨状态下，NH_3 的排放会小幅度增加 SO_4^{2-} 的浓度，因为碱性的 NH_3 提供了 SO_2 被吸收的环境并且加快了 O_3 氧化 SO_2 的速率；富氨状态下 NH_3 排放的增加对 SO_4^{2-} 浓度没有明显作用。NO_x 是 NO_3^- 的主要贡献者，但是 NH_3 在贫氨环境中对 NO_3^- 的作用很大。Seinfeld 和 Pandis(2006)认为，在富氨且 SO_2 排放水平较低的情况下，SO_2 排放的增加有利于硝酸盐的形成，原因是 NH_4^+ 和 SO_4^{2-} 降低了 NH_4NO_3 的平衡常数，使硝酸盐从液相中析出。

本书应用式（4.23）计算了基于两套 NH_3 排放清单模拟结果下的长三角地区 2014 年 4 个月份 GR 值。如图 4.14 所示，长三角除浙江西南部外，整年处于富氨

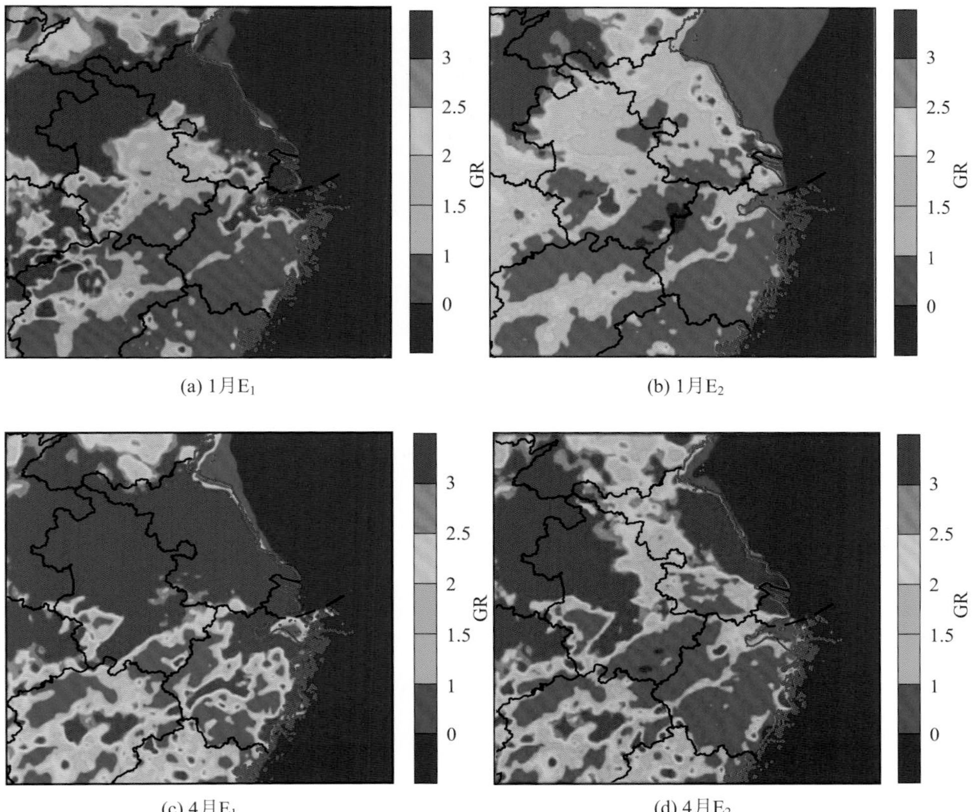

(a) 1月E_1　(b) 1月E_2

(c) 4月E_1　(d) 4月E_2

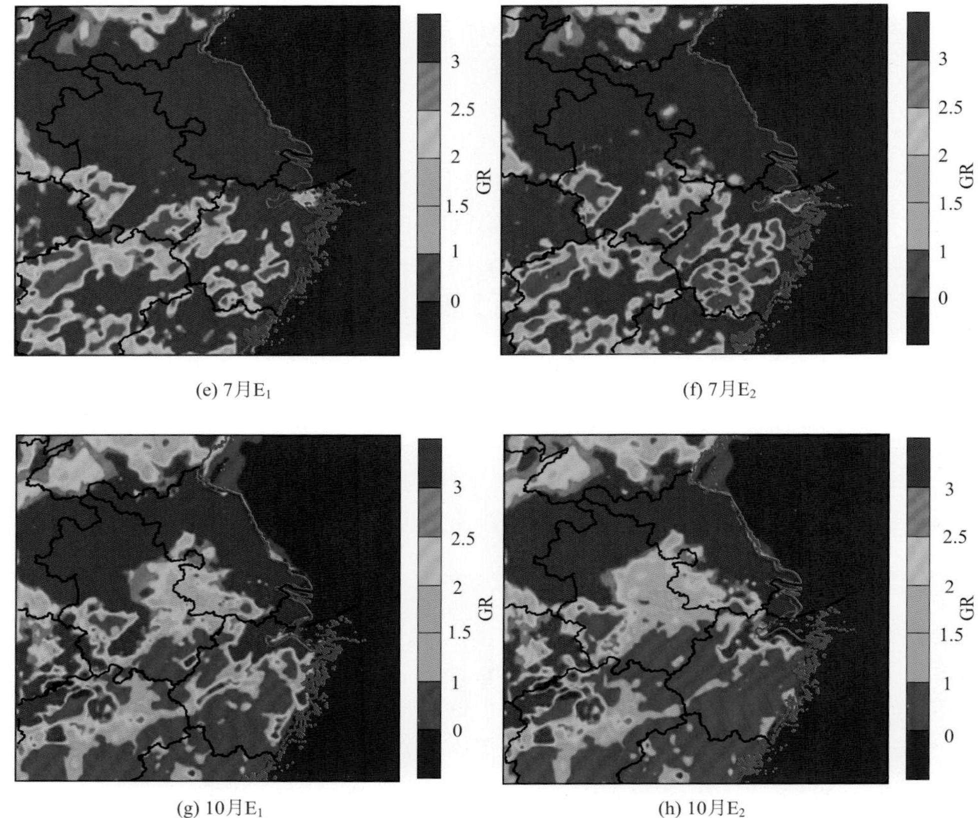

图 4.14　基于两套排放清单计算的 2014 年 4 个月份 GR 值

E_1 和 E_2 分别为基于由排放因子法和农业活动过程表征法建立 NH_3 排放清单的模拟结果

状态，这与 Wang 等(2011)和 Dong 等(2014)的研究结果一致。二次气溶胶对 SO_2 和 NO_x 排放的敏感性高于 NH_3，对 SO_2 和 NO_x 排放量的高估会在一定程度上影响 NH_3 及二次气溶胶的模拟。

4.3.3.2　SO_2 和 NO_x 排放量对模拟结果的影响

基于 4.3.3.1 节对长三角地区所处富氨状态的分析，本小节在 E_1 基础上设计了三个情景，探究 SO_2 和 NO_x 排放对 NH_3 及二次气溶胶的模拟影响。情景 1：SO_2 排放量降低 40%，NO_x 排放量不变；情景 2：SO_2 排放量不变，NO_x 排放量下降 40%；情景 3：SO_2 和 NO_x 排放量同时下降 40%。利用 WRF-CMAQ 再次模拟 NH_3 及相关二次气溶胶，并将 JS-PAES 站点的模拟值与观测值进行对比，结果如表 4.30 所示。

表 4.30　JS-PAES 站点不同情景模拟值与观测值对比统计结果　（单位：%）

物种	情景	月均浓度上升/下降比例	NMB	NME
NH_3	基础情景		1.73	56.94
	情景 1	10.14	11.09	59.02
	情景 2	–1.17	–0.59	57.85
	情景 3	8.48	9.29	59.64
NH_4^+	基础情景		15.01	42.27
	情景 1	–8.67	5.19	39.24
	情景 2	1.87	17.55	45.40
	情景 3	–6.95	7.33	41.85
SO_4^{2-}	基础情景		14.38	43.65
	情景 1	–17.63	–4.90	40.81
	情景 2	2.76	18.42	43.70
	情景 3	–14.91	–1.98	39.39
NO_3^-	基础情景		–6.55	44.81
	情景 1	1.25	–5.92	44.52
	情景 2	0.86	–5.85	46.71
	情景 3	1.85	–4.90	46.51

可以发现，对 SO_2 和 NO_x 排放量的高估确实是影响 NH_3 及二次气溶胶模拟效果的重要因素。降低 40%的 SO_2 排放量，SNA（sulfate+nitrate+ammonium，$SO_4^{2-}+NO_3^-+NH_4^+$）模拟质量浓度下降 7.87%，NH_4^+ 和 SO_4^{2-} 模拟值与观测值的离散度得到改善，模拟值的 NME 减小 3%；降低 40%的 NO_x 排放，SNA 模拟浓度上升 10.48%，NO_3^- 和 NH_3 模拟值的离散度变小；同时降低 40%的 SO_2 和 NO_x 排放，SNA 模拟浓度下降 7.89%，二次颗粒物模拟值离散度得到显著变小。三种情境下，NH_3 及气溶胶模拟值的平均绝对误差没有得到非常显著的改善，推测除排放清单外，模式的化学机制也会影响模拟效果。同时可以发现，如果对 NH_3 不采取有效控制措施，今后硝酸盐浓度将会进一步增加，削弱 SO_2 和 NO_x 减排对空气质量的改善效果。因此，改善区域空气质量更加有效的途径是推动采取 NH_3 与 SO_2、NO_x 多污染物联合控制策略。

4.3.4　模拟表现不确定性分析

空气质量模式及观测数据共同决定了污染物的模拟表现，为客观评价 NH_3 及二次气溶胶的模拟结果，对排放清单评估过程中的不确定性进行定性分析。

模式不确定性可以分为输入不确定性和模式结构的不确定性。输入不确定性包括排放清单、气象数据等。本书在 4.2.3 节中陈述了输入排放清单的不确定性，由于 NH_3 活性高、挥发易受环境影响，对排放量的准确估算正是研究者致力的方向。其他成分（SO_2、NO_x 等）对模拟结果的影响已在 4.3.3 节进行探讨，不再赘述。本书模拟网格分辨率为 9 km×9 km，WRF 气象场模拟值与站点观测值的对比存在一定误差。模式结构的不确定性指由于人类对复杂环境系统认识有限，在系统建模过程中对真实物理过程进行了简化和抽象，各种模式的假设、机制原理等与真实情况的差异所导致的不确定性。NH_3 作为大气中唯一的碱性气体和颗粒态 NH_4^+ 的唯一来源，在二次气溶胶和灰霾形成过程中起重要作用，并且气态向颗粒态的转化（gas-to-particle conversion，GPC）相对于生命周期短的 NH_3 来说，对区域传输有着更持久的影响。因此模式中 NH_3- NH_4^+ 气-粒转化机制对 NH_3 及二次气溶胶模拟结果十分重要。Lonsdale 等（2017）用 WRF-CMAQ 对加利福尼亚州中南部进行 NH_3 的模拟发现，夜间模拟值存在高估，研究者推测这可能是因为排放量的高估或沉降的低估，同时也提出猜想：模式 NH_3- NH_4^+ 的 GPC 机制存在不确定性。从本章 NH_4^+、SO_4^{2-} 和 NO_3^- 小时浓度模拟对比结果可以看出，WRF-CMAQ 能够较好地模拟出气溶胶的时间变化趋势，模拟值与观测值也较为接近；但对于观测值的峰值，WRF-CMAQ 模拟值小于实测值，这与王茜等（2015）对上海市 $PM_{2.5}$ 的模拟结果相似，可能部分源于 WRF-CMAQ 未能充分模拟该区域大气化学过程中气-粒转化过程。

本书使用的地面小时浓度观测数据是由江苏省环境科学研究院利用 MARGA（monitor for aerosols and gases in ambient air，ADI2080）离子在线分析仪测试得到的数据，观测仪器自身的局限性会带来一定不确定性。在 SE1、SE2 和 SE3 站点，NH_3 和 NH_4^+ 观测数据为月均浓度，与模拟值对比时可提供的信息较少，对模拟评估带来影响。本书使用的 IASI-NH_3 柱浓度数据是经 Simon Whitburn 研究组提供的处理方式得到的，在把握每个数据点的空间分辨率及计算月均柱浓度的过程中同样存在不确定性。

综上所述，NH_3 排放清单的评估及模拟结果的表现受到多方面因素的影响，除排放清单本身外，正确认识模式机制和观测数据的不确定性对于准确理解模式评估结果也具有重要作用。

参 考 文 献

董文煊, 邢佳, 王书肖. 2010. 1994～2006 年中国人为源大气氨排放时空分布. 环境科学, 31(7): 1457-1463.

房效凤, 沈根祥, 徐昶, 等. 2015. 上海市农业源氨排放清单及分布特征. 浙江农业学报, 27(12): 2177-2185.

李莉. 2012. 典型城市群大气复合污染特征的数值模拟研究. 上海: 上海大学.

刘春蕾, 姚利鹏. 2016. 江苏省农业源氨排放分布特征. 安徽农业科学, 44(22): 70-74.

刘丽华, 蒋静艳, 宗良纲. 2011. 秸秆燃烧比例时空变化与影响因素——以江苏省为例. 自然资源学报, 26(9): 1535-1545.

陆炳, 孔少飞, 韩斌, 等. 2011. 2007 年中国大陆地区生物质燃烧排放污染物清单. 中国环境科学, 31(2): 186-194.

吕殿青, 刘杏兰, 吴长征, 等. 1980. 在石灰性土壤上碳铵挥发损失条件及其防止途径的研究. 陕西农业科学, 6: 7-10.

王茜, 吴剑斌, 林燕芬. 2015. CMAQ 模式及其修正技术在上海市 $PM_{2.5}$ 预报中的应用检验. 环境科学学报, 35(6): 1651-1656.

王书肖, 张楚莹. 2008. 中国秸秆露天焚烧大气污染物排放时空分布. 中国科技论文在线, 5: 329-333.

杨志鹏. 2008. 基于物质流方法的中国畜牧业氨排放估算及区域比较研究. 北京: 北京大学.

余飞翔, 晁娜, 吴建, 等. 2016. 浙江省 2013 年农业源氨排放清单研究. 环境污染与防治, 38(10): 41-46.

张美双, 栾胜基. 2009. NARSES 模型在我国种植业氮肥施用氨排放估算中的应用研究. 安徽农业科学, 37(8): 3583-3586.

郑志侠, 翁建宇, 汪水兵, 等. 2016. 安徽省氨排放量估算. 安徽农业科学, 44(8): 73-75.

中华人民共和国环境保护部. 2014. 大气氨源排放清单编制技术指南(试行).

Ansari A S, Pandis S N. 1998. Response of inorganic PM to precursor concentrations. Environmental Science & Technology, 32(18): 2706-2714.

Dong X Y, Li J, Fu J S, et al. 2014. Inorganic aerosols responses to emission changes in Yangtze River Delta, China. Science of the Total Environment, 481: 522-532.

Hamaoui-Laguel L, Meleux F, Beekmann M, et al. 2014. Improving ammonia emissions in air quality modelling for France. Atmospheric Environment, 92: 584-595.

He M, Zheng J Y, Yin S S, et al. 2011. Trends, temporal and spatial characteristics, and uncertainties in biomass burning emissions in the Pearl River Delta, China. Atmospheric Environment, 45(24): 4051-4059.

Huang X, Song Y, Li M M, et al. 2012. A high-resolution ammonia emission inventory in China. Global Biogeochemical Cycles, 26: GB1030.

Lin J T, Martin R V, Boersma K F, et al. 2014. Retrieving tropospheric nitrogen dioxide from the Ozone Monitoring Instrument: effects of aerosols, surface reflectance anisotropy, and vertical profile of nitrogen dioxide. Atmospheric Chemistry and Physics, 14(3): 1441-1461.

Lonsdale C R, Hegarty J D, Cady-Pereira K E, et al. 2017. Modeling the diurnal variability of agricultural ammonia in Bakersfield, California, during the CalNex. Atmospheric Chemistry and Physics, 17(4): 2721-2739.

Seinfeld J H, Pandis S N. 2006. Atmospheric Chemistry and Physics: From Air Pollution to Climate Change. New Jersey: Wiley-Blackwell: 429-443.

Van Damme M, Clarisse L, Dammers E, et al. 2015a. Towards validation of ammonia (NH_3)

measurements from the IASI satellite. Atmospheric Measurement Techniques, 8(3): 1575-1591.

Van Damme M, Clarisse L, Heald C L, et al. 2014. Global distributions, time series and error characterization of atmospheric ammonia (NH_3) from IASI satellite observations. Atmospheric Chemistry and Physics, 14(6): 2905-2922.

Van Damme M, Erisman J W, Clarisse L, et al. 2015b. Worldwide spatiotemporal atmospheric ammonia (NH_3) columns variability revealed by satellite. Geophysical Research Letters, 42(20): 8660-8668.

Van Damme M, Kruit R J W, Schaap M, et al. 2015c. Evaluating 4 years of atmospheric ammonia (NH_3) over Europe using IASI satellite observations and LOTOS-EUROS model results. Journal of Geophysical Research: Atmospheres, 119(15): 9549-9566.

Walker J C, Dudhia A, Carboni E. 2011. An effective method for the detection of trace species demonstrated using the MetOp Infrared Atmospheric Sounding Interferometer. Atmospheric Measurement Techniques, 4(8): 1567-1580.

Wang S X, Xing J, Jang C R, et al. 2011. Impact assessment of ammonia emissions on inorganic aerosols in East China using response surface modeling technique. Environmental Science & Technology, 45(21): 9293-9300.

Whitburn S, Van Damme M, Clarisse L, et al. 2016. A flexible and robust neural network IASI-NH_3 retrieval algorithm. Journal of Geophysical Research: Atmospheres, 121(11): 6581-6599.

Xu W, Luo X S, Pan Y P, et al. 2015. Quantifying atmospheric nitrogen deposition through a nationwide monitoring network across China. Atmospheric Chemistry and Physics, 15(21): 12345-12360.

第 5 章　基于在线监测信息的电力行业排放清单优化

我国电力行业能源结构长期以煤为主。2015 年中国火力发电量和装机容量分别为 4231 TW·h 和 1006 GW，较 2007 年分别增长 56%和 81%；燃煤发电量和装机容量在火电行业的占比分别达到 92%和 90%(中华人民共和国国家统计局，2016)。虽然近年来火力发电量和装机容量在总量中的占比有所下降，但依然在电力行业中占据主导地位。燃煤电厂是我国重要的大气污染物排放源(Zhao et al.，2010；Tang et al.，2012；Fu et al.，2014)，其排放的二氧化硫(SO_2)、氮氧化物(NO_x)等污染物在大气中经过复杂的多相化学反应等形成光化学烟雾、二次气溶胶等，对人体健康、空气质量和生态系统均会产生严重危害及影响(Mueller et al.，2004；Streets et al.，2009；Wang et al.，2011)。

我国实施了一系列措施以减少电力行业污染物排放，包括关停小火电机组，淘汰落后产能，推动高效脱硫、脱硝和除尘设施的全面使用等，对大气污染物总量减排及空气质量改善起了重要作用(Klimont et al.，2013；Liu et al.，2016；Liu et al.，2019)。为进一步减少电力部门的污染物排放，环境保护部在 2015 年 12 月 11 日下发的工作方案中强调了全国燃煤电厂应尽快全面实施超低排放，即在《火电厂大气污染物排放标准》(GB 13223—2011)的基础上，通过采用更高效的污染物控制设备使燃煤锅炉的大气污染物排放烟气浓度达到燃气轮机组排放限值标准。上述措施等使我国电力行业大气污染物排放特征发生了快速和显著的变化，这些变化在现有基于排放因子法和环境统计数据建立的排放清单中可能无法得到很好地反映。因此，作为识别污染源排放特征及制定排放控制措施的重要工具，排放清单的准确性亟须进一步提高。

为有效监管企业排污情况和控制排放总量，我国自 20 世纪 80 年代起在电厂安装烟气连续排放监测系统(CEMS)，该系统可连续自动监测固定污染源的颗粒物和气态污染物的烟气排放浓度，并对监测数据进行实时传送。在 CEMS 运行和管理较为完善的前提下，在线监测数据可以更好地反映电厂实际污染排放情况，将其应用于电力行业排放清单的建立有望提高排放清单的准确性和及时性，有助于深入认识排放标准和控制政策在不同地区的实施状况并推动污染防治方案的精准制定与实施。

本章描述燃煤电厂排放清单的不同数据来源和建立方法，主要包括传统排放因子法和基于 CEMS 数据的方法。特别的，我们通过多渠道收集并整合了 2015 年中国燃煤电厂典型污染物高时间分辨率的在线监测数据，基于质量平衡原理和统计学方法对排放特征信息进行全面的筛选和合理性评估，结合污染源环境统计信息，发展了一套基于 CEMS 信息的燃煤电厂典型污染物排放清单建立方法；通过对比基于传统排放因子法和 CEMS 信息建立的排放清单，评估不同方法和数据对排放清单结果的影响；以长三角为例，基于上述不同的电力行业排放清单开展空气质量模拟，通过模拟表现评估融合 CEMS 数据的排放清单对区域空气质量模拟的改善程度。

5.1　基于传统排放因子的排放清单建立方法

5.1.1　排放量估算方法

人为源大气污染物排放清单的建立通常采用直接测量法、模型法、调研法和排放因子法等，其中排放因子法是目前最常用的燃煤电厂排放清单编制方法。本书基于排放因子法，通过获取煤电机组详细的活动水平数据和不同条件下的污染物排放因子，“自下而上”建立 2015 年中国燃煤电厂排放清单，即基准排放清单(base emission inventory，BEI)。SO_2、NO_x 和颗粒物(PM)年排放量基本计算公式如下：

$$E_i = \sum_{i,m} A_{j,m} \times \mathrm{EF}_{i,j,m} \times \left(1-\eta_{i,j,m}\right) \tag{5.1}$$

式中，A 为活动水平，即年耗煤量；EF 为无控制技术下的排放因子；η 为污染控制设备的去除效率；i、j 和 m 分别为污染物种类、电厂及燃料或技术类型。

SO_2 和 PM 排放量基于物料衡算法估算，对于这两种污染物，式(5.1)可进一步扩展为

$$E_{SO_2} = \sum_{j,m} A_{j,m} \times 2 \times S_{j,m} \times \left(1-\mathrm{Sr}_{j,m}\right) \times \left(1-\eta_{i,m}\right) \tag{5.2}$$

$$E_{PM} = \sum_{j,m} A_{j,m} \times \mathrm{Aar}_{j,m} \times \left(1-\mathrm{ar}_{j,m}\right) \times \left(1-\eta_{j.m}\right) \tag{5.3}$$

式中，S 为燃料的硫分；Sr 为灰分中的硫残留率，本书中取 0.1；Aar 为燃料的灰分；ar 为底灰比例，取自《城市大气污染物排放清单编制技术手册》(贺克斌等，2018)。

由于数据获取渠道有限，部分地区无法在发电机组水平估算燃煤电厂排放量，本书采用 Xia 等(2016)的方法基于省级活动水平来建立这些地区 2015 年的燃煤电厂排放清单，即基于各省市统计年鉴中煤炭消耗量，结合全省市燃煤电厂煤质参数(硫分、灰分)、污染控制设备安装率及污染物去除效率等对 2015 年燃煤电厂排放量进行估算。

5.1.2　活动水平数据库的建立

燃煤电厂排放源基础信息主要来自环境统计资料，包括各电厂地理位置(所属市县、经纬度坐标)、装机容量、煤炭消耗量、燃煤品质参数(硫分和灰分等)及污染控制的去除效率等信息。对于缺失或不准确的燃煤电厂信息，进一步根据能源与工业经济统计年鉴资料和全国排污许可证管理信息平台(http://permit.mee.gov.cn/permitExt/outside/default.jsp)对其进行补充或修正，电厂的空间位置则利用谷歌地图进行校准。本书通过多渠道收集的中国燃煤电厂总装机容量达 880 GW，占煤电机组装机容量的 97.8%(中国电力年鉴编辑委员会，2016)，涵盖了全国大多数燃煤电厂。

本书根据装机容量大小将燃煤发电机组分为小型(<300 MW)、中型(300～600 MW)和大型(≥600 MW)机组，三者装机容量分别占煤电总装机容量的 19%、37%和 44%。大量小型机组在 2006～2015 年被取缔，并且 2005 年之后新建的纯凝汽机组装机容量必须在 300 MW 以上，因此 2015 年小型机组占比已经很小。进一步分析我国 30 个省(市、自治区)煤电装机容量及其比例（港澳台数据暂缺，西藏无燃烧电厂)，结果如图 5.1 和图 5.2 所示。2015 年我国煤电装机容量超过 60 GW 的省份有内蒙古、山东和江苏，这些地区总装机容量为 229 GW，占全国煤电总量的 26%；山西、浙江、河南和广东煤电装机容量也突破了 50 GW。各省份装机比例存在明显差异，部分省份 600 MW 以上机组装机容量占比超过 50%，如华东电网的 5 个省(市)，其中安徽的大型机组比例高达 79%。

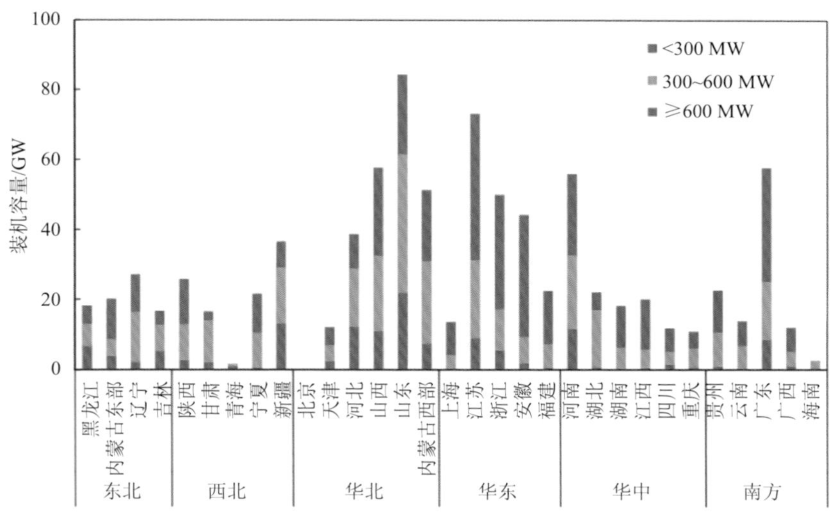

图 5.1　2015 年燃煤电厂各省装机容量

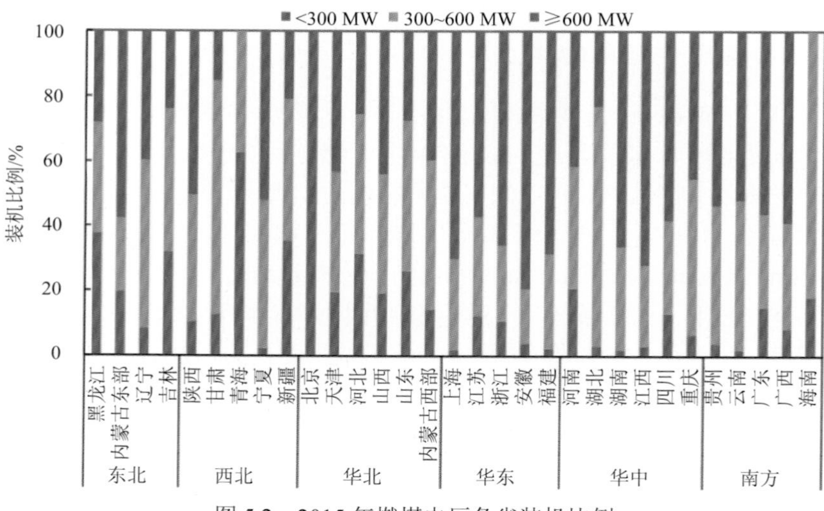

图 5.2　2015 年燃煤电厂各省装机比例

本书收集的全国 30 个省份燃煤电厂煤炭消费总量为 1829 Mt，较宏观统计数据(国家统计局能源统计司，2016)中电厂总耗煤量之和高出 37 Mt，原因是统计方法和覆盖样本的不同导致各类排放源资料中的污染源能源消耗信息存在差异。2015 年，小型、中型和大型机组的煤炭消费量占比分别为 19%、37%和 44%，各省市电厂煤炭消费量如图 5.3 所示。人口密集、经济发达的华北和华东电网燃煤消费量最大，分别占全国电厂总耗煤量的 30%和 23%；这两大电网中大型机组的

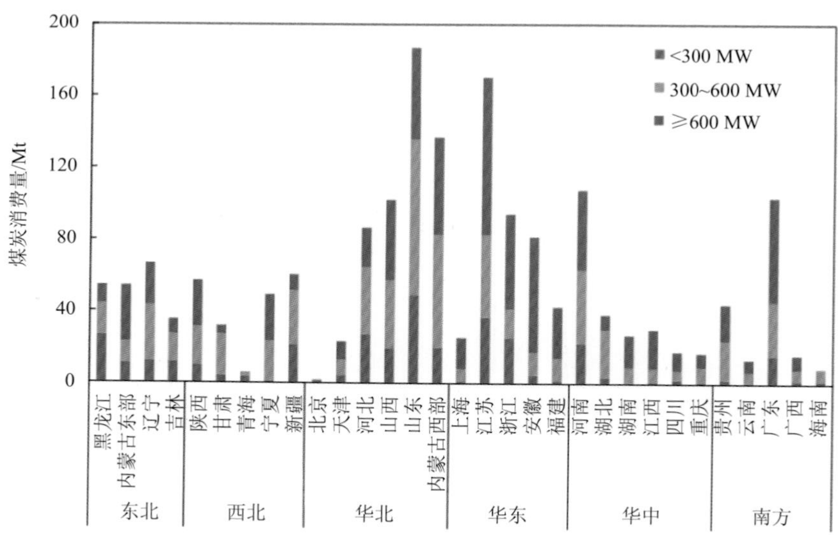

图 5.3　2015 年燃煤电厂各省煤炭消费量

耗煤量在其总耗煤量中的占比也最大，分别为 47%和 61%。内蒙古是电力部门总耗煤量最大的省份，共消耗 191 Mt 煤炭，其次是山东和江苏，耗煤量分别为 187 Mt 和 174 Mt，这三个省份的装机容量在全国燃煤电厂中占比也最高。

5.1.3 排放因子及参数选取

SO_2 和 PM 排放量基于物料衡算法估算，其排放因子受燃料品质参数如硫分、灰分及燃烧效率等影响。图 5.4 展示了不同地区基于环境统计资料计算的燃煤平均硫分和灰分，二者均呈现出明显的地域差异。东北和华东电网中燃煤电厂燃料硫分普遍较低，范围为 0.31%～0.69%；南方电网中贵州和广西的燃煤硫分较高，分别为 2.32%和 1.63%。贵州燃煤电厂中燃料平均灰分最高，为 35.96%；其次是黑龙江，达 29.63%。由于相对优越的经济条件和严格的政策监管，发达地区电厂中使用的燃料品质普遍优于欠发达地区。对于 NO_x，本书基于不同的锅炉、燃烧器和燃料类型、装机容量及燃烧方式，参照 Zhao 等(2010)建立的中国燃煤电厂排放因子库选取排放因子(未脱硝状态)，详见表 5.1。三类污染物不同控制技术的去除效率取值参考《城市大气污染物排放清单编制技术手册》(贺克斌等，2018)。

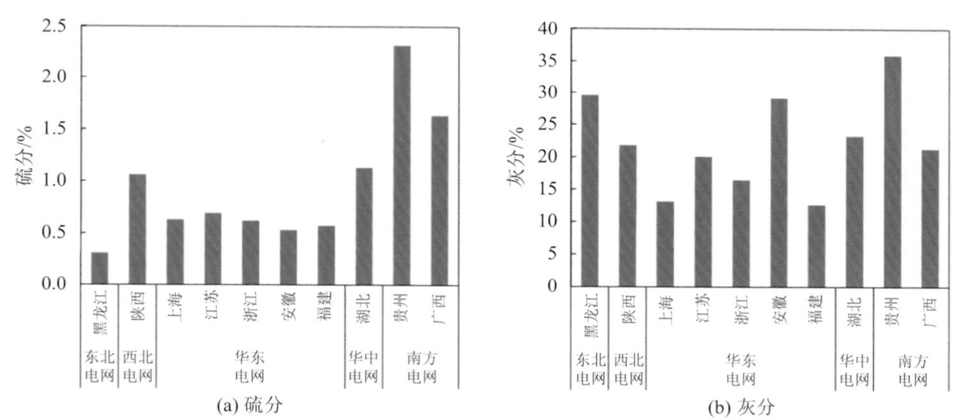

(a) 硫分 (b) 灰分

图 5.4 全国各省市燃煤电厂燃煤平均硫分和灰分

表 5.1 燃煤电厂 NO_x 排放因子(未脱硝)

锅炉类型	装机容量/MW	燃烧器类型	低氮燃烧器/(kg/t)		非低氮燃烧器/(kg/t)	
			烟煤/褐煤	无烟煤/贫煤	烟煤/褐煤	无烟煤/贫煤
煤粉炉	≥300	四角切圆燃烧	4.7	7.6	—	—
		旋流燃烧器	5.2	8.6	—	—
		W 型锅炉	—	11.2	—	—
	<300	—	4.0	5.5	6.1	9.0
循环流化床	—	—	1.5			

5.2　基于在线监测信息的排放清单建立方法

5.2.1　排放量估算方法

烟气排放连续监测系统可实时监控 SO_2、NO_x 和 PM 等污染物排放浓度，时间分辨率高且可及时更新的特点为其应用于排放清单的建立与优化提供了可能性。考虑到烟气排放量这一参数的测定存在较大不确定性，本书基于 CEMS 数据，分别采用两种方法建立 2015 年中国燃煤电厂排放清单，即优化排放清单[updated emission invontory，分别命名为 UEI(A) 和 UEI(B)]。二者的差异在于烟气排放量的来源不同，其中 UEI(A) 基于污染物在线监测排放浓度和环境统计资料中的烟气排放量计算污染物排放量，计算公式如下：

$$E_{i,j} = C_{i,j} \times V_j \tag{5.4}$$

式中，C 为污染物年均监测浓度；V 为总烟气排放量。

UEI(B) 中烟气排放量则基于各燃煤电厂耗煤量及其理论烟气体积进行计算，再结合污染物在线监测浓度估算排放量，计算公式如下：

$$E_{i,j} = C_{i,j} \times A_j \times V^0_{j,m} \tag{5.5}$$

式中，V^0 为单位燃煤量的理论烟气体积，与燃料类型有关，本书采用 Zhao 等(2010) 的研究结果，对于燃料类型为烟煤的电厂该参数取 8.1 m^3/kg，对于无烟煤则取 9.2 m^3/kg；m 为燃料类型。

由于部分小型电厂未安装 CEMS 且数据获取手段有限，本书未能收集所有燃煤电厂的在线监测数据。为保证研究的完整性，本书对缺失在线监测信息的企业进行数据补充。对于同一省(市)中缺失在线监测数据的燃煤电厂，其污染物年均监测浓度采用该省(市)同样规模机组样本的在线监测浓度均值，再根据电厂活动水平估算排放量；针对部分省(市)缺失活动水平和在线监测数据的情况，其燃煤电厂污染物排放量则根据省级活动水平(燃煤量)和崔建升等(2018)的研究中基于在线监测数据获得的排放因子进行估算，并依据各电厂的装机容量在该省(市)总装机容量中的占比获得各电厂的污染物排放量。

5.2.2　CEMS 数据收集

本书共收集 14 个省份 1039 个排放口的 CEMS 数据，涵盖了监测时间、监测点位、烟气流量、运行状态、污染物(SO_2、NO_x 和 PM)的实时监测浓度及基准氧含量折算浓度。本书采用折算浓度进行污染物排放量的估算，根据《火电厂大气污染物排放标准》(GB 13223—2011)，污染物实测浓度与折算浓度的转化公式如下：

$$C = C' \times \frac{21 - [O_2]}{21 - [O_2]'} \tag{5.6}$$

式中，C 为大气污染物基准氧含量排放浓度；C'为实测的大气污染物排放浓度；$[O_2]'$为实测的氧含量；$[O_2]$为基准氧含量，对于燃煤锅炉取值为 6%。

为评估本书可获取在线监测数据的煤电机组样本的代表性，表 5.2 统计了各省(市、自治区)可获取 CEMS 数据的机组装机容量及其在总装机容量中的占比。这 14 个省(市、自治区)能获取 CEMS 数据的燃煤发电机组装机容量总和为 317 GW，占这些地区煤电总装机容量的 73%，样本数据覆盖率较高。其中，安装有 CEMS 的小型、中型和大型机组装机容量分别占各自规模机组总装机容量的 47%、78%和 76%，小型电厂的 CEMS 安装率相对较低。大部分省(市、自治区)能获取 CEMS 数据的大型机组装机容量占比高于其他两类机组。

表 5.2　本章获取的各省(市、自治区)CEMS 数据的机组装机容量及占比

地区	装机容量/MW	占比/%		
		<300 MW	300～600 MW	≥600 MW
黑龙江	15816	66	100	100
上海	13072	29	92	100
江苏	57872	52	84	83
浙江	37035	25	65	85
安徽	27781	49	93	57
福建	9122	100	49	35
江西	11915	100	68	55
湖北	14941	88	57	100
广东	45445	41	70	93
广西	11235	87	83	100
贵州	22752	100	100	100
云南	11200	86	97	67
陕西	22001	66	77	95
新疆	17097	27	85	0
总和	317284	47	78	76

5.2.3　CEMS 数据筛选方法

CEMS 数据已用于对电力部门排放的监督和管理，但该系统的运行状态和数据质量仍值得商榷。氧含量被大幅低估的现象及不可避免的系统误差，可能会导致污染物折算浓度过高且极大地偏离正常范围，为CEMS 数据带来较大不确定性。

此外，CEMS 运行过程中存在的问题包括取样探头堵塞、接头漏气、冷凝器故障等，可能会使 SO_2 和 NO_x 的测量值偏低。因此，针对 CEMS 数据中污染物浓度异常高值或低值，本书基于质量平衡法和数学统计方法对在线监测浓度数据进行筛选，以保证后续排放量估算的合理性。首先删去 CEMS 浓度数据中的系统异常值，包括 0 值、负值及在非正常运行状态下的监测值(停产或维修状态等)，机组运行状态信息数据来源于生态环境部环境工程评估中心的评估报告。在此基础上，结合质量平衡法，对极端松懈和极端严格的排放控制情况下各污染物去除效率进行假设，分别计算出污染物排放浓度的理论最高和最低值，并依据该参考浓度筛除不合理的 CEMS 浓度值。参考浓度计算公式如下：

$$\mathrm{Cs}_{i,j} = \mu_{i,j} \times \mathrm{EF}_{i,j} / V_{j,m}^{0} \tag{5.7}$$

式中，Cs 为筛选 CEMS 浓度数据高值或低值的参考浓度；μ 为考虑到排放因子的不确定性所设置的系数，不同污染物的取值不同。对 SO_2、NO_x 和 PM 的 CEMS 浓度数据进行筛选的具体方法如下。

(1) SO_2：假设各电厂未安装或运行烟气脱硫设备，即脱硫效率为 0，并且假设 SO_2 排放因子存在 100%的误差，即在式(5.2)和式(5.7)中取 η=0、μ=2，以此计算出的参考浓度值作为筛选 SO_2 浓度高值的依据；对于 SO_2 理论最低浓度的计算则假设电厂脱硫效率最高为 99%，且排放因子不存在误差，即 η=0.99、μ=1。

(2) NO_x：假设各电厂未安装或运行脱硝设备，即脱硝效率 η=0，由于 NO_x 的排放因子来源于以往研究且未进行更新，将其用于 2015 年排放清单的建立可能带来较大的不确定性，所以本书在计算 NO_x 理论最高浓度值时取 μ=3；筛选 NO_x 浓度低值时则假设各燃煤电厂的脱硝效率最大为 90%，排放因子无误差，即 η=0.9、μ=1。

(3) PM：电厂中除尘设备的安装率较高，并且假设除尘效率为 0 时计算出的 PM 理论最高浓度值过高，无参考意义，因此针对 CEMS 数据中 PM 排放浓度的筛选，本书基于环境统计资料等获得了不同除尘设施类型的除尘效率范围，并取所有样本除尘效率的 2.5%和 97.5%分别作为除尘效率的理论最低值和最高值，赋值给式(5.3)中的 η。对 PM 监测浓度值的筛选不考虑排放因子的不确定性，即 μ=1，在此基础上分别计算筛选 PM 浓度高值和低值的参考浓度。

基于以上假设和计算方法可获取污染物排放的合理浓度范围，但在处理 CEMS 数据的过程中，若仅按照上述假设进行污染物排放浓度筛选可能会删去过多浓度数据，导致部分燃煤电厂的样本量不足。为减少以上数据筛选方法的不确定性对估算结果造成的影响，并保证充足的数据量，本书计算了各电厂全年实时在线监测浓度的 95%置信区间，结合上述基于质量平衡法计算的合理浓度范围，将既不在该合理浓度范围内、也不在 95%置信区间内的污染物监测浓度值筛除。

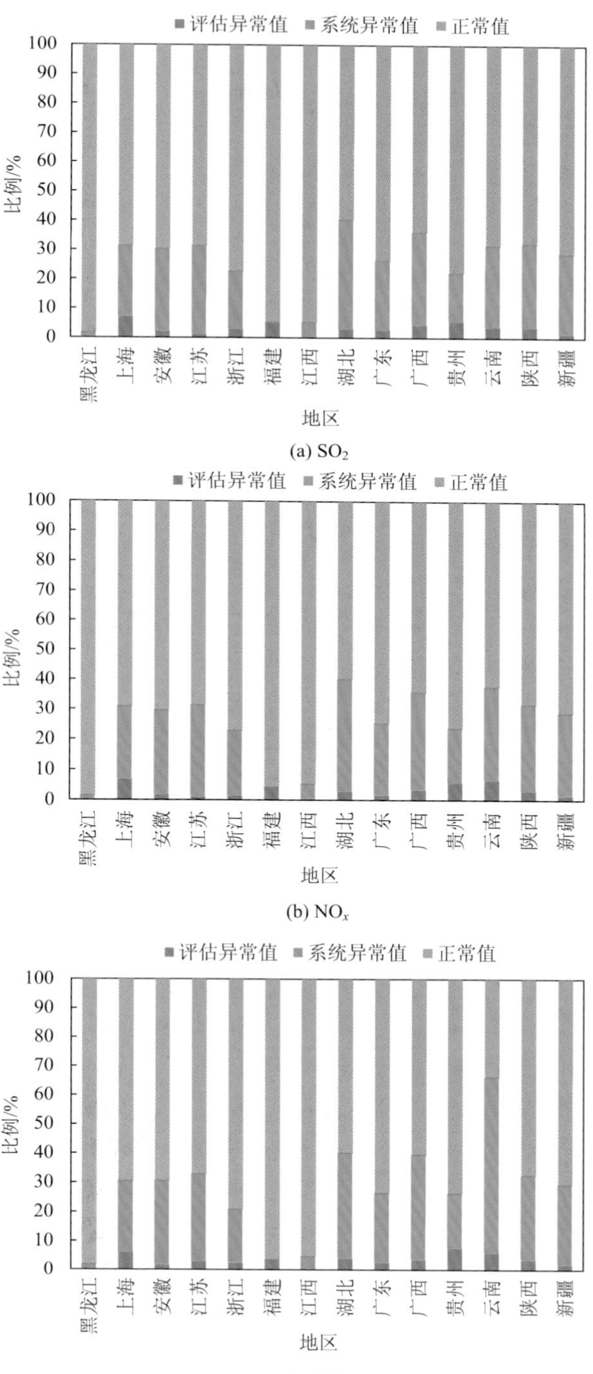

(a) SO_2

(b) NO_x

(c) PM

图 5.5　各省(市、自治区)CEMS 数据异常值和正常值比例

由于CEMS运行与管理水平、数据质量控制方法与在线监测数据来源的差异，本书对不同地区燃煤电厂浓度数据的筛选程度不同。图 5.5 给出了可获取 CEMS 数据的 14 个省(市、自治区)的异常数据筛选比例，其中评估异常值即基于质量平衡法和数学统计方法筛选的不合理浓度值比例，系统异常值包括 0 值、负值及不正常运行状态下的浓度值。大部分省(市、自治区)燃煤电厂对 CEMS 平台中 SO_2、NO_x 和 PM 浓度数据的筛除比例均在 4%～40%范围内，且系统异常值比例一般高于评估异常值。由此可见，测量原理和技术的不足及系统管理和运行的缺陷等导致 CEMS 存在较多系统异常值，如何科学合理地应用 CEMS 数据应当谨慎评估。

5.3　基于在线监测数据的燃煤电厂排放特征分析

本节采用传统“自下而上”排放因子法和基于在线监测数据的方法，分别建立 2015 年中国燃煤电厂典型污染物排放清单，分析不同排放清单污染物排放总量和时空分布特征差异，并明确差异产生的主要原因。

5.3.1　不同方法估算的排放因子对比

基于环境统计资料和在线监测数据，分别采用传统排放因子法(BEI)和基于在线监测数据[UEI(A)和 UEI(B)]的方法计算了不同地区燃煤电厂 SO_2、NO_x 和 PM 的排放因子，如表 5.3 所示。基于在线监测数据的两种方法[UEI(A)和 UEI(B)]对这 14 个省份的 SO_2、NO_x 和 PM 排放因子进行估算，发现大部分地区两种方法估算的排放因子较为接近，说明环境统计数据所提供的各电厂总烟气排放量与其煤炭消耗量之间存在一致性。以 UEI(B)为基准，二者的相对偏差分别在 0%～46%、3%～52%和 0%～45%。UEI(A)的估算结果普遍高于 UEI(B)，但在湖北、贵州和黑龙江地区呈现出较大差异。考虑到环境统计资料中烟气排放量这一参数由于测量方法和系统误差而存在较大的不确定性，UEI(B)更符合实际排放情况。UEI(B)计算的燃煤电厂 SO_2、NO_x 和 PM 排放因子均值分别为 1.00 kg/t、1.00 kg/t 和 0.25 kg/t，较 BEI 分别降低了 78%、71%和 94%。造成差异的原因一方面是随着近年来煤电机组燃烧技术、燃料品质及污染控制设施运行状况的改善，尤其是超低排放改造技术的推广，CEMS 测量获得的烟气浓度较以往可能有较大程度的降低；另一方面是环境统计数据在很大程度上依赖于地方政府以往的排放控制管理经验，在此基础上估算的污染物去除效率可能并未完全根据企业污染控制设备的实际运行情况及时更新，存在部分安装有污染控制设备的燃煤电厂污染物去除效率为零的情况，导致 BEI 中污染物排放因子被高估。因此，完全基于环境统计数据可能无法充分反映污染控制设备运行状态及电力部门的减排效益。

表 5.3　不同方法计算的各省市燃煤电厂污染物排放因子均值和去除效率

省市	SO_2 排放因子/(kg/t)			NO_x 排放因子/(kg/t)			PM 排放因子/(kg/t)			脱硫效率/%			脱硝效率/%			除尘效率/%		
	UEI(A)	UEI(B)	BEI	UEI(A)	UEI(B)	BEI	UEI(A)	UEI(B)	BEI	UEI(A)	UEI(B)	BEI	UEI(A)	UEI(B)	BEI	UEI(A)	UEI(B)	BEI
黑龙江	2.50	1.42	3.73	2.50	1.69	4.48	0.75	0.49	12.61	82.60	84.50	70.65	68.30	69.39	35.40	99.70	99.74	98.48
陕西	1.86	1.67	8.38	1.06	1.02	3.60	0.46	0.43	1.43	95.17	95.47	81.65	92.67	93.22	58.68	99.99	99.99	99.25
上海	0.44	0.39	2.27	0.63	0.58	2.27	0.07	0.07	0.56	96.12	96.57	85.76	84.19	92.18	64.05	99.49	99.93	99.50
江苏	1.23	0.75	3.87	1.60	0.92	2.85	0.27	0.17	3.06	96.11	96.48	87.22	88.35	89.31	56.70	99.82	99.84	99.39
浙江	0.81	0.62	4.50	1.12	0.77	3.37	0.16	0.11	4.91	95.88	96.44	84.45	88.80	90.69	38.53	97.79	98.15	98.52
安徽	0.54	0.54	2.32	0.69	0.67	3.22	0.17	0.16	1.43	94.88	94.84	86.95	89.29	89.48	61.33	99.92	99.92	99.66
福建	0.79	0.72	3.12	0.82	0.75	5.32	0.17	0.15	1.11	95.76	96.10	86.16	92.27	92.89	51.43	99.80	99.81	99.70
湖北	2.42	1.31	8.23	1.87	1.24	3.71	0.29	0.19	5.48	95.14	95.95	86.05	84.69	88.18	66.80	99.88	99.90	98.53
贵州	3.39	2.09	7.74	2.62	1.26	5.40	0.40	0.22	2.60	84.42	93.44	82.74	76.90	87.36	44.89	99.80	99.90	95.84
广西	1.70	1.54	3.23	0.94	0.81	3.74	0.30	0.30	0.90	93.10	94.30	88.84	87.60	90.07	55.36	99.73	99.78	99.36
综合	1.50	1.00	4.49	1.52	1.00	3.48	0.32	0.25	4.17	91.55	93.48	84.34	83.02	85.81	52.57	99.80	99.83	98.92

不同地区的污染物排放因子也存在明显差异，东部经济发达省份排放因子普遍小于其他地区。基于 UEI(B) 估算结果，结合不同地区排放清单建立的关键参数，分析造成排放因子地域差异的原因。位于东北电网的黑龙江省燃煤电厂燃煤（主要是褐煤）平均硫分为 0.31%，低于华东电网的安徽省燃料平均硫分（0.53%）；而黑龙江省燃煤电厂 SO_2 排放因子为 1.42 kg/t，是安徽省排放因子（0.54 kg/t）的 2.6 倍。主要原因是前者脱硫设施安装率（66%）和脱硫效率（84.50%）低于后者（分别为 97%和 94.84%）。黑龙江省燃煤电厂 NO_x 和 PM 排放因子分别为 1.69 kg/t 和 0.49 kg/t，均高于其他省市。这是因为该省燃煤电厂脱硝设备安装率（32%）、脱硝效率（68.55%）相对较低，且在具有较高燃煤灰分（29.63%）的同时，除尘效率（99.74%）并不高。因此，不同地区大气污染物排放因子受其燃料品质、污染控制设备应用率与运行状态的综合影响而存在较大差异。

表 5.3 同时对比了不同方法估算的污染物去除效率，均为对电厂燃煤量加权平均后的结果。其中，UEI(A) 和 UEI(B) 基于硫分、灰分等煤质参数和 CEMS 污染物浓度数据，结合式（5.1）～式（5.5）反推得到各污染物去除效率，BEI 中污染物去除效率则基于环境统计资料得到。整体来看，与排放因子计算结果相对应，两种基于在线监测数据的方法反推得到的污染物去除效率比较接近，且远高于 BEI。进一步采用蒙特卡罗模拟方法，对基于 BEI 和 UEI(B) 两种方法计算的燃煤电厂污染物去除效率做概率分布估计，结果如图 5.6 所示。BEI 和 UEI(B) 计算的燃煤电厂脱硫效率的 95%置信区间分别为 23.01%～95.24%和 75.32%～100%，分别符合 Beta 和 Min Extreme 概率分布。从图中可以看到，两种估算方法中脱硫效率的概率分布特征差异明显，且 BEI 中基于环境统计资料获得的脱硫效率出现较多重复值。这是因为环境统计资料中污染物去除效率大多根据地方政府以往的排放控制管理经验获得，对于装机规模相近的机组可能采用了同样的去除效率而未考虑机组运行状态之间的差异。BEI 和 UEI(B) 脱硝效率的 95%置信区间分别为 7.84%～84.84%和 60.31%～98.73%，同样分别和 Beta、Min Extreme 概率分布符合得较好。由于燃煤电厂对 PM 的排放控制效果较好，BEI 和 UEI(B) 中除尘效率很高，对其进行蒙特卡罗模拟后出现较多高于 100%的模拟值。两种除尘效率置信区间分别为 88.64%～100%和 97.80%～100%，均符合 Logistic 概率分布。整体而言，基于在线监测的 UEI(B) 中污染物去除效率分布比 BEI 更集中。

针对 UEI(B) 中污染物排放因子，本书分机组规模和锅炉类型计算污染物排放因子均值及其 95%置信区间，如表 5.4 所示，其中包括煤粉炉机组 772 台、循环流化床机组 267 台。煤粉炉机组中的中型机组台数最多，占该锅炉类型机组总数的 41%；而大型机组的总装机容量最大，达 188 GW。煤粉炉机组在不同装机容量大小间分布更加均匀，而循环流化床机组装机容量多低于 300 MW。无论是煤粉炉还是循环流化床，大型机组的排放因子均小于其他规模机组，这一点也可以通过排放因子在不同装机容量的分布情况(图 5.7)中得到证实。

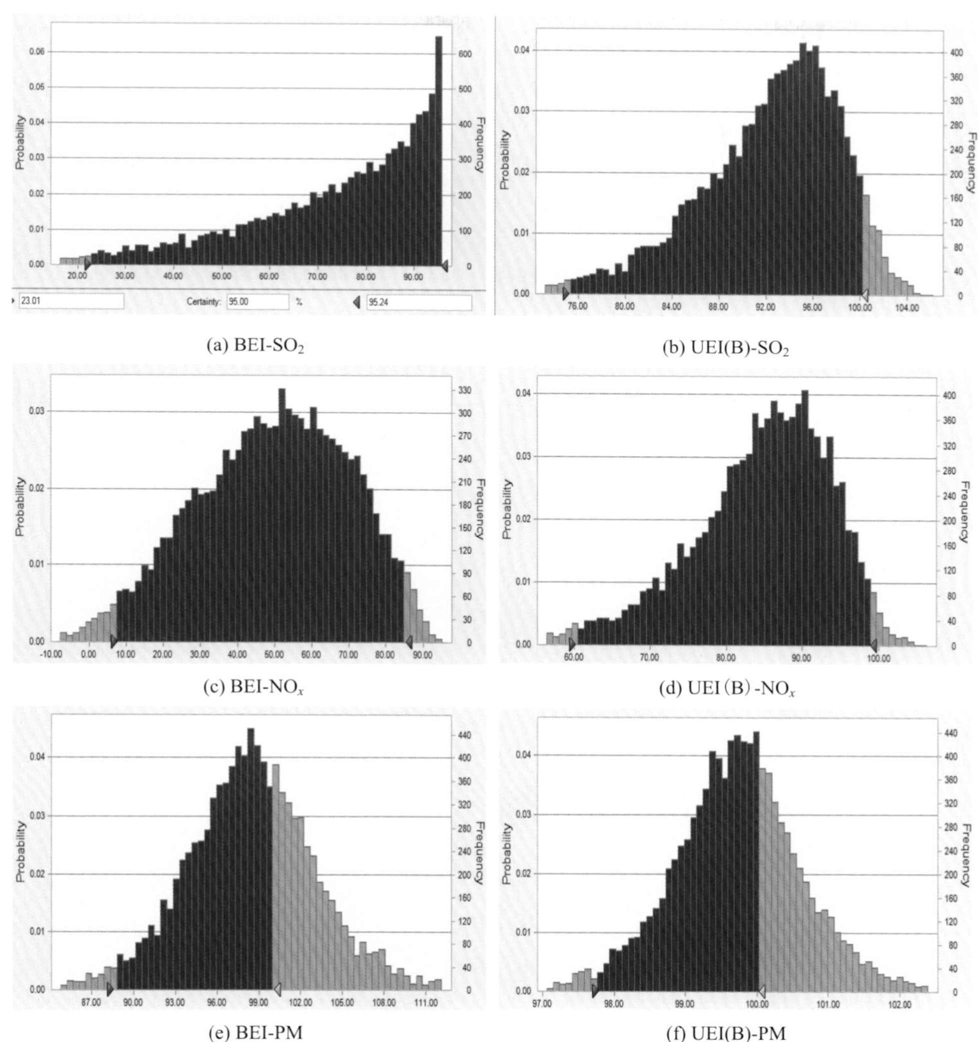

(a) BEI-SO_2　(b) UEI(B)-SO_2

(c) BEI-NO_x　(d) UEI(B)-NO_x

(e) BEI-PM　(f) UEI(B)-PM

图 5.6　不同方法计算的燃煤电厂污染物去除效率概率分布

蓝色区域表示 95%置信区间范围内的模拟值，红色区域表示置信区间以外的及高于 100%的模拟值

污染物排放因子与煤质参数和去除效率等有关。图 5.8 分析了所有样本中不同规模机组的参数，其中硫分和灰分来源于环境统计资料，污染物去除效率为 UEI(B)的计算结果。小型机组燃煤灰分较高，且由于工艺技术和污染控制设备落后，各污染物去除效率均低于中型和大型机组。虽然小型机组燃煤平均硫分(0.6%)低于中型机组(1.0%)和大型机组(0.8%)，但其 SO_2 排放因子分别是中型和

表 5.4 分锅炉类型和装机容量的燃煤电厂污染物排放因子

锅炉类型	装机容量/MW	机组数/台	排放因子/(kg/t)		
			SO_2	NO_x	PM
不分类型	<300	410	1.19(1.02～1.37)	1.32(1.20～1.43)	0.29(0.24～0.35)
	300～600	356	0.81(0.72～0.91)	0.73(0.68～0.77)	0.17(0.14～0.19)
	≥600	273	0.56(0.51～0.62)	0.54(0.51～0.57)	0.13(0.10～0.16)
煤粉炉	<300	183	1.18(0.90～1.46)	1.62(1.40～1.84)	0.37(0.26～0.49)
	300～600	318	0.82(0.72～0.93)	0.70(0.66～0.75)	0.17(0.15～0.20)
	≥600	271	0.56(0.51～0.62)	0.54(0.51～0.57)	0.13(0.11～0.16)
循环流化床	<300	227	1.21(0.99～1.43)	1.08(0.97～1.18)	0.24(0.20～0.27)
	300～600	38	0.75(0.61～0.89)	0.93	0.16(0.12～0.20)
	≥600	2	0.21	0.51	0.12

注：括号内数值为本书确定的最低和最高值。

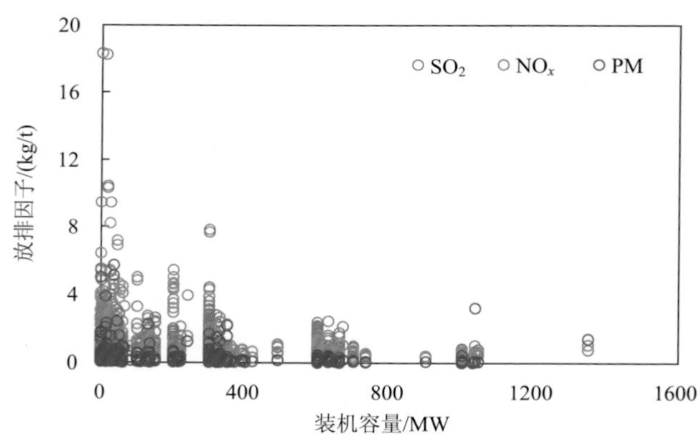

图 5.7 基于 CEMS 数据[UEI(B)]的污染物排放因子的装机容量分布

大型机组的 1.5 倍和 2.1 倍，这主要是由于小型机组的脱硫效率(89%)低于中型机组(95%)和大型机组(96%)。

已有研究(孙洋洋，2015)抽样选取了 2011 年 CEMS 平台上 279 台机组的 NO_x 排放浓度监测结果，基于蒙特卡罗模拟得到的装机容量≥600 MW 的煤粉炉机组 NO_x 排放因子均值为 4.08 kg/t，300～600 MW 机组的排放因子为 4.11 kg/t，均高于本书的结果(0.54 kg/t 和 0.70 kg/t)。为分析上述差异，本书基于 CEMS 数据，采用 R 语言软件包对 NO_x 排放浓度进行自展抽样，抽样次数为 10000 次，得到 NO_x 浓度概率分布规律及其 95%置信区间，如表 5.5 所示。2015 年不同规模燃煤发电机组 NO_x 平均烟气排放浓度在 70.05～161.54 mg/m^3，普遍低于孙洋洋(2015)

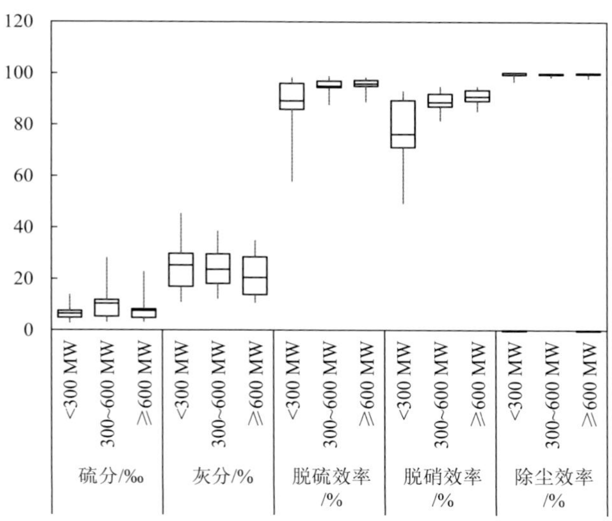

图 5.8　不同规模发电机组的煤质参数和污控设施去除效率

箱中黑色水平线表示各参数对该规模机组燃煤量的加权平均值，箱状底端和顶端分别表示第 25 和第 75 百分位，竖线端点分别表示第 5 和第 95 百分位

的结果（202～737 mg/m³）。这说明在 2011～2015 年电厂的脱硝措施逐步推行导致 NO_x 的烟气排放浓度明显下降。

表 5.5　NO_x 烟气排放浓度自展抽样分析结果

装机容量/MW	样本数/个	概率分布	均值/(mg/m³)	95%置信区间
<300	410	Beta	161.54	(44.34，486.40)
300～600	356	Gamma	89.28	(36.44，174.49)
≥600	273	Lognormal	70.05	(32.53，139.75)

进一步将本书中基于物料衡算法（BEI）和基于在线监测信息［UEI（B）］计算的 2015 年燃煤电厂典型污染物 SO_2 和 NO_x 排放因子与其他研究进行比较，如表 5.6 所示。对于 SO_2，戴佩虹（2016）通过收集 2013 年广东省 184 台火力发电机组的排放资料，分别计算了融合与不融合 CEMS 数据时的排放因子，得到的 SO_2 排放因子范围分别为 0.43～1.88 kg/t 和 0.76～3.16 kg/t；本书中基于在线监测数据和基于物料衡算法计算的 SO_2 排放因子范围分别为 0.02～18.34 kg/t 和 0.26～46.00 kg/t。两项研究均表明，融合 CEMS 数据后计算的排放因子明显下降，由于本书中采用的样本量更充足，排放因子区间大于戴佩虹（2016）的结果。此外，现有环境统计资料中部分电厂脱硫效率为零，导致本书基于物料衡算法获得的 SO_2 排放因子范围的上限高于戴佩虹（2016）的研究结果。UEI（B）计算的 NO_x 排放因子范围为

0.11～8.20 kg/t，也宽于戴佩虹(2016)的结果(0.77～4.57 kg/t)。本书基于在线监测数据计算的污染物排放因子均接近但略高于崔建升等(2018)的结果，后者计算的 SO_2 和 NO_x 排放因子均值分别为 0.67 kg/t 和 0.76 kg/t。两项研究所采用的在线监测数据来源一致，但本书对在线监测数据评估和筛选后删去了较多排放浓度低值而保留了部分高值，因此与崔建升等(2018)的研究相比得到了较高的排放因子。比较不同研究中物料衡算法、现场测试和基于在线监测数据获得的排放因子发现，近年来电厂污染控制措施的改进使烟气中污染物排放浓度降低，且反映在污染源排放在线监测信息中，因此基于 CEMS 数据计算的污染物排放因子普遍低于其他方法获得的结果。

表 5.6　不同研究中 SO_2 和 NO_x 排放因子对比

数据来源	方法	SO_2 排放因子/(kg/t)	NO_x 排放因子/(kg/t)
本书	CEMS 数据	0.90(0.02，18.34)	0.91(0.11，8.20)
本书	物料衡算法	4.97(0.26，46.00)	—
戴佩虹(2016)	CEMS 数据	(0.43，1.88)	(0.77，4.57)
戴佩虹(2016)	物料衡算法	(0.76，3.16)	—
崔建升等(2018)	CEMS 数据	0.67(0.06，4.83)	0.76(0.11，7.50)
Liu 等(2016)	物料衡算法	4.89	—
Zhao 等(2010)	现场测试及文献调研	—	(3.5，12.5)
Lei 等(2011)	现场测试及文献调研	—	(0.61，13.4)

注：括号内数值为最低和最高值。

5.3.2　不同方法估算的排放量对比

本书中不同燃煤电厂排放清单使用的总活动水平数据相同，不同的数据来源和计算方法将导致污染物排放量估算结果不同，表 5.7 汇总了 UEI(B)和 BEI 两种方法估算的中国各省份燃煤电厂 SO_2、NO_x 和 PM 排放量。融合 CEMS 数据的[UEI(B)]计算的中国燃煤电厂的 SO_2、NO_x 和 PM 排放量分别为 1320.8 Gg、1430.1 Gg 和 334.1 Gg，基于传统排放因子法(BEI)计算的三者排放量分别为 5211.7 Gg、3816.1 Gg 和 1393.4 Gg，前者较后者分别降低了 75%、63%和 76%。根据 UEI(B)的计算结果，燃煤电厂耗煤量最大的华北电网的 SO_2、NO_x 和 PM 排放量也最大，分别占全国总排放量的 25%、27%和 23%。内蒙古、新疆、山西、山东、江苏、河南 6 个煤炭消费大省的燃煤电厂 SO_2 排放总量分别为 613.3 Gg，占全国燃煤电厂排放总量的 46%。贵州燃煤电厂的平均硫分为 2.32%，远高于其他省(市)，其 SO_2 排放量高达 87.3 Gg。煤炭消耗量大的内蒙古、新疆、江苏和山东燃煤电厂的 NO_x 排放总量为 517.5 Gg，这些省份 NO_x 排放量均超过 100 Gg；

上述 4 个省份的 PM 排放总量为 132.5 Gg，占全国燃煤电厂排放总量的 40%。由此可见，耗煤量大及煤炭品质差是区域污染物排放量高的主要原因。

表 5.7　不同方法计算的各省份燃煤电厂排放量　（单位：Gg）

省份	BEI			UEI(B)		
	SO_2	NO_x	PM	SO_2	NO_x	PM
东北	**448.5**	**457.1**	**293.3**	**159.0**	**227.1**	**51.0**
黑龙江	92.1	185.8	165.1	45.8	90.4	18.3
内蒙古(东)	108.4	75.2	39.6	39.4	37.3	9.7
辽宁	164.2	139.5	45.9	50.5	63.1	16.0
吉林	83.7	56.5	42.7	23.2	36.3	7.0
西北	**659.9**	**386.6**	**163.9**	**235.2**	**231.0**	**73.7**
陕西	163.3	120.6	48.1	40.0	37.1	9.1
甘肃	78.5	44.3	21.3	23.1	28.8	7.6
青海	5.0	7.9	3.1	3.2	10.8	1.5
宁夏	164.5	81.1	34.1	40.2	35.3	6.9
新疆	248.6	132.8	57.4	128.7	118.9	48.6
华北	**2094.3**	**949.8**	**335.8**	**327.6**	**380.3**	**75.8**
北京	2.6	2.3	0.6	0.2	0.8	0.1
天津	47.4	40.8	6.8	7.6	10.1	3.7
河北	277.3	158.9	46.6	28.6	40.8	6.9
山西	408.8	206.5	43.4	65.6	74.8	12.3
山东	1082.8	350.2	137.8	125.4	159.1	28.1
内蒙古(西)	275.4	191.1	100.6	100.2	94.7	24.7
华东	**641.4**	**984.3**	**331.1**	**185.6**	**238.0**	**49.1**
上海	39.2	43.0	11.6	9.6	10.4	1.6
江苏	271.0	344.6	143.4	79.4	107.5	21.4
浙江	170.8	266.7	132.1	40.8	51.2	7.7
安徽	98.5	170.3	55.3	39.6	49.2	12.2
福建	61.9	159.7	10.5	16.1	19.8	6.2
华中	**726.3**	**488.7**	**138.5**	**234.6**	**199.2**	**51.9**
河南	265.7	219.7	54.9	74.6	87.5	15.1
湖北	111.2	87.8	26.3	32.0	32.2	6.2
湖南	80.2	53.5	16.3	24.2	25.3	10.2
江西	91.6	51.3	23.6	57.3	27.9	10.9
四川	61.7	34.7	8.5	20.4	12.1	1.8
重庆	116.0	41.7	8.8	26.2	14.2	7.5

续表

省份	BEI			UEI(B)		
	SO_2	NO_x	PM	SO_2	NO_x	PM
南方	**641.4**	**549.6**	**108.9**	**178.7**	**154.5**	**32.6**
贵州	318.9	224.8	26.5	87.3	51.5	9.1
云南	34.0	44.7	7.8	10.8	15.0	4.9
广东	215.3	203.7	55.6	49.9	69.3	13.6
广西	48.4	57.1	13.5	22.6	12.7	3.9
海南	24.8	19.2	5.6	8.1	5.9	1.0
全国	**5211.7**	**3816.1**	**1393.4**	**1320.8**	**1430.1**	**334.1**

不同计算方法带来的排放量差异程度也存在地域差异，主要表现为华北和华东电网的排放量差异比其他电网更显著。例如，华北电网中 UEI(B)计算的 SO_2 排放量较 BEI 低 84%，华东电网中 UEI(B)计算的 NO_x 和 PM 排放量较 BEI 分别低 76%和 85%。而西北电网中计算方法不同导致的排放差异较小，SO_2、NO_x 和 PM 排放量差异分别为 64%、40%和 55%。这可能是因为经济发达地区(包括华北和华东地区)实施了更为严格的排放控制政策，显著提高了大气污染物去除效率；而传统的“自下而上”排放因子法无法及时捕捉该变化，因此两种估算方法带来的污染物排放量差异更加显著。

不同规模机组的污染物排放量分布在一定程度上能反映不同大小机组的污染控制水平及运行状态的差异。以 UEI(B)计算结果为例，基于该方法计算的不同规模机组的污染物排放情况如图 5.9 所示。大型机组的 SO_2、NO_x 和 PM 排放量分别占燃煤电厂总排放量的 38%、37%和 38%，均小于其装机容量所占比例(46%)和煤炭消耗量所占比例(43%)；而小型机组则相反，其 SO_2、NO_x 和 PM 排放量分别占总排放量的 22%、25%和 24%，高于其在装机容量和煤炭消耗量中所占比

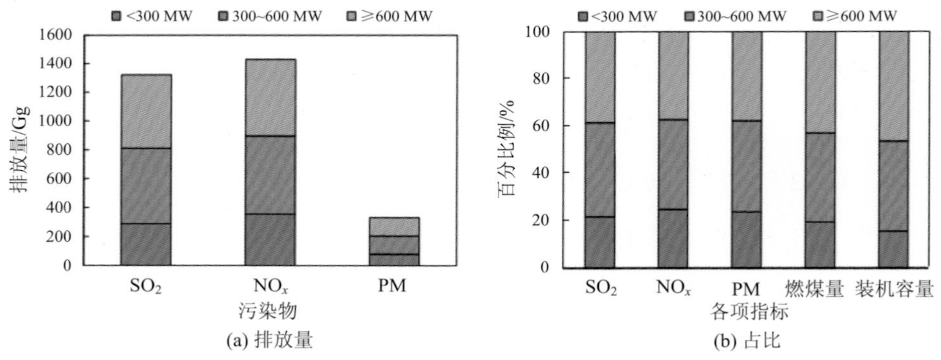

(a) 排放量　　(b) 占比

图 5.9　燃煤电厂不同规模机组污染物排放量及各项指标占比

例（分别为 16%和 20%）。大型机组作为中国煤电行业的主力军，其运行工况和污染物排放控制措施的先进程度明显优于小型机组。

燃煤电厂作为我国重要的污染物排放部门，许多研究者对其排放量都进行了估算和分析。将本书建立的燃煤电厂排放清单与电力部门以往的排放清单结果进行比较，结果如图 5.10 所示。中国多尺度排放清单模型（MEIC；http://meicmodel.org/）、Xia 等（2016）及 Zhao 等（2018）均采用传统排放因子法建立了电厂排放清单，但估算方法存在差异。MEIC 和 Zhao 等（2018）分别在机组水平和技术水平上估算电厂污染物排放量；Xia 等（2016）基于省活动水平，结合各省总体燃料品质、污染控制设备类型和去除效率进行估算。图中 MEIC 和 Xia 等（2016）的排放清单结果均为燃煤电厂排放量，而 Zhao 等（2018）的排放清单结果为所有燃料类型电厂的排放总量。由于活动水平和排放因子数据来源及对污染控制设备的去除效率取值不同，MEIC 和 Xia 等（2016）计算的燃煤电厂 SO_2 排放量较为接近，且普遍高于 Zhao 等（2018）的结果，三者估算的 SO_2 排放量在 2005 年之后的变化趋势较为一致。不同排放清单结果表明，随着脱硫和除尘设备应用率与运行效果的不断提升，电力行业 SO_2 和 PM 排放量在 2005～2015 年均稳步下降。MEIC 估算的燃煤电厂 SO_2 排放量在 2005～2015 年下降了 77%，高于 Xia 等（2016）和 Zhao 等（2018）研究中的排放量下降比例（分别为 65%和 70%），说明 MEIC 对电力部门 SO_2 排放控制政策带来的减排效果做出了更为乐观的估计。随着煤炭消费的增长，NO_x 排放量在 2006～2010 年不断增加，在 2010 年达到峰值后下降，这与选择性催化还原法等烟气脱硝在电力行业的普及时间节点相吻合。

与本书结论一致，基于在线监测数据建立的排放清单结果明显低于传统排放因子法的结果，例如伯鑫等（2014）基于 CEMS 数据计算的 2011 年电厂 SO_2、NO_x 和 PM 排放量为 2.74 Tg、3.42 Tg 和 1.15 Tg，低于孙洋洋（2015）的结果（分别为 7.25 Tg、8.07 Tg 和 1.43 Tg）。后者的 SO_2 和 PM 排放因子基于物料衡算和文献调研获得，NO_x 排放因子则基于在线监测数据和文献调研获得，说明以往未融合在线监测的排放清单可能存在对电厂大气污染物排放量高估的现象。本书中 UEI（B）估算的燃煤电厂 SO_2 和 NO_x 排放量与崔建升等（2018）的结果接近，说明了两者对活动水平数据和 CEMS 数据的筛选与处理方式可能较为一致。

5.3.3　排放时空分布特征分析

为进一步探究煤电行业排放的空间分布特征，本书基于电厂经纬度信息对 2015 年中国燃煤电厂大气污染物排放进行网格化空间分布，网格分辨率为 27 km×27 km，如图 5.11（a）～（c）所示。可以看出，燃煤电厂集中分布在经济发达的华东和华北电网，其污染物排放密度最高，两大电网燃煤电厂的煤炭消费量几乎占到该行业煤炭消费总量的一半。进一步计算单位土地面积的 SO_2、NO_x 和 PM 排

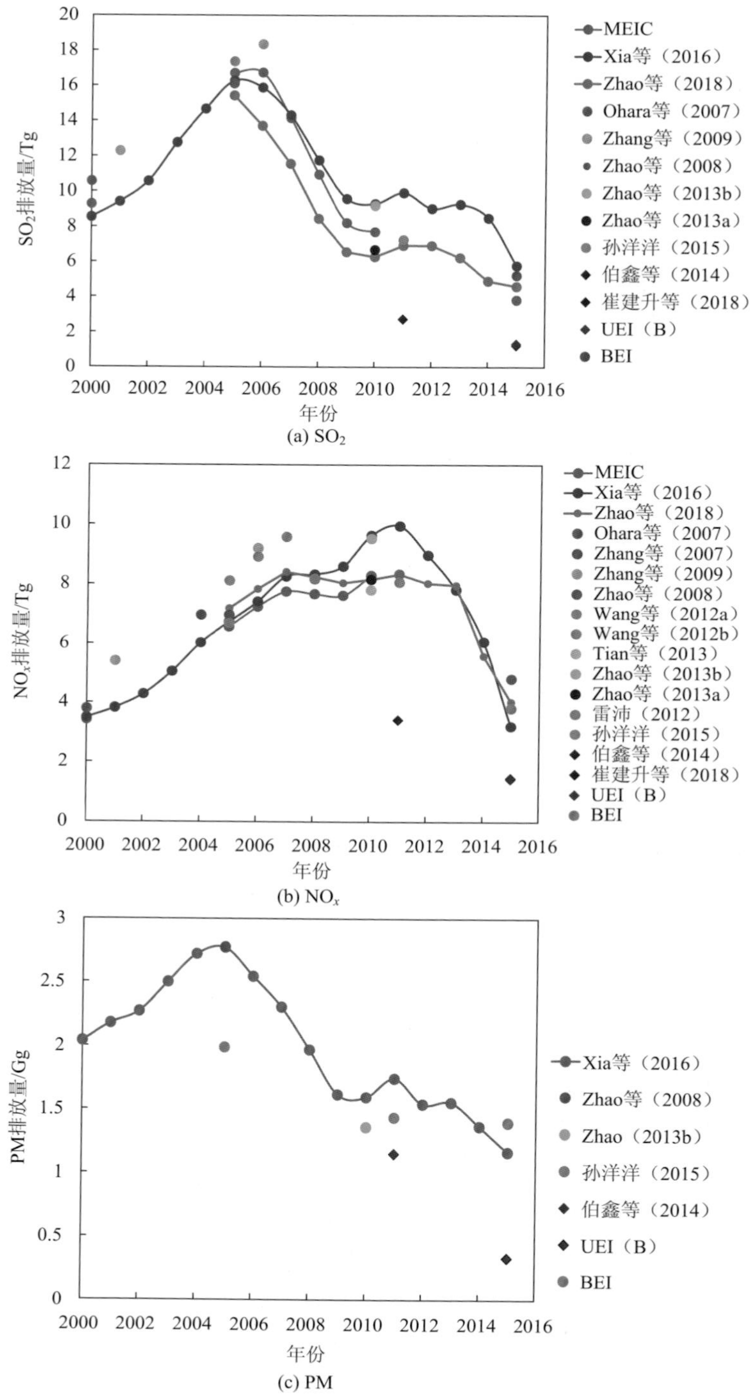

(a) SO_2

(b) NO_x

(c) PM

图 5.10　不同研究中电力部门大气污染物排放量

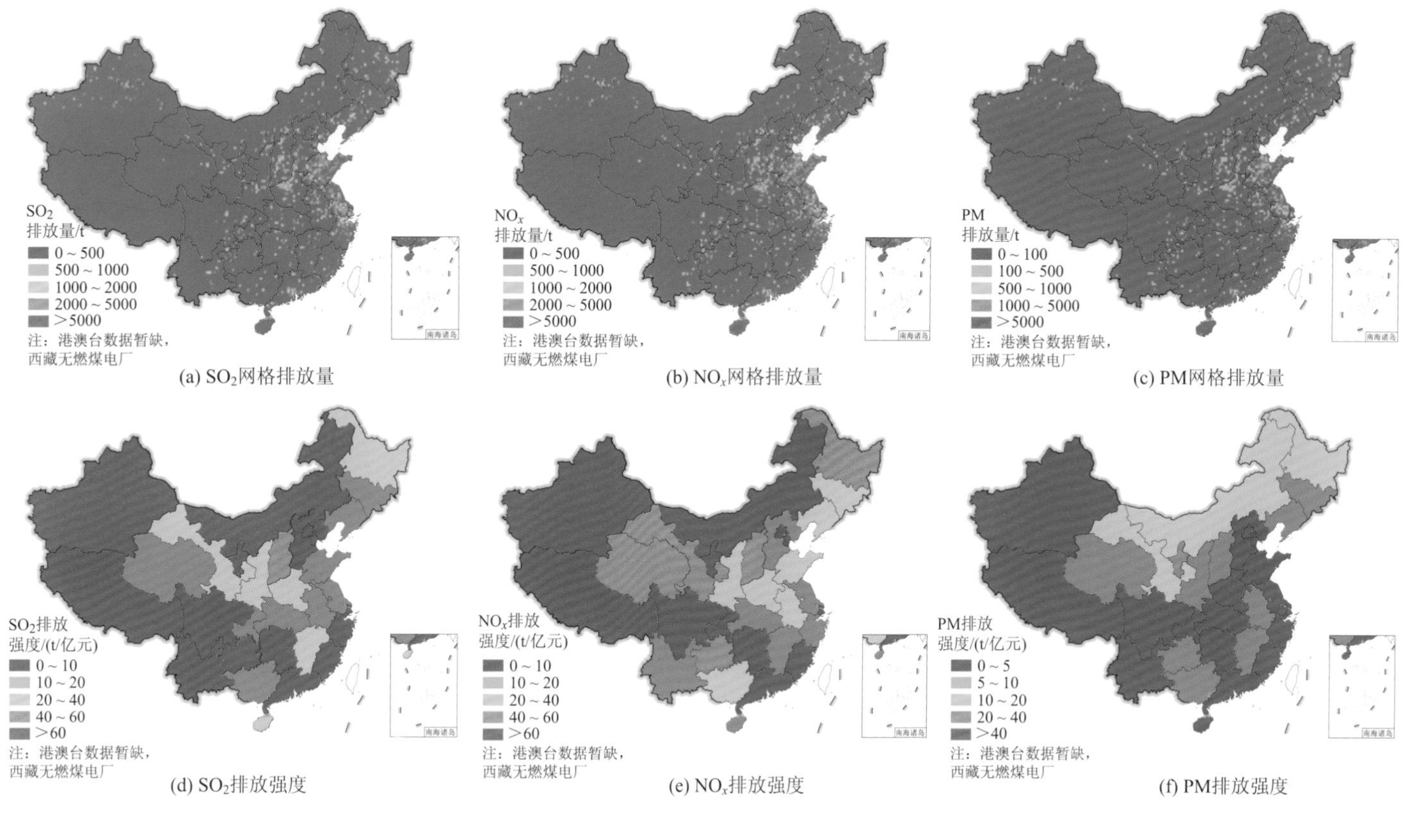

图 5.11　全国燃煤电厂污染物排放量及排放强度空间分布

放量，三者均在华东电网最高，分别为 0.39 t/km^2、0.50 t/km^2 和 0.10 t/km^2；最低的是西北电网，分别为 0.08 t/km^2、0.08 t/km^2 和 0.02 t/km^2。本书引入排放强度这一概念，将其定义为单位国内生产总值(GDP)的污染物排放量，以表征燃煤电厂排放量与当地经济发展水平之间的关系。如图 5.11(d)～(f)所示，新疆、内蒙古、宁夏和贵州等地的污染物排放强度较高。2015 年华东电网的人口数占全国总人口的 19%，GDP 占全国总 GDP 的 26%，均高于该地区燃煤电厂 SO_2、NO_x 和 PM 排放量在全国燃煤电厂总排放量的占比(分别为 14%、17%和 15%)；与之相反，西北电网的人口数占全国总人口的 7%，GDP 占全国总 GDP 的 5%，均低于燃煤电厂的 SO_2、NO_x 和 PM 排放量在全国燃煤电厂总排放量的占比(分别为 18%、16%和 22%)。经济发达、人口和工业活动密集地区仅靠自身发电无法完全满足其能源和电力需求，因此需从西部地区进行能源和电力输送。

排放标准的调整和排放控制政策的实施通常会引起污染物排放的明显变化，高时间分辨率的CEMS数据在一定程度上能反映某一时段内污染物变化趋势及国家排放控制政策的实施成效。Karplus 等(2018)基于 CEMS 数据发现 SO_2 排放浓度在 2014 年 7 月左右出现明显下降，这表明了电力行业对《火电厂大气污染物排放标准》(GB 13223—2011)实施的直接响应。本书基于 CEMS 数据，分析了发达地区(包括华东电网、华中电网和南方电网中的广东省)和欠发达地区(包括西北电网、东北电网和南方电网中的广西、贵州和云南省)的污染物月均浓度，结果如图 5.12 所示。所有月均污染物浓度均参照 1 月份平均浓度进行归一化，并对其进行线性回归分析，其中 R^2 反映了对月均浓度的拟合效果，k 为每月浓度下降速率。图 5.12(a)和图 5.12(b)中 k 值均小于 0 且 R^2 均高于 0.5，说明发达和欠发达地区 SO_2 和 NO_x 浓度均呈现明显下降趋势，而 PM 浓度则呈现出较大波动状态。这可能是因为对烟气中污染物浓度的测量存在局限性，尤其是在低浓度水平下，从 CEMS 中获取可靠稳定的 PM 浓度更加困难。发达和欠发达地区的 SO_2 排放浓度每月分别下降 3.20%和 1.84%，说明 2015 年发达地区(通常也是污染较严重的地区)的 SO_2 控制取得了更大进展；不同地区间 NO_x 浓度下降速率较接近，发达和欠发达地区每月分别下降 1.97%和 2.24%。

高时间分辨率的CEMS数据为探究电力部门污染物排放的时间变化特征提供了数据支撑。本书基于 CEMS 计算了燃煤电厂污染物月排放量，以期改进现有排放清单中使用的月排放系数，并优化排放清单的空气质量模式模拟表现。图 5.13 对比了基于不同数据来源的中国北方(含西北电网)和南方地区(含华东、华中和南方电网)SO_2 和 NO_x 的月排放系数，MEIC 中污染物月排放系数基于其分月排放量数据获得，UEI(B)的月排放系数基于 CEMS 烟气排放量获得。采用变异系数(coefficient of variation，CV)，即一组数据的标准偏差与平均值的比值，来反映各机组月排放量的波动程度。

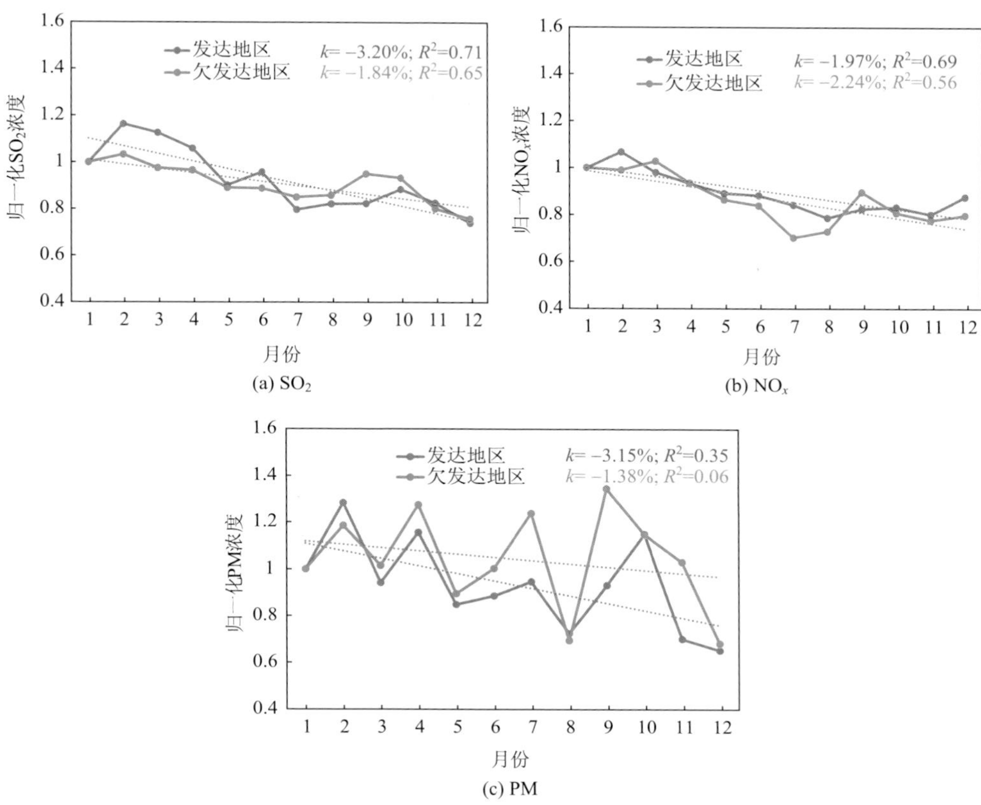

图 5.12　发达和欠发达地区燃煤电厂 SO_2、NO_x 和 PM 月浓度变化

图5.13表明，两种方法计算的电力部门污染物月排放呈现出较为相似的特征，如北方地区 SO_2 和 NO_x 排放由于冬季供暖均在 12 月至次年 1 月出现高峰。相较于 MEIC，UEI(B)呈现出了更明显的污染物月排放变化：UEI(B)计算的北方地区 SO_2 和 NO_x 月排放量 CV 分别为 24%和 19%，均大于 MEIC 计算的 CV(9%)；南方地区 SO_2 和 NO_x 月排放量的 CV 分别为 18%和 28%，同样高于 MEIC 计算的 CV(分别为 15%和 12%)。UEI(B)计算的南方地区春季的污染物排放明显高于夏季，而 MEIC 中春季和夏季的排放差异较不明显。以往未融合 CEMS 数据的研究(Zheng et al.，2009；Kurokawa et al.，2013)普遍假设电力部门污染物月排放量与其月活动水平(如能源消耗量或发电量)成正比，而根据本书得到的结果，这一设想可能会低估电力部门的月排放量波动幅度。

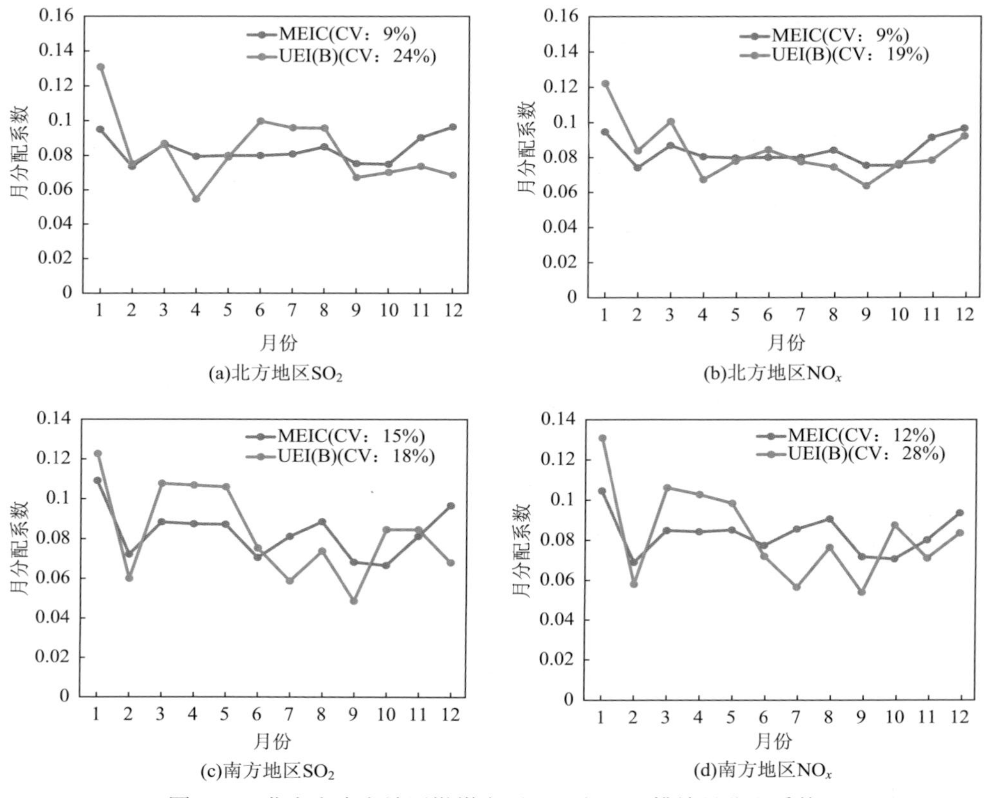

图 5.13　北方和南方地区燃煤电厂 SO_2 和 NO_x 排放月分配系数

5.4　基于在线监测的燃煤电厂排放清单模式评估

为评估不同方法建立的燃煤电厂排放清单的模拟表现，并分析两套排放清单模拟结果的差异，本节以长三角为例，分别基于两套燃煤电厂排放清单[BEI 和 UEI(B)]，应用中尺度气象模式(WRF)-多尺度区域空气质量模式(CMAQ)开展空气质量模拟研究[其他行业排放来源于 Xia 等(2016)的研究]。对比基于不同排放清单的 SO_2、NO_2、O_3 和 $PM_{2.5}$ 模拟浓度与模拟区域内地面国控站点观测浓度，利用平均偏差(bias)、标准平均偏差(NMB)、标准平均误差(NME)、一致性指数(IOA)和均方根误差(RMSE)评估两套排放清单的模拟表现。

5.4.1　模式基本设置及气象场模拟表现

本书采用美国国家环境保护局开发的 Models-3/CMAQ 4.7.1 版本进行长三角地区的空气质量模拟研究，该系统已被证实对亚洲地区的空气质量状况有良好的再现性能(Zhang et al.，2006；Uno et al.，2007；Fu et al.，2008)。本书模拟采用两层网格嵌套，第一层网格区域(D1)覆盖大部分中国，左下角坐标为(–2376 km，–1701 km)，网格分辨率为 27 km×27 km，网格数为 177×127 个；第二层网格区域(D2)覆盖长三角地区，主要包括江苏、浙江、上海、安徽及周边省份的部分地区，左下角坐标为(324 km，–810 km)，网格分辨率为和 9 km×9 km，网格数为 118×121 个。整个模拟区域均采用兰勃特投影坐标系，两条真纬度分别为 40°N 和 25°N，网格坐标系原点坐标为(110°E，34°N)。本书主要关注第二层网格，并选取长三角地区 230 个地面观测站点数据作为评估污染物浓度模拟表现的依据。具体模拟区域如图 5.14 所示。

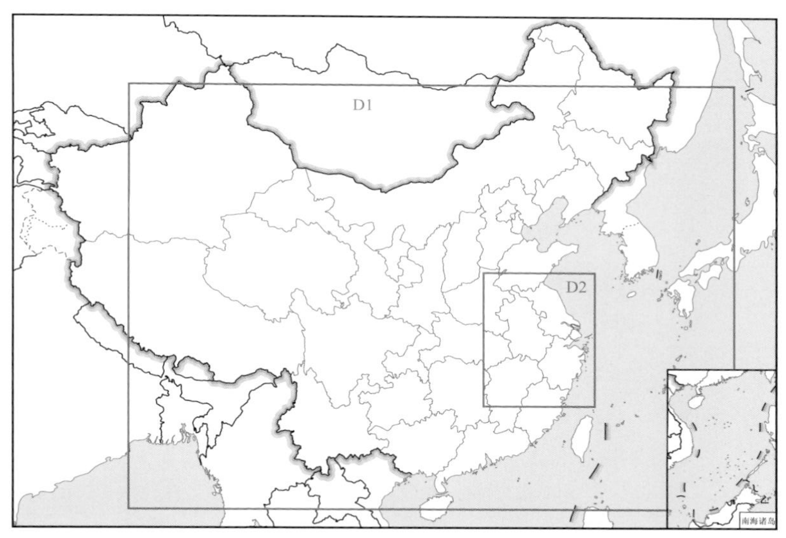

图 5.14　模拟区域示意图

CMAQ 以气象参数和排放清单作为模式输入。本书选择中尺度气象预报和资料同化系统 WRF(https://www.mmm.ucar.edu/models/wrf)为 CMAQ 提供气象场输入。WRF 采用双向嵌套，地形和地表类型采用美国地质调查局的全球数据，以 1.0°×1.0°的 6 小时美国国家环境预报中心再分析数据作为气象模拟的初始场和边界场。模拟区域 D1 输入的人为源排放清单为 Xia 等(2016)建立的全国排放清单，模拟区域 D2 的燃煤电厂排放数据采用本书建立的排放清单结果，其他排放源仍采用 Xia 等(2016)的排放清单。天然源排放采用 Sindelarova 等(2014)建立的全球天然源排放清单(MEGAN-MACC)，Cl、HCl 和闪电排放 NO_x 引自 Price 等(1997)建立的 GEIA 数据库。

本书选择 2015 年 1 月、4 月、7 月和 10 月作为模拟时段，分别代表冬、春、夏、秋四个季节。为减小初始条件对模拟结果的影响，将每月前 7 天作为 CMAQ 模式的“spin-up”时段，重点探究每个月 7 天之后的空气质量模拟情况。具体的气象参数模拟效果评估如表 5.8 所示。

表 5.8　长三角地区气象参数模拟效果评估

观测	评价参数	1 月	4 月	7 月	10 月	指标
风速（WS10）	观测平均值/(m/s)	2.69	2.99	2.75	2.43	
	模拟平均值/(m/s)	2.80	3.11	2.67	2.52	
	bias/(m/s)	0.12	0.11	–0.08	0.09	
	NMB/%	4.30	3.82	–2.80	3.58	
	NME/%	11.19	11.04	9.60	11.09	
	RMSE/(m/s)	0.39	0.43	0.34	0.33	≤2.0
	IOA	0.94	0.95	0.97	0.95	≥0.6
风向（WD10）	观测平均值/(°)	183.05	177.54	163.67	174.14	
	模拟平均值/(°)	161.16	153.44	147.07	145.58	
	bias/(°)	–21.90	–23.32	–16.60	–28.56	≤10
	NMB/%	–11.96	–13.58	–10.14	–16.40	
	NME/%	15.66	15.55	13.84	18.03	
温度（T2）	观测平均值/℃	4.86	15.49	26.21	18.11	
	模拟平均值/℃	4.96	15.12	25.59	18.22	
	bias/℃	0.10	–0.35	–0.62	0.12	≤0.5
	NMB/%	2.00	–2.37	–2.35	0.64	
	NME/%	11.77	5.39	3.27	2.81	
	RMSE/℃	0.70	1.06	1.13	0.63	
	IOA	0.99	0.99	0.97	0.99	≥0.7
相对湿度（RH2）	观测平均值/%	66.58	71.04	81.32	71.81	
	模拟平均值/%	72.93	77.64	82.16	68.61	
	bias/%	6.35	6.60	0.84	–3.20	
	NMB/%	9.53	9.30	1.03	–4.46	
	NME/%	16.42	11.11	3.34	6.14	
	RMSE/%	13.26	10.36	3.55	6.48	
	IOA	0.85	0.89	0.97	0.96	≥0.7

2015 年 1 月、4 月、7 月和 10 月长三角地区风速、风向、温度和相对湿度的模拟值与观测值的对比结果显示，四项气象参数的模拟值与观测值的偏差多在可接受误差范围内。在 4 个模拟月份中，风速模拟值与观测值的平均偏差为–0.08～0.12 m/s，IOA 指数达到 0.94～0.97，RMSE 在 0.33～0.43 m/s 之间；NMB 和 NME

分别在−2.80%～4.30%和 9.60%～11.19%之间，均小于 50%。WRF 模式对长三角地区温度和相对湿度的再现表现也较好，4 个模拟月份的 bias 分别为−0.62～0.12℃和−3.20%～6.60%，IOA 指数分别达到了 0.97～0.99 和 0.85～0.97。风向模拟值与观测值的偏差稍高于其他气象参数。整体上 2015 年 WRF 的气象模拟可以较好地再现模拟时段内主要气象条件变化，模拟结果可作为 CMAQ 空气质量模式的气象场输入。

5.4.2 基于空气质量模拟评估两套排放清单

对比 2015 年长三角地区共 230 个国控站点 1 月、4 月、7 月和 10 月的模拟与地面观测的 SO_2、NO_2、O_3 和 $PM_{2.5}$ 小时浓度时间变化序列，如图 5.15 所示。两套排放清单模拟结果均较好地捕捉了各污染物浓度变化趋势，各月份模拟值与观测值在高值和低值区均较为吻合，如 SO_2、NO_2 和 $PM_{2.5}$ 的模拟浓度和观测浓度均在 1 月 9 日出现高峰；但污染物模拟浓度的变化幅度普遍大于观测浓度。由于对燃煤电厂排放量估算方法的不同，UEI(B)排放清单中长三角地区 SO_2、NO_x 和 PM 排放量较 BEI 排放清单分别减少了 410 Gg、606 Gg 和 300 Gg，导致该地区上述三类污染物总排放量下降比例分别为 20%、14%和 11%。由于污染物区域传输和

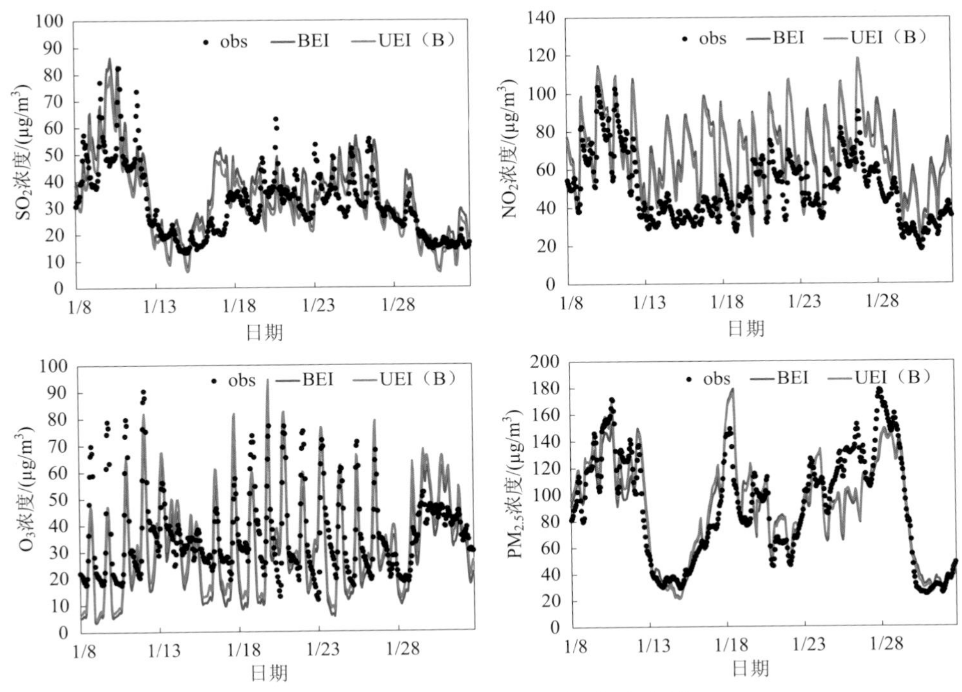

(a) 1月份污染物模拟与观测浓度时间序列对比

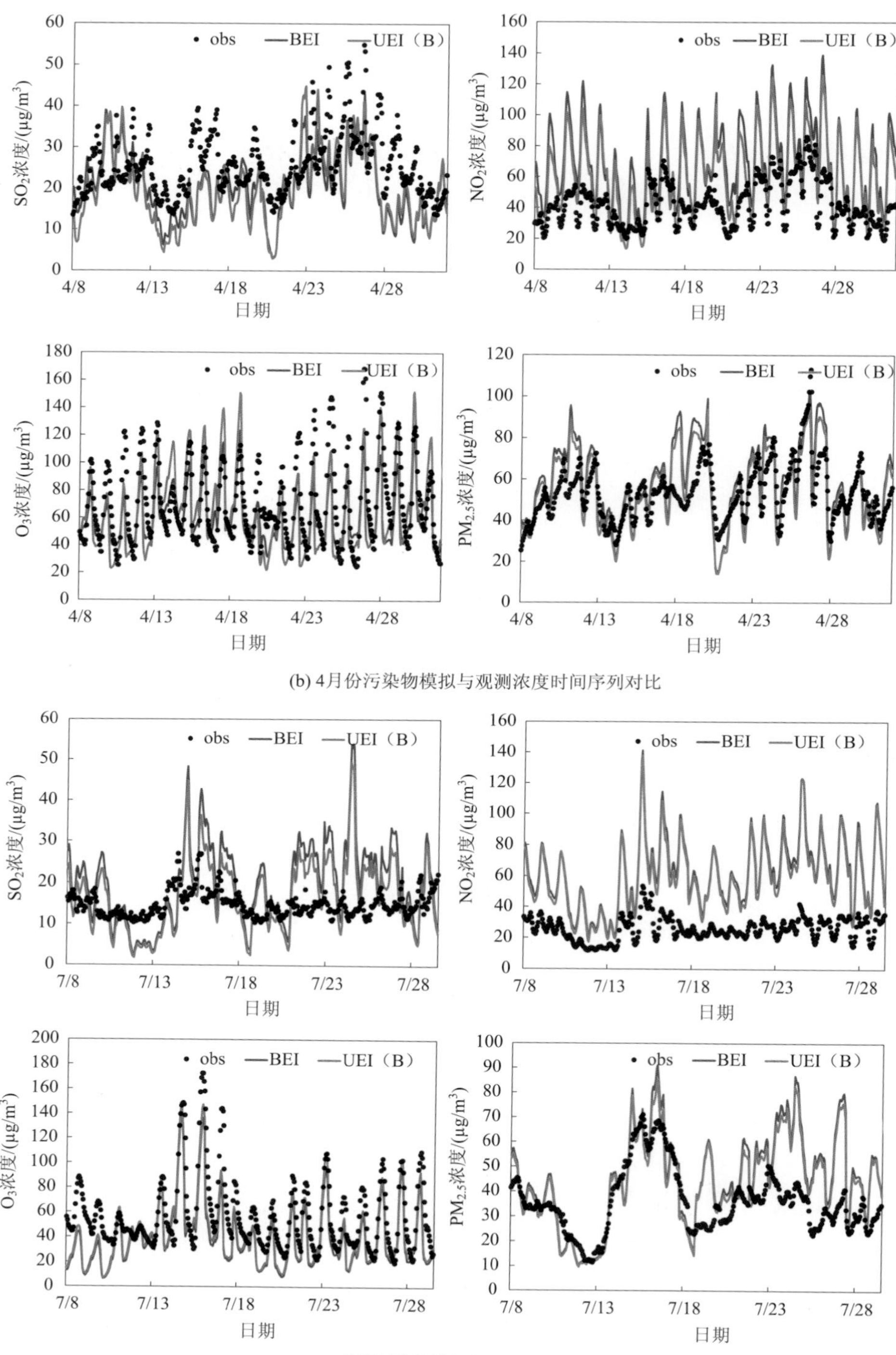

(b) 4月份污染物模拟与观测浓度时间序列对比

(c) 7月份污染物模拟与观测浓度时间序列对比

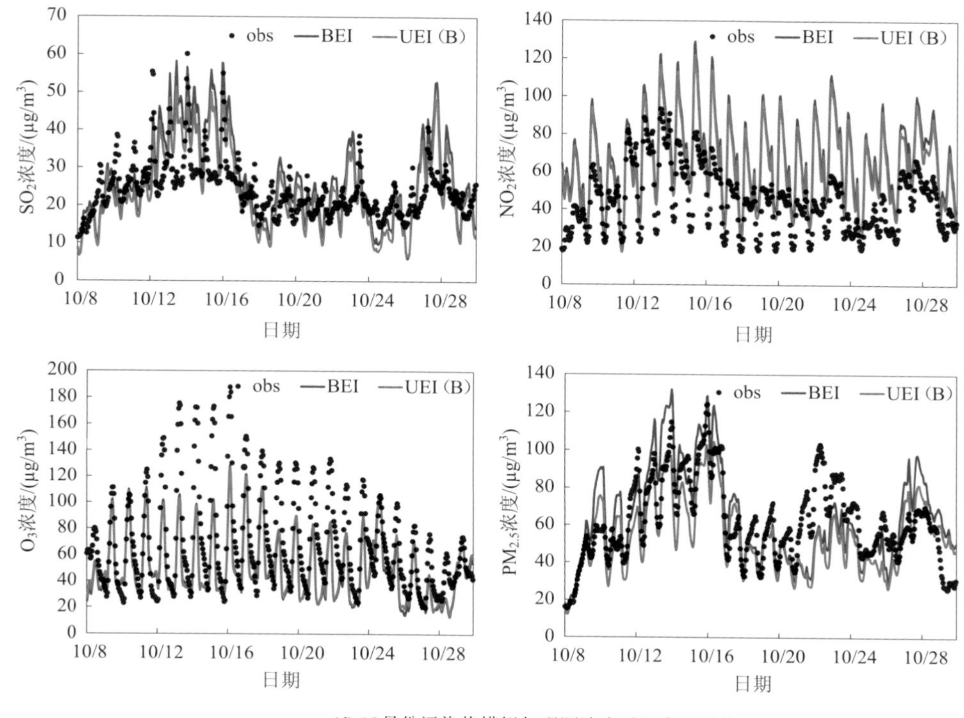

(d) 10月份污染物模拟与观测浓度时间序列对比

图 5.15 2015 年长三角地区 SO_2、NO_2、O_3 和 $PM_{2.5}$ 模拟与观测小时浓度的时间序列对比

大气中气相化学反应等因素的综合影响，污染物排放量变化和环境浓度间存在非线性响应关系。基于 UEI(B)排放清单的 4 个月份 SO_2、NO_2 和 $PM_{2.5}$ 的平均模拟浓度分别较 BEI 排放清单下降了 10%、7%和 6%，而 O_3 的模拟浓度反而升高了 7%。O_3 作为一种二次污染物，其前体物挥发性有机物(VOC)和 NO_x 的排放量对 O_3 浓度有重要影响。以往研究表明，长三角地区主要属于 VOC 控制区，O_3 浓度对 VOC 较为敏感，且 NO_x 浓度非常高时会抑制 O_3 的生成。因此，NO_2 模拟浓度的降低减弱了其在大气环境中对 O_3 的滴定作用，从而使 O_3 浓度有所上升。

对比模拟与观测浓度的统计分析参数(表 5.9)可以发现，基于两套排放清单的污染物模拟结果比较相似，长三角地区 SO_2、NO_2 和 $PM_{2.5}$ 的模拟结果均存在一定程度的高估，而 O_3 模拟有所低估。SO_2、O_3 和 $PM_{2.5}$ 模拟值及观测值的 NME 多小于 50%，能较好地再现区域大气污染特征。两套排放清单对 7 月份污染物的模拟效果差于其他月份：该时段内两套排放清单的 SO_2 模拟与观测值相关性系数分别仅为 0.17 和 0.14；NO_2 模拟与观测值的 NME 值超过了 100%；NMB 值也反映出 7 月份 SO_2 和 $PM_{2.5}$ 的模拟高估程度高于其他 3 个月份。7 月份污染物模拟严重高估的原因之一可能是气象参数模拟不准确。长三角地区 7 月份的风速模拟均值

(2.67 m/s)略低于实际观测均值(2.75 m/s)，从而减弱了污染物在大气环境中的水平和垂直扩散过程。边界层高度也是影响污染物在大气垂直方向扩散能力的重要参数。将 WRF 模拟的长三角地区边界层高度与欧洲中期天气预报中心(https://confluence.ecmwf.int/display/DAC/ECMWF+open+datasets)的观测数据进行对比，发现 4 个模拟月份的边界层高度模拟均存在一定程度的低估；其中 1 月、4 月和 10 月边界层高度的模拟值与观测值的 NMB 值在–15%左右，7 月份 NMB 值为–24%，低估程度更明显。较低的边界层高度将限制污染物的垂直对流和扩散，加重局地污染现象，使地面污染物浓度升高。

表 5.9　长三角地区 SO_2、NO_2、O_3 和 $PM_{2.5}$ 模拟浓度与观测浓度对比统计结果

污染物	月份	*R*		NMB/%		NME/%	
		BEI	UEI(B)	BEI	UEI(B)	BEI	UEI(B)
SO_2	1	0.72	0.89[a]	11.44	0.52[b]	26.83	24.22
	4	0.36	0.45	–18.45	–22.62	31.65	34.81
	7	0.17	0.14	36.84	15.72[c]	58.69	48.44
	10	0.59	0.57	14.59	1.15[c]	32.49	29.22[a]
NO_2	1	0.72	0.73	42.74	34.92[a]	44.25	37.88
	4	0.64	0.69	69.24	48.72[c]	70.24	51.81[b]
	7	0.71	0.71	145.42	131.65[a]	145.42	131.65[a]
	10	0.70	0.69	58.15	47.73[a]	58.86	49.41[a]
O_3	1	0.74	0.75	–16.90	–6.40[b]	30.53	28.60
	4	0.78	0.67	–14.88	–9.89	23.14	27.48
	7	0.78	0.79	–34.49	–28.46	37.11	32.77
	10	0.80	0.78	–30.37	–28.28	34.32	33.60
$PM_{2.5}$	1	0.89	0.90	–0.28	1.63	16.27	15.21
	4	0.76	0.76	9.94	2.57[b]	21.30	19.26
	7	0.64	0.63	30.44	24.08[c]	37.66	34.29[a]
	10	0.75	0.75	5.40	–11.80	23.34	22.28

注：a，表示模拟改进在 90%置信区间内显著；b，表示模拟改进在 95%置信区间内显著；c，表示模拟改进在 99%置信区间内显著。

两套排放清单的 O_3 模拟与观测浓度的 NMB 在–34.49%～–6.40%，NME 在 23.14%～37.11%，这与以往研究对 O_3 模拟的低估程度相似(An et al.，2013；Liao et al.，2015；Wang et al.，2016)。两套排放清单对 $PM_{2.5}$ 浓度的时间变化趋势与特征捕捉最好，其中基于 UEI(B)排放清单 1 月份 $PM_{2.5}$ 模拟与观测浓度的相关性系数 *R* 为 0.90。在高污染时段如 1 月 24 日附近，模拟浓度峰值明显低于观测浓度峰值，可能的原因之一是 CMAQ 模式中关于二次有机气溶胶的机制存在较大不确定性。

整体来看，应用 UEI(B)的长三角地区空气质量模拟表现优于 BEI。对两套排放清单 4 个模拟月份的模拟与观测结果进行综合评估，发现基于 UEI(B)排放清单的 SO_2、NO_2、O_3 和 $PM_{2.5}$ 模拟与观测浓度的 NMB 分别为–3.10%、56.27%、–19.46%和–1.39%，而基于 BEI 排放清单的 NMB 分别为 8.21%、68.90%、–24.61%和 7.61%。由于长三角地区电厂排放量占比较小，两套排放清单污染物排放量下降引起的环境浓度变化有限。为检验不同排放清单模拟与观测统计指标差异的显著性，本书对两套排放清单在 1 月、4 月、7 月和 10 月的模拟与观测浓度的统计指标分别进行自展抽样并计算其置信区间，若针对两套排放清单统计指标自展抽样后得到的置信区间不重合则表示其存在显著差异。结果表明，基于 UEI(B)排放清单的污染物浓度模拟效果在部分月份呈现出明显改进，如其对 7 月和 10 月 SO_2 模拟与观测的 NMB 改进显著，超过了 99%置信水平，1 月超过了 95%置信水平；4 月 NO_2 的 NMB 和 NME 改进分别超过了 99%和 95%置信水平；1 月 O_3 的 NMB 改进显著，超过了 95%置信水平；4 月和 7 月 $PM_{2.5}$ 的 NMB 改进分别超过了 95%和 99%置信水平。因此，在燃煤电厂排放清单中合理融合在线监测数据明显改善了区域空气质量模拟效果。

5.4.3　优化排放清单模拟结果空间分布

为进一步分析不同排放清单的污染物模拟浓度特征，分析燃煤电厂排放量估算方法的改进对空气质量模拟表现的影响，本书探究了 D2 区域内 2015 年 1 月、4 月、7 月和 10 月 SO_2、NO_2、O_3 和 $PM_{2.5}$ 月均模拟浓度的空间分布，如图 5.16 所示。可以看出，同一污染物在不同月份的模拟浓度空间分布特征较一致；整体上 SO_2、NO_2 和 $PM_{2.5}$ 浓度在安徽中部和北部、江苏南部、上海及浙江沿海地区较高，这与燃煤电厂的空间分布也较为一致，如图 5.17(a)所示。SO_2、NO_2 和 $PM_{2.5}$ 均表现出城区高、郊区低的特点，这与以往研究结果类似。部分区域如南京、上海、合肥和杭州四大重点城市出现污染物模拟浓度显著高于周边地区的情况，高值中心即对应较大的点源，这与燃煤电厂空间分布也较为一致。O_3 模拟浓度空间分布特征则相反，其在城区较低而在郊区较高。这可能是由于城区的 NO_2 模拟浓度较高，促进了 O_3 的滴定过程，导致城区的 O_3 模拟浓度较低；而郊区的 NO_x 排放较低，O_3 传输到郊区后能维持较高的浓度。NO_2 和 O_3 的模拟浓度空间分布结果也表明，在 NO_2 浓度高值区，由于 O_3 生成受到 NO_x 排放的抑制而浓度较低。

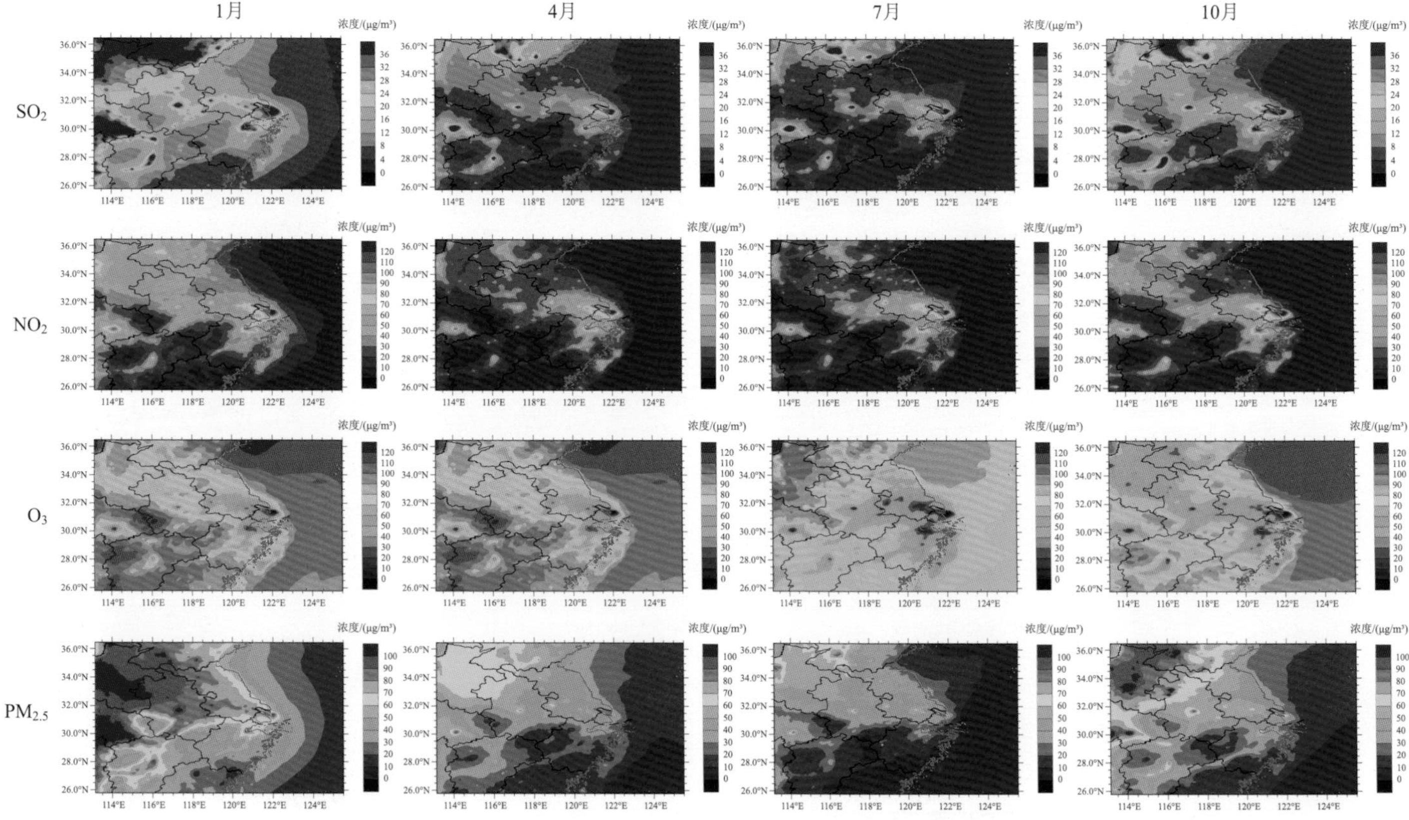

图 5.16　基于 UEI(B) 的 SO_2、NO_2、O_3 和 $PM_{2.5}$ 月均模拟浓度空间分布

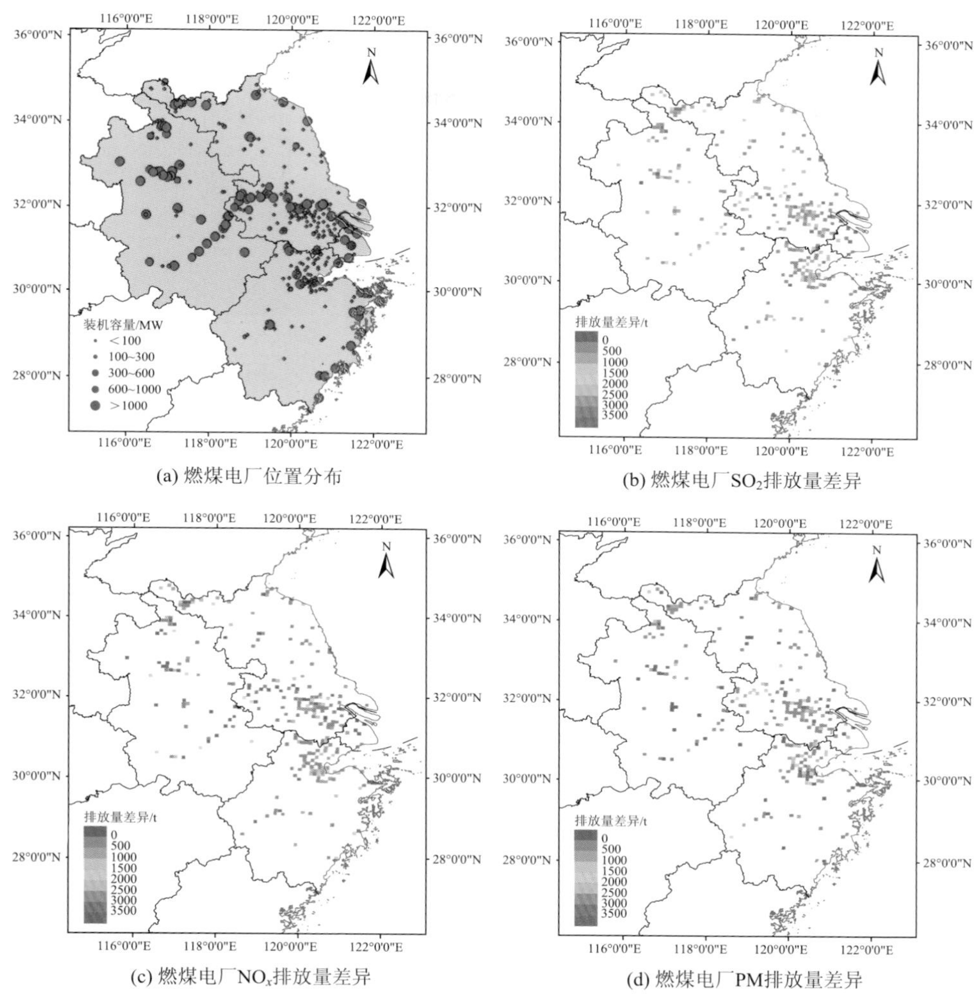

(a) 燃煤电厂位置分布

(b) 燃煤电厂SO_2排放量差异

(c) 燃煤电厂NO_x排放量差异

(d) 燃煤电厂PM排放量差异

图 5.17　长三角地区燃煤电厂位置及两套排放清单中 SO_2、NO_x 和 PM 排放量差异的[BEI–UEI(B)]空间分布

由于两套排放清单采用的月排放系数相同，模拟结果差异主要来源于排放清单中污染物排放量和空间分布的差异。图 5.18 展示了基于 UEI(B)与 BEI 排放清单的月均模拟浓度差异的空间分布情况。可以看到，各类污染物模拟浓度变化的空间分布较为相似，均在安徽中部、江苏中南部、上海及浙江沿海地区呈现出较大变化。以上地区也是不同排放清单中污染物排放量变化的高值区，如图 5.17(b)～(d)所示。与 SO_2 和 NO_2 相比，区域传输及复杂的大气化学反应等使二次污染物 O_3 和 $PM_{2.5}$ 浓度变化高值区域范围较广且相对分散。

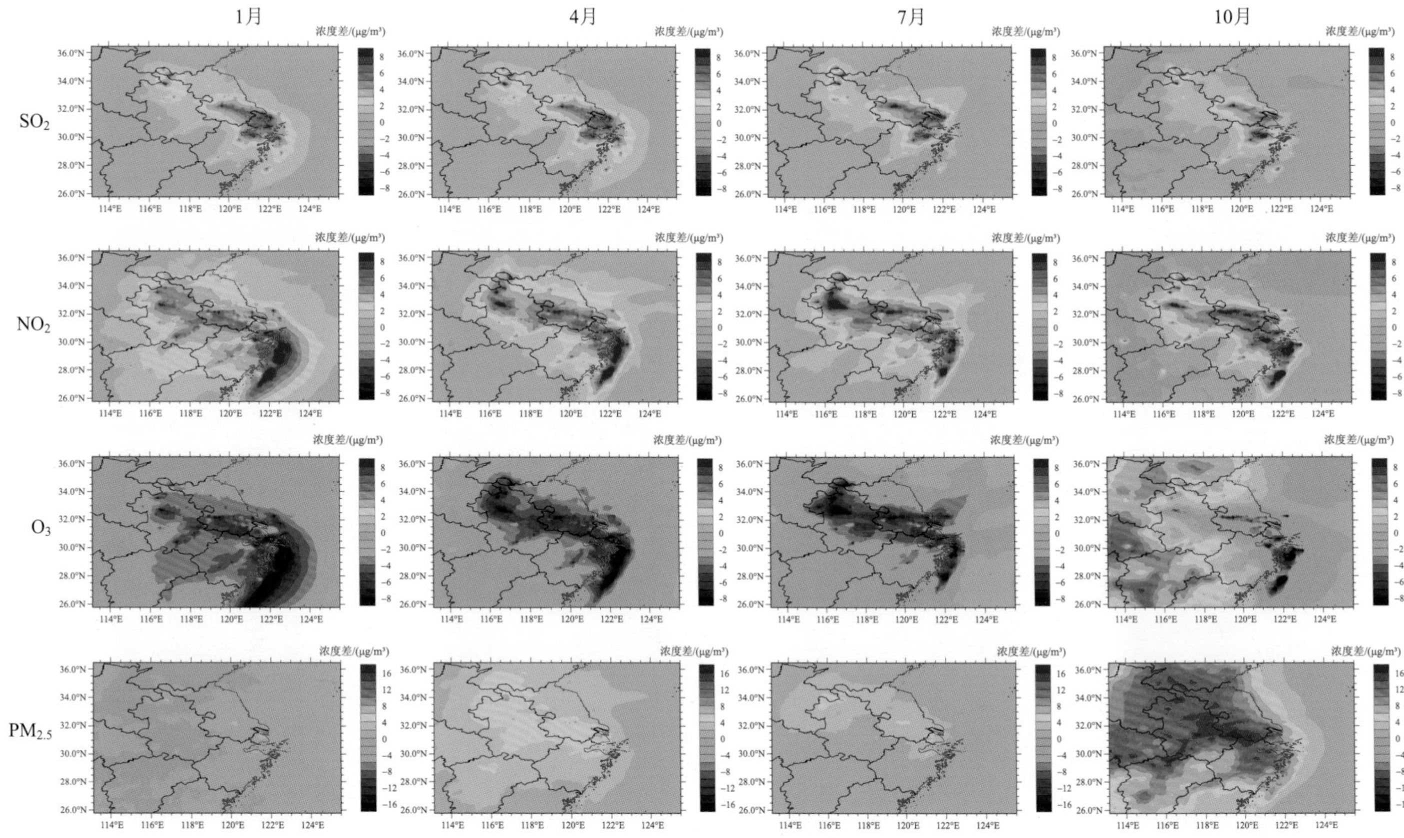

图 5.18 基于不同电力排放清单模拟 SO_2、NO_2、O_3 和 $PM_{2.5}$ 的月均浓度差值[BEI–UEI(B)]

5.5 本章小结

本章通过多渠道收集、整合燃煤电厂在线监测数据、企业环境统计信息、能源与工业经济统计年鉴等基础资料，采用“自下而上”排放因子法和基于在线监测数据两种方法分别建立了 2015 年全国燃煤电厂典型污染物排放清单。结合燃煤电厂的地理分布、装机结构和污染控制技术等信息，分析了不同方法估算的污染物排放时空分布特征，明确了基于不同方法和数据建立的排放清单的排放量差异及其主要来源。以长三角为例，利用化学传输模式和地面观测数据定量评估不同排放清单在区域空气质量模拟表现上的差异，证实融合在线监测信息后对燃煤电厂排放清单的改善。

基于在线监测信息计算的我国燃煤电厂排放量明显低于排放因子法的结果，主要原因在于近年来电厂污染控制技术的改进(如超低排放改造)降低了烟气中污染物浓度，并反映在污染源在线监测信息中；而传统排放因子法无法充分反映由排放控制政策实施带来的污染物去除效率的提升。在长三角地区，基于两套排放清单对 SO_2、NO_x 和 PM 的模拟均存在一定的高估，对 O_3 则有所低估。融合在线监测数据的排放清单在长三角地区的污染物模拟表现优于排放因子法建立的排放清单，说明融合在线监测数据能够有效降低区域大气污染物模拟与观测浓度的偏差，有利于提升重点行业排放表征和空气质量模拟的准确性。

参考文献

伯鑫, 何友江, 商国栋, 等. 2014. 基于 CEMS 全国污染源清单数据库系统开发与应用. 环境工程, 32(8): 105-108.

崔建升, 屈加豹, 伯鑫, 等. 2018. 基于在线监测的 2015 年中国火电排放清单. 中国环境科学, 38(6): 2062-2074.

戴佩虹. 2016. 基于 CEMS 数据的火电厂 SO_2 和 NO_x 排放因子建立与不确定性分析. 广州: 华南理工大学.

国家统计局能源统计司. 2016. 中国能源统计年鉴 2015. 北京: 中国统计出版社.

贺克斌, 王书肖, 张强, 等. 2018. 城市大气污染物排放清单编制技术手册.

雷沛. 2012. 火电氮氧化物排放因子及排放总量研究. 南京: 南京信息工程大学.

孙洋洋. 2015. 燃煤电厂多污染物排放清单及不确定性研究. 杭州: 浙江大学.

中国电力年鉴编辑委员会. 2016. 中国电力年鉴 2015. 北京: 中国电力出版社.

中华人民共和国国家统计局. 2016. 中国统计年鉴 2015. 北京: 中国统计出版社.

An X Q, Sun Z B, Lin W L, et al. 2013. Emission inventory evaluation using observations of regional atmospheric background stations of China. Journal of Environmental Sciences, 25(3): 537-546.

Fu J S, Jang C J, Streets D G, et al. 2008. MICS-Asia II: Modeling gaseous pollutants and evaluating an advanced modeling system over East Asia. Atmospheric Environment, 42(15): 3571-3583.

Fu X, Wang S X, Cheng Z, et al. 2014. Source, transport and impacts of a heavy dust event in the Yangtze River Delta, China, in 2011. Atmospheric Chemistry and Physics, 14(3): 1239-1254.

Karplus V J, Zhang S, Almond D. 2018. Quantifying coal power plant responses to tighter SO_2 emissions standards in China. Proceedings of the National Academy of Sciences of the United States of America, 115(27): 7004-7009.

Klimont Z, Smith S J, Cofala J. 2013. The last decade of global anthropogenic sulfur dioxide: 2000-2011 emissions. Environmental Research Letters, 8(1): 014003.

Kurokawa J, Ohara T, Morikawa T, et al. 2013. Emissions of air pollutants and greenhouse gases over Asian regions during 2000-2008: Regional emission inventory in Asia (REAS) version 2. Atmospheric Chemistry and Physics, 13(21): 11019-11058.

Lei Y, Zhang Q, He K B, et al. 2011. Primary anthropogenic aerosol emission trends for China, 1990-2005. Atmospheric Chemistry and Physics, 11(3): 931-954.

Liao J B, Wang T J, Jiang Z Q, et al. 2015. WRF/Chem modeling of the impacts of urban expansion on regional climate and air pollutants in Yangtze River Delta, China. Atmospheric Environment, 106: 204-214.

Liu F, Zhang Q, Ronald J V, et al. 2016. Recent reduction in NO_x emissions over China: Synthesis of satellite observations and emission inventories. Environmental Research Letters, 11(11): 114002.

Liu X, Gao X, Wu X B, et al. 2019. Updated hourly emissions factors for Chinese power plants showing the impact of widespread ultralow emissions technology deployment. Environmental Science & Technology, 53(5): 2570-2578.

Mueller S F, Bailey E M, Kelsoe J J. 2004. Geographic sensitivity of fine particle mass to emissions of SO_2 and NO_x. Environmental Science & Technology, 38(2): 570-580.

Ohara T, Akimoto H, Kurokawa J, et al. 2007. An Asian emission inventory of anthropogenic emission sources for the period 1980-2020. Atmospheric Chemistry and Physics, 7(16): 4419-4444.

Price C, Penner J, Prather M. 1997. NO_x from lightning: Global distribution based on lightning physics. Journal of Geophysical Research: Atmospheres, 102(D5): 5929-5941.

Sindelarova K, Granier C, Bouarar I, et al. 2014. Global dataset of biogenic VOC emissions calculated by the MEGAN model over the last 30 years. Atmospheric Chemistry and Physics, 14: 9317-9341.

Streets D G, Yan F, Chin M, et al. 2009. Anthropogenic and natural contributions to regional trends in aerosol optical depth, 1980-2006. Journal of Geophysical Research: Atmospheres, 114: D00-D18.

Tang X L, Zhang Y, Yi H H, et al. 2012. Development a detailed inventory framework for estimating major pollutants emissions inventory for Yunnan Province, China. Atmospheric Environment, 57: 116-125.

Tian H Z, Liu K Y, Hao J M, et al. 2013. Nitrogen oxides emissions from thermal power plants in China: Current status and future predictions. Environmental Science & Technology, 47(19): 11350-11357.

Uno I, He Y, Ohara T, et al. 2007. Systematic analysis of interannual and seasonal variations of model-simulated tropospheric NO_2 in Asia and comparison with GOME-satellite data. Atmospheric Chemistry and Physics, 7(6): 1671-1681.

Wang G H, Zhang R Y, Gomez M E, et al. 2016. Persistent sulfate formation from London Fog to Chinese haze. Proceedings of the National Academy of Sciences of the United States of America, 113(48): 13630-13635.

Wang S X, Hao J M. 2012a. Air quality management in China: Issues, challenges, and options. Journal of Environmental Sciences, 24(1): 2-13.

Wang S X, Xing J, Jang C R, et al. 2011. Impact assessment of ammonia emissions on inorganic aerosols in East China using response surface modeling technique. Environmental Science & Technology, 45(21): 9293-9300.

Wang S W, Zhang Q, Streets D G, et al. 2012b. Growth in NO_x emissions from power plants in China: Bottom-up estimates and satellite observations. Atmospheric Chemistry and Physics, 12(1): 45-91.

Xia Y M, Zhao Y, Nielsen C P. 2016. Benefits of China's efforts in gaseous pollutant control indicated by the bottom-up emissions and satellite observations 2000-2014. Atmospheric Environment, 136: 43-53.

Zhang M G, Uno I, Zhang R J, et al. 2006. Evaluation of the Models-3 Community Multi-scale Air Quality (CMAQ) modeling system with observations obtained during the TRACE-P experiment: Comparison of ozone and its related species. Atmospheric Environment, 40(26): 4874-4882.

Zhang Q, Streets D G, Carmichael G R, et al. 2009. Asian emissions in 2006 for the NASA INTEX-B mission. Atmospheric Chemistry and Physics, 9(14): 5131-5153.

Zhao B, Wang S X, Liu H, et al. 2013a. NO_x emissions in China: Historical trends and future perspectives. Atmospheric Chemistry and Physics, 13(19): 9869-9897.

Zhao B, Zheng H T, Wang S X, et al. 2018. Change in household fuels dominates the decrease in $PM_{2.5}$ exposure and premature mortality in China in 2005-2015. Proceedings of the National Academy of Sciences of the United States of America, 115(49): 12401-12406.

Zhao Y, Wang S X, Duan L, et al. 2008. Primary air pollutant emissions of coal-fired power plants in China: Current status and future prediction. Atmospheric Environment, 42(36): 8442-8452.

Zhao Y, Wang S X, Nielsen C P, et al. 2010. Establishment of a database of emission factors for atmospheric pollutants from Chinese coal-fired power plants. Atmospheric Environment, 44(12): 1515-1523.

Zhao Y, Zhang J, Nielsen C P. 2013b. The effects of recent control policies on trends in emissions of anthropogenic atmospheric pollutants and CO_2 in China. Atmospheric Chemistry and Physics, 13(2): 487-508.

Zheng J Y, Zhang L J, Che W W, et al. 2009. A highly resolved temporal and spatial air pollutant emission inventory for the Pearl River Delta region, China and its uncertainty assessment. Atmospheric Environment, 43(32): 5112-5122.

第 6 章　非道路农业机械排放清单优化

农业机械使用的增长促进了长三角地区大气污染物排放量的增加。鉴于农忙时节机械的使用增长可能对环境和健康造成较大潜在负面影响，有必要准确估计相关排放的规模及时空分布特征。然而，现有农业机械排放清单普遍基于保有量或总动力功率建立，未考虑土壤环境特性对农业机械排放的影响，与实际的机械使用需求和使用状况存在较大偏差；在排放的时空分配方面，通常未充分应用详细的农时农事信息，导致时空分辨率不高且遗漏排放集中时段和区域等重要信息。

为解决上述问题，本章集成和融合卫星遥感信息、土壤-地体数据及实地农时农事调研资料，发展了一套全新的“基于网格”的农业机械排放清单建立方法：基于对农作物地理分布、生长周期和轮作特征的深入认识，推算和确定分过程的农业机械实际需求量；基于对土壤特性对机械使用影响规律的掌握，区分不同地区机械使用状况和程度；关联实地调研获得的农事活动和地理信息，归纳并获得机械使用的时空动态分布特征。上述方法精细刻画了农业机械使用的时空演进过程，较大程度地改进了排放清单方法学。

此外，本章将发展的改进方法应用于长三角地区，建立了时间分辨率为每天、空间分辨率为 30 m×30 m 的农业机械排放清单。结果表明，以往基于保有量或总动力功率数据的方法低估了农业机械排放量；长三角地区的农业机械排放主要集中于春、秋农忙季；在县级尺度，农忙时节长三角北部农业机械的最大日排放量超过机动车，氮氧化物（NO_x）和一氧化碳（CO）的农业机械/机动车最高日排放比值接近 11。上述发现有助于环境管理部门更加精确地识别控制重点。

6.1　现有农业机械排放清单的局限性

近几十年来，随着中国农业机械化进程的加快，以畜力和体力劳动为主的农业劳动正逐渐被机械所取代。研究者开始在城市、区域或国家层面估算农业机械污染物排放量（Yao et al.，2011；Fu et al.，2013；Wang et al.，2016）。2012 年，中国农业机械使用导致的 NO_x、颗粒物（PM）、总碳氢化合物（total hydrocarbons，THC）和 CO 排放量分别为 1743×10^3 t、147×10^3 t、295×10^3 t 和 1212×10^3 t（Wang et al.，2016），2014 年分别增加到 2192×10^3 t、263×10^3 t、1211×10^3 t 和 1448×10^3 t（Lang et al.，2018）。相较 THC 和 CO，农业机械（主要以柴油为动力）对移动源 NO_x 和 PM 排放量的贡献更大。Lu 等（2013）研究表明，2009 年，农业机械贡献了珠三角

地区非道路移动源 NO_x 排放总量的 12.8%。Lang 等（2018）计算得出，2014 年，中国农业机械 NO_x 和细颗粒物（$PM_{2.5}$）排放量与道路移动源之比分别为 71.9%和 34.5%。虽然农业机械排放量低于道路移动源，但是其在全年中分布不均，尤其在播种和收获季节的排放及其对环境的影响不容忽视。当农业机械集中使用时，其排放水平可能与道路车辆相当，并对空气质量产生重要影响。随着我国道路车辆排放标准的逐步严格，其排放得到有效控制（Wang et al.，2010；Zhao et al.，2013；Si et al.，2019），进一步突显开展农业机械排放研究及控制的重要性。

已有农业机械排放清单是根据机械活动水平数据（行驶里程、输出功率或燃料使用量）和相应的排放因子编制的（卞雅慧等，2018；Zheng et al.，2009；Lei et al.，2011；Yao et al.，2011；Fu et al.，2013；Xue et al.，2016；Zhao et al.，2017）。最基本的方法是采用柴油消费量普查数据和统一的基于燃料的排放因子（Zheng et al.，2009；Campbell et al.，2018；Goncalves et al.，2018）。Yao 等（2011）根据机械数量、年均里程和基于里程的排放因子更细致地估算了排放量。一些研究还以根据机械数量、工作时间和按机械类型划分的装机功率计算出的总输出功率作为活动水平数据（卞雅慧等，2018；Lang et al.，2018），或根据机械数量、燃料消耗率和工作时间计算出总燃料使用量（黄成等，2018；Wang et al.，2016）。

虽然目前已经发展出各种不同的农业机械排放清单编制方法，但是现有数据和实际的活动水平之间仍然存在巨大差异。首先，一个地区的机械数量不能代表实际的机械使用量。在农忙时节，大量租赁机械被投入使用，而一些本地的轻型机械通常被闲置。虽然柴油消费量普查数据可以在一定程度上代表机械使用总量，但无法区分机械类型。其次，不同的土壤特性（壤土或砂土）对耕地机械功率的要求不同，进而影响排放特征（Breuning-Madsen and Jensen，1996；Dalgaard et al.，2001）。然而，我国目前的农业机械排放估算中尚未考虑土壤特性的影响。因此，为更准确地估算农业机械排放情况，迫切需要结合和利用与农业机械实际使用及土壤特性相关的信息。

明晰排放的时空分布对于了解污染源和制定控制策略具有重要意义，但目前仅有极少数研究估计了农业机械排放的时间变化。Lang 等（2018）总结了不同作物的播种和收获季节，并编制了时间分辨率为 10 天的排放清单。然而，这种时间变化难以全面推广，因为即使是同一种作物，由于气象条件不同，其播种和收获时间也有很大差异。因此，需要对作物生长季节进行更详细的调查，从而改进对农业机械排放时间格局的估计。在空间分布方面，以往的研究多基于植被或耕地覆盖信息进行排放分配（黄成等，2018；Zheng et al.，2009；Fu et al.，2013；Lang et al.，2018）。由于相关信息不完整，上述研究仍存在局限性。部分土地被由人力而非机械维护的树木或蔬菜覆盖，且由于地形和种植习惯不同，农田中机械使用的分布并不均匀。因此，基于植被或农田面积的排放分配可能会使结果偏离实际情况。

为量化真实的农业机械排放情况，本章以长三角地区为例，开发了一种结合卫星观测、土壤特性分布和现场调查的新方法(具体方法见 6.2 节)。该方法显著提升了农业机械排放量及其时空分布的表征水平，有助于更好地理解农业机械排放对区域空气质量的影响和制定切实有效的排放控制措施(具体表征结果和政策意义见 6.4 节)。

6.2　面向机械使用需求的排放清单建立方法

本节介绍面向机械使用需求的排放清单建立方法，主要分为五个部分：一是概述农业机械排放估算方法；二是介绍排放估算所需地理信息数据的获取和处理方法，主要包括卫星数据和土壤-地体数据；三是介绍机械使用情况的获取和处理方法；四是介绍其他所需数据的获取和处理方法；五是介绍排放的时间分配方法。

6.2.1　排放估算方法

本章面向长三角三省(安徽、江苏、浙江)一市(上海)编制 2015 年农业机械排放清单。针对四个主要农业过程的排放进行研究，包括耕地、播种(包括直接播撒种子和插秧)、植保(喷洒农药和肥料)和收获。研究对象不包括农产品运输，因为农产品主要靠柴油卡车运输，而柴油卡车通常作为道路移动源。灌溉也不被考虑在内。由于气候潮湿，长三角灌溉活动水平较低，且常用地表水代替地下水进行灌溉，耗能不高；用于灌溉的水泵绝大部分是电动水泵，在运行过程中不排放任何大气污染物。

本章发展了一种基于网格化数据的农业机械排放清单建立方法，所有农业机械活动水平和排放因子均以每个地理信息系统网格的精度收集，因此，排放量的计算也是基于每个网格的机械使用和作物信息开展的，计算公式如下：

$$E = \sum_{i}\sum_{j}\sum_{k} W_{i,j,k} \times \mathrm{EF}_i \times \beta_{i,j,k} \times 10^{-6} \tag{6.1}$$

式中，E 为排放量(t)；W 为机械输出的功(kW·h/网格)；EF 为机械的排放因子[g/(kW·h)]；β 为机械使用比例，代表使用机械的土地面积比例；i、j 和 k 分别为第 i 个过程、第 j 个网格及第 k 种作物。用于定量 W、EF 和 β 这三种关键参数的方法和数据来源如图 6.1 所示。

每个网格中机械输出的功 $W_{i,j,k}$ 可以根据实际功率、每个网格所需工作时长和每个过程执行的次数计算，如式(6.2)所示。

$$W_{i,j,k} = P_i \times R_{i,j} \times 0.65 \times t_i \times N_{i,k} \tag{6.2}$$

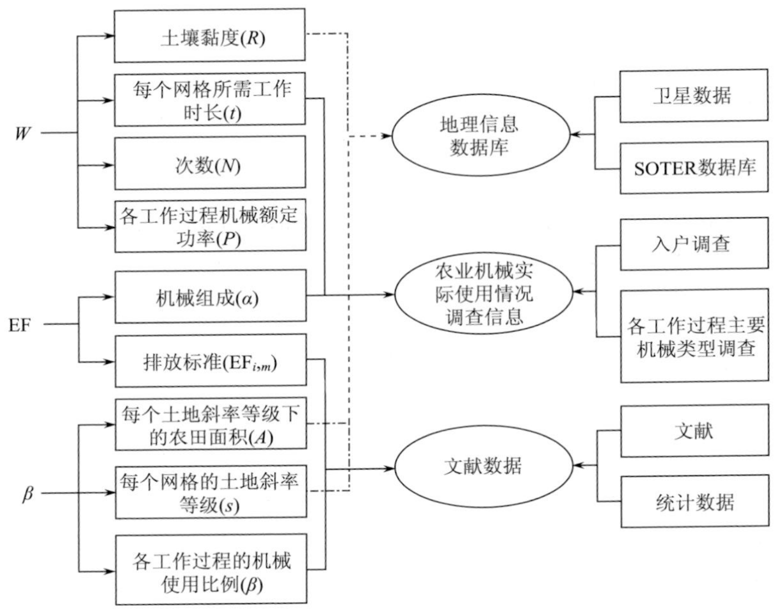

图 6.1　基于实际需求的农业机械排放清单数据收集体系

式中，P 为额定输出功率(kW)；R 为土壤黏度修正系数，是用于调整耕地输出功率的参数；0.65 为将额定输出功率转化为实际输出功率的系数，是生态环境部推荐值；t 为每个网格所需工作时长(h)；N 为每种作物生长周期内每个工作过程的开展次数，其中，植保开展的次数根据入户调查确定，其余工作过程的次数均为 1 次。

各工作过程的排放因子根据排放标准确定，具体方法如式(6.3)所示。

$$\mathrm{EF}_i = \sum_m \alpha_{i,m} \times \mathrm{EF}_{i,m} \tag{6.3}$$

式中，α 为各过程农业机械中执行第 m 种排放标准的比例，在同一个工作过程中 α 的总和为 1，即 $\sum_m \alpha_{i,m} = 1$。

对于每种作物的每个工作过程，机械使用比例和土地斜率直接相关，因此，机械使用比例的计算方法如式(6.4)所示。

$$\sum_s \beta_{i,s,k} \times A_{s,k} = \beta_{i,k} \times A_k \tag{6.4}$$

式中，s 为第 s 个土地斜率等级；A 为作物土地面积(hm^2)；β 为机械使用比例。每个斜率等级下的机械使用比例 $\beta_{i,s,k}$ 根据分级递进方法确定(详见 6.2.2 节)；若第 j 个网格的斜率在第 s 个土地斜率等级的斜率范围内，则该网格的机械使用比

例 $\beta_{i,j,k}$ 等于相应的 $\beta_{i,s,k}$。

6.2.2　地理信息数据

6.2.2.1　卫星数据

使用美国陆地卫星 8 号(Landsat 8；https://earthexplorer.usgs.gov/)和中国高分一号(GF-1；https://www.cresda.com)两个卫星的影像进行遥感解译，获取空间分辨率为 30 m×30 m 的作物分布。使用的卫星数据的时间范围覆盖 2015 年 6 月 1 日至 10 月 1 日。

采用的数据处理与图像解译方法为监督分类法。首先，为确保作物分类的准确性，对每种作物类型提供了约 3000 个像素点进行特征提取、算法标定和精度评估。其次，确定不同作物冠层光谱差异显著的最佳阶段，并下载所有无云影像进行进一步识别，包括几何校正、大气校正和附加特征计算；使用随机森林并结合参考样本拟合分类模型。最后，将拟合的分类模型应用于整个研究区域，对不同作物类型进行分类，并对分类精度进行评价。

评价方法是使用时间序列遥感数据对作物分类结果进行验证。第一步是构建遥感数据的时间序列；第二步是对时间序列应用平滑算法重构高质量的时间序列；第三步是筛除熵值较低的特征，或者去除两个相似度较高的特征中的一个；第四步是使用最大似然分类模型进行校准，完成分类过程；第五步是分类后处理，包括多数或少数过滤和准确性评估。

6.2.2.2　土壤-地体数据

土壤-地体数据获取自联合国粮食及农业组织(Food and Agriculture Organization of the United Nations，FAO)建立的土壤-地体数字化数据库(Soil and Terrain Digital Database，SOTER；FAO，2008)。SOTER 根据地形、岩性和土壤特征将电子地图划分为多个矢量图单元，每个单元包含全面的地形、岩性和土壤信息(FAO，2008)。将 SOTER 中的土壤类型根据黏度划分为黏土、黏土-壤土、壤土、壤土-砂壤土、砂壤土和砂土 6 类，见表 6.1。参照 Breuning-Madsen 和 Jensen(1996)的研究方法，使用土壤黏度修正系数调整耕地输出功率，具体系数见表 6.1。一般来说，在黏土中耕作比在砂壤土中需要更大的动力。

土地斜率是反映农田地形的重要因素，斜率较大的农田之间机械较难转移，直接影响机械使用率(Han et al.，2019)。其他一些因素，如每户的耕地面积和农民收入水平也可能影响机械使用。这些因素在长三角地区几乎是一致的，因此只采用土地斜率来确定机械使用比例。根据 1984 年中国农业区划委员会颁布的《土地利用现状调查技术规程》将耕地坡度分为 5 级，1 级为大于 0°、小于等于 2°，

表 6.1 土壤类型划分结果和土壤黏度修正系数

土壤种类	黏度分类	土壤黏度修正系数
碱土 solonetz	黏土	1.3
强淋溶土 acrisol 潜育土 gleysol 淋溶土 alfisol 盐土 solonchak	黏土-壤土	1.2
变性土 vertisol 火山灰土 andosol 高活性强酸土 alisol 人为土 anthrosol 冲积土 fluvisol	壤土	1.1
雏形土 cambisols	壤土-砂壤土	1
黏磐土 planosol 岩性土 regosol	砂壤土	0.9
石质薄层土 leptosol	砂土	0.9

2 级为大于 2°、小于等于 6°，3 级为大于 6°、小于等于 15°，4 级为大于 15°、小于等于 25°，5 级为大于 25°。本方法将 SOTER 中的土地斜率按照同样标准划分为 5 个等级。

将基于卫星数据得到的作物分布与 SOTER 中的地理信息数据进行叠加分析，获得基于网格的各类作物的空间分布及相应的土壤黏度和土地斜率。

6.2.3 机械使用情况

机械使用情况采用调查表的形式进行调查，调查范围包括长三角地区的 8 个典型城市，即安徽省的淮南市和马鞍山市，江苏省的徐州市、扬州市、泰州市和盐城市，浙江省的杭州市和衢州市。其中，盐城市和徐州市代表农田面积较大的城市，扬州市、淮南市和马鞍山市代表农田面积中等的城市，杭州市、泰州市和衢州市代表农田面积较小的城市。此外，盐城市、徐州市、扬州市和泰州市代表土地斜率较小的城市，衢州市和杭州市代表土地斜率较大的城市。上海土地斜率较小且和江苏相似，因此未在上海进行问卷调查。对于每个城市，调查 50 户家庭，最终在整个长三角地区收集的问卷共计 400 份。调查的主要内容包括各类作物的耕地日期范围、播种日期范围、收获日期范围和植保次数，各工作过程是否使用机械和使用机械的面积比例，各类机械额定输出功率和各类机械的出厂日期。

为使用式(6.2)计算每个网格的输出功，本书发展了一种基于个体住户调查的方法，以估计每个网格分过程的额定输出功率（P_i）和工作时长（t_j）的平均水平。在问卷中调查了每个过程的机械额定输出功率。对于租用机械且无法提供具体信息的农民，收集相关机械的工作宽度。之后，在农业机械市场查找相同工作宽度的主要机型，并用相应的额定输出功率填补信息空白。各过程的额定输出功率范围见表 6.2。此外，假设上海耕地机械的输出功与江苏和安徽相似。每个网格的工作时长根据所用机械的小时工作面积的平均值进行计算，小时工作面积可以从机械手册中获取。估计出的单位面积或网格的平均输出功见表 6.2。根据问卷调查结果，在水稻、小麦、油菜、玉米和大豆的生长周期内，植保过程的平均开展次数[式(6.2)中的 N]分别为 6 次、4 次、3 次、4 次和 3 次。

表 6.2　各过程的额定输出功率和输出功范围

过程	地区	额定输出功率 /kW	每公顷的平均输出功率 /(kW·h/hm^2)	每个网格的平均输出功率 /(kW·h/网格)
耕地	安徽、江苏、上海	26～60	75.3	6.8
	浙江	44～120	75.4	6.8
播种	长三角	36～103	52.8	4.8
植保	长三角	1～6	3.75	0.3
收获	长三角	55～150	128	11.5

基于问卷调查得到的机械注册次数，可以确定不同控制阶段机械的比例[式(6.3)中的 α]。农业机械执行的排放标准根据出厂日期确定，其中，耕地、播种和收获过程使用的柴油机于 2007 年 12 月 31 日之前出厂的执行“国一”标准，2008 年 1 月 1 日至 2015 年 9 月 30 日之间出厂的执行“国二”标准，2015 年 10 月 1 日之后出厂的执行“国三”标准。植保过程大多使用汽油机，汽油机的排放标准为 2012 年 12 月 31 日前出厂的执行“国一”标准，2013 年 1 月 1 日之后出厂的执行“国二”标准。

6.2.4　其他数据

各种作物不同工作过程的省级平均农业机械使用比例可从农业农村部统计数据中获取。利用分级递进方法确定各省不同过程、不同作物、不同土地斜率等级下的农业机械使用比例，见表 6.3。

针对某省某作物的某个工作过程，将该作物该工作过程的机械使用比例和该作物的总种植面积相乘，得到该作物该工作过程总的农业机械使用面积。将该作物种植范围内斜率最低的面积和总机械使用面积相比较，若前者较小，则认为斜率最低的面积内全部使用机械工作。计算该作物种植范围内斜率其次低的面积，

表 6.3　各省不同过程、不同作物、不同土地斜率等级下的农业机械使用比例

省份	斜率/(°)	耕地	植保	播种					收获				
				水稻	小麦	油菜	玉米	大豆	水稻	小麦	油菜	玉米	大豆
江苏	(0, 2]	0.83	0.76	0.85	1.00	0.20	0.74	0.25	1.00	1.00	0.18	0.70	0.18
	(2, 6]	0.00	0.00	0.00	1.00	0.00	0.00	0.00	0.00	1.00	0.00	0.00	0.00
	(6, 15]	0.00	0.00	0.00	0.00	0.00	0.00	0.00	0.00	1.00	0.00	0.00	0.00
	(15, 25]	0.00	0.00	0.00	0.00	0.00	0.00	0.00	0.00	1.00	0.00	0.00	0.00
	(25, +∞)	0.00	0.00	0.00	0.00	0.00	0.00	0.00	0.00	1.00	0.00	0.00	0.00
安徽	(0, 2]	1.00	0.59	0.55	0.91	0.60	0.92	0.70	1.00	1.00	0.39	0.75	0.66
	(2, 6]	1.00	0.00	0.00	0.00	0.00	0.00	0.00	1.00	0.00	0.00	0.00	0.00
	(6, 15]	0.57	0.00	0.00	0.00	0.00	0.00	0.00	1.00	0.00	0.00	0.00	0.00
	(15, 25]	0.00	0.00	0.00	0.00	0.00	0.00	0.00	0.00	0.00	0.00	0.00	0.00
	(25, +∞)	0.00	0.00	0.00	0.00	0.00	0.00	0.00	0.00	0.00	0.00	0.00	0.00
浙江	(0, 2]	1.00	1.00	0.67	0.56	0.43			1.00	1.00	0.08		
	(2, 6]	1.00	0.52	0.00	0.00	0.00			1.00	1.00	0.00		
	(6, 15]	1.00	0.00	0.00	0.00	0.00			1.00	1.00	0.00		
	(15, 25]	0.13	0.00	0.00	0.00	0.00			1.00	1.00	0.00		
	(25, +∞)	0.00	0.00	0.00	0.00	0.00			0.00	1.00	0.00		
上海	(0, 2]	1.00	0.97	0.55	0.19	0.21			1.00	1.00	0.15		
	(2, 6]	1.00	0.00	0.00	0.00	0.00			1.00	1.00	0.00		
	(6, 15]	1.00	0.00	0.00	0.00	0.00			0.00	1.00	0.00		
	(15, 25]	—	—	—	—	—			—	—	—		
	(25, +∞)	—	—	—	—	—			—	—	—		

再和该作物扣除斜率最低面积后的总机械使用面积相比较，随着土地斜率等级的不断升高，直至当前斜率最低的面积大于剩余的机械使用面积。将剩余的机械使用面积除以当前斜率最低的面积，将这个比例作为当前斜率最低的土地上该作物该工作过程的机械使用率。

由于很少有研究测试执行“国一”和“国二”标准的农业机械，本书根据柴油机排放标准、柴油机测试(Shah et al.，2004；Zhang et al.，2009；USEPA，2012)和汽油车实际 $PM_{2.5}$ 排放测试结果(USEPA，2012；Shen et al.，2014)，得出农业机械的排放因子。黑碳(BC)和有机碳(OC)的排放因子根据发动机和车辆排放相关研究(Shah et al.，2004；Zhang et al.，2009；USEPA，2012)中给出的 BC 和 OC 在 PM 中的占比确定。最终确定的农业机械排放因子见表 6.4。

表 6.4　农业机械排放因子　　[单位：g/(kW·h)]

燃料类型	排放标准	NO_x	CO	THC	PM	BC	OC
柴油	国一	15.8	12.3	2.6	0.85	0.56	0.24
	国二	9	4.9	1.23	0.68	0.39	0.17
汽油	国一	5.36	805	241	0.217	0.041	0.169
	国二	10	805	40	0.087	0.017	0.068

6.2.5　时间分布

时间分布主要由各个网格中单个过程的排放叠加得到。农业活动不可能在一天内完成,因此根据各网格中完成过程的峰值日期和工作曲线(由每天该过程完成的比例组成，也代表该过程的排放量比例)，估计耕地、播种和收获的变化规律。植保过程产生的排放则平均分布在整个作物的生长周期中。

以水稻收获为例，通过入户调查获取某城市 50 户农户各自的水稻收获时间，统计每日开展水稻收获的农户数量占总调查农户数量的比重，将比重最大日定义为第 0 天，如图 6.2 所示。假设每户农户的土地数量相等，且每户农户每日完成收获过程的工作量相同，峰值日期则为农户占比达到最大值的日期。将整个区域内多个调查城市的峰值日期和城市纬度进行线性回归，并认为整个区域所有网格的峰值日期均符合该曲线，如图 6.3 所示。

将多个城市每日开展水稻收获的农户数量占总调查农户数量的比重进行叠加，每个城市的比例最大日均设为第 0 天，再拟合该比例分布，建立回归曲线，结果显示该比例符合正态分布规律，如式(6.5)所示。

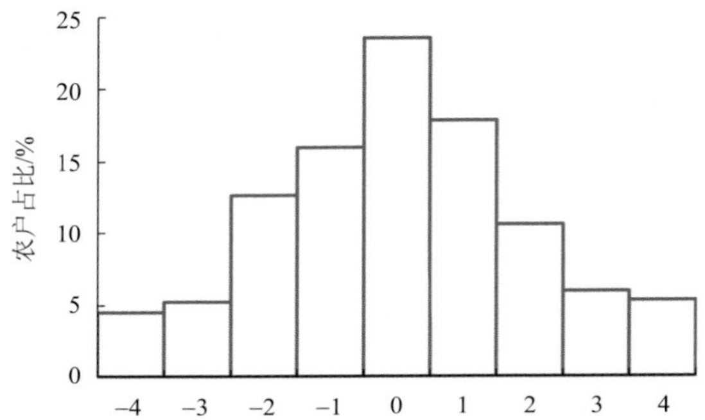

图 6.2　每日开展水稻收获的农户数量占总调查农户数量的比重

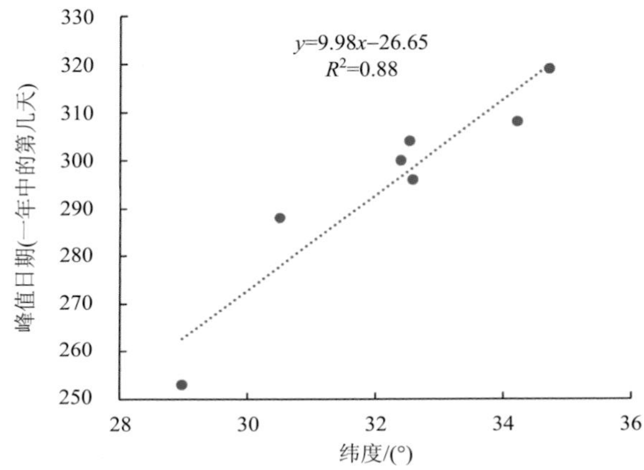

图 6.3　多个调查城市的峰值日期和城市纬度的线性回归结果

$$f(x)=\frac{1}{\sqrt{2\pi}\times 1.96}\mathrm{e}^{-\frac{(x-4)^2}{2\times 3.85}} \tag{6.5}$$

式中，x 为水稻收获过程的第 x 天；$f(x)$ 为当天开展水稻收获的农户数量占总调查农户数量的比重，也代表单个网格当天水稻收获完成的比例。

基于峰值日期和城市纬度的线性回归结果，结合单个网格水稻收获的工作曲线，构建整个区域的水稻收获排放时间分布。同样，将上述方法应用于其他作物的其他过程，最终获得不同作物不同过程的排放量时间分布，如图 6.4 所示。

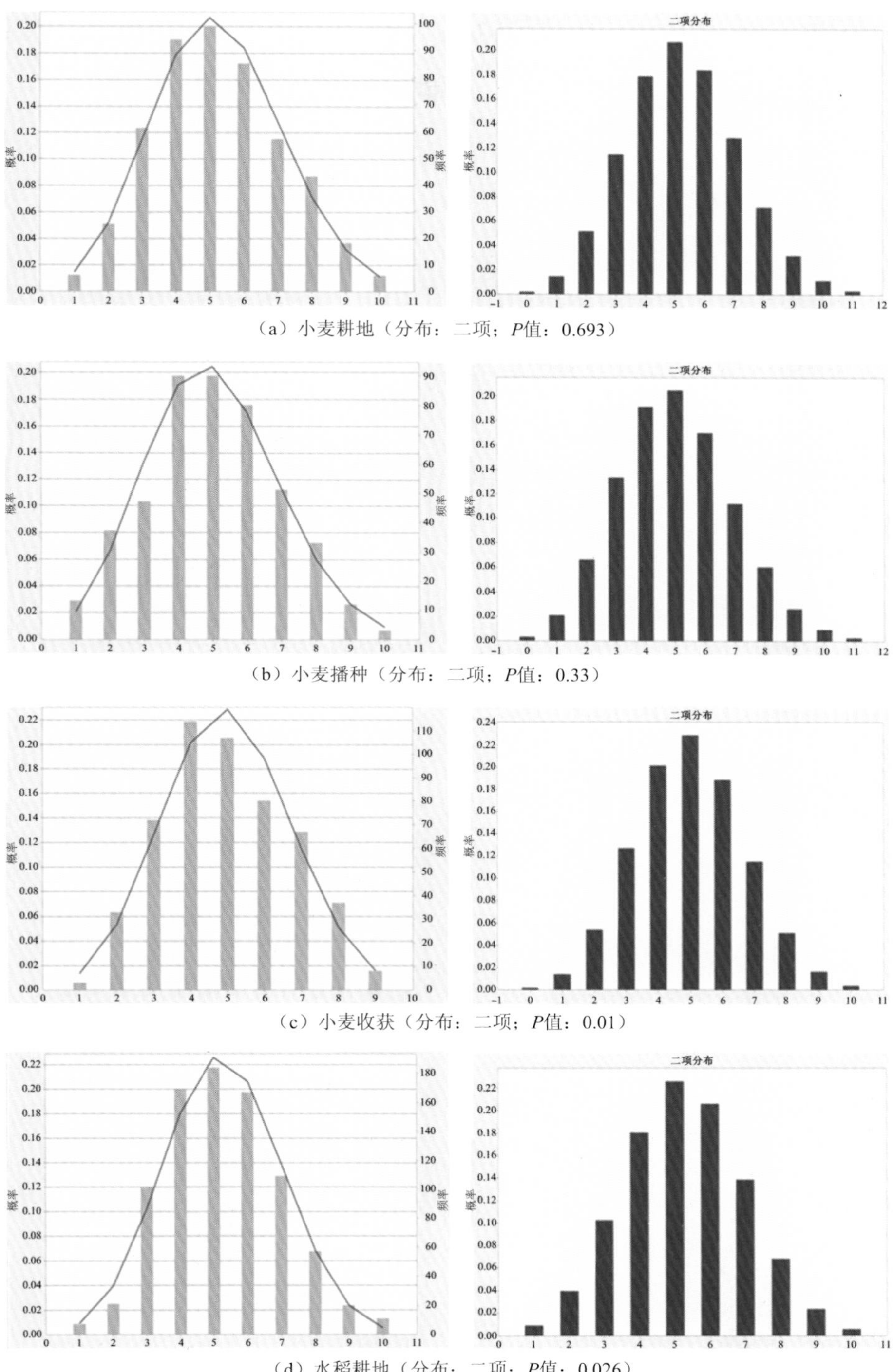

（a）小麦耕地（分布：二项；P值：0.693）

（b）小麦播种（分布：二项；P值：0.33）

（c）小麦收获（分布：二项；P值：0.01）

（d）水稻耕地（分布：二项；P值：0.026）

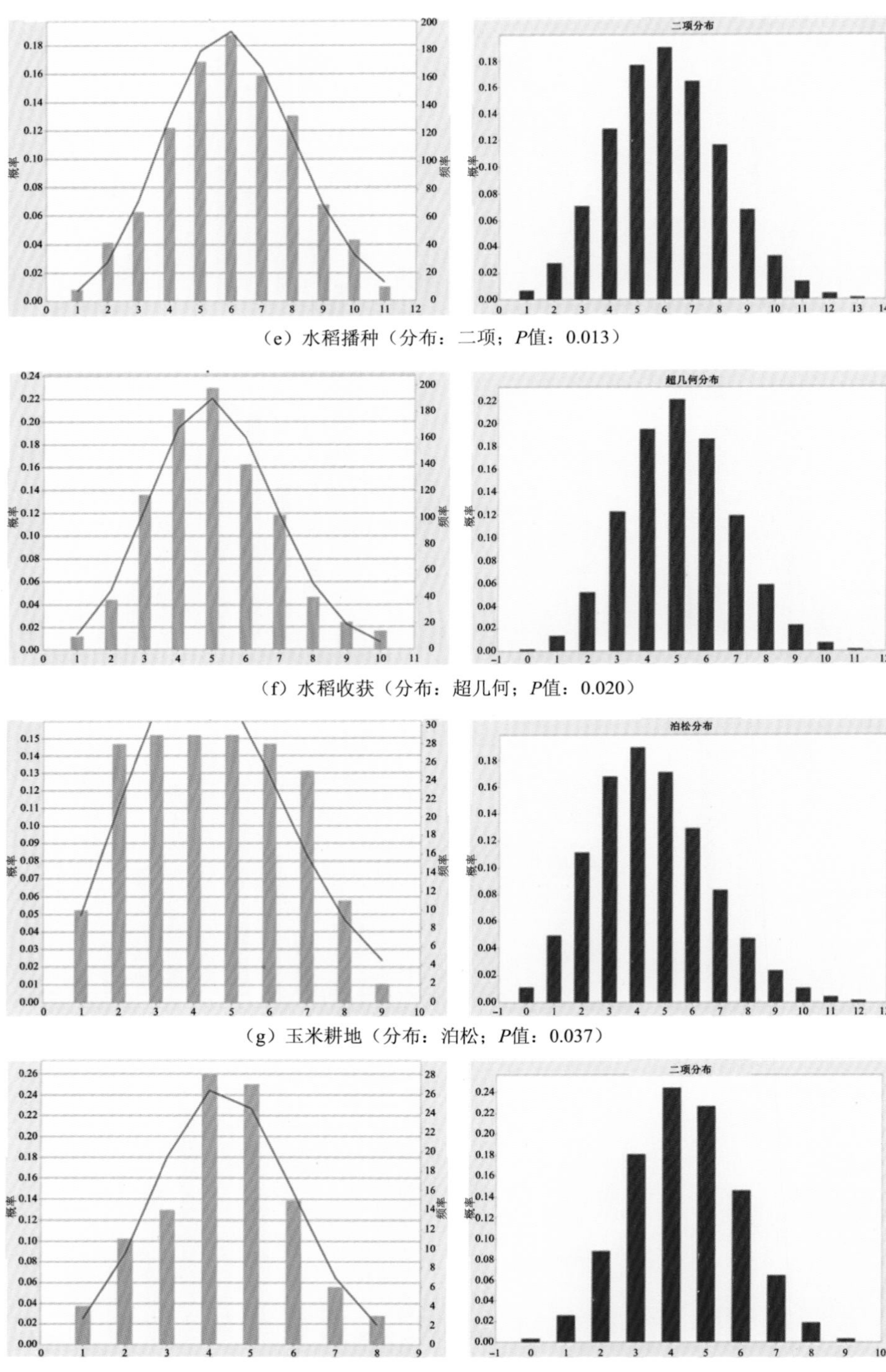

（e）水稻播种（分布：二项；*P*值：0.013）

（f）水稻收获（分布：超几何；*P*值：0.020）

（g）玉米耕地（分布：泊松；*P*值：0.037）

（h）玉米播种（分布：二项；*P*值：0.484）

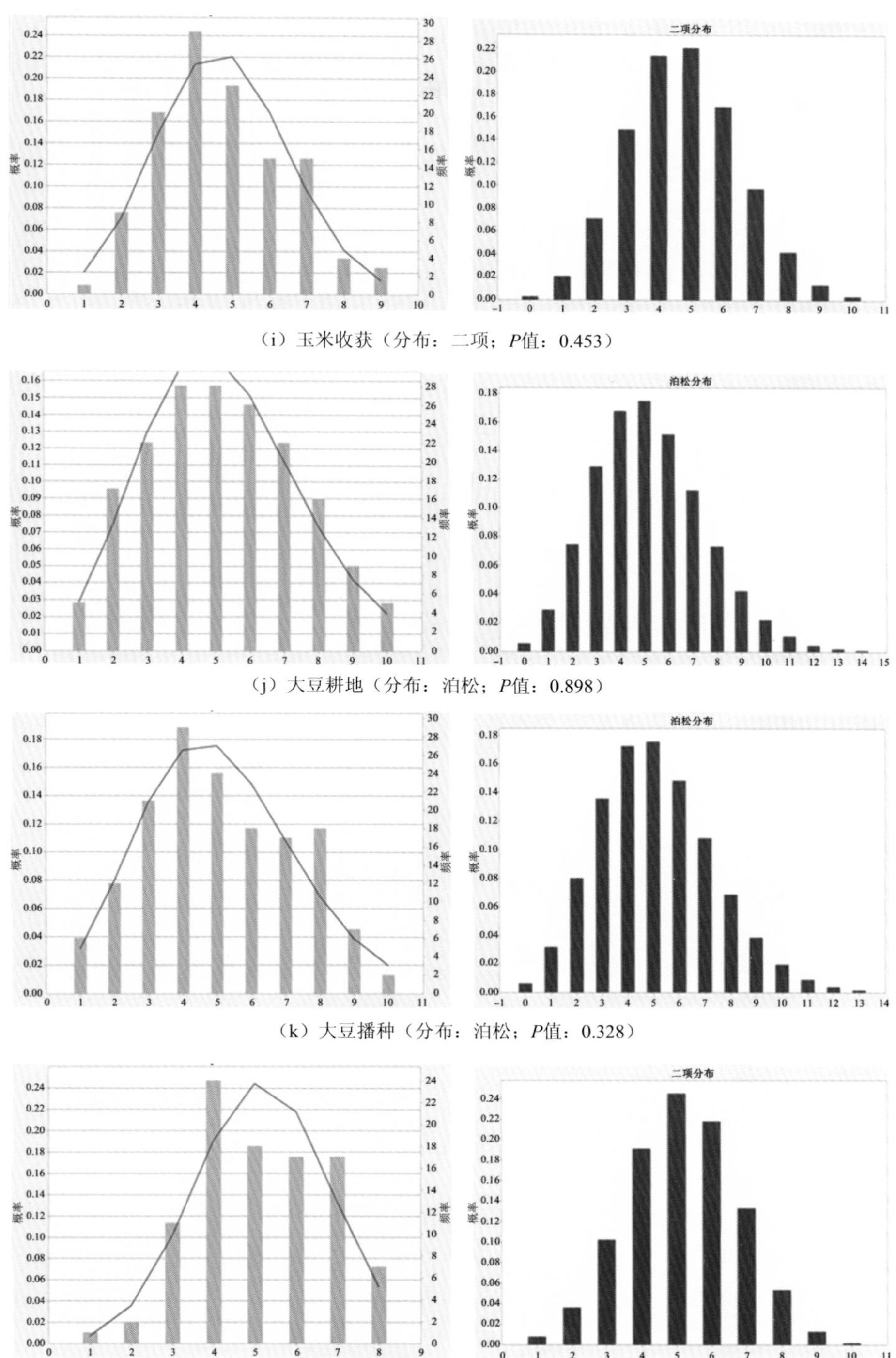

（i）玉米收获（分布：二项；P值：0.453）

（j）大豆耕地（分布：泊松；P值：0.898）

（k）大豆播种（分布：泊松；P值：0.328）

（l）大豆收获（分布：二项；P值：0.161）

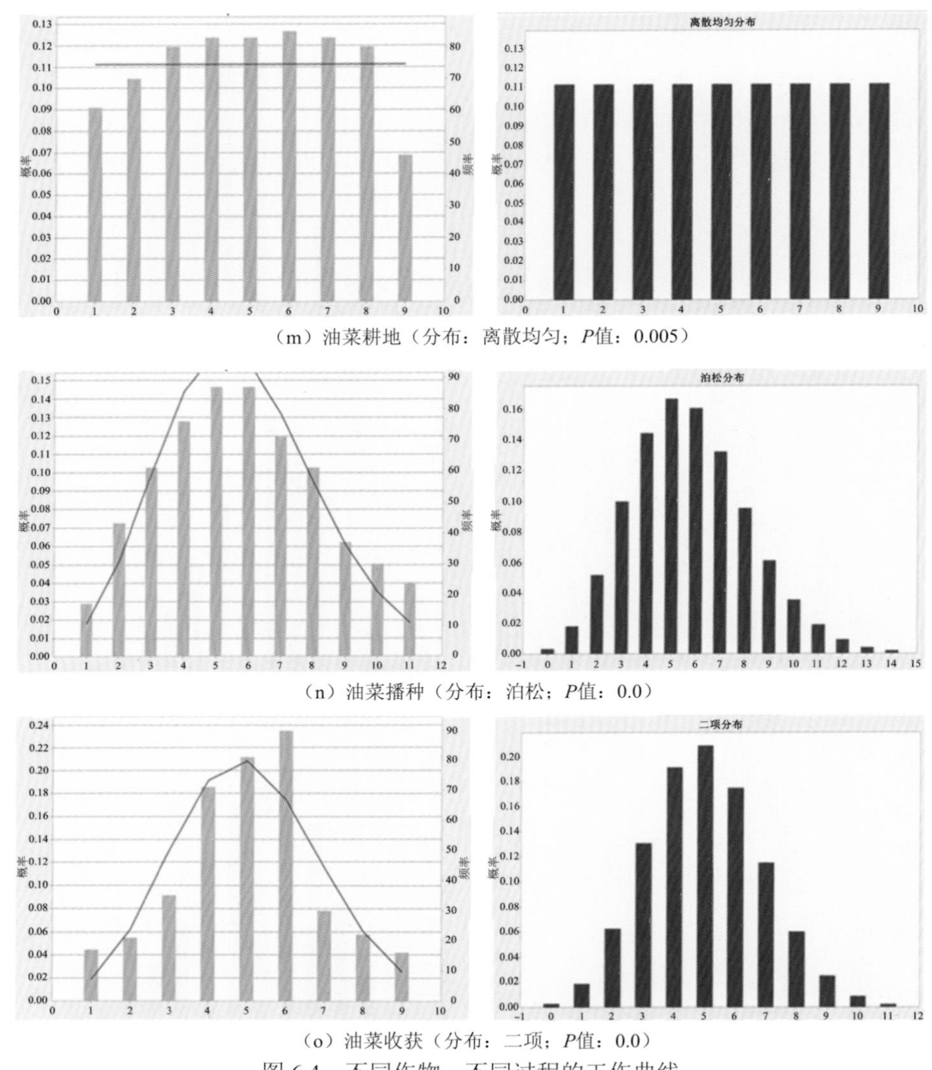

（m）油菜耕地（分布：离散均匀；*P*值：0.005）

（n）油菜播种（分布：泊松；*P*值：0.0）

（o）油菜收获（分布：二项；*P*值：0.0）

图 6.4　不同作物、不同过程的工作曲线

6.3　区域作物种植和机械使用的时空演进

长三角地区主要种植小麦、水稻、油菜、玉米和大豆五种经济作物。小麦、水稻和油菜种植覆盖了整个长三角地区，而玉米和大豆仅在安徽和江苏种植。在浙江和上海，玉米和大豆像蔬菜一样种植在面积非常小的农田中，主要靠人工收获，且未被卫星观测到。

按省份划分的作物-土壤特性和作物-土地斜率的农田面积如图 6.5 所示。长三角地区农田面积最大的是安徽，其次是江苏。浙江和上海的农田面积很小，分别只有安徽农田面积的 13%和 3%。江苏、安徽和上海的农田地势平坦，土地斜率小于 2°的农田比例分别达到 96%、89%和 98%。在浙江，该比例仅为 35%，而土地斜率在大于 15°、小于等于 25°和大于 25°这两个范围内的农田比例分别达到 24%和 14%，说明浙江省的地势更加陡峭。

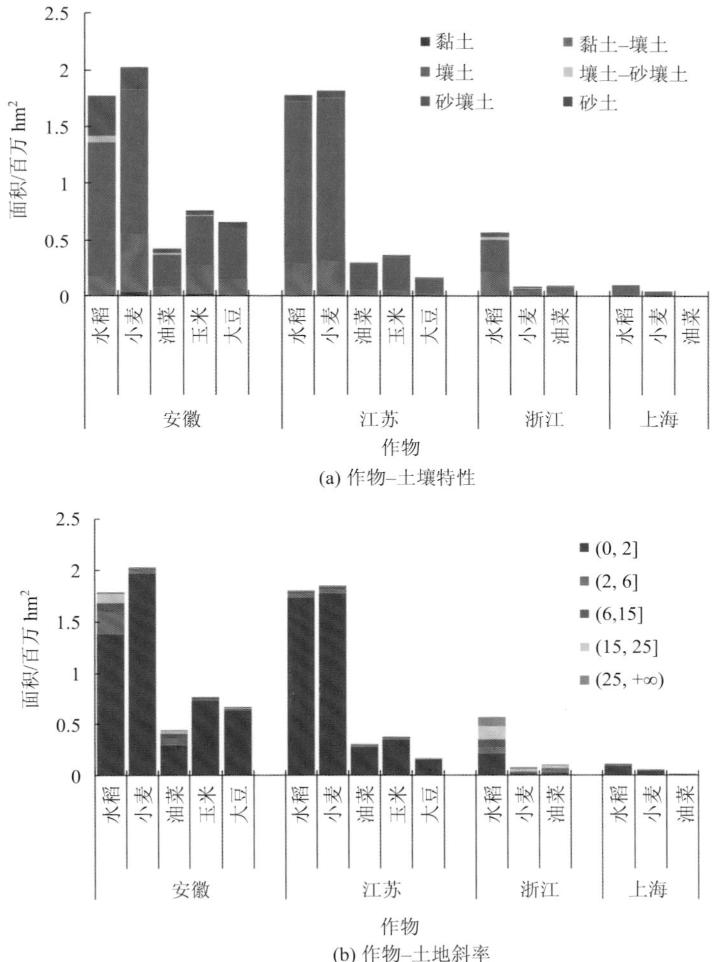

(a) 作物–土壤特性

(b) 作物–土地斜率

图 6.5　长三角各省分作物类型的不同土壤质地和土地斜率的农田面积

一般来说，长三角地区的作物轮作包括春季播种、秋季收获的水稻、玉米和大豆，以及秋季播种、春季收获的小麦和油菜。皖北地区是小麦-玉米/大豆轮作区；江苏、上海和皖东地区是水稻-小麦轮作区；皖西南地区是水稻-油菜轮作区；70%的浙江农田仅种植水稻，其余农田进行水稻-小麦/油菜轮作。

对于播种、植保和收获过程，长三角各地区使用的机械型号基本相同。对于耕地过程，浙江使用的机型和其他省份不同，50%的农户使用工作宽度仅为 1.3 m 的小型耕地机。在植保机械中，90%是电力驱动或手动驱动，其余 10%是汽油驱动，柴油驱动很少。

6.4　高精度农业机械排放定量表征结果

基于 6.2 节介绍的排放清单建立方法，编制了空间分辨率为 30 m×30 m、时间分辨率为每天的 2015 年长三角高精度农业机械排放清单。本节分四部分介绍排放表征结果：一是展示排放总量的表征结果；二是分过程、分作物分析排放特征；三是分析排放的时空分布特征；四是总结研究和政策影响。

6.4.1　排放总量表征结果

2015 年，长三角地区农业机械使用产生的 NO_x、PM、CO、THC、BC 和 OC 排放总量分别为 36274 t、1997 t、36930 t、8430 t、1060 t 和 452 t。各省市的农业机械排放量见表 6.5。在估算排放时假设整个长三角地区的农业发动机组成类似，因此，对于不同污染物，各省市对农业机械排放总量的贡献相近。安徽对所有污染物排放总量的贡献最大，达到 52%，其次是江苏，贡献 41%。农业机械排放量在各省内分布不均匀。对于安徽，排放量排名前 8 的城市贡献了 16 个城市所有排放量的 85%，排名前 4 的城市贡献了 55%。同样，在江苏 13 个城市中排名前 6 的城市贡献了排放总量的 78%。浙江和上海的排放量远小于其他两个省，分别占长三角地区排放总量的 5%和 1%。根据上海市环境科学研究院编制的长三角排放清单(An et al.，2021)，本书得出的农业机械使用产生的 NO_x、PM、CO 和 THC 排放总量分别占道路移动源排放总量的 4%、3%、1%和 1%；安徽农业机械排放最大，而道路移动源排放相对较小，因此各污染物的该占比最高，为 3%～9%。

表 6.5　2015 年长三角各省市农业机械排放量　　（单位：t）

省/市	NO_x	PM	CO	THC
安徽	**18960**	**1044**	**18375**	**4153**
安庆	683	38	649	146
蚌埠	1430	79	1400	316
亳州	3060	168	2910	655
池州	147	8	124	27
滁州	1650	91	1640	374
阜阳	2860	158	2740	617
合肥	1110	61	1130	259

续表

省/市	NO_x	PM	CO	THC
淮北	939	52	893	201
淮南	1500	82	1510	344
黄山	22	1	17	4
六安	1540	85	1540	350
马鞍山	289	16	289	66
宿州	2920	161	2770	623
铜陵	136	7	130	29
芜湖	335	18	324	73
宣城	339	19	309	69
江苏	**14978**	**824**	**16056**	**3704**
常州	243	13	264	61
淮安	2120	117	2250	518
连云港	1450	80	1560	360
南京	246	14	275	64
南通	1070	59	1180	274
宿迁	1890	104	1990	457
苏州	268	15	294	68
泰州	1020	56	1120	260
无锡	243	13	265	61
徐州	2130	117	2220	508
盐城	3020	166	3250	750
扬州	1070	59	1160	270
镇江	208	11	228	53
浙江	**1831**	**101**	**1893**	**434**
杭州	261	14	236	53
湖州	230	13	271	64
嘉兴	466	26	572	135
金华	170	9	154	34
丽水	58	3	49	11
宁波	151	8	160	37
衢州	137	8	122	27
绍兴	138	8	134	30
台州	115	6	102	23
温州	104	6	92	20
舟山	1	0	1	0
上海	**505**	**28**	**606**	**143**
合计	36274	1997	36930	8434

以农业机械排放量最大的污染物 NO_x 为例，图 6.6 展示了空间分辨率为 30 m×30 m 的排放分布图。排放主要集中在安徽北部及江苏北部和中部，安徽中部、江苏南部和上海郊区的排放强度接近，其次是浙江北部，然后是安徽南部和浙江大部分地区。在省域层面，安徽和江苏的排放强度相同，均为 3.4 kg/hm^2。总体而言，安徽耕地机械使用量较大，其他过程机械使用量较小。浙江农田地势最陡、机械使用率最低，排放强度为 2.5 kg/hm^2，是长三角排放强度最低的地区。

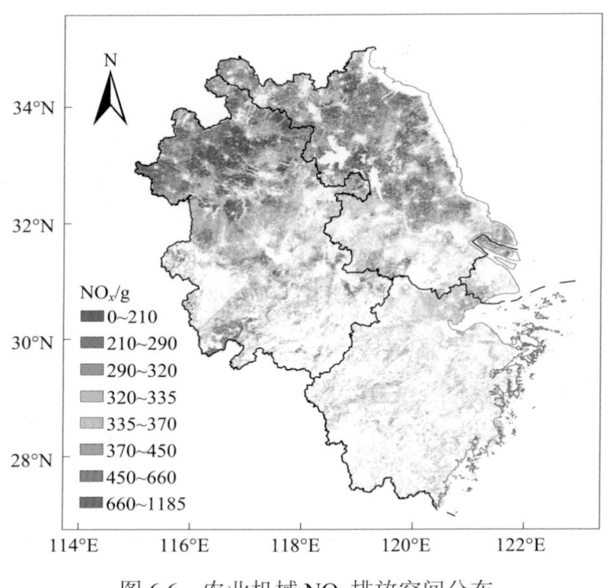

图 6.6　农业机械 NO_x 排放空间分布

6.4.2　分过程、分作物排放特征

图 6.7(a) 显示的是长三角三省一市分过程、分作物的 NO_x 排放量。收获过程的排放量最大(占整个区域的 50%)，其次是耕地过程(33%)、播种过程(17%)和植保过程(几乎为 0)。不同区域的农业机械使用特征不同，造成农业机械输出功的差别，进而造成排放差异。收获过程的单位面积输出功较大(分别比耕地和播种大 69%和 140%)，且机械使用比例较高，因此收获过程的污染物排放量最大。播种过程的机械使用比例较耕地小约 30%，因此在省域层面上播种的排放量为耕地的 20%～60%。

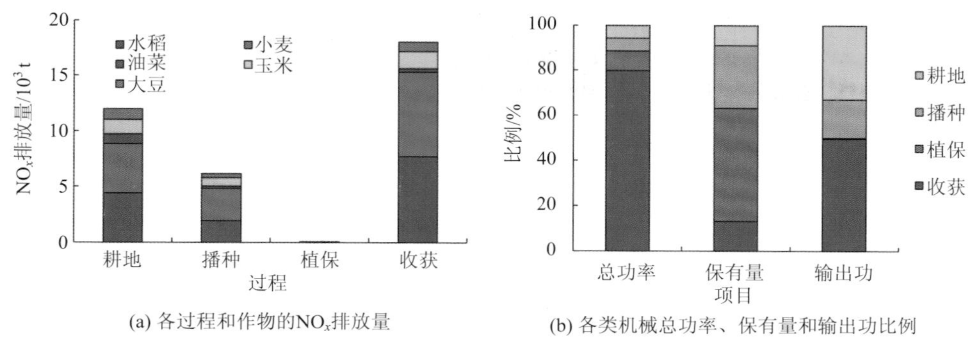

(a) 各过程和作物的NO_x排放量　(b) 各类机械总功率、保有量和输出功比例

图 6.7　各过程和作物的 NO_x 排放量及各类机械总功率、保有量和输出功比例

在不同作物中，与种植小麦相关的农业机械产生的排放量最大，NO_x 排放量为 15.0×10^3 t，之后依次是水稻(14.1×10^3 t)、玉米(3.6×10^3 t)、大豆(2.2×10^3 t)和油菜(1.4×10^3 t)。由于小麦和水稻是整个长三角地区的主要作物类型，较大的种植面积和较高的机械使用比例导致与它们相关的农业机械排放比其他作物更大。基于作物产量和农田面积的排放因子见表 6.6。对于单位作物产量的排放因子，大豆最高，其次是小麦和油菜，水稻最低。大豆的 NO_x 排放因子(1270 g/t)比水稻(311 g/t)高 3.1 倍，主要是由于大豆的单位农田面积产量相对较低(仅占水稻的 22%)。单位农田面积的排放主要受机械使用比例的影响，小麦最高，油菜最低。

表 6.6　基于作物产量和农田面积的排放因子

作物	单位作物产量的排放因子/(g/t)						单位农田面积的排放因子/(kg/hm^2)					
	NO_x	PM	CO	THC	BC	OC	NO_x	PM	CO	THC	BC	OC
小麦	570	31	554	125	17	7	3.75	0.21	3.64	0.82	0.11	0.05
水稻	311	19	365	84	10	4	3.06	0.18	3.59	0.83	0.10	0.04
玉米	482	27	481	110	14	6	3.20	0.18	3.19	0.73	0.09	0.04
大豆	1270	70	1220	276	37	16	2.71	0.15	2.62	0.59	0.08	0.03
油菜	543	34	364	130	18	8	1.69	0.10	1.13	0.40	0.06	0.02

对比本章基于总输出功和以往研究基于保有量或总动力功率的计算结果，如图 6.7(b)所示，采用不同方法估算得到的不同过程排放占比差异较大。本书发展的“基于网格”的农业机械排放量估算方法，避免了以往研究(卞雅慧等，2018；黄成等，2018；Wang et al.，2016；Lang et al.，2018)采用保有量或总动力功率估算方法造成的偏差。

首先，保有量和总动力功率不能完全反映农业机械的使用情况。一方面，由于农业机械成本较高，且每年的工作时长相对较短，农户经常租赁机械，这就造成了保有量和总动力功率与实际使用量之间的偏差。以耕地过程为例，其在总功率普查中的占比(6%)远低于其在输出功中的占比(33%)，如图6.7(b)所示。本书估算的安徽和江苏的总输出功分别为444 GW·h和298 GW·h。根据普查的总功率(表6.7)，计算得到两省的平均工作时长分别为915 h和2440 h。这样长时间的工作是不可能的，说明只使用登记的机械无法在短暂的农忙时节完成耕地工作。以往研究通常低估机械使用量是由于忽略了机械租赁。另一方面，虽然政府部门给予了经济补贴，以刺激农户购买机械，但是一些轻型机械的型号不合适且难以维护。例如，耕地机械的平均功率(总功率除以保有量)为5.8 kW，而轻型机械很难承担这样的工作。与忽略机械租赁相比，对闲置机械的不准确估计导致的不确定性较小，因为闲置机械通常是排放量很小的轻型机械。

表6.7　分省份、分过程的保有量和总功率

省份	过程	保有量/10^3台	保有量占比/%	总功率/10^3 kW	总功率占比/%
安徽	耕地	149	12	747	7
	播种	462	37	156	1
	植保	471	37	582	5
	收获	177	14	9120	86
江苏	耕地	25	2	188	2
	播种	303	26	922	9
	植保	670	58	958	9
	收获	163	14	8090	80
浙江	耕地	74	25	379	23
	播种	1	0	161	10
	植保	207	69	384	23
	收获	19	6	732	44
上海	耕地	0	0	0	0
	播种	0.3	1	44	18
	植保	23	88	52	22
	收获	3	11	140	60

其次，植保机械等部分小型机械为电动机械，并未在使用过程中排放污染物，且植保机械保有量相对较高，因此直接采用保有量等统计数据进行排放量估算将造成植保机械等小型机械的排放量及占农业机械总排放量的比例偏大。如图6.7(b)所示，长三角地区植保机械保有量最大，占农业机械总量的50%，但其输出功占总输出功的比重仅有0.5%。根据调查结果，约90%的植保机械为电力驱动或手动驱动，其余是汽油驱动，额定功率很小，导致植保机械的输出功和排放

量很小。

最后，农业机械的年工作时长存在较大不确定性，我们开发的“基于网格”的排放定量方法有效降低了该不确定性。以往的研究对农业机械的工作时长有不同的描述。以水稻和小麦的收获过程为例，不同研究给出的工作时长从 69 h 到 262 h 不等(黄成等，2018；Fan et al.，2011；Lang et al.，2018)，导致排放量估算偏差达 3.8 倍。

6.4.3　排放时空分布变化

长三角地区春季和秋季农忙时节农业机械排放的时空分布如图 6.8 所示(以 NO_x 排放为例)，展示了分作物和分省份的农业机械日排放变化。在整个长三角地区，春季和秋季农忙时节分别持续了 55 d 和 101 d。两个季节的排放总量相似，最大的日排放量分别为 1490 t 和 667 t。春季的排放总量大于秋季，排放的时空格局基本受农作物的地理分布和生长周期影响。

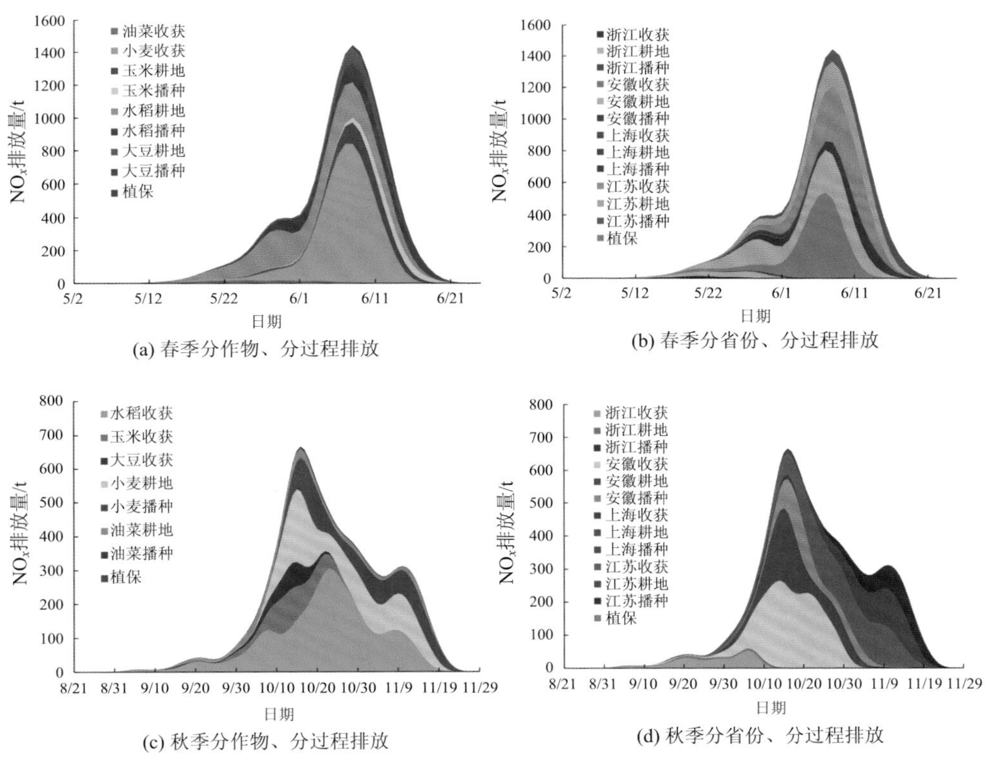

图 6.8　长三角地区分作物和分省份的农业机械日排放变化

春季排放呈现双峰模式，第一个峰相对较低，第二个峰相对较高。农忙时节始于 5 月初，此时长三角最南端的浙江南部开始收获油菜和小麦。随后，农业机械的集中排放逐渐移至浙江北部、安徽南部和江苏，主要进行水稻耕地和播种。5 月 28 日的第一个峰值主要由安徽中南部、江苏南部和浙江北部的水稻耕地、播种和小麦收获的排放构成。此后，江苏和安徽北部开始收获小麦，排放量在 6 月 8 日达到第二个峰值即最高峰值。据估计，小麦收获和水稻耕地对峰值日的 1490 t 排放量分别贡献了 56%和 14%。小麦收割完后，大部分农田开始水稻、玉米或大豆的耕地过程。随着安徽中部和北部，以及江苏农业活动的结束，该峰值在 6 月 25 日之前的 17 天内迅速下降到非常低的水平。

秋季排放呈现三峰模式，第二个峰为最高峰值。排放量的增加始于浙江南部的水稻收获，然后是小麦和油菜的耕地和播种。第一个小高峰出现在 9 月 21 日，此时浙江正在收割水稻，由于全浙江省只有 30%的农田在之后进行其他作物的耕地和播种，因此排放有所下降。此外，虽然皖南地区土地斜率大于 2°的丘陵地种植了大量油菜，但是这些地区未使用播种机械。进入 10 月份后，安徽和江苏开始收获水稻、玉米和大豆，随后进行小麦耕地和播种。排放量在 10 月 16 日达到最高峰，估算得到水稻收获和小麦耕地对最高峰值 667 t 的贡献分别为 25%和 32%。此后，由于安徽北部的水稻收获和耕地减少，排放量随之下降。第三个峰值出现在 11 月 10 日，当时苏北地区正在进行水稻收获和小麦播种。

总体而言，春季小麦的成熟期和收获期较秋季水稻短，导致春季农业机械排放在时间分布上更紧密。在同纬度地区，玉米和大豆在春季的耕地和播种时间与水稻相近，但秋季收获时间较早。因此，春季小麦收获与水稻耕地几乎同步，但秋季小麦耕地早于水稻收获。安徽北部种植大量的玉米和大豆，纬度相近的苏北地区种植大量的水稻，导致春季的排放峰值重合、秋季的排放峰值分离。

根据农业机械排放的时空变化特征，确定了长三角各县域农业机械排放最大的日期。我们分别计算了春秋两季县域农业机械最大日排放量与道路移动源日均排放量的比值，如图 6.9 和图 6.10 所示。在春季农忙时节，分别在安徽和江苏的 45 个区县和 37 个区县中发现 NO_x 和 $PM_{2.5}$ 的该比值大于 1；秋季的相应区县数量分别为 35 个和 59 个。在安徽寿县，NO_x 和 $PM_{2.5}$ 的该比值分别达到 10.7 和 11.1。这一比值高的区县有几个特点：一是农田面积占该区县总面积的比例高；二是几乎所有农田都进行轮作；三是秋季以种植小麦为主(单位农田面积的排放最高)；四是机动车排放相对较少。农业机械与道路移动源排放的比较显示，农忙时节农业机械的使用对区域空气质量的潜在影响较道路移动源更大。

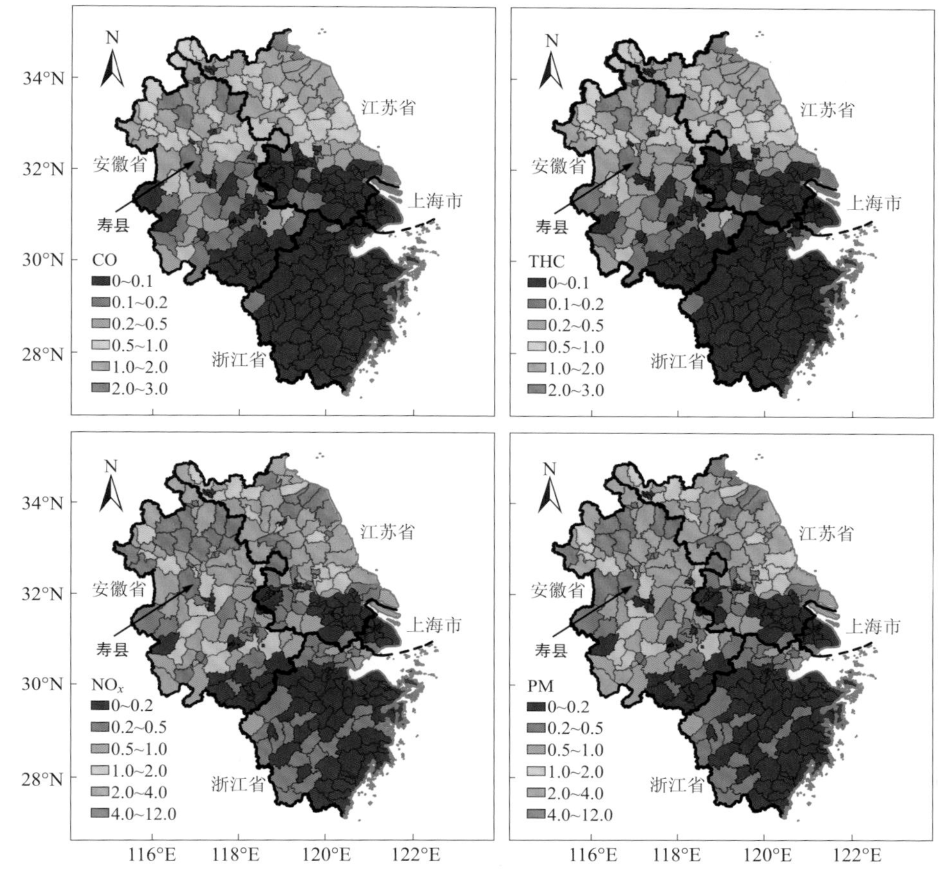

图 6.9　春季县域农业机械最大日排放量与道路移动源日均排放量的比值

6.4.4　研究价值和政策意义

基于改进的农业机械排放的“自下而上”估算方法，我们在农业机械大气污染物排放清单的编制方面取得了进展。需要注意的是，改进的方法仍然存在局限性和不确定性。在本书的研究中，排放因子、输出功和机械使用比例存在不确定性。对于排放因子的确定，目前的工作在很大程度上依赖于现有的排放标准，然而，农业机械通常未得到很好的维护，不一定达到排放标准，导致排放可能会被低估。由于对各工作过程应用了统一的排放因子，在按工作过程划分排放时可能存在不确定性。此外，农业机械的排放因子可能会受到实际运行状况(如发动机转速和负载)和环境条件的影响。本书在估算输出功时考虑了土壤环境特性等因

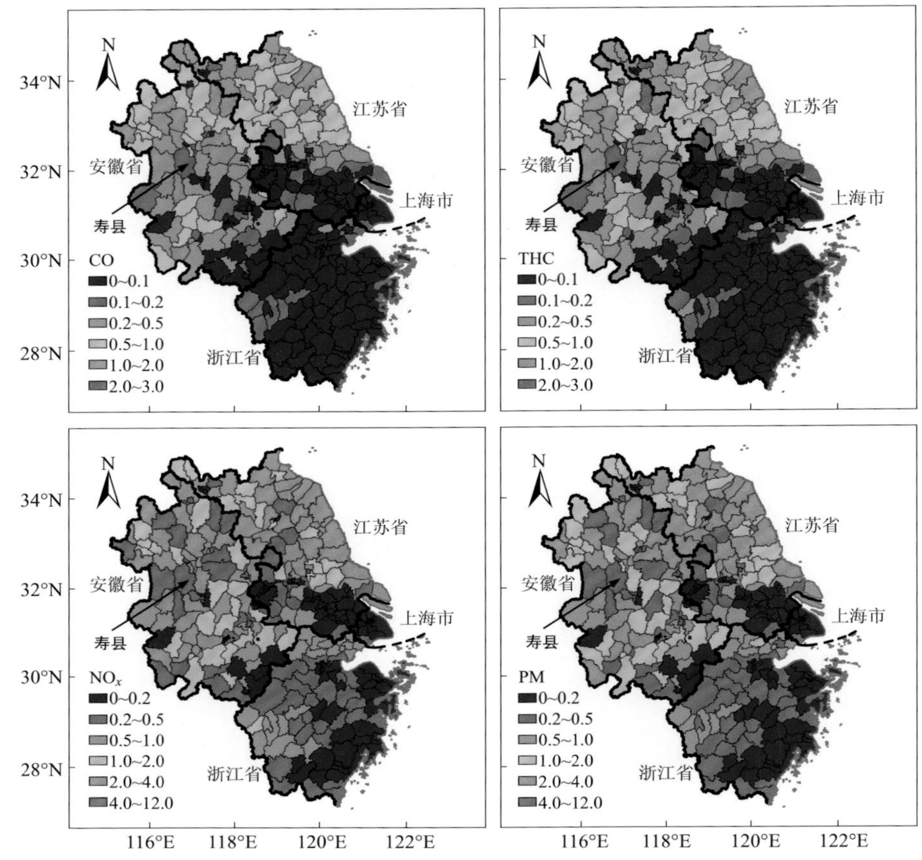

图 6.10　秋季县域农业机械最大日排放量与道路移动源日均排放量的比值

素，但忽略了其对排放因子的进一步影响。对于输出功，也会受到不同操作条件（如耕地深度和前进速度）的影响。同一土地斜率的机械使用比例可能因不同的种植偏好而有所不同。考虑到这些不确定性来源，未来需要按排放控制阶段、作物生长过程和农业机械类型对机械进行更真实的排放因子测量。此外，还需要对输出功和机械使用比例的变化规律进行详细的测量和调查。

当改进的方法应用于较大的区域时，需要调查各子区域不同机械的排放因子和输出功，并基于网格进行排放估算。对于较大的区域，卫星数据的空间分辨率可以降低到 1 km 或 3 km，主要取决于农田块的大小和数据的可获得性。此外，需要调查各子区域不同过程的工作时长，以获得时间变化格局。

本研究强调了农业机械排放控制的重要性，改进了对农业机械排放规模及其时空分布的估计。如 6.4.3 节所示，在特定地区和季节，农业机械排放可能远远超过道路移动源排放。在长三角地区，排放集中在皖中、皖北和江苏的收获和耕地过程，应予以优先控制，尤其是在春季农忙时节。粗略计算表明，如果将所有农业机械分别替换为执行更严格的“国三”和“国四”标准的机械，NO_x 排放量将下降 72%和 78%，说明减排潜力巨大。

未来农业机械的组成可能会发生变化，从而导致排放的变化。随着城市化进程的加快，更多的农民将进入大城市，小面积农田将逐渐合并，因此，增加重型机械的使用有望达到产量增长和土壤保持的目的。考虑到其对空气质量的影响可能会增加，管理和控制农业机械的使用依然非常重要，这在很大程度上取决于对其大气污染物排放特征和变化认识程度的不断提升。

参 考 文 献

卞雅慧, 范小莉, 李成, 等. 2018. 广东省非道路移动机械排放清单及不确定性研究. 环境科学学报, 38(6): 2167-2178.

黄成, 安静宇, 鲁君. 2018. 长三角区域非道路移动机械排放清单及预测. 环境科学, 39(9): 3965-3975.

An J Y, Huang Y W, Huang C, et al. 2021. Emission inventory of air pollutants and chemical speciation for specific anthropogenic sources based on local measurements in the Yangtze River Delta region, China. Atmospheric Chemistry and Physics, 21(3): 2003-2025.

Breuning-Madsen H, Jensen N H. 1996. Soil map of Denmark according to the revised FAO legend 1990. Geografisk Tidsskrift-Danish Journal of Geography, 96: 51-59.

Campbell P, Zhang Y, Yan F, et al. 2018. Impacts of transportation sector emissions on future U.S. air quality in a changing climate. Part I: Projected emissions, simulation design, and model evaluation. Environmental Pollution, 238: 903-917.

Dalgaard T, Halberg N, Porter J R. 2001. A model for fossil energy use in Danish agriculture used to compare organic and conventional farming. Agriculture Ecosystems & Environment, 87: 51-65.

Fan S, Nie L, Kan R B, et al. 2011. Fuel consumption based exhaust emissions estimating from agricultural equipment in Beijing. Journal of Safety and Environment, 11(1): 145-148.

FAO. 2008. Global and national soil and terrain digital database (SOTER). World Soil Information.

Fu X, Wang S X, Zhao B, et al. 2013. Emission inventory of primary pollutants and chemical speciation in 2010 for the Yangtze River Delta region, China. Atmospheric Environment, 70: 39-50.

Goncalves D R P, Sa J C D, Mishra U, et al. 2018. Soil carbon inventory to quantify the impact of land use change to mitigate greenhouse gas emissions and ecosystem services. Environmental Pollution, 243: 940-952.

Han Z, Zhong S Q, Ni J P, et al. 2019. Estimation of soil erosion to define the slope length of newly reconstructed gentle-slope lands in hilly mountainous regions. Scientific Reports, 9: 4676.

Lang J L, Tian J J, Zhou Y, et al. 2018. A high temporal-spatial resolution air pollutant emission inventory for agricultural machinery in China. Journal of Cleaner Production, 183: 1110-1121.

Lei Y, Zhang Q, He K B, et al. 2011. Primary anthropogenic aerosol emission trends for China, 1990-2005. Atmospheric Chemistry and Physics, 11(3): 931-954.

Lu Q, Zheng J Y, Ye S Q, et al. 2013. Emission trends and source characteristics of SO_2, NO_x, PM_{10} and VOCs in the Pearl River Delta region from 2000 to 2009. Atmospheric Environment, 76: 11-20.

Shah S D, Cocker D R, Miller J W, et al. 2004. Emission rates of particulate matter and elemental and organic carbon from in-use diesel engines. Environmental Science & Technology, 38(9): 2544-2550.

Shen X B, Yao Z L, Huo H, et al. 2014. $PM_{2.5}$ emissions from light-duty gasoline vehicles in Beijing, China. Science of the Total Environment, 487: 521-527.

Si Y D, Wang H M, Cai K, et al. 2019. Long-term (2006-2015) variations and relations of multiple atmospheric pollutants based on multi-remote sensing data over the North China Plain. Environmental Pollution, 255: 113323.

USEPA. 2012. Emissions of Black Carbon. Chap. 4//Report of Congress on Black Carbon.

Wang F, Li Z, Zhang K S, et al. 2016. An overview of non-road equipment emissions in China. Atmospheric Environment, 132: 283-289.

Wang H K, Fu L X, Zhou Y, et al. 2010. Trends in vehicular emissions in China's mega cities from 1995 to 2005. Environmental Pollution, 158(2): 394-400.

Xue J F, Pu C, Liu S L, et al. 2016. Carbon and nitrogen footprint of double rice production in southern China. Ecological Indicators, 64: 249-257.

Yao Z L, Huo H, Zhang Q, et al. 2011. Gaseous and particulate emissions from rural vehicles in China. Atmospheric Environment, 45(18): 3055-3061.

Zhang J, He K B, Ge Y S, et al. 2009. Influence of fuel sulfur on the characterization of PM_{10} from a diesel engine. Fuel, 88(3): 504-510.

Zhao B, Wang S X, Liu H, et al. 2013. NO_x emissions in China: Historical trends and future perspectives. Atmospheric Chemistry and Physics, 13(19): 9869-9897.

Zhao Y, Mao P, Zhou Y D, et al. 2017. Improved provincial emission inventory and speciation profiles of anthropogenic non-methane volatile organic compounds: A case study for Jiangsu, China. Atmospheric Chemistry and Physics, 17(12): 7733-7756.

Zheng J Y, Zhang L J, Che W W, et al. 2009. A highly resolved temporal and spatial air pollutant emission inventory for the Pearl River Delta region, China and its uncertainty assessment. Atmospheric Environment, 43(32): 5112-5122.

第 7 章　生物质开放燃烧排放清单优化

随着农业活动的快速增加，大量农作物秸秆在田间被直接焚烧，即露天生物质燃烧(open biomass burning，OBB)。OBB 是大气颗粒物和痕量气体的重要来源，包括可吸入颗粒物(PM_{10})、细颗粒物($PM_{2.5}$)、元素碳(elemental carbon，EC)、有机碳(OC)、甲烷(CH_4)、非甲烷挥发性有机物(NMVOC)、一氧化碳(CO)、二氧化碳(CO_2)、氮氧化物(NO_x)、二氧化硫(SO_2)和氨(NH_3)，在特定时段可能对区域空气质量产生严重影响，并使相应地区承担更多减排压力(Richter et al.，2005；van Donkelaar et al.，2010；Xing et al.，2015；Xia et al.，2016；Guo et al.，2017；Zheng et al.，2017)。因此，OBB(本章特指农作物秸秆焚烧)大气污染排放特征引起了广泛关注(Streets et al.，2003；Shi and Yamaguchi，2014；Qiu et al.，2016；Zhou et al.，2017a)。

现有研究已使用多种方法估算 OBB 排放，包括基于生物质燃烧量的“自下而上”法、基于燃烧面积(burned area，BA)或火辐射功率(fire radiative power，FRP)的方法，以及使用空气质量模式和地面观测共同约束排放的方法。不同方法和数据来源均会导致 OBB 排放估算差异，但这些差异及原因尚未得到充分分析。此外，很少有研究应用空气质量模式评估不同方法的估算结果，排放估算的不确定性和可靠性仍不清楚。由于 OBB 对空气质量和气候有显著影响，而现有生物质燃烧排放清单的建立方法不确定性较大，因此准确估算 OBB 排放及其时空格局具有重要意义。

长三角地区是我国重要的农业生产区，OBB 事件加剧了该地区的空气污染(Cheng et al.，2014)。本章围绕 OBB 排放特征及其对空气质量的影响，介绍三类 OBB 排放清单的建立方法，并以长三角为例对 OBB 排放量进行估算；分析不同方法建立的排放清单之间的差异和原因，为 OBB 排放估算提供方法学参考；并结合空气质量模式检验 OBB 排放清单的改进对模拟性能的提升，为空气质量管理提供更加可靠的科学依据。

7.1　生物质开放燃烧排放清单建立及评估方法

7.1.1　基于生物质燃烧量的“自下而上”法

“自下而上”法中的排放量是通过作物产量、秸秆与谷物的比例、田间燃烧的干物质比例、燃烧效率和排放因子的乘积计算得到的(王书肖和张楚莹，2008；Streets et al.，2003；Zhao et al.，2013；Xia et al.，2016；Zhou et al.，2017a)。

本章研究的时间范围为2005～2012年，采用“自下而上”法计算长三角地区OBB年排放量，如式(7.1)和式(7.2)所示。

$$E_{(i,y),j}=\sum_{k}(M_{(j,y),k}\times \mathrm{EF}_{j,k}) \tag{7.1}$$

$$M_{(i,y),k}=P_{(j,y),k}\times R_k\times F_{(i,y)}\times \mathrm{CE}_k \tag{7.2}$$

式中，E 为排放量(t)；M 为田间燃烧秸秆(crop residue burned in the field，CRBF)的质量(Gg)；EF为排放因子(g/kg)；P 为作物产量(Gg)；R 为谷草比(干物质)；F 为CRBF占秸秆产量的比例；CE为燃烧效率；i 、y 、j 、k 分别为城市、年份、大气成分和作物类型。

排放因子基于现有文献获得，且优先选择国内实测的排放因子，见表7.1。若从文献中获取了某作物的多个排放因子，则使用算术平均值；若某作物没有文献提供排放因子，则使用其他作物的算术平均值代替。市级作物年产量获取自《中国统计年鉴 2012》(中华人民共和国国家统计局，2013)，谷草比获取自毕于运(2010)和王雨辰等(2013)的研究，燃烧效率获取自Zhang等(2008)的研究，具体数据见表7.2。

表7.1　“自下而上”法中OBB排放因子

类型	排放因子/(g/kg)										
	PM_{10}	$PM_{2.5}$	EC	OC	CH_4	NMVOC	CO	CO_2	NO_x	SO_2	NH_3
稻草	15.7[a]	13.77[b, c]	0.499[d, b]	6.16[d, b]	3.89[e]	8.94[e]	65.2[d, f, b]	1215.3[d, f, b]	2.67[d, f]	0.147[d]	0.525[e]
小麦秸秆	25.4[a]	22.25[g, c]	0.505[d, g]	3.26[d, g]	3.36[g]	7.48[g]	88.8[d, g, f]	1502.5[d, g, f]	2.34[d, g, f]	0.449[d, g]	0.37[g]
玉米秸秆	19.7[a]	17.24[g, c]	0.565[d, g]	3.08[d, g]	4.41[g]	10.4[g]	79.3[d, g, f]	1605.2[d, g, f]	2.98[d, g, f]	0.233[d, g]	0.68[g]
其他	18.0[e]	15.78[e]	0.519[e]	5.38[e]	3.89[e]	8.94[e]	75.5[e]	1358.6[e]	2.75[e]	0.351[e]	0.525[e]

注：a，Akagi等(2011)获得的PM_{10}相对于$PM_{2.5}$的比率；b，Zhang et al.，2013；c，祝斌等，2005；d，Cao et al.，2008；e，数值为已知秸秆类型的平均值；f，Zhang et al.，2008；g，Li et al.，2007。

表 7.2　不同作物的谷草比和燃烧效率

类型	谷草比[a]	燃烧效率[b]/%
大米	0.95	92.5
小麦	1.3	91.7
玉米	1.1	91.7
其他谷物	1.1	92.0
马铃薯	0.526[c]	92.0
花生	1.5	92.0
油菜籽	1.97	92.0
棉花	5	92.0
豆类	1.6	92.0

注：a，毕于运，2010；b，Zhang et al.，2008；c，王雨辰等，2013。

由于缺少官方统计数据，本章参考苏继峰等(2012)的方法，按未被利用秸秆比例的 50%估计 CRBF 占秸秆产量的比例。由于一些年份缺失官方数据，对于江苏和上海，假设 CRBF 比例在 2008 年之前保持不变；对于浙江和安徽，假设 2011 年之前的 CRBF 比例恒定不变。由于缺乏城市层面的详细信息，本章对城市应用统一的 CRBF 比例，见表 7.3。2012 年之后的 OBB 排放量未采用“自下而上”法计算，主要是由于缺乏相应年份的 CRBF 比例信息。

表 7.3　2005～2012 年“自下而上”法中长三角地区的 CRBF 比例　（单位：%）

年份	上海	江苏	浙江	安徽
2005	12.50	20.5	15	23.50
2006	12.50	20.5	15	23.50
2007	12.50	20.5	15	23.50
2008	12.50	20.5	15	23.50
2009	10.40	17.4	15	23.50
2010	8.60	14.7	15	23.50
2011	7.20	12.5	15	23.50
2012	6.00	9.5	11	21.30

7.1.2　基于火辐射功率的方法

基于 BA 或 FRP 的方法是随着卫星观测技术的进步而发展起来的。BA 通过遥感获取，与农田燃烧地面生物量密度、燃烧效率和排放因子共同用于 OBB 排放量的计算。由于每次秸秆燃烧的面积通常很小且难以被卫星准确探测到，采用这种方法进行排放估算可能会严重低估排放量(van der Werf et al.，2010；Liu et al.，2015)。对于 FRP 法，火辐射能量(fire radiative energy，FRE)基于卫星过境时间的 FRP 和 FRP 的日周期计算，然后根据燃烧转化率和 FRE 获得 CRBF 的质量，OBB 排放量即为 CRBF 质量和排放因子的乘积(Kaiser et al.，2012；Liu et al.，2015)。FRP 无法识别秸秆类型，因此对不同类型秸秆应用统一的排放因子(Liu et al.，2015；Qiu et al.，2016)，见表 7.4。

表 7.4　FRP 法使用的排放因子　(单位：g/kg)

项目	PM_{10}[a]	$PM_{2.5}$[a]	EC[a]	OC[a]	CH_4[a]	NMVOC[a]	CO[a]	CO_2[a]	NO_x[a]	SO_2[b]	NH_3[a]
EF	7.2	6.3	0.8	2.3	5.8	51.4	102.2	1584.9	3.1	0.4	2.2

注：a，Akagi et al.，2011；b，Andreae and Merlet，2001。

CRBF 质量的计算方法如式(7.3)所示。

$$M = \mathrm{FRE} \times \mathrm{CR} \tag{7.3}$$

式中，M 为 CRBF 质量(kg)；CR 为能量与质量的燃烧转换比(kg/MJ)；FRE 为从卫星观测获得的活动火像素中释放的总辐射能(MJ)，为原始 FRE。

基于 Wooster 等(2005)的野外测试结果和 Freeborn 等(2008)的实验室测试结果，本书使用的 CR 为(0.41±0.04) kg/MJ。

假设燃烧农作物产生 FRP 的昼夜循环服从高斯分布，基于 Vermote 等(2009)和 Liu 等(2015)的研究，FRE 使用修改后的高斯函数计算，即修正后的 FRE，如式(7.4)和式(7.5)所示。

$$\mathrm{FRE} = \int \mathrm{FRP} = \int_0^{24} \mathrm{FRP}_{\mathrm{peak}} \left[b + \mathrm{e}^{\frac{(t-h)^2}{2\sigma^2}} \right] \mathrm{d}t \tag{7.4}$$

$$\mathrm{FRP}_{\mathrm{peak}} = \frac{\mathrm{FRP}_t}{b + \mathrm{e}^{-\frac{(t-h)^2}{2\sigma^2}}} \tag{7.5}$$

式中，$\mathrm{FRP}_{\mathrm{peak}}$ 为燃烧事件日循环中的 FRP 峰值；t 为卫星通过时间；b 为日循环的背景水平；σ 为燃烧事件日曲线的宽度；h 为当地时间。

FRP 数据来源于中分辨率成像光谱仪露天燃烧数据产品(Moderate-resolution Imaging Spectroradiometer Active Fire Product，MODIS MCD14ML；https://ladsweb.modaps.eosdis.nasa.gov/)，该产品提供来自 Terra 和 Aqua 两个卫星的数据(Davies et al.，2009)。来自 Terra 卫星的 MCD14ML 的过境时间约为 10:30 和 22:30，来自 Aqua 卫星的数据产品过境时间为 01:30 和 13:30。该产品提供了火点像素(也称为火点)、过境时间、卫星及其 FRP 值的地理坐标。土地覆盖数据集(GlobCover

2009；http://due.esrin.esa.int/files/GLOBCOVER2009_Validation_Report_2.2.pdf) 用于定义我国的农田分布。

使用表 7.5 中的年均 Terra/Aqua (T/A) FRP 比率计算我国 2005～2015 年的参数 b 、σ 和 h 。

$$b = 0.86r^2 - 0.52r + 0.08 \tag{7.6}$$

$$\sigma = 3.89r + 1.03 \tag{7.7}$$

$$h = -1.23r + 14.57 + \varepsilon \tag{7.8}$$

式中，r 为年均 T/A FRP 比率；ε (=4h) 为修正参数。

表 7.5　2005～2015 年 T/A FRP 比率

年份	T/A FRP 比率	FRE/10^6MJ	总谷物燃烧/10^6Mg
2005	0.94	1.95	5.74
2006	0.88	1.78	5.55
2007	0.94	1.70	6.95
2008	1.02	1.64	5.36
2009	1.02	1.49	5.70
2010	0.97	1.59	8.02
2011	0.96	1.53	6.33
2012	0.92	1.80	12.60
2013	0.94	1.61	8.51
2014	1.04	2.49	10.66
2015	0.72	1.52	4.23

基于 Liu 等 (2015) 的研究，本章添加了参数 ε 以修改 FRP_{peak} 小时的日曲线，修改后的 FRP 日曲线更能代表观测到的 FRP 时间变化，如图 7.1 所示。用此方法计算出的 FRE 范围为从 2005 年的 1.95×10^6 MJ 到 2009 年的 1.49×10^6 MJ，长三角地区的平均值为 1.74×10^6 MJ。

为进一步了解“自下而上”和 FRP 法之间的差异来源，本章将“自下而上”法中使用的各种作物类型排放因子按作物质量进行加权平均，并使用 FRP 法估算 2010 年 OBB 排放量[即 FRP (with the same emission factors，WSE) 法：应用与“自下而上”法相同的排放因子]。基于 FRP 法和基于“自下而上”法的 OBB 排放量比较结果详见 7.2.1 节。

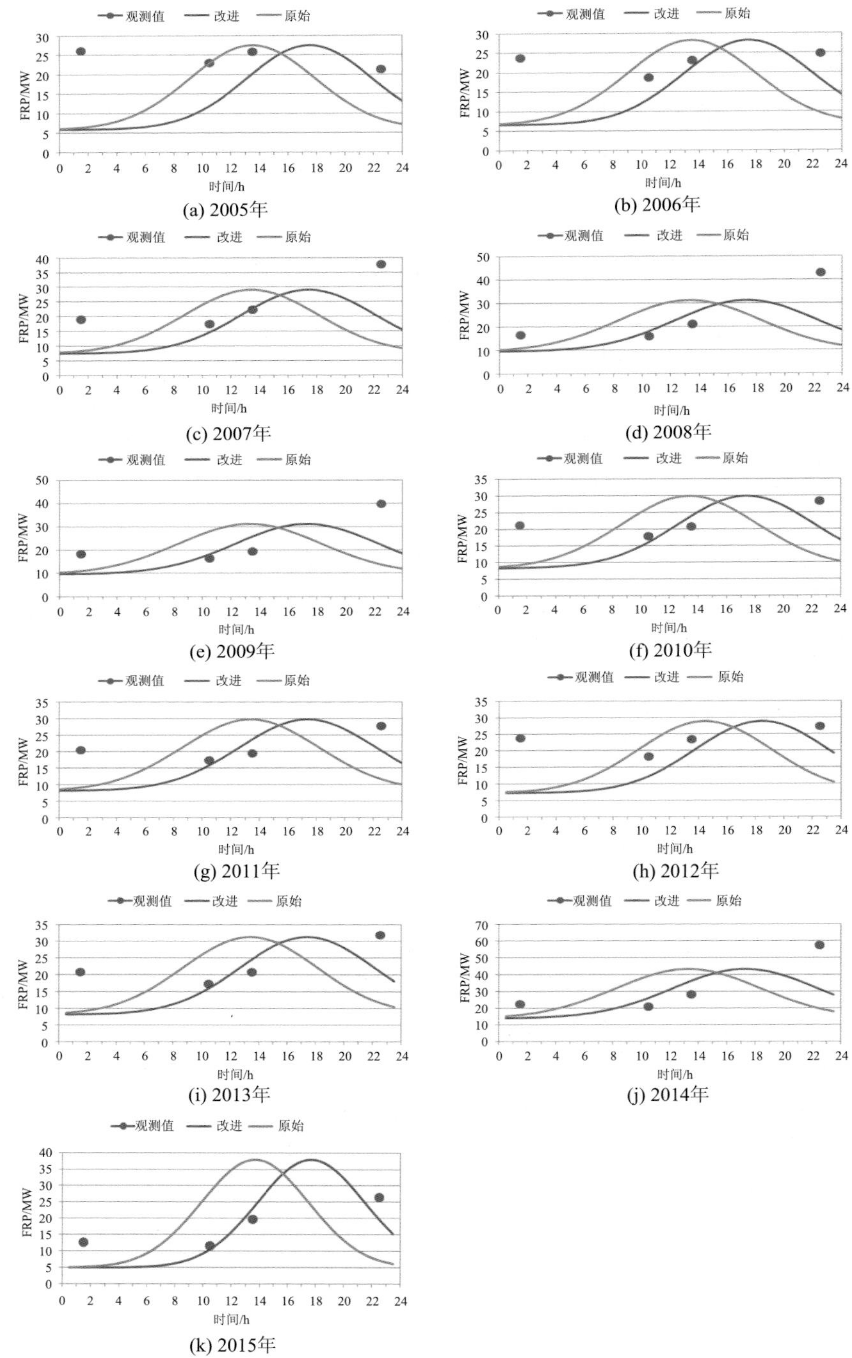

图 7.1　2005～2015 年原始(绿线)和改进(红线)的 FRP 日变化曲线的比较

蓝色点表示相应时间的 FRP 观测值

7.1.3　基于空气质量模式和地面观测的约束方法

基于空气质量模式和地面观测的约束法通过利用空气质量模式模拟和观测得到的大气成分浓度的差异对排放进行订正和约束(Hooghiemstra et al.，2012；Krol et al.，2013；Konovalov et al.，2014)。OBB 排放的时空分布格局来自卫星观测的火点信息。

考虑到在收获季节 OBB 会对颗粒物的生成造成较大影响，我们使用空气质量模式和地面颗粒物观测浓度约束 OBB 排放(Fu et al.，2013；Cheng et al.，2014；Li et al.，2014)。为表征排放和浓度之间的非线性关系，在空气质量模式中使用包含 OBB 和其他来源的初始排放清单，并通过改变 OBB 排放比例(本章中为 5%)计算颗粒物浓度对排放的响应(本章定义响应系数为颗粒物浓度的相对变化与 OBB 排放的相对变化的比值)；将模拟获得的颗粒物浓度与地面观测值进行比较，并结合响应系数及观测与模拟之间的差异对所有成分的燃烧排放进行校正；将修正后的排放进一步应用于空气质量模式，并重复该过程(包括重新计算响应系数)，直到观测与模拟偏差缩小至可接受范围[本章将此差异限制在 0.1%以内，即式(7.9)中 I 值小于 0.1%]。为限制其他来源排放的潜在不确定性，分析中包括非 OBB 事件期间观测与空气质量模式模拟的颗粒物浓度之间的差异，如式(7.9)所示。

$$I=\left|\frac{\sum_{x,i}S_{x,i}-\sum_{x,i}Q_{x,i}\times N_i}{\sum_{x,i}O_{x,i}}-1\right| \tag{7.9}$$

式中，O 为观测的颗粒物浓度；S 为模拟的有 OBB 排放的颗粒物浓度；Q 为模拟的无 OBB 排放的颗粒物浓度；N 为非 OBB 事件周期的标准平均偏差(NMB)，计算公式详见 2.4 节；x 和 i 分别为时间和城市。

约束法不依赖活动水平(即农田燃烧生物量)，且与前述两种方法相比，地面观测作为约束的排放估算受排放因子不确定性的影响较小。

OBB 排放的颗粒物粒径较小，因此在 OBB 事件期间，环境 $PM_{2.5}$ 占 PM_{10} 浓度的比重较大。图 7.2 展示了 2012 年 6 月在南京草场门站观测到的 $PM_{2.5}$ 和 PM_{10} 浓度：在 2012 年 6 月 8～14 日的 OBB 事件期间，$PM_{2.5}$ 占 PM_{10} 的平均质量比高达 79%。在卫星能够检测到有大多数火点数据的长三角北部，该比例可能更高。由于 2013 年之前长三角北部大部分城市的地面 $PM_{2.5}$ 浓度较难获取，使用 PM_{10} 作为 2013 年之前的 OBB 污染指标，并使用 PM_{10} 观测浓度约束 OBB 排放。所有城市的日均 PM_{10} 浓度获取自中国环境监测总站(http://www.cnemc.cn/)发布的空气污染指数(air pollution index，API)，二者之间的换算关系见式(7.10)，API 与不同等级 PM_{10} 浓度之间的关系见表 7.6。

$$C=\frac{(I-I_i)\times(C_{i+1}-C_i)}{I_{i+1}-I_i}+C_i \tag{7.10}$$

式中，I 为 API；C 为 PM_{10} 浓度；i 为等级。

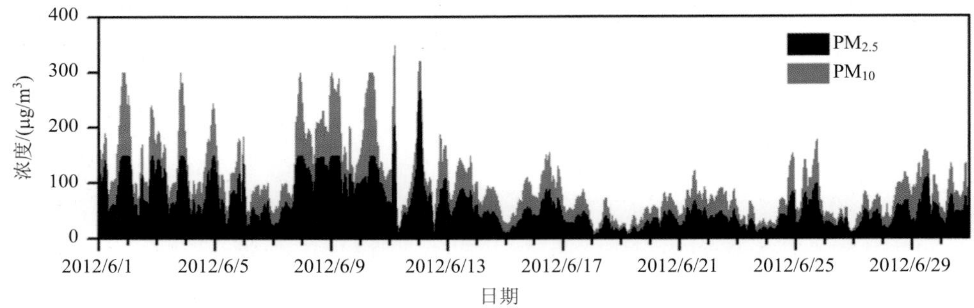

图 7.2　2012 年 6 月在南京草场门站观测到的 $PM_{2.5}$ 和 PM_{10} 浓度

表 7.6　API 与不同等级 PM_{10} 浓度的关系

类型	1	2	3	4	5	6
API	50	100	200	300	400	500
PM_{10}/(μg/m³)	50	150	350	420	500	600

图 7.3 展示了 2010 年 6 月和 2012 年 6 月火点的空间分布[图 7.3(a1)和(a2)]、长三角地区城市级 PM_{10} 浓度[图 7.3(b1)和(b2)]，以及每日燃烧过程的时间变化[图 7.3(c1)和(c2)]。2005～2012 年，大多数 OBB 活动发生在 2010 年和 2012 年 6 月，且长三角北部是火点密集地区，故 OBB 的排放量超过其他来源，从而导致长三角北部城市的 PM_{10} 浓度高于东部较发达的城市(如上海、苏州、无锡和常州)(Li et al.，2014；Huang et al.，2016)。因此，在徐州、连云港、阜阳、蚌埠、淮南、合肥、滁州、亳州等北部城市用观测的 PM_{10} 浓度约束 OBB 排放。根据火点数的月分布和日分布[图 7.3(c1)]，定义 2010 年 6 月 17～24 日和 2012 年 6 月 8～14 日为两次强烈的 OBB 事件，其他时间被定义为非 OBB 活动时间。对于其他年份，基于 2010 年和 2012 年的约束排放量，分别以相应年份的 FRE 与 2010 年和 2012 年的 FRE 的比率进行缩放，然后计算两者的均值作为 OBB 排放量。值得注意的是，活动水平的校正基于模拟和观测 PM_{10} 浓度的比较，其他成分的排放量则根据活动水平的变化进行修正。因此，其他成分排放估计的可靠性在很大程度上取决于 PM_{10} 和这些成分排放因子的可靠性。

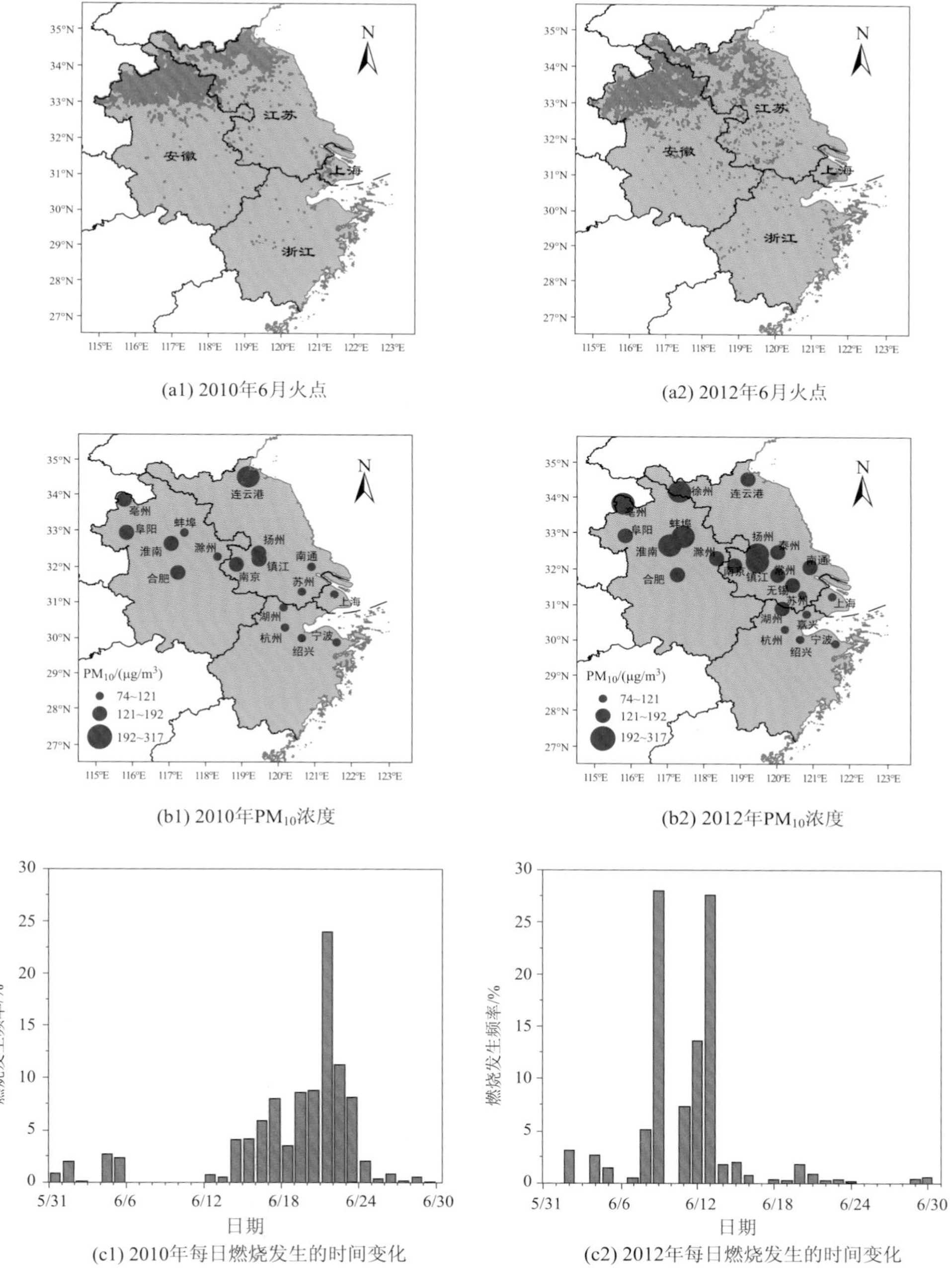

(a1) 2010年6月火点　(a2) 2012年6月火点

(b1) 2010年PM_{10}浓度　(b2) 2012年PM_{10}浓度

(c1) 2010年每日燃烧发生的时间变化　(c2) 2012年每日燃烧发生的时间变化

图 7.3　火点的空间分布(a)、城市级 PM_{10} 浓度(b)和每日燃烧发生的时间变化(c)

本章使用“自下而上”法计算所有成分的初始排放。每个城市的 CRBF 比例基于城市 FRP 占长三角地区 FRP 总量的比例进行计算，以使 OBB 排放的空间分布与整个长三角地区的 FRP 的空间分布一致，具体见式(7.11)。

$$F_{(i,y)} = \frac{\mathrm{FRP}_{(i,y)}}{\mathrm{FRP}_{(\mathrm{YRD},y)}} \times \frac{\sum_k P_{(\mathrm{YRD},y),k}}{\sum_k P_{(i,y),k}} \times F_{(\mathrm{YRD},y)} \tag{7.11}$$

式中，F 为 CRBF 比例；P 为作物产量；i 、k 和 y 分别为城市、作物类型和年份。

我们预计长三角地区的 CRBF 初始比例对结果的影响有限，将其设为 10%，小于之前的研究结果(王书肖和张楚莹，2008；Streets et al.，2003；Zhao et al.，2013；Xia et al.，2016；Zhou et al.，2017a)。

7.1.4 排放时空分配及基于空气质量模式的排放清单评估方法

基于火点的 FRP，确定 OBB 排放清单的时空格局。使用式(7.12)计算第 y 年、第 n 天在区域 u 内的第 m 个网格的排放量。

$$E_{(m,n),j} = \frac{\mathrm{FRP}_{(m,n)}}{\mathrm{FRP}_{(u,y)}} \times E_{(u,y),j} \tag{7.12}$$

式中，$\mathrm{FRP}_{(m,n)}$ 为第 n 天的第 m 个网格的 FRP；$\mathrm{FRP}_{(u,y)}$ 为第 y 年在区域 u 上的总 FRP；$E_{(u,y),j}$ 为第 y 年在区域 u 上成分 j 的 OBB 排放。对于 FRP 法和约束法，区域 u 表示城市；而对于“自下而上”法，区域 u 表示省份。

本章使用中尺度气象模式(WRF)-多尺度区域空气质量模式(CMAQ)评估 OBB 排放清单。如图 7.4 所示，将两个嵌套区域的空间分辨率分别设置为 27 km 和 9 km，并使用兰勃特投影。第一层嵌套(D1，180×130 个网格)覆盖中国、日本、朝鲜和韩国的大部分地区，第二层嵌套(D2，118×97 个网格)覆盖整个长三角地区。

本章编制的 OBB 排放清单应用于 D2。D1 和 D2 中其他人为源排放均获取自中国多尺度排放清单模型(MEIC；http://meicmodel.org/)。生物源排放清单获取自自然界中气体和气溶胶排放模型(model of emissions of gases and aerosols from nature，MEGAN；Sindelarova et al.，2014)，Cl、HCl 和闪电 NO_x 排放清单获取自全球排放计划(GEIA；Price et al.，1997)数据库。

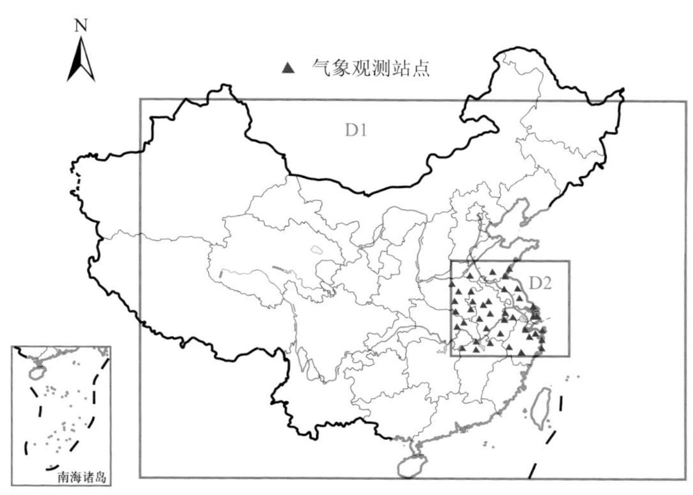

图 7.4　模拟区域和气象观测站点位置

7.2.1　三种方法估算的露天生物质燃烧排放量

本章分别使用“自下而上”法、FRP 法和约束法对长三角地区 OBB 排放进行了估算，并分析了三种方法得到的排放清单差异。对于“自下而上”法，由于假定排放因子在此期间不变，所有成分排放的年际变化均呈相似趋势，故选择 CO_2 作为代表成分进行讨论。如图 7.5 所示，使用“自下而上”法估算的 CO_2 排放量从 2005 年的 23000 Gg 下降到 2012 年的 19973 Gg，2008 年达到峰值 27061 Gg。相比之下，长三角地区的火点数量从 2005 年的 7158 个增加到 2012 年的 17074 个。对于 FRP 法，2005～2012 年，CO_2 排放量增长了 119.7%，2012 年和 2010 年的年排放量分别为 19977 Gg 和 12718 Gg，位居研究期间排放量的前两位(图 7.5)。同期，火点数量增加了 138.5%，2012 年火点数量最多，达到 17074 个。可以看出，FRP 法得到的 CO_2 排放量与火点数量有关。

如图 7.6 所示，采用约束法得到的 2012 年与 2010 年 CRBF 的质量比为 1.51，明显低于原始 FRE 的比率(1.75)，但接近于 2012 年与 2010 年的修正 FRE 的比率(1.57)。结果表明，修正 FRE 比原始 FRE 能更好地反映长三角地区的 OBB 活动。为使两年的 FRE 比率更接近 CRBF 的质量比，本章提出了一种优化的 FRE 计算方法。基于 FRP_{peak} 小时值在两年间的变化，使用高斯拟合获得了 2005～2015 年长三角地区总 FRP 的日周期，如图 7.7 所示。计算得到 2012 年与 2010 年的 FRE 比率为 1.54，更接近 CRBF 的质量比。采用约束法得到的 CO_2 排放量的年际趋势和采用 FRP 法得到的结果相似，但与采用“自下而上”法得到的结果有所差异，如图 7.5 所示。差异原因是“自下而上”法通常很难获取准确的 CRBF 比例，在没有足够的本地调查数据支持的情况下，不同年份通常采用相同的比例。

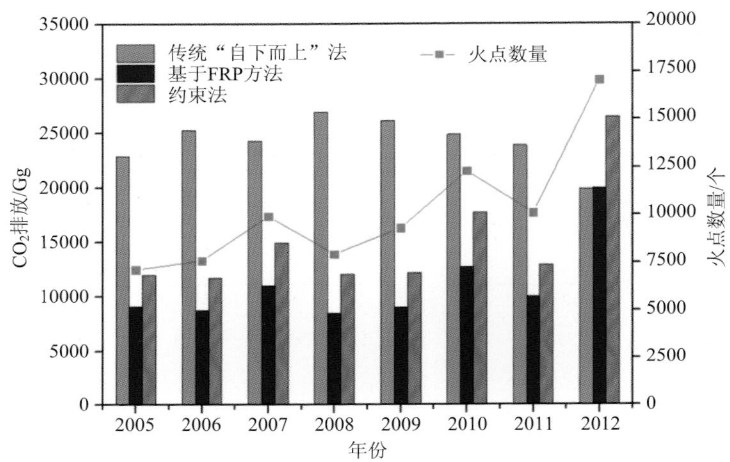

图 7.5　2005～2012 年火点数量及三种方法估算的 CO_2 排放量

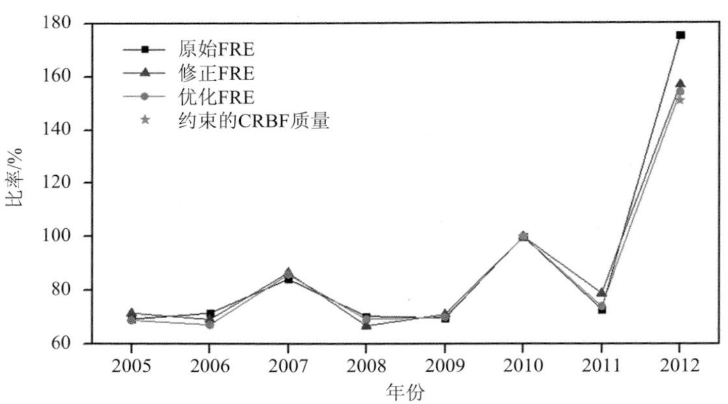

图 7.6　2005～2012 年原始 FRE、修正 FRE、优化 FRE 和约束的 CRBF 质量的年际趋势

所有数据均标准化至 2010 年水平

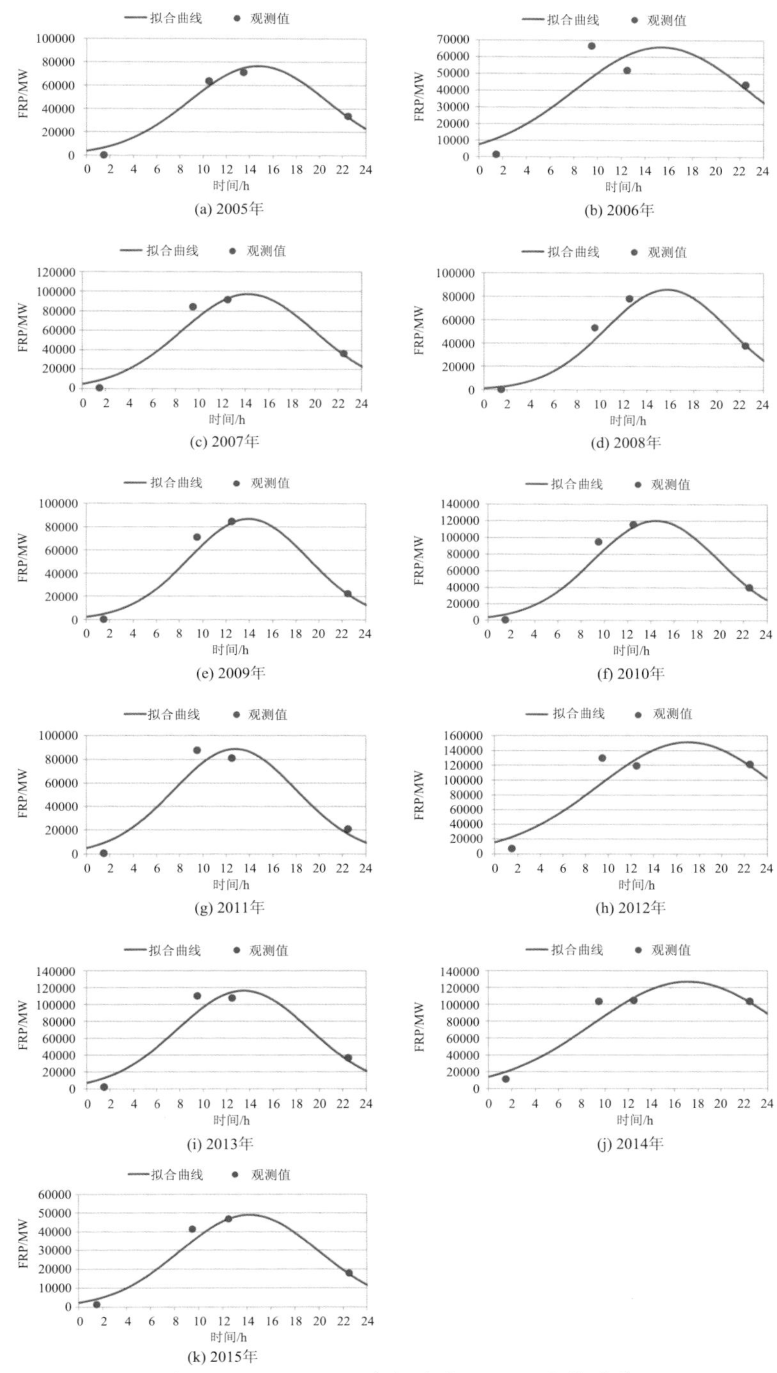

图 7.7　2005～2015 年拟合的 FRP 日变化曲线

蓝色点表示相应时间的 FRP 观测值

2005 年，采用约束法得到的江苏、安徽、浙江和上海 CO_2 排放量分别为 5790 Gg、4699 Gg、1104 Gg 和 419 Gg，分别占长三角地区排放总量的 48.2%、39.1%、9.2%和 3.5%。2012 年，相应地区的 CO_2 排放量和占比分别为 7345 Gg、16159 Gg、2574 Gg、394 Gg 和 27.7%、61.0%、9.7%、1.5%。江苏和安徽分别在 2005 年和 2012 年对长三角地区的 OBB 排放贡献最大。然而，在"自下而上"法中，安徽在两年中贡献均最大。在市级尺度上，2005 年安徽宿州、江苏连云港和徐州的 CO_2 排放量分别占排放总量的 14.2%、13.1%和 11.7%，2012 年安徽宿州和亳州及江苏徐州是排放量最大的城市，排放量分别为 5007 Gg、2433 Gg 和 2109 Gg。约束法和 FRP 法的结果在城市尺度上相近，排放集中在长三角北部地区。相比之下，基于 CRBF 比例和作物产量的"自下而上"法中城市的排放分布和其他两种方法明显不同，排放集中在作物产量水平较高的安徽各城市。2005～2011 年，基于"自下而上"法的 CO_2 年均排放量比使用约束法获取的结果高 87.0%，而 2012 年的排放量比约束法低 24.6%。由于所有大气成分（除 NMVOC）的排放因子来源相同，基于约束法和"自下而上"法的大多数成分的排放差异来自活动水平（即 CRBF 和作物产量比例）。

7.2.2　改进的生物质燃烧排放清单与其他研究的比较

鉴于不同研究中使用的 CO 排放因子相似，本章以 CO 为例比较了三种方法估算的排放清单与全球火点同化系统 1.0 版本（Global Fire Assimilation System Version 1.0，GFASv1.0；Kaiser et al.，2012）、全球火点排放数据库 3.0 版本（Global Fire Emissions Database Version 3.0，GFEDv3.0；van der Werf et al.，2010）、全球火点排放数据库 4.1 版本（Global Fire Emissions Database Version 4.1，GFEDv4.1；https://doi.org/10.3334/ORNLDAAC/1293），以及部分其他研究者（王书肖和张楚莹，2008；Huang et al.，2012；Xia et al.，2016；Zhou et al.，2017a）建立的排放清单，如图 7.8 所示。王书肖和张楚莹（2008）、Huang 等（2012）、Xia 等（2016）和 Zhou 等（2017a）均使用"自下而上"法估算排放，而 GFASv1.0、GFEDv3.0 和 GFEDv4.1（其中包括小火排放）则基于 FRP 法和 BA 法估算排放。GFASv1.0 和 GFEDv4.1 的数据产品与本章基于约束法和 FRP 法估算的 OBB 排放量均呈现相似的年际变化趋势，但 GFEDv3.0 和 Xia 等（2016）的研究结果呈现不同趋势。Xia 等（2016）在研究期间内假设 CRBF 比例不变，因此，OBB 排放的时间变化与秸秆年产量的变化有关。

本章基于约束法估算的 CO 排放低于其他使用"自下而上"法的研究（王书肖和张楚莹，2008；Huang et al.，2012；Xia et al.，2016），高于基于 BA 法和 FRP 法的研究结果（GFEDv3.0、GFASv1.0、GFEDv4.1）。2005～2012 年，基于约束法估算的年均排放量分别是 GFASv1.0、GFEDv3.0 和 GFEDv4.1 的 3.9 倍、15.0 倍

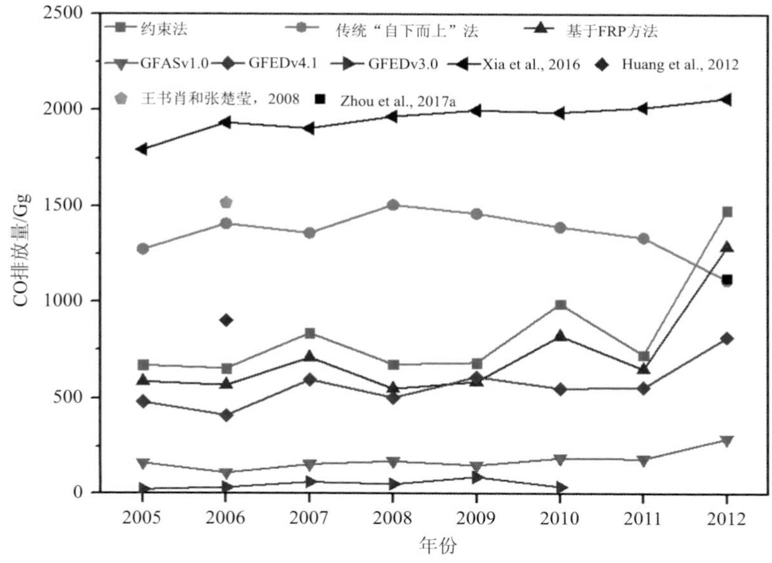

图 7.8　2005～2012 年本章和其他研究估算的长三角地区年均 OBB 的 CO 排放量

和 1.5 倍，最接近包括小火燃烧的 GFEDv4.1。长三角地区个体农户耕地面积通常很小，因此小火燃烧是长三角地区 OBB 排放的重要来源。鉴于 MODIS 产品中小火的漏检误差，GFEDv4.1 可能仍会低估 OBB 排放(Schroeder et al., 2008)。此外，2013 年基于约束法的 CO 排放量比 Qiu 等(2016)根据卫星观测的 BA 法计算的排放高 31.5%；2005～2012 年基于约束法的 CO 年均排放比 Xia 等(2016)计算的结果低 57.2%。2006 年的约束排放分别比 Huang 等(2012)、王书肖和张楚莹(2008)计算的结果低 27.6%和 56.9%。这再次说明本章使用的约束法修正了国际排放清单产品对长三角地区生物质排放的低估。此外，Huang 等(2012)、王书肖和张楚莹(2008)使用“自下而上”法估算的同一年排放结果存在差异，主要是由于采用了不同的 CRBF 比例。

本章基于约束法的排放和 GFASv1.0、GFEDv3.0、GFEDv4.1 排放的空间分布如图 7.9 所示。GFEDv3.0 中的 CO 排放主要集中在安徽、江苏和上海的部分地区，而基于约束法的排放、GFEDv4.1 和 GFASv1.0 中的排放与火点分布一致，均集中在长三角大部分地区。因此，GFEDv3.0 可能因为遗漏了部分燃烧区域，导致排放量的低估和空间分布的偏差。

为了解本章和其他排放清单中不同成分的排放差异，表 7.7 总结了 2010 年本章、GFASv1.0、GFEDv3.0、GFEDv4.1 和 Xia 等(2016)的 OBB 排放。与 CO 类似，所有成分基于约束法估算的排放均低于 Xia 等(2016)和“自下而上”法(除 NMVOC)的估算结果，而高于 GFASv1.0、GFEDv3.0(除 NH_3 外)和 GFEDv4.1(除

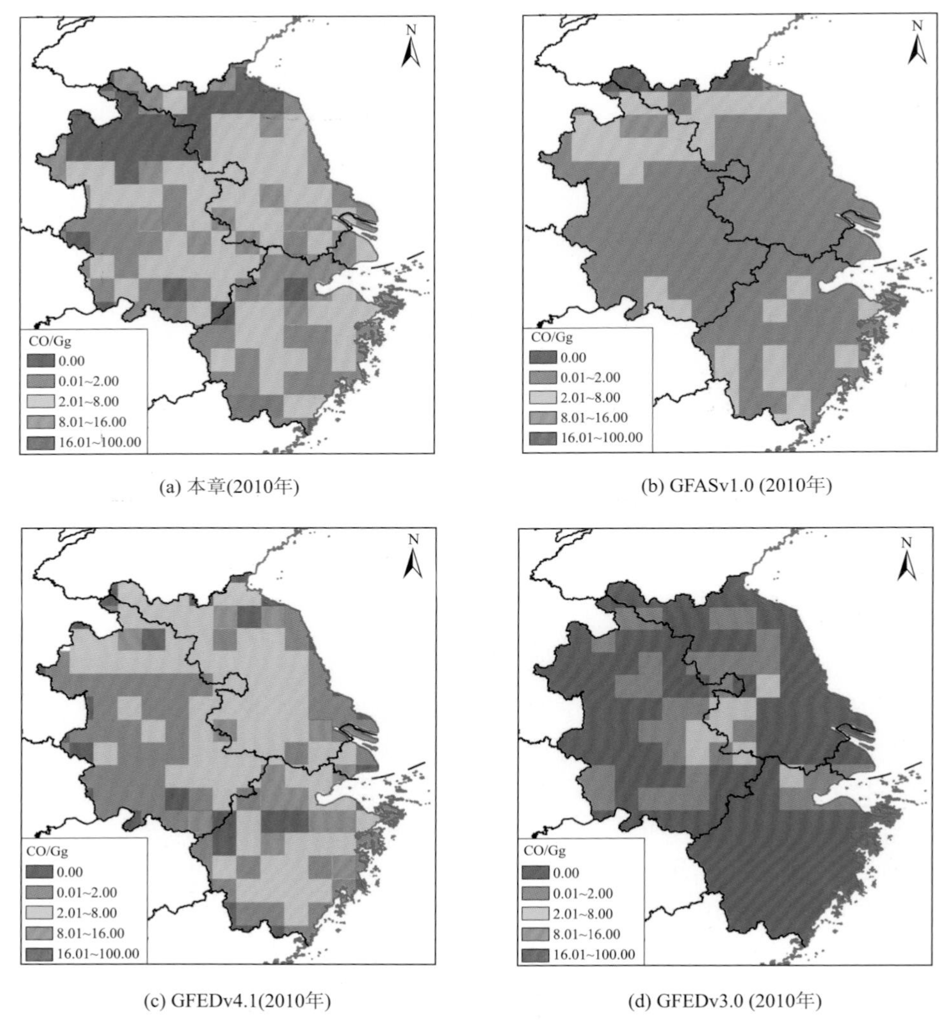

(a) 本章(2010年)　(b) GFASv1.0 (2010年)

(c) GFEDv4.1(2010年)　(d) GFEDv3.0 (2010年)

图 7.9　基于约束法的 CO 排放空间分布及 GFASv1.0、GFEDv4.1 和 GFEDv3.0 中的结果

NH_3 外)。此外，对于大多数成分，2006 年基于约束法的排放低于使用“自下而上”法估算的结果(王书肖和张楚莹，2008；Huang et al.，2012；Xia et al.，2016)。多数情况下，各排放清单之间活动水平的差异大于排放因子的差异。其中，基于 FRP(WSE)法的所有成分的 OBB 排放均小于“自下而上”法的结果。当排放因子不同时，基于“自下而上”法和 FRP(WSE)法的 OBB 排放差异比原始 FRP 法大 50%，表明活动水平的差异对 OBB 排放差异贡献最大。

表 7.7　本章和其他研究估算的 2010 年长三角地区 OBB 排放　（单位：Gg）

方法	PM_{10}	$PM_{2.5}$	EC	OC	CH_4	NMVOC	CO	CO_2	NO_x	SO_2	NH_3
“自下而上”法(本章)	362.4	317.1	9.3	85.7	67.9	154.9	1391.8	24978.0	47.0	5.4	8.7
FRP 法(本章)	57.8	50.6	6.4	18.5	46.5	412.5	820.1	12718.0	24.9	3.2	17.7
FRP(WSE)法[a]	158.6	139.1	4.1	38.5	30.1	68.7	612.8	11004.3	20.9	2.4	3.9
约束法(本章)	257.9	225.7	6.5	58.3	47.6	624.5	987.7	17720.3	33.0	4.0	6.1
GFASv1.0	—	17.8	1.0	9.5	15.6	88.7	196.3	3097.8	5.1	1.0	3.1
GFEDv3.0	—	3.5	0.2	1.7	3.2	4.1	39.4	701.6	1.1	0.2	6.4
GFEDv4.1	—	33.6	4.0	12.4	31.3	53.2	548.3	8519.7	16.7	2.2	11.7
Xia et al.，2016	350.2	339.3	14.8	137.8	—	—	1989.9	49835.1	134.3	22.6	—

注：a，FRP(WSE)法：基于 FRP 法估算 OBB 排放，使用与“自下而上”法中相同的排放因子。

由于排放因子的来源不同，各排放清单的差异因成分而异。以 PM_{10} 和 $PM_{2.5}$ 为例，Xia 等(2016)得到的结果分别比基于约束法的结果高 35.8%和 50.3%；SO_2 和 NO_x 的差异更大，Xia 等(2016)得到的结果分别是基于约束法的结果的 5.65 倍和 4.07 倍。此外，由于 GFEDv3.0 和 GFEDv4.1 的排放因子不包括含氧 VOC，基于约束法的 NMVOC 排放分别是 GFEDv3.0 和 GFEDv4.1 的 152.3 倍和 11.7 倍；相反，基于约束法的 NH_3 排放分别比 GFEDv3.0 和 GFEDv4.1 小 4.7%和 47.9%。总体而言，排放因子是 OBB 排放估算重要的不确定性来源。

7.2.3　排放清单的不确定性

本章对基于“自下而上”法和 FRP 法获得的 2012 年 OBB 排放进行了不确定性分析。使用蒙特卡罗方法，重复计算 20000 次，以获得结果的 95%置信区间表示不确定性；根据对方差的贡献，确定对 OBB 排放不确定性贡献最大的参数。

对于“自下而上”法，参数包括作物产量、CRBF 比例、秸秆与谷物的比例、燃烧效率和排放因子。作物产量直接获取自官方统计数据，故认为其不确定性有限，不包括在此次分析中；由于 CRBF 比例被确定为未使用作物残留物百分比的一半，故将其不确定性设为–100%～+100%; de Zarate 等(2005)和 Zhang 等(2008)认为燃烧效率的不确定范围在平均值的 10%左右；排放因子的不确定性获取自相应的参考文献。若排放因子来自单次测量，则使用正态分布；若排放因子通过多次测量得出，且样本不足以进行数据拟合，则使用均匀分布。如表 7.8 所示，2012 年，基于“自下而上”法的 PM_{10}、$PM_{2.5}$、EC、OC、CH_4、NMVOC、CO、CO_2、NO_x、SO_2 和 NH_3 排放的不确定性分别为–56%～+70%、–56%～+70%、–50%～+54%、–54%～+73%、–49%～+58%、–48%～+59%、–46%～+73%、–48%～+60%、–47%～+87%、–59%～+138%和–51%～+67%。对于大多数成分，CRBF 比例对

OBB 排放不确定性的贡献最大，而排放因子对 SO_2 不确定性的贡献更大。

表 7.8　长三角地区 OBB 排放的不确定性及对其贡献前两位的参数

大气成分	“自下而上”法		FRP 法	
PM_{10}	–56%，+70%	$PCRBF^{a}_{Anhui}$(42%) EF_{wheat}(41%)	–77%，+274%	EF(76%) AF^{b}(11%)
$PM_{2.5}$	–56%，+70%	$PCRBF_{Anhui}$(43%) EF_{wheat}(41%)	–63%，+244%	EF(65%) NFP^{c}(16%)
EC	–50%，+54%	$PCRBF_{Anhui}$(69%) $PCRBF_{Jiangsu}$(11%)	–78%，+281%	EF(75%) NFP(11%)
OC	–54%，+73%	$PCRBF_{Anhui}$(42%) EF_{rice}(37%)	–78%，+276%	EF(75%) NFP(11%)
CH_4	–49%，+58%	$PCRBF_{Anhui}$(65%) $PCRBF_{Jiangsu}$(11%)	–83%，+315%	EF(79%) NFP(9%)
NMVOC	–48%，+59%	$PCRBF_{Anhui}$(64%) $PCRBF_{Jiangsu}$(10%)	–63%，+243%	EF(65%) NFP(16%)
CO	–46%，+73%	$PCRBF_{Anhui}$(62%) $PCRBF_{Jiangsu}$(10%)	–52%，+223%	EF(57%) NFP(19%)
CO_2	–48%，+60%	$PCRBF_{Anhui}$(69%) $PCRBF_{Jiangsu}$(10%)	–21%，+164%	NFP(44%) AF(42%)
NO_x	–47%，+87%	$PCRBF_{Anhui}$(51%) EF_{wheat}(23%)	–82%，+303%	EF(78%) NFP(10%)
SO_2	–59%，+138%	EF_{wheat}(35%) $PCRBF_{Anhui}$(27%)	–78%，+279%	EF(74%) NFP(12%)
NH_3	–51%，+67%	$PCRBF_{Anhui}$(55%) EF_{wheat}(12%)	–82%，+302%	EF(79%) NFP(10%)

注：括号中的百分比表示相应参数对方差的贡献。a，PCRBF 表示田间燃烧的作物残留物百分比(下标表示省份)；b，AF 表示火点像素的平均 FRE；c，NFP 表示火点像素数。

FRP 法的参数包括总 FRE、燃烧转化率和排放因子。总 FRE 的不确定性与 FRP 值、MODIS 检测器的分辨率和计算 FRE 的方法有关。Freeborn 等(2014)指出，对于单个火点像素，MODIS FRP 的变异系数为 50%，但对于 50 多个 MODIS 火点像素的聚集，变异系数降至 5%以下。鉴于长三角地区有大量火点(2012 年超过 17000 个)，预计 FRP 对总 FRE 的不确定性贡献很小，因此忽略不计。受限于 MODIS 分辨率，且过境时间有限，许多火点无法被检测到，火点像素的数量可能只有实际值的 1/4(Schroeder et al., 2008)，因此假定火点像素数的不确定性为0%～300%。基于单个像素计算 FRE 的方法假设燃烧持续 1 d，考虑到长三角个体农户耕地面积通常较小，每次开放燃烧通常只持续几个小时，所以 FRE 可能被高估。由于基于 FRP 法估算出的总 FRE 比基于相同火点像素数量的约束法的结果大 2.6 倍，假设 1 个像素的 FRE 不确定性范围为 0%～72%。由于总 FRE 是像素数和平均 FRE 的乘积，估计总的不确定性为–17%～+154%。燃烧转化率的不确定性获取自 Wooster 等(2005)和 Freeborn 等(2008)的研究，排放因子的不确定性获取自 Akagi 等(2011)的研究。计算得到 2012 年基于 FRP 法的 PM_{10}、$PM_{2.5}$、EC、OC、CH_4、NMVOC、CO、CO_2、NO_x、SO_2 和 NH_3 排放的不确定性分别为–77%～+274%、–63%～+244%、–78%～+281%、–78%～+276%、–83%～+315%、–63%～+243%、–52%～+223%、–21%～+164%、–82%～+303%、–78%～+279%和–82%～+302%。排放因子对除 CO_2 以外的所有成分的排放不确定性贡献最大。

由于基于约束法的结果与空气质量模式性能相关，故蒙特卡罗模拟很难评估约束法排放清单的不确定性。一般来说，空气质量模式性能可能会受 OBB 以外的其他来源排放估算、空气质量模式化学机制及 OBB 排放空间分配的影响。现有人为源排放清单逐步完善了重要行业的点源信息，能够改善区域尺度的空气质量模式性能(Zhou et al., 2017b)。化学机制影响主要来源于二次有机碳(secondary organic carbon，SOC)的模拟。根据 Cheng 等(2014)和 Chen 等(2017)的研究，在长三角地区的 OBB 事件中，SOC 占 PM_{10} 的比重可以达到 10%，这部分影响无法在约束法中得到较好的量化。此外，与 FRP 法类似，由于卫星过境时间有限且存在火点探测遗漏误差，基于约束法的 OBB 排放的时空分配可能与现实不完全一致。

总体而言，基于“自下而上”法的 OBB 排放的不确定性小于基于 FRP 法的结果，CO_2 和 CO 的不确定性通常小于其他成分，主要是因为其排放因子变化小。提升 CRBF 比例的准确性能够有效改善基于“自下而上”法的 OBB 排放估算结果；减小和降低卫星对火点探测的遗漏误差和排放因子不确定性能够改进基于 FRP 法的估算结果。

7.3　排放清单评估及空气质量影响

7.3.1　排放清单改进对颗粒物模拟效果的影响

本章基于 WRF-CMAQ 和地面观测评估了三种方法建立的生物质燃烧排放清单对颗粒物模拟效果的影响。图 7.10 和图 7.11 比较了长三角典型 OBB 时段(2010 年 6 月 17～25 日和 2012 年 6 月 8～14 日)部分城市观测的 24 h 平均 PM_{10} 浓度和

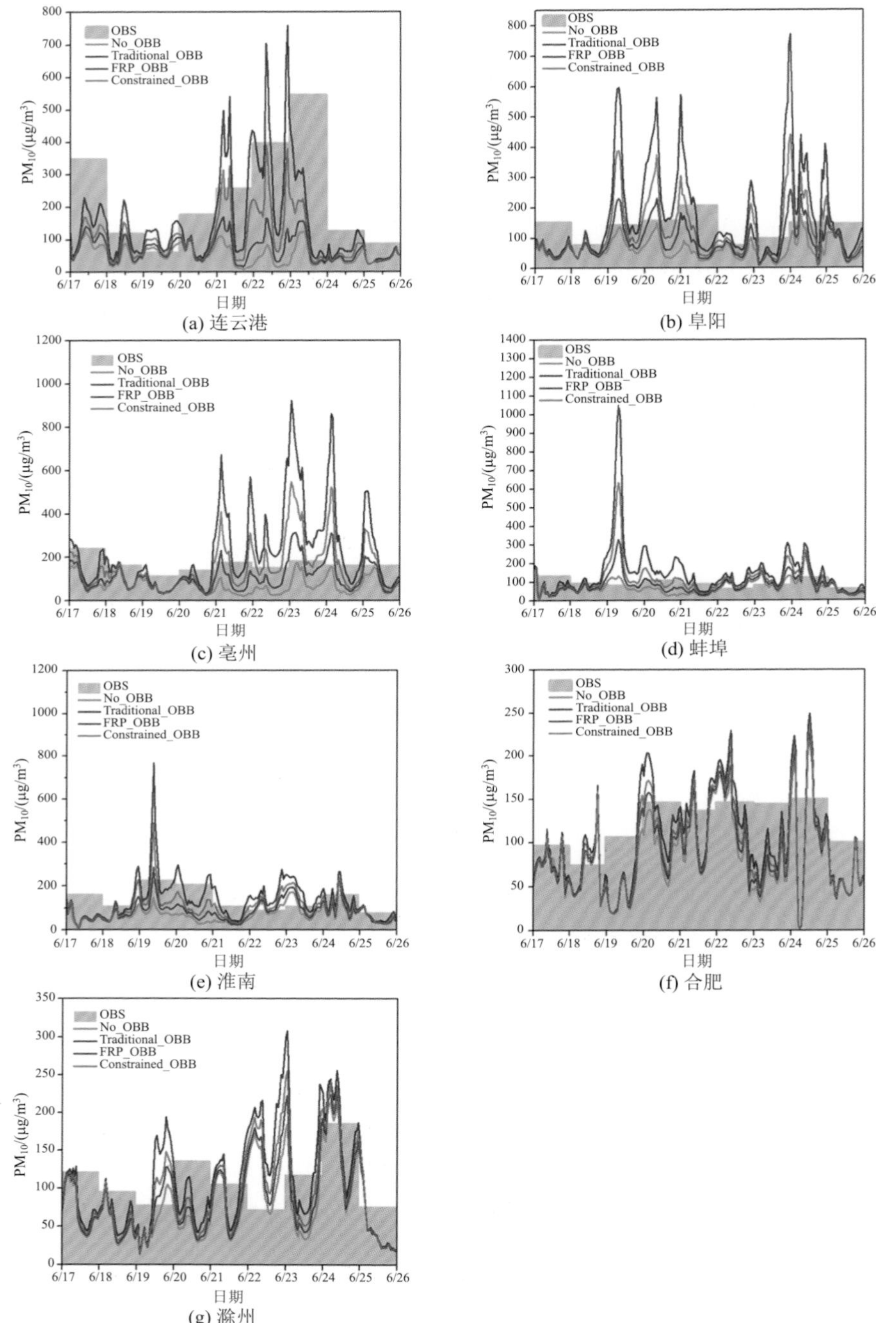

图 7.10　2010 年 6 月 17～25 日典型长三角城市 PM_{10} 浓度观测值和模拟值比较

OBS 表示实际观测值；No_OBB 表示无 OBB 排放情景下的模拟值；Traditional_OBB 表示基于“自下而上”法的模拟值；FRP_OBB 表示基于 FRP 法的模拟值；Constrained_OBB 表示基于约束法的模拟值；下同

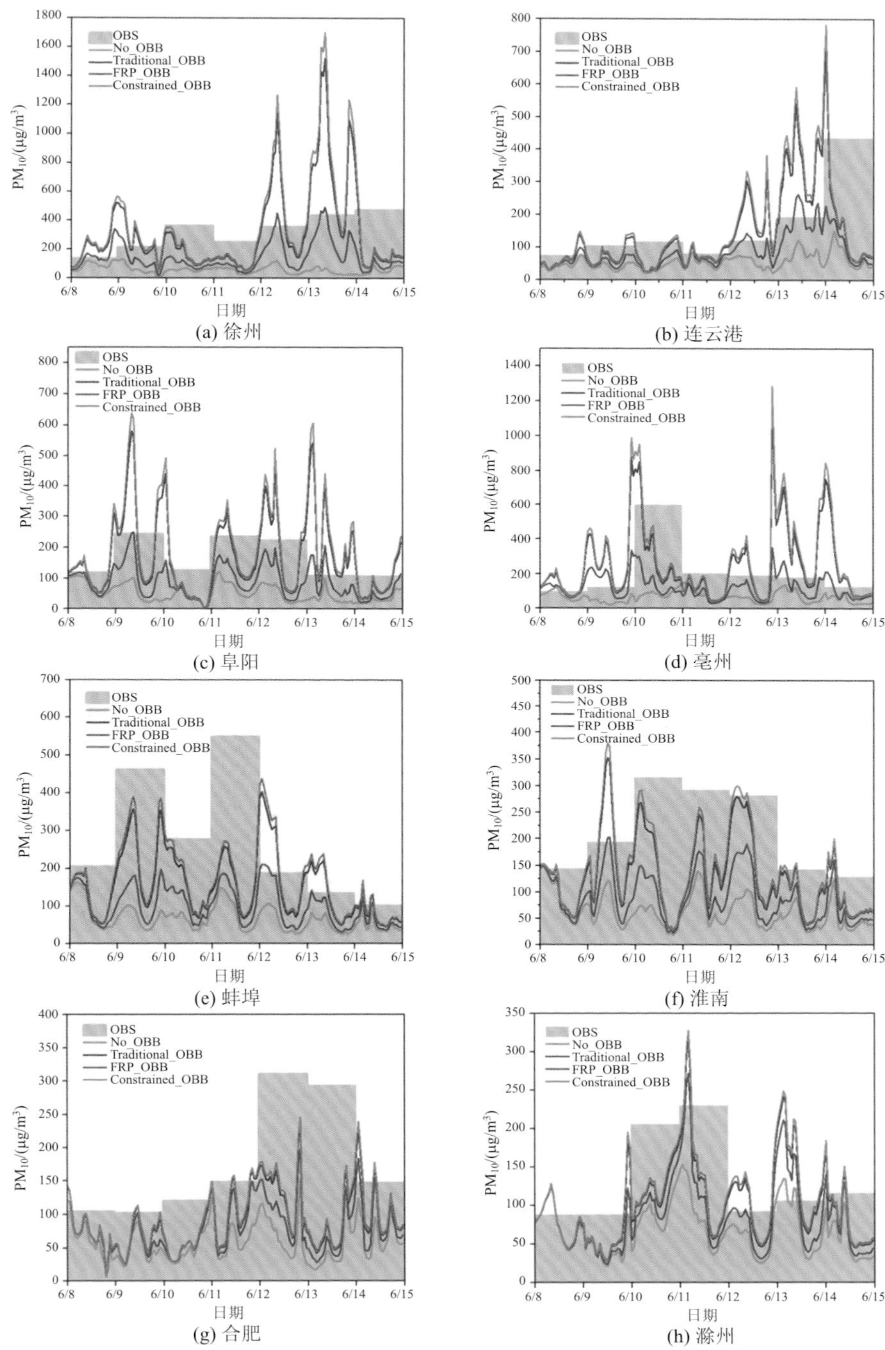

图 7.11　2012 年 6 月 8～14 日典型长三角地区城市 PM_{10} 浓度观测值和模拟值比较

空气质量模式模拟的小时 PM_{10} 浓度，包括使用三种方法估算的 OBB 排放情景和无 OBB 排放情景。所有城市无 OBB 排放的 PM_{10} 模拟浓度均显著低于观测值，表明 OBB 是两个时段大气颗粒物的重要来源。在 2010 年 6 月 17～25 日和 2012 年 6 月 8～14 日期间，大部分城市基于三种方法的 OBB 排放的模拟结果优于无 OBB 排放的模拟结果；基于约束法的排放清单的模拟效果最好，且能捕捉峰值颗粒物浓度。例如，该方法较好地捕捉了 2010 年 6 月 21～23 日连云港、2010 年 6 月 19～21 日阜阳和淮南、2012 年 6 月 12～14 日徐州、2012 年 6 月 13～14 日连云港、2012 年 6 月 11～12 日阜阳、2012 年 6 月 10 日亳州、2012 年 6 月 11～12 日滁州的高颗粒物浓度事件。对于火点密集的城市，基于约束法的排放清单会存在高估，而火点较少的城市会存在低估。由于受 MODIS 观测的限制，无法完全探测到中小尺度燃烧过程的火点(Giglio et al.，2003；Schroeder et al.，2008)，因此基于 FRP 的空间分配方法可能会导致在火点密集区域排放的高估。

此外，本章使用空气质量模式模拟 $PM_{2.5}$、PM_{10} 和 CO 浓度，以评估 2014 年 6 月 7～13 日期间基于约束法、FRP 法的 OBB 排放或无 OBB 排放时的模拟性能。表 7.9 总结了各年份观测和模拟浓度的偏差。在大多数情况下，基于约束法的标准平均偏差(NMB)和标准平均误差(NME)都小于其他结果，证明基于约束法的生物质燃烧排放是对真实排放的最佳估计。

表 7.9　$PM_{2.5}$ 和 PM_{10} 浓度观测值和模拟值比较　　（单位：%）

年份	成分	时间	无 OBB		“自下而上”法		FRP 法		约束法	
			NMB	NME	NMB	NME	NMB	NME	NMB	NME
2010	PM_{10}	每日	−47	50	11	44	−33	41	−16	37
2012	PM_{10}	每日	−60	68	−16	45	−45	52	−10	45
2014	PM_{10}	每日	−59	59			−54	54	−37	42
		每小时	−59	60			−54	57	−37	52
	$PM_{2.5}$	每日	−52	52			−41	42	−12	39
		每小时	−52	56			−41	51	−13	54

基于 FRP 法的 OBB 排放模拟得到的 $PM_{2.5}$ 和 PM_{10} 浓度均小于观测值，主要是因为 MODIS 可能遗漏了长三角地区的许多小火燃烧过程，导致 CRBF 的质量被低估。结果表明，2010 年、2012 年、2014 年，FRP 法可能低估了 OBB 排放。被 MODIS 检测到发生燃烧的概率很大程度上取决于所观测到的火点温度和面积。当火点温度在 600～800℃且面积在 100～1000 m^2 时，平均探测概率为 33.6%(Giglio et al.，2003)。一方面，长三角地区的农作物秸秆田间焚烧的火温较低；另一方面，长三角单个农户拥有的农田面积普遍不大，近 100 名农民可能位于一

个 1 km×1 km 的 MODIS 像素中(Liu et al.，2015)。因此，许多火点信息无法被检测到，导致了 FRE 被低估。基于“自下而上”法的 OBB 排放模拟的 PM_{10} 浓度在 2010 年高于观测值，但在 2012 年低于观测值，说明该方法未捕捉到 2010～2012 年 OBB 排放的增长，可能是因为所使用的 CRBF 比例存在较大不确定性。

7.3.2　生物质开放燃烧对空气质量的影响

本章使用强力法(Dunker et al.，1996)分析 OBB 对 2010 年 6 月 17～25 日和 2012 年 6 月 8～14 日的 PM_{10} 污染的贡献。图 7.12 比较了有无 OBB 排放的 PM_{10} 模拟浓度，其差异表明了 OBB 的贡献。2012 年 6 月 8～14 日，长三角地区 22 个城市的平均贡献约为 37.6%(56.7 μg/m^3)，而 2010 年 6 月 17～25 日 17 个城市的贡献较小，为 21.8%(24.0 μg/m^3)。2012 年的结果与 Cheng 等(2014)得出的 2011 年长三角 5 个城市的结果(37.0%)基本一致。OBB 排放对 PM_{10} 的贡献从 2010 年到 2012 年增加了 136.3%，大于 OBB 排放本身的增长(50.8%)。因此，除排放以外的因素(如气象)可能在提高 OBB 对颗粒物污染的贡献方面发挥了重要作用。例如，2012 年 6 月 8～14 日的平均降水量比 2010 年 6 月 17～25 日低 36%，加重

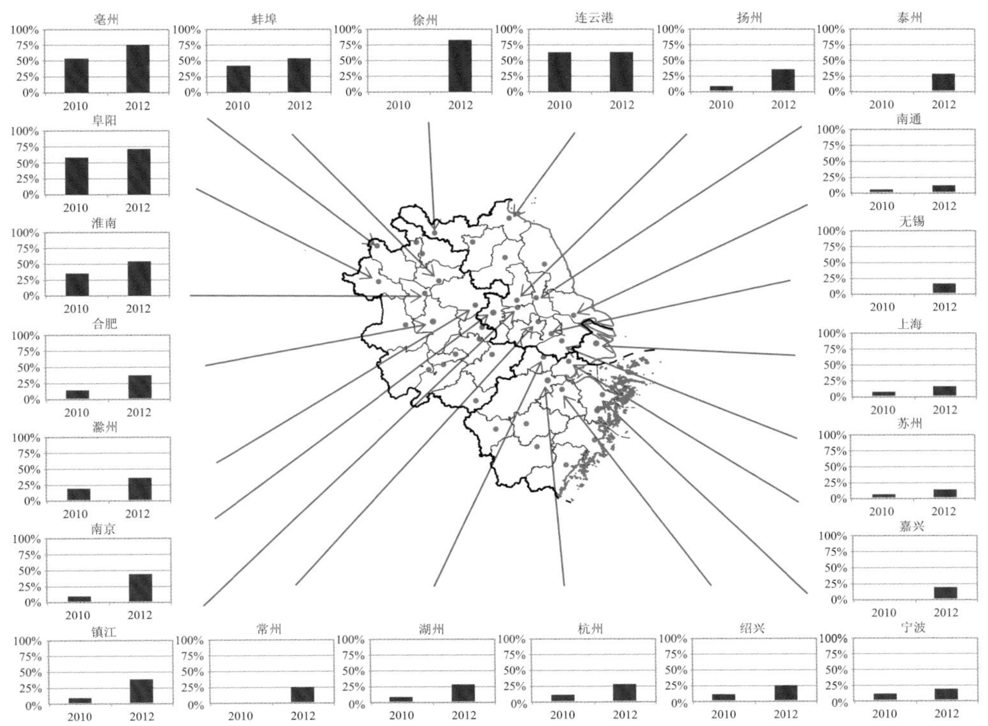

图 7.12　2010 年和 2012 年 6 月长三角城市 OBB 对 PM_{10} 浓度的贡献

了 OBB 事件期间的颗粒物污染。对于 2014 年 6 月 7～13 日的 OBB 事件，OBB 对 $PM_{2.5}$ 和 PM_{10} 浓度的贡献如图 7.13 所示。长三角 22 个城市的 OBB 对 $PM_{2.5}$ 和 PM_{10} 的平均贡献为 29%和 23%，证明 OBB 是环境大气颗粒物的重要来源。2014 年 OBB 对 PM_{10} 的贡献小于 2012 年，主要归因于农田秸秆焚烧的减少。

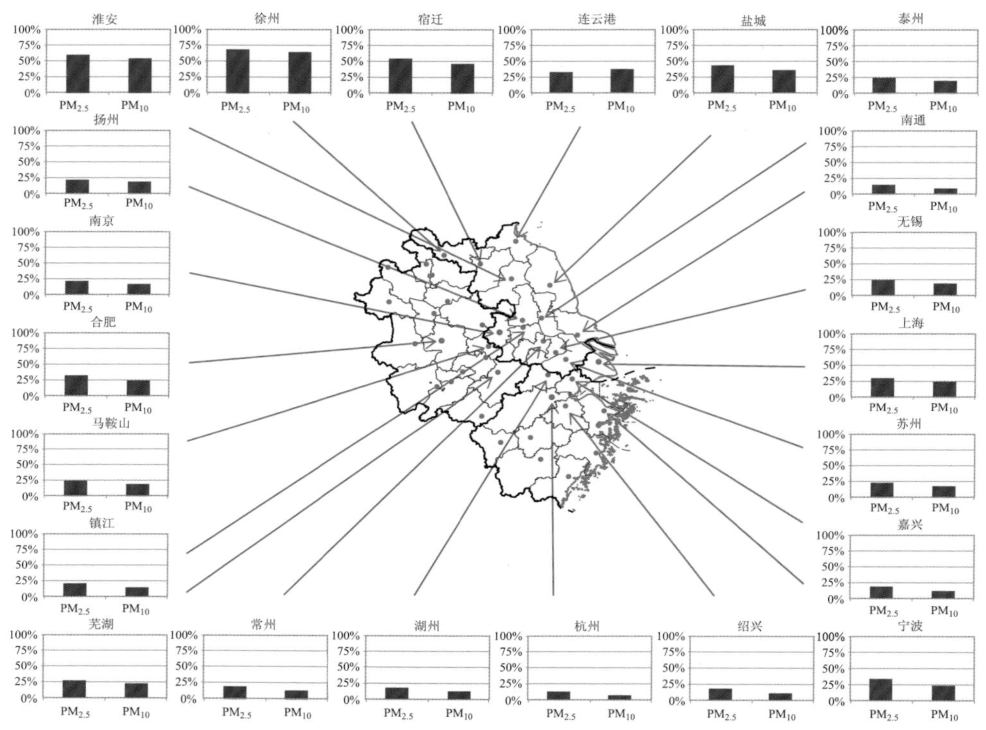

图 7.13　2014 年 6 月长三角城市 OBB 对 $PM_{2.5}$ 和 PM_{10} 浓度的贡献

2010 年，OBB 对长三角北部城市连云港、阜阳和亳州的 PM_{10} 贡献较大，分别达到 63.3%(69.8 μg/m^3)、58.2%(71.9 μg/m^3)和 53.6(78.8% μg/m^3)。2012 年，安徽、江苏、浙江和上海的 OBB 平均贡献分别为 55.0%(98.4 μg/m^3)、36.4%(58.0 μg/m^3)、23.6%(12.9 μg/m^3)和 14.4%(11.2 μg/m^3)。OBB 贡献较大的城市包括徐州、亳州、阜阳和连云港，分别达到 82.3%(284.3 μg/m^3)、75.2%(207.5 μg/m^3)、71.9%(134.7 μg/m^3)和 63.5%(96.2 μg/m^3)。2014 年，徐州、淮安和宿迁 OBB 对 $PM_{2.5}$ 浓度贡献较大，分别达到 67.5%(111.7 μg/m^3)、60.7%(50.6 μg/m^3)和 53.2%(49.6 μg/m^3)。

为分析气象条件对 OBB 造成的空气污染的影响，本书模拟了 2012 年 6 月 8～14 日(PE1)和 2012 年 6 月 22～28 日(PE2)OBB 对 PM_{10} 浓度的贡献，两个时段气象条件不同但排放固定为 PE1 期间的水平。总体上，PE1 期间的气象条件比 PE2 差：PE1 平均风速为 2.4 m/s，比 PE2 低 17%；PE1 期间平均风向为 168.3°，PE2 期间为 118.3°；PE2 平均降水量为 6.8 mm，比 PE1 高 28%。如图 7.14 所示，长三角地区 22 个城市 OBB 对 PM_{10} 浓度的平均贡献在 PE1 时段约为 56.7 μg/m^3，比 PE2 高 23%；除亳州和阜阳以外，各城市 PE1 的贡献远大于 PE2。这一结果表明，较差的气象条件加剧了 OBB 引起的空气污染。

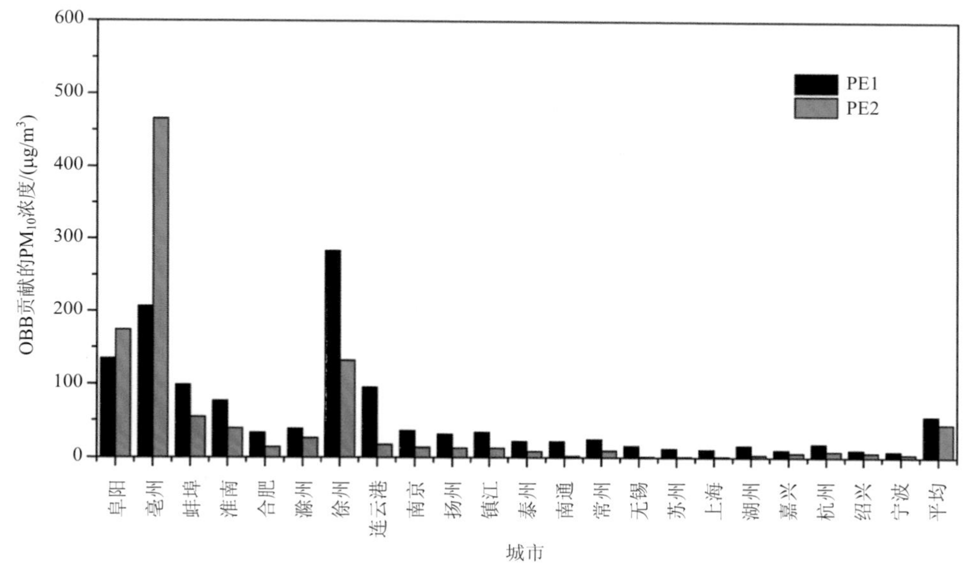

图 7.14　PE1 和 PE2 情景下 OBB 对长三角不同城市 PM_{10} 浓度的贡献

为进一步分析排放日变化对 OBB 造成的空气污染的影响，本书分别使用 2010 年和 2012 年 OBB 排放的日变化曲线模拟 2010 年 6 月 17～25 日的 OBB 对 PM_{10} 浓度的贡献。如图 7.15 所示，使用 2012 年日变化曲线时，几乎所有长三角城市 OBB 对 PM_{10} 浓度的贡献都大于使用 2010 年日变化曲线的结果；使用 2012 年日变化曲线的 17 个城市 OBB 平均贡献为 28.6 μg/m^3，比使用 2010 年日变化曲线得到的结果高 10%。亳州的贡献变化最大，而上海、湖州、绍兴和杭州的贡献变化最小。2012 年 OBB 排放峰值时间比 2010 年晚 2.5 h，说明 2012 年夜间 OBB 排放比例大于 2010 年。夜间扩散条件通常比白天差，因此夜间 OBB 排放对颗粒物污染的贡献更大。

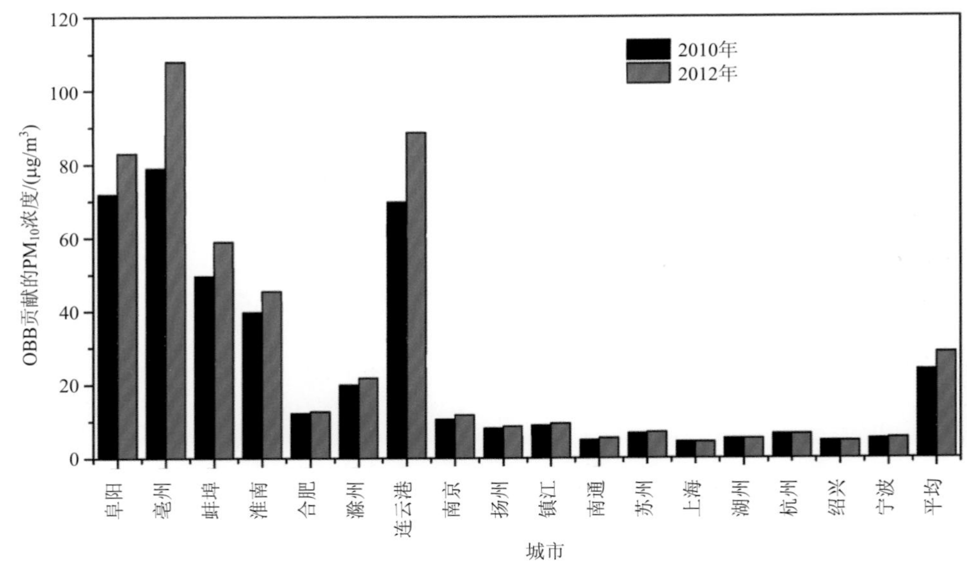

图 7.15　基于 2010 年和 2012 年日变化的 OBB 对长三角不同城市 PM_{10} 浓度的贡献

综上所述，约束法改进了 OBB 的排放估计及其时空分配，修正了国际排放清单产品对该地区生物质燃烧排放的低估，也明显提升了大气颗粒物的模拟效果。在收获季节，OBB 对长三角地区颗粒物污染有较大的贡献，且不利的气象条件和燃烧时段(夜间)会加重其对空气质量的影响。

参考文献

毕于运. 2010. 秸秆资源评价与利用研究. 北京: 中国农业科学院.

苏继峰，朱彬，康汉青，等. 2012. 长江三角洲地区秸秆露天焚烧大气污染物排放清单及其在空气质量模式中的应用. 环境科学, 33(5): 1418-1424.

王书肖，张楚莹. 2008. 中国秸秆露天焚烧大气污染物排放时空分布. 中国科技论文在线, 2008(5): 329-333.

王雨辰，陈浮，朱伟，等. 2013. 江苏省秸秆资源量估算及其区域分布研究. 江苏农业科学, 41(6): 305-310.

中华人民共和国国家统计局. 2013. 中国统计年鉴 2012. 北京: 中国统计出版社.

祝斌，朱先磊，张元勋，等. 2005. 农作物秸秆燃烧 $PM_{2.5}$ 排放因子的研究. 环境科学研究, 18(2): 29-33.

Akagi S K, Yokelson R J, Wiedinmyer C, et al. 2011. Emission factors for open and domestic biomass burning for use in atmospheric models. Atmospheric Chemistry and Physics, 11(9): 4039-4072.

Andreae M O, Merlet P. 2001. Emission of trace gases and aerosols from biomass burning. Global

Biogeochemical Cycles, 15(4): 955-966.

Cao G L, Zhang X Y, Wang Y Q, et al. 2008. Estimation of emissions from field burning of crop straw in China. Chinese Science Bulletin, 53(5): 784-790.

Chen D, Cui H F, Zhao Y, et al. 2017. A two-year study of carbonaceous aerosols in ambient $PM_{2.5}$ at a regional background site for western Yangtze River Delta, China. Atmospheric Research, 183: 351-361.

Cheng Z, Wang S X, Fu X, et al. 2014. Impact of biomass burning on haze pollution in the Yangtze River Delta, China: A case study in summer 2011. Atmospheric Chemistry and Physics, 14(9): 4573-4585.

Davies D K, Ilavajhala S, Wong M M, et al. 2009. Fire information for resource management system: Archiving and distributing MODIS active fire data. IEEE Transactions on Geoscience and Remote Sensing, 47(1): 72-79.

de Zarate I O, Ezcurra A, Lacaux J P, et al. 2005. Pollution by cereal waste burning in Spain. Atmospheric Research, 73(1-2): 161-170.

Dunker A M, Morris R E, Pollack A K, et al. 1996. Photochemical modeling of the impact of fuels and vehicles on urban ozone using auto oil program data. Environmental Science & Technology, 30(3): 787-801.

Freeborn P H, Wooster M J, Hao W M, et al. 2008. Relationships between energy release, fuel mass loss, and trace gas and aerosol emissions during laboratory biomass fires. Journal of Geophysical Research: Atmospheres, 113(D1): D01301.

Freeborn P H, Wooster M J, Roy D P, et al. 2014. Quantification of MODIS fire radiative power (FRP) measurement uncertainty for use in satellite-based active fire characterization and biomass burning estimation. Geophysical Research Letters, 41(6): 1988-1994.

Fu X, Wang S X, Zhao B, et al. 2013. Emission inventory of primary pollutants and chemical speciation in 2010 for the Yangtze River Delta region, China. Atmospheric Environment, 70: 39-50.

Giglio L, Descloitres J, Justice C O, et al. 2003. An enhanced contextual fire detection algorithm for MODIS. Remote Sensing of Environment, 87(2-3): 273-282.

Guo H, Cheng T H, Gu X F, et al. 2017. Assessment of $PM_{2.5}$ concentrations and exposure throughout China using ground observations. Science of the Total Environment, 601: 1024-1030.

Hooghiemstra P B, Krol M C, van Leeuwen T T, et al. 2012. Interannual variability of carbon monoxide emission estimates over South America from 2006 to 2010. Journal of Geophysical Research: Atmospheres, 117: D15308.

Huang X, Ding A J, Liu L X, et al. 2016. Effects of aerosol-radiation interaction on precipitation during biomass-burning season in East China. Atmospheric Chemistry and Physics, 16(15): 10063-10082.

Huang X, Li M M, Li J F, et al. 2012. A high-resolution emission inventory of crop burning in fields in China based on MODIS Thermal Anomalies/Fire products. Atmospheric Environment, 50:

9-15.

Kaiser J W, Heil A, Andreae M O, et al. 2012. Biomass burning emissions estimated with a global fire assimilation system based on observed fire radiative power. Biogeosciences, 9(1): 527-554.

Konovalov I B, Berezin E V, Ciais P, et al. 2014. Constraining CO_2 emissions from open biomass burning by satellite observations of co-emitted species: A method and its application to wildfires in Siberia. Atmospheric Chemistry and Physics, 14(19): 10383-10410.

Krol M, Peters W, Hooghiemstra P, et al. 2013. How much CO was emitted by the 2010 fires around Moscow? Atmospheric Chemistry and Physics, 13(9): 4737-4747.

Li J F, Song Y, Mao Y, et al. 2014. Chemical characteristics and source apportionment of $PM_{2.5}$ during the harvest season in eastern China's agricultural regions. Atmospheric Environment, 92: 442-448.

Li X H, Wang S X, Duan L, et al. 2007. Particulate and trace gas emissions from open burning of wheat straw and corn stover in China. Environmental Science & Technology, 41(17): 6052-6058.

Liu M X, Song Y, Yao H, et al. 2015. Estimating emissions from agricultural fires in the North China Plain based on MODIS fire radiative power. Atmospheric Environment, 112: 326-334.

Price C, Penner J, Prather M. 1997. NO_x from lightning: 1. Global distribution based on lightning physics. Journal of Geophysical Research: Atmospheres, 102(D5): 5929-5941.

Qiu X H, Duan L, Chai F H, et al. 2016. Deriving high-resolution emission inventory of open biomass burning in China based on satellite observations. Environmental Science & Technology, 50(21): 11779-11786.

Richter A, Burrows J P, Nuss H, et al. 2005. Increase in tropospheric nitrogen dioxide over China observed from space. Nature, 437(7055): 129-132.

Schroeder W, Prins E, Giglio L, et al. 2008. Validation of GOES and MODIS active fire detection products using ASTER and ETM plus data. Remote Sensing of Environment, 112(5): 2711-2726.

Shi Y S, Yamaguchi Y. 2014. A high-resolution and multi-year emissions inventory for biomass burning in Southeast Asia during 2001-2010. Atmospheric Environment, 98: 8-16.

Sindelarova K, Granier C, Bouarar I, et al. 2014. Global data set of biogenic VOC emissions calculated by the MEGAN model over the last 30 years. Atmospheric Chemistry and Physics, 14(17): 9317-9341.

Streets D G, Yarber K F, Woo J H, et al. 2003. Biomass burning in Asia: Annual and seasonal estimates and atmospheric emissions. Global Biogeochemical Cycles, 17(4): 1099.

van der Werf G R, Randerson J T, Giglio L, et al. 2010. Global fire emissions and the contribution of deforestation, savanna, forest, agricultural, and peat fires (1997-2009). Atmospheric Chemistry and Physics, 10(23): 11707-11735.

van Donkelaar A, Martin R V, Brauer M, et al. 2010. Global estimates of ambient fine particulate matter concentrations from satellite-based aerosol optical depth: Development and application.

Environmental Health Perspectives, 118(10): 847-855.

Vermote E, Ellicott E, Dubovik O, et al. 2009. An approach to estimate global biomass burning emissions of organic and black carbon from MODIS fire radiative power. Journal of Geophysical Research: Atmospheres, 114: D18205.

Wooster M J, Roberts G, Perry G L W, et al. 2005. Retrieval of biomass combustion rates and totals from fire radiative power observations: FRP derivation and calibration relationships between biomass consumption and fire radiative energy release. Journal of Geophysical Research: Atmospheres, 110(D24): D24311.

Xia Y M, Zhao Y, Nielsen C P. 2016. Benefits of China's efforts in gaseous pollutant control indicated by the bottom-up emissions and satellite observations 2000-2014. Atmospheric Environment, 136: 43-53.

Xing J, Mathur R, Pleim J, et al. 2015. Observations and modeling of air quality trends over 1990-2010 across the Northern Hemisphere: China, the United States and Europe. Atmospheric Chemistry and Physics, 15(5): 2723-2747.

Zhang H F, Ye X G, Cheng T T, et al. 2008. A laboratory study of agricultural crop residue combustion in China: Emission factors and emission inventory. Atmospheric Environment, 42(36): 8432-8441.

Zhang Y S, Shao M, Lin Y, et al. 2013. Emission inventory of carbonaceous pollutants from biomass burning in the Pearl River Delta region, China. Atmospheric Environment, 76: 189-199.

Zhao Y, Zhang J, Nielsen C P. 2013. The effects of recent control policies on trends in emissions of anthropogenic atmospheric pollutants and CO_2 in China. Atmospheric Chemistry and Physics, 13(2): 487-508.

Zheng Y X, Xue T, Zhang Q, et al. 2017. Air quality improvements and health benefits from China's clean air action since 2013. Environmental Research Letters, 12(11): 114020.

Zhou Y, Xing X F, Lang J L, et al. 2017a. A comprehensive biomass burning emission inventory with high spatial and temporal resolution in China. Atmospheric Chemistry and Physics, 17(4): 2839-2864.

Zhou Y D, Zhao Y, Mao P, et al. 2017b. Development of a high-resolution emission inventory and its evaluation and application through air quality modeling for Jiangsu Province, China. Atmospheric Chemistry and Physics, 17(1): 211-233.

第 8 章　区域天然源排放清单优化

天然源挥发性有机物(biogenic volatile organic compounds，BVOC)是陆地与大气物质交换的重要成分，其排放量约占全球挥发性有机物(VOC)总排放量的90%，是全球 VOC 的主要贡献者。其中，异戊二烯(isoprene，ISOP)和单萜烯(monoterpene，MON)是占比最多的 BVOC 成分，具有很强的化学反应活性，可被羟基自由基(·OH)氧化并影响大气的氧化能力(Gong et al.，2018)，从而促进臭氧(O_3)和二次有机气溶胶(SOA)的形成(Geng et al.，2011；Paasonen et al.，2013；Shilling et al.，2013)。鉴于它们在大气化学中的重要性，研究者开发了数学模型来估算 BVOC 的排放，并进一步与空气质量模式相耦合，探究 BVOC 对空气质量与气候变化的影响(谢旻，2007；漏嗣佳等，2010；von Kuhlmann et al.，2004；Unger，2014)。

自然界中气体和气溶胶排放模型(MEGAN)已被广泛用于估算不同地区的BVOC 排放量(Li et al.，2013；Sindelarova et al.，2014；Wang et al.，2016；Chen et al.，2018；Liu et al.，2018)。MEGAN 是一个基于排放因子和叶面积指数的统计模型，同时考虑了 BVOC 对环境因素和植物生理条件的反馈。然而，MEGAN 的机制及输入数据仍然存在相当大的不确定性，主要来源于环境空气污染水平(如 O_3 暴露)影响机制的缺失，以及土地覆盖类型和排放因子信息的不完整性(Guenther et al.，2012)。由于这些因素对于 BVOC 排放的影响没有被很好地量化，区域范围内 BVOC 排放估算的偏差仍然不清楚。

本章将详细介绍 MEGAN 的机制，并以长三角地区为例，从 O_3 胁迫效应、排放因子数据、土地覆盖数据三个方面改进 BVOC 排放估算方法与结果。通过耦合 MEGAN 和空气质量模式，进一步探讨 BVOC 排放及其不确定性对于 O_3 污染的影响。

8.1　BVOC 排放模型和数据来源

本节介绍区域 BVOC 排放清单建立方法：基于中尺度气象模式(WRF)的气象模拟结果、植物功能型分布、叶面积指数、标准排放因子等资料，应用目前国际上广泛认可的 BVOC 排放量估算模式 MEGAN 计算长三角地区 BVOC 排放情况。

8.1.1　MEGAN 模型估算方法

MEGANv2.1 是用于估算陆地生态系统向大气中排放的气体和气溶胶通量的模型，驱动变量包括气象数据、植物功能类型(plant functional type，PFT)分布、叶面积指数、排放因子。MEGANv2.1 是可获取的离线模式(https://bai.ess.uci.edu/megan/data-and-code)，并且已经耦合到空气质量模式和地球系统模型中。MEGAN 使用 WRF 模拟气象数据，并为多尺度区域空气质量模式(CMAQ)等空气质量模式提供输入排放数据。

MEGAN 模式包含两个重要的模块，分别是排放因子和活动水平的计算，二者分别量化了陆地平均排放因子及 BVOC 的排放对于环境状况的反馈。MEGAN 通过式(8.1)估算来自陆地生态系统的 VOC 组分 i(<19)的排放量 F_i[μg/(m^2·h)]。

$$F_i = \gamma_i \sum \varepsilon_{i,j} \chi_j \tag{8.1}$$

式中，$\varepsilon_{i,j}$ 为植被类型 j 关于 VOC 组分 i 的排放因子；χ_j 为 j 类植被在网格中所占面积的比例分数；γ_i 为排放活动因子，代表区域环境状况及植被生理参数对 BVOC 排放的影响过程。

排放活动水平的计算基于一个简单的机制模型，该模型考虑了主要的驱动变量对于排放的控制过程，包括基于电子传送的光反馈、依赖于酶活性的温度反馈及基于代谢活动、酶活性、基因表达变化的二氧化碳反馈。排放活动水平校正因子对于每一种 VOC 组分的释放都包含了排放对于光、温度、叶龄、土壤湿度、叶面积指数及二氧化碳抑制作用的反馈，具体计算公式如下：

$$\gamma_i = C_{\mathrm{CE}} \times \mathrm{LAI} \times \gamma_{\mathrm{P}_i} \times \gamma_{\mathrm{T}_i} \times \gamma_{\mathrm{A}_i} \times \gamma_{\mathrm{SM}_i} \times \gamma_{\mathrm{C}_i} \tag{8.2}$$

式中，C_{CE} 为冠层环境系数，用于 MEGANv2.1 时取值为 0.57；LAI 为叶面积指数；γ_{P} 为光通量密度的校正因子；γ_{T} 为温度校正因子；γ_{A} 为叶龄校正因子；γ_{SM} 为土壤湿度校正因子；γ_{C} 为二氧化碳校正因子。

1. 光校正因子

每一类化合物的排放都包括光依赖部分(LDF)，以及不受光影响的部分(LIF=1–LDF)，针对光反馈的那部分排放的活动水平计算公式为

$$\gamma_{\mathrm{P}_i} = \left(1 - \mathrm{LDF}_i\right) + \mathrm{LDF}_i \times \gamma_{\mathrm{P_{LDF}}} \tag{8.3}$$

式中，$\gamma_{\mathrm{P_{LDF}}}$ 为伴随着光依赖的活动因子，计算方法如式(8.4)所示。

$$\gamma_{\mathrm{P_{LDF}}} = C_{\mathrm{P}} \frac{\alpha \times \mathrm{PPFD}}{\left(1 + \alpha^2 \times \mathrm{PPFD}^2\right)^{0.5}} \tag{8.4}$$

式中，PPFD 为光合作用的光子通量密度。C_{P} 和 α 计算公式如下：

$$\alpha = 0.004 - 0.0005\ln P_{240} \tag{8.5}$$

$$C_{\mathrm{P}} = 0.0468 \times \mathrm{e}^{0.0005\times[P_{24} - P_{\mathrm{S}}]} \times [P_{240}]^{0.6} \tag{8.6}$$

式中，P_{S} 为 PPFD 在过去 24 h 平均的标准状况，受光叶面为 200，背光叶面为 50；P_{24} 为过去 24 h 的平均 PPFD；P_{240} 为过去 240 h 的平均 PPFD。

光反馈因子使用由冠层环境模型估算得到的 PPFD，并分别应用于不同冠层深度的受光和背光叶片。

2. 温度校正因子

温度校正因子也是光依赖性和光独立性分数的加权平均值：

$$\gamma_{\mathrm{T}_i} = (1 - \mathrm{LDF}_i) \times \gamma_{\mathrm{T_{LIF}},i} + \mathrm{LDF}_i \times \gamma_{\mathrm{T_{LDF}},i} \tag{8.7}$$

根据 Guenther 等(2012)描述的 ISOP 响应来计算光依赖性分数响应：

$$\gamma_{\mathrm{T_{LDF}},i} = E_{\mathrm{opt}} \times \left\{ C_{\mathrm{T2}} \times \mathrm{e}^{(C_{\mathrm{T1},i} \times x)} / \left[C_{\mathrm{T2}} - C_{\mathrm{T1},i} \times \left(1 - \mathrm{e}^{C_{\mathrm{T2}} \times x}\right)\right]\right\} \tag{8.8}$$

式中，$x = \left[(1/T_{\mathrm{opt}}) - (1/T)\right] / 0.00831$；$T$ 为叶片温度(K)；$C_{\mathrm{T1},i}$ 和 C_{T2} (=230)为经验系数。

$$T_{\mathrm{opt}} = 313 + \left[0.6 \times (T_{240} - T_{\mathrm{S}})\right] \tag{8.9}$$

$$E_{\mathrm{opt}} = C_{\mathrm{eo},i} \times \mathrm{e}^{0.05\times(T_{24} - T_{\mathrm{S}})} \times \mathrm{e}^{0.05\times(T_{240} - T_{\mathrm{S}})} \tag{8.10}$$

式中，T_{S} 为标准条件下的叶温度(297K)；T_{24} 为过去 24 h 的平均叶温；T_{240} 为过去 240 h 的平均叶温；$C_{\mathrm{eo},i}$ 为经验系数。

光独立部分的响应函数为

$$\gamma_{\mathrm{T_{LIF}},i} = \mathrm{e}^{\beta_i (T - T_{\mathrm{S}})} \tag{8.11}$$

式中，β_i 代表 i 组分的经验系数。

3. 叶龄校正因子

叶龄排放活动水平被计算为

$$\gamma_{\mathrm{A}i} = F_{\mathrm{new}} \times A_{\mathrm{new},i} + F_{\mathrm{gro}} \times A_{\mathrm{gro},i} + F_{\mathrm{mat}} \times A_{\mathrm{mat},i} + F_{\mathrm{sen}} \times A_{\mathrm{sen},i} \tag{8.12}$$

式中，$A_{\mathrm{new},i}$、$A_{\mathrm{gro},i}$、$A_{\mathrm{mat},i}$ 和 $A_{\mathrm{sen},i}$ 为经验系数，描述了对于新生、生长中、成熟、衰老叶片的相对排放速率；F_{new}、F_{gro}、F_{mat}、F_{sen} 分别为冠层模型中新叶、生长叶、成熟叶和衰老叶的占比。

4. 土壤湿度校正因子

MEGAN 对于 ISOP 的土壤湿度经验公式计算为

$$\gamma_{\mathrm{SM,isoprene}} = 1, \quad \theta > \theta_1 \tag{8.13}$$

$$\gamma_{\mathrm{SM,isoprene}} = (\theta - \theta_{\mathrm{w}}) / 6\theta_1, \quad \theta_{\mathrm{w}} < \theta < \theta_1 \tag{8.14}$$

$$\gamma_{\mathrm{SM,isoprene}} = 0, \quad \theta < \theta_{\mathrm{w}} \tag{8.15}$$

式中，θ 为土壤湿度(体积含水量，m^3/m^3)；θ_1(=0.04)为经验参数；θ_{w} 为萎蔫点(低于该土壤湿度，植物不能从土壤中提取水分，m^3/m^3)。

参数数值由气象模型提供，该公式仅用来修正 ISOP，对于其他 VOC 组分的土壤湿度校正因子均取 1。

5. 二氧化碳校正因子

ISOP 受二氧化碳抑制，其排放活动水平校正因子计算公式为

$$\gamma_{\mathrm{CO_2,isoprene}} = I_{\mathrm{Smax}} - \frac{I_{\mathrm{Smax}} \times C_i^{\,h}}{\left(C^{*h}\right) + \left(C_i^{\,h}\right)} \tag{8.16}$$

式中，I_{Smax}、C^* 和 h 均为经验系数；C_i 为叶片内部二氧化碳浓度，取值为 70%的环境二氧化碳浓度。该公式仅用于 ISOP 排放活动水平的校正，其他 VOC 组分的二氧化碳校正因子均取值为 1。

8.1.2　MEGAN 模型输入数据

8.1.2.1　植物功能类型分布

卫星遥感是监测土地覆盖信息的重要工具，能够提供高精度、大范围的网格化土地利用类型分布数据。本书选取中分辨率成像光谱仪(MODIS) MCD12Q1 和气候变化倡议(Climate Change Initiative, CCI)产品作为 MEGAN 的植被输入数据。这两种产品由于其较高的分辨率、细致的土地利用分类和全面的时空覆盖范围，被广泛应用于 BVOC 排放估算和植被变化对大气环境影响的研究中(Fu and Liao，2012，2014；Fu and Tai，2015；Wang et al.，2016；Chen et al.，2019)。MODIS 数据产品的空间分辨率为 500 m，具有 6 种不同的土地利用分类方案。研究使用具有 12 种土地覆盖类型的 PFT 图层，符合 MEGAN 的输入要求。CCI 数据由欧洲航天局发行，空间分辨率为 300 m，将土地利用类型划分为 22 种。研究进一步使用 Poulter 等(2015)提供的转换表将其重分类为 MEGAN 所需的 PFT 类型。

鉴于卫星数据集具有较大不确定性，研究选取经过实地验证且综合精度达到 90%的 2015 年中国土地利用类型数据集(Land Use and Land Cover Change，

LUCC）、MODIS MCD12Q1 及 1∶100 万中国植被图进行融合，发展了一套更为可靠的长三角土地覆盖类型数据（MULTI）。LUCC 数据由中国科学院地理科学与资源研究所资源环境科学与数据中心（Resources and Environmental Sciences and Data Center，http://www.resdc.cn）提供。LUCC 数据主要通过高分辨率遥感-无人机-地勘观测系统获取（Ning et al.，2018），水平分辨率为 1 km，具有 6 个一级土地覆盖类型和 25 个二级土地覆盖类型。研究以 LUCC 数据为基础，将 25 个二级土地覆盖类型汇总为 7 个土地覆盖类型，包含作物、森林、灌木、草地、水、城乡和未利用地。研究对 LUCC 和 MODIS MCD12Q1 进行空间相交，并采用逐像元对比法对 LUCC 中的森林类型进一步划分为常绿阔叶树、落叶阔叶树和针叶树。当一个像元在 LUCC 和 MODIS MCD12Q1 中具有不同的土地覆盖类型时，使用中国植被图重新定义该像元，并提供更详细的植被信息。

图 8.1 展示了 CCI、MULTI 及 MODIS 中 6 种土地利用类型的网格化面积占比。对于林地面积占比，三套数据具有相似的空间分布格局但密度不同。CCI 数据中阔叶林和针叶林面积占比的空间分布较为相似，但在长三角南部地区，针叶林的面积占比大于阔叶林。然而，根据浙江省森林资源调查（浙江省林业局，http://lyj.zj.gov.cn/），2015 年阔叶林面积已经超过针叶林，由此可见，CCI 数据可能低估了长三角地区阔叶林面积比例（ISOP 的主要来源），导致 ISOP 排放量被低估。相比之下，MODIS 数据中阔叶林的面积比例远大于针叶林，是三个数据集中

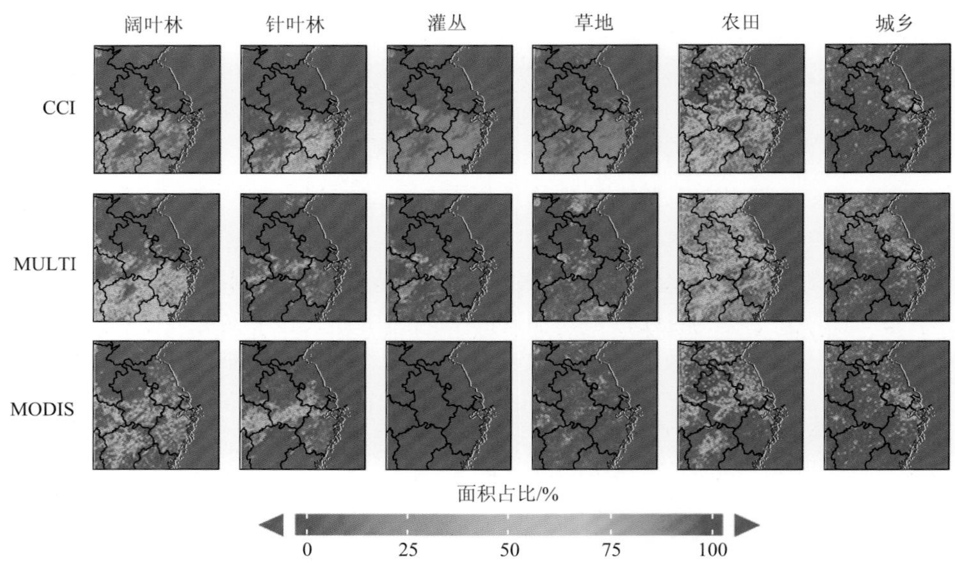

图 8.1　三套数据集中 6 种 PFT 面积占比的空间分布

最大的。主要原因可能是，MODIS 将冠层高于 2 m 且覆盖率大于 10%的树木定义为阔叶林，该标准比其他要求树木覆盖率从 15%到 40%的土地覆盖分类更为宽松(Poulter et al.，2015)。与其他两个数据集相比，MODIS 数据中针叶林集中分布在长三角中部。灌丛和草地的空间分布在三个数据集中也有所不同。然而，由于它们相对较低的 ISOP 排放因子和较小的面积占比，对 ISOP 排放估算的影响也相对较小。与 MULTI 相比，两个卫星产品数据集中，农田面积占比更大。卫星产品中对农田的高估可能是由于农田与其他土地利用类型的高度混合，并且由于传感器检测能力的限制，卫星无法完全捕捉复杂的土地覆盖特征。

8.1.2.2　排放因子

排放因子是指在标准情况[温度为 30℃，光量子通量密度为 1000 μmol/ $(m^2·s)$]下，单位面积叶片在单位时间内所释放的 BVOC 质量[μg/$(m^2·s)$]。MEGAN 采用栅格的非均匀下垫面处理，在同一网格内允许存在多种植被类型的分布，不同类型的植被对于不同 BVOC 的排放率差异从 0.01 μg/$(m^2·s)$到 11000 μg/ $(m^2·s)$，根据网格内不同 PFT 所占的面积比例对排放因子进行加权平均，从而得到 MEGAN 所需的网格化排放因子。以往的研究多采用 Guenther 等(2012)所公布的 EF-PFT15 全球平均排放因子为不同 PFT 提供 ISOP 排放因子数据，再结合 PFT 分布数据计算出网格平均排放因子。除了 MEGAN 中默认的全球平均排放因子之外，本书还基于文献搜集所得的实地调研数据，针对 ISOP 开发了一套长三角本地化的排放因子。由于缺乏实测数据，ISOP 以外的 VOC 组分的排放因子仍然采用默认的全球平均值。基于文献调研获取植被种类的叶片尺度 BVOC 排放因子(μg C·g dw/h)，每种 PFT 的标准冠层尺度排放因子[μg/$(m^2·h)$]可以通过叶尺度排放率(μg C·g dw/h)和叶生物量密度(g dw/m^2)进行转换，计算公式如下：

$$\varepsilon_j = \sum \varphi_k \mathrm{LMA}_k \frac{s_k}{s_j} \tag{8.17}$$

式中，ε_j 为 PFT_j 的标准排放因子[μg/$(m^2·h)$]；φ_k 为树种 k 的标准排放率(μg C·g dw/h)；LMA_k 为树种 k 的叶片生物量密度(g/m^2)；s_k 为树种 k 所占面积(m^2)；s_j 为 PFT_j 所占面积(m^2)。

本书从以前的研究(宋媛媛，2012；李玲玉，2015；Wang et al.，2018)中获得了不同树种叶片尺度的排放因子和叶片生物量密度。如果无法获得确切信息，则采用同一属和科内种类的近似值。不同树种在长三角地区的面积占比数据来源于 1∶100 万中国植被图(数据来源：中国科学院资源学科创新平台)。

表 8.1 将本书中应用的 ISOP 排放因子与全球平均水平进行了比较。相对于全球 ISOP 排放因子，针叶林、灌丛和草地的本地化排放因子相对较小，而阔叶林

和农田的本地化排放因子则相对更大。全球和本地化排放因子之间的巨大差异可能是由实测树种排放因子的地区差异性及各地区 PFT 的树种组成不同造成的。例如，中国竹子的 ISOP 排放率高于全球平均水平(李玲玉，2015)，而全球平均排放因子几乎不包括中国测量值；此外，在长三角地区发现了丰富的毛竹林(占阔叶林的 33%)，与其他阔叶树种相比，其 ISOP 排放因子相对较大，整体提高了阔叶林的 ISOP 排放因子。

表 8.1　全球水平与本书 ISOP 排放因子比较

类型	全球排放因子(Guenther et al.，2012)	长三角本地化排放因子(本书)
针叶林	600	27
阔叶林	10000	16619
灌丛	4000	1180
草地	800	70
农田	1	40

8.1.2.3　叶面积指数和气象数据

叶面积指数(leaf area index，LAI)是指植物叶片总面积与土地面积的比值，其在时空上不断变化，是反映植被生理状况的重要参数，在 MEGAN 模式中被用于计算叶龄校正因子。在传统 BVOC 排放量估算研究中，大多基于实地调查的植被数据，计算得到各月的叶面积指数。由于我国长江三角洲地区生态系统类型复杂多样，具有独特的植被分布特征，且植被生长茂密，其生长状况在空间上分布不均匀、在时间上不断变化，实地调查方法很难准确地获得区域植被的真实情况，因此本书采用北京大学开发的 GLASS 卫星遥感产品(http://www.geodata.cn)获取研究区域内 LAI 分布及其在时间上的动态变化规律。GLASS 叶面积指数产品空间分辨率为 1 km，时间分辨率为 8 d，基于人工神经网络算法融合了 MODIS 和集成卫星产品与地面观测的碳循环和变化(Carbon Cycle and Change in Land Observational Products from an Ensemble of Satellites，CYCLOPES)卫星数据，相对于其他卫星数据产品具有较少的缺失值且与观测值更为接近(Xiao et al.，2014)。

MEGAN 所需的气象场由 WRF 提供。WRF 输入数据来自美国国家环境预报中心提供的全球对流层分析数据集(https://rda.ucar.edu/datasets/)。详细的 WRF 模型配置如第 5 章所述。

8.2　O_3暴露对植被 ISOP 释放的影响

本节基于全面的文献调研与数据搜集，利用 Meta 分析方法探究 BVOC 中重要成分 ISOP 的排放对于 O_3暴露的响应，并进一步应用统计模型建立 O_3暴露量与 ISOP 相对排放速率之间的剂量-效应关系。

8.2.1　Meta 分析的数据和方法

以"ozone""O_3""forest""tree""woody""plant""BVOC"作为关键词，通过 Web of Science（http://apps.webofknowledge.com）搜集相关数据库，调查有关 O_3暴露影响植物 BVOC 释放的同行评议文献，并汇编成数据库。数据库涵盖了从 1990 年至 2018 年共 77 篇文献。在所收集的研究中，介绍了利用生长室、开顶气室或其他熏蒸系统对植物进行长期 O_3熏蒸，并报道了 BVOC 释放速率的变化情况。这些研究表明，高 O_3浓度不仅会导致叶片损伤而且会抑制植物生长，还会通过干扰光合作用和诱导防御性反馈机制影响植物次生代谢产物的合成和释放。进一步对已搜集到的文献进行筛选，对于出现以下情况的文献将不被纳入分析：①未设置平行实验或未给出明确的标准偏差；②实验熏蒸时间短于 7 d，不能视为长期熏蒸实验；③实验中除了 O_3，还有别的环境因素，导致 O_3单独的影响不清楚；④BVOC 排放率、O_3浓度和熏蒸时间没有明确报道；⑤熏蒸 O_3浓度低于 O_3植物损伤阈值 40 ppbv。在上述标准的筛选下，最终从 15 篇相关研究中获取到 93 对 O_3暴露水平和相对 ISOP 排放率的数据对用于 Meta 分析。

将观测实验中的变量，包括 BVOC 释放速率的平均值、标准偏差、实验重复次数、O_3熏蒸时长、平均浓度等，以及它们的分类信息一起整合至数据库中。提取数据时，直接从表格或文本中获取变量的值，并使用 Origin 2017 中的 Graph Digitization 功能对图中的数据进行提取。记录每项研究中可能影响 BVOC 释放对 O_3暴露反馈的潜在因素信息，这些潜在因素包括植物功能类型、植物年龄、O_3熏蒸系统、O_3浓度、熏蒸时长及释放的 BVOC 种类。

为了评估一段时间内 O_3对植物的影响，我们选择 O_3暴露指数（AOT40，即每小时 O_3浓度超过 40 ppbv 的累积暴露）作为预测变量。尽管一些研究人员建议基于通量的指标［如 POD_Y，即植物毒性 O_3剂量超过阈值 Y，以 nmol O_3/(m^2·s)表示］可以更好地代表植物对 O_3的吸收和随时间的生理损伤，但目前可用的研究中关于 O_3通量的数据很少，因此本书依然采用 AOT40。如果 AOT40 在已发表的研究中可用，则直接使用（有 6 项研究报告了 AOT40）；否则，使用研究中报告的 O_3浓度和暴露持续时间数据计算。对于包含三个以上测量值的特定实验，没有 O_3暴露的 ISOP 排放率被确定为 AOT40 和 ISOP 排放率的线性回归线的截距。AOT40 计算如下：

$$\mathrm{AOT40}(\mathrm{ppbv} \cdot \mathrm{h}) = \int_{i=1}^{n} \max\left((\mathrm{conc} - 40), 0\right) \mathrm{d}t \tag{8.18}$$

式中，conc 为小臭氧浓度(ppbv)；n 为周期中包含的小时数。

基于文献中所提供数据的质量，对所计算的 AOT40 置信水平进行分级。如果文献中明确给出了 AOT40 数值，那么数据被赋予高置信水平；如果文献中未直接给出 AOT40，但给出多个熏蒸时间点的 O_3 浓度数值，可相对准确地对 AOT40 进行估算，那么该组数据被赋予中等置信水平；如果文献中只给出熏蒸时期的平均 O_3 浓度，或是未给出 O_3 浓度监测数据及具体熏蒸时间，只能通过合理猜测得到 AOT40，则该数据被定义为低置信水平数据。将 AOT40 值由低到高分为 6 段，分别为 0～10 ppmv·h、10～20 ppmv·h、20～30 ppmv·h、30～40 ppmv·h、40～50 ppmv·h、50～60 ppmv·h，代表不同水平的 O_3 暴露。

在 Meta 分析中，将响应比(response ratio，RR)作为响应变量来衡量 O_3 暴露对 ISOP 释放速率的影响。RR 代表各项研究中实验组 ISOP 的平均释放速率与对照组平均释放速率之比，用于表征 ISOP 释放速率的改变程度，其计算公式如下：

$$\mathrm{RR} = X_{\mathrm{t}} / X_{\mathrm{c}} \tag{8.19}$$

式中，X_{t} 和 X_{c} 分别为试验组和对照组的 ISOP 释放速率。

RR 方差为

$$v = \frac{S_{\mathrm{t}}^2}{n_{\mathrm{t}} \overline{X_{\mathrm{t}}}^2} + \frac{S_{\mathrm{c}}^2}{n_{\mathrm{c}} \overline{X_{\mathrm{c}}}^2} \tag{8.20}$$

式中，S_{t} 和 S_{c} 分别为试验组和对照组的标准差；n_{t} 和 n_{c} 分别为试验组和对照组的样本量；$\overline{X_{\mathrm{t}}}$ 和 $\overline{X_{\mathrm{c}}}$ 分别为试验组和对照组 ISOP 释放速率的均值。

权重 w 由公式计算得出。不同 O_3 暴露水平中的观测值个数要大于 1，因此将权重调整为不同 O_3 暴露水平中的观测值总数，通过总权重 w' 估计总效应量。

$$w = \frac{1}{v^2} \tag{8.21}$$

$$w' = \frac{w}{n} \tag{8.22}$$

式中，n 为每个 O_3 暴露水平下观测值的总个数。

Meta 分析结果如图 8.2 所示。当 O_3 暴露水平处于 0～20 ppmv·h 时，ISOP 的释放速率并无明显变化；而当 O_3 暴露水平为 20～60 ppmv·h 时，ISOP 的释放速率显著降低。综合 15 项研究可以初步得出结论，O_3 暴露对于 ISOP 的释放存在抑制作用，且随着 O_3 暴露水平的升高，该抑制作用更加明显。

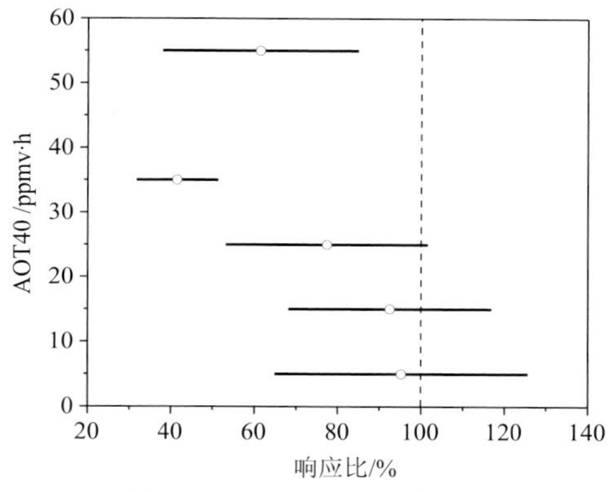

图 8.2　Meta-Analysis 结果图

8.2.2　O_3-BVOC 剂量效应关系建立

首先分析 ISOP 相对排放速率和 AOT40 之间的相关性，不同树种间 AOT40 和 ISOP 相对排放速率之间的关系如图 8.3(a)所示。其中，松树、银杏和泥炭藓的相关性均大于 1，表明 O_3 暴露促进其 ISOP 的排放；杨树和栎树的相关性均小于 1，表明其 ISOP 排放可能受到 O_3 的抑制。不同树种间 ISOP 相对排放速率和 AOT40 的关系存在较大差异性，因此针对不同的 PFT 类型开发了回归模型。选择杨树、栎树和银杏的数据来建立落叶阔叶林的 ISOP 相对排放速率和 AOT40 之间的暴露反应函数；由于缺乏实测数据，研究无法建立其他 PFT 的暴露反应函数，因此，本书未考虑除落叶阔叶林之外的 PFT 受 O_3 暴露的影响。

在建立暴露反应函数的过程中，首先通过箱线图剔除了异常高值，并对剩余数据集进行线性回归。图 8.3(b)中的数据显示，当 AOT40 小于 5 ppmv·h 时，相关性大于 1；当 AOT40 大于 5 ppmv·h 时，相关性小于 1。这种数据分布表明，低 O_3 暴露可以轻微地刺激 ISOP 的释放；随着 O_3 的逐渐累积，ISOP 排放会受到抑制。总体而言，ISOP 相对排放速率与 AOT40 之间呈现显著负相关关系，说明落叶阔叶林的 ISOP 排放速率在长期 O_3 暴露下会有所降低，斜率为–0.0113。与之相似，Yuan 等(2017)也曾提出 O_3 暴露对 ISOP 排放的抑制作用，且由于其模型中仅包含对 O_3 最为敏感的杨树树种，所以下降率更高(斜率为–0.02)。目前有少量研究探究了 O_3 对 ISOP 合成与释放影响的生理生化机制，Yuan 等(2016)提出 O_3 暴露对植物光合作用的损害会导致细胞间二氧化碳的增加，并会增加产生 ISOP 所需磷酸烯醇式丙酮酸的消耗，从而导致 ISOP 排放率降低；Calfapietra 等(2007)发现，O_3 暴露抑制 ISOP 排放可能是由于其抑制了蛋白质合成的表达和活性。与这些发现相一致，我们的回归模型表明，ISOP 排放随着 O_3 暴露量的升高整体呈现显著下降的趋势，尽管在低 AOT40 下会随着 O_3 暴露量的增加而轻微上升，这可能是由植物叶片内部的氧化防御机制所引起的。

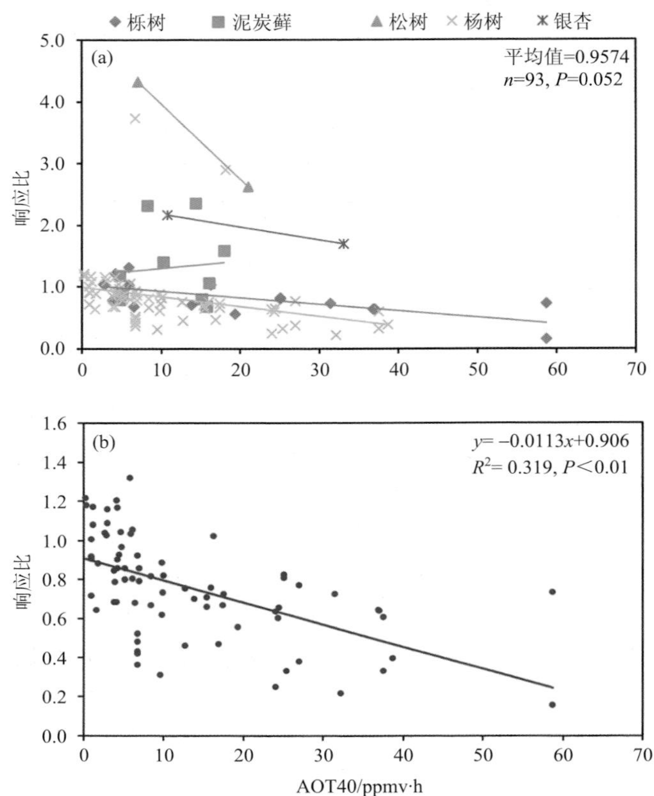

图 8.3 不同树种 RR 与 AOT40 的关系(a)及落叶阔叶林 RR 与 AOT40 的回归方程(b)

8.3 区域 BVOC 排放特征及影响因素

本节利用 MEGANv2.1 估算 2015 年 1 月、4 月、7 月、10 月的 BVOC 排放量，并围绕其时空分布特征展开描述。在影响因素分析方面，本节通过设置不同的情景，揭示 O_3 胁迫效应、排放因子及植被覆盖数据三个因素对 BVOC 排放估算的影响。

8.3.1 区域 BVOC 排放的空间及季节分布特征

基于本地化排放因子和 MULTI 植被分布数据集，并且考虑 O_3 胁迫效应，计算得到长三角地区 2015 年 1 月、4 月、7 月、10 月的 BVOC 排放总量约为 92.4

万 t，中国多尺度排放清单模型（MEIC；http://meicmodel.org/）中相应的人为源 VOC 排放量约为 219.1 万 t。表 8.2 将本书结果与其他学者对长三角地区 BVOC 排放的估算结果进行了比较，对比发现，本书的 BVOC 估算结果要明显高于其他三位研究者的结果。

表 8.2　不同研究对长三角 BVOC 年排放量的估计

地区	BVOC 排放量/(万 t/a)	基准年	来源	方法
长三角(江浙沪皖)	277.2	2015	本书	MEGAN
长三角(江浙沪皖)	188.6	2014	Liu et al.(2018)	MEGAN
长三角(江浙沪皖)	110	2010	宋媛媛(2012)	MEGAN
长三角(江浙沪皖)	23.9	2003	张钢锋和谢绍东(2009)	树木蓄积量

MEGAN 模式所计算的 VOC 多达 150 种，根据各 VOC 组分的排放特征及其在大气环境中的作用，将其重新归类为 19 种，如排放因子表所述，包括 ISOP、MON、倍半萜烯（sesquiterpene，SQT）、甲醇（methanol，MEOH）、丙酮（acetone，ACTO）及其他 VOC。其中，ISOP、MON 和 MEOH 的排放对长三角总 BVOC 的贡献较大，排放量占比分别为 56.1%、8.1%、14.3%。图 8.4 为长三角各省（市）BVOC 主要组分的排放情况，对于浙江省、安徽省和上海市，ISOP 对 BVOC 排放的贡献最大，占比分别为 68.7%、42.6%和 38.3%，其次是 MON 及 MEOH；对于江苏省而言，BVOC 的主要贡献者为 MEOH，其贡献率为 33.6%，其次是 ISOP。各省（市）间 BVOC 组分的贡献占比存在差异，主要是由区域植被的分布情况不同导致的。

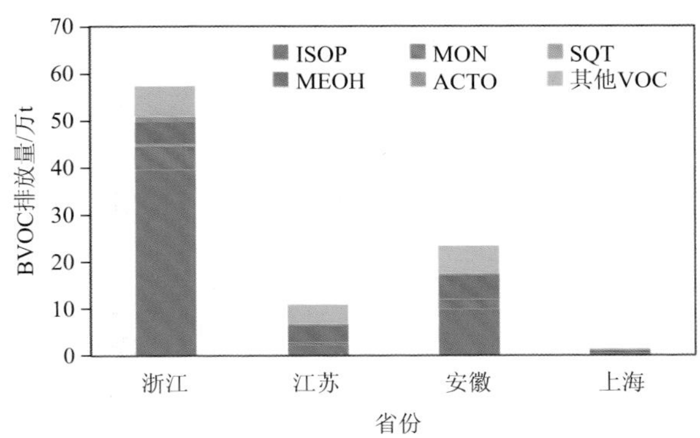

图 8.4　长三角各省（市）BVOC 主要组分排放量

图 8.5 展示了长三角地区 2015 年 1 月、4 月、7 月、10 月 BVOC 排放的空间分布格局。受植被分布的影响，BVOC 排放呈现出南高北低的空间分布格局，各省（市）间 BVOC 排放总量存在明显差异。江苏、浙江、安徽和上海排放量分别为

24.5 万 t(8.8%)、172.0 万 t(62.1%)、79.6 万 t(28.7%)、1.0 万 t(0.4%)。排放高值主要集中在植被茂盛、水热条件充沛的南部地区，如浙江省、安徽省南部及西部地区，该地区林地较多、城镇化水平较低，具有较高的 BVOC 排放因子。

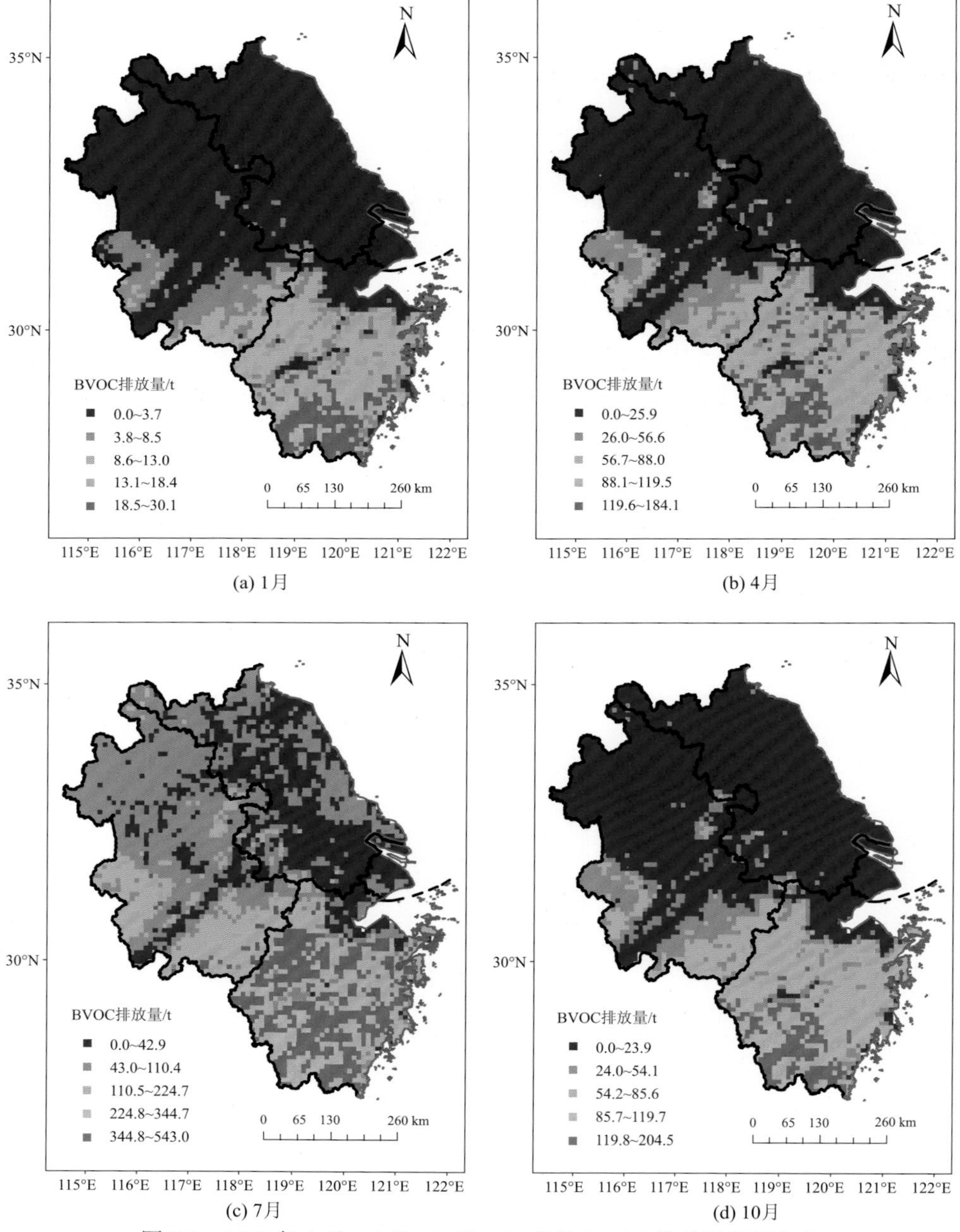

图 8.5　2015 年 1 月、4 月、7 月、10 月的 BVOC 排放量空间分布

受气象条件和植被物候的影响，BVOC 排放主要集中于夏季，春、秋季排放强度相对较低，冬季几乎没有排放。1 月、4 月、7 月、10 月的排放量分别为 2.12 万 t(2.3%)、16.1 万 t(17.5%)、58.4 万 t(63.2%)、15.8 万 t(17.0%)。夏季气温较高、太阳辐射较强且植被生长旺盛，因此具有最高的 BVOC 排放水平。随着温度的降低、辐射减弱、植物凋零，BVOC 排放在春、秋季减弱，而到了冬季，长三角多数地区 BVOC 排放速率接近 0。

8.3.2　区域 BVOC 排放表征的影响因素

本小节设计了 5 个不同的情景来探究排放因子、PFT 和 O_3 胁迫效应对 BVOC 排放估算的影响，不同情景的具体设置见表 8.3。情景 1 中 BVOC 排放估算采用了本地化排放因子及 MULTI 土地利用数据集，并且不考虑 O_3 胁迫效应，被视为基准情景；情景 2(排放计算结果如 8.3.1 节所述)与情景 1 相比，可以探究 O_3 胁迫效应对 BVOC 排放估算的影响；情景 3 和情景 1 相比，揭示了排放因子对于 BVOC 排放估算的影响；情景 4 和情景 5 与情景 1 相比，分别揭示不同 PFT 对 BVOC 排放的影响。长三角地区植被生长季为 4～9 月，O_3 暴露不会对 1 月份的 BVOC 排放产生影响，因此假定 1 月份情景 1 和情景 2 的 BVOC 排放相同。在排放因子和 PFT 方面，假定两个因素对 BVOC 排放估算的影响无季节性变化，仅选择 7 月作为情景 3～5 的研究时段。

表 8.3　BVOC 排放影响因素探究的情景设置

情景	研究时段	BVOC 排放估算设置		
		排放因子	植物功能类型	O_3 胁迫效应
1	1 月、4 月、7 月、10 月	本地化排放因子	MULTI	无
2	1 月、4 月、7 月、10 月	本地化排放因子	MULTI	有
3	7 月	全球平均排放因子	MULTI	无
4	7 月	本地化排放因子	CCI	无
5	7 月	本地化排放因子	MODIS	无

8.3.2.1　O_3 胁迫效应

基于站点观测的 O_3 浓度数据，研究利用克里金函数获取了长三角地区网格化的 O_3 小时浓度分布，并进一步计算了植物生长季内日均 O_3 浓度和 AOT40 指标。2015 年生长季内，日均浓度超过 40 ppbv 的 O_3 污染主要发生在 5 月、6 月和 9 月，而 7～8 月污染较轻；随着 O_3 在生长季内的不断累积，AOT40 逐渐升高，最终达到 14 ppmv·h。O_3 浓度的时间分布主要由气象条件控制，4～6 月 O_3 浓度的增长部分归因于气温升高和太阳辐射。值得注意的是，O_3 浓度在温度较高的 7 月和 8 月略有下降，这可能与当月降雨增加有关。在空间分布上，长三角东部地区 O_3 浓度较高，西部地区 O_3 浓度较低，与该地区工业和经济的空间分布格局基本一致。

基于 O_3 暴露-反应关系及 AOT40 数据，本节计算了考虑 O_3 胁迫的 ISOP 排放量。表 8.4 总结了长三角地区及各省(市)在考虑及不考虑 O_3 胁迫下的 ISOP 排放量及其相对变化。在不考虑 O_3 胁迫效应的情况下，1 月、4 月、7 月、10 月长三角地区的 ISOP 排放量分别为 8.6 Gg、85.3 Gg、341.7 Gg、82.6 Gg；在 4 月、7 月、10 月，O_3 暴露估计使该地区的 ISOP 排放量分别减少 1.0 Gg、10.8 Gg、3.0 Gg，占不考虑 O_3 胁迫下 ISOP 排放量的 1.2%、3.2%、3.6%。O_3 暴露的积累会增强对 ISOP 排放的抑制；然而，随着时间的推移，这种抑制作用会逐渐减弱，因为春季比夏季更频繁地出现 O_3 浓度高于 40 ppbv 的情况。图 8.6 展示了不同季节因 O_3 暴露导致 ISOP 排放减少的空间格局。O_3 对 ISOP 的抑制效应主要导致长三角中北部地区的 ISOP 减排，对江苏省的南京、无锡、苏州，安徽省的滁州、马鞍山，浙江省的湖州、嘉兴，以及上海等沿江部分城市的影响尤为明显。在城市尺度上，大部分 ISOP 排放减少发生在江苏境内城市和上海。其中，苏州的降幅最大，ISOP 排放量在 4 月、7 月和 10 月分别减少了 10%、25%和 39%。O_3 所引起的 ISOP 减排的空间分布主要受落叶阔叶林分布及各地区 O_3 暴露水平的影响。苏南地区落叶阔叶林面积占比较大，AOT40 较高，因此该地区 ISOP 排放量显著减少；安徽西部和南部尽管落叶阔叶林分布更密集，但这些地区的 O_3 暴露水平较低，ISOP 排放量下降幅度相对较小。与长三角地区落叶阔叶林面积的分布相比，O_3 暴露水平对 ISOP 排放的影响更大。

表 8.4　长三角地区各省(市)在考虑及不考虑 O_3 胁迫下 ISOP 排放量及其相对变化

地区	落叶阔叶林面积占比/%	1 月	4 月			7 月			10 月		
		ISOP/t	ISOP/t	AOT40 /ppmv·h	排放下降率/%	ISOP/t	AOT40 /ppmv·h	排放下降率/%	ISOP/t	AOT40 /ppmv·h	排放下降率/%
江苏	2.1	0.0	0.2	1.1	9.8	1.0	14.2	19.8	0.2	21.3	27.2
上海	0.7	0.0	0.0	1.3	5.4	0.0	17.8	14.0	0.0	20.0	23.4
安徽	6.7	0.1	1.7	0.2	2.0	7.3	3.4	6.1	1.6	4.8	6.4
浙江	4.8	0.7	7.7	1.2	0.8	25.9	11.2	1.7	6.5	19.0	2.2
长三角	4.7	0.9	8.5	0.8	1.2	34.2	9.0	3.2	8.3	14.2	3.6

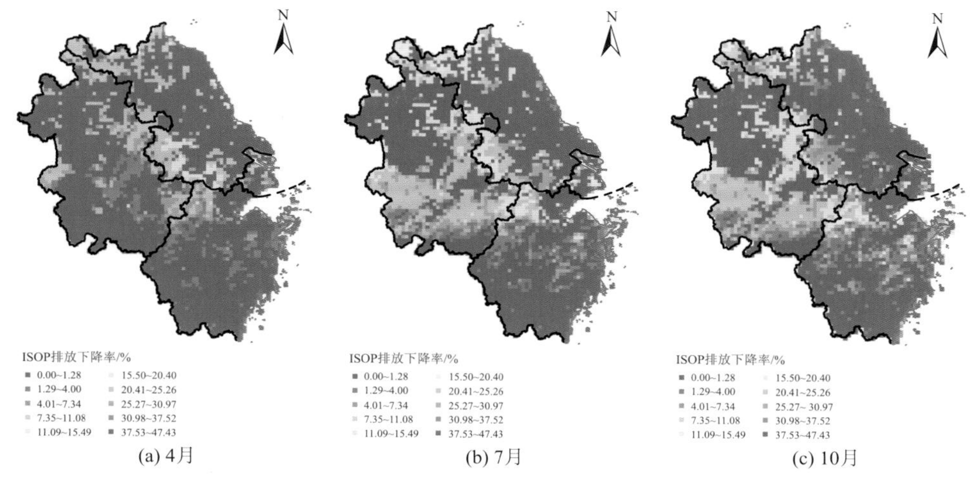

图 8.6　2015 年 4 月、7 月、10 月的 O_3 胁迫下 ISOP 排放下降率

8.3.2.2　排放因子及植被分布数据

图 8.7 总结了 2015 年 7 月不同情景下 BVOC 和 ISOP 的排放量估算结果及其相对于基准情景的变化。在基准情景中，长三角地区 7 月 BVOC 和 ISOP 的排放量分别为 58.4 Gg 和 34.2 Gg。如图 8.7(a)所示，ISOP 排放高值集中在长三角南部地区和皖西山区，主要原因是森林分布密集、日照强烈和温度较高。基于全球平均排放因子估算的 BVOC 和 ISOP 排放量分别比基于本地化排放因子的计算结果低 21%和 37%。长三角主要被阔叶林和农田所覆盖，二者的本地化排放因子均大于全球平均水平，因此在应用全球平均排放因子时，整个长三角地区的 ISOP 排放量有所下降，尤其是在长三角南部地区[图 8.7(b)]。然而，在以灌木、草丛和针叶林为主的北部地区，基于全球平均排放因子的排放量估算结果更高。

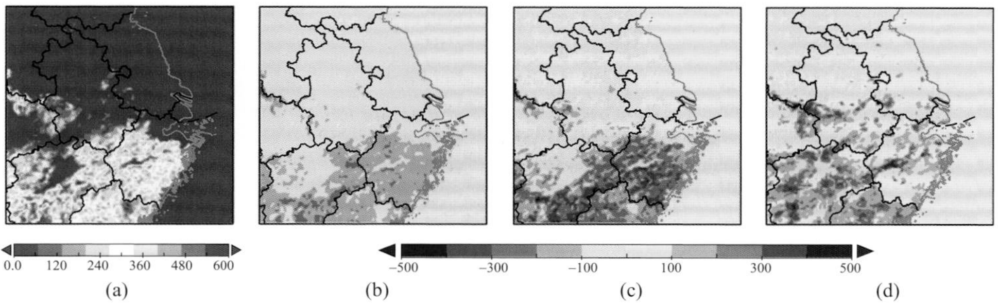

图 8.7　2015 年 7 月情景 1 的 ISOP 排放量空间分布(a)及情景 3 与情景 1(b)、情景 4 与情景 1(c)、情景 5 与情景 1(d) ISOP 排放差异的空间分布(单位：$\mu g/m^3$)

与排放因子相比，植被分布对 ISOP 排放的量化和空间分布影响更大。根据情景 4 和情景 5 对比可知，基于 CCI 的植被分布数据，ISOP 排放可能会被低估 61%；而基于 MODIS 的结果可能会高估 66%。由于监测方法和分类系统不同，一些 PFT 的面积占比在三个数据集中存在明显差异，特别是对于阔叶林和作物。与其他 PFT 相比，阔叶林 ISOP 的排放因子更大，因此其分布的差异将更显著地影响 ISOP 排放估算。CCI 中阔叶林的面积比例与 MULTI 相比较小，因此应用 CCI 主要低估长三角南部地区的 ISOP 排放，但高估了安徽省某些林区的排放［图 8.7(c)］。由于 MODIS 的阔叶林分布相对广泛，应用 MODIS 高估了长三角大部分地区的 ISOP 排放［图 8.7(d)］。与阔叶林相比，作物排放因子较小，因此其分布的差异对 ISOP 排放估算的影响较小。

8.4　BVOC 排放改进对区域 O_3 模拟的影响

8.4.1　天然源排放对区域 O_3 生成贡献的模拟

本节利用 WRF-CMAQ 空气质量模式，进一步探究了 BVOC 排放对 2015 年 7 月长三角地区 O_3 生成的影响。图 8.8 展示了 BVOC 对 O_3 小时平均值、日最大小时浓度(MDA1)及日最大 8 h 浓度(MDA8)贡献的空间分布情况。BVOC 对 O_3 生成贡献的高值区位于长三角东部和中北部地区，这与 BVOC 排放高值区并不一致(图 8.5)。BVOC 具有高化学反应活性，通常是释放即反应，因此 BVOC 对于 O_3 生成的影响可能更多地取决于本地排放。此外，BVOC 对 O_3 生成贡献的空间异质性可能与 O_3 前体物的排放，即 VOC 和氮氧化物(NO_x)排放，以及二者的比例有关。通过对比 BVOC 对 O_3 生成的贡献与 NO_x 排放的空间分布(图 8.9)发现，

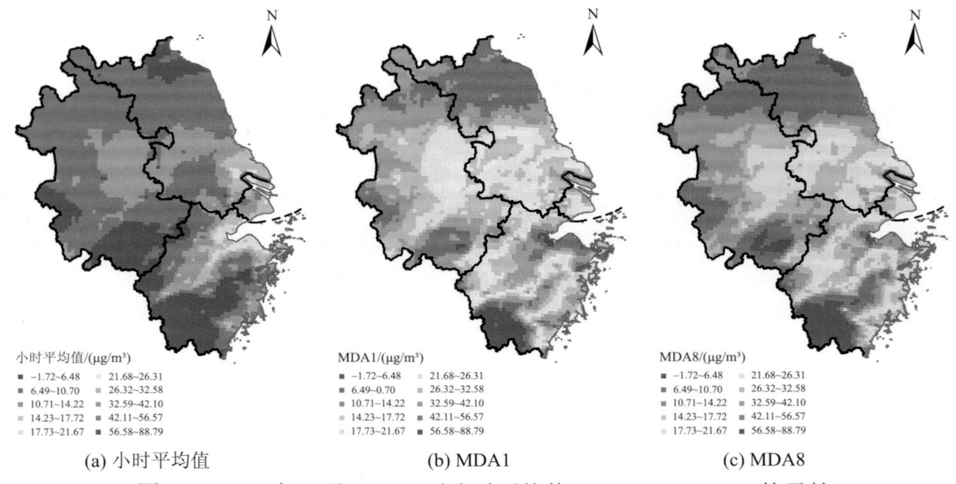

(a) 小时平均值　(b) MDA1　(c) MDA8

图 8.8　2015 年 7 月 BVOC 对小时平均值、MDA1、MDA8 的贡献

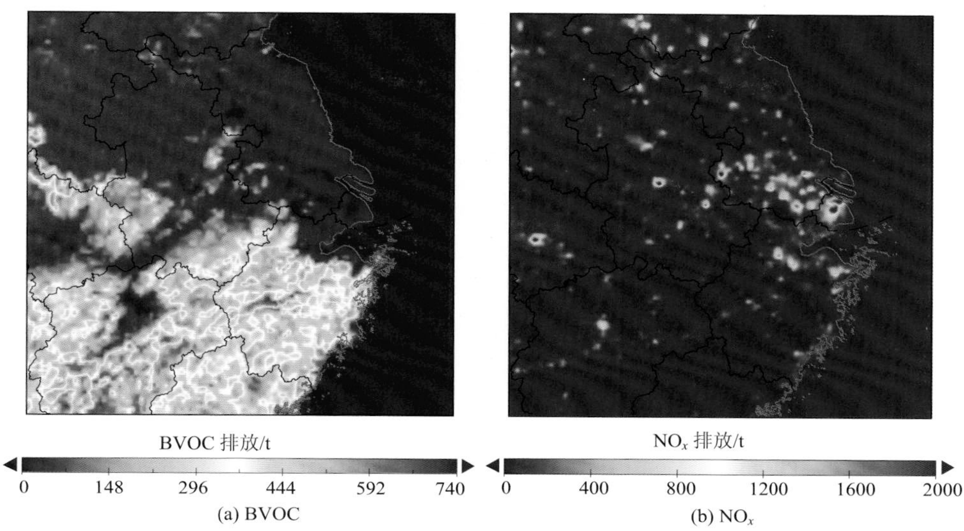

图 8.9　2015 年 7 月长三角地区 BVOC 和 NO_x 排放的空间分布（数据分别来源于情景 2 和 MEIC）

BVOC 对 O_3（小时均值）生成贡献相对大的区域对应于 NO_x 排放量高的地区。皮尔逊（Pearson）相关分析表明，二者在空间分布上具有显著相关性（$P<0.001$），表明 BVOC 对 O_3 生成的贡献更多地受到 NO_x 排放的限制而非 BVOC 本身。Jin 和 Holloway（2015）指出，由于 NO_x 排放相对较多，长三角东部和中北部地区多为 VOC 控制或混合控制区，即 O_3 生成对 VOC（包括 BVOC）更为敏感。因此，在这些地区控制 BVOC 排放将有助于缓解 O_3 污染。然而，在一些森林地区，如浙江南部，BVOC 起着减少 O_3 的作用。这可能是因为该地区的 O_3 生成受 NO_x 限制，大量的 BVOC 因被 O_3 氧化而对 O_3 产生了消耗。

在整个长三角地区，BVOC 对 MDA1、MDA8 和小时均值的贡献分别为 12%、11%和 10%。BVOC 对三个 O_3 指标贡献的差异可能是由于受到不同的昼夜气象条件和污染物排放水平的综合影响。图 8.10 显示了长三角地区不同省（市）BVOC 对 O_3 生成的贡献和 NO_x 排放的日变化曲线。BVOC 排放量会随着光照和温度的增加而增加，上午 6:00 后 BVOC 排放量增大，与 NO_x 反应逐渐形成 O_3。因此，BVOC 对 O_3 生成的贡献从上午 6:00 开始迅速增大，在中午（上午 10:00～下午 3:00）达到峰值，在黄昏（下午 6:00）迅速下降。NO_x 排放呈现双峰分布，两个峰值时刻分别出现在上午 9:00 和下午 7:00，对应着日常交通高峰时段。上午至午后，随着太阳辐射的增加，NO_x 强烈参与光化学反应；下午光化学反应开始减弱，使得 BVOC 对 O_3 生成的贡献有所下降。总体而言，在所有地区中，BVOC 对 O_3 生成贡献相对较大的时刻均处于 O_3 浓度较高的中午。因此，相对于 O_3 小时平均值，BVOC 极值（MDA1 和 MDA8）的贡献相对更大。

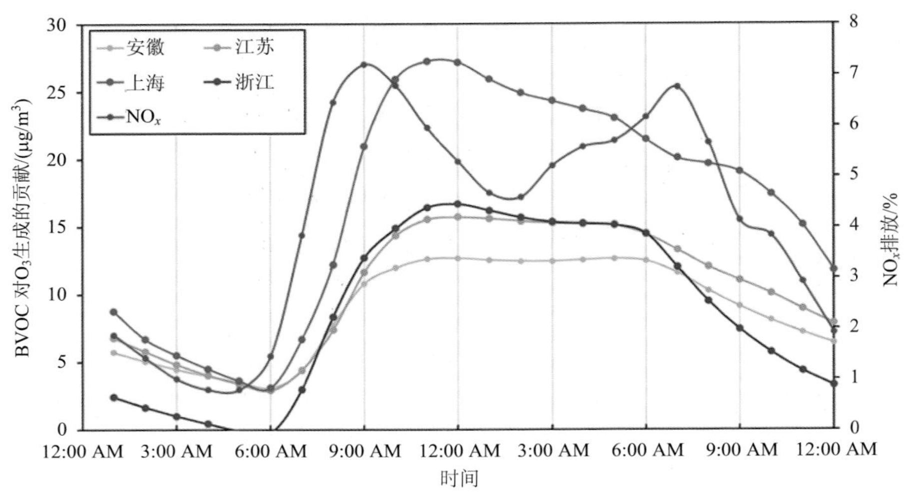

图 8.10　分地区 BVOC 对 O_3 生成贡献以及 NO_x 排放率的日变化规律

8.4.2　不同因素引起 BVOC 排放清单改变对 O_3 模拟的影响

8.4.2.1　O_3 胁迫效应

2015 年 7 月情景 1 与情景 2 之间模拟的 O_3 浓度差异的空间分布如图 8.11 所示。与情景 2 相比，情景 1 中由 O_3 暴露引起的 ISOP 排放下降导致整个长三角地区的 O_3 模拟略有减少(按网格计算为–1.9%～+0.07%)。对比图 8.11、图 8.6 和

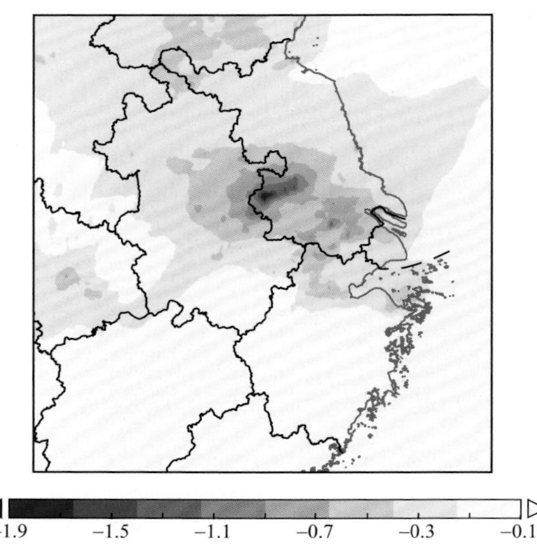

图 8.11　情景 2 与情景 1 之间 O_3 小时均值模拟浓度差异的空间分布(单位：%)

图 8.8 可知，O_3 下降的空间分布格局与 O_3 引起的 ISOP 排放下降的空间分布格局较为相似，即在 ISOP 对 O_3 贡献更大的中部和北部地区更为显著。近年来，由于 VOC 排放量的增加、NO_x 排放量的减少及细颗粒物($PM_{2.5}$)浓度的降低，长三角城市地区的 O_3 污染显著增加。然而，人为活动所引起的 O_3 上升可能会通过 O_3 暴露抑制生物源 ISOP 排放，从而使 O_3 生成有所减弱。

8.4.2.2　排放因子及植被分布数据

图 8.12 展示了不同排放因子及植被分布数据对 2015 年 7 月长三角 O_3 小时均值的影响。通过对比情景 1 和情景 3，相较于本地化排放因子，基于全球平均排放因子估算的 BVOC 排放最终导致长三角地区 O_3 模拟整体下降 3%(–12.7%～+3.9%)。在长三角东部及中部地区，O_3 浓度下降幅度较大，尤其在上海 O_3 浓度下降 6%。虽然由全球平均排放因子所引起的 BVOC 排放降低主要发生在长三角南部地区[图 8.7(b)]，但 O_3 浓度的下降更多出现在长三角东部及中北部[图 8.12(a)]，这与 BVOC 对 O_3 的贡献分布相一致(图 8.8)。因此，长三角南部 BVOC 的大量减少并没有引起 O_3 形成的剧烈变化，而长三角东部相对较小的 BVOC 排放减少会导致 O_3 的变化更加强烈。长三角西南地区 BVOC 的减少导致 O_3 浓度略有提高，可能是因为该地区森林茂密，BVOC 排放量相对于 NO_x 排放更高，O_3 生成处于 NO_x 控制区，因此减少 BVOC 排放反而会使 O_3 上升。

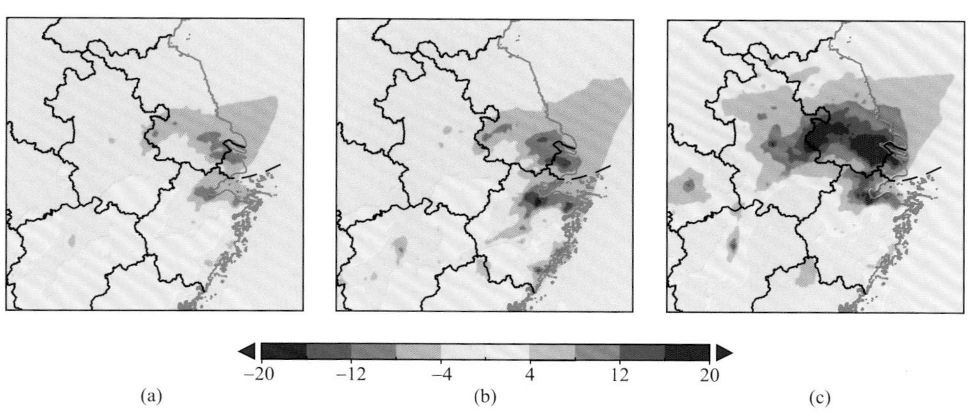

图 8.12　情景 3 与情景 1(a)、情景 4 与情景 1(b)、情景 5 与情景 1(c)之间 O_3 小时均值模拟浓度差异的空间分布(单位：%)

相较于排放因子，不同土地覆盖数据对 O_3 模拟的影响相对更大。在长三角地区，CCI 和 MODIS 与 MULTI 之间的差异分别使 O_3 模拟产生–3%和 5%的变化，如图 8.12(b)和图 8.12(c)所示。由土地利用数据引起的 O_3 浓度变化的空间分布与

BVOC 对 O_3 生成的贡献相似，O_3 浓度的变化主要发生在长江下游平原。CCI 数据所引起的 O_3 浓度的低估主要位于长三角东部地区，MODIS 所引起的 O_3 浓度的高估主要位于长三角中部及东部地区。与 CCI 相比，MODIS 引起的 O_3 浓度变化更强烈，因为 MODIS 对于 ISOP 排放的高估程度更大且空间分布范围更广［图 8.7(c)和图 8.7(d)］。

总结本章研究，我们通过 Meta 分析建立了落叶阔叶林的 O_3 暴露-ISOP 排放的剂量-效应关系，并将其纳入 MEGAN 模式；以长三角为对象，计算了 O_3 胁迫下 2015 年生长季 ISOP 排放；基于不同的排放因子和土地覆盖数据集设置了多个排放情景，评估了 BVOC 排放和 O_3 浓度模拟对于输入变量的敏感性。

研究发现，在长江中下游地区，随着生长季 O_3 暴露量的增加，ISOP 排放将受到抑制，其中苏州市下降幅度最大。采用全球平均排放因子导致对 ISOP 排放的低估达到 47%，不同土地覆盖数据集对 ISOP 排放估算和空间分布的影响更大。受人为源 NO_x 影响，长三角东部和中北部的 BVOC 对 O_3 形成的贡献大于南部地区，因此该地区不同输入参数引起的 BVOC 排放轻微变化将会导致较大的 O_3 模拟差异。相比之下，虽然长三角南部基于不同参数计算的 BVOC 排放特征差异显著，但所引起的 O_3 模拟变化有限。研究揭示了影响区域 BVOC 排放的重要因素，及其对 O_3 生成的贡献，有助于更加全面、科学地制定和评估 O_3 污染防治策略。

参考文献

李玲玉. 2015. 植被 VOCs 排放特征及中国高时空分辨率天然源 VOCs 排放清单研究. 北京: 北京大学.

漏嗣佳, 朱彬, 廖宏. 2010. 中国地区臭氧前体物对地面臭氧的影响. 大气科学学报, 33(4): 451-459.

宋媛媛. 2012. 基于遥感的中国地区 BVOCs 排放特征研究. 南京: 南京大学.

谢旻, 王体健, 江飞, 等. 2007. NO_x 和 VOC 自然源排放及其对中国地区对流层光化学特性影响的数值模拟研究. 环境科学, 1: 32-40.

张钢锋, 谢绍东. 2009. 基于树种蓄积量的中国森林 VOC 排放估算. 环境科学, 30(10): 2816-2822.

Calfapietra C, Wiberley A E, Falbel T G, et al. 2007. Isoprene synthase expression and protein levels are reduced under elevated O_3 but not under elevated CO_2 (FACE) in field-grown aspen trees. Plant Cell and Environment, 30(5): 654-661.

Chen C, Park T, Wang X H, et al. 2019. China and India lead in greening of the world through land-use management. Nature Sustainability, 2(2): 122-129.

Chen W H, Guenther A B, Wang X M, et al. 2018. Regional to global biogenic isoprene emission responses to changes in vegetation from 2000 to 2015. Journal of Geophysical Research: Atmospheres, 123(7): 3757-3771.

Fu Y, Liao H. 2012. Simulation of the interannual variations of biogenic emissions of volatile organic compounds in China: Impacts on tropospheric ozone and secondary organic aerosol. Atmospheric Environment, 59: 170-185.

Fu Y, Liao H. 2014. Impacts of land use and land cover changes on biogenic emissions of volatile organic compounds in China from the late 1980s to the mid-2000s: Implications for tropospheric ozone and secondary organic aerosol. Tellus Series B-Chemical and Physical Meteorology, 66: 24987.

Fu Y, Tai A P K. 2015. Impact of climate and land cover changes on tropospheric ozone air quality and public health in East Asia between 1980 and 2010. Atmospheric Chemistry and Physics, 15(17): 10093-10106.

Geng F, Tie X, Guenther A, et al. 2011. Effect of isoprene emissions from major forests on ozone formation in the city of Shanghai, China. Atmospheric Chemistry and Physics, 11(20): 10449-10459.

Gong D C, Wang H, Zhang S Y, et al. 2018. Low-level summertime isoprene observed at a forested mountaintop site in southern China: Implications for strong regional atmospheric oxidative capacity. Atmospheric Chemistry and Physics, 18(19): 14417-14432.

Guenther A B, Jiang X, Heald C L, et al. 2012. The Model of Emissions of Gases and Aerosols from Nature version 2.1 (MEGAN2.1): An extended and updated framework for modeling biogenic emissions. Geoscientific Model Development, 5(6): 1471-1492.

Jin X M, Holloway T. 2015. Spatial and temporal variability of ozone sensitivity over China observed from the Ozone Monitoring Instrument. Journal of Geophysical Research: Atmospheres, 120(14): 7229-7246.

Li L Y, Chen Y, Xie S D. 2013. Spatio-temporal variation of biogenic volatile organic compounds emissions in China. Environmental Pollution, 182: 157-168.

Liu Y, Li L, An J Y, et al. 2018. Estimation of biogenic VOC emissions and its impact on ozone formation over the Yangtze River Delta region, China. Atmospheric Environment, 186: 113-128.

Ning J, Liu J Y, Kuang W H, et al. 2018. Spatiotemporal patterns and characteristics of land-use change in China during 2010-2015. Journal of Geophysical Research Atmospheres, 28(5): 547-562.

Paasonen P, Asmi A, Petaja T, et al. 2013. Warming-induced increase in aerosol number concentration likely to moderate climate change. Nature Geoscience, 6: 438-442.

Poulter B, MacBean N, Hartley A, et al. 2015. Plant functional type classification for earth system models: Results from the European Space Agency's Land Cover Climate Change Initiative. Geoscientific Model Development, 8(7): 2315-2328.

Shilling J E, Zaveri R A, Fast J D, et al. 2013. Enhanced SOA formation from mixed anthropogenic and biogenic emissions during the CARES campaign. Atmospheric Chemistry and Physics, 13(4): 2091-2113.

Sindelarova K, Granier C, Bouarar I, et al. 2014. Global data set of biogenic VOC emissions calculated by the MEGAN model over the last 30 years. Atmospheric Chemistry and Physics, 14(17): 9317-9341.

Unger N. 2014. Human land-use-driven reduction of forest volatiles cools global climate. Nature Climate Change, 4(10): 907-910.

von Kuhlmann R, Lawrence M G, Poschl U, et al. 2004. Sensitivities in global scale modeling of isoprene. Atmospheric Chemistry and Physics, 4: 1-17.

Wang H, Wu Q Z, Liu H J, et al. 2018. Sensitivity of biogenic volatile organic compound emissions to leaf area index and land cover in Beijing. Atmospheric Chemistry and Physics, 18(13): 9583-9596.

Wang X M, Situ S P, Chen W H, et al. 2016. Numerical model to quantify biogenic volatile organic compound emissions: The Pearl River Delta region as a case study. Journal of Environmental Sciences, 46: 72-82.

Xiao Z Q, Liang S L, Wang J D, et al. 2014. Use of general regression neural networks for generating the GLASS leaf area index product from time-Series MODIS surface reflectance. IEEE Transactions on Geoscience and Remote Sensing, 52(1): 209-223.

Yuan X Y, Calatayud V, Gao F, et al. 2016. Interaction of drought and ozone exposure on isoprene emission from extensively cultivated poplar. Plant Cell and Environment, 39(10): 2276-2287.

Yuan X Y, Feng Z Z, Liu S, et al. 2017. Concentration-and flux-based dose-responses of isoprene emission from poplar leaves and plants exposed to an ozone concentration gradient. Plant Cell and Environment, 40(9): 1960-1971.

第 9 章　基于地面观测约束的黑碳颗粒物排放校验

黑碳(BC)是大气气溶胶中重要的光吸收化学组分，其主要排放来源为化石或生物质燃料的不完全燃烧。通过吸收太阳辐射，BC 能直接影响地球-大气系统的辐射平衡，且其理化性质及光学效应会对人体健康、能见度产生不利影响。此外，BC 生命周期短，与二氧化碳(CO_2)长达数百年的生命周期相比，BC 只能在大气中停留数天，因此控制 BC 排放成为一种可以在短期内有效延缓气候变暖进程的途径。

对 BC 环境及气候效应的准确评估依赖于对 BC 排放的精准定量。空间分布相对分散的民用源是 BC 排放的主要贡献部门，其活动水平和排放因子的本地化数据相对难以获取，导致现有的“自下而上”BC 排放清单的不确定性较大，因此基于观测数据和空气质量模式对 BC 排放清单进行校验与优化，具有重要的科学及政策意义。

中国一直被认为是 BC 的主要排放地区之一，占全球 BC 排放总量的近四分之一。长三角地区是中国 BC 排放的高值区，较高的人为源 BC 排放强度是导致该地区污染严重的重要原因，同时对气候变化有一定影响。由于方法和环境统计数据的限制，现有的区域和城市 BC 排放清单在排放水平和时空分布上的精度还有待提升；各个地区大气污染防治工作的推行，将导致区域和城市 BC 排放水平和污染特征的变化，污染控制成效的评估离不开对排放变化的准确定量表征。

本章将围绕空气质量管理及气候变化应对过程中对精细化 BC 排放清单的需求，选择长三角典型区域(苏南城市群，包括苏州、无锡、常州、镇江、南京)，介绍基于地面观测约束的多元线性回归校验 BC 排放的方法和结果，并分析多元线性回归校验的主要影响因素。

9.1　现有 BC 排放定量表征研究的局限性

9.1.1　“自下而上”排放清单研究进展

国内外研究者采用“自下而上”的排放因子法建立了不同空间尺度的 BC 排放清单，包括区域排放清单、国家排放清单和全球排放清单。不同于二氧化硫(SO_2)、氮氧化物(NO_x)等主要来源于大型工业点源的污染物，BC 主要来自相对分散的民用源，目前对其排放因子的测算存在较大不确定性(Wang et al.，2014)，在不同的燃烧条件下，某一特定源的 BC 排放因子可能会有很大的变化。这些因素导致现有区域和城市 BC 排放表征在排放水平和时空分布精度上还有待提升。

现有空气质量模式模拟结果表明，基于“自下而上”BC 排放清单得到的模拟值与实际观测值之间存在较大差异。Koch 等(2009)将 16 个空气质量模式的模拟结果与地面观测数据进行对比分析发现，现有模式的模拟值普遍是观测值的 1/3～1/2。Hu 等(2016)发现，美国西北地区 BC 浓度模拟值与地面观测结果明显不同，地面观测浓度最大值出现在 6～9 月，而模式显著低估了该时段的 BC 浓度，这主要是由排放清单中该地区生物质燃烧排放源的缺失引起的。此外，不同“自下而上”排放清单的结果差异也较大，尤其是在能源消耗量大、BC 排放源种类复杂、年排放特征变化明显的中国。图 9.1 为不同研究者建立的中国人为源 BC 排放清单结果。由图可知，Zhang 等(2009)编制的大陆化学传输实验-B 阶段(INTEX-B)中的排放远高于 Kurokawa 等(2013)、Lu 等(2011)、Qin 和 Xie(2012)的研究结果。Ohara 等(2007)估算了 1990～2000 年中国 BC 排放量，发现 BC 排放量呈持续下降趋势。然而，在相同时段，Lei 等(2011)指出，BC 的年排放变化幅度较小，且在 1995 年达到峰值。以上不同研究结果之间的差异表明，“自下而上”BC 排放清单存在较大不确定性。Streets 等(2003)基于跨太平洋传输和化学演变计划(TRACE-P)建立了 2000 年亚洲地区的排放清单，认为 BC 排放的不确定性接近 500%。Zhang 等(2009)在对 TRACE-P 排放清单的方法学加以改进后，建立了更适合我国复杂源排放特性的排放清单，但其不确定性仍达到 208%。

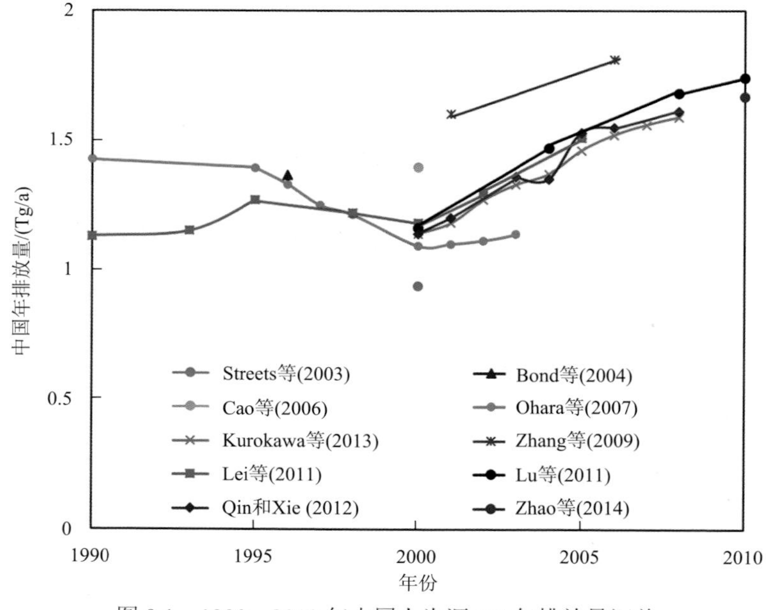

图 9.1　1990～2010 年中国人为源 BC 年排放量汇总

排放因子是影响 BC 排放清单准确性的重要参数之一。尽管部分排放源(民用炉灶和移动源等)的排放因子本地化测试结果已被应用于我国 BC 的排放清单研究中(Chen et al.，2005；Zhi et al.，2008；Li et al.，2009；Zhang et al.，2011)，但目前尚未建立分类完善、包含概率信息的 BC 排放因子库；很多排放因子数据来自国外的试验结果，附加各种假设条件后应用于我国，导致排放因子的不确定性较大(Bond et al.，2004；Shen et al.，2014)。此外，准确的活动水平数据较难获得，特别是对于 BC 的一些主要排放源，如小型工厂(炼焦和砖瓦生产厂等)、非道路交通源和民用固体燃料燃烧源。

除排放估算存在较大不确定性以外，能源消耗和排放控制措施的剧烈变化也为动态更新“自下而上”BC 排放清单带来挑战。近年来，为改善空气质量，中国在节能减排方面采取了一系列措施，使得原有的能源结构、排放因子和污染控制措施发生了巨大变化(Zhao et al.，2014)。尽管这些变化有一部分可以通过安装在大型工业企业内的连续排放监测系统(CEMS)来追踪(见第 5 章)，但大部分 BC 排放来源于中小型企业，其 CEMS 安装率不高，很难及时准确地捕捉到它们的排放特征。

因此，基于观测和空气质量模式对长三角地区及其典型城市的 BC 排放清单进行优化与改善，既是重要的科学问题，又具有切实的政策意义。

9.1.2　“自上而下”排放清单研究进展

考虑到“自下而上”排放清单的局限性，已有研究者利用观测到的空气中污染物含量，结合空气质量模式对地面排放进行校验(即“自上而下”法)。由于 BC 化学反应弱，通常假设其排放量与环境浓度近似呈线性响应关系，利用观测浓度与模拟浓度的比值在国家和区域空间尺度范围内对 BC 的排放量进行优化。Kondo 等(2011)在中国东海的一个偏远岛屿 Cape Hedo 上进行了长达一年的 BC 观测，从中筛选出能够反映中国污染物排放的观测数据，并结合中尺度气象模式(WRF)-多尺度区域空气质量模式(CMAQ)的模拟结果对原始“自下而上”排放清单进行校验，校验后的中国 BC 排放量为 1.92 Tg/a。虽然该研究中使用了连续的高时间分辨率观测数据，但站点位于中国下风向的一个岛屿，远离中国排放源，模式的偏差可能在校验结果中被放大，且用一个站点来反映整个中国的排放也存在一定的不确定性。Wang 等(2013)通过敏感性测试验证了 BC 排放量与环境浓度的近似线性响应关系，在去除观测站点中重污染和强降水时段的数据后，“自上而下”校验的中国 BC 排放量为 1.80 Tg/a。上述两个“自上而下”校验结果均与校验前的“自下而上”排放清单(1.81 Tg/a)相近(Zhang et al.，2009)。也有部分研究者认为，当前的“自下而上”排放清单对 BC 排放存在低估。Fu 等(2012)基于中国 10 个站点的全年观测数据，结合多元线性回归模型和全球空气质量模式

GEOS-Chem，得到中国 BC“自上而下”排放量为 3.05 Tg/a，比 Zhang 等(2009)的“自下而上”排放清单结果高 68.5%。类似地，Li 等(2015)校验了珠江三角洲地区的 BC 排放，发现校验后比原始“自下而上”排放清单高 34%。Park 和 Jacob(2003)对比了航测 BC 浓度和模式模拟结果，认为 Bond 等(2004)建立的全球“自下而上”排放清单需要提高 60%才能与观测结果相匹配。值得注意的是，以上认为现有 BC 排放低估的研究使用的都是非连续观测的月/年均数据，有些短时间观测数据由不同年、不同季节拼合而成，在校验过程中没有量化由观测数据带来的误差。

综上所述，目前“自上而下”的 BC 排放定量表征研究仍存在局限。第一，现有的“自上而下”校验方法主要依据郊区或背景站的观测结果，着重评估并优化较大空间范围(全球或国家)内的 BC 年排放状况，不能满足当前对于较小区域内的污染控制政策实施效果和气候/环境效应量化评估的研究需求。因此，需要在城市和区域空间尺度上开展 BC 排放清单的校验工作。第二，现有研究通常选择年均或月均观测数据，有些观测数据由不同年、不同季节拼合而成，用于区域和城市空间尺度的研究可能会丢失重污染事件信息，而高时间分辨率的观测数据能有效降低排放清单校验的不确定性。第三，由于缺乏相对准确的区域精细化源排放清单，削弱了“自上而下”排放校验的针对性，较难对排放清单的特定排放源提出实质性改进意见。

9.2　基于地面观测约束的多元线性回归校验 BC 排放方法

本节分别对基于空气质量模式与地面观测资料校验区域 BC 排放清单的多元线性回归模型、典型区域(苏南城市群)BC 地面浓度观测资料、“自下而上”BC 排放清单及空气质量模式 WRF-CMAQ 进行介绍。

9.2.1　基于地面观测的多元线性回归校验方法

根据 BC 反应活性弱，几乎不参与大气化学反应这个特性，假设其排放与环境模拟浓度呈近似线性响应关系。我们结合多元线性回归统计模型和空气质量模式 WRF-CMAQ，利用高时间分辨率地面观测资料分别校验苏南地区 2015 年不同排放源的 BC 排放量，如式(9.1)所示。

$$C_{\mathrm{obs}} = \beta_1 C_{\text{电厂}} + \beta_2 C_{\text{工业}} + \beta_3 C_{\text{民用}} + \beta_4 C_{\text{交通}} + \varepsilon \tag{9.1}$$

式中，C_{obs}为地面观测站点的 BC 逐小时观测浓度(μg/m^3)；$C_{\text{电厂}}$、$C_{\text{工业}}$、$C_{\text{民用}}$和$C_{\text{交通}}$分别为苏南城市群及周边地区电厂、工业、民用和交通源 BC 排放对地面站点处 BC 模拟浓度的贡献值(μg/m^3)，详细介绍见 9.2.4 节；β_1～β_4为由多元线性回归统计模型计算得到的不同排放源的校正因子；ε 为统计模型的残差，反映了背景源的影响(如排放清单中未包含的自然源排放等)。

基于 BC 排放与浓度呈近似线性响应关系的假设，用式(9.1)得到的校正因子 $\beta_1 \sim \beta_4$ 校验苏南地区相应排放源的 BC 月排放量，如式(9.2)所示。

$$E_{\text{JS-posterior}} = \beta_1 E_{\text{电厂}} + \beta_2 E_{\text{工业}} + \beta_3 E_{\text{民用}} + \beta_4 E_{\text{交通}} \tag{9.2}$$

式中，$E_{\text{JS-posterior}}$ 为基于“自上而下”校验方法得到的苏南地区 BC 排放量；$E_{\text{电厂}}$、$E_{\text{工业}}$、$E_{\text{民用}}$和 $E_{\text{交通}}$分别为初始 BC 排放清单中电厂、工业、民用和交通源的 BC 排放量。

9.2.2　苏南城市群 BC 浓度地面观测资料

由于 BC 不是国家空气质量二级标准(GB 3095—2012)中的常规污染物之一，获取高时空分辨率的 BC 地面观测资料在苏南城市群乃至全国范围内都面临挑战。在研究开展期间，收集到 2 个位于苏南城市群的地面观测站点，提供了 2015 年 1 月、4 月、7 月、10 月的逐小时 BC 观测数据。这两个站点分别是南京大学仙林校区站点(Nanjing University，NJU)和江苏省环境科学研究院(Jiangsu Provincial Academy of Environmental Science，PAES)，具体地理位置如图 9.2 所示。

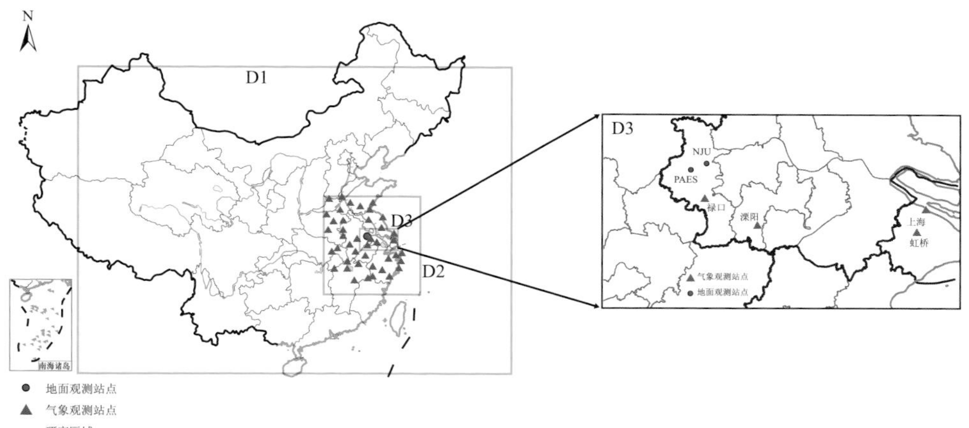

图 9.2　模式模拟区域及观测站点空间分布

两个站点均使用 Sunset 公司生产的大气气溶胶在线碳分析仪(RT-4)进行在线观测，分析方法为透射光分析，升温程序为默认的 RT-quartz 法。仪器的原理具体如下：样品首先在氦气的非氧化环境中逐级升温，之后继续在氦气/氧气混合气(He/O_2)中升温，这时 BC 被氧化为气态物质，随分析室的载气(He 或 He/O_2)进入二氧化锰氧化炉被氧化为 CO_2，再利用非分光红外线分析仪(nondispersive infrared analyzer，NDIR）对 CO_2 进行定量测量。

9.2.3 “自下而上”BC 排放清单的建立

基于 WRF-CMAQ 空气质量模式和地面观测浓度在苏南城市群区域实现 BC 排放清单的优化和校验研究中，使用了两套不同空间尺度的“自下而上”BC 排放清单。一套是 2012 年国家尺度的中国多尺度排放清单模型（MEIC；http://meicmodel.org/），空间分辨率为 0.25°×0.25°；另一套采用由 Zhou 等（2017）建立的省级尺度的 2012 年江苏省人为源 BC 排放清单，空间分辨率为 3 km×3 km。在两套排放清单中，BC 的排放源主要分为电厂、工业、民用和交通源四大类，省级排放清单在此基础上更进一步细化为十几个子排放源。简单地通过 2012～2015 年不同排放源活动水平（如能源消耗量或工业产品产量等资料）等比例增加的方法得到 2015 年国家级和省级排放清单（下文记作 MEIC-prior 和 JS-prior）。不同排放源活动水平的数据来源和校正比例因子见表 9.1。其中，MEIC-prior 只包括四大排放源，因此每个排放源的校正比例因子采用该源内所有子排放源校正比例因子的平均值。值得注意的是，该等比例增加的方法并没有考虑近年来排放控制措施的变化，如生产技术的进步或污染控制设备应用率的变化等，这对“自上而下”校验方法的影响将在 9.4.2 节讨论。

表 9.1 苏南地区活动水平数据来源及不同排放源校正比例因子

排放源	子排放源	数据来源	校正比例因子
电厂		《江苏统计年鉴》	1.108
工业	钢铁	《中国统计年鉴》 《江苏统计年鉴》 《中国能源统计年鉴》和《中国工业统计年鉴》	1.302
	水泥		1.074
	有色金属冶炼		0.690
	炼油		1.089
	化工		1.107
	玻璃		0.716
	其他工业		1.020
民用	化石燃料燃烧	《江苏统计年鉴》	1.106
	生物质燃烧		1.043
交通	道路	《江苏统计年鉴》	1.112
	非道路		1.182

为满足高时空分辨率的空气质量模拟需求，我们对两套排放清单进行了时空精细化分配。时间分配主要根据各类排放源活动水平的变化系数确定其月、周、

小时的变化情况。在空间分配上，这部分模拟研究采用三层网格嵌套，WRF-CMAQ 第一、二层模拟区域的输入排放清单采用 MEIC-prior，第三层模拟区域内苏南地区的输入排放清单采用 JS-prior，苏南地区以外的输入排放清单采用 MEIC-prior。输入排放清单的空间分辨率需要与其所在模拟区域的网格保持一致，所以需要对 MEIC-prior 空间降尺度至所在模拟区域的网格内。电厂和工业源排放的空间分布以 2010 年国内生产总值(GDP；空间分辨率为 1 km×1 km)作为特征参数进行空间降尺度分配，民用和交通源排放量按照 2010 年人口分布(空间分辨率为 1 km×1 km)分配。

9.2.4　WRF-CMAQ 空气质量模式搭建及模拟情景设置

9.2.4.1　模拟区域及模拟时段的选取

本章主要对苏南地区(包括苏州、无锡、常州、镇江、南京 5 个城市)实现基于 WRF-CMAQ 和地面观测浓度的 BC 排放清单校验，研究区域如图 9.2 所示。模式采用三层网格嵌套，并使用兰勃特投影。第一层网格区域(D1)的网格数为 177×127 个，网格分辨率为 27 km×27 km，覆盖中国的大部分地区。第二层网格区域(D2)的网格数为 118×121 个，网格分辨率为 9 km×9 km，主要包括长三角地区三省一市(江苏、浙江、安徽、上海)的全部区域及其他周边省份的部分地区。第三层网格区域(D3)的网格数为 133×73 个，网格分辨率为 3 km×3 km，覆盖苏南地区的 5 个城市及上海和周边地区。本书模拟区域 D1 以清洁大气为背景场，D2 和 D3 的背景场模拟由其母网格模拟浓度场输出得到。

选择 2015 年 1 月、4 月、7 月、10 月作为模拟时段，分别代表冬、春、夏和秋季。为降低初始条件对模拟结果的影响，将每个月的前 5 天作为模式的“spin-up”时段，重点分析每月第 6 天至月末的模拟值变化。

9.2.4.2　模拟情景设置

本章采用强力法，通过设计不同的排放情景，分别将模拟区域 D3 内电厂、工业、民用和交通排放源的 BC 排放置零后分析各排放源对 BC 模拟浓度的贡献。共设置 5 个模拟排放情景：方案 B 为基准情景，即考虑了本书模拟区域 D3 范围内所有源的 BC 排放量后得到的模拟结果；方案 S1、S2、S3、S4 分别为电厂零排放情景、工业零排放情景、民用零排放情景、交通零排放情景，即将 D3 范围内相应源的 BC 排放量设为零，其他源排放量的设置与基准情景相同，量化相应源的排放对 BC 模拟浓度的影响。

分别将以上 5 种排放情景进行空气质量模式模拟，并依据式(9.3)和式(9.4)分别计算四类排放源对 BC 模拟浓度的贡献值和贡献率。

$$C_i = C_B - C_{S,i} \tag{9.3}$$

$$\text{Contri}_i = \frac{C_B - C_{S,i}}{C_B} \times 100\% \tag{9.4}$$

式中，i 为不同的排放源；C_i 为不同排放源的 BC 浓度贡献值(μg/m^3)；Contri_i 为不同排放源的 BC 浓度贡献率(%)；C_B 为基准情景下 BC 模拟浓度(μg/m^3)；$C_{S,i}$ 为不同排放情景下 BC 模拟浓度(μg/m^3)。

9.3　苏南城市群 BC 排放清单校验

本节利用高时间分辨率的地面观测数据，结合 WRF-CMAQ 和多元线性回归模型，在苏南城市群尺度对 BC 主要排放源的排放量进行校验；使用 WRF-CMAQ 和校验前后的排放清单分别开展空气质量模拟，基于模拟与地面观测的结果对比，评估校验后排放清单的改进情况。

9.3.1　地面观测 BC 浓度的结果分析

图 9.3 总结了 NJU 和 PAES 两个地面观测站点 2015 年 1 月、4 月、7 月、10 月的 BC 观测浓度，年均观测浓度分别为 3.83 μg/m^3、2.47 μg/m^3，时均观测浓度范围分别为 0.06～17.65 μg/m^3 和 0.22～19.76 μg/m^3。两个站点观测浓度的季节性变化显著，在秋、冬季最高，其次是春季，夏季最低。

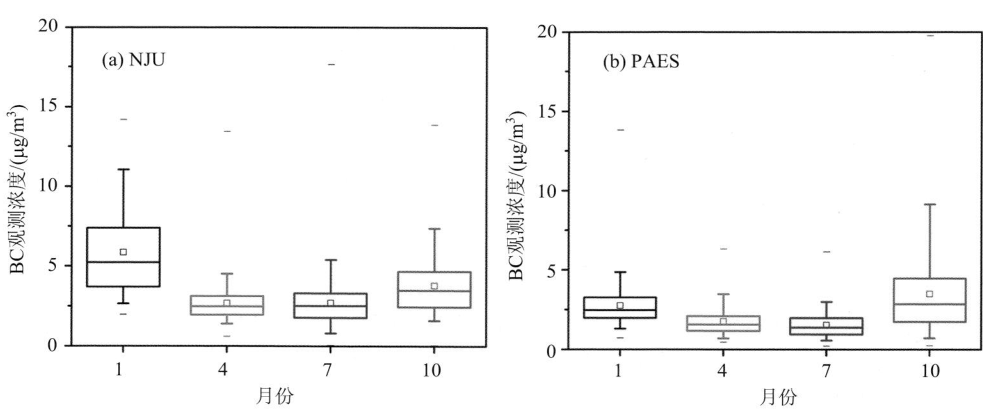

图 9.3　NJU 和 PAES 站点 2015 年 1 月、4 月、7 月、10 月 BC 观测浓度

箱线图表示观测浓度的中位数(方形小框)、最大值、95%分位点、75%分位点、50%分位点、25%分位点、5%分位点和最小值

9.3.2　“自下而上”排放清单的结果分析

本章苏南地区人为源 BC“自下而上”排放清单(JS-prior)中不同排放源的年

排放量和月排放量如图 9.4 所示。2015 年 JS-prior 的 BC 排放量为 2.70 万 t，其中，电厂、工业、民用和交通源的排放量分别为 0.018 万 t、1.77 万 t、0.38 万 t 和 0.53 万 t。工业源是 JS-prior 中的主要排放源，占 BC 年排放总量的 65.56%，其次是交通源（19.63%）和民用源（14.07%）。尽管近年来实施了一系列节能减排政策，但苏南地区仍有一些低温燃烧和效率较低的小型工业设备，导致不完全燃烧后产生大量 BC。此外，在利用 2012～2015 年活动水平的变化等比例校正得到 2015 年 BC 排放量的过程中，并没有考虑这四年来排放控制措施的改进，如燃烧技术和除尘器普及率的提高。因此，JS-prior 的工业源排放可能被高估。电厂源的排放贡献最小，是由于大型电厂中煤粉锅炉燃烧充分、除尘器安装普及率和除尘效率普遍较高。由图 9.4 中 JS-prior 的月排放变化可以看出，"自下而上"排放清单的季节变化并不显著。图 9.5（a）为 JS-prior 中各排放源 BC 年排放量的空间分布。对于电厂和工业源，在空间分配时应用了每家工厂的地理经纬度信息，所以可以从图中很容易地识别 BC 排放量较高的网格，说明网格内存在大型点源。民用源排放主要集中在人口密集的城区，交通源的排放主要分布在苏南地区的路网和各城区，与民用源的空间分布略有重叠。

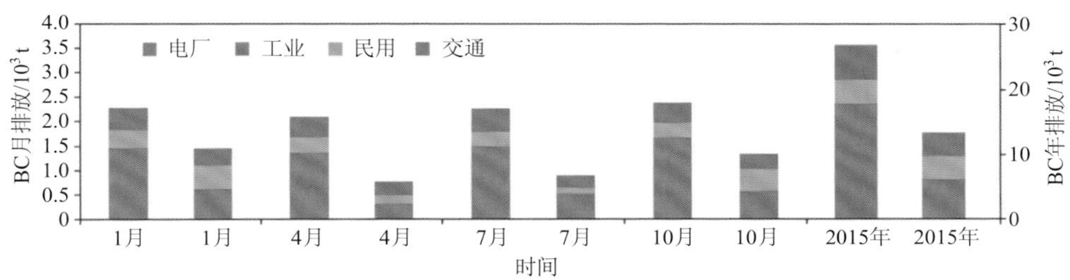

图 9.4　JS-prior 和 JS-posterior 苏南地区不同排放源的 BC 排放量

JS-prior 指"自下而上"排放清单；JS-posterior 指"自上而下"排放清单

9.3.3　"自上而下"排放清单的结果分析

基于强力法模拟得到的四个排放源对 NJU 和 PAES 两个站点 BC 浓度贡献的时间序列变化如图 9.6 和图 9.7 所示。在四个排放源中，民用源浓度贡献值的季节性变化最显著，1 月份在 NJU 和 PAES 站点的月均浓度贡献值分别达到 0.76 μg/m^3 和 0.94 μg/m^3，约是其他三个月月均值的 2 倍。工业源的浓度贡献值在某些特定时期（如 1 月 20 日、4 月 9～11 日、7 月 15～17 日）有明显增加，其排放量被认为是造成该时间段 BC 模拟浓度高估的一个重要因素。表 9.2 总结了两个站点不同排放源的月均和年均贡献率。可以看出，两个站点的工业源年均贡献率相近，分别为 21.01%和 21.91%。城区相较于城郊而言人口众多、交通繁忙，因此 PAES

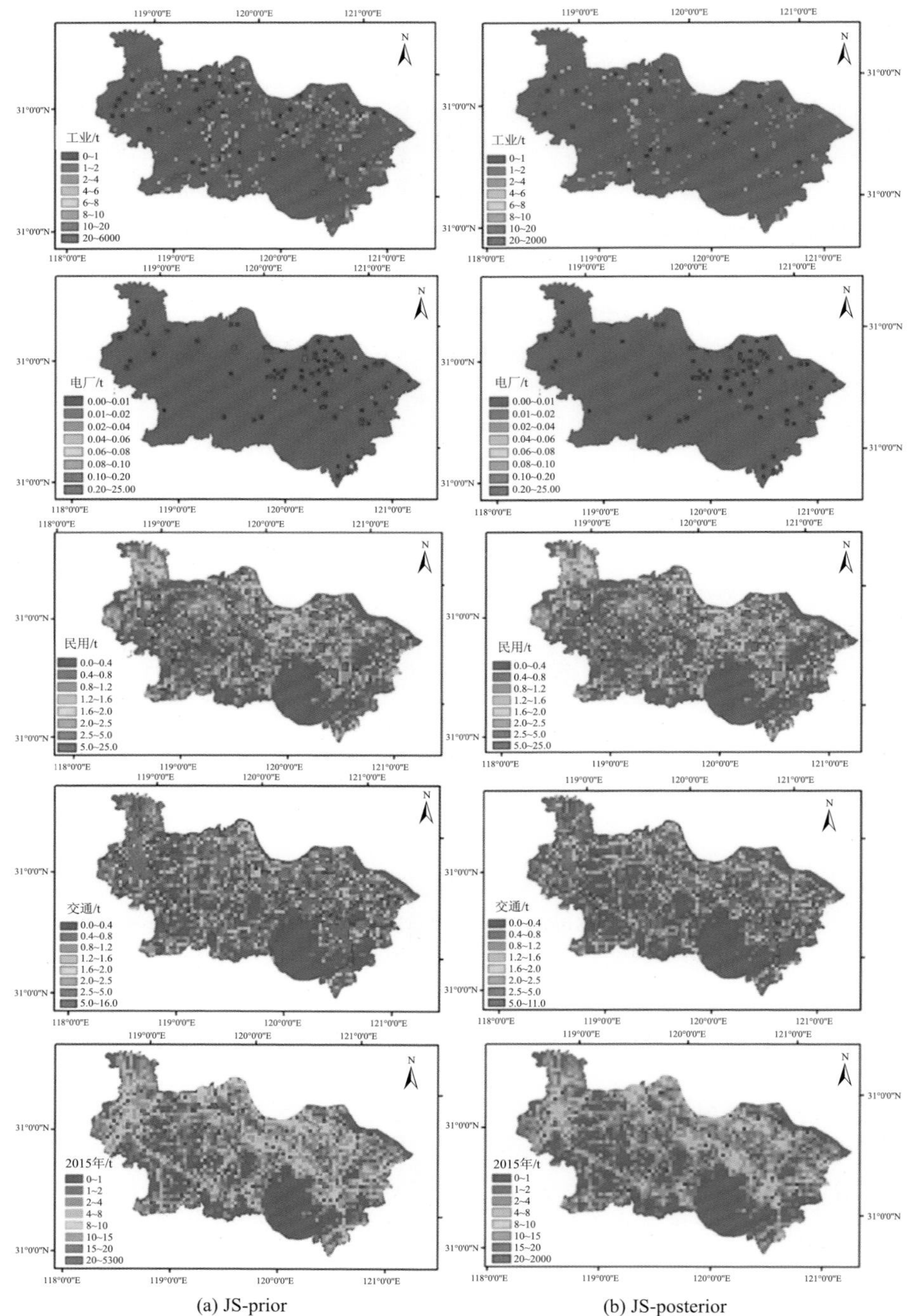

(a) JS-prior　　(b) JS-posterior

图 9.5　JS-prior 和 JS-posterior 苏南地区不同排放源 BC 排放量的空间分布

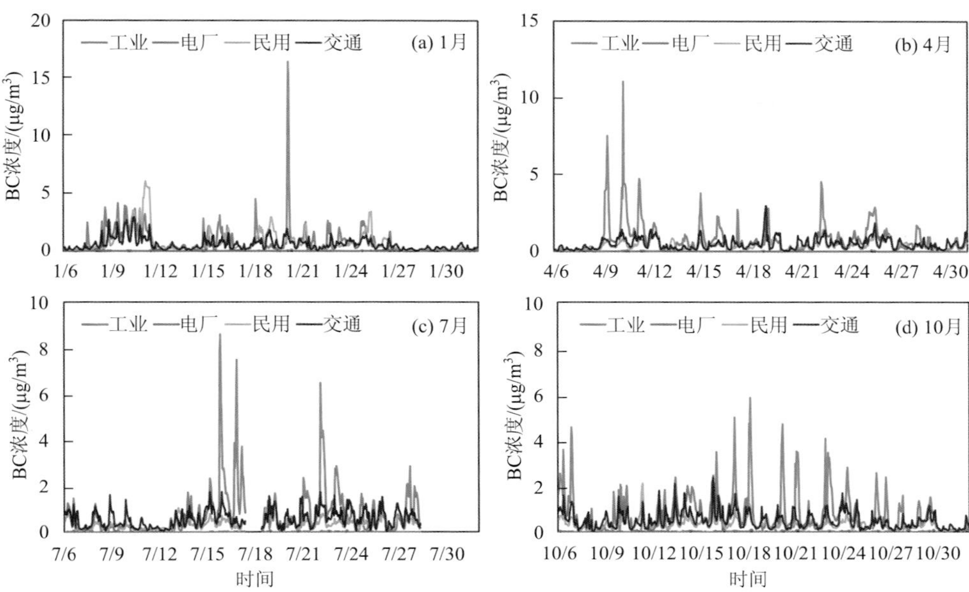

图 9.6　2015 年 1 月、4 月、7 月和 10 月工业、电厂、民用和交通源排放在 NJU 站点模拟浓度贡献值的时间序列变化

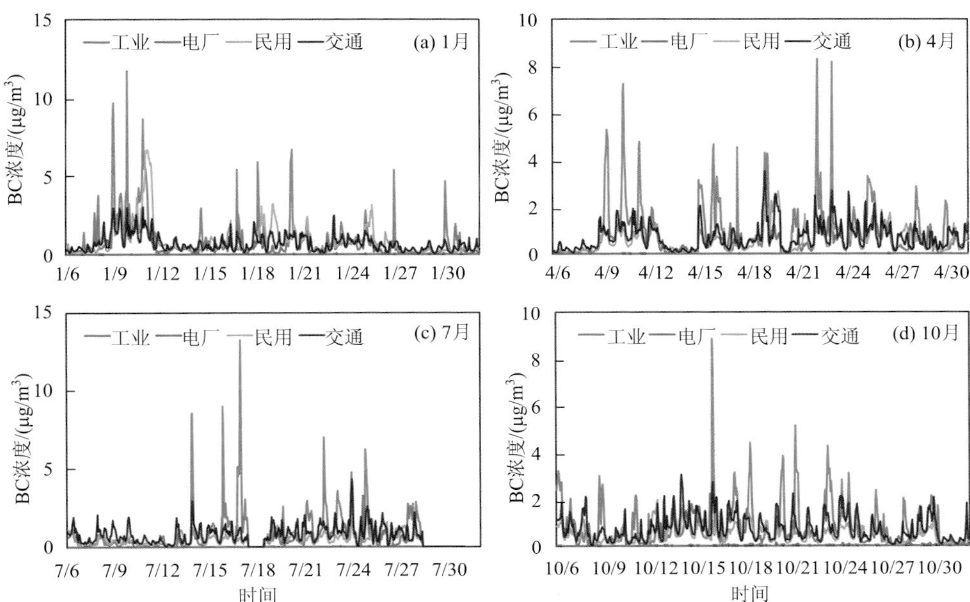

图 9.7　2015 年 1 月、4 月、7 月和 10 月工业、电厂、民用和交通源排放在 PAES 站点模拟浓度贡献值的时间序列变化

站点民用源和交通源的贡献率比 NJU 站点高。电厂源的贡献最小，两个站点的年均贡献率均小于 1%。除 1 月份以外，四个排放源的总贡献率在两个站点都超过 50%。1 月份总贡献较低可能与 BC 的生命周期有关，因为冬季湿沉降少，BC 生命周期更长，更利于长距离传输。此外，基于拉格朗日混合单粒子轨迹模型(Hybrid Single Particle Lagrangian Integrated Trajectory，HYSPLIT，V4 版本；http://www.ready.noaa.gov)得到的气团 48 h 后向轨迹聚类分析结果表明，1 月份到达 NJU 站点的气团大多来源于北方地区，很少经过模拟的 D3 区域。相较其他季节，在 NJU 和 PAES 站点，冬季区域传输的贡献比本地排放大。因此，利用多元线性回归模型约束苏南城市群排放并不能很有效地识别冬季 BC 排放的主要来源。

表 9.2　2015 年 1 月、4 月、7 月和 10 月工业、电厂、民用和交通源排放在 NJU 和 PAES 站点的月均和年均浓度贡献率　　（单位：%）

时间	站点	工业	电厂	民用	交通
1 月	NJU	11.48	0.53	11.72	11.27
	PAES	12.78	0.25	13.17	13.31
4 月	NJU	25.22	0.53	16.97	21.33
	PAES	25.26	0.21	19.54	24.23
7 月	NJU	29.73	0.62	20.16	32.27
	PAES	27.05	0.35	23.61	35.43
10 月	NJU	24.31	0.99	13.55	19.96
	PAES	23.58	0.57	16.14	23.32
2015 年	NJU	21.01	0.68	14.71	19.21
	PAES	21.91	0.34	17.84	23.53

由多元线性回归统计模型[式(9.1)]得到的不同季节不同排放源的校正因子 β_2～β_4 及相应的统计指标见表 9.3。统计指标包括 t 值、显著性值(Sig.)和变异膨胀因子(VIF)。当 $t > 2$ 且 Sig. < 0.05 时，表明该模型具有统计显著性；当 VIF < 10 时，该模型各自变量间不存在多重共线性。由 9.3.2 节可知，电厂源的 BC 排放较少且其对两个站点的 BC 模拟浓度贡献可忽略不计，在多元线性回归统计模型中加入电厂源排放对该模型的影响不大。因此，本书假设电厂源的 BC 模拟浓度贡献是正确的(β_1=1)，并在因变量(C_{obs})中减去该部分。由表 9.3 可知，大部分统计指标均满足统计标准，且每个月统计模型的总体显著性均为 0.00，表明该模型具有可接受的稳健性。但值得注意的是，某些月份排放源的统计指标并不具有统计显著性(如 4 月的工业源、4 月和 7 月的民用源)，表明校验后该月份该类源的 BC

排放量仍值得商榷。

表 9.3　多元线性回归模型中工业、民用和交通源的校正因子及相应的统计指标

月份	排放源	校正因子	t	Sig.	VIF	Sig.[a]
1	工业 (β_2)	0.42	2.65	0.01	1.76	0.00
	民用 (β_3)	1.31	3.67	0.00	2.37	
	交通 (β_4)	0.79	2.23	0.03	2.72	
4	工业 (β_2)	0.22	0.96	0.34	2.65	0.00
	民用 (β_3)	0.58	1.63	0.11	4.62	
	交通 (β_4)	0.67	2.21	0.03	4.19	
7	工业 (β_2)	0.35	3.09	0.00	2.09	0.00
	民用 (β_3)	0.39	0.95	0.34	2.95	
	交通 (β_4)	0.55	2.20	0.03	3.46	
10	工业 (β_2)	0.34	1.92	0.06	1.53	0.00
	民用 (β_3)	1.52	4.12	0.00	2.20	
	交通 (β_4)	0.74	2.80	0.01	2.65	

注：a，总体显著性。

将 $\beta_1 \sim \beta_4$ 应用于式(9.2)，估算得到“自上而下”BC 排放清单(JS-posterior)，其中，不同排放源的年排放量和月排放量如图 9.4 所示。2015 年苏南地区 JS-posterior 的 BC 排放总量为 1.34 万 t，比 JS-prior 下降 50.37%。本书基于每年的环境统计和污染源普查数据资料获得的南京市各排放源详细的活动水平和排放控制措施信息，采用“自下而上”法，估算了 2012 年和 2015 年南京市 BC 排放量(详见第 11 章)，发现这四年中排放量下降 60%，如图 9.8 所示，与本章结果(50.37%)接近，表明“自上而下”校验方法可以很好地表征近年来由于控制措施的实施导致的排放变化。

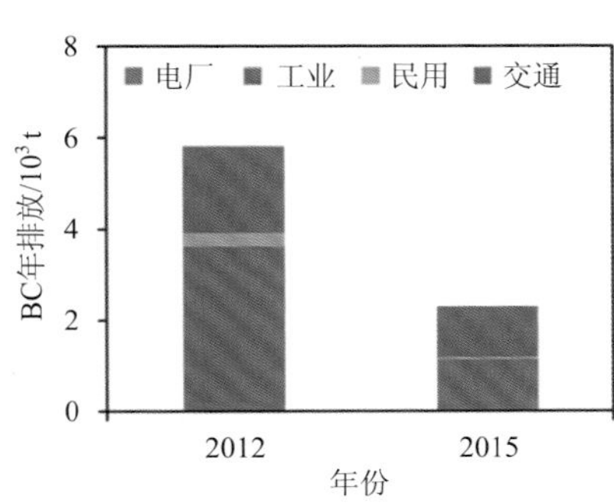

图 9.8　2012 年和 2015 年南京市 BC“自下而上”排放量

图 9.9 为 JS-prior、JS-posterior 和 MEIC-prior 中不同排放源 BC 排放和 BC 总排放量的季节变化，其中 JS-posterior 的季节性变化最显著。如图 9.9(a)所示，三份排放清单中民用源的季节性变化最大，民用源 JS-posterior 的最大与最小月排放量的比值为 4.01，与 MEIC-prior(4.00)更为接近，约是 JS-prior(1.13)的 4 倍。由图 9.9(b)可知，JS-prior、JS-posterior 和 MEIC-prior 中最大与最小月总排放量的比值分别为 1.05、1.88 和 1.29，其中 JS-posterior 的比值与 Lu 等(2011)建立的中国人为源 BC 排放清单月变化结果(2.1)更为接近。Lu 等(2011)考虑了中国北方地区冬季用于取暖的化石燃料燃烧源，该对比同样佐证了目前“自下而上”排放清单可能会低估苏南地区冬季民用固体燃料燃烧的排放。因为苏南地区冬季没有集中供暖，官方的能源统计资料无法反映分散式家庭固体燃料燃烧排放。JS-posterior 中 BC 年排放量的空间分布如图 9.5(b)所示，相较 JS-prior 的空间分布，苏南城市群城区内的工业和交通源 BC 排放明显下降。

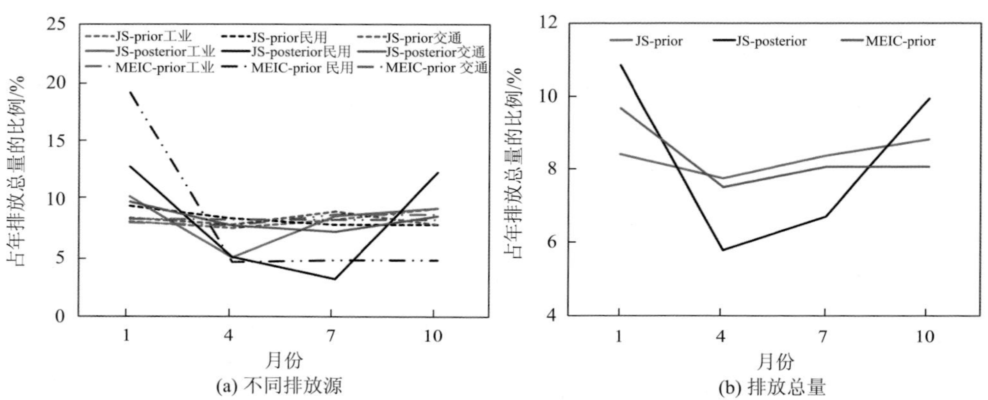

图 9.9　JS-prior、JS-posterior 和 MEIC-prior 中不同排放源和排放总量的季节变化

9.3.4　两套排放清单的模式验证

为评估 JS-prior 和 JS-posterior 的模拟表征差异，量化“自上而下”校验方法对 BC 排放的改善程度，本书使用 WRF-CMAQ 空气质量模式和校验前后的排放清单分别开展空气质量模拟，将 2015 年 1 月、4 月、7 月和 10 月 NJU 和 PAES 站点的 BC 浓度模拟值与地面观测值进行对比，结果如图 9.10 所示。利用统计指标包括模拟和观测平均浓度、标准平均偏差(NMB)、标准平均误差(NME)和相关性系数(R)评估两份排放清单的模拟效果，其总结见表 9.4，NMB 和 NME 的计算公式详见 2.4 节。

总体而言，基于 JS-prior 的空气质量模式模拟较好地再现了两个站点观测到的 BC 浓度的时间变化。模拟的最高值和最低值分别出现在冬季和夏季，在 NJU 站点与观测浓度较为吻合，但 PAES 站点观测的最高值在秋季(3.62 μg/m^3)，其次是冬季(2.80 μg/m^3)。模式对 PAES 站点冬季的高估可能是因为 2014 年 12 月南京市举办了首个国家公祭日活动，启动了非常严格的空气质量“特别管控方案”，以保证活动期间南京市空气质量达到优良水平。此外，特定的气象条件会增大模拟值与观测值的偏差。PAES 站点 WRF 模拟的 1 月份日均边界层高度如图 9.11 所示，在日均边界层高度较高的时间段，模拟浓度相对较低，与观测值更为接近。然而，在其他时段，较低的边界层高度会使由原始排放清单高估导致的模拟浓度高估的情况更加严重(Liu et al.，2018)。不过，2015 年 1 月 PAES 站点 BC 观测浓度与同时段 NJU 站点相比低 70%，对多元线性回归统计结果的贡献相应较小。NJU 站点 BC 模拟浓度的季节变化比 PAES 站点更显著，表明郊区民用燃烧源对 NJU 站点的影响更大。

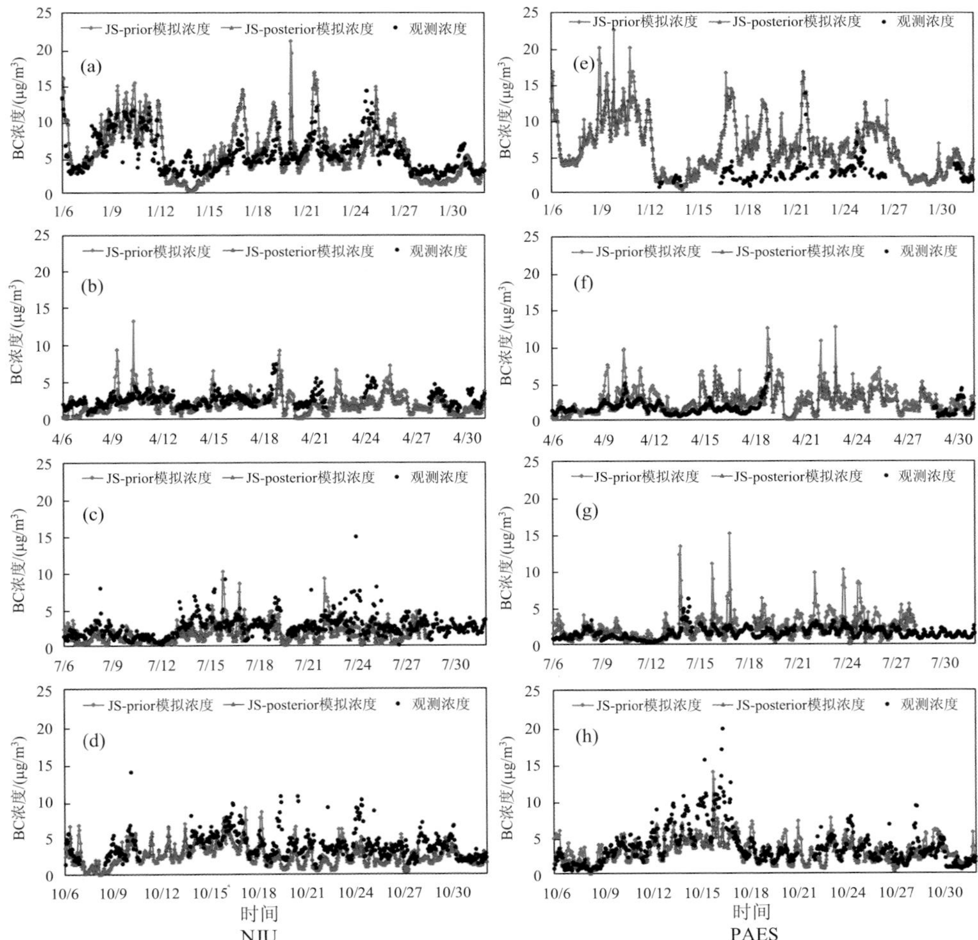

图 9.10　2015 年 NJU 站点 1 月(a)、4 月(b)、7 月(c)、10 月(d)和 PAES 站点 1 月(e)、4 月(f)、7 月(g)、10 月(h)基于 JS-prior 和 JS-posterior 的 BC 逐小时模拟浓度和观测浓度时间序列变化

表 9.4　JS-prior 和 JS-posterior 在 NJU 和 PAES 站点模拟值与观测值的统计指标

站点	统计参数	1 月		4 月		7 月		10 月		2015 年	
		JS-prior	JS-posterior	JS-prior	JS-posterior	JS-prior	JS-posterior	JS-prior	JS-posterior	JS-prior	JS-posterior
NJU	模拟平均值/($\mu g/m^3$)	5.97	5.50	2.38	1.82	1.99	1.29	2.80	2.42	3.44	2.82
	观测平均值/($\mu g/m^3$)	5.44	5.44	2.69	2.69	2.65	2.65	3.96	3.96	3.83	3.83
	NMB/%	8.35	–0.08	–16.02	–32.40	–23.09	–51.32	–29.20	–39.01	–10.16	26.43
	NME/%	37.83	35.54	42.31	38.61	49.62	57.49	40.52	43.06	41.15	44.16
	R	0.67	0.66	0.34	0.43	0.36	0.31	0.42	0.48	0.67	0.69
PAES	模拟平均值/($\mu g/m^3$)	6.46	5.91	2.98	1.95	2.61	1.63	3.19	2.88	3.39	2.57
	观测平均值/($\mu g/m^3$)	2.80	2.80	1.70	1.70	1.51	1.51	3.62	3.62	2.48	2.48
	NMB/%	151.93	134.59	61.57	14.73	72.17	8.28	–12.01	–20.48	36.67	3.54
	NME/%	155.53	139.50	73.18	42.87	92.74	42.37	43.10	40.80	72.00	57.55
	R	0.38	0.38	0.64	0.53	0.35	0.37	0.57	0.72	0.38	0.45

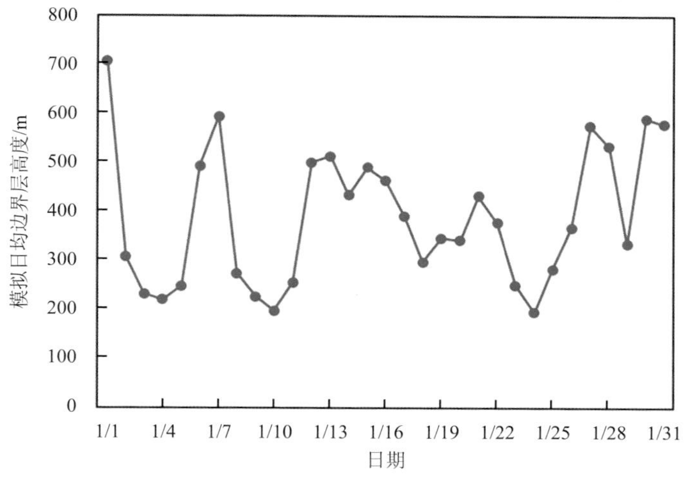

图 9.11　2015 年 1 月 PAES 站点模拟的日均边界层高度

尽管模式能较好地表征季节变化，但模拟值与观测值之间仍存在较大差异，表现为模式在 NJU 城郊站点显著低估 BC 浓度，在 PAES 站点高估 BC 浓度。NJU 站点月均模拟浓度为 1.99～5.97 μg/m^3，年均为 3.44 μg/m^3，低于观测的 3.83 μg/m^3，年均 NMB 和 NME 分别为–10.16%和 41.15%。PAES 站点月均模拟浓度为 2.61～6.46 μg/m^3，年均为 3.39 μg/m^3，高于观测的 2.48 μg/m^3，年均 NMB 和 NME 分别为 36.67%和 72.00%。该结果表明，JS-prior 对于 BC 排放的空间分布表征存在误差。在排放清单的空间分配中，普遍使用人口和 GDP 作为空间分布表征参数进行分配，导致在人口众多和经济发达的城市地区排放被高估，进而导致该地区模拟浓度被高估。另外，模式在两个站点均高估了模拟浓度的峰值，特别是在工业源排放贡献较为显著的时间段。

基于 JS-posterior 的模式模拟能有效减小两个站点模拟值与观测值的偏差。如表 9.4 所示，四个季节中大部分 NME 存在明显下降，但在两个站点的模拟中改善程度不同。在 PAES 站点，年均 NME 值从 72.00%降至 57.55%，年均模拟浓度为 2.57 μg/m^3，相较基于 JS-prior 的浓度 3.39 μg/m^3，与观测浓度 2.48 μg/m^3 更接近。其中，4 月和 7 月 NME 的下降幅度最大，分别从 73.18%降至 42.87%、从 92.74%降至 42.37%。此外，JS-posterior 中工业源和交通源排放的下降使基于 JS-posterior 的模式模拟部分改善了原始模拟的峰值高估情况。考虑到 1 月 16～26 日模式模拟的高估，排除该时段的数据后重新评估了 PAES 站点 1 月份的模拟表现(表 9.5)，发现基于 JS-prior 的模拟高估情况得到有效改善，且校验后的排放进一步修正了模拟值与观测值的偏差。在 NJU 站点，虽然基于 JS-posterior 的峰值模拟高估情况也得到一定改善，但是年均 NME 值从 41.15%上升至 44.16%，年均模拟浓度为

2.82 μg/m^3，低于使用 JS-prior 得到的模拟浓度 3.44 μg/m^3，更低于观测浓度 3.83 μg/m^3。这主要是由于 JS-posterior 的 BC 排放量比 JS-prior 降低 50%，使原先模拟低估站点的模拟被进一步低估，也体现了现有的多元线性回归模型的局限性，即在没有进一步改善排放空间分布的情况下，无法同时校正不同站点的模拟高估和低估情况。

表 9.5　2015 年 1 月剔除 16～26 日数据后基于 JS-prior 和 JS-posterior 的 PAES 站点 BC 模拟值与观测值的统计指标

站点	统计参数	JS-prior	JS-posterior
PAES	模拟平均值/(μg/m^3)	2.86	2.68
	观测平均值/(μg/m^3)	2.15	2.15
	NMB/%	32.95	24.65
	NME/%	52.61	49.63
	R	0.72	0.74

9.4　多元线性回归校验的主要影响因素

本节通过敏感性分析，评估不同因素对“自上而下”校验方法的影响。选择 4 月评估观测站点和初始排放清单对校验结果的影响，并与 9.3 节中校验前后的结果进行对比，定量这两个因素对校验结果的影响。另外，根据湿沉降/排放的比值筛选受湿沉降影响最大和最小的月份，分别对这两个月份进行敏感性模拟，验证排放与环境浓度的线性响应关系。选择受湿沉降影响最大的月份(7 月)，评估湿沉降对校验结果的影响。上述敏感性分析通过设置不同的情景(Case 2～7)完成，如表 9.6 所示。

表 9.6　基准及敏感性分析模拟情景设置

模拟情景	情景设置	情景目的
基准情景 B	基于 JS-prior 开展 WRF-CMAQ 模拟	
Case 1	基于 NJU 和 PAES 站点的观测数据共同约束苏南地区的排放，并利用约束后的排放开展 WRF-CMAQ 模拟(即 9.3 节介绍的 JS-posterior)	
Case 2	只利用 NJU 单个站点的观测约束苏南地区的排放，并利用约束后的排放开展 WRF-CMAQ 模拟	评估观测站点数量对校验结果的影响
Case 3	基于 NJU 和 PAES 站点的观测数据分别约束南京市和苏锡常镇城市群的排放，并利用约束后的排放开展 WRF-CMAQ 模拟	评估观测站点空间代表性对校验结果的影响

续表

模拟情景	情景设置	情景目的
Case 4	基于 MEIC-prior 开展 WRF-CMAQ 模拟	评估初始排放清单对校验结果的影响
Case 5	以 MEIC-prior 作为初始排放获得约束后的排放，并开展 WRF-CMAQ 模拟(MEIC-posterior)	
Case 6	在多元线性回归统计模型中剔除受湿沉降影响的数据，再进行排放约束及 WRF-CMAQ 模拟	评估湿沉降对校验结果的影响
Case 7	在多元线性回归统计模型中剔除受传输轨迹中累计降水量影响的数据，再进行排放约束及 WRF-CMAQ 模拟	

9.4.1　观测站点对校验结果的影响

9.4.1.1　观测站点数量

由于本章在苏南地区只有两个地面观测站点的逐小时 BC 观测浓度，导致仅基于两个站点的苏南地区“自上而下”校验方法存在不确定性。因此，为探究观测站点个数对“自上而下”校验结果的影响，本节进行了 Case 2 情景分析，即只利用一个站点(NJU)的观测约束苏南地区的排放。

在 Case 2 中，工业、民用和交通源的校正因子分别为 0.42、0.95 和 0.65。相较于基准情景 B(JS-prior)的模拟表现，Case 2 中 NJU 和 PAES 两个站点模拟值与观测值的 NME 分别从 42.31%降至 32.47%、从 73.18%降至 61.59%(表 9.7)，表明基于一个站点的观测资料仍能对排放进行有效校正。在 NJU 站点，Case 2 的 NME 小于 Case 1，表明利用单个站点的观测能更有效地改善该站点的模拟表现。但在 PAES 站点中，Case 2 的 NME 大于 Case 1，即 Case 1 在 PAES 站点的模拟表现更好，表明融合更多、更广泛的地面观测资料能更有效地约束区域 BC 排放。

表 9.7　不同情景下 NJU 和 PAES 站点模拟值与观测值的对比统计结果

站点	统计参数	基准情景 B		Case 1		Case 2	Case 3	Case 4	Case 5	Case 6	Case 7
		4 月	7 月	4 月	7 月	4 月	4 月	4 月	4 月	7 月	7 月
NJU	模拟平均值/(μg/m^3)	2.38	1.99	1.82	1.29	2.27	2.06	2.49	1.78	1.40	1.41
	观测平均值/(μg/m^3)	2.69	2.65	2.69	2.65	2.69	2.69	2.69	2.69	2.65	2.65
	NMB/%	−16.02	−23.09	−32.40	−51.32	−21.59	−23.50	−7.46	−33.95	−47.41	−46.72
	NME/%	42.31	49.62	38.61	57.49	32.47	32.64	41.58	38.94	54.88	54.44
	R	0.34	0.36	0.43	0.31	0.49	0.49	0.40	0.46	0.33	0.33

续表

站点	统计参数	基准情景 B		Case 1		Case 2	Case 3	Case 4	Case 5	Case 6	Case 7
		4 月	7 月	4 月	7 月	4 月	4 月	4 月	4 月	7 月	7 月
PAES	模拟平均值 /(μg/m^3)	2.98	2.61	1.95	1.63	2.45	2.01	5.13	2.29	1.76	1.76
	观测平均值 /(μg/m^3)	1.70	1.51	1.70	1.51	1.70	1.70	1.70	1.70	1.51	1.51
	NMB/%	61.57	72.17	14.73	8.28	49.86	18.02	201.35	34.71	16.87	16.65
	NME/%	73.18	92.74	42.87	42.37	61.59	39.62	201.56	47.73	44.46	42.71
	R	0.64	0.35	0.53	0.37	0.63	0.66	0.65	0.59	0.36	0.39

9.4.1.2　观测站点的空间代表性

本节主要识别两个观测站点的空间代表性，并设置 Case 3 情景以评估站点的空间代表性对“自上而下”校验结果的影响。对于 NJU 站点，其主导风向为东北风和东南风，故该站点位于南京市的上风向位置，几乎不受南京城区 BC 排放的影响。此外，该站点是长三角西部城市群(苏州-无锡-常州-镇江城市群，即苏锡常镇城市群)的下风向，其污染状况可反映长三角西部城市群排放的区域传输对该站点的影响(Chen et al.，2017)。而 PAES 站点位于南京市中心，周围为住宅区、学校、办公大楼及商业区，车流量较大，故可反映南京市的本地排放情况。我们分别将南京市和苏锡常镇城市群的排放置零，并与基准情景 B 的模拟结果进行对比，分析这两个区域对 NJU 和 PAES 站点的贡献，结果如图 9.12 所示。由图可知，南京市的本地排放对 PAES 站点的贡献大于 NJU 站点的时间段约占整个模拟时段的 82%，苏锡常镇城市群的排放对 NJU 站点的贡献大于 PAES 站点的时间段约占整个模拟时段的 81%。因此，南京市的排放对 PAES 站点的 BC 浓度贡献较大，而苏锡常镇城市群的排放对 NJU 站点的 BC 浓度贡献较大。与以往没有区分本地排放和区域传输影响的“自上而下”研究不同(Fu et al.，2012)，我们在充分考虑两个站点的空间代表性后，进一步完善了“自上而下”校验方法和校验后的结果，即 Case 3 情景分析，使用 PAES 和 NJU 站点的观测数据分别约束南京市和苏锡常镇城市群的 BC 排放。如表 9.7 所示，除了在 NJU 站点 Case 3 的 NME(32.64%)略大于 Case 2(32.47%)外，Case 3 在所有情景中具有最低的 NME。因此，融合更多的观测数据并充分考虑其空间代表性可以有效改善“自上而下”校验方法，优化 BC 排放的空间分布，减小模拟值与观测值的偏差。

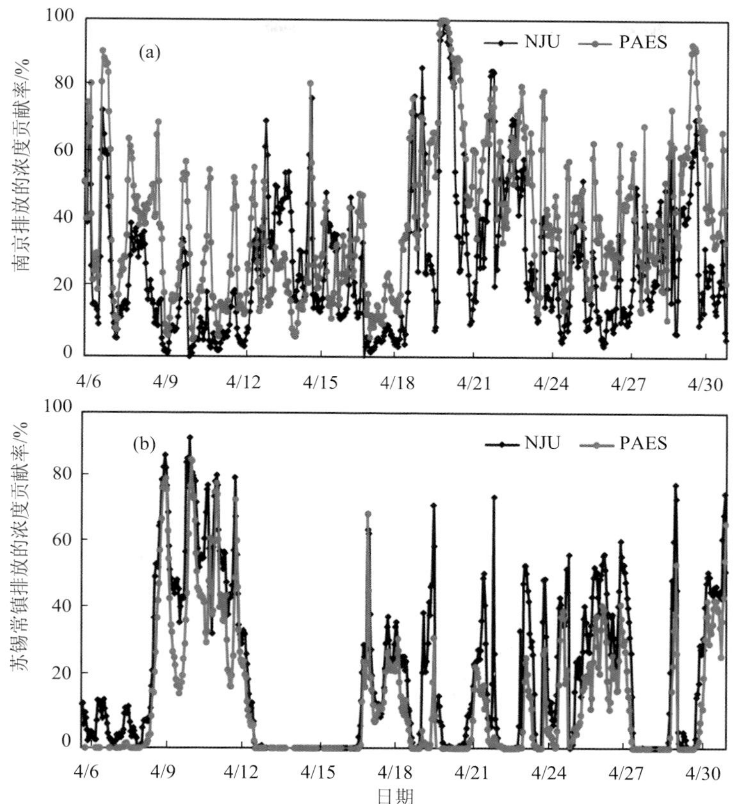

图 9.12　南京市(a)和苏锡常镇城市群(b)BC 排放在 NJU 和 PAES 站点的模拟贡献率

9.4.2　初始排放清单对校验结果的影响

为评估初始排放清单的不同对校验结果的影响，本小节利用 MEIC-prior 作为初始的排放清单输入，即 Case 4～5 情景，探究其与 JS-prior 校验结果的异同。

首先我们对比了 JS-prior 和 MEIC-prior 的排放总量和空间分布，分别如图 9.13 和图 9.14 所示。由图 9.13 可知，JS-prior 中苏南地区 BC 总排放量比 MEIC-prior 低 21%；在图 9.14(a)中，JS-prior 中工业点源排放明显高于 MEIC-prior 中相应网格中的排放，然而城区排放却低于 MEIC-prior。两份排放清单中的电厂源排放相较于总排放量而言贡献均很小；JS-prior 中工业源 BC 排放为 1340 t，比 MEIC-prior 低 220 t。一方面，MEIC-prior 将部分工业源排放作为面源，采用区域平均化排放因子和去除效率；另一方面，MEIC-prior 将更多的工业排放以 GDP 为依据进行空间分配。这可能在一定程度上导致对大型工业点源排放的低估和对城区排放的高估。两份排放清单中民用源排放计算方法类似，结果相近。对于交通源，MEIC-prior 中的排放约是 JS-prior 的 2 倍，可能是由于选取的排放因子不同。

JS-prior 采用 COPERT 模型估算道路源的排放因子，而 MEIC-prior 则基于可获得的国内的监测结果计算。

Case 4 基于 MEIC-prior 开展 WRF-CMAQ 模拟。Case 5 以 MEIC-prior 作为初始排放获得“自上而下”排放校验结果 MEIC-posterior，并基于 MEIC-posterior 开展 WRF-CMAQ 模拟。如图 9.13 所示，2015 年 4 月 MEIC-posterior 校验结果为 750 t，与 JS-posterior 接近(780 t)；两份排放清单工业源和交通源排放的偏差分别为 60 t 和 70 t，远小于校验前两者的差异。此外，两份“自上而下”排放清单中工业点源和城区排放的空间分布差异相较于校验前明显下降，如图 9.14 所示。

如表 9.7 所示，Case 4 中 NJU 站点的 BC 模拟平均浓度为 2.49 μg/m^3，与基准情景 JS-prior 的模拟值 2.38 μg/m^3 接近；在 PAES 站点，Case 4 的模拟平均浓度为 5.13 μg/m^3，远大于基准情景和观测值，说明 MEIC-prior 对于城区排放存在高估。Case 5 对 NJU 和 PAES 站点的 BC 小时均值模拟浓度分别为 1.78 μg/m^3 和 2.29 μg/m^3，与 Case 4 相比有不同程度的下降。其中，PAES 站点下降尤其显著，NMB 从 Case 4 的 201.35%下降到 Case 5 的 34.71%，下降幅度大于基于 JS-prior 的结果(NMB 从基准情景 B 的 61.57%下降到 Case 1 的 14.73%)。

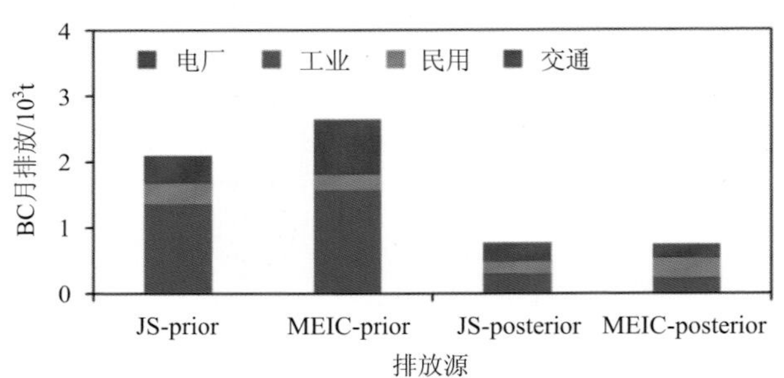

图 9.13　2015 年 4 月苏南地区 JS-prior、MEIC-prior、JS-posterior 和 MEIC-posterior 不同排放源的 BC 排放量

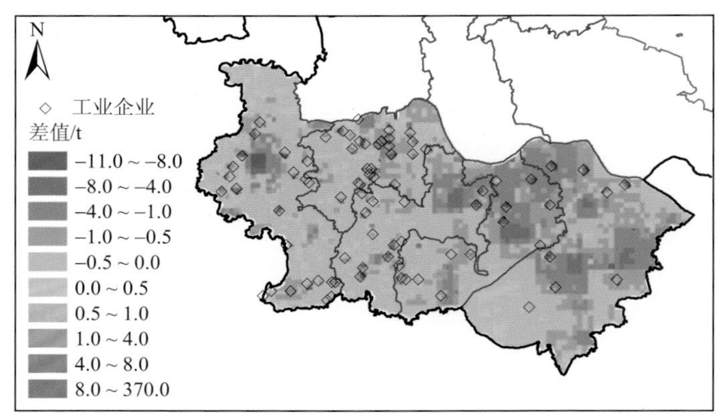

(a) JS-prior和MEIC-prior

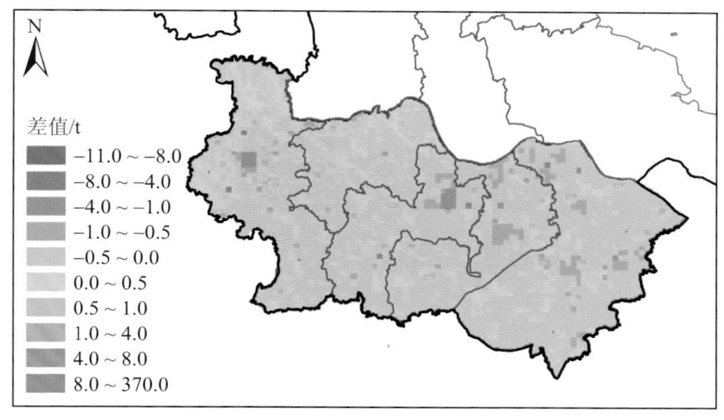

(b) JS-posterior和MEIC-posterior

图 9.14　JS-prior 和 MEIC-prior(a)、JS-posterior 和 MEIC-posterior(b)排放差异的空间分布

图 9.15 为基于不同“自下而上”和“自上而下”排放清单在 NJU 和 PAES 站点的 BC 模拟浓度散点图。两份“自下而上”排放清单在 NJU 和 PAES 站点得到的模拟浓度线性回归斜率分别为 1.10 和 1.60，R^2 分别为 0.81 和 0.40，表明这两份排放清单在 NJU 站点模拟表现的差异小于 PAES 站点；经“自上而下”校验后，两份排放清单在 NJU 和 PAES 站点的模拟表现差异显著减小，回归斜率分别为 0.96 和 1.08，R^2 也分别提高至 0.94 和 0.87。

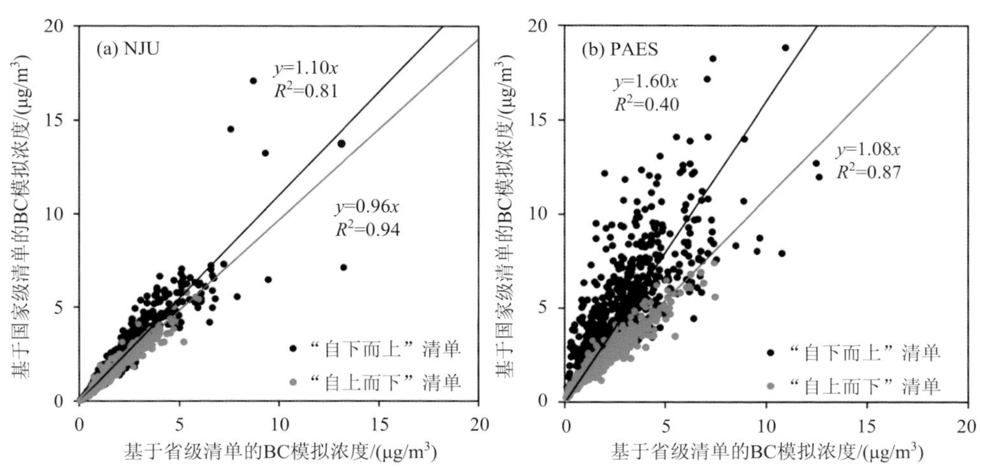

图 9.15　NJU 和 PAES 站点基于省级和国家级排放清单的 BC 模拟浓度相关性

由此可见，即使初始排放清单存在较大差异，经“自上而下”校验后，排放总量及空间分布、模式模拟表现趋于一致。这就证明了初始排放清单不确定性对“自上而下”排放校验结果的影响并不大。

9.4.3 排放-浓度线性关系的不确定性分析

本章基于 BC 化学反应活性弱、模拟浓度与排放量呈近似线性关系的假设，“自上而下”校验 BC 排放，该假设也被应用于之前的研究中(Kondo et al.，2011；Fu et al.，2012；Park and Jacob，2003)。实际上，降水或湿沉降均会影响该近似线性关系。因此，本小节主要探讨基于排放-浓度近似线性关系的“自上而下”校验方法的不确定性。

9.4.3.1 线性关系的模式验证

首先，基于 JS-prior 和 JS-posterior 两份排放清单得到 NJU、PAES 两个站点所在网格和苏南地区的模拟湿沉降量与排放比值的季节变化，根据该比值的最大和最小值，筛选出受降水影响最大和最小的月份，即 7 月和 10 月。随后，对这两个月进行敏感性分析，即在 WRF-CMAQ 空气质量模式中分别将基准情景 B(JS-prior)的 BC 排放量增加一倍和减少一半，将所得 BC 模拟浓度与 JS-prior 的模拟结果进行对比，分析排放变化和浓度变化的相关性，如图 9.16 所示。在所有敏感性测试情景中，月均模拟浓度的变化率与排放的变化率均较为一致。对于同一站点的同一月份，排放量的变化与模拟浓度变化的比值也趋于一致。因此，无论降水的影响大或小，排放与模拟浓度均近似呈线性关系。考虑到 JS-posterior 的排放量比 JS-prior 下降 50.37%，其相对变化远超过线性关系的不确定性。

9.4.3.2 湿沉降对线性关系的影响

已有研究表明，WRF 模拟降水存在较大不确定性(Yu et al.，2011；Annor et al.，2017；Liu et al.，2018)。本小节对比了禄口、溧阳、上海站点的地面降水观测和模拟值，以评估 WRF 对降水的模拟表现，并设置 Case 6～7 情景评估湿沉降对“自上而下”校验结果的影响。

如图 9.17 所示，模式明显高估了降水量，之前的研究也发现了类似的结果，即 WRF 在精细网格分辨率的模拟区域会高估降水(Kotlarski et al.，2014；Politi et al.，2018)。

为进一步评估模拟湿沉降对“自上而下”校验方法的影响，我们进行了 Case 6 情景分析，在多元线性回归统计模型中剔除了受湿沉降影响的数据。Case 6 中 2015 年的 BC“自上而下”排放量为 1.35 万 t，不同季节不同排放源的 BC 排放量及其与 JS-posterior(Case 1)的相对偏差[RD，(Case 6–Case 1)/Case 1]见表 9.8。Case 6 和 Case 1 月均排放的相对偏差除 7 月为 13.6%左右以外，其他月份均小于 5%，两者的年排放相对偏差为 2.6%。一些特定排放源的相对偏差较大，如 1 月的民用源和 7 月的交通源，但远小于 JS-prior 和 JS-posterior 的排放差异。基于 Case 6 获

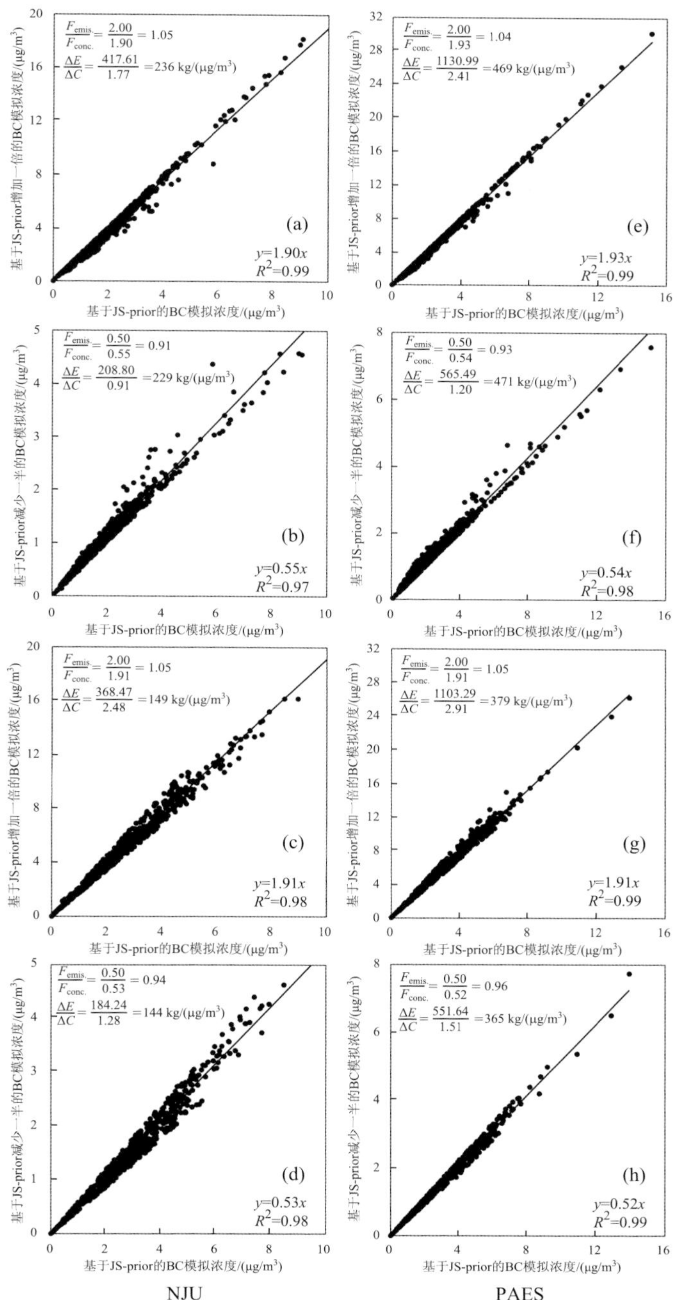

图 9.16　基于基准情景 JS-prior 和将 JS-prior 排放增加一倍或减少一半的排放清单在 NJU 站点 7 月（a～b）、10 月（c～d）及在 PAES 站点 7 月（e～f）、10 月（g～h）的 BC 模拟浓度相关性

$F_{emis.}$和 $F_{conc.}$分别为敏感性情景相较于基准情景的月均排放和模拟浓度的变化率；ΔE 和 ΔC 分别为排放和模拟浓度的变化量

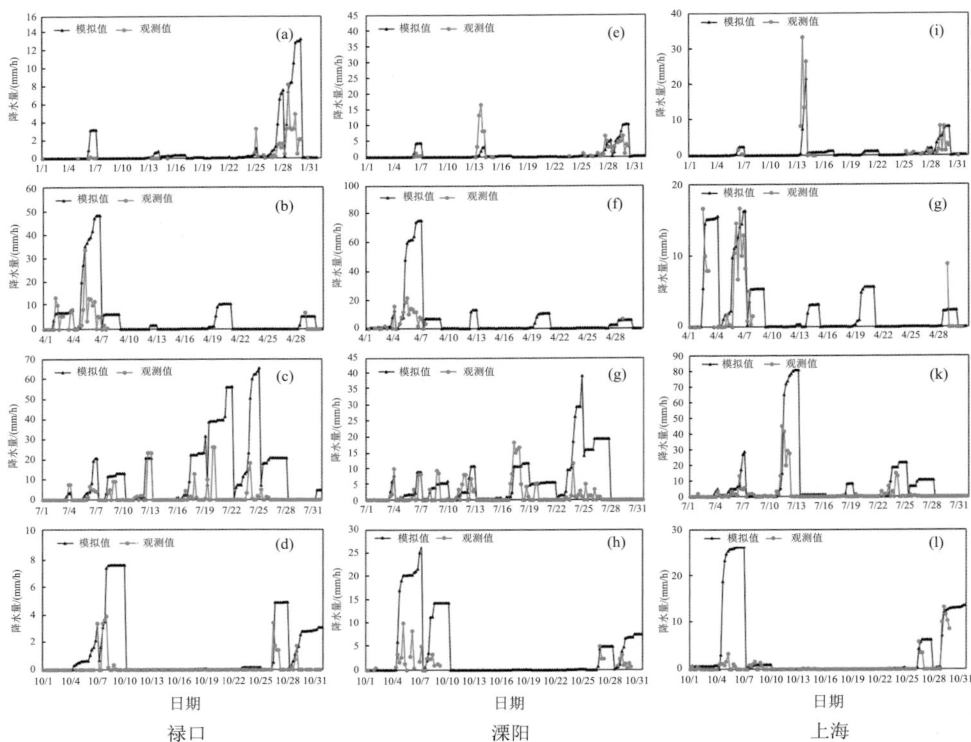

图 9.17　2015 年 1 月、4 月、7 月、10 月禄口、溧阳、上海站点降水量模拟值与观测值的时间序列变化

得的排放校验结果开展 WRF-CMAQ 空气质量模拟，分析受湿沉降影响最大的月份(7 月)的模拟表现，具体的模拟统计指标见表 9.7。由 NME 和 *R* 值可以看出，相较于 Case 1，Case 6 的模拟表现改进较小，表明模拟湿沉降量不确定性对“自上而下”校验方法的影响并不显著。

表 9.8　Case 6 和 Case 7 中 2015 年苏南地区不同排放源的 BC 排放量及其与 Case 1 排放的相对偏差

排放源	1 月		4 月		7 月		10 月		2015 年		7 月	
	Case 6 /10^3 t	RD/%	Case 6 /10^3 t	RD/%	Case 6 /10^3 t	RD/%	Case 6 /10^3 t	RD/%	Case 6 /10^3 t	RD/%	Case 7 /10^3 t	RD/%
电厂	0.0	0.0	0.0	0.0	0.0	0.0	0.0	0.0	0.0	0.0	0.0	0.0
工业	0.6	−2.4	0.3	9.9	0.6	9.2	0.5	−0.3	6.0	3.1	0.5	9.5
民用	0.5	16.7	0.2	−13.1	0.1	−13.7	0.4	−10.2	3.6	−0.6	0.1	−20.6
交通	0.3	−8.2	0.3	4.3	0.4	34.4	0.3	−3.0	3.9	5.4	0.4	36.4
总量	1.4	2.4	0.8	2.3	1.1	13.6	1.2	−4.2	13.5	2.6	1.0	13.4

考虑到湿沉降的模拟值在一定程度上与实际观测值存在偏差，且 Case 6 未考虑气团在传输路径中降水对两个站点 BC 湿沉降的影响，因此，我们选择在 7 月设置 Case 7 情景进行进一步分析，即在多元线性回归统计模型中筛选出不受传输轨迹中累计降水量影响的数据。我们采用热带降雨测量任务(Tropical Rainfall Measuring Mission，TRMM；Huffman et al.，2001)卫星观测降水数据来识别两个站点的累计降水量，使用 HYSPLIT(http://www.ready.noaa.gov)计算 7 月份每天每 3 h(与卫星时间分辨率一致)到达 NJU 和 PAES 站点的 48 h 气团后向轨迹(取地面高度 50 m)。结合 TRMM 卫星观测降水数据和 HYSPLIT 48 h 后向轨迹，计算 NJU 和 PAES 两个站点 7 月份的累计降水量。BC 与 CO 都是不完全燃烧的产物，排放特征较为接近，且 CO 在大气中性质稳定，湿沉降会去除 BC 但对 CO 影响较小，因此根据 BC/CO 的下降幅度筛选出不受湿沉降影响的数据，即最终认为在 NJU 站点累计降水量大于 3 mm、在 PAES 站点累计降水量大于 5 mm 的 BC 数据受到了降水的影响。Case 7 情景在多元线性回归统计模型中分别去除了此部分数据以减小降水对模型的影响。

校验后 Case 7 和 Case 1 中排放量的相对偏差为 13.4%(表 9.8)，远小于校验后排放清单相较于原始排放清单的下降量。此外，Case 7 的模拟统计指标与 Case 6 类似，体现为较接近的 NMB 和 NME 值(表 9.7)，也证实了降水影响对“自上而下”校验方法并不显著。

本节定量评估了地面观测站点(数量和空间代表性)、初始排放清单和湿沉降对“自上而下”校验结果的影响。结果表明，融合更多的地面观测结果，并充分考虑每个站点的空间代表性，能更好地优化 BC 排放，减小模拟值与观测值的偏差；即使初始排放清单存在较大差异，校验后的排放清单在排放量、空间分布及模式模拟表征方面均趋于一致，表明初始排放清单的不同对校验结果的影响有限；分别通过筛选出受模拟湿沉降量和卫星观测累计降水量影响较小的数据进行重新校验，发现湿沉降对校验结果的影响并不显著。因此，本书所使用的基于地面观测校验 BC 排放的方法稳健，关于 BC 浓度与排放呈近似线性关系的假设合理，所获得的排放校验结果具有较高的客观性和可靠度，提升了对区域 BC 排放特征的科学认识。

参 考 文 献

Annor T, Lamptey B, Wagner S, et al. 2017. High-resolution long-term WRF climate simulations over Volta Basin. Part 1: Validation analysis for temperature and precipitation. Theoretical and Applied Climatology, 133(3-4): 829-849.

Bond T C, Streets D G, Yarber K F, et al. 2004. A technology-based global inventory of black and organic carbon emissions from combustion. Journal of Geophysical Research: Atmospheres,

109(D14): 1-43.

Cao G L, Zhang X Y, Zheng F C. 2006. Inventory of black carbon and organic carbon emissions from China. Atmospheric Environment, 40(34): 6516-6527.

Chen D, Cui H, Zhao Y, et al. 2017. A two-year study of carbonaceous aerosols in ambient $PM_{2.5}$ at a regional background site for western Yangtze River Delta, China. Atmospheric Research, 18: 351-361.

Chen Y J, Sheng G Y, Bi X H, et al. 2005. Emission factors for carbonaceous particles and polycyclic aromatic hydrocarbons from residential coal combustion in China. Environmental Science & Technology, 39(6): 1861-1867.

Fu T M, Cao J J, Zhang X Y, et al. 2012. Carbonaceous aerosols in China: Top-down constraints on primary sources and estimation of secondary contribution. Atmospheric Chemistry and Physics, 12(5): 2725-2746.

Hu Z, Zhao C, Huang J, et al. 2016. Trans-Pacific transport and evolution of aerosols: Evaluation of quasi-global WRF-Chem simulation with multiple observations. Geoscientific Model Development, 9(5): 1725-1746.

Huffman G J, Adler R F, Morrissey M M, et al. 2001. Global precipitation at one-degree daily resolution from multisatellite observations. Journal of Hydrometeorology, 2(1): 36-50.

Koch D, Schulz M, Kinne S, et al. 2009. Evaluation of black carbon estimations in global aerosol models. Atmospheric Chemistry and Physics, 9(22): 9001-9026.

Kondo Y, Oshima N, Kajino M, et al. 2011. Emissions of black carbon in East Asia estimated from observations at a remote site in the East China Sea. Journal of Geophysical Research: Atmospheres, 116(D16): 1-14.

Kotlarski S, Keuler K, Christensen O B, et al. 2014. Regional climate modeling on European scales: A joint standard evaluation of the EURO-CORDEX RCM ensemble. Geoscientific Model Development, 7(4): 1297-1333.

Kurokawa J, Ohara T, Morikawa T, et al. 2013. Emissions of air pollutants and greenhouse gases over Asian regions during 2000-2008: Regional Emission inventory in ASia (REAS) version 2. Atmospheric Chemistry and Physics, 13(21): 11019-11058.

Lei Y, Zhang Q, He K B, et al. 2011. Primary anthropogenic aerosol emission trends for China, 1990-2005. Atmospheric Chemistry and Physics, 11(3): 931-954.

Li N, Fu T M, Cao J J, et al. 2015. Observationally-constrained carbonaceous aerosol source estimates for the Pearl River Delta area of China. Atmospheric Chemistry and Physics, 15(22): 33583-33629.

Li X, Wang S, Duan L, et al. 2009. Carbonaceous aerosol emissions from household biofuel combustion in China. Environmental Science & Technology, 43(15): 6076-6081.

Liu M, Lin J, Wang Y, et al. 2018. Spatiotemporal variability of NO_2 and $PM_{2.5}$ over Eastern China: Observational and model analyses with a novel statistical method. Atmospheric Chemistry and Physics, 18(17): 12933-12952.

Lu Z, Zhang Q, Streets D G. 2011. Sulfur dioxide and primary carbonaceous aerosol emissions in China and India, 1996-2010. Atmospheric Chemistry and Physics, 11(18): 9839-9864.

Ohara T, Akimoto H, Kurokawa J, et al. 2007. An Asian emission inventory of anthropogenic emission sources for the period 1980-2020. Atmospheric Chemistry and Physics, 7(16): 4419-4444.

Park R J, Jacob D J. 2003. Sources of carbonaceous aerosols over the United States and implications for natural visibility. Journal of Geophysical Research: Atmospheres, 108(D12): 1-12.

Politi N, Nastos P T, Sfetsos A, et al. 2018. Evaluation of the AWR-WRF model configuration at high resolution over the domain of Greece. Atmospheric Research, 208(SI): 229-245.

Qin Y, Xie S D. 2012. Spatial and temporal variation of anthropogenic black carbon emissions in China for the period 1980-2009. Atmospheric Chemistry and Physics, 12(11): 4825-4841.

Shen G, Xue M, Chen Y, et al. 2014. Comparison of carbonaceous particulate matter emission factors among different solid fuels burned in residential stoves. Atmospheric Environment, 89: 337-345.

Streets D G, Bond T C, Carmichael G R, et al. 2003. An inventory of gaseous and primary aerosol emissions in Asia in the year 2000. Journal of Geophysical Research: Atmospheres, 108(D21): 1-23.

Wang R, Tao S, Shen H, et al. 2014. Trend in global black carbon emissions from 1960 to 2007. Environmental Science & Technology, 48(12): 6780-6787.

Wang X, Wang Y, Hao J, et al. 2013. Top-down estimate of China's black carbon emissions using surface observations: Sensitivity to observation representativeness and transport model error. Journal of Geophysical Research: Atmospheres, 118(11): 5781-5795.

Yu E, Wang H, Gao Y, et al. 2011. Impacts of cumulus convective parameterization schemes on summer monsoon precipitation simulation over China. Acta Meteorologica Sinica, 25(5): 581-592.

Zhang J, He K, Shi X, et al. 2011. Comparison of particle emissions from an engine operating on biodiesel and petroleum diesel. Fuel, 90(6): 2089-2097.

Zhang Q, Streets D G, Carmichael G R, et al. 2009. Asian emissions in 2006 for the NASA INTEX-B mission. Atmospheric Chemistry and Physics, 9(14): 5131-5153.

Zhao Y, Zhang J, Nielsen C P. 2014. The effects of energy paths and emission controls and standards on future trends in China's emissions of primary air pollutants. Atmospheric Chemistry and Physics, 14(17): 8849-8868.

Zhi G, Chen Y, Feng Y, et al. 2008. Emission characteristics of carbonaceous particles from various residential coal-stoves in China. Environmental Science & Technology, 42(9): 3310-3315.

Zhou Y, Zhao Y, Mao P, et al. 2017. Development of a high-resolution emission inventory and its evaluation and application through air quality modeling for Jiangsu Province, China. Atmospheric Chemistry and Physics, 17(1): 211-233.

第 10 章　基于卫星观测约束的氮氧化物排放校验

氮氧化物（NO_x）是最重要的大气污染物之一，不仅会直接影响空气质量，也是近地面臭氧（O_3）和二次无机气溶胶的重要前体物。NO_x 排放清单既是进行空气质量模拟研究的基础数据，也是制定大气污染控制政策的重要科学依据。

传统 NO_x 排放清单一般基于“自下而上”法建立，在该方法中，排放量利用分部门的活动水平和排放因子计算获得。目前基于“自下而上”法建立的 NO_x 排放清单仍具有不确定性，一方面是由于能源与经济统计信息的准确性有待提升，另一方面是由于排放源测试不足导致排放因子取值存在误差。因此，为优化排放估算，研究者逐步发展了“自上而下”法，该方法通常利用卫星观测约束 NO_x 排放，主要有两种形式：一是在高斯扩散的理论基础上利用卫星观测数据反演出大型点源和中心城市的排放强度，如二维高斯拟合、半径倒数拟合、指数修正高斯拟合等（Russell et al.，2012；Fioletov et al.，2015；Schwarz et al.，2016）；二是以卫星观测数据为依据、空气质量模式为手段，获得较大范围内区域的排放特征，包括四维变分资料同化（Elbern et al.，2000；Stavrakou et al.，2008）、卡尔曼滤波器（Mijling et al.，2013；Ding et al.，2015）及质量平衡方法（Leue et al.，2001；Martin et al.，2006；Russell et al.，2010）等。

基于卫星遥感二氧化氮（NO_2）垂直柱浓度数据定量表征 NO_x 地面排放的研究，随着卫星遥感和反演技术的日趋成熟而不断发展。目前，可获得的卫星观测产品有多种，包括 Scanning Imaging Absorption Spectrometer for Atmospheric Cartography（SCIAMACHY）、Global Ozone Monitoring Experiment-2（GOME-2）、Ozone Monitoring Instrument（OMI）等。高斯分析技术主要应用在点源排放的估算中，例如大型电厂或较为孤立的城市，其前提条件是近距离内没有干扰排放源；后期研究者对指数修正高斯拟合法进行了改进，扩大了该方法估算城市排放的适用范围，使其能够估算高污染背景值下的城市排放。质量平衡法的核心原理是基于空气质量模式获得 NO_x 排放与 NO_2 垂直柱浓度的敏感性关系，再结合卫星观测获得 NO_2 垂直柱浓度，反推 NO_x 排放。目前，该方法已演化出多种不同版本，包括基础线性质量平衡法、基础非线性质量平衡法、线性迭代法、非线性迭代法等（de Foy et al.，2015）。经过不断改进和发展，质量平衡法相对于其他基于卫星观测逆向表征排放的方法，实现更易，计算量更小。

本章以长三角为例，介绍两种基于卫星观测约束的 NO_x 排放逆向表征方法，展示“自上而下”与“自下而上”排放清单的对比结果，并基于“自上而下”排

放清单分析长三角 NO_x 排放特征及其对区域空气质量的影响。

10.1　基于高斯扩散模式的城市 NO_x 源强约束

10.1.1　指数修正高斯拟合法约束城市排放源强

利用卫星观测约束 NO_x 排放的其中一种形式是在基于高斯扩散的理论基础上反演出大型点源及城市排放(Beirle et al.，2011)。江苏省南部区域污染源密集，背景浓度值高，本节将以苏南主要城市为例，采用优化的指数修正高斯拟合法对城市排放强度进行估算，主要分为四个步骤：估算目标区域 NO_2 生命周期τ；估算区域目标 NO_2 质量 A；将 NO_2 质量换算成 NO_x 质量；最终计算出 NO_x 排放强度 $P = A / \tau$ 。

10.1.1.1　大气层 NO_2 卫星观测

大气层 NO_2 卫星观测数据是 NO_x 排放逆向表征研究的基础。目前主要使用差分吸收光谱技术(differential optical absorption spectroscopy，DOAS)获得大气层 NO_2 卫星观测数据。DOAS 技术的核心原理是基于对吸收波段的差分结构分析来识别大气中的污染物种类和浓度。经过几十年的发展，该技术已被广泛应用于地基遥感观测、移动平台遥感观测、机载遥感观测和卫星遥感观测等多个方面。

卫星 NO_2 对流层柱浓度反演主要分为三个步骤：一是获得整个大气层 NO_2 斜柱浓度；二是从大气层 NO_2 斜柱浓度中提取出对流层 NO_2 斜柱浓度；三是结合大气质量因子(air mass factor，AMF)获得对流层 NO_2 垂直柱浓度。DOAS 计算公式如式(10.1)所示，基于该公式可获得大气层痕量气体斜柱浓度。

$$\tau = -\ln\frac{I(\lambda)}{I_0(\lambda)} = \sum_i \sigma_i'(\lambda)\mathrm{SCD}_i(\lambda) + \mathrm{Pl}(\lambda)E_a \tag{10.1}$$

式中，τ 为光路上的光学厚度；$I(\lambda)$为测量到的出射辐射强度；$I_0(\lambda)$为入射辐射强度；$\mathrm{Pl}(\lambda)$为低阶多项式；$\sigma_i'(\lambda)$为第 i 种气体的差分吸收截面；$\mathrm{SCD}_i(\lambda)$为第 i 种吸收气体的柱浓度。

一般地，将遥感观测的光谱数据转化为成熟的污染物卫星数据产品需要三步或者更多步骤，以此得到不同“级别”(Level)的数据，这个过程被称为反演。经过校准的一级(Level-1)卫星数据包括每个单独像素的高分辨率太阳光和地球光光谱；利用 DOAS 将光谱数据拟合为对应污染物的斜柱浓度，通过 AMF、平流层与对流层各自对污染物的贡献比例将污染物的斜柱浓度转化为二级(Level-2)卫星数据——污染物垂直柱浓度；三级(Level-3)卫星数据产品是将 Level-2 卫星像素数据重新划分为规则的网格，过滤数据并对数据做时间上的平均后得到的月度数据产品。

基于 DOAS 算法获得的是整个大气层的 NO_2 斜柱浓度，需将平流层部分去除后得到对流层柱浓度。目前常用的去除平流层 NO_2 斜柱浓度的方法有两种：一种是利用海洋上空的观测作为背景观测，以去除平流层浓度(Martin et al.，2002，2006；Richter and Burrows，2002)；另一种是基于空气质量模式的结果确定平流层 NO_2 柱浓度的贡献值(Boersma et al.，2011)。最后，为获得对流层 NO_2 垂直柱浓度，需结合大气质量因子，具体计算过程如式(10.2)所示。

$$\mathrm{VCD} = \frac{\mathrm{SCD}}{\mathrm{AMF}} \tag{10.2}$$

式中，VCD 为垂直柱浓度；SCD 为斜柱浓度；AMF 为大气质量因子。目前主要基于辐射传输模型和空气质量模式的模拟结果计算 AMF。

表 10.1 给出了全球主要的大气层 NO_2 卫星探测器的信息汇总。目前，用于探测全球大气层 NO_2 的卫星观测探测器产品主要包括 GOME(Lu et al.，2013；Cheng et al.，2013)、GOME-2(Richter et al.，2011；Safieddine et al.，2013)、SCIAMACHY(Bovensmann et al.，1999；Lu et al.，2016)、OMI(Ialongo et al.，2016；Pickering et al.，2016)等，它们在空间分辨率、时间分辨率、过境时间及数据覆盖时段等方面都存在差异。值得注意的是，OMI 观测的 NO_2 垂直柱浓度是目前可获得的最高时空分辨率的 NO_2 卫星观测数据之一。它的 NO_2 观测数据的初始空间分辨率是 13 km×24 km，并能在 1 d 内覆盖全球。

表 10.1 不同全球主要的大气层 NO_2 卫星探测器的部分信息汇总

项目	GOME	GOME-2	SCIAMACHY	OMI
空间分辨率/km	40×320	40×80	30×60	13×24
时间分辨率/d	3	1.5	6	1
过境时间	9:30 am	9:30 am	10:00 am	1:30 pm
数据时间段	1995～2003 年	2007 年至今	2002～2012 年	2004 年至今
搭载卫星	ERS-2	Metop-A/B	ENVISAT	Aura
光谱范围/nm	240～790	240～790	240～2380	270～500
光谱分辨率/nm	0.2～0.4	0.2～0.4	0.2～1.5	0.45～1.0

此外，欧洲航天局于 2017 年 10 月 13 日发射了搭载在“哨兵-5P”卫星上的对流层观测仪(tropospheric monitoring instrument，TROPOMI)，主要是为了探测主要的大气组分。TROPOMI 继承了 OMI 的主要设计理念，但是其波段范围比 OMI 更广。TROPOMI 的波段范围包括 270～500 nm、675～775 nm 和 2305～2385 nm，分别对应紫外/可见光波段、近红外波段和微波波段，因此可以探测 NO_2

等气体、云和气溶胶等组分。在 OMI 基础上，其空间分辨率也有所提高，约为 7 km×7 km。目前，公开可获得的 TROPOMI 的 NO_2 观测数据时间段是 2018 年 4 月之后。本章实例研究中使用的 NO_2 垂直柱浓度来源于搭载在 Aura 卫星上的 OMI 探测器，目前可获取的涵盖中国区域的卫星观测 NO_2 垂直柱浓度的产品主要有 Dutch OMI NO_2(DOMINO) 和 Peking University Ozone Monitoring Instrument NO_2(POMINO)，数据来源为 https://www.temis.nl/airpollution/no2.php。

研究表明，高污染地区卫星观测 NO_2 垂直柱浓度的误差主要源自 AMF 的计算过程。AMF 由辐射传输模型计算获得，受地表反射率、地表压力、地表温度、气溶胶特性、云量和 NO_2 垂直廓线影响。DOMINO 在反演过程中未考虑气溶胶对太阳辐射传播的影响和地形分布特征对地表反射率的影响，采用的 NO_2 垂直廓线分布分别源自空间分辨率为 3°×2°的 TM4 和 2.5°×2°的 GMI 模型，不能反映小尺度空间范围内 NO_2 垂直廓线变化(Boersma et al.，2007)。国内研究者在荷兰皇家气象研究所联合美国国家航空航天局(NASA)开发的 NO_2 斜柱浓度数据基础上对 AMF 进行本地化，从而获得对中国区域优化后的 NO_2 垂直柱浓度产品 POMINO(Lin et al.，2014)。将 POMINO 和 DOMINO 逐日 NO_2 垂直柱浓度与中国东部地区三个地基遥感观测站 MAX-DOAS 观测到的 NO_2 垂直柱浓度进行相关性分析，结果表明，POMINO 与 MAX-DOAS 的相关性(R^2=0.96)显著高于 DOMINO 与 MAX-DOAS 的相关性(R^2=0.72)。此外，由于夏季太阳辐射强烈、大气对流活动较强及混合层高度比冬天高等，夏季 NO_2 生命期较短，扩散传输距离较近，因此夏季卫星观测到的污染物浓度分布更接近排放源分布。

10.1.1.2　风场数据来源及提取

风场数据来源于欧洲中期天气预报中心(ECMWF)再分析风场资料分层数据(数据来源：http://www.ecmwf.int/en/research/climate-reanalysis/era-interim)。ECMWF 再分析风场资料是基于 2006 年发布的采用 31r2 变化周期的集成预报系统将地面观测、高空观测和卫星观测等资料进行同化后得到的全球网格化资料。该资料垂直空间分布包含 60 层等压面数据(从地面到 0.1 hPa)，分析时间间隔为 6 h(00、06、12、18UTC)，空间分辨率为 80 km。考虑到大气污染物有一定的垂直分布高度，需要对风场数据的垂直层数进行筛选。若选取从地表以上到距离地表 500 m 高度之间的平均风速和风向，对应的 ECMWF 风场数据大约是 53～60 层(高度分别为 0.46 km、0.34 km、0.24 km、0.16 km、0.10 km、0.06 km、0.03 km、0.01 km)。研究显示，当风速高于 5 km/h 时 SO_2 往下风向传输的现象比较明显，如图 10.1 所示。

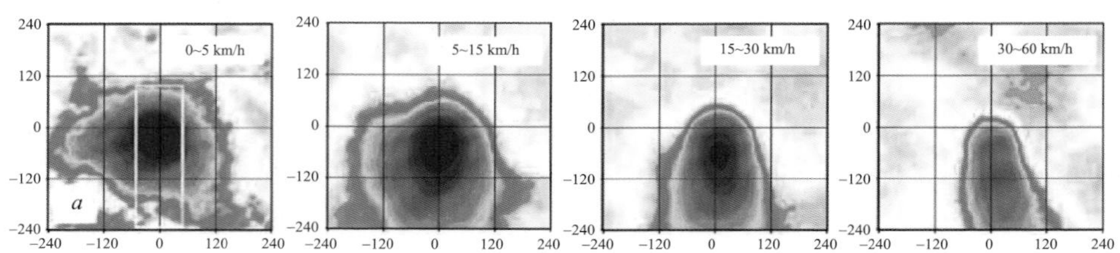

图 10.1　不同风速下卫星观测电厂周围 SO_2 浓度空间分布(坐标轴为距离，单位：km)

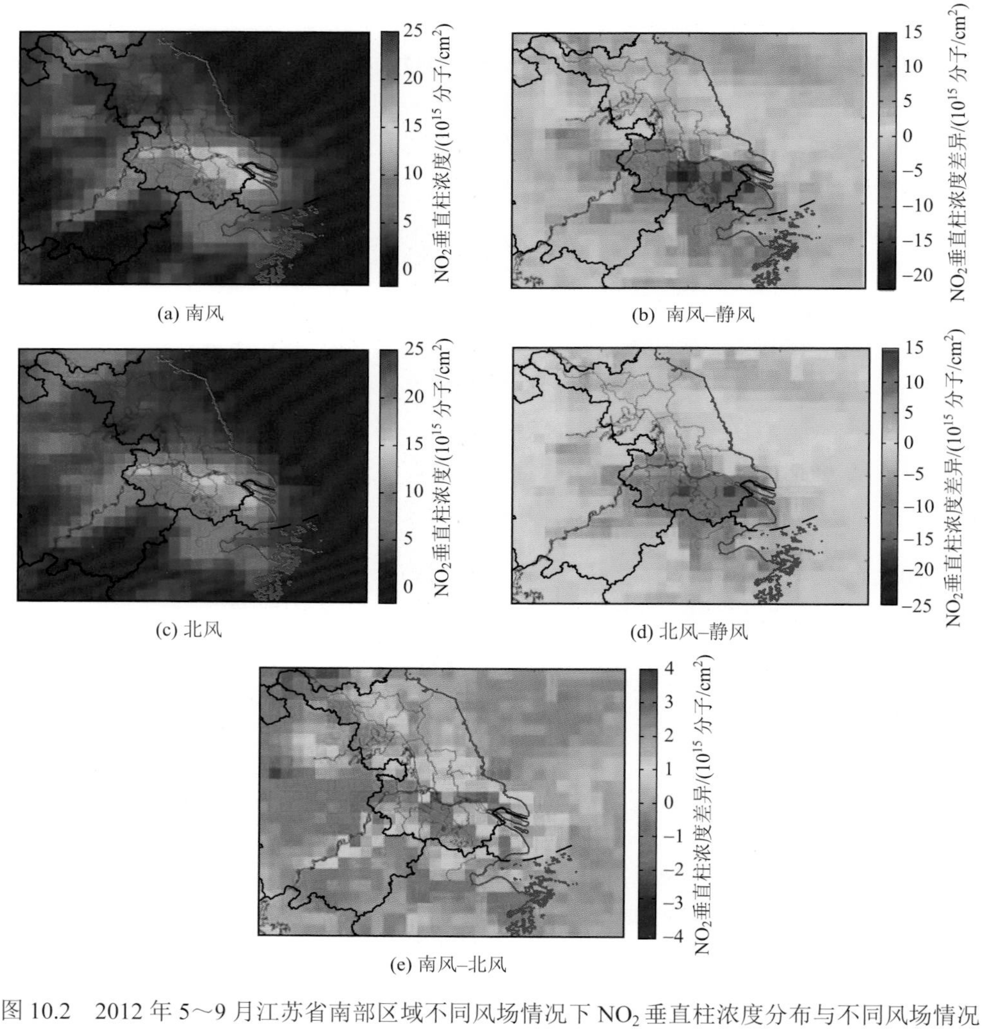

(a) 南风

(b) 南风–静风

(c) 北风

(d) 北风–静风

(e) 南风–北风

图 10.2　2012 年 5～9 月江苏省南部区域不同风场情况下 NO_2 垂直柱浓度分布与不同风场情况之间 NO_2 垂直柱浓度的差异

指数修正高斯拟合法对点源排放NO_2生命期的估算主要基于静风和非静风条件下污染物线密度分布差异(目标区域位于中心)，再通过一系列公式计算模拟获得。通常将风向划分为北(N)、东北(NE)、东(E)、东南(SE)、南(S)、西南(SW)、西(W)、西北(NW)八个风向。

风对污染物浓度分布具有重要影响，如图 10.2 所示。图 10.2(a)和(c)分别为南风和北风条件下，江苏省南部区域卫星观测的 NO_2 垂直柱浓度高值区域分布，与静风条件下的分布(图 10.3)大体一致。可以看出，风场的存在使 NO_2 浓度出现大幅下降。江苏省南部区域南风和北风条件下 NO_2 垂直柱浓度减去静风条件下结果的空间分布如图 10.2(b)和(d)所示，风场的存在使静风条件下的高值中心出现大幅下降。图 10.2(e)为图 10.2(a)与图 10.2(c)之差，可以看出，沿长江出现相邻的高值中心和低值中心，说明风场不仅使 NO_2 垂直柱浓度出现下降，还使其高值中心沿着风向偏移。

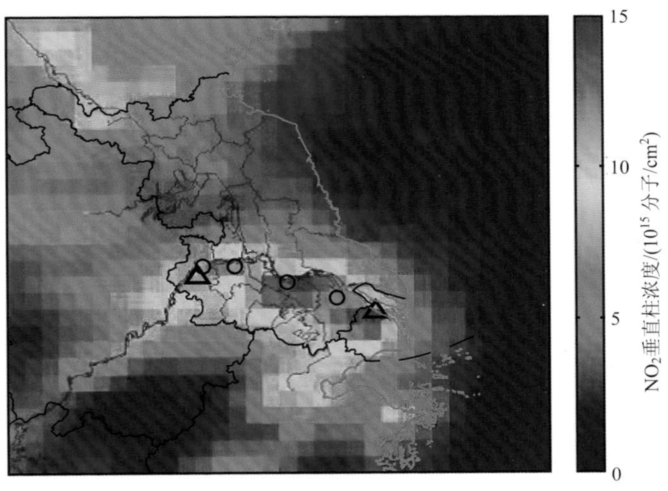

图 10.3　静风下(风场判定范围：30～33°N，118～122°E)江苏的 NO_2 分布

黑色圈代表目标区域中心位置，分别为南京(32.125°N，118.875°E)、镇江+扬州(32.125°N，119.275°E)、无锡+常州(31.875°N，120.125°E)、苏州(31.625°N，120.875°E)；黑三角代表地基观测站点

根据静风条件下的NO_2垂直柱浓度的高值中心选定要估算NO_x排放强度的区域，如图 10.3 所示，选定区域分别为南京、镇江+扬州、无锡+常州、苏州。其中，镇江和扬州距离较近，且 NO_2 高值中心介于两者之间，因此将这两个城市视作为一个排放“点源”，无锡和常州同理。

为获得足够多的观测数据，需要根据风速风向对 NO_2 垂直柱浓度数据进行筛选，主要包含两步：计算以目标为中心周围 100 km 距离内，从地表到高空 500 m 垂直范围内的平均风速、风向；根据计算结果将卫星数据进行分类，从而获得不

同风向情况下的 NO_2 垂直柱浓度空间分布，其中对风向的划分偏差小于 15°视作一个方向，静风取平均风速小于 2.5 m/s（筛选示例如图 10.4 所示）。由于地形分布会对 ECMWF 再分析风场资料的准确性产生影响，所以可将 ECMWF 数据与地面观测站风场资料进行对比，评估其可靠性后再使用。

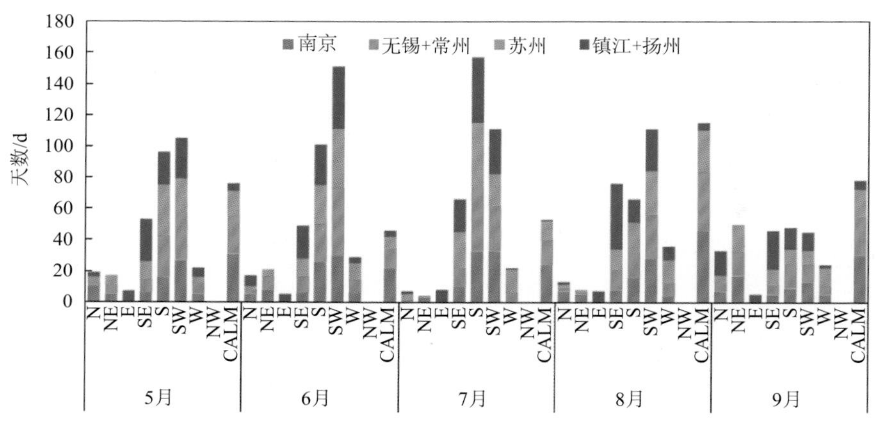

图 10.4 各城市不同风向及静风情况下的天数统计

10.1.1.3 生命期估算

指数修正高斯拟合法计算点源排放生命期的公式如下：

$$M(x) = E \times (e \otimes G)(x) + B \tag{10.3}$$

$$e(x) = \begin{cases} \exp\left(-\dfrac{x-X}{x_0}\right), x \geqslant X \\ 0, x < X \end{cases} \tag{10.4}$$

$$G(x) = \frac{1}{\sqrt{2\pi}\sigma}\exp\left(-\frac{x^2}{2\sigma^2}\right) \tag{10.5}$$

式中，x 为周边污染物与排放源之间的距离；$M(x)$ 为该排放源附近污染物浓度分布；E 为比例系数；B 为背景值；$e(x)$ 为污染物浓度在排放源下风方向随距离呈现指数衰减趋势；X 为目标区域位置；x_0 为指数衰减距离；$G(x)$ 为假设排放源周边污染物浓度以该点源为中心呈现高斯分布方程；σ 为方程 $G(x)$ 的标准偏差。

生命期即为指数衰减距离 x_0 与该区域平均风速的比值。对于污染源密集区域，为减少附近排放源的影响，将静风条件下的线密度分布 $C(x)$ 代替原来的高斯分布假设 $G(x)$（Liu et al., 2016）。不同风向情况下的线密度计算方法为：首先以目标区域为中心，在垂直于风向的方向进行积分，积分范围为 125 km，获得沿风方向 600 km 长度的线密度；计算静风情况下同一方向的线密度，模拟得到该风向下的指数衰减距离 x_0。平均风速计算范围为：以目标区域为中心，周围 50 km 距离内、高度 500 m 以下的风场。江苏南部区域 NO_2 污染呈东南—西北方向分布，因此在估算 NO_2 生命期时只对南—北和东北—西南方向的线密度进行计算并参与生命期的估算。各城市不同风向及静风情况下的天数统计结果如图 10.4 所示，东南风、南风和西南风向天数较多。图 10.5 分别为 2012 年南京在南北方向南风、静风情况[图 10.5(a)]下和北风、静风情况[图 10.5(b)]下的线密度分布，其他方向由于数据缺失没有拟合结果；黑色线为根据式(10.3)模拟出的结果。

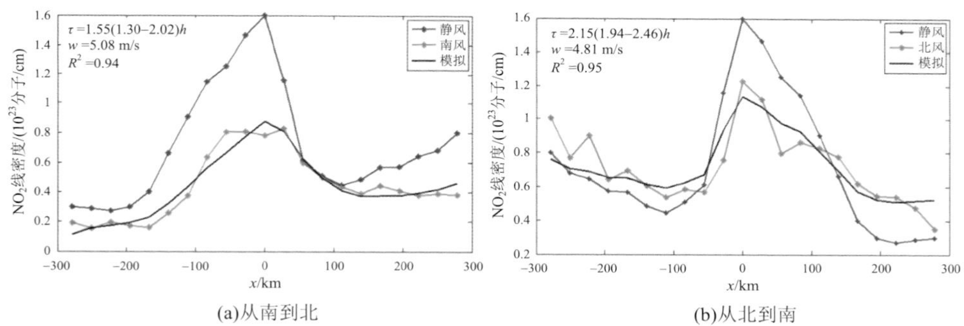

(a)从南到北　　(b)从北到南

图 10.5　2012 年南京市不同方向 NO_2 柱浓度的线密度分布

含对应风向、静风、模拟三种情况的线密度分布，x>0 km 表示下风向

表 10.2 和表 10.3 分别为不同风向下的平均风速和估算的 NO_2 生命期。NO_2 平均生命期在 1.86～2.50 h，其中南风情况下的生命期最短，在 1.56～2.13 h。气象条件对大气污染水平有较大影响。由于 7、8 月份太阳辐射强度和大气对流强度较强，此时 NO_2 浓度为全年最低；同时，7、8 月份南风和西南风出现的频率大致相当，而这两种情况下的生命期出现较大差异，可能由于不同风场代表该地区受不同的天气系统控制，因此大气扩散条件不一致，从而使 NO_2 生命期出现较大差异。

表 10.2　国内不同风向平均风速　　(单位：m/s)

风向	南京	无锡+常州	苏州	徐州	镇江+扬州
S	5.08	4.95	5.47	4.87	5.03
SW	5.24	5.38	5.37	5.00	5.27
NE	4.80	5.47	6.07	4.52	5.73

表 10.3　不同风向下 NO_2 生命期及其 95%置信区间范围　（单位：h）

地区	S	SW	NE	平均
南京	1.56（1.29～2.02）	1.97（1.74～2.33）	2.16（1.94～2.47）	1.90
无锡+常州	1.65（1.48～2.21）	1.99（1.82～2.21）	1.96（1.77～2.22）	1.87
苏州	1.59（1.94～2.36）	2.12（1.94～2.36）	1.88（1.79～1.98）	1.86
镇江+扬州	2.13（1.87～2.50）	2.55（2.18～3.18）	2.84（2.49～3.40）	2.50

10.1.1.4　排放强度估算

完成 NO_2 生命期估算后，排放强度的估算还需要以下三步：①目标区域 NO_2 总质量估算；②根据 NO_2 质量浓度计算出 NO_x 质量浓度[有研究表明，城市地区下午时段一氧化氮(NO)与 NO_2 的比值约为 0.32，因此在计算 NO_x 质量时对 NO_2 质量乘以 1.32 即可]；③将 NO_x 总质量除以根据各风向估算出的生命期，最终获得单位时间 NO_x 排放量，即 NO_x 排放强度。

目标区域 NO_2 总质量的估算，通过对其周边地区 NO_2 垂直柱浓度积分获得。为使 NO_2 质量估算更准确，需要避免周边排放源的干扰，并考虑高污染浓度背景对总质量估算的影响。因为静风情况下污染物扩散距离较短，可以减少周边排放源的干扰，故可选取静风情况下 NO_2 垂直柱浓度分布并计算其均值。此外，在对 NO_2 垂直柱浓度积分时应尽量缩小范围，使其能代表该地区的污染物总量并且排除邻近排放源的影响。通过式(10.6)估算该区域的污染物质量。

$$g_i(x) = A \times \frac{1}{\sqrt{2\pi}\sigma_i} \exp\left(-\frac{(x-X)^2}{2{\sigma_i}^2}\right) + \varepsilon_i + \beta_i x \tag{10.6}$$

式中，i 为不同风向；$g_i(x)$ 为不同方向线密度分布。由于 NO_2 垂直柱浓度东南—西北的空间分布特征，本书将南—北、东北—西南方向的线密度分布进行联合模拟，最终获得拟合参数 A (NO_2 质量，共同参数)；$\varepsilon_i + \beta_i x$ 表示背景浓度变化趋势。图 10.6 为不同方向拟合的结果。

10.1.2　长三角城市群排放强度估算及与“自下而上”排放清单的对比

为评估采用“自上而下”法估算的 NO_x 排放强度的可靠性，通常将计算的 NO_x 排放强度与“自下而上”排放清单和《中国环境统计年鉴》主要城市污染物排放量估算的 NO_x 排放强度进行对比，计算标准平均偏差(NMB)、标准平均误差(NME)和相关性系数(R)并进行参数化比较，NMB 和 NME 的计算公式详见 2.4 节。

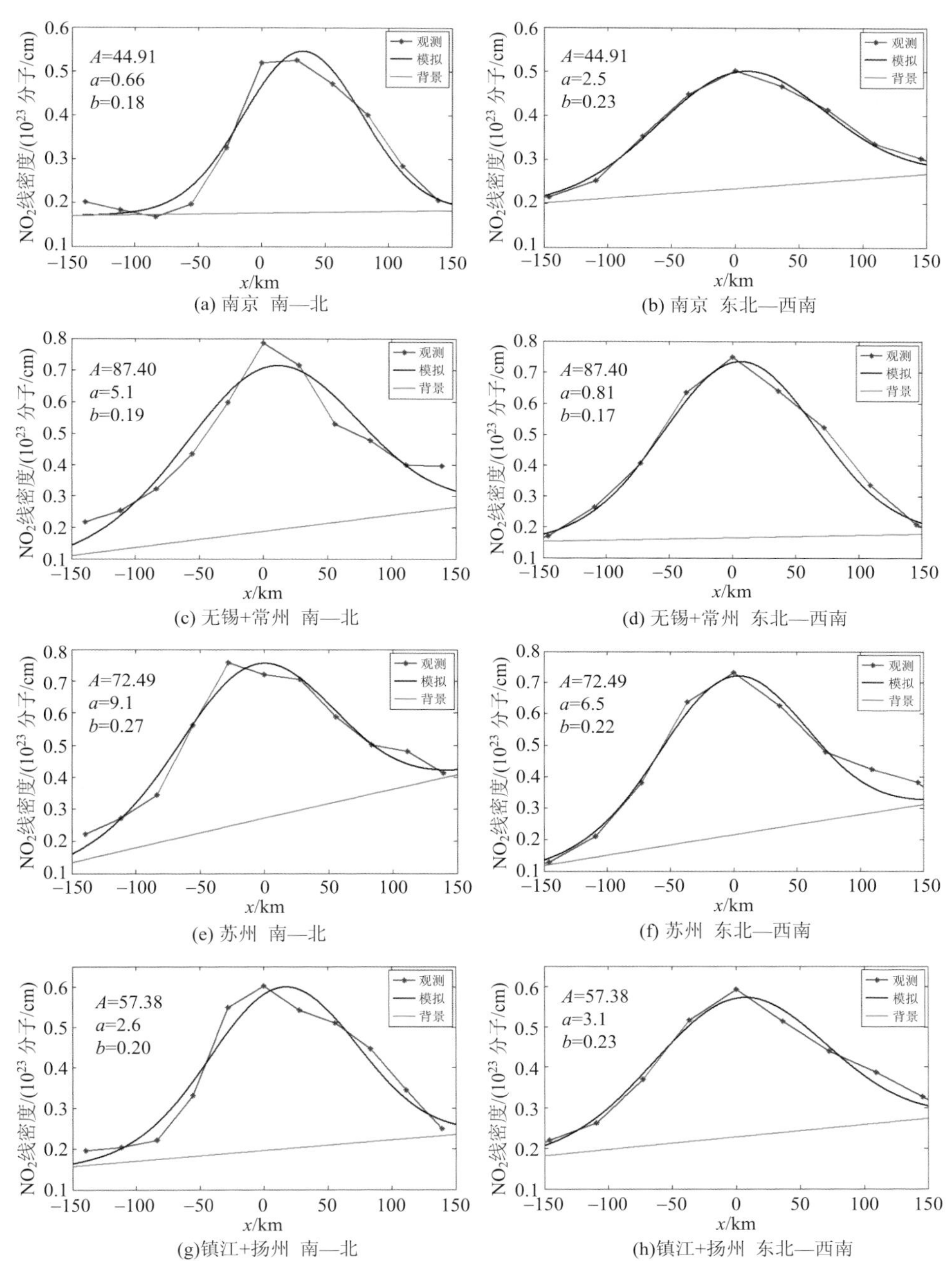

(a) 南京 南—北　(b) 南京 东北—西南
(c) 无锡+常州 南—北　(d) 无锡+常州 东北—西南
(e) 苏州 南—北　(f) 苏州 东北—西南
(g)镇江+扬州 南—北　(h)镇江+扬州 东北—西南

图 10.6　静风情况下南京、无锡+常州、苏州及镇江+扬州的南—北、东北—西南方向 NO_2 线密度分布(单位，A：10^{28} 分子，a：10^{22} 分子/cm，b：10^{14} 分子/cm^2)

图 10.7 显示，“自下而上”的江苏省高精度排放清单(本书第 2 章建立)、国家尺度排放清单 MEIC(http://meicmodel.org/)，以及由《中国环境统计年鉴》估算的 NO_x 排放强度与“自上而下”估算的各城市 NO_x 排放强度差异基本在 50%的偏差范围内。其中，江苏省高精度排放清单和《中国环境统计年鉴》主要城市污染物排放量估算的 NO_x 排放强度与采用“自上而下”法估算的 NO_x 排放强度相比总体偏低，MEIC 估算的 NO_x 排放强度比“自上而下”法估算的 NO_x 排放强度高。

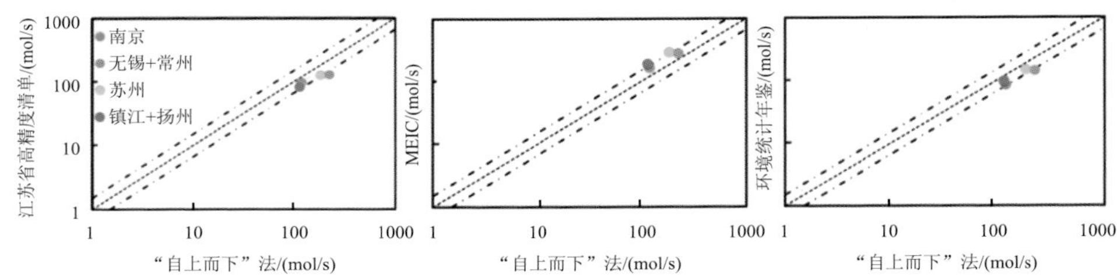

图 10.7 “自上而下”法估算的排放强度与江苏省高精度排放清单、MEIC 和《中国环境统计年鉴》排放量的对比

中间虚线表示 $y=x$，两边虚线表示±50%偏差范围

从表 10.4 可以看出，在所有的排放清单中，江苏省高精度排放清单与“自上而下”法估算出的排放强度之间的 NME 与均方根误差(RMSE)值最低。“自上而下”法估算的城市排放强度与“自下而上”排放清单相关性较好(R 均高于 0.9)，说明“自上而下”法估算的高污染浓度背景值下的城市排放强度具有高可信度。其中，《中国环境统计年鉴》和 MEIC 与“自上而下”法估算的 NO_x 排放强度的相关系数低于江苏省高精度排放清单的结果。《中国环境统计年鉴》的 NO_x 排放只包含机动车、工业燃烧和工业生产过程 NO_x 排放，不包含非道路交通源和民用 NO_x 排放。在港口城市，船舶 NO_x 排放占非道路交通源 NO_x 排放的比例较大。2012 年江苏省货物吞吐量为 20504 万 t，其中南京港货物吞吐量为 18927 万 t，占比 92%。由于不同城市船舶 NO_x 排放量存在较大差异，《中国环境统计年鉴》对不同城市 NO_x 排放估算的偏差程度也会有较大差异，从而导致《中国环境统计年鉴》与“自上而下”法估算的城市 NO_x 排放强度相关系数较低。

表 10.4 不同排放清单与“自上而下”法估算的 NO_x 排放强度对比统计结果

指标	《中国环境统计年鉴》	MEIC	江苏省高精度排放清单
NME/%	28	43	18
RMSE/(mol/s)	44.57	64.89	38.89
R	0.903	0.903	0.935

10.2　区域尺度 NO_x 排放校验方法及影响因素

利用卫星观测校验 NO_x 排放的另外一种形式是以卫星观测数据为依据、空气质量模拟为手段，获得区域尺度的 NO_x 排放量及空间分布特征。质量平衡法的主要原理是先基于空气质量模式获得研究区域不同网格内 NO_x 排放与 NO_2 垂直柱浓度的响应系数，再结合基于初始排放模拟获得的 NO_2 垂直柱浓度和卫星观测结果的差异来校验 NO_x 排放(Zhao and Wang，2009)。

长三角地区位于中国东部，是中国最发达和污染最严重的地区之一。图 10.8 给出了中国不同地区 2005～2018 年对流层 NO_2 垂直柱浓度年际变化趋势。从图中可以看出，长三角地区的 NO_2 垂直柱浓度要远高于中国的平均水平。同时，长三角地区 NO_2 垂直柱浓度年际变化趋势整体上与全国和京津冀地区较为一致，其年际变化趋势在 2011 年左右开始出现变化，2011 年之前整体呈上升趋势，而在此之后整体呈下降趋势。

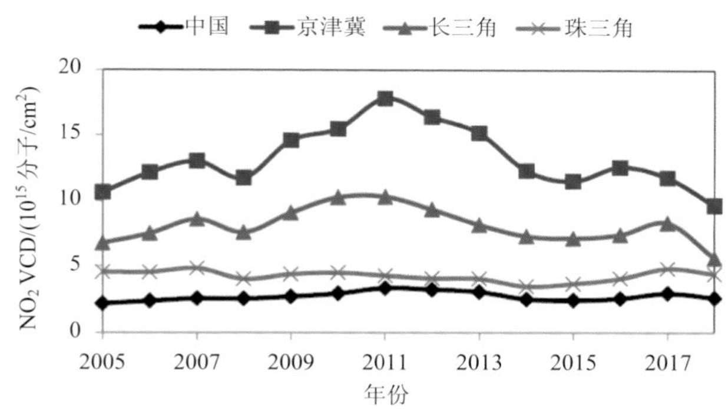

图 10.8　中国不同地区 2005～2018 年对流层 NO_2 垂直柱浓度年际变化趋势

数据来源：http://www.temis.nl/airpollution/no2.php

本节以长三角地区和苏南城市群为例，具体介绍两种校验方法的(线性迭代和非线性迭代法)基本原理、卫星数据来源与处理方式、空气质量模式设置，并全面评估 NO_x 排放逆向表征方法的影响因素。

10.2.1　区域尺度“自上而下”排放清单校验方法

10.2.1.1　线性迭代法

线性迭代法假设 NO_x 排放与 NO_2 垂直柱浓度之间呈固定的线性相关关系，“自上而下”排放的计算公式如下：

$$E_t = \alpha \times \Omega_0 \tag{10.7}$$

$$\alpha = \frac{E_a}{\Omega_a} \tag{10.8}$$

式中，E_t 和 E_a 分别为“自上而下”和初始 NO_x 排放；Ω_0 和 Ω_a 分别为观测和模拟的 NO_2 垂直柱浓度；α 为 NO_2 垂直柱浓度和 NO_x 排放的线性相关系数。

本书将前一天获得的“自上而下”NO_x 排放作为后一天的初始排放。根据 Cooper 等(2017)的建议，NO_x 排放的约束进行到“自上而下”排放与初始排放的 NME 变化连续 3 天小于 1%为止。

此方法将排放与 NO_2 柱浓度之间的关系假设为线性关系。事实上，二者之间并不是简单的线性关系，主要是由于 NO_x 和羟基自由基(·OH)的光化学反馈是非线性的。如图 10.9 所示，在较低的 NO_x 排放区域，排放的增加可以促进·OH 的产生并随之降低 NO_x 寿命；但在高 NO_x 排放区域，排放的增加会抑制·OH 的产生而增加 NO_x 的寿命(Valin et al.，2013)。因此，在线性迭代法的基础上改进了参数 α，得到非线性迭代法。

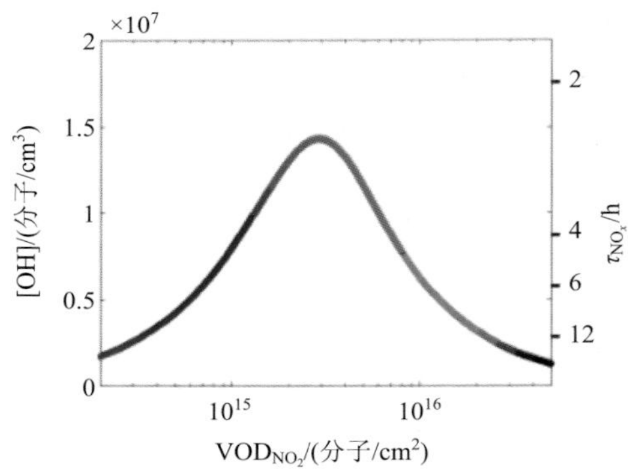

图 10.9 NO_2 柱浓度与·OH 浓度之间在不同 NO_x 排放区域的非线性相应关系

10.2.1.2 非线性迭代法

非线性迭代法假设 NO_x 排放与 NO_2 垂直柱浓度之间的关系呈动态的非线性相关关系，“自上而下”NO_x 排放的计算公式如下：

$$E_t = E_a\left(1 + \frac{\Omega_0 - \Omega_a}{\Omega_0}\beta\right) \tag{10.9}$$

$$\frac{\Delta E}{E} = \beta \frac{\Delta \Omega}{\Omega} \tag{10.10}$$

式中，β 为模拟的 NO_2 垂直柱浓度对一定比例 NO_x 排放变化的响应系数；E 和 Ω

分别为 NO_x 排放和 NO_2 垂直柱浓度；E_t 和 E_a 分别为“自上而下”和初始 NO_x 排放；Ω_0 和 Ω_a 分别为观测和模拟的 NO_2 垂直柱浓度。

根据测试结果，将初始排放的变化系数设置为 10%时，对“自上而下”NO_x 排放的结果影响较小；基于初始排放的变化比例与对应模拟的 NO_2 垂直柱浓度的变化比例来计算 β。与线性迭代法类似，将前一天获得的“自上而下”NO_x 排放作为后一天的初始排放；对 NO_x 排放的约束进行到“自上而下”排放与初始排放的 NME 变化连续 3 天小于 1%为止。

10.2.1.3　卫星观测数据的来源与处理

在本次长三角区域尺度 NO_x 的排放校验实例中，选用 10.1.1.1 节中介绍的 POMINO 的 Level-2 产品。为降低卫星观测不确定性对研究结果的影响，通常会对卫星观测数据进行筛选，如使用云量小于 30%时观测的 NO_2 垂直柱浓度数据进行 NO_x 排放逆向表征。为与空气质量模式的空间分辨率相符，Level-2 卫星观测的 NO_2 垂直柱浓度需要被重采样，然后基于克里金插值的方法降尺度。

10.2.1.4　空气质量模式设置及气象模拟评估

使用中尺度气象模式(WRF)–多尺度区域空气质量模式(CMAQ)进行 NO_x 排放逆向表征与空气质量模拟研究。如图 10.10 所示，采用三层网格嵌套的方式，三层网格的空间分辨率分别是 27 km、9 km 和 3 km。第一层区域(D1)覆盖了中国大部分地区、朝鲜半岛及日本部分区域。第二层区域(D2)覆盖了整个长三角地区(江苏省、浙江省、安徽省和上海市)和周边省份部分区域。第三层区域(D3)主要覆盖了江苏省南部地区(苏州市、无锡市、常州市、镇江市和南京市)及上海市部分区域。三层网格的网格数依次为 177×127 个、118×121 个和 133×73 个。投影方式采用兰勃特投影坐标系，两条真纬度分别是北纬 25°和北纬 40°，坐标原点为(110°E，34°N)，第一层网格的左下角坐标为(–2389.5 km，–1714.5 km)。模拟年份包括 2011 年、2012 年和 2016 年，每年选取 1 月、4 月、7 月和 10 月代表冬、春、夏和秋季进行空气质量模拟。CMAQ 的气象场资料来自 WRF v3.4。模式配置和参数的其他细节详见第 5 章。

10.2.2　基于卫星观测的区域排放清单校验影响因素分析

研究表明，逆向表征的方法及不同影响因素(空间分辨率、初始排放清单、季节、卫星观测数据等)都可能会影响 NO_x 排放逆向表征的结果，本小节设置具体情景分析不同的影响因素(Lin et al.，2010；Cooper et al.，2017)。

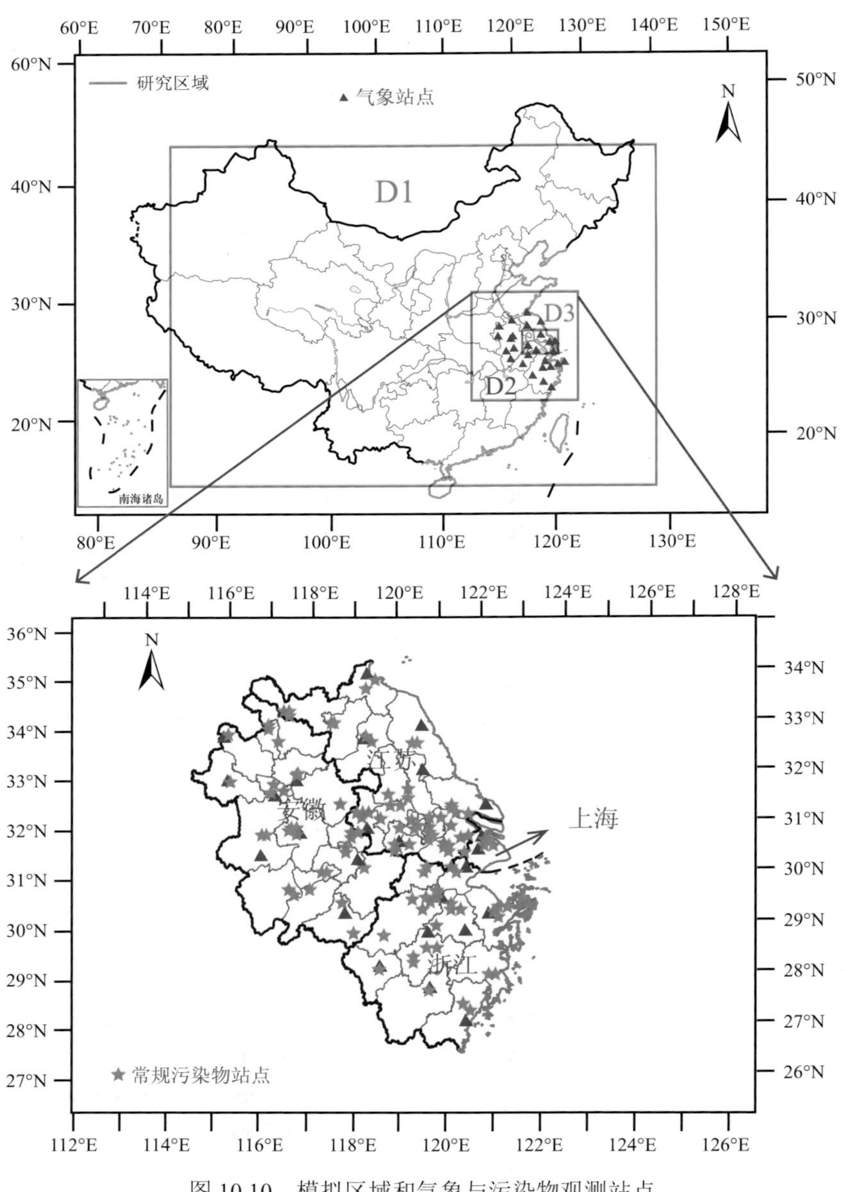

图 10.10 模拟区域和气象与污染物观测站点

10.2.2.1 案例情景设置

利用两种方法对 NO_x 排放逆向表征方法与影响因素进行评估，分别是基于"人为合成"卫星观测的方法和基于真实卫星观测的方法。在基于"人为合成"卫星观测的方法中，NO_2 垂直柱浓度观测数据来自假设的"真实"排放模拟结果。基于一份初始排放清单与该 NO_2 垂直柱浓度观测数据逆向表征 NO_x 排放，以此获得的“自上而下” NO_x 排放理论上应与假设的“真实”排放接近。对比逆向表征获得的“自上而下” NO_x 排放与假设的“真实” NO_x 排放，可评估 NO_x 排放逆向表征方法的可靠性。“自上而下” NO_x 排放与假设的“真实” NO_x 排放之间的差异可用来间接表示逆向表征方法的不确定性。

表 10.5 给出了基于“人为合成”卫星观测方法的不同案例设置信息。为评估不同影响因素对 NO_x 排放逆向表征结果的影响，两种不同空间尺度案例(9 km 空间分辨率的长三角地区和 3 km 空间分辨率的苏南地区)被用来探究空间分辨率的影响，1 月和 7 月的案例用来探究季节影响。此外，非线性和线性逆向表征方法被应用于不同案例，以探究不同逆向表征方法对结果的影响。

表 10.5　基于“人为合成”卫星观测的案例设置信息

案例	初始排放	假设真实排放	逆向表征方法	月份	分辨率/km
案例 1	2015 年 MEIC	2012 年 MEIC	线性	1	9
案例 2	2015 年 MEIC	2012 年 MEIC	非线性	1	9
案例 3	2015 年 MEIC	2012 年 MEIC	线性	7	9
案例 4	2015 年 MEIC	2012 年 MEIC	非线性	7	9
案例 5	2012 年 MEIC	2012 年 JSEI	线性	1	3
案例 6	2012 年 MEIC	2012 年 JSEI	非线性	1	3
案例 7	2012 年 MEIC	2012 年 JSEI	线性	7	3
案例 8	2012 年 MEIC	2012 年 JSEI	非线性	7	3
案例 9	重置的“真实”排放	2012 年 MEIC	非线性	1	9
案例 10	重置的“真实”排放	2012 年 JSEI	非线性	1	3

注：重置的“真实”排放的排放总量是假设“真实”排放的 2 倍，且研究区域内每个网格的排放是相同的；表中 NO_x 排放不包含来自闪电与土壤的排放。

原始空间分辨率为 0.1°×0.1°的 2012 年 MEIC 被用作长三角地区假设的“真实”排放，将基于更详细点源信息开发的江苏省本地化高精度排放清单(Jiangsu emission inventory，JSEI)作为苏南地区假设的“真实”排放(第 2 章已介绍)。JSEI 中的点源信息主要来自环境统计、污染源普查和重要企业的现场调研等，可获得机组或企业的活动水平、锅炉类型、生产工艺、控制措施效率和经纬度坐标等信息。

为探究初始排放和空间分辨率的影响，不同的排放清单被应用于不同的案例，2015 年和 2012 年 MEIC 分别作为长三角(表 10.5 中案例 1～4)和苏南地区(表 10.5 中案例 5～8)的初始排放。此外，案例 9～10 的初始排放由重置的假设“真实”排放获得，其排放总量是假设“真实”排放的 2 倍，且研究区域内每个网格的排放相同。采用 NMB 和 NME 来表示不同排放的差异。当计算初始排放与假设“真实”排放的 NMB 和 NME 时，初始排放是被比较项，而假设“真实”排放是参考项。

表 10.6 给出了初始排放与假设“真实”排放的差异。可以看出，案例 9 中长三角地区初始排放和假设“真实”排放相对差异与案例 10 中苏南地区初始排放和假设“真实”排放的相对差异相近，即初始排放与假设“真实”排放的 NMB 与 NME 值相似。为探究 NO_x 排放逆向表征方法的可靠性，基于“自上而下” NO_x 排放与假设“真实” NO_x 排放的 NMB 和 NME 来评估 NO_x 逆向表征方法的不确定性。此时“自上而下” NO_x 排放与假设“真实” NO_x 排放分别为被比较项和参考项。

表 10.6　基于“人为合成”卫星观测的案例中初始排放与假设“真实”排放的 NMB 与 NME

案例	网格/km	月份	初始排放	假设真实排放	NMB/%	NME/%
案例 1～8	9	1	2015 年 MEIC	2012 年 MEIC	−12.1	38.7
		7	2015 年 MEIC	2012 年 MEIC	−19.2	37.3
	3	1	2012 年 MEIC	2012 年 JSEI	−10.4	64.1
		7	2012 年 MEIC	2012 年 JSEI	1.1	63.8
案例 9～10	9	1	重置的“真实”排放	2012 年 MEIC	100	187.0
	3	1	重置的“真实”排放	2012 年 JSEI	100	184.0

图 10.11 展示了基于“人为合成”卫星观测方法的案例 1～8 中“自上而下” NO_x 排放与假设“真实” NO_x 排放的差异。整体上，所有案例的 NMB 都小于 6%，说明线性和非线性迭代方法都可以很好地逆向表征 NO_x 排放总量，且表征方法（线性与非线性）与各因素（空间分辨率、初始排放和季节差异）对结果的影响较小。不同的是，大部分案例的 NME 值较大且存在较大差异，表明逆向表征方法和各因素对“自上而下” NO_x 排放的空间分布有重要影响。图 10.12 给出的是 2012 年 1 月 9 km 网格的 D2 模拟区域 MEIC 的 NO_x 排放空间分布和 3 km 网格的 D3 区域江苏省排放清单的 NO_x 排放空间分布。对比图 10.11 和图 10.12 可知，“自上而下”与“自下而上” NO_x 排放的差异主要位于排放较高的地区，如长三角地区中东部和苏南地区中的南京等地。

表 10.7 展示了基于真实卫星观测的案例设置信息。与基于“人为合成”卫星观测方法相似，将 MEIC 和 JSEI 分别作为长三角与苏南地区的初始排放，获得非线性逆向表征方法应用于 1 月和 7 月的案例。此外，基于真实卫星观测的方法探究了卫星观测数据、空气质量模式对“自上而下” NO_x 排放结果的影响。

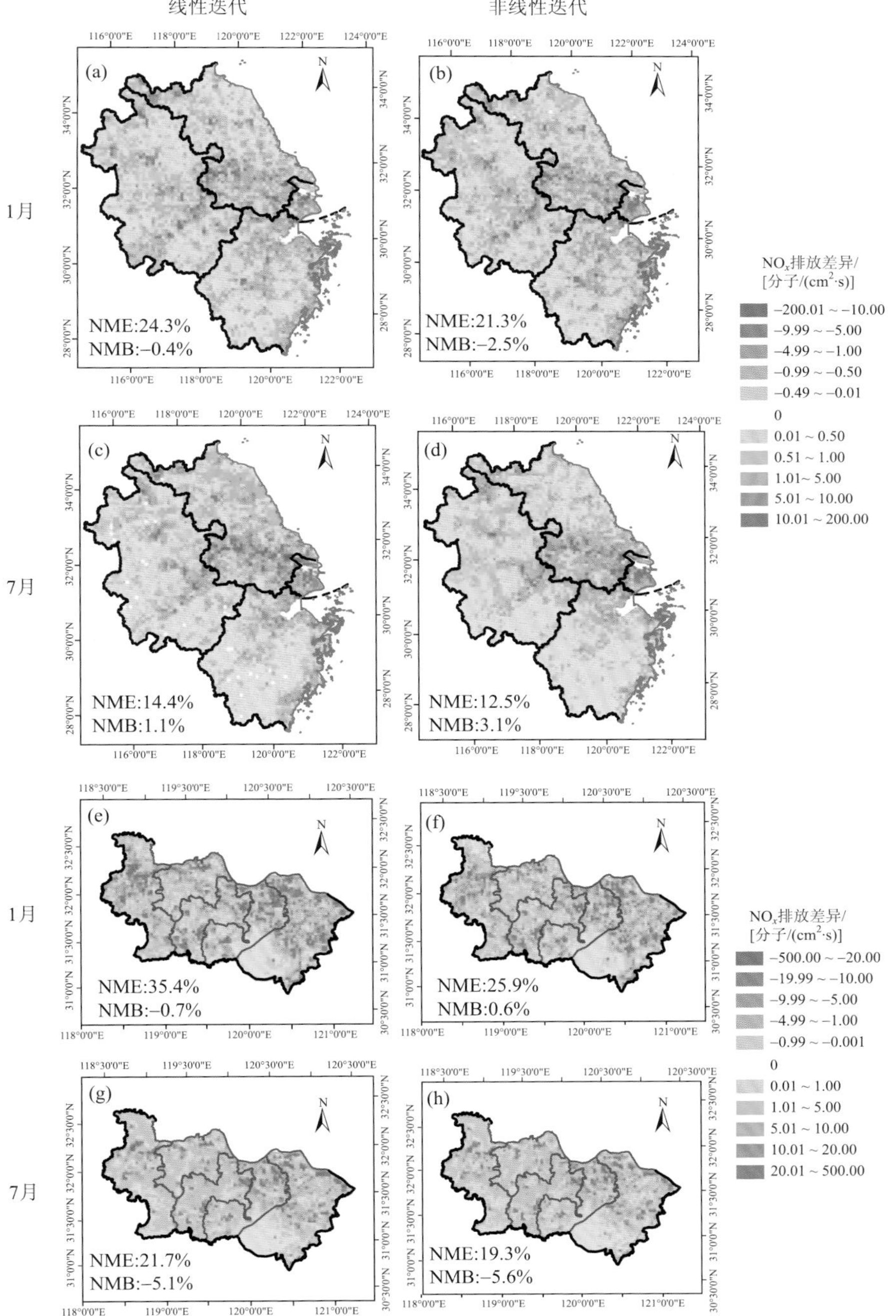

图 10.11　案例 1～8“自上而下”NO_x 排放与假设“真实”NO_x 排放的差异

(a)～(h)对应于案例 1～8

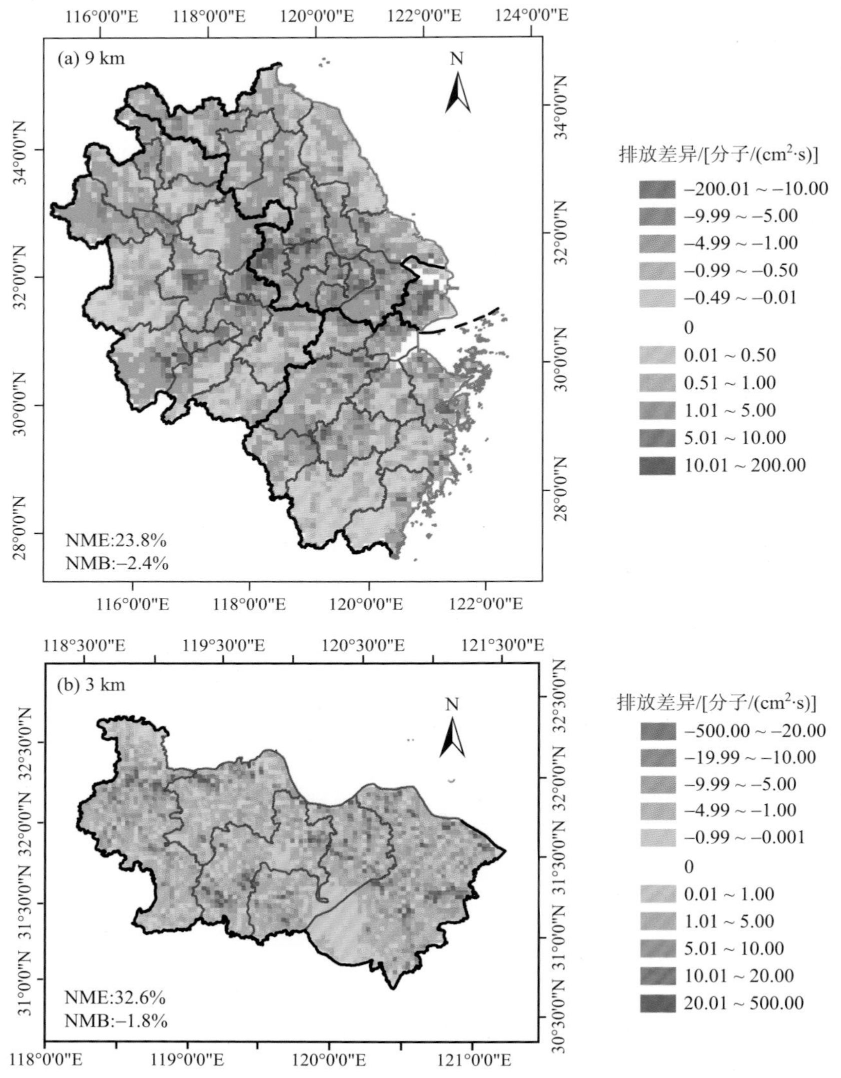

图 10.12　案例 9～10“自上而下”NO_x 排放与假设“真实”NO_x 排放的差异

(a) 和 (b) 分别对应于案例 9 和案例 10

表 10.7　基于真实卫星观测的案例设置信息

案例	初始排放	卫星观测	逆向表征方法	空气质量模式	月份	分辨率/km
案例 1	2012 年 MEIC	POMINO v2	非线性	CMAQ v5.1	1	9
案例 2	2012 年 MEIC	DOMINO v2	非线性	CMAQ v5.1	1	9
案例 3	2012 年 MEIC	POMINO v2 without AKs	非线性	CMAQ v5.1	1	9

续表

案例	初始排放	卫星观测	逆向表征方法	空气质量模式	月份	分辨率/km
案例 4	2012 年 MEIC	POMINO v2	非线性	CMAQ v5.1	7	9
案例 5	2012 年 MEIC	DOMINO v2	非线性	CMAQ v5.1	7	9
案例 6	2012 年 MEIC	POMINO v2 without AKs	非线性	CMAQ v5.1	7	9
案例 7	2012 年 JSEI	POMINO v2	非线性	CMAQ v5.1	1	3
案例 8	2012 年 JSEI	POMINO v2	非线性	CMAQ v5.1	7	3
案例 9	2016 年 JSEI	POMINO v2	非线性	CMAQ v5.1	1	9
案例 10	2016 年 JSEI	POMINO v2	非线性	CMAQ v5.1	7	9
案例 11	2016 年 JSEI	POMINO v2	非线性	CMAQ v4.7.1	1	9
案例 12	2016 年 JSEI	POMINO v2	非线性	CMAQ v4.7.1	7	9

注：表中 NO_x 排放不包含来自闪电与土壤的排放。

两种卫星观测数据 POMINO v2 和 DOMINO v2 用于逆向表征长三角地区的 NO_x 排放。AKs（averaging kernels）提供了被反演的 NO_2 垂直柱浓度与假设“真实” NO_2 垂直廓线的关系，因此，为去除反演的 NO_2 垂直柱浓度中来自初始 NO_2 垂直廓线假设的误差，推荐将 AKs 应用于模式模拟的 NO_2 垂直柱浓度与卫星观测的 NO_2 垂直柱浓度对比。类似地，AKs 也应当应用于 NO_x 排放的逆向表征中。为分析 AKs 对结果的影响，设置了两个没有使用 AKs 的案例（表 10.7 中案例 3 和案例 6），与使用了 AKs 的结果进行对比。基于空气质量模拟与地面 NO_2 观测，对长三角和苏南地区“自下而上”及“自上而下”的 NO_x 排放清单进行评估，以检验“自上而下”的方法能否改善 NO_x 排放。

在模式版本方面，CMAQ v5.1 相比于 CMAQ v4.7.1 在气溶胶化学和气相化学机制方面都做了更新。在气溶胶化学方面，CMAQ v4.7.1 和 CMAQ v5.1 分别使用 AERO5 和 AERO6 气溶胶机制，CMAQ v5.1 中添加了新的气溶胶化学物种和新的二次有机气溶胶（SOA）形成机制；在气相化学方面，CMAQ v4.7.1 和 CMAQ v5.1 都使用了 CB05 机制，但是在 CMAQ v5.1 中更新了 NO_x 相关大气化学反应并新添加了 9 种光化学反应。

10.2.2.2　逆向表征方法

在表 10.5 的所有案例中，基于非线性逆向表征方法获得“自上而下”排放与假设“真实”排放的 NME 均低于基于线性逆向表征方法的结果（图 10.11），说明前者比后者能更好地捕捉 NO_x 排放与 NO_2 垂直柱浓度的响应关系，从而更加合理地表征“自上而下” NO_x 排放。

其中，基于苏南地区 3 km 空间分辨率 1 月的案例 5［图 10.11（e）］NME 最大，达到 35.4%。基于非线性逆向表征与线性逆向表征获得的“自上而下”与假设“真实”排放的 NME 差异最大值出现在苏南地区 3 km 空间分辨率 1 月的案例 5 和案例 6 中[9.5%，图 10.11(e)和(f)]，最小值发生在长三角地区 9 km 空间分辨率的 7 月的案例 3 和案例 4 中[1.9%，图 10.11(c)和(d)]。

10.2.2.3 季节因素

图 10.11 表明，当使用相同的逆向表征方法、初始排放和空间分辨率时，7 月“自上而下”排放校验结果比 1 月更接近假设“真实”排放，因为其与假设“真实”排放的 NME 更小。Cooper 等(2017)发现，在全球尺度(空间分辨率为 2°×2.5°)上，基于非线性逆向表征方法获得的 1 月份“自上而下”NO_x 排放与假设“真实”排放的 NME 大于 7 月的结果。这可能是由于冬季 NO_x 生命周期更长，更容易传输到较远地区，因而很难将一些 NO_x 排放约束到正确的区域。由于夏季长三角地区较高的温度与更强的氧化性，NO_x 会更快地被消解，因此逆向表征结果表现更好。在其他因素相同时，1 月和 7 月 NME 差异的最大值为 13.7%。该结果表明，季节气象因素对 NO_x 逆向表征结果的影响在线性逆向表征方法中更明显，尤其是在更高的空间分辨率情况下。

图 10.13 给出了 2012 年 1 月与 7 月基于线性与非线性逆向表征方法的长三角地区“自上而下”NO_x 排放与假设“真实”排放的 NME 随迭代次数的变化(表 10.5，案例 5～8)。7 月基于线性逆向表征方法和非线性逆向表征方法获得的 NME 在迭

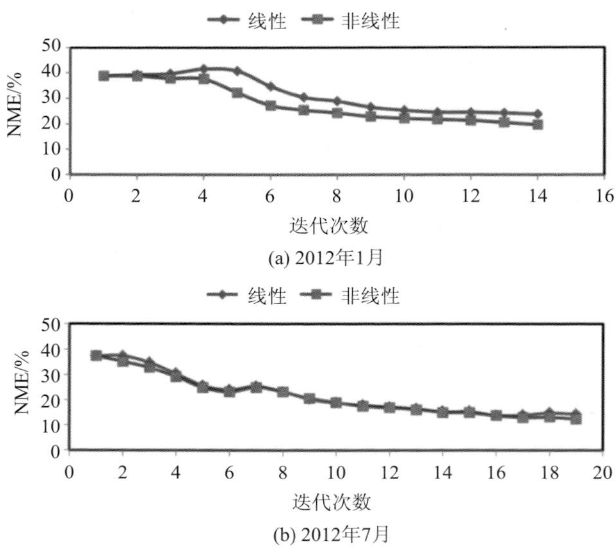

图 10.13　随逆向表征迭代次数的增加“自上而下”NO_x 排放与假设“真实”排放的 NME 的变化

代中的平均差异为 0.8%，明显小于 1 月的结果(4.1%)。这是由于 NO_x 排放与 NO_2 垂直柱浓度的关系在 NO_2 垂直柱浓度较小的时候接近于线性，因此逆向表征方法的影响在夏季较小。

10.2.2.4　空间分辨率和初始排放

将其他影响因素固定，基于 9 km 空间分辨率[图 10.12(a)]的 NME 要小于基于 3 km 空间分辨率[图 10.12(b)]的结果(表 10.5，案例 9～10)，这意味着基于较低空间分辨率的“自上而下” NO_x 排放结果可能更加可靠。Cooper 等(2017)在全球尺度发现了类似的结果，当同时使用非线性逆向表征方法时，1 月份基于 4°×5° 空间分辨率的“自上而下” NO_x 排放要好于基于 2°×2.5°空间分辨率的结果。当使用更高空间分辨率时，更多的 NO_x 排放会传输到周围邻近的网格中，导致 NO_x 排放逆向表征结果出现更大的误差。

在季节和空间分辨率相同的情况下，图 10.12 中所有案例的 NME 都高于图 10.11 中对应案例的结果；其中 NME 最高增加了 6.7%，发生在冬季 3 km 空间分辨率的案例 10 和案例 6 中[图 10.12(b)和图 10.11(f)]。这意味着初始排放对逆向表征结果的影响也需被考虑，基于详细源排放信息对“自下而上” NO_x 排放清单的改进也能够优化排放逆向表征结果，尤其是在相对更高的空间分辨率情况下。

值得注意的是，案例 9～10 中初始排放与假设“真实”排放的平均 NME 高于案例 2 和案例 6 的 2.6 倍(表 10.6)，而对应的“自上而下”排放与假设“真实”排放的 NME 仅比案例 2 和案例 6 高 20%[图 10.12(a)和(b)；图 10.11(b)和(f)]。该结果说明逆向表征方法可以有效降低初始排放和假设“真实”排放的误差。初始排放的准确性是高分辨率空气质量模拟的难点，因此需要收集更详细的排放源活动信息以改善“自下而上”排放清单。

10.2.2.5　卫星观测数据

基于非线性逆向表征方法和两种卫星观测数据(POMINO v2 和 DOMINO v2)逆向表征长三角地区 9 km 空间分辨率 2012 年 1 月和 7 月的 NO_x 排放。1 月和 7 月两份“自上而下” NO_x 排放的 NME 分别为 182.0%和 99.1%(表 10.7 案例 1 和案例 2，案例 4 和案例 5；图 10.14)；而两份卫星观测的 NO_2 垂直柱浓度的 NME(DOMINO v2 和 POMINO v2)在 1 月和 7 月分别为 48.9%和 25.8%(图 10.15)。

该结果表明，在夏季和冬季都需要慎重考虑卫星观测数据对逆向表征结果的影响，选择合适的卫星观测数据对于 NO_x 排放逆向表征结果非常重要。具体来说，1 月的 NMB 和 NME 都要明显高于 7 月，这意味着卫星观测数据的选取对于冬季的 NO_x 排放逆向表征更加重要。POMINO v2 在气溶胶光学性质对 NO_2 垂直柱浓度反演结果影响方面有重要改进，而冬季的气溶胶浓度明显高于夏季。基于

DOMINO v2 和 POMINO v2 卫星观测获得的“自上而下”NO_x 排放的 NMB 在 7 月仅为 0.5%[图 10.14(b)]，这意味着卫星观测数据对于夏季逆向表征的 NO_x 排放总量的影响较小。在空间分布差异方面，基于 DOMINO v2 的“自上而下”NO_x 排放在江苏东南部高于基于 POMINO v2 的结果，而在长三角中东部低于 POMINO v2 的结果。这主要是由 DOMINO v2 和 POMINO v2 的 NO_2 垂直柱浓度空间分布差异引起的，如图 10.15 所示。

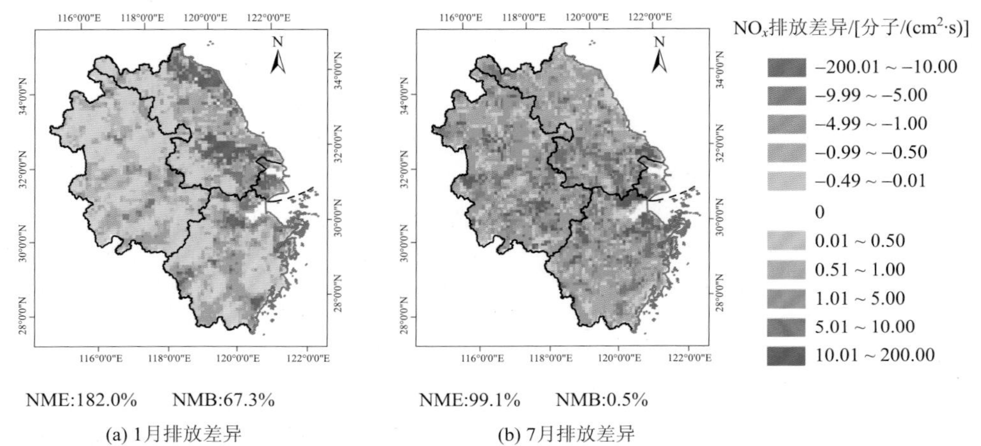

图 10.14　基于 DOMINO v2 和 POMINO v2 卫星观测数据逆向表征获得的“自上而下”长三角地区 NO_x 排放差异(DOMINO v2–POMINO v2)

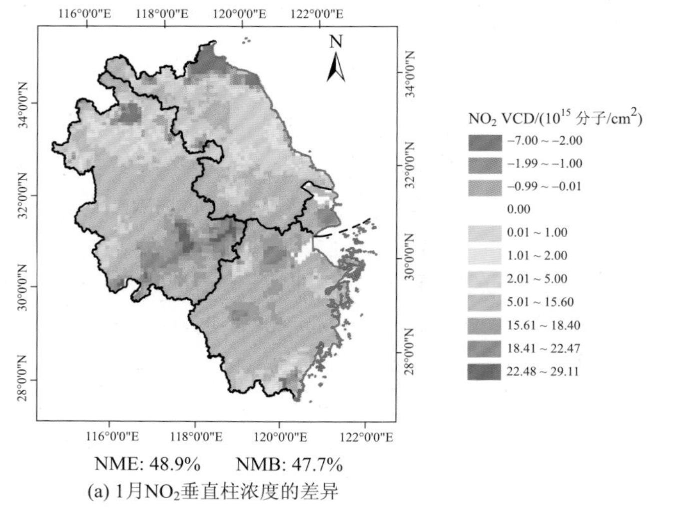

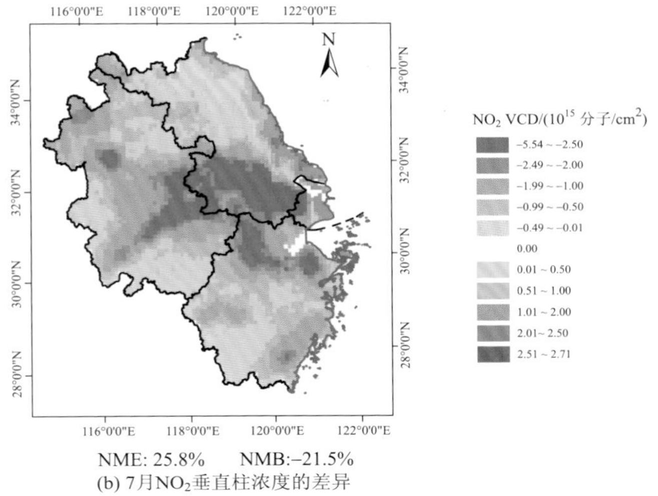

(b) 7月NO_2垂直柱浓度的差异

图 10.15　基于 DOMINO v2 和 POMINO v2 卫星观测数据获得 2012 年 1 月与 7 月长三角地区 NO_2 垂直柱浓度的差异(DOMINO v2–POMINO v2)

10.2.2.6　AKs

图 10.16 给出了基于非线性逆向表征方法和 POMINO v2 卫星观测数据，分别使用和不使用 AKs 获得的长三角地区 9 km 空间分辨率的“自上而下”NO_x 排放差异(不使用 AKs–使用 AKs)。两份“自上而下”NO_x 排放的 NME 在 1 月(表 10.7 案例 1 和案例 3)和 7 月(表 10.7 案例 4 和案例 6)分别为 38.7%和 49.7%，这说明

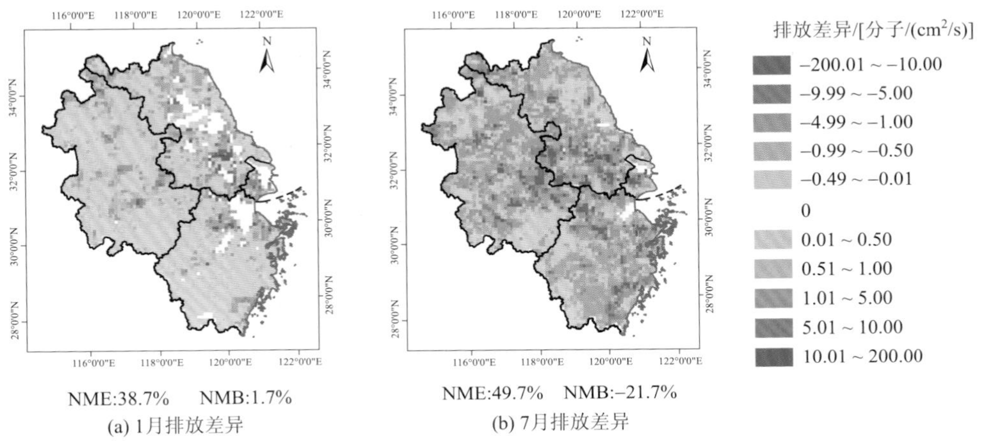

(a) 1月排放差异　(b) 7月排放差异

图 10.16　使用 AKs 和不使用 AKs(不使用 AKs–使用 AKs)逆向表征获得的长三角地区 2012 年 1 月和 7 月 NO_x 排放差异

AKs 对 NO_x 排放校验结果的影响在夏季和冬季都应得到重视。7 月的 NMB 和 NME 都高于 1 月的结果，这意味着 AKs 对夏季 NO_x 排放校验的影响要高于冬季。Boersma 等(2016)在欧洲发现了类似的结果，AKs 对夏季模拟和观测的 NO_2 垂直柱浓度对比结果的影响大于冬季。

本书中，较大的差异主要发现在长三角中东部的 NO_x 排放高值区。因为初始 NO_2 浓度垂直廓线对高排放区域的 NO_2 垂直柱浓度的反演结果影响更大，AKs 在该地区的应用可以更有效地降低来自初始 NO_2 浓度垂直廓线的影响。

10.2.2.7 空气质量模式

空气质量模式是 NO_x 排放逆向表征与模拟评估的重要工具，因此其不确定性会对结果的可靠性产生重要影响。对比分析基于不同版本空气质量模式获得的“自下而上”排放模拟结果、NO_x 排放逆向表征结果及“自上而下”NO_x 排放模拟评估结果，可以定量评估空气质量模式优化对 NO_x 排放逆向表征与模拟评估结果的影响。本书对比了 CMAQ v4.7.1 和 CMAQ v5.1 的结果。

为基于真实卫星观测探究模式改进对 NO_x 排放逆向表征结果的影响，我们利用 POMINO 卫星观测和不同模式(CMAQ v4.7.1 和 CMAQ v5.1)逆向表征 2016 年 1 月和 7 月长三角地区 NO_x 的排放。图 10.17 给出了长三角 2016 年 1 月(表 10.7 案例 9 和案例 11)和 7 月(表 10.7 案例 10 和案例 12)基于不同模式(CMAQ v4.7.1 和 CMAQ v5.1)获得的“自上而下”NO_x 排放空间分布差异(CMAQ v4.7.1–CMAQ v5.1)。

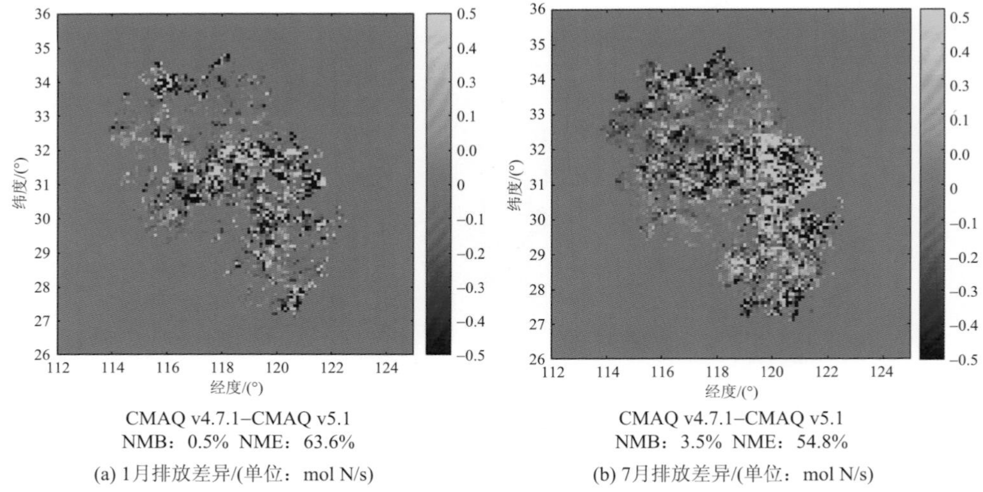

(a) 1月排放差异/(单位：mol N/s)　(b) 7月排放差异/(单位：mol N/s)

图 10.17　2016 年 1 月和 7 月长三角地区基于真实卫星观测和不同模式获得“自上而下”NO_x 排放的空间分布差异

1 月份基于 CMAQ v4.7.1 和 CMAQ v5.1 获得的“自上而下”NO_x 排放的 NMB 和 NME 分别为 0.5%和 63.6%；对应 7 月份的结果（案例 10 和案例 12）分别为 3.5%和 54.8%。基于真实卫星观测和不同模式获得的 1 月和 7 月“自上而下”NO_x 排放总量差异都很小，这意味着模式的优化对于基于真实卫星观测逆向表征的 NO_x 排放总量的影响不大。但是，基于真实卫星观测和不同模式获得的 1 月和 7 月“自上而下”NO_x 排放在空间分布上具有较大差异，这说明模式的改进对于逆向表征的 NO_x 排放空间分布有显著影响。此外，1 月和 7 月两者 NO_x 排放差异的高值区都位于长三角中东部地区，说明模式改进对排放高值区的影响更大。

10.3　“自下而上”与“自上而下”NO_x 排放对比

在充分评估不同因素对 NO_x 排放校验影响的基础上，我们基于 POMINO 卫星观测数据，使用非线性逆向表征法和 CMAQ v5.1“自上而下”校验 2016 年 1 月、4 月、7 月和 10 月长三角地区 NO_x 排放量，并与“自下而上”的排放清单（MEIC）进行了对比，结果如图 10.18 所示。“自上而下”NO_x 月均排放为 260.0 Gg，其中排放量最低的是 1 月份，为 204.8 Gg，主要是因为春节前许多企业停产减少了排放；最高的是 10 月份，为 313.8 Gg，这可能是由于 2016 年 G20（Group 20）峰会结束后长三角地区排放出现了反弹。四个月“自上而下”NO_x 排放量平均比“自下而上”排放量低 23.8%，“自下而上”NO_x 排放清单可能在四个季节都存在高估。主要原因可能是长三角地区已逐步推行的大量污染物排放控制措施的减排成效尚未充分体现在“自下而上”排放清单中。

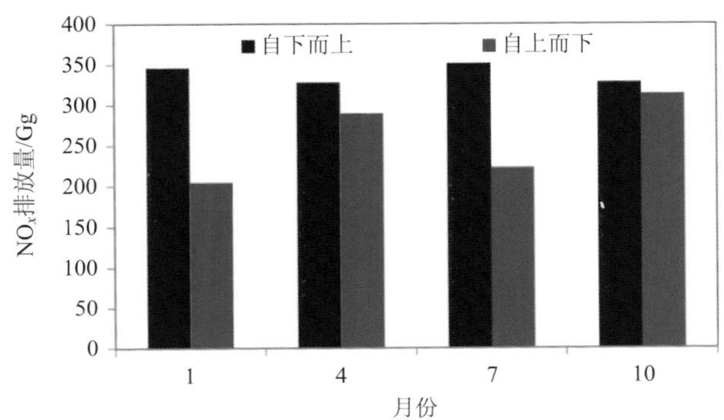

图 10.18　2016 年 1 月、4 月、7 月和 10 月长三角地区“自下而上”与“自上而下”NO_x 排放量对比

图 10.19 给出了 2016 年 1 月、4 月、7 月和 10 月长三角地区“自上而下”与“自下而上”NO_x 排放的空间分布差异。2016 年“自下而上”NO_x 排放主要在 NO_x

排放高值区(长三角中东部)存在高估，而在浙江省南部地区存在低估。造成长三角中东部地区排放高估的主要原因可能是在“自下而上”排放清单中没有充分考虑排放高值区的污染源控制措施；而浙江省南部地区排放被低估的主要原因可能是部分排放源被遗漏和使用了不合适的空间分配因子。

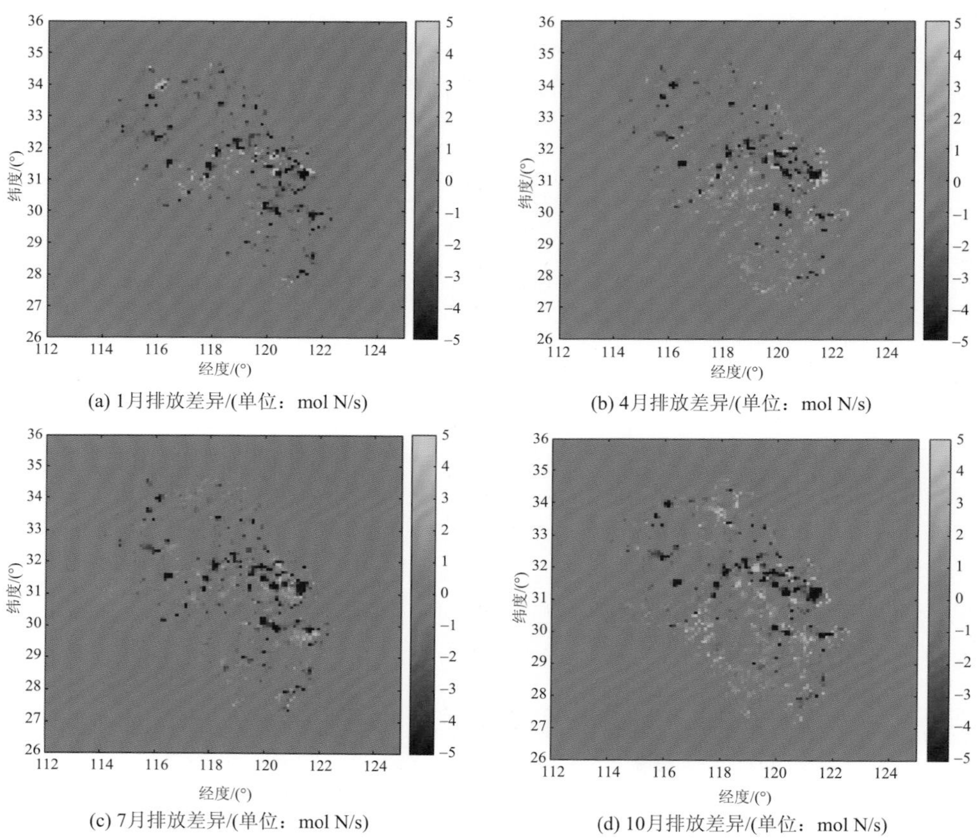

(a) 1月排放差异/(单位：mol N/s)

(b) 4月排放差异/(单位：mol N/s)

(c) 7月排放差异/(单位：mol N/s)

(d) 10月排放差异/(单位：mol N/s)

图 10.19　2016 年 1 月、4 月、7 月和 10 月长三角地区“自下而上”与“自上而下”NO_x 排放的空间分布差异

10.4　NO_x 排放表征改进对区域空气质量模拟的影响

10.4.1　排放优化对区域 NO_2 模拟效果的影响

基于空气质量模式和地面 NO_2 观测模拟数据评估了 2016 年 1 月、4 月、7 月和 10 月“自下而上”、“自上而下”和“集成”的 NO_x 排放清单，相应的 NO_2 逐

时浓度模拟与观测结果对比如图 10.20 所示。其中，地面 NO_2 观测数据来自长三角地区的 230 个国控监测站点；“集成” NO_x 排放总量来自“自下而上” NO_x 排放清单，而空间分布来自“自上而下” NO_x 排放校验结果。基于“自下而上”排放清单的 4 个月份的 NO_2 模拟结果均高于观测，再次说明其在所有季节都存在排放高估的情况。

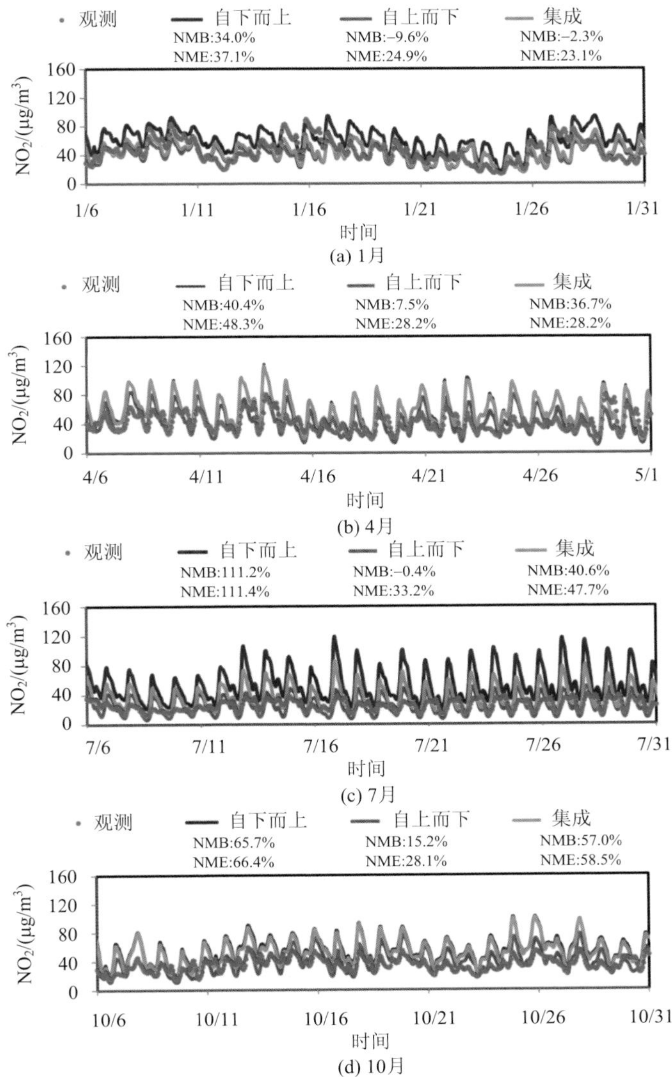

图 10.20　2016 年长三角地区 1 月、4 月、7 月和 10 月基于“自下而上”、“自上而下”和“集成” NO_x 排放清单的 NO_2 逐时模拟浓度与观测结果对比

2016 年基于“自上而下”NO_x 排放清单的 NO_2 模拟结果明显优于“自下而上”排放清单的结果，平均 NMB 和 NME 分别为 3.2%和 28.6%，证明基于卫星观测进行逆向表征可以有效改进对长三角地区 NO_x 排放的估计。NMB 与 NME 改善最大的月份是 7 月，一方面是由于逆向表征对 7 月 NO_x 排放量的改变幅度最大，另一方面是由于夏季 NO_2 浓度对 NO_x 排放变化的敏感性要高于其他季节。虽然 4 月和 10 月的 NO_x 排放总量变化不大，但是其模拟结果也有相当幅度的改善，这主要是由于 NO_2 观测站点没有均匀地覆盖长三角地区，且 NO_2 浓度较高的观测站点所在区域(长三角中东部区域)的 NO_x 排放估计有着更明显的改善。

4 月和 10 月基于“自上而下”NO_x 排放清单的 NO_2 浓度模拟与观测之间的 NMB 分别为 7.5%和 15.2%，说明仍存在一定程度的排放高估，这主要可能是来自卫星观测的不确定性。基于“集成”排放的模式表现在大部分月份都优于“自下而上”排放的模拟结果，而差于“自上而下”NO_x 排放的模拟表现，这说明只优化“自下而上”NO_x 排放的总量对模拟结果的改善较为有限。

分别将 2016 年长三角地区所有站点基于“自下而上”、“自上而下”和“集成”NO_x 排放清单的 NO_2 年均模拟浓度(1 月、4 月、7 月和 10 月结果平均)与观测结果进行相关性拟合，结果如图 10.21 所示。基于“自上而下”NO_x 排放清单的模拟结果与观测拟合的斜率为 0.99，说明 2016 年长三角地区“自上而下”NO_x 排放总量接近于实际排放水平。三者模拟结果与观测结果拟合的相关系数相近，说明“自上而下”方法并没有很好地改善长三角地区 NO_x 排放的空间分布。这主要是由于两方面原因，一方面逆向表征方法对“自上而下”NO_x 排放空间分布的表征仍具有一定的不确定性，逆向表征方法带来的空间分布不确定性可达 12.5%～35.4%(见图 10.11 与图 10.12)；另一方面，NO_2 卫星观测数据也存在一定的不确定性：与可获得的地面观测数据相比，POMINO v2 的 NO_2 垂直柱浓度在无云情况下的误差可达 21.8%(Liu et al.，2019)。此外，“自下而上”NO_x 排放量比“自上而下”排放量高 30%，而基于“自下而上”NO_x 排放模拟的 NO_2 浓度与观测结果的斜率为 1.57，即模拟结果高估了 57%，这意味着模拟浓度高估的程度大于排放高估的程度。造成这种情况的原因主要是本书使用的 NO_2 观测数据站点主要位于城区，无法全面反映和检验整个长三角地区(包括城区、郊区和偏远地区)的排放分布情况。

图 10.22 给出了 2016 年 1 月、4 月、7 月和 10 月长三角地区基于“自上而下”NO_x 排放的 NO_2 模拟浓度空间分布及基于“自上而下”与“自下而上”NO_x 排放的 NO_2 模拟浓度空间分布差异(“自上而下”–“自下而上”)。4 个月份的“自上而下”排放模拟结果高值区都位于长三角地区的中东部，这主要是由于该地区是“自上而下”NO_x 排放的高值区。此外，“自上而下”NO_x 排放模拟的 NO_2 浓度降低较多的区域通常位于长三角中东部地区，而 NO_2 浓度增加的地区主要位于浙江

省中南部，这与 NO_x 排放的空间分布变化较为一致。

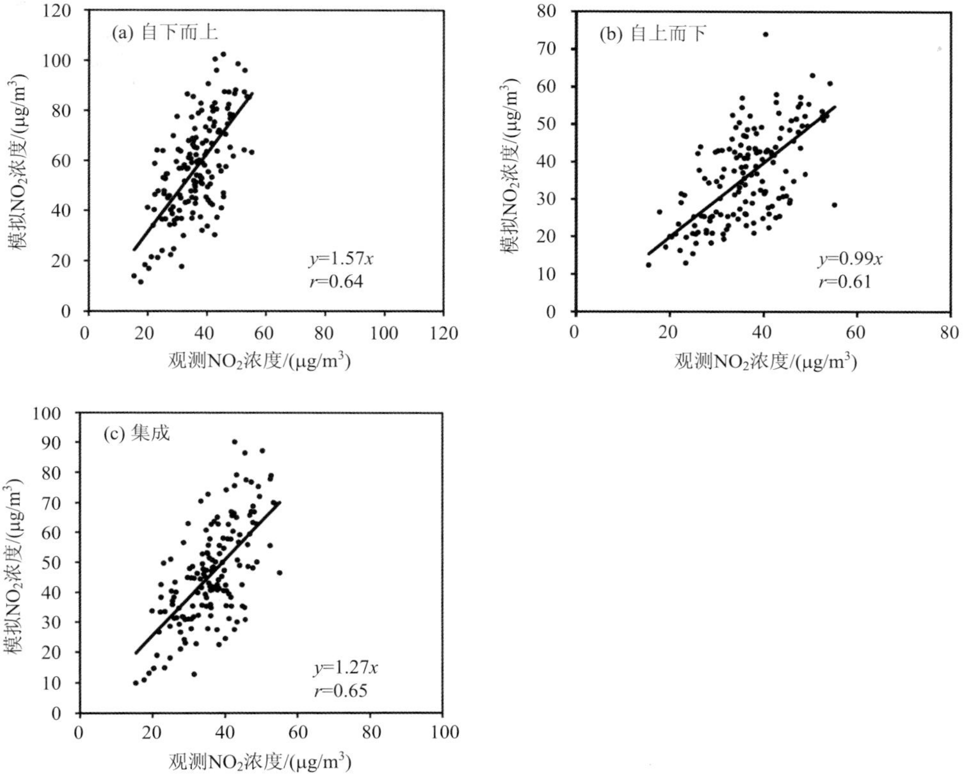

图 10.21　2016 年长三角地区基于“自下而上”、“自上而下”和“集成” NO_x 排放清单的 NO_2 年均(1 月、4 月、7 月和 10 月结果平均)模拟浓度与观测结果对比

10.4.2　排放优化对区域 O_3 与 SNA 组分模拟效果的影响

10.4.2.1　长三角地区 O_3 模拟评估

基于地面 O_3 浓度评估 2016 年 1 月、4 月、7 月和 10 月长三角地区“自下而上”和“自上而下” NO_x 排放清单的 O_3 逐时模拟结果，如图 10.23 所示。总体来看，基于“自上而下” NO_x 排放清单的 O_3 模拟表现在大部分月份优于基于“自下而上”排放的模拟结果，说明对 NO_x 排放清单的优化也可以有效改善 O_3 的模拟表现。其中，1 月份的 O_3 模拟结果改善最明显，其 NMB 和 NME 分别从–43.9%和 48.8%降至 12.8%和 40.0%，主要是由于冬季对 NO_x 排放有较大程度的改进。基于“自上而下” NO_x 排放模拟的 O_3 的 NMB 与 NME 在 7 月有所增加，可能是

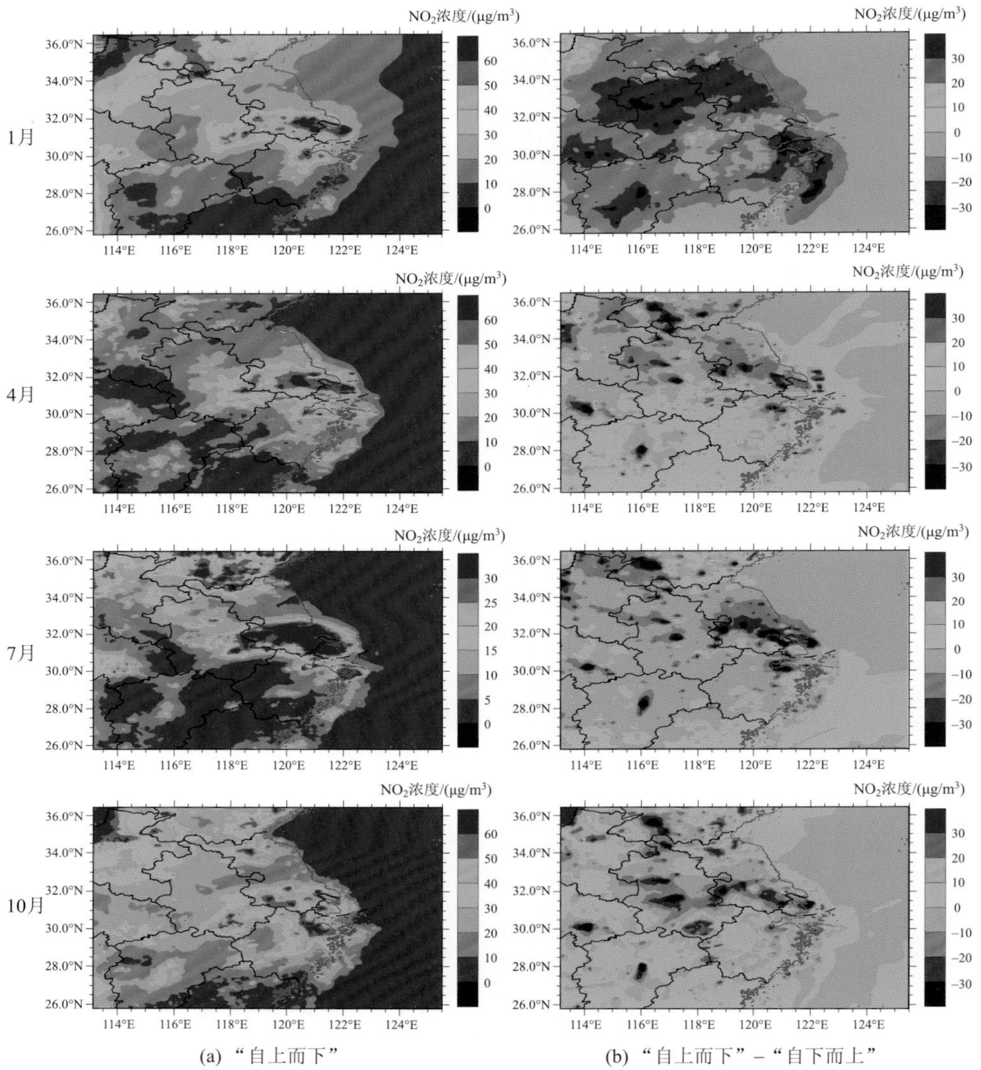

(a) “自上而下”　　(b) “自上而下” – “自下而上”

图 10.22　2016 年 1 月、4 月、7 月和 10 月长三角地区基于“自上而下” NO_x 排放清单的 NO_2 模拟浓度空间分布及基于“自上而下”与“自下而上”排放清单的 NO_2 模拟浓度空间分布差异

因为 O_3 模拟结果的误差不仅与 NO_x 排放的不确定性有关，还与挥发性有机物(VOC)排放清单和空气质量模式化学机制的不确定性有关。Li 等(2019)认为，由于在估算时未考虑干旱对天然源 VOC 排放的影响，长三角天然源 VOC 排放在夏天可能被高估了 121%。Li 等(2019)发现，不同空气质量模式对 O_3 模拟结果的差异在夏季最大，意味着模式中的 O_3 化学机制差异对夏季影响程度最高。

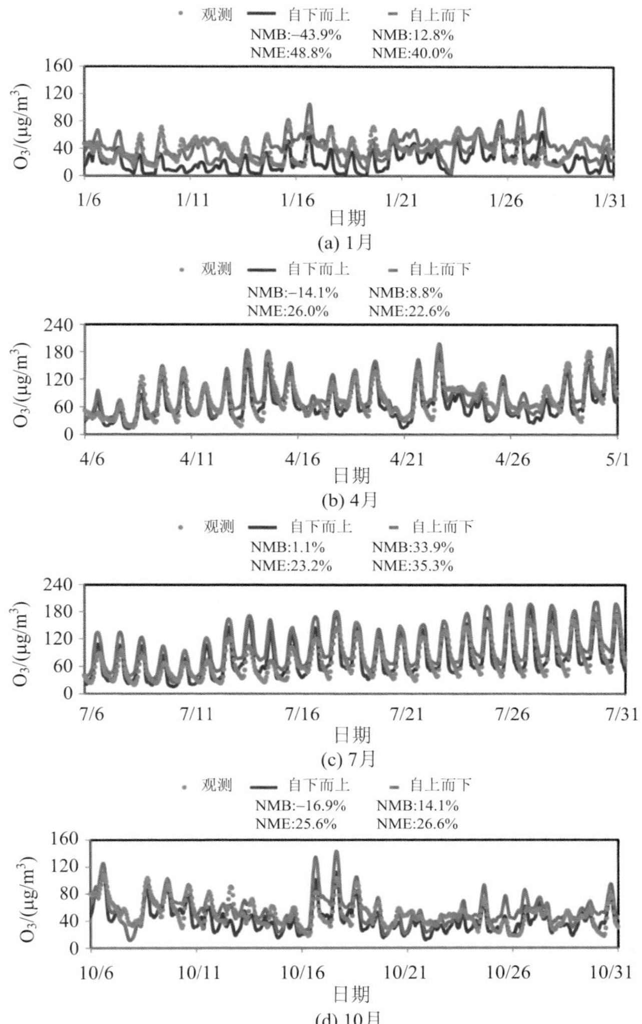

图 10.23　2016 年 1 月、4 月、7 月和 10 月长三角地区基于“自下而上”与“自上而下”NO_x 排放清单的 O_3 逐时浓度模拟与观测结果对比

对比分析 2016 年 1 月、4 月、7 月和 10 月长三角地区基于“自上而下”与“自下而上”NO_x 排放的 O_3 最大 8 小时模拟结果与观测结果，如表 10.8 所示。基于“自上而下”NO_x 排放模拟的大部分月份 O_3 最大 8 小时浓度比基于“自下而上”排放模拟结果更接近观测值，说明 NO_x 排放优化也有利于对白天高 O_3 浓度时段模拟结果的改善。与 24 小时模拟结果类似，1 月份的 O_3 最大 8 小时模拟结果改善最明显，NMB 和 NME 分别从–34.8%和 38.6%下降至 11.3%和 27.7%。4 月和 10 月 O_3 最大 8 小时模拟结果的改善程度要高于 24 小时模拟结果，表明春季和秋

季“自上而下”优化 NO_x 排放对一天中 O_3 浓度较高时段的模拟更有利。基于 4 个月的“自上而下”NO_x 排放模拟的 O_3 最大 8 小时浓度都高于“自下而上”NO_x 排放的模拟结果，可能是由于长三角地区主要位于 VOC 控制区，而“自上而下”NO_x 排放量低于“自下而上”排放量，有助于提升 O_3 模拟浓度。综上所述，NO_x 排放的优化显著改善了长三角地区大部分月份 O_3 模拟结果，这为基于空气质量模拟分析该地区 O_3 污染的成因和控制方法提供了更可靠的排放源信息。

表 10.8 2016 年 1 月、4 月、7 月和 10 月基于“自上而下”与“自下而上”NO_x 排放的 O_3 最大 8 小时模拟结果与观测对比

月份	排放	观测/(μg/m³)	模拟/(μg/m³)	NMB/%	NME/%
1	“自下而上”	50.6	33.0	–34.8	38.6
	“自上而下”		56.3	11.3	27.7
4	“自下而上”	101.5	87.2	–14.1	20.2
	“自上而下”		108.5	6.9	16.1
7	“自下而上”	107.4	117.3	9.2	15.7
	“自上而下”		140.7	31.0	31.0
10	“自下而上”	65.9	53.9	–18.3	23.2
	“自上而下”		73.4	11.3	21.7

图 10.24 展示了 2016 年 1 月、4 月、7 月和 10 月长三角地区基于“自上而下”NO_x 排放的 O_3 模拟浓度空间分布及基于“自上而下”与“自下而上”NO_x 排放的 O_3 模拟浓度的空间分布差异(“自上而下”–“自下而上”)。与 NO_2 模拟结果不同，大部分月份的 O_3 低值区位于长三角中部地区，这是由于该地区是 NO_2 浓度高值区，较高的 NO_2 浓度抑制了 O_3 的生成。值得注意的是，7 月的 O_3 浓度高值区位于长三角中东部地区，这可能是由于该地区夏季 VOC 排放要高于其他季节，促进了该地区的 O_3 产生。与 NO_2 模拟浓度差异相似，基于“自上而下”和“自下而上”NO_x 排放的 O_3 模拟浓度空间分布差异的高值区主要位于长三角东部地区，这是因为较高的 NO_2 浓度差异引起了更明显的 O_3 浓度变化。“自上而下”的 NO_x 排放低于“自下而上”结果，促使 VOC 限制区 O_3 模拟浓度升高。

10.4.2.2 长三角地区 SNA 组分模拟评估

表 10.9 给出了 2016 年长三角地区不同城市四个季节基于“自下而上”与“自上而下”NO_x 排放的 NO_3^-、NH_4^+ 和 SO_4^{2-} (sulfate+nitrate+ammonium，SNA) 模拟浓度与观测值。南京大学仙林校区和江苏省环境科学研究院的观测数据来自气溶胶在线离子分析仪的测量结果，其他站点数据来自文献调研(详见表后备注)。观测和模拟的 SNA 浓度均呈现冬春季高、夏秋季低的结果。基于“自上而下”NO_x

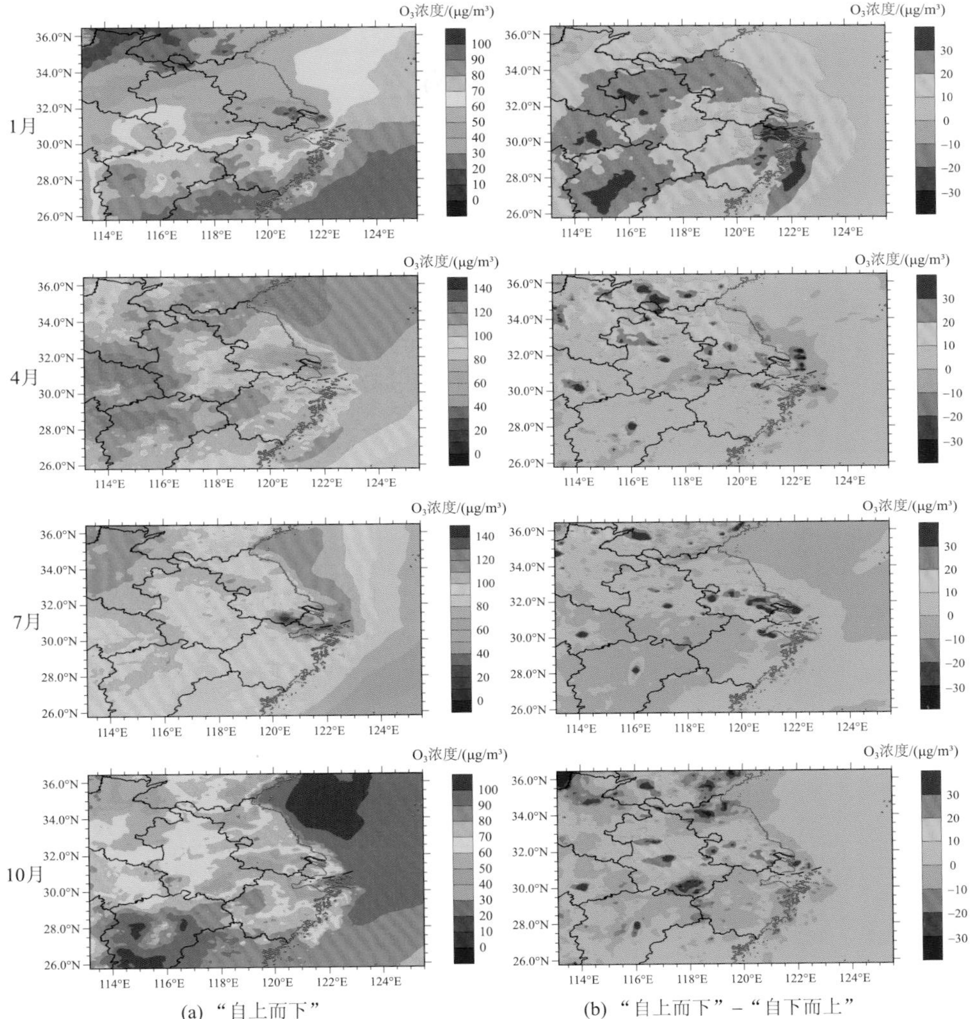

(a) “自上而下” (b) “自上而下” – “自下而上”

图 10.24 2016 年 1 月、4 月、7 月和 10 月长三角地区基于“自上而下” NO_x 排放的 O_3 模拟浓度空间分布及基于“自上而下”与“自下而上” NO_x 排放的 O_3 模拟浓度空间分布差异

排放模拟的大部分季节所有城市的 NO_3^- 平均浓度与观测值更接近，意味着“自上而下” NO_x 排放的改进有利于改善长三角地区 NO_3^- 的模拟结果。夏季的 NO_3^- 模拟结果改善程度最大，模拟与观测值的差异下降了 35%，主要是由于夏季 NO_x 排放的优化幅度最大。

多数城市大部分季节基于“自上而下”排放的 NO_3^- 模拟结果不变或者有所改善；得益于对夏季 NO_x 排放估计的显著改进，所有城市夏季的 NO_3^- 模拟浓度都有所改善。对于 NH_4^+，所有城市基于“自上而下”排放的平均模拟浓度在大部分季

表 10.9　2016 年长三角地区不同城市春夏秋冬“自下而上”与“自上而下”NO_x 排放的 SNA 模拟与观测值对比　（单位：$\mu g/m^3$）

项目	春季			夏季			秋季			冬季		
	NO_3^-	NH_4^+	SO_4^{2-}	NO_3^-	NH_4^+	SO_4^{2-}	NO_3^-	NH_4^+	SO_4^{2-}	NO_3^-	NH_4^+	SO_4^{2-}
南京 [a]	19.1	16.5	12.7	5.7	9.2	10.5	10.3	6.1	9.7	31.1	16.5	20.3
CMAQ(BU)	20.7	8.5	12.0	14.4	6.0	9.1	10.9	5.0	9.0	25.6	9.2	12.8
CMAQ(TD)	22.3	9.0	12.2	11.8	5.4	9.5	11.6	5.2	9.1	26.2	9.4	12.8
南京 [b]	14.1	8.6	13.2	7.5	6.6	11.5	8.8	5.2	8.3	23.0	13.4	15.7
CMAQ(BU)	18.5	7.3	8.0	12.2	4.3	5.2	9.2	4.0	5.4	23.6	8.7	10.9
CMAQ(TD)	18.0	7.0	7.4	8.3	3.7	5.0	9.8	4.2	5.4	23.6	8.8	10.1
南京 [c]	16.9	11.0	15.9	6.8	7.1	13.1				20.9	14.3	16.8
CMAQ(BU)	20.0	7.9	9.9	14.0	5.8	7.5				24.3	9.0	11.3
CMAQ(TD)	21.8	8.5	9.9	11.8	5.3	7.8				24.6	9.1	11.3
杭州 [d]	19.9	6.6	19.9	1.9	2.8	6.2	12.7	8.3	13.3	25.3	6.6	19.5
CMAQ(BU)	14.1	5.7	8.8	5.0	1.5	2.1	8.3	3.6	6.5	18.5	6.6	9.1
CMAQ(TD)	16.0	6.3	8.6	3.7	1.3	2.8	9.2	3.9	6.6	19.9	6.8	8.9
常州 [e]				5.1	5.1	10.9				20.4	11.8	10.9
CMAQ(BU)				11.6	4.9	7.1				23.1	9.1	11.3
CMAQ(TD)				10.7	5.0	7.3				23.1	9.1	11.3
苏州 [f]	17.8	10.2	14.7	7.9	8.0	14.9	14.2	9.0	13.1	23.2	12.5	15.1
CMAQ(BU)	14.5	6.0	7.1	13.3	5.3	7.1	6.2	2.9	6.3	19.6	7.8	11.7
CMAQ(TD)	15.5	6.3	7.1	11.7	5.0	7.7	6.9	3.0	6.3	19.9	7.9	11.7
平均	17.6	10.6	15.3	5.8	6.5	11.2	11.5	7.1	11.1	24.0	12.5	16.4
平均(BU)	17.6	7.1	9.1	11.7	4.6	6.3	8.7	3.9	6.8	22.5	8.4	11.2
平均(TD)	18.7	7.4	9.1	9.7	4.3	6.7	9.4	4.1	6.8	22.9	8.5	11.0

注：a，观测数据来自江苏省环境科学研究院站点；b，观测数据来自南京大学仙林校区站点；c，观测数据来自南京信息工程大学站点，采样时段是 2016 年(张园园，2017)；d，观测数据来自杭州市，采样时段是 2015.08～2016.07(李正，2018)；e，观测数据来自常州市，采样时段是 2016.07～2016.08 和 2017.01～2017.02(刘佳澍等，2018)；f，观测数据来自苏州市，采样时段是 2015 年(王念飞，2017)；BU 和 TD 分别表示“自下而上”和“自上而下”。

节与观测值更为接近，说明对 NH_4^+ 浓度的模拟同样因 NO_x 排放优化而有所改善。一方面，NO_2 模拟结果的优化改进了 NH_4NO_3 模拟；另一方面，O_3 模拟结果的改善更好地表征了大气化学活性，进而改善了二次 NH_4^+ 的模拟。值得注意的是，NH_4^+ 模拟浓度平均改进了 2.3%，远小于 NO_3^- 的改变幅度(14.4%)。基于“自上而下”和“自下而上”NO_x 排放模拟的 SO_4^{2-} 差异在大部分月份小于 1.6%，说明 NO_x 排放优化对 SO_4^{2-} 模拟结果的影响有限；但夏季 SO_4^{2-} 的模拟平均浓度变化可达 5%。

图 10.25 给出了 2016 年 1 月、4 月、7 月和 10 月基于“自上而下”与“自下而上” NO_x 排放的 NO_3^- 、 NH_4^+ 和 SO_4^{2-} 的模拟浓度空间分布差异（“自上而下” − “自下而上”）。整体上，所有季节的 NO_3^- 模拟浓度的差异要明显高于 NH_4^+ 和 SO_4^{2-}，主要是由于 NO_x 排放优化对 NO_3^- 的模拟浓度影响最大。1 月 NO_3^- 模拟浓度的空间分布差异与 O_3 相似，较高的增长主要集中于安徽北部和浙江东部。这表明冬季 NO_3^- 模拟浓度的改变主要是由 O_3 浓度的变化造成的。7 月 NO_3^- 模拟浓度差异的空间分布与 NO_2 相似，较大幅度的减少主要集中于长三角北部。这意味着夏季 NO_3^- 模拟浓度的差异主要是由于 NO_2 浓度变化的影响。4 月和 10 月 NO_3^- 模拟浓度差异的空间分布与 NO_2 和 O_3 都不相同， NO_3^- 模拟浓度在长三角大部分地区都增加了，这主要由 NO_2 和 O_3 浓度变化共同决定。四个月份的 NH_4^+ 浓度变化的空间分布与 NO_3^- 一致，表明 NH_4^+ 浓度变化主要受 NH_4NO_3 浓度改变的影响。

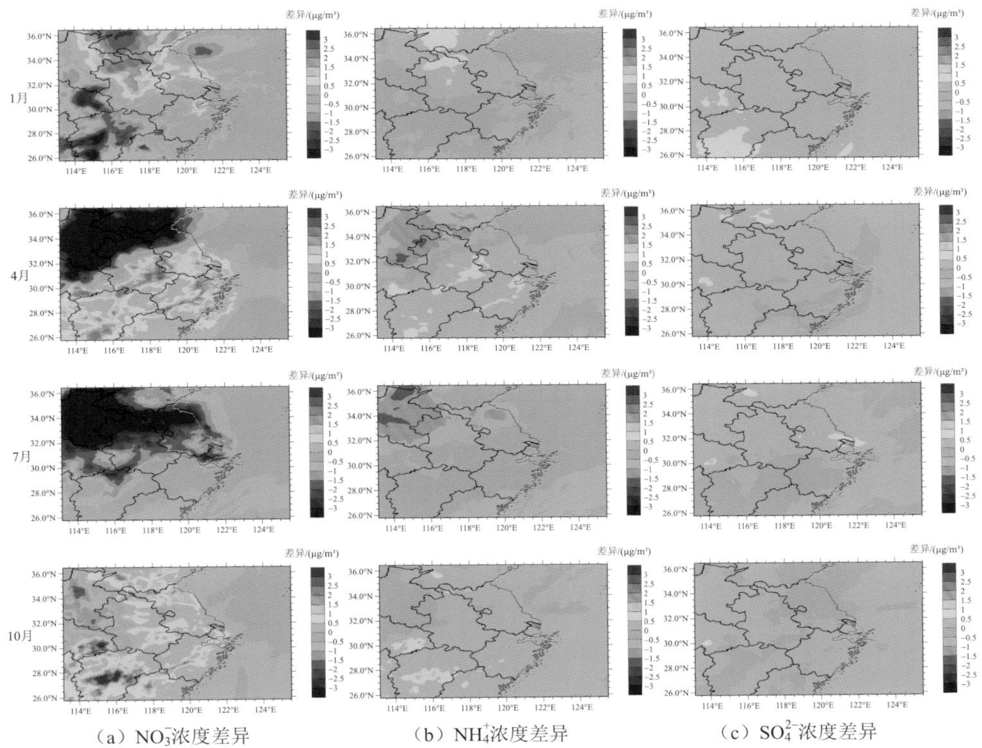

图 10.25　2016 年 1 月、4 月、7 月和 10 月基于“自上而下”与“自下而上” NO_x 排放的 SNA 模拟浓度空间分布差异（“自上而下” − “自下而上”）

图 10.26 展示了 2016 年 1 月、4 月、7 月和 10 月基于“自上而下”与“自下而上” NO_x 排放的江苏省环境科学研究院和南京大学仙林校区站点 NO_3^- 逐日模拟

与观测浓度对比。两个站点的观测和模拟 NO_3^- 浓度逐日变化趋势在四个季节都比较相似，这主要是由于 NO_3^- 大都由大气化学反应二次生成，与气象条件十分相关，而同一个城市两个站点的气象条件比较接近。同时，空气质量模式大体上可以模拟大部分季节的 NO_3^- 逐日变化趋势，但是夏季的结果较差。考虑到夏季 NO_2 模拟表现较好，可能是由于模式中的夏季 NO_3^- 转化效率偏高，导致使 NO_3^- 模拟浓度远高于观测值。此外，两个站点基于“自上而下” NO_x 排放的逐日 NO_3^- 模拟结果都是在夏季改善最大，这还是受益于“自上而下”方法对夏季 NO_x 排放优化幅度最明显。

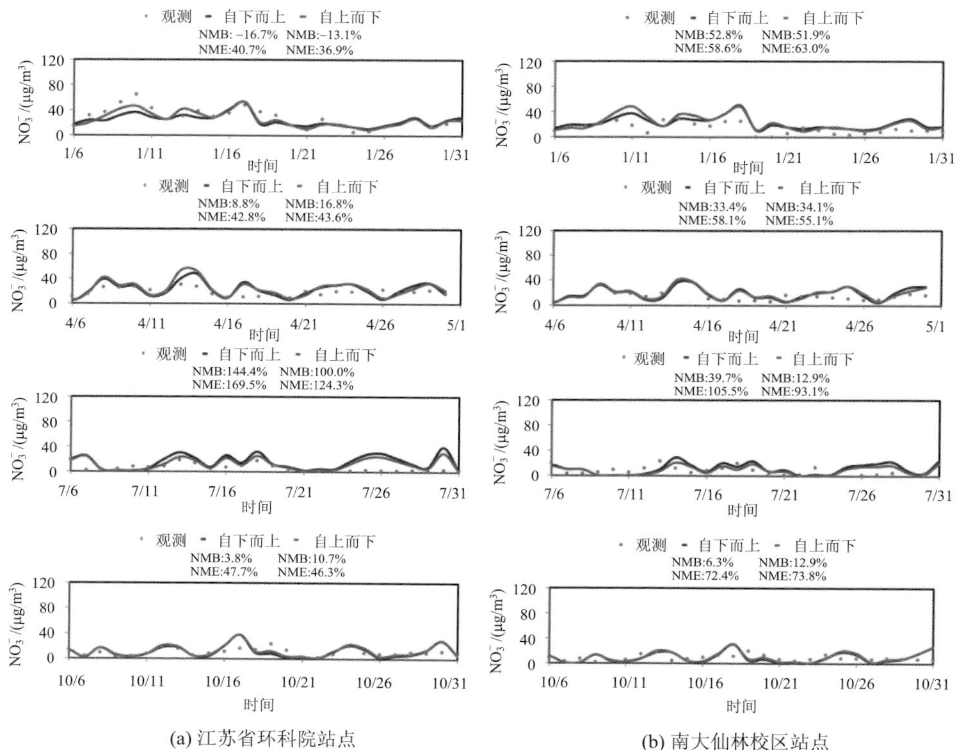

图 10.26　2016 年 1 月、4 月、7 月和 10 月基于“自上而下”与“自下而上” NO_x 排放的 NO_3^- 逐日浓度模拟结果与观测对比

对比分析 2016 年 1 月、4 月、7 月和 10 月江苏省环境科学研究院站点基于“自下而上”与“自上而下” NO_x 排放的逐时 NO_3^- 模拟浓度与观测结果(图 10.27)。整体而言，空气质量模式大体上可以模拟大部分季节的 NO_3^- 逐时变化趋势，NME 接近或小于 50%，但是夏季的结果较差，其 NME 超过 150%，可能主要是由于模式中的夏季 NO_3^- 转化效率偏高，大部分时段的 NO_3^- 模拟浓度要远高于地面观测

值，部分时刻超过观测值 10 倍。基于“自上而下”NO_x 排放模拟结果的 NMB 与 NME 在 1 月和 7 月低于“自下而上”排放的模拟结果，表明 NO_x 排放的优化有利于冬季和夏季 NO_3^- 逐时的模拟。基于“自上而下”NO_x 排放的 NO_3^- 逐时模拟结果在 1 月表现最好，较好地捕捉了 NO_3^- 逐时变化特征，说明模式对冬季 NO_3^- 的模拟能力很强。

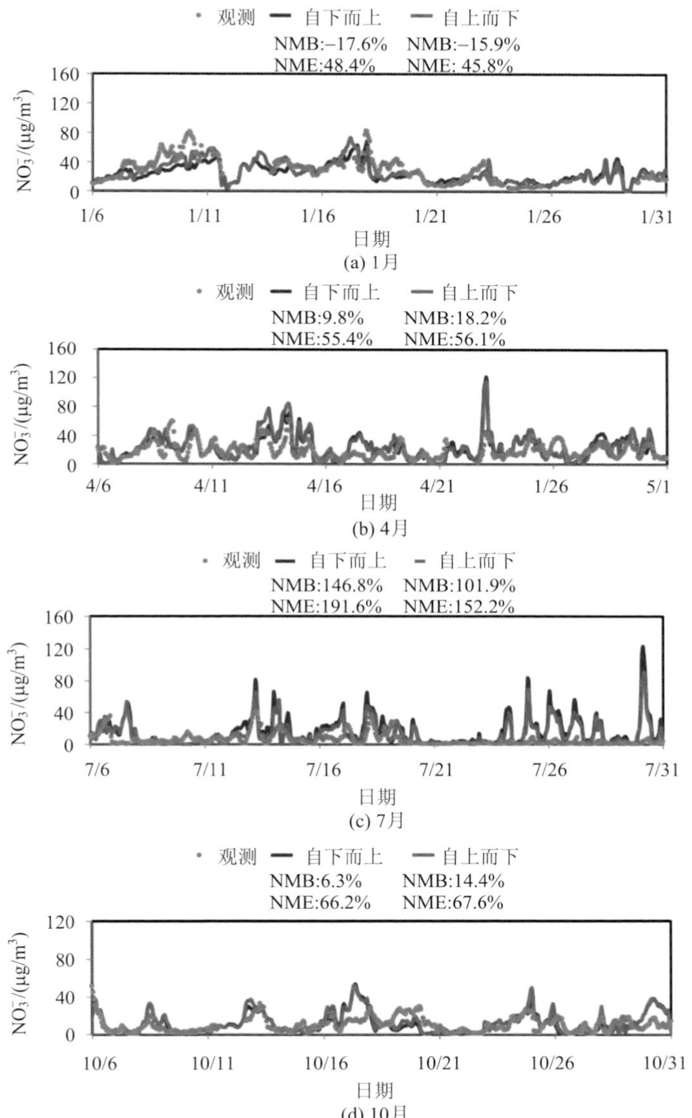

图 10.27　2016 年 1 月、4 月、7 月和 10 月基于“自下而上”与“自上而下”NO_x 排放的江苏省环境科学研究院站点 NO_3^- 逐时浓度的模拟结果与观测对比

图 10.28 和图 10.29 分别对比了 2016 年 1 月、4 月、7 月和 10 月基于“自下而上”与“自上而下”NO_x 排放的江苏省环境科学研究院站点逐时的 NH_4^+ 和 SO_4^{2-} 模拟浓度与观测结果。对于 NH_4^+，基于“自上而下”NO_x 排放的模拟结果有所改善，NMB 与 NME 在大部分月份低于“自下而上”排放的模拟结果。在大部分月

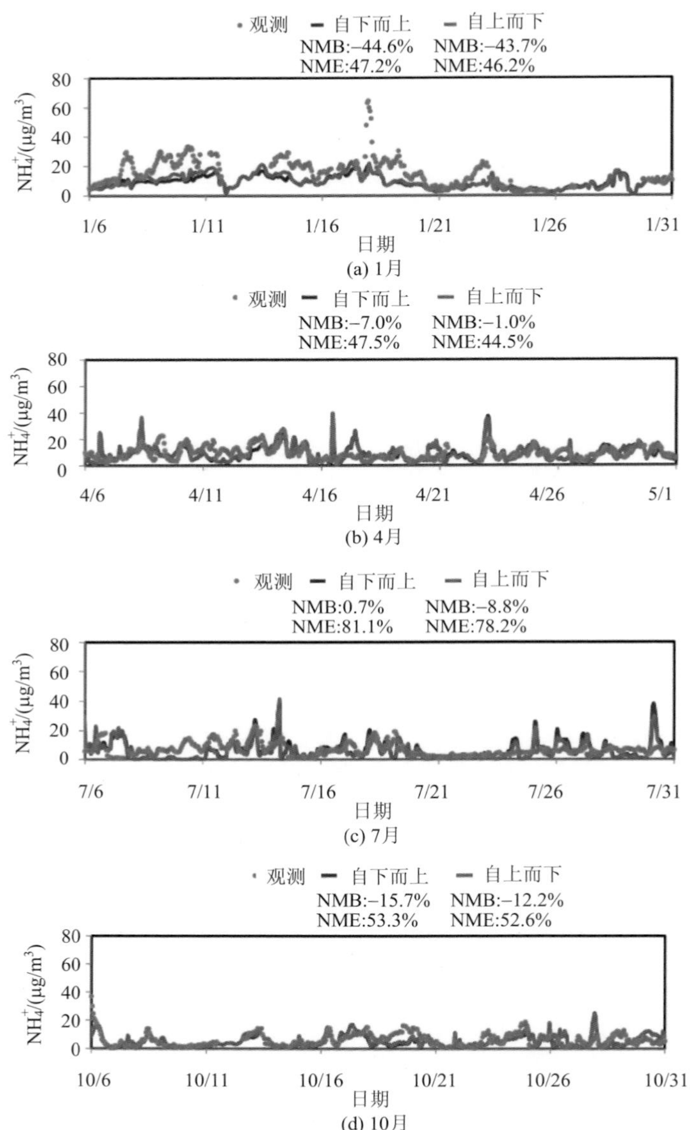

图 10.28　2016 年 1 月、4 月、7 月和 10 月基于“自下而上”与“自上而下”NO_x 排放的江苏省环境科学研究院站点 NH_4^+ 逐时浓度的模拟与观测结果对比

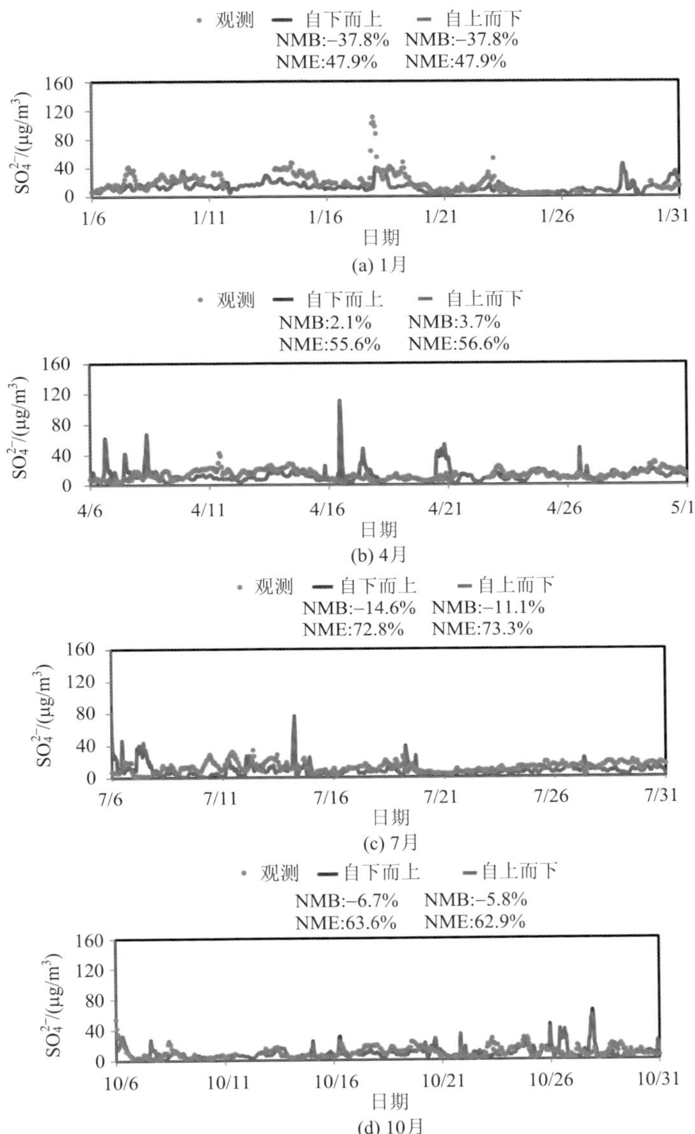

(a) 1月

(b) 4月

(c) 7月

(d) 10月

图 10.29　2016 年 1 月、4 月、7 月和 10 月基于“自下而上”与“自上而下” NO_x 排放的江苏省环境科学研究院站点 SO_4^{2-} 逐时浓度的模拟与观测结果对比

份，NH_4^+ 和 SO_4^{2-} 的 NMB 和 NME 小于或接近 50%，表明模式可以较好地模拟 NH_4^+ 和 SO_4^{2-} 逐时浓度水平与变化特征。值得注意的是，冬季的 NH_4^+ 和 SO_4^{2-} 浓度水平被明显低估，其 NMB 为–43.7%和–37.8%，可能与模式中不完善的冬季 $(NH_4)_2SO_4$ 生成化学机制有关。NH_4^+ 和 SO_4^{2-} 模拟结果的最大 NME 出现在夏季；与 NO_3^- 结

果类似，NH_4^+和SO_4^{2-}的逐时变化特征没有被很好捕捉，说明模式对于夏季 SNA 逐时变化趋势的模拟还存在较大的不确定性。

本章介绍了两类基于卫星观测资料的 NO_x 排放校验方法，即基于高斯扩散模式的城市排放强度约束和基于逆向空气质量模拟的排放表征方法，并以长三角为研究对象，对这两类方法进行了较为充分的评估和应用。结果表明，上述排放校验方法不同程度地提升了城市和区域 NO_x 排放清单的质量；在区域尺度“自上而下”校验获得的长三角 NO_x 排放量明显低于“自下而上”排放清单结果，反映出近年来大气污染排放控制取得的成效。相比于“自下而上”排放清单，应用基于“自上而下”逆向表征方法获得的 NO_x 排放清单开展长三角地区空气质量模拟，改善了对 NO_2、O_3和 SNA 浓度模拟的表现，从而更加有效地支持区域高分辨率空气质量模拟，提升了对区域大气污染来源与成因的科学认识。

参 考 文 献

李正. 2018. 杭州市某区 $PM_{2.5}$的季节性污染特和细胞毒性研究. 杭州：浙江大学.

刘佳澍，顾远，马帅帅，等. 2018. 常州夏冬季$PM_{2.5}$中无机组分昼夜变化特征与来源解析. 环境科学, 39(3): 980-989.

王念飞. 2017. 苏州市 $PM_{2.5}$浓度及其化学组分的时空分布特征. 重庆：西南大学.

张园园. 2017. 南京北郊 $PM_{2.5}$中水溶性离子特征在线监测研究. 南京：南京信息工程大学.

Beirle S, Boersma K F, Platt U, et al. 2011. Megacity emissions and lifetimes of nitrogen oxides probed from space. Science, 333(6050): 1737-1739.

Boersma K F, Eskes H J, Dirksen R J, et al. 2011. An improved retrieval of tropospheric NO_2 columns from the Ozone Monitoring Instrument. Atmospheric Measurement Techniques, 4: 1905-1928.

Boersma K F, Eskes H J, Veefkind J P, et al. 2007. Near-real time retrieval of tropospheric NO_2 from OMI. Atmospheric Chemistry and Physics, 7(8): 2103-2118.

Boersma K F, Vinken G C M, Eskes H J, et al. 2016. Representativeness errors in comparing chemistry transport and chemistry climate models with satellite UV-Vis tropospheric column retrievals. Geoscientific Model Development, 9(2): 875-898.

Bovensmann H, Burrows J P, Buchwitz M, et al. 1999. SCIAMACHY: Mission objectives and measurement modes. Journal of the Atmospheric Sciences, 56(2): 127-150.

Cheng M M, Jiang H, Guo Z, et al. 2013. Estimating NO_2 dry deposition using satellite data in eastern China. International Journal of Remote Sensing, 34(7): 2548-2565.

Cooper M, Martin R V, Padmanabhan A, et al. 2017. Comparing mass balance and adjoint methods for inverse modeling of nitrogen dioxide columns for global nitrogen oxide emissions. Journal of Geophysical Research: Atmospheres, 122(8): 4718-4734.

de Foy B, Lu Z F, Streets D G, et al. 2015. Estimates of power plant NO_x emissions and lifetimes from OMI NO_2 satellite retrievals. Atmospheric Environment, 116: 1-11.

Ding J, van der A R J, Mijling B, et al. 2015. NO_x emission estimates during the 2014 Youth Olympic Games in Nanjing. Atmospheric Chemistry and Physics, 15(16): 9399-9412.

Elbern H, Schmidt H, Talagrand O, et al. 2000. 4D-variational data assimilation with an adjoint air quality model for emission analysis. Environmental Modelling & Software, 15: 539-548.

Fioletov V E, McLinden C A, Krotkov N, et al. 2015. Lifetimes and emissions of SO_2 from point sources estimated from OMI. Geophysical Research Letters, 42(6): 1969-1976.

Ialongo I, Herman J, Krotkov N, et al. 2016. Comparison of OMI NO_2 observations and their seasonal and weekly cycles with ground-based measurements in Helsinki. Atmospheric Measurement Techniques, 9(10): 1-13.

Leue C, Wenig M, Wagner T, et al. 2001. Quantitative analysis of NO_x emissions from Global Ozone Monitoring Experiment satellite image sequences. Journal of Geophysical Research: Atmospheres, 106(D6): 5493-5505.

Li J, Nagashima T, Kong L, et al. 2019. Model evaluation and intercomparison of surface-level ozone and relevant species in East Asia in the context of MICS-Asia Phase III - Part 1: Overview. Atmospheric Chemistry and Physics, 19(20): 12993-13015.

Lin J T, Martin R V, Boersma K F, et al. 2014. Retrieving tropospheric nitrogen dioxide from the Ozone Monitoring Instrument: Effects of aerosols, surface reflectance anisotropy, and vertical profile of nitrogen dioxide. Atmospheric Chemistry and Physics, 14(3): 1441-1461.

Lin J T, McElroy M B, Boersma K F, et al. 2010. Constraint of anthropogenic NO_x emissions in China from different sectors: A new methodology using multiple satellite retrievals. Atmospheric Chemistry and Physics, 10(1): 63-78.

Liu F, Beirle S, Zhang Q, et al. 2016. NO_x lifetimes and emissions of cities and power plants in polluted background estimated by satellite observations. Atmospheric Chemistry and Physics, 16(8): 5283-5298.

Liu M Y, Lin J T, Boersma K F, et al. 2019. Improved aerosol correction for OMI tropospheric NO_2 retrieval over East Asia: Constraint from CALIOP aerosol vertical profile. Atmospheric Measurement Techniques, 12(1): 1-21.

Lu X H, Jiang H, Zhang X Y, et al. 2013. Estimated global nitrogen deposition using NO_2 column density. International Journal of Remote Sensing, 34(24): 8893-8906.

Lu X H, Jiang H, Zhang X Y, et al. 2016. Estimating 40 years of nitrogen deposition in global biomes using the SCIAMACHY NO_2 column. International Journal of Remote Sensing, 37(20): 4964-4978.

Martin R V, Chance K, Jacob D J, et al. 2002. An improved retrieval of tropospheric nitrogen dioxide from GOME. Journal of Geophysical Research: Atmospheres, 107(D20): 4437.

Martin R V, Sioris C E, Chance K, et al. 2006. Evaluation of space-based constraints on global nitrogen oxide emissions with regional aircraft measurements over and downwind of eastern North America. Journal of Geophysical Research: Atmospheres, 111(D15): D15308.

Mijling B, van der A R J, Zhang Q. 2013. Regional nitrogen oxides emission trends in East Asia observed from space. Atmospheric Chemistry and Physics, 13(23): 12003-12012.

Pickering K E, Bucsela E, Allen D, et al. 2016. Estimates of lightning NO_x production based on OMI NO_2 observations over the Gulf of Mexico. Journal of Geophysical Research: Atmospheres, 121(14): 8688-8691.

Richter A, Begoin M, Hilboll A, et al. 2011. An improved NO_2 retrieval for the GOME-2 satellite instrument. Atmospheric Measurement Techniques, 4(6): 1147-1159.

Richter A, Burrows J P. 2002. Tropospheric NO_2 from GOME measurements. Advances in Space Research, 29(11): 1673-1683.

Russell A R, Valin L C, Buscela E J, et al. 2010. Space - based constraints on spatial and temporal patterns of NO_x emissions in California, 2005-2008. Environmental Science & Technology, 44(9): 3608-3615.

Russell A R, Valin L C, Cohen R C. 2012. Trends in OMI NO_2 observations over the United States: Effects of emission control technology and the economic recession. Atmospheric Chemistry and Physics, 12(24): 12197-12209.

Safieddine S, Clerbaux C, George M, et al. 2013. Tropospheric ozone and nitrogen dioxide measurements in urban and rural regions as seen by IASI and GOME-2. Journal of Geophysical Research: Atmospheres, 118(18): 10555-10566.

Schwarz J, Cusack M, Karban J, et al. 2016. $PM_{2.5}$ chemical composition at a rural background site in Central Europe, including correlation and air mass back trajectory analysis. Atmospheric Research, 176: 108-120.

Stavrakou T, Muller J F, Boersma K F, et al. 2008. Assessing the distribution and growth rates of NO_x emission sources by inverting a 10-year record of NO_2 satellite columns. Geophysical Research Letters, 35(10): L10801.

Valin L C, Russell A R, Cohen R C, et al. 2013. Variations of OH radical in an urban plume inferred from NO_2 column measurements. Geophysical Research Letters, 40(9): 1856-1860.

Zhao C, Wang Y H. 2009. Assimilated inversion of NO_x emissions over East Asia using OMI NO_2 column measurements. Geophysical Research Letters, 36: L06805.

第 11 章　城市和区域排放清单的应用：减排成效评估案例

本章基于前述章节所发展的城市和省级尺度“自下而上”排放清单研究方法，在长三角选择典型地区，分别建立南京市 2012～2016 年和江苏省 2015～2019 年大气污染物排放清单。针对南京市 2012～2016 年细颗粒物（$PM_{2.5}$）浓度下降和江苏省 2015～2019 年臭氧（O_3）浓度上升的现象，利用数值模式的敏感性分析手段量化气象条件和人为源排放对污染物浓度变化的贡献。上述两个时段分别对应了我国过去十年开展大气污染防治的过程中，环境空气中 $PM_{2.5}$ 和 O_3 浓度快速变化的阶段。因此，分析这些时段气象与排放变化对污染物浓度变化的贡献，有助于正确认识已开展的排放控制行动对空气质量的影响，合理评估减排对空气质量的改善成效，并为进一步制定和实施大气污染防治政策提供科学依据。

11.1　南京市 2012～2016 年 $PM_{2.5}$ 浓度下降案例

11.1.1　南京市 2012～2016 年大气污染物排放总量及部门变化特征分析

基于第 2 章介绍的城市尺度排放清单方法学，本章更新了南京市 2012～2016 年的排放清单，如表 11.1 所示。2016 年典型污染物二氧化硫（SO_2）、氮氧化物（NO_x）、$PM_{2.5}$、黑碳（BC）、有机碳（OC）、氨（NH_3）及挥发性有机物（VOC）的排放量分别为 41991 t、163313 t、27149 t、2044 t、953 t、17459 t 和 177278 t。在 2012～2016 年，SO_2、$PM_{2.5}$、BC、OC 和 NH_3 排放呈现明显下降趋势，分别下降了 70%、66%、65%、87%和 73%；相较于 SO_2 和 $PM_{2.5}$，NO_x 下降趋势并不明显，仅下降了 22%；VOC 的排放量则有轻微的上升趋势。

表 11.1　南京市 2012～2016 年典型大气污染物排放量　　（单位：t）

年份	SO_2	NO_x	$PM_{2.5}$	BC	OC	NH_3	VOC
2012	140670	209805	79999	5835	7138	64000	155680
2013	90908	194544	68739	5819	6295	48730	198078
2014	82800	182100	62542	3700	5200	27600	206900
2015	45986	176795	32266	2309	1117	25400	174177
2016	41991	163313	27149	2044	953	17459	177278

表 11.2 总结了 2012～2016 年的部门排放量及其相对变化。对电力部门而言，SO_2 减排量最大，而 NO_x 和一次 $PM_{2.5}$ 的减排量较低。在此期间，南京市电力煤炭年消耗量减少了 10%，而主要电厂的烟气脱硫设施(FGD)的脱硫效率从 2012 年的 83.3%提高到 2016 年的 91.2%，从而有效控制了 SO_2 排放。与 SO_2 相比，NO_x 排放量并未随着选择性催化还原(selective catalytic reduction，SCR)脱硝设备的推广及其运行状况的改善而出现类似幅度的下降。在此期间，燃油和燃气机组应用率得到提升，但其 NO_x 排放并未得到严格控制，因此部分抵消了燃煤机组排放控制带来的 NO_x 减排效益。近年来，南京市对工业行业燃煤锅炉采取了一系列措施，2012 年起逐步关停小型钢铁和水泥生产厂，到 2016 年，几乎所有的燃煤锅炉都已关闭或改用燃油/燃气锅炉。在此期间，工业源 SO_2 和一次 $PM_{2.5}$ 排放量均下降 70%以上。民用源排放的大幅度降低主要来自三个方面的原因：改造或关停商业用燃煤锅炉(与工业部门类似)、取缔家用煤炉或将其改为燃气炉、禁止生物质开放燃烧。对于交通部门，分阶段逐步严格的排放标准实施抵消了柴油车辆和非道路源的增加对排放的影响，减少了行业 NO_x 和 $PM_{2.5}$ 排放。其中，NO_x 排放削减比例较低，这可能是由于部分“国四”或更严格标准的车辆在实际道路测试中并未达到相应排放限值，因此其排放水平高于预期(Wu et al.，2012)。工业(包含溶剂使用)是南京市人为 VOC 主要排放来源，占全市总排放量的 80%以上。与 SO_2 和 NO_x 相比，石化行业 VOC 减排措施和成效仍然有限，且大量无组织排放没有得到有效监管。此外，城市汽油车量迅速上升也造成交通行业 VOC 排放的增加。

表 11.2　2012～2016 年各部门的年排放量变化

部门	项目	SO_2	NO_x	$PM_{2.5}$	VOC
工业	2012 年/t	70701	53708	62813	131940
	2016 年/t	21250	42225	18095	156954
	相对变化/%	−70	−21	−71	19
电力	2012 年/t	59374	93982	8938	1139
	2016 年/t	16421	65370	6912	1114
	相对变化/%	−72	−30	−23	−2
民用	2012 年/t	6670	3342	4524	5449
	2016 年/t	1530	1428	219	286
	相对变化/%	−77	−57	−95	−94
交通	2012 年/t	3925	58773	3724	17152
	2016 年/t	2789	54290	1923	18924
	相对变化/%	−29	−8	−48	10

注：表中工业 VOC 包含了工业和溶剂使用来源的排放。

图 11.1 给出了 2016 年南京市十大类污染源的大气污染物排放分担率。工艺过程源和固定燃烧源是南京市 SO_2 最主要来源，分别占总排放量的 48.3%和 47.7%。化石燃料固定燃烧源、工艺过程源和移动源是 NO_x 的最主要来源。作为 $PM_{2.5}$ 的前体物，SO_2 和 NO_x 排放量的减少有利于 $PM_{2.5}$ 浓度的降低。

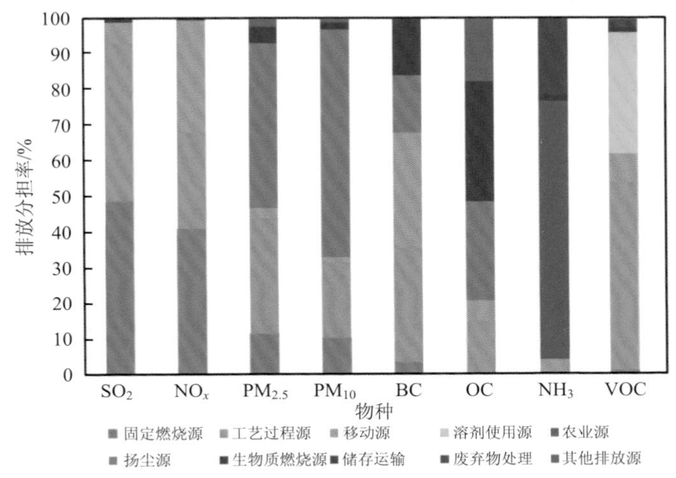

图 11.1　2016 年南京市十大类污染源的大气污染物排放分担率

2016 年南京市一次 $PM_{2.5}$ 和 PM_{10} 主要来源于工艺过程源、扬尘源和固定燃烧源，分别占 $PM_{2.5}$ 排放总量的 33%、48%和 9%，以及 PM_{10} 排放总量的 32%、55%和 8%。虽然南京市电力行业耗煤量较大，但其除尘效率相对较高，因此对 $PM_{2.5}$ 和 PM_{10} 的排放分担率低于其他污染源。南京市 BC 排放源主要是工艺过程源、移动源和生物质燃烧源，上述三类污染源依次占总排放的 38%、31%和 12%。生物质燃烧源、扬尘源和其他排放源是南京市最重要的 OC 排放源，依次占总排放量的 31%、23%和 21%。

2016 年南京市 VOC 的排放源主要是工艺过程源、溶剂使用源和移动源，上述三类污染源依次占 VOC 总排放量的 52.8%、34.7%和 8%；NH_3 主要来源于农业和废弃物处理，分别占总排放量的 68%和 23%。

11.1.2　卫星观测及数值模拟评估南京市多年份排放清单

11.1.2.1　卫星观测评估南京市 NO_x 排放年际变化

通过对比臭氧探测仪(OMI)观测获得的 NO_2 垂直柱浓度(VCD)与本书建立的南京市 NO_x 排放清单的年际变化特征，评估排放清单的合理性。所使用的卫星观测数据来源于荷兰皇家气象研究所反演的基于 OMI 观测的 NO_2 VCD 产品，时间分辨率为月平均数据，空间分辨率为 0.125°×0.125°(Boersma et al.，2011)。为了降低季节变化对 NO_2 观测的影响，本案例采用滑动平均柱浓度(即本月前 5 个月及后 6 个月共计 12 个月的平均 NO_2 VCD)来分析卫星观测的 NO_2 VCD 年际变化趋势。

图 11.2 展示了 OMI 观测到的长三角不同地区 NO_2 VCD 与本书所估算的南京市 NO_x 排放量年际变化趋势。黑色、蓝色和红色三条曲线分别表示上海、南京与江浙皖三省观测获得的 2005～2016 年 NO_2 VCD，黑色五角星为本书(包括第 2 章和本章)计算的 2010～2016 年南京市人为源 NO_x 排放结果。为了便于比较，所有 NO_2 VCD 数据均以南京市 2010 年 6 月数据为基准，NO_x 排放量均以 2010 年南京市排放量为基准。由图可知：①城市(上海和南京)的 NO_2 VCD 均显著高于区域(江浙皖)的 NO_2 VCD 水平，尤其是上海地区的 NO_2 VCD 最高，这一现象说明中国大型城市污染物排放量绝对值依然高于周边地区。②由于上海排放控制措施推行较早，其 NO_2 VCD 自 2008 年起首先开始下降；其他城市和地区的 NO_2 VCD 一般在 2011 年后开始下降，且与上海的差异有所缩小。③本书建立的南京市排放清单中 NO_x 排放的年际变化趋势与 NO_2 VCD 吻合得很好：2010～2011 年 NO_x 排放量有所上升，在 2012～2016 年排放量明显下降。主要原因是 2012 年后在《大气污染防治行动计划》下，城市推动实施了大范围的污染物排放控制政策，大型点源(电厂、钢铁和水泥等)和移动源 NO_x 排放量明显减少。这也表明了本书所建立的多年份城市排放清单具有较高的可信度。

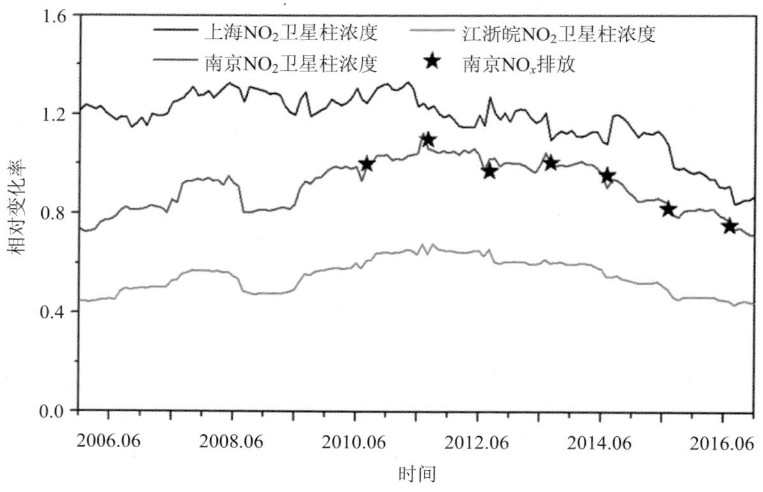

图 11.2 OMI 观测 NO_2 VCD 及排放清单中 NO_x 排放年际变化趋势

所有数据均以 2010 年为基准

11.1.2.2　地面观测评估 $PM_{2.5}$ 及其前体物浓度模拟结果

本书基于 2012 年和 2016 年南京市排放清单，利用中尺度气象模式(WRF)–多尺度区域空气质量模式(CMAQ)开展数值模拟，以评估城市排放清单的表现。如图 11.3 所示，模拟采用三层网格嵌套，第一、二和三层网格分辨率分别为 27 km×27 km、9 km×9 km 和 3 km×3 km。三层嵌套模拟区域都采用兰勃特投影坐标系，真纬度分别为 40°N 和 25°N，网格坐标系原点坐标为(110°E，34°N)，最外层网格左下角坐标为(–2430 km，–1755 km)。第三层(D3)覆盖了南京市及其周边地区，为了避免上海和江苏省南部地区对南京市 $PM_{2.5}$ 模拟结果的影响，第三层模拟区域内南京市周边地区仅包括扬州和镇江西部、滁州和芜湖东部等地区，这些地区污染物排放量相对较小，对南京市模拟结果影响也较小。

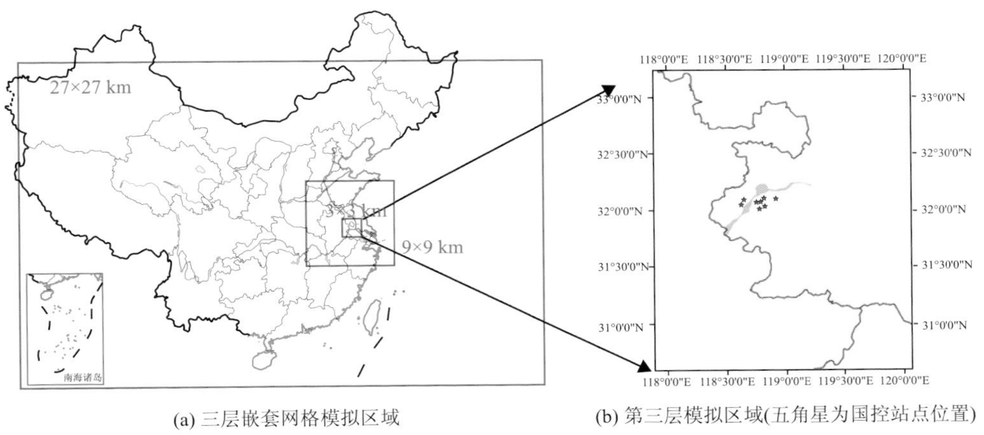

(a) 三层嵌套网格模拟区域　(b) 第三层模拟区域(五角星为国控站点位置)

图 11.3　模拟区域及模式验证观测站点分布示意图

第一层和第二层模拟域采用中国多尺度排放清单模型(MEIC；http://meicmodel. org/)数据，第三层南京市范围内采用本章建立的城市多年份高精度排放清单；南京市外区域中，江苏省内范围采用第 2 章编制的省级高精度排放清单，江苏省外范围采用 MEIC。研究模拟时段为 2012 年和 2016 年的 1 月、4 月、7 月和 10 月，为了降低初始条件对模式模拟结果的影响，将每个月的前 5 天作为 CMAQ 模式的“spin-up”时段，重点分析每个月前 5 天以后模拟的污染物浓度变化。

以 2012 年 1 月为例对 WRF 的气象场模拟结果进行评估，结果如表 11.3 所示。采用的统计分析参数包括平均偏差(bias)、标准平均偏差(NMB)、标准平均误差(NME)、一致性指数(IOA)和均方根误差(RMSE)，具体计算方法见本书第 2 章。由表可以看出，四项气象参数(风速、风向、温度、相对湿度)的模拟值与观测值误差均在可接受的范围内，模式对温度和相对湿度的模拟情况较好，第三层网格模拟与观测的相对湿度和温度的 bias 分别为 0.49℃和 5.08%，IOA 指数也分别达到 0.94 和 0.91，NMB 分别为 17%和 23%，NME 分别为 41%和 25%。WRF 风速的观测值小于模拟值，bias 为 0.76 m/s，其与观测值的 IOA(0.71)和 RMSE(1.56 m/s)满足指标要求，且 NMB 和 NME 分别为 29%和 47%，均小于 50%。WRF 风向的模拟值小于观测值，bias 为–3.4°，在指标(bias<10)的范围内，说明 WRF 能够较好地反映模拟时段主要气象条件的变化。

表 11.3　2012 年 1 月模拟区域 D3 内模拟值与观测值的对比统计结果

观测	评价参数	模拟区域 D3	指标
风速	观测平均值/(m/s)	2.61	
	模拟平均值/(m/s)	3.37	
	bias/(m/s)	0.76	
	RMSE/(m/s)	1.56	<2.0
	IOA	0.71	>0.6
	NMB/%	29	
	NME/%	47	
风向	观测平均值/(°)	107.32	
	模拟平均值/(°)	103.06	
	bias/(°)	–3.4	<10
	NMB/%	–3	
	NME/%	27	
温度	观测平均值/℃	2.87	
	模拟平均值/℃	3.44	
	bias/℃	0.49	<0.5
	RMSE/℃	1.55	
	IOA	0.94	>0.7
	NMB/%	17	
	NME/%	41	
相对湿度	观测平均值/%	65.09	
	模拟平均值/%	80.17	
	bias/%	5.08	
	RMSE/%	20.15	
	IOA	0.91	>0.7
	NMB/%	23	
	NME/%	25	

选取南京市九个国控站点(草场门站点、中华门站点、仙林大学城站点、迈皋桥站点、玄武湖站点、瑞金路站点、奥体中心站点、浦口站点和山西路站点)的地面观测数据评估和验证模式模拟结果的可靠性，统计结果如表 11.4 所示。图 11.4 和图 11.5 分别为 2012 年和 2016 年四个月份的 WRF-CMAQ 模拟与地面观测 $PM_{2.5}$ 浓度对比时间序列(以中华门站点和仙林大学城站点为例)。2012 年 1 月对 SO_2、NO_2 和 $PM_{2.5}$ 的模拟值高于观测值，SO_2、NO_2 和 $PM_{2.5}$ 的 NMB 分别为 17%、23% 和 13%，NME 分别为 43%、36%和 47%，三者的相关性系数(R)也分别达到了 0.45、0.41 和 0.55；4 月对 SO_2、NO_2 和 $PM_{2.5}$ 的模拟值同样高于观测值，SO_2、NO_2 和 $PM_{2.5}$ 的 NMB 分别为 12%、17%和 5%，NME 分别为 50%、49%和 48%，R 值分别达到了 0.46、0.37 和 0.45；7 月对 SO_2 和 $PM_{2.5}$ 的模拟值低于观测值，而 NO_2 的模拟值高于观测值，三者的 NMB 值分别为–9%、11%和–13%，NME 值分别为 51%、45%和 47%，R 值分别为 0.32、0.45 和 0.42；10 月对 NO_2 和 $PM_{2.5}$ 的模拟值低于观测值，而对 SO_2 的模拟值高于观测值，三者的 NMB 值分别为 15%、–2% 和–30%，NME 值分别为 46%、40%和 44%，R 值分别为 0.43、0.39 和 0.65。

表 11.4　南京市排放清单的 SO_2、NO_2 和 $PM_{2.5}$ 模拟值与观测值的对比

年份	项目	1 月			4 月			7 月			10 月		
		SO_2	NO_2	$PM_{2.5}$	SO_2	NO_2	$PM_{2.5}$	SO_2	NO_2	$PM_{2.5}$	SO_2	NO_2	$PM_{2.5}$
2012	NMB	17%	23%	13%	12%	17%	5%	–9%	11%	–13%	15%	–2%	–30%
	NME	43%	36%	47%	50%	49%	48%	51%	45%	47%	46%	40%	44%
	R	0.45	0.41	0.55	0.46	0.37	0.45	0.32	0.45	0.42	0.43	0.39	0.65
2016	NMB	–8%	29%	–15%	–2%	3%	20%	–20%	–10%	–11%	5%	10%	3%
	NME	47%	45%	38%	48%	47%	48%	52%	49%	49%	51%	37%	46%
	R	0.45	0.40	0.60	0.32	0.25	0.42	0.31	0.42	0.47	0.36	0.40	0.58

2016 年 1 月对 SO_2 和 $PM_{2.5}$ 的模拟值低于观测值，对 NO_2 的模拟值高于观测值，SO_2、NO_2 和 $PM_{2.5}$ 的 NMB 值分别为–8%、29%和–15%，NME 值分别为 47%、45%和 38%，R 值分别为 0.45、0.40 和 0.60；4 月对 $PM_{2.5}$ 和 NO_2 的模拟值偏高，对 SO_2 的模拟值偏低，SO_2、NO_2 和 $PM_{2.5}$ 的 NMB 值分别为–2%、3%和 20%，NME 值分别为 48%、47%和 48%，R 值分别达到了 0.32、0.25 和 0.42；7 月对 SO_2、NO_2 和 $PM_{2.5}$ 的模拟值均低于观测值，三者 NMB 值分别为–20%、–10%和–11%，NME 值分别为 52%、49%和 49%，R 值分别为 0.31、0.42 和 0.47；10 月对 SO_2、NO_2 和 $PM_{2.5}$ 的模拟值相较于观测值都偏高，三者的 NMB 值分别为 5%、10%和 3%，NME 值分别为 51%、37%和 46%，R 值分别为 0.36、0.40 和 0.58。综合两年的模拟结果来看，基于城市尺度排放清单开展空气质量模拟能够较好地捕捉典

型大气成分浓度的变化特征，NMB 和 NME 很好地控制在了 ±50%范围内，说明南京市高精度排放清单具有较高可靠度，模拟结果可以为进一步利用数值模式分析环境大气科学问题提供支撑。

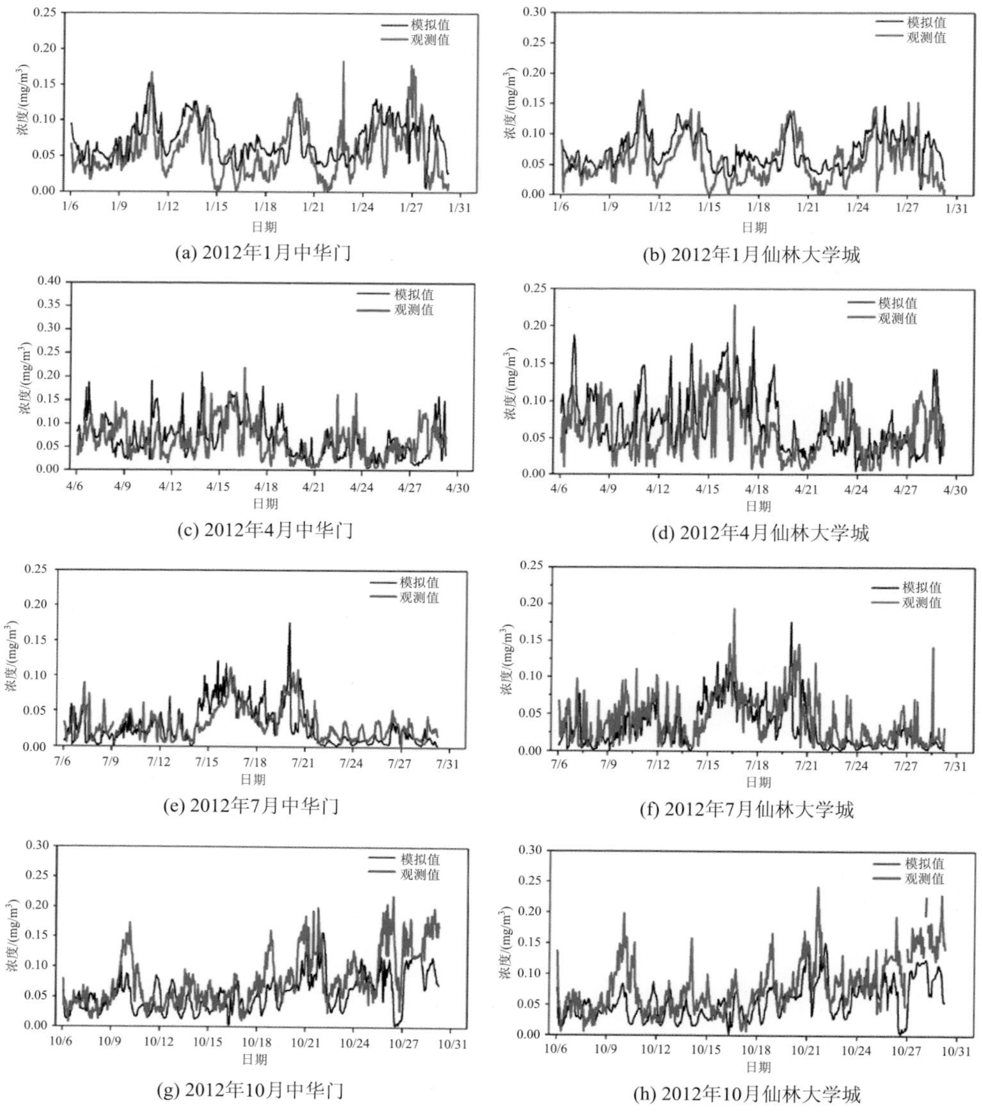

图 11.4　2012 年 WRF-CMAQ 模拟结果与国控站点的 $PM_{2.5}$ 浓度对比时间序列图

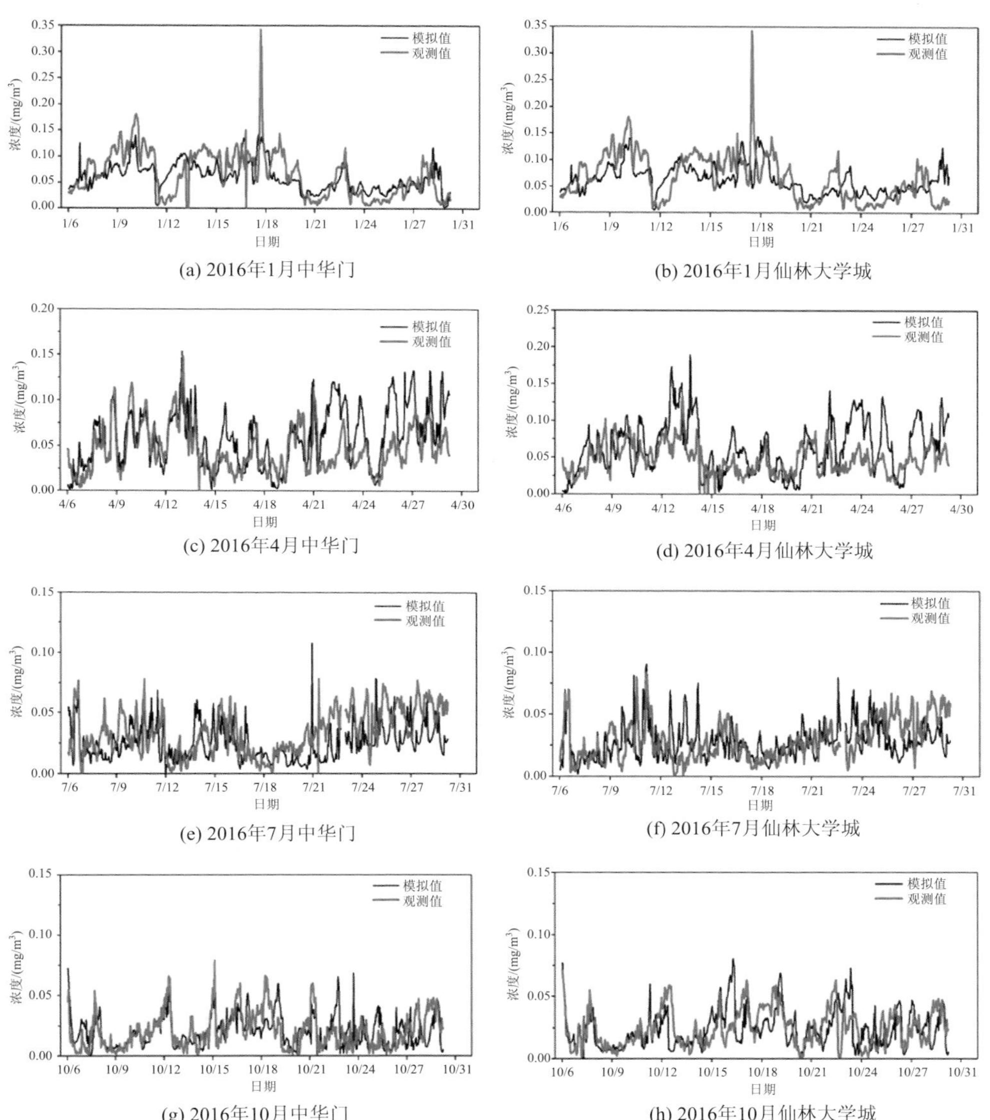

图 11.5　2016 年 WRF-CMAQ 模拟结果与国控站点的 $PM_{2.5}$ 浓度对比时间序列图

11.1.2.3　地面观测评估 $PM_{2.5}$ 组分数值模拟结果

为了评估模式模拟 $PM_{2.5}$ 组分浓度的准确性，本案例将 $PM_{2.5}$ 组分 SO_4^{2-}、NO_3^-、NH_4^+ 和 BC 的模拟结果与南京大学仙林校区地面观测结果(Zhao et al., 2020)进行比较。表 11.5 和图 11.6 分别给出了 2016 年典型 $PM_{2.5}$ 组分的模拟值与观测值统计分析结果和时间变化序列。SO_4^{2-}、NO_3^-、NH_4^+和 BC 的 NMB 值分别为–14%、–7%、–8%和–11%，NME 值分别为 34%、56%、46%和 41%，表明数值模拟结果对上述 $PM_{2.5}$ 组分浓度存在一定低估。由图 11.6 可见，SO_4^{2-}、NO_3^-、NH_4^+和 BC 的模拟与观测浓度的时间变化特征较为一致，二者的浓度高值和低值时段较为吻合(如SO_4^{2-}在 1 月 14 日的浓度高值和在 1 月 26 日的浓度低值)；四类成分模拟与观测的相关性分别达到 0.55、0.55、0.49 和 0.77，证明对 $PM_{2.5}$ 主要组分的模拟也具有一定的可靠性。

表 11.5　2016 年 $PM_{2.5}$ 组分的模拟值与观测值的统计分析结果(南京大学仙林校区站点)

指标	SO_4^{2-}	NO_3^-	NH_4^+	BC
NMB/%	–14	–7	–8	–11
NME/%	34	56	46	41
R	0.55	0.55	0.49	0.77

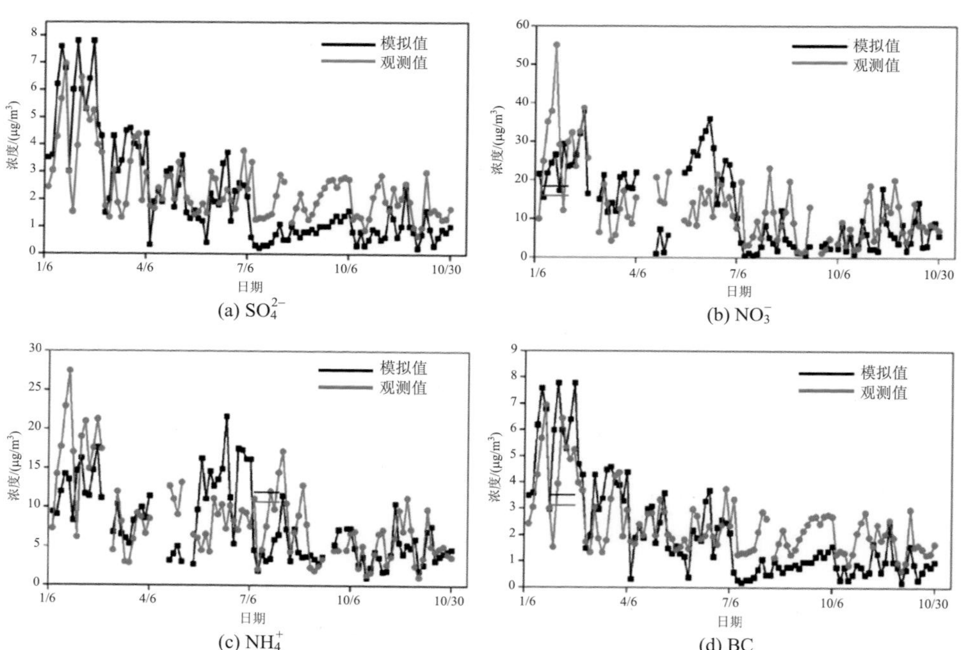

图 11.6　南京市 2016 年 $PM_{2.5}$ 组分模拟值与观测值对比时间序列图(南京大学仙林校区站点)

11.1.3　排放和气象因素对南京市 $PM_{2.5}$ 浓度变化的贡献

为评估排放和气象条件的变化对南京市 $PM_{2.5}$ 浓度年际变化的作用，我们在 2012 年和 2016 年模拟(同时考虑这两年气象条件和人为排放的变化，记为 SBOTH 情景)的基础上，增加 SMETEO 和 SEMISS 情景模拟。SMETEO 是以 2016 年的气象条件和 2012 年的人为排放为基础的模拟，与 2012 年 SBOTH 对比可以量化研究期间气象条件变化对 $PM_{2.5}$ 浓度的影响；SEMISS 是以 2016 年的人为排放水平和 2012 年的气象条件为基础进行的模拟，与 SBOTH 对比可以反映人为排放变化对 $PM_{2.5}$ 浓度的影响。

图 11.7 显示了地面观测和不同情景下模式模拟的 2012 年和 2016 年的月均 $PM_{2.5}$ 浓度，表 11.6 总结了这两年的相对变化。观测和 SBOTH 模拟均表明，除 1 月外，2012～2016 年其他月份的环境 $PM_{2.5}$ 浓度都有明显下降，10 月下降最为明显(观测和 SBOTH 模拟分别下降 71%和 60%)，说明 CMAQ 能够有效捕捉近年来南京市特定季节 $PM_{2.5}$ 污染缓解状况。与其余三个月不同的是，1 月 $PM_{2.5}$ 的相对变化在观测和模拟之间存在矛盾：观测 $PM_{2.5}$ 浓度增加了 33%，而模拟结果下降了 29%。这种差异可能来自气象模拟和排放估计的偏差。WRF 模拟结果显示，2012～2016 年 1 月模拟风速和降水增加，相对湿度降低，导致 $PM_{2.5}$ 浓度下降。此外，城市排放清单对于民用源化石燃料消耗及其排放量下降的估计在冬季可能过于乐观。

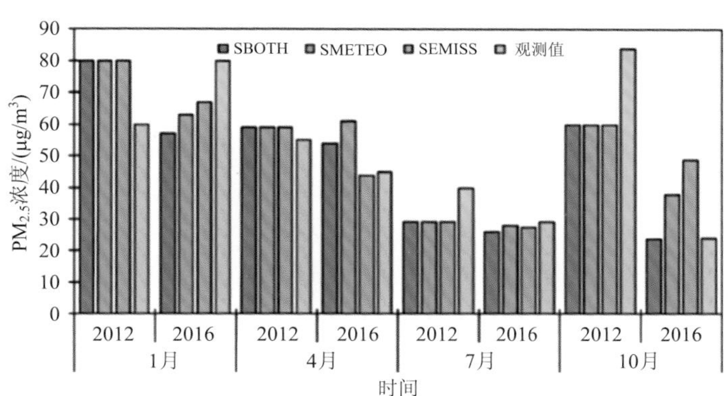

图 11.7　2012 年和 2016 年 1 月、4 月、7 月和 10 月南京市 SBOTH、SMETEO 和 SEMISS 的 $PM_{2.5}$ 浓度的观测和模拟月均值

根据 1 月、4 月、7 月和 10 月的模拟月均值，南京市的 $PM_{2.5}$ 浓度从 2012～2016 年下降了 28%，与地面观测(下降 25%)吻合较好。在我们建立的城市排放清单中，一次 $PM_{2.5}$ 排放量在这一时期下降了 64%，下降幅度显著高于浓度，这表

表 11.6　2012～2016 年 1 月、4 月、7 月和 10 月 SBOTH、SMETEO 和 SEMISS 模拟和观测的 $PM_{2.5}$ 浓度变化　（单位：%）

项目	1 月	4 月	7 月	10 月
SBOTH	−29	−8	−10	−60
SMETEO	−21	5	−3	−37
SEMISS	−16	−22	−5	−18
观测	33	−18	−28	−71

明 $PM_{2.5}$ 的形成具有很强的二次生成和非线性特点。$PM_{2.5}$ 前体物 SO_2、NO_x 和 NH_3 的排放量减少 22%～72%，而 VOC 有所增加。这些前体物排放变化的异质性是环境 $PM_{2.5}$ 浓度下降速率小于一次颗粒物排放的重要原因。

由于 1 月 $PM_{2.5}$ 模拟浓度的年际变化存在相对较大的不确定性，我们比较了 SBOTH、SMETEO 和 SEMISS 在 4 月、7 月和 10 月的模拟结果，以了解排放和气象条件对不同 $PM_{2.5}$ 浓度的作用。如图 11.7 和表 11.6 所示，2016 年 4 月南京市 $PM_{2.5}$ 浓度在 SMETEO 模拟中比 2012 年升高了 5%，而在 SEMISS 中则下降了 22%。这一结果意味着减排对 $PM_{2.5}$ 污染缓解的影响要大于气象变化对其的影响，排放和气象变化的综合影响导致 $PM_{2.5}$ 浓度下降了 8%。这两年 7 月的气象条件相似，对 $PM_{2.5}$ 浓度的变化影响不大，而排放削减的贡献略高于气象条件变化。在 10 月，气象条件和排放变化分别导致 $PM_{2.5}$ 浓度减少 37%和 18%，说明气象条件变化对缓解该月的 $PM_{2.5}$ 污染起到更重要的作用。

11.1.4　具体气象参数对南京市 $PM_{2.5}$ 浓度的影响

气象条件通过改变温度、沉降、边界层高度、相对湿度、海平面气压和中远距离传输等过程影响大气中气溶胶浓度。表 11.7 给出了 2012 年和 2016 年南京市典型气象参数值，可以看出，1 月份温度（T）最低，最低达到 3.4℃，7 月份温度最高，达到约 27℃；相对湿度（RH）受降水量影响在 7 月份最高，2012 年和 2016 年分别达到 84.97%和 89.51%；海平面气压（SLP）主要受温度影响，温度越高，海平面气压相对较低，因此海平面气压在 1 月份最高，7 月份最低；降水量（PW）则受亚热带季风条件的影响，7 月份降水量最多；风速（WS）则在秋季和冬季较高。

为了理解气象条件改变及单个气象参数对 $PM_{2.5}$ 浓度的影响，图 11.8～图 11.11 分别给出了 2012～2016 年 1 月、4 月、7 月、10 月各气象参数变化和 $PM_{2.5}$ 浓度变化在南京市域内的空间分布。表 11.8 给出了 $PM_{2.5}$ 浓度变化与气象条件变化的空间相关性，相关性越高表示该气象参数对 $PM_{2.5}$ 浓度变化影响越大。

表 11.7　2012 年和 2016 年南京市典型气象参数值

年份	月份	T/℃	RH/%	SLP/Pa	PW/(mm/h)	WS/(m/s)
2012	1	3.39	79.39	1027.71	11.32	3.54
	4	16.30	71.45	1011.00	22.60	3.30
	7	26.89	84.97	1003.60	49.95	3.09
	10	18.31	63.79	1018.61	23.30	2.90
2016	1	3.93	65.91	1027.61	11.46	3.69
	4	16.24	78.60	1012.00	26.80	3.23
	7	26.65	89.51	1000.52	61.25	2.87
	10	20.50	88.84	1015.21	43.96	4.12

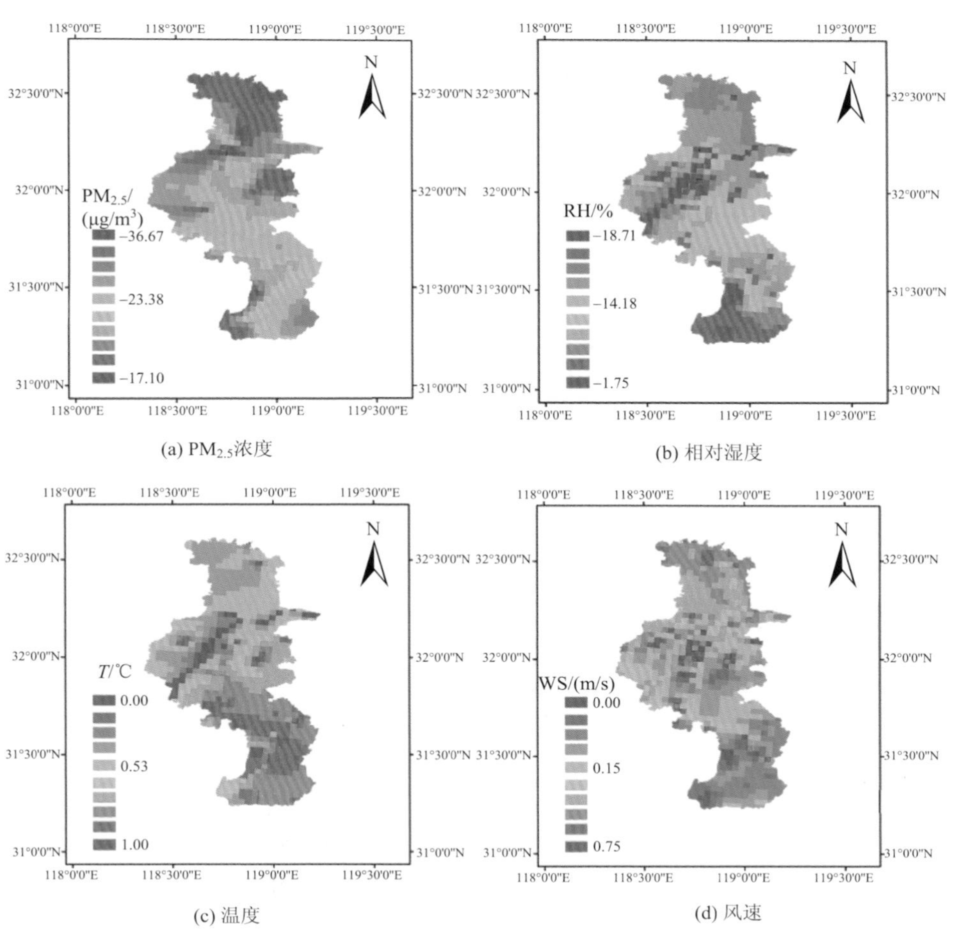

(a) $PM_{2.5}$浓度　(b) 相对湿度

(c) 温度　(d) 风速

图 11.8　2012 年与 2016 年 1 月气象参数和 $PM_{2.5}$ 浓度变化空间分布

表 11.8 2012～2016 年 $PM_{2.5}$ 浓度变化差值与气象条件变化差值空间相关性

月份	*R* 值				
	T	RH	SLP	PW	WS
1	–0.70	0.80	–0.51	–0.36	–0.32
4	–0.04	0.54	–0.68	–0.58	–0.19
7	–0.07	–0.63	–0.88	–0.89	–0.01
10	–0.85	–0.87	–0.87	–0.88	–0.75

1 月份温度、相对湿度和海平面气压对 $PM_{2.5}$ 浓度的影响较大，与 $PM_{2.5}$ 浓度变化差值的相关性分别为–0.70、–0.80 和–0.51。2016 年 1 月份相对湿度相较于 2012 年减少了 13.48%，而相对湿度对颗粒物中的水分有较大影响，相对湿度越高其水分含量越高，会吸取大气中半挥发性有机物，促使 $PM_{2.5}$ 浓度增加，因此 1 月份相对湿度的降低有利于 $PM_{2.5}$ 浓度的减少。1 月份温度上升了 0.54℃，当近地面气温较高时，大气对流作用加剧，可以降低 $PM_{2.5}$ 浓度，反之大气出现逆温层时，$PM_{2.5}$ 不易扩散，因此 1 月份温度的升高有利于 $PM_{2.5}$ 浓度的降低，ΔT 与$\Delta PM_{2.5}$ 呈负相关。如图 11.8(c)所示，当南京某地区温度升高时，$PM_{2.5}$ 浓度则降低。ΔSLP 与$\Delta PM_{2.5}$ 呈负相关，海平面气压降低时，会导致 $PM_{2.5}$ 浓度升高，因为近地面气压降低不利于污染物的扩散。虽然 1 月份海平面气压的降低不利于 $PM_{2.5}$ 浓度的降低，但是在相对湿度、温度、降水和风速都有利于 $PM_{2.5}$ 浓度降低的条件下，1 月份 $PM_{2.5}$ 浓度降低了 21%(表 11.6 中 SMETEO 情景)。

4 月份相对湿度、海平面气压和降水对 $PM_{2.5}$ 浓度影响较大，其变化差值分别为 7.13%、0.77 Pa 和 4.25 mm/h，与 $PM_{2.5}$ 浓度变化差值的相关性分别为 0.54、–0.68 和–0.58。降水量的增加则有利于 $PM_{2.5}$ 浓度的降低。风速和温度变化较小，故对 $PM_{2.5}$ 浓度的影响较小，与 $PM_{2.5}$ 浓度变化的相关性分别为–0.19 和–0.04。如图 11.9(d)所示，南京市风速变化与 $PM_{2.5}$ 浓度变化的空间分布差异较大。

7 月份对 $PM_{2.5}$ 浓度影响较大的参数为相对湿度、海平面气压和降水，其空间相关性分别为–0.63、–0.88 和–0.89。海平面气压降低了–3.08 Pa，不利于 $PM_{2.5}$ 浓度的降低。如图 11.10(d)所示，在海平面气压降低较大的南京市南部地区，$PM_{2.5}$ 浓度降低很少。2016 年 7 月降水比 2012 年增加了 11.30 mm/h，有利于 $PM_{2.5}$ 浓度的降低。由于降水量增加也会引起相对湿度的上升，而后者不利于 $PM_{2.5}$ 浓度的降低，因此最终在相对湿度、海平面气压和降水等多项气象因素的共同作用下 $PM_{2.5}$ 浓度变化不大。

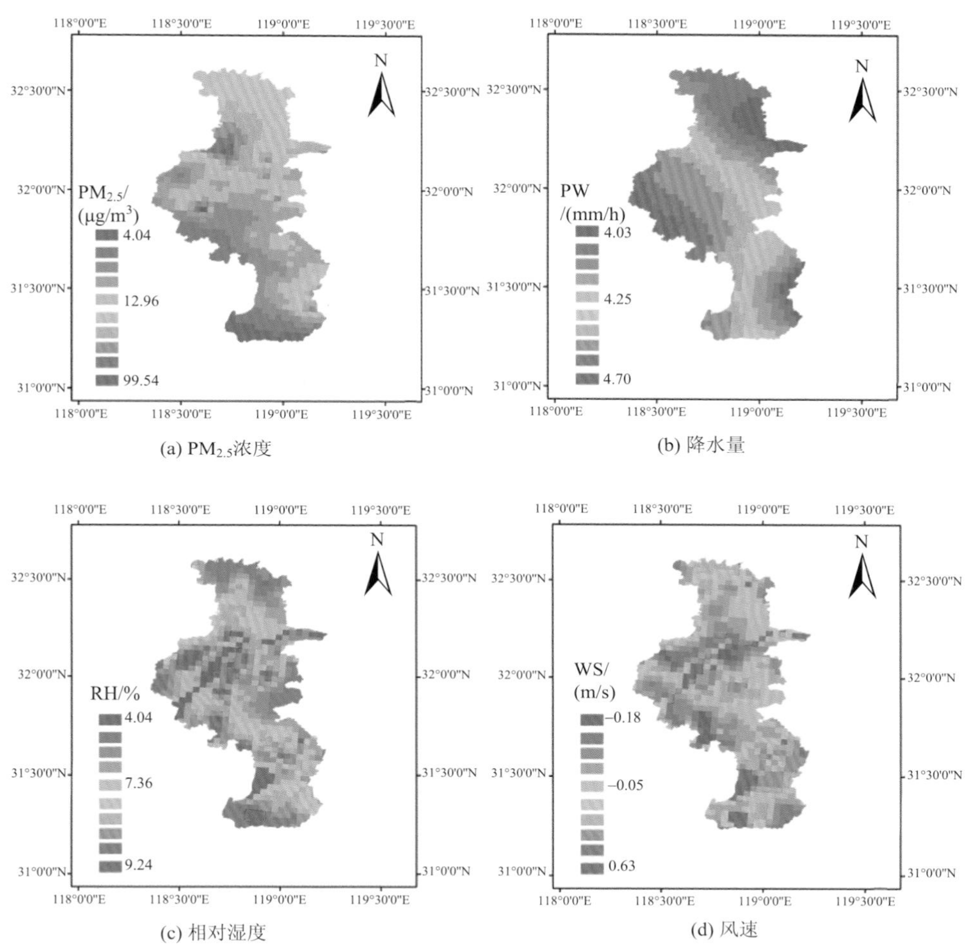

图 11.9　2012 年与 2016 年 4 月气象参数和 $PM_{2.5}$ 浓度变化空间分布

10 月份 $PM_{2.5}$ 浓度的降低与温度、相对湿度、海平面气压、降水量和风速都有较高的相关性，相关性分别为–0.85、–0.87、–0.87、–0.88 和–0.75。2016 年 10 月温度较 2012 年升高了 2.19℃，降水量增加了 20.66 mm/h，风速增大了 1.22 m/s，均有利于 $PM_{2.5}$ 浓度的降低；海平面气压降低了 3.4 Pa，对 $PM_{2.5}$ 浓度的增加有一定的贡献。在气象条件的综合影响下，$PM_{2.5}$ 浓度在 10 月份降低了 37%(表 11.6 中 SMETEO 情景)。

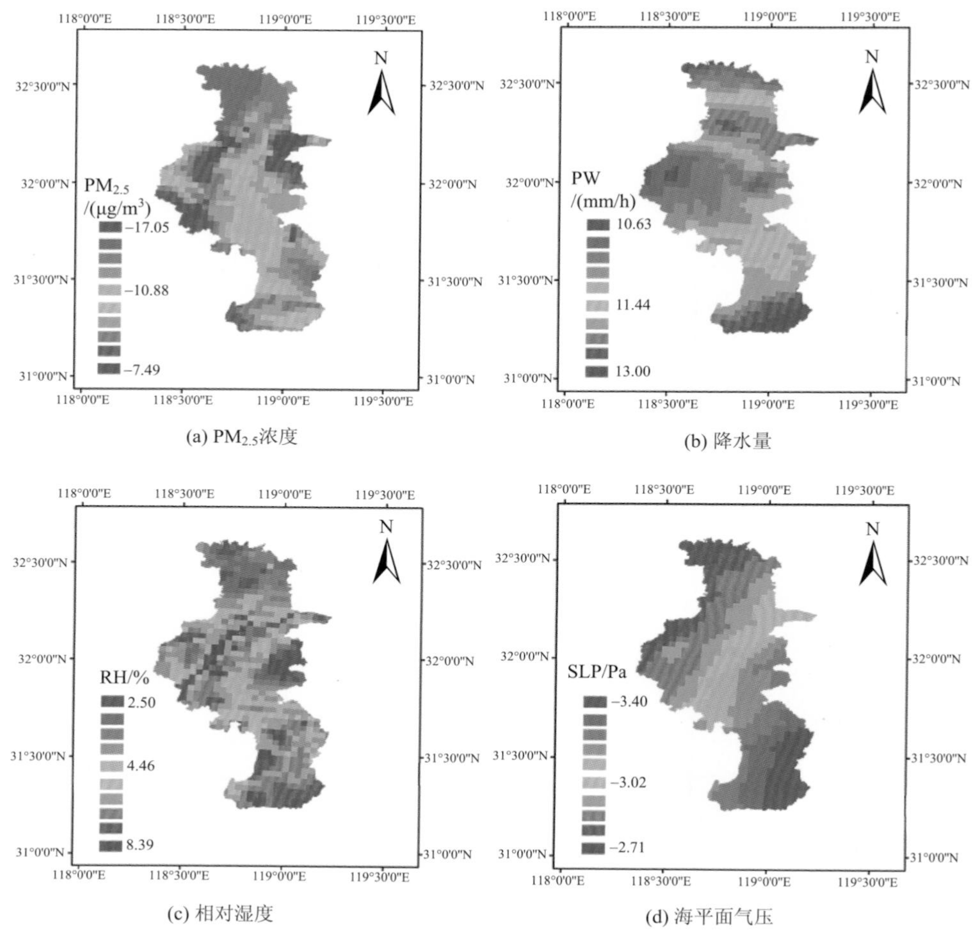

(a) $PM_{2.5}$浓度　　(b) 降水量

(c) 相对湿度　　(d) 海平面气压

图 11.10　2012 年与 2016 年 7 月气象参数和 $PM_{2.5}$ 浓度变化空间分布

11.1.5　部门排放对降低 $PM_{2.5}$ 浓度的影响

为了评估具体部门对减少的 $PM_{2.5}$ 浓度的贡献，在 SEMISS 模拟的基础上进行了敏感性分析。在这个额外的模拟中，2012 年的工业、电力、交通和民用部门的排放分别被替换为 2016 年的排放水平，而其余来源的排放和气象场输入则固定在 2012 年的水平。图 11.12 展示了 2012 年 $PM_{2.5}$ 模拟浓度的空间分布[图 11.12(a)]，以及人为源排放和各部门排放依次被替换为 2016 年水平后的结果[图 11.12(b)～(f)]。与图 11.12(a)相比，图 11.12(c)～(f)模拟的南京整体 $PM_{2.5}$ 浓度分别降低了–17%、–12%、–5%和–5%。因此，对工业排放的有效控制被认为

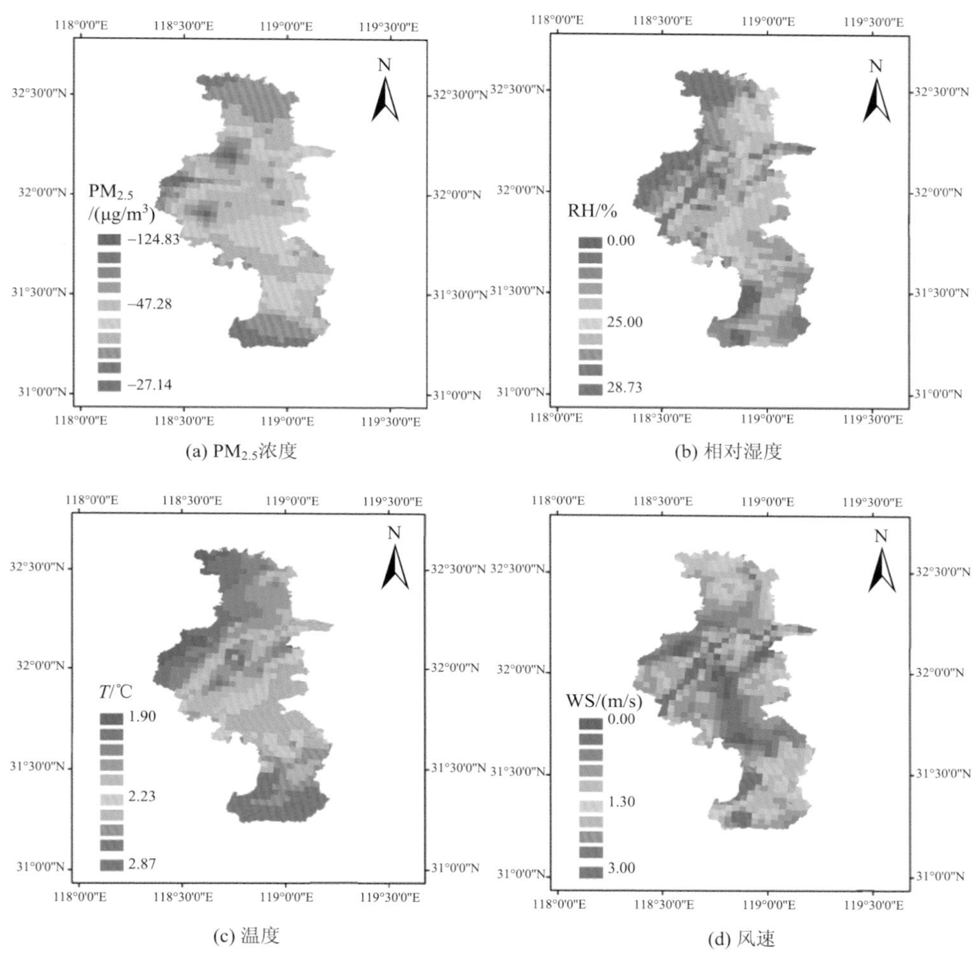

(a) $PM_{2.5}$浓度　(b) 相对湿度

(c) 温度　(d) 风速

图 11.11　2012 年与 2016 年 10 月气象参数和 $PM_{2.5}$ 浓度变化空间分布

是近几年来减少 $PM_{2.5}$ 的最大动力，其次是电力、交通和民用源。如表 11.1 和表 11.2 所示，人为的 SO_2、NO_x 和一次 $PM_{2.5}$ 的年排放量分别减少了 98.7 Gg、46.5 Gg 和 52.8 Gg，而工业部门对减排的贡献分别为 50%、25%和 85%，电力部门分别为 44%、62%和 4%。因此，在研究期间，工业和电力部门的减排对 $PM_{2.5}$ 污染降低占主导地位。作为高架源，电力行业的污染物排放具有相对较远的传输距离，因此对其排放控制的效益低于工业源。尽管交通和民用排放源的年排放量相对变化也很大，但其对城市排放总量贡献很低(表 11.2)，因此对减少气溶胶污染的作用相对较小。

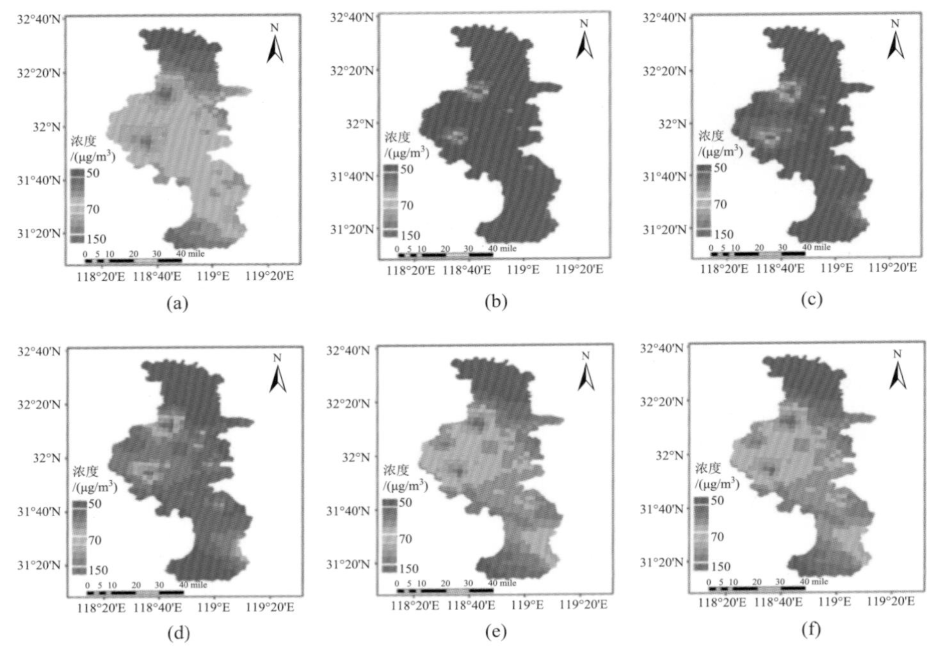

图 11.12　2012 年气象条件下南京市模拟的 $PM_{2.5}$ 浓度(1 月、4 月、7 月和 10 月的平均值)的空间分布情况

(a)是应用 2012 年排放数据的情况；(b)～(f)分别是用 2016 年的数据替换所有人为、工业、电力、交通和居民排放源的情况；mile 指英里，非法定单位，1 mile=1.609344 km

本节以长三角典型城市南京市为例，量化了大气污染物排放的年际变化，评估了近年来排放和气象因素的变化对气溶胶污染减少的作用。从 2012～2016 年，SO_2 和一次 $PM_{2.5}$ 实现了超过 60%的年减排量，反映了国家和地方大气污染控制政策的影响，而 NO_x 的减排率较小，为 22%。基于城市高精度排放清单的大气成分(SO_2、NO_2、$PM_{2.5}$ 及其化学组分)浓度模拟与观测之间具有很好的一致性。根据 1 月、4 月、7 月和 10 月的月均值，2012～2016 年 $PM_{2.5}$ 浓度下降 28%，与地面观测的结果(25%)相当。除 10 月以外，2012～2016 年人为排放的下降较气象条件变化对气溶胶污染的减少发挥了更重要的作用，工业和电力部门是减少排放和 $PM_{2.5}$ 污染的主要贡献者。

11.2　江苏省 2015～2019 年 O_3 浓度变化案例

11.2.1　2015～2019 年江苏省 O_3 生成前体物排放变化特征分析

基于第 2～8 章建立的针对各类行业和大气成分的排放清单优化方法，建立

2015～2019 年江苏省人为源大气污染物排放清单。其中，O_3 生成重要前体物（NO_x 和 VOC）的排放总量如图 11.13 所示。2015～2019 年，江苏省 NO_x 年排放总量呈逐年下降趋势，由 141 万 t 下降为 112 万 t，排放量下降幅度为 20.6%；VOC 排放总量也有略微减少，由 134.8 万 t 下降至 127.1 万 t，但五年间排放下降幅度仅 5.7%，明显小于 NO_x 的下降程度。

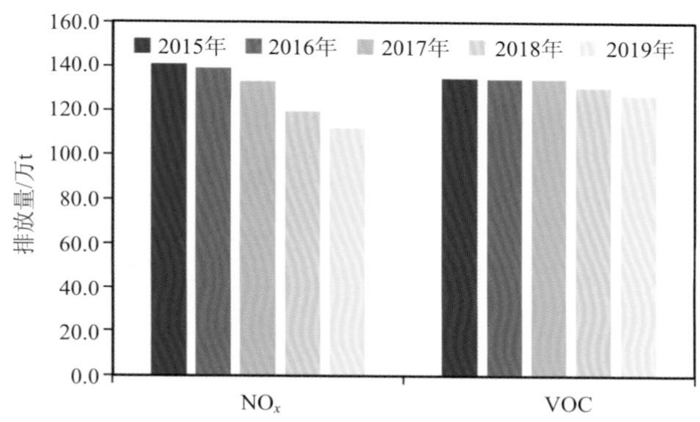

图 11.13　2015～2019 年江苏省 NO_x 和 VOC 年排放总量

2015～2019 年 NO_x 排放下降的重要原因是在“十三五”期间，江苏省对主要能源消耗行业（尤其是电力和工业）的大气污染物排放控制力度明显加强。在此期间，燃煤电厂完成了超低排放改造，烟气脱硝技术大规模应用于电力、钢铁和水泥等行业，脱硝效率的提升推动了 NO_x 排放的持续下降。此外，针对交通行业的污染控制措施对降低 NO_x 排放亦有重要影响。自 2018 年起，江苏省对新车实施更为严格的“国五”排放标准，并持续淘汰“国一”至“国三”废旧车型，以此改善交通源大气污染状况。VOC 排放的下降主要得益于在石化、化工等行业逐步应用的末端控制技术，包括泄漏检测修复方法控制过程 VOC 排放，冷凝、吸收吸附等方法回收 VOC，以及燃烧和生物处理等方法处理末端 VOC 排放。相比于 NO_x 排放更加集中和易于控制的电力和其他燃煤企业，石化、化工行业不同生产工序的 VOC 排放特征更为复杂，尤其是大量无组织排放尚未得到有效管控，因此其排放量下降幅度较小。NO_x 和 VOC 下降比例的差异对不同地区 O_3 生成有重要影响，在 O_3 生成的 VOC 敏感区，VOC 排放削减量相对较小，将削弱 O_3 污染改善效果。

江苏省人为源大气污染物空间分布如图 11.14 所示（以 2017 年为例）。CO、SO_2 排放高值区主要出现在苏南地区，主要原因是苏南地区的工业和燃煤活动较为密集，污染物排放强度相对较高；徐州、南通、淮安、宿迁等地市出现 NH_3 排放高值，主要是由于这些地区畜禽养殖活动水平较高；颗粒物排放的高值区集中在苏南地区，主要是由于道路扬尘源和密集工业过程对颗粒物排放贡献较大；NO_x 排放高值区不仅分布在工业密集的苏南地区，还有一部分分布在路网上，主要是由于其主要排放来源既包括工业源（尤其是化石燃料燃烧），也包括道路移动源；VOC 排放高值区主要分布在石化、化工企业较多的苏南地区。

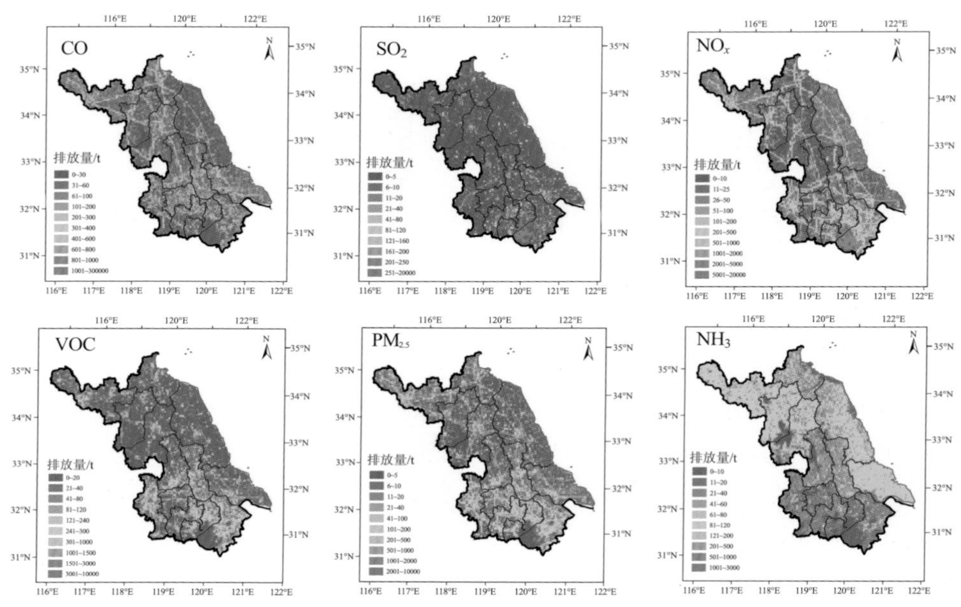

图 11.14　2017 年江苏省 CO、SO_2、NO_x、VOC、$PM_{2.5}$ 和 NH_3 的空间分布

11.2.2　江苏省 O_3 浓度数值模拟表现评估

11.2.2.1　模式搭建与评估

本书使用 CMAQ v5.1 模拟 2015～2019 年中国东部范围内的空气质量。模拟区域如图 11.15 所示，采用三层嵌套网格，第一层网格（D1）覆盖中国大部分地区，网格分辨率为 27 km×27 km，网格数为 180×130 个；第二层网格（D2）覆盖华东地区（上海市、江苏省、浙江省、山东省和安徽省），网格分辨率为 9 km×9 km，网格数为 124×127 个；第三层网格（D3）主要包括江苏省，网格分辨率为 3km×3 km，网格数为 235×199 个。模拟采用兰勃特投影坐标系，大气化学反应机制和气溶胶机制分别是碳键机制（CB05）和气溶胶机制（AERO6）。选择的模拟时间为 2015～2019 年每年的 1 月、4 月、7 月和 10 月，气象场由 WRF v3.4 提供。第一层和第二层模拟网格排放清单来源于 MEIC，第三层江苏区域使用 11.2.1 节提到的 2015～2019 年江苏省高精度大气污染物排放清单，江苏之外区域使用 MEIC。

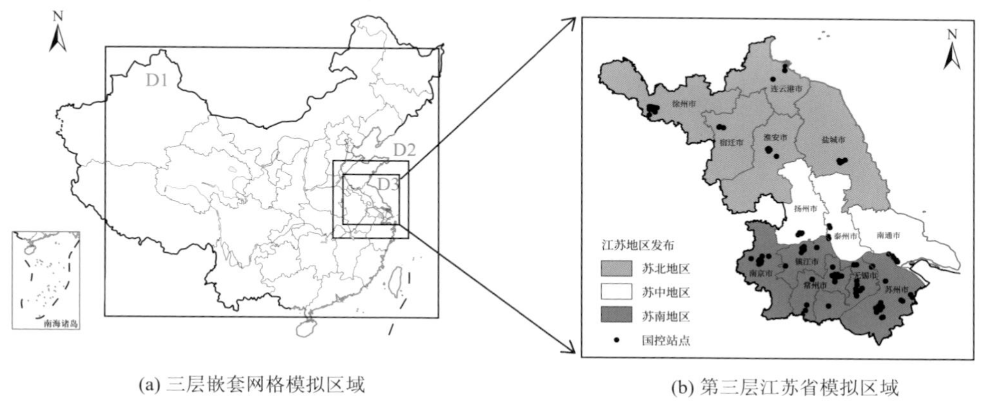

(a) 三层嵌套网格模拟区域　　(b) 第三层江苏省模拟区域

图 11.15　模拟区域示意图

11.2.2.2　江苏省 O_3 模拟的评估与时空分布

图 11.16 为 2015～2019 年江苏省 O_3 日最大 8 小时浓度(MDA8)月均浓度的 WRF-CMAQ 模拟值和观测值的对比。根据观测数据可知，江苏省 O_3 MDA8 日均浓度的高值区均分布在夏季，低值区分布于冬季。夏季高值区浓度范围为 180～230 μg/m^3，2016 年 O_3 浓度整体偏低，冬季 O_3 低值浓度范围为 10～50 μg/m^3，就年变化而言，与 2018 年和 2019 年冬季低值区相比 2015～2017 年更低。通过对比观测数据和模拟结果可以看出，2015～2019 年江苏省的 O_3 模拟浓度和观测浓度均呈上升趋势，且 O_3 模拟浓度总体存在低估现象。O_3 月均浓度低值均出现在 1 月，观测值浓度范围为 50～67 μg/m^3，模拟值浓度范围为 35～52 μg/m^3。观测值的峰值主要分布在 4 月和 7 月，峰值浓度范围为 108～139 μg/m^3；模拟浓度的峰值主要分布在 4 月和 7 月，浓度为 82～118 μg/m^3，其中每年 7 月均为 O_3 浓度最高值。总体而言，江苏省 O_3 浓度分布呈现冬季低、春夏高的时间规律。国控站观测结果表明，2015～2019 年，江苏全省 O_3 年均浓度由 96 μg/m^3 上升至 104 μg/m^3，增长速率为每年 2.13%。以往研究表明，O_3 浓度受气温、风速和相对湿度等气象因素的影响(Zhang et al.，2019)。江苏省夏季不仅日照时间长，而且其环流形势主要是副高西北侧型和副高内部型，在这两类环流形势下易出现高温、低湿天气，从而有助于 O_3 生成，导致江苏省 O_3 浓度较高。同时，由于 2015～2019 年江苏省 $PM_{2.5}$ 浓度下降，减少了气溶胶对羟基自由基的非均相吸收，加剧了地表 O_3 浓度的升高。

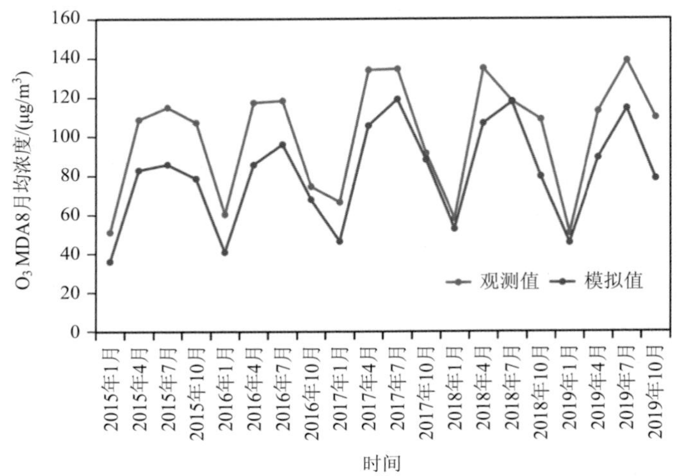

图 11.16　2015～2019 年 1 月、4 月、7 月、10 月 WRF-CMAQ 模拟与地面观测的 O_3 MDA8 月均值

江苏省 O_3 浓度的 WRF-CMAQ 模拟表现统计指标如表 11.9 所示。由于全国尺度 MEIC 在较高空间分辨率(如 3 km)下对省级尺度污染物浓度模拟存在较大不确定性，本书对比了应用江苏省高精度排放清单在 3 km 分辨率下和应用 MEIC 在 9 km 分辨率下模拟结果与观测浓度的 NMB、NME 和 *R*。对于不同年份，应用江苏省排放清单的 NMB 值为–32.52%～–0.41%，NME 值为 24.93%～47.13%，*R* 值为 0.22～0.67；应用 MEIC 的 NMB 为–36.00%～32.04%，NME 为 26.75%～66.286%，*R* 值为 0.17～0.60。大多数 NMB 和 NME 均在标准范围内(Emery et al.，2017)，表现出较好的 O_3 模拟效果。NMB 值为负值表明应用 WRF-CMAQ 对 O_3 模拟存在低估现象。可能的原因之一是目前江苏省排放清单尚未充分考虑最近实施的 NO_x 防治措施效果，对 NO_x 排放存在一定程度的高估，这导致对 VOC 敏感区的模拟低估了 O_3 浓度。2015 年和 2016 年模拟结果低估程度相比 2017～2019 年更为明显，原因可能是 2015 年和 2016 年排放清单包含的点源信息较少，缺失的点源排放量作为面源处理，从而带来更大的不确定性。对于大多数模拟结果，应用本书建立的江苏省排放清单模拟的 NME 值低于应用 MEIC 模拟的结果，而相关系数 *R* 高于 MEIC 的结果，表明精细化排放清单能在 3 km 分辨率下更好地模拟 O_3 浓度，证明本书应用的江苏省排放清单对 O_3 浓度模拟具有较大的可靠性，能够为后续基于不同情景模拟结果评估气象和排放变化对 O_3 浓度的影响提供有效支持。

表 11.9　江苏省 O_3 MDA8 月均模拟值和观测值的对比评估

时间	*R*		NMB/%		NME/%	
	本地化排放清单	MEIC	本地化排放清单	MEIC	本地化排放清单	MEIC
2015 年 1 月	0.25	0.17	−29.64	−25.20	47.13	42.58
2015 年 4 月	0.37	0.26	−24.01	−27.14	36.43	41.89
2015 年 7 月	0.48	0.41	−20.15	−19.85	36.74	41.82
2015 年 10 月	0.37	0.37	−31.93	−31.93	37.34	37.34
2016 年 1 月	0.29	0.32	−32.52	−36.00	41.43	42.69
2016 年 4 月	0.49	0.47	−27.24	−27.49	37.23	39.03
2016 年 7 月	0.58	0.50	−11.10	−6.44	31.68	31.61
2016 年 10 月	0.51	0.45	−8.94	−13.50	30.37	31.39
2017 年 1 月	0.43	0.44	−29.39	−35.67	38.71	41.95
2017 年 4 月	0.57	0.60	−17.48	−26.47	26.68	31.23
2017 年 7 月	0.44	0.37	−11.86	8.05	31.58	35.81
2017 年 10 月	0.57	0.37	−3.69	−10.20	24.93	26.75
2018 年 1 月	0.22	0.26	−9.21	32.04	38.74	66.28
2018 年 4 月	0.67	0.29	−20.9	−36.00	27.36	42.66
2018 年 7 月	0.45	0.43	−0.41	3.26	32.50	35.30
2018 年 10 月	0.33	0.31	−26.97	−34.66	34.99	39.03
2019 年 1 月	0.28	0.20	−9.99	−13.99	44.02	57.07
2019 年 4 月	0.50	0.41	−21.24	−16.35	31.71	39.57
2019 年 7 月	0.33	0.31	−12.65	−16.70	43.33	34.17
2019 年 10 月	0.28	0.20	−21.57	−24.10	43.93	35.89

综合江苏省大气污染源排放清单、O_3 浓度观测值和 WRF-CMAQ 模拟结果表明，2015～2019 年，江苏省 NO_x 和 VOC 的排放量逐年下降，但是 O_3 浓度逐年升高，主要原因可能是气象条件对 O_3 生成的贡献超过了减排导致的 O_3 浓度变化效果；此外，NO_x 和 VOC 的排放量削减比例不合理也是导致 O_3 升高的可能原因。已有研究表明，苏南地区和苏中地区的 O_3 生成对 VOC 排放更为敏感，而苏北地区的高浓度 O_3 主要受控于 NO_x(蒋美青等，2018)，因此对苏南、苏中等地区 NO_x 排放量的大幅度削减促进了 O_3 的生成。

11.2.3　排放和气象因素对江苏省 O_3 浓度年际变化的贡献

本节基于不同情景下的空气质量模拟结果，采用平均绝对偏差(mean absolute deviation，MAD)和平均绝对偏差百分比(absolute percent departure from the mean，APDM)评估排放和气象条件对 O_3 浓度年际变化的影响；通过建立线性拟合趋势线的方法量化气象和排放变化对 O_3 年际变化的贡献。

11.2.3.1 模拟情景设置

为了评估气象因素和排放因素对江苏省 O_3 浓度在 2015～2019 年的年际变化影响，本节选取 2017 年为基准年(2017 年为整个研究时段的中点年份，且所包含的排放信息最完善)设置了不同的模拟情景，分别研究气象和排放因素对江苏省 O_3 浓度变化的影响。

(1)基准情景(VBOTH)：同时考虑气象条件和排放的变化，模拟 2015～2019 年 1 月、4 月、7 月、10 月的 O_3 浓度变化。

(2)气象变化情景(VMET)：所有模拟时段的排放与 2017 年一致，分析气象条件变化对 O_3 浓度的影响。

(3)排放变化情景(VEMIS)：所有模拟时段气象条件与 2017 年一致，分析源排放变化对 O_3 浓度的影响。

针对 O_3 浓度的年际变化的分析，本节采用 MAD 评估 O_3 浓度逐年变化，采用 APDM 评估 O_3 浓度逐年变化比率，计算公式如下：

$$\mathrm{MAD}=\frac{1}{n}\sum_{i=1}^{n}\left|C_i-\frac{1}{n}\sum_{i=1}^{n}C_i\right| \tag{11.1}$$

$$\mathrm{APDM}=100\%\times\frac{\mathrm{MAD}}{\frac{1}{n}\sum_{i=1}^{n}C_i} \tag{11.2}$$

式中，C_i 为 i 年 O_3 的平均浓度；n 为模式模拟的年数(本节 n 为 5)。

为了确定气象和排放因素对江苏省 O_3 浓度年际变化的贡献占比，本节对 3 种模拟情景下获得的多年份 O_3 月均浓度进行去季节化处理(计算 3 种情景下 O_3 MDA8 月均值的滑动平均值，滑动项数为 4)，并进行时间序列线性拟合，基于拟合获得的斜率(即 O_3 浓度随时间的变化率)量化气象条件变化和排放变化对江苏省 O_3 浓度年际变化的具体贡献。

11.2.3.2 基于多情景模拟的 O_3 浓度 MAD 和 APDM 评估

图 11.17 为 2015～2019 年基准情景(VBOTH)、排放变化情景(VEMIS)和气象变化情景(VMET)下江苏省和苏南(南京、无锡、常州、苏州、镇江)、苏中(南通、扬州、泰州)、苏北(徐州、连云港、淮安、盐城、宿迁)地区的 O_3 MAD 值，以及全江苏省在不同季节的 O_3 MAD 值。在基准情景下，全省 O_3 MAD 值为 9.34 $\mu g/m^3$，春季、夏季、秋季和冬季的 O_3 MAD 值分别为 11.42 $\mu g/m^3$、16.39 $\mu g/m^3$、9.96 $\mu g/m^3$ 和 7.82 $\mu g/m^3$，相对而言，夏季的 O_3 浓度逐年变化最大。在春季、夏季

和秋季，气象变化情景下 O_3 的 MAD 值分别为 8.13 μg/m^3、12.01 μg/m^3 和 8.1 μg/m^3，高于排放变化情景的 O_3 MAD 值，且与基准情景的结果更为接近。这表明在春季、夏季和秋季，气象因素是整个江苏地区 O_3 浓度年际变化的主要原因。在冬季，气象变化情景下的 O_3 MAD 值为 5 μg/m^3，与排放变化情景下的 O_3 MAD 值 5.1 μg/m^3 相当，表明相较于其他季节，排放在冬季对 O_3 逐年变化的作用有所增强。在苏中地区和苏北地区，基准情景的 O_3 MAD 值分别为 9.03 μg/m^3 和 5.84 μg/m^3；气象变化情景中 MAD 值为 6.33 μg/m^3 和 4.67 μg/m^3，均高于排放情景，说明苏中和苏北地区的 O_3 浓度年际变化受气象影响更大；在苏南地区，基准情景的 MAD 值为 10.03 μg/m^3，排放变化情景下的 MAD 值为 7.01 μg/m^3，高于气象变化情景的 MAD 值 6.33 μg/m^3，表明在苏南地区排放是 O_3 浓度年际变化的主要影响因素。

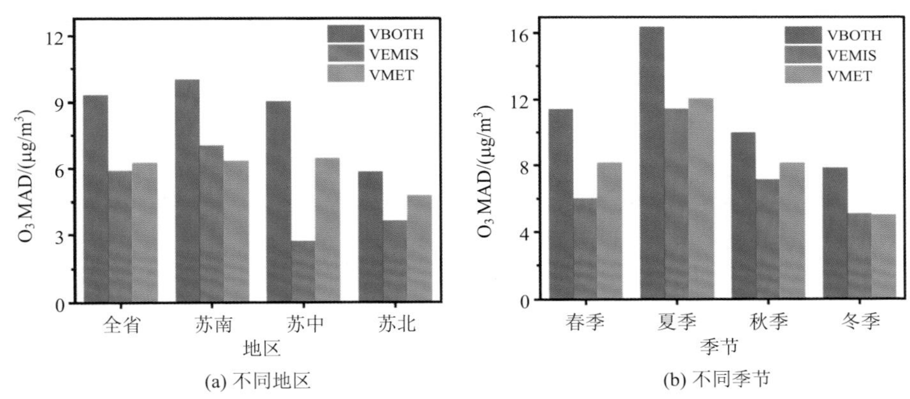

(a) 不同地区　(b) 不同季节

图 11.17　2015～2019 年不同模拟情景下 O_3 浓度 MAD 值

图 11.18 是江苏省 O_3 浓度的 APDM 值的空间分布。整体而言，江苏省基准情景下 O_3 冬季的 APDM 高值区分布在苏州南部地区，低值区分布在南通和苏州北部；春夏两季 O_3 浓度的 APDM 高值区分布在江苏中部和苏州南部地区。通过比较排放变化情景和气象变化情景的 APDM 高值区分布可以发现，冬季时苏州南部地区 O_3 浓度的 APDM 高值贡献来自排放、气象变化的共同影响，而排放变化影响略大。在春夏两季的江苏中部地区 O_3 浓度的 APDM 高值贡献主要来自气象变化，主要原因可能是江苏 7 月受亚热带季风条件影响和海洋传输影响的综合作用。苏南地区 O_3 浓度的 APDM 高值受排放变化影响较大，可能是因为江苏省的工业园区集中分布在苏南地区，其 VOC 排放量高于苏中、苏北地区，尽管近年来对工业园区 NO_x 和 VOC 等前体污染物的排放控制力度有所加强，但由于苏南地区属于 VOC 限制区，不合理的 NO_x 和 VOC 减排比例（VOC 减排量不足）导致

O_3浓度上升。因此，整体上苏南地区不同于苏中、苏北地区，O_3浓度年际变化受排放因素影响大于气象因素。

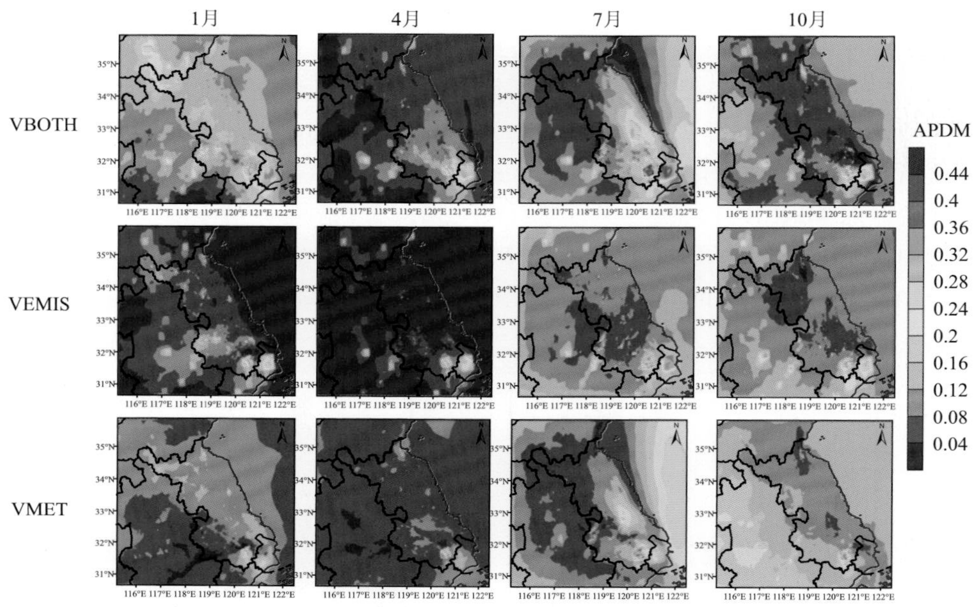

图 11.18　2015～2019 年江苏省 WRF-CMAQ 模拟 O_3浓度的 APDM 空间分布

11.2.3.3　气象和排放变化对江苏省 O_3 年际变化影响的定量分析

图 11.19 是 2015～2019 年 1 月、4 月、7 月和 10 月江苏全省及分区域的 O_3 MDA8 模拟值去季节化处理后的时间变化序列及线性拟合结果，拟合斜率代表该情景下 O_3浓度在这五年内的平均增长速率[μg/(m^3·季)]。全省各区域三种模拟情景的拟合结果均呈逐年上升的趋势，再次证实了气象和排放变化均是近年来 O_3上升的原因；除苏南地区外，气象条件变化(VMET)驱动 O_3上升的速率高于排放变化(VEMIS)。

通过计算排放变化和气象变化驱动的 O_3上升速率和基准情景的 O_3上升速率的比值，得到两者对江苏省 O_3浓度年际变化的具体贡献占比，如图 11.20 所示。需要说明的是，由于 O_3的模拟存在较强非线性特征，采用本案例方法得到的气象和排放贡献相加并不等于 100%。在苏南地区，排放因素对 2015～2019 年 O_3浓度年际变化的贡献为 35%，对 O_3浓度最高的夏季 O_3浓度变化的贡献为 38%；气象因素对 O_3浓度年际变化的贡献为 30%，对夏季苏南地区的 O_3浓度年际变化的贡献为 26%。气象条件对苏中、苏北地区的贡献占比均为 56%，排放因素的占比分别为 18%和 22%。在夏季，气象因素对苏中、苏北地区的贡献为 45%和 56%，排

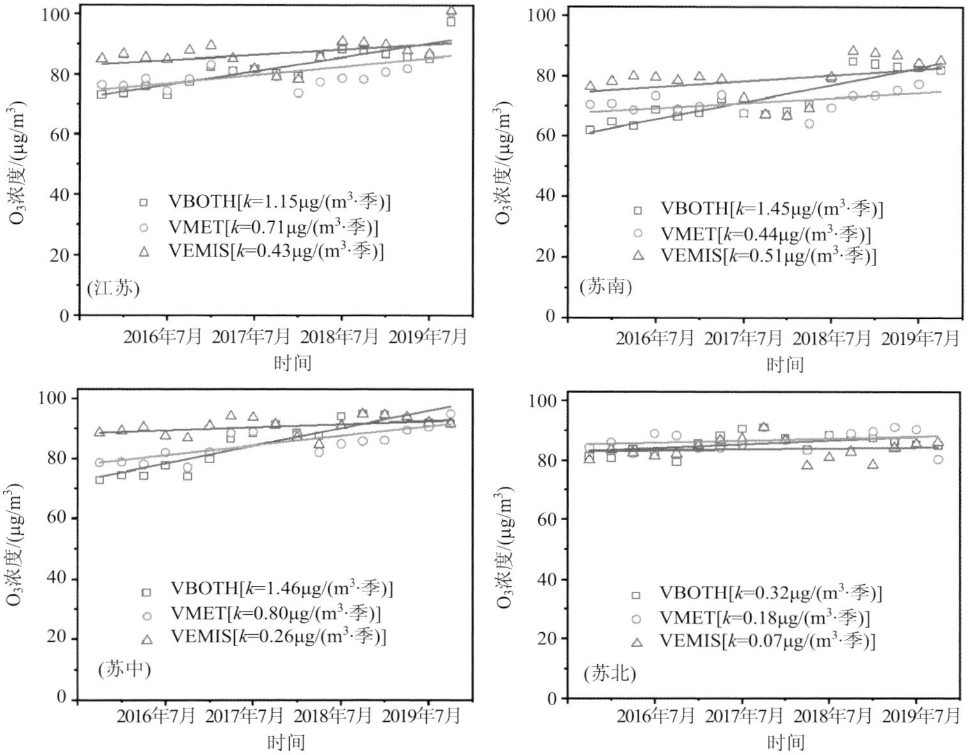

图 11.19　江苏省不同地区 WRF-CMAQ 模拟月均 O_3 浓度时间序列线性拟合结果

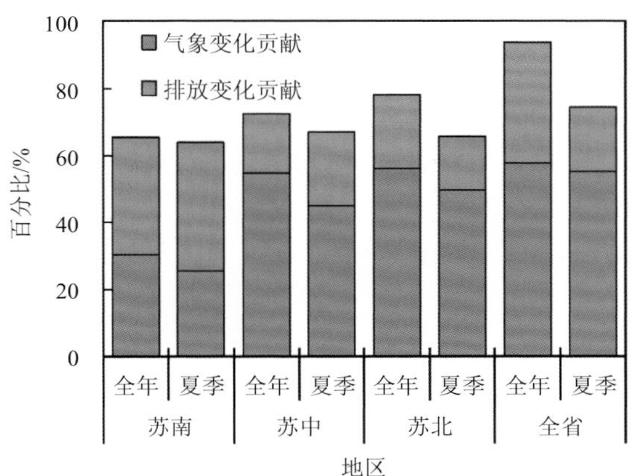

图 11.20　气象和排放变化对江苏省 O_3 浓度变化的贡献

放因素的贡献为 22%和 16%。就全省整体而言，O_3 浓度变化仍是以气象因素贡献为主，这与已有研究认为气象条件是长三角地区 O_3 浓度变化的主导因素的结论接近。例如，Dang 等（2021）基于 GEOS-Chem 开展敏感性模拟试验，得出 2012～2017

年气象和排放因素对长三角地区 O_3 浓度变化的贡献占比分别为 84%和 13%。江苏省 2015～2018 年年均气温持续升高，提高了光化学反应速率，为 O_3 的生成提供了良好条件，因此气象要素成为主导因素。

11.2.4　具体气象参数对江苏省 O_3 浓度变化的影响

已有研究表明，气象条件通过改变温度、边界层高度、相对湿度、海平面气压、风向、风速和中远距离传输等过程影响大气中 O_3 浓度。本书比较了 2015～2019 年具体气象参数变化的 APDM 值和 O_3 浓度变化的 APDM 值的空间相关性，相关性越高表明该气象参数对 O_3 浓度年际变化的影响越大，如图 11.21 所示。2015～2019 年，边界层高度(PBL)、相对湿度(RH)和温度(T)的年际变化与江苏省 O_3 浓度年际变化的相关性 R 分别为 0.112、0.065 和 0.302。因此，温度是影响江苏省 O_3 浓度年际变化的最主要因素，其次是边界层高度。

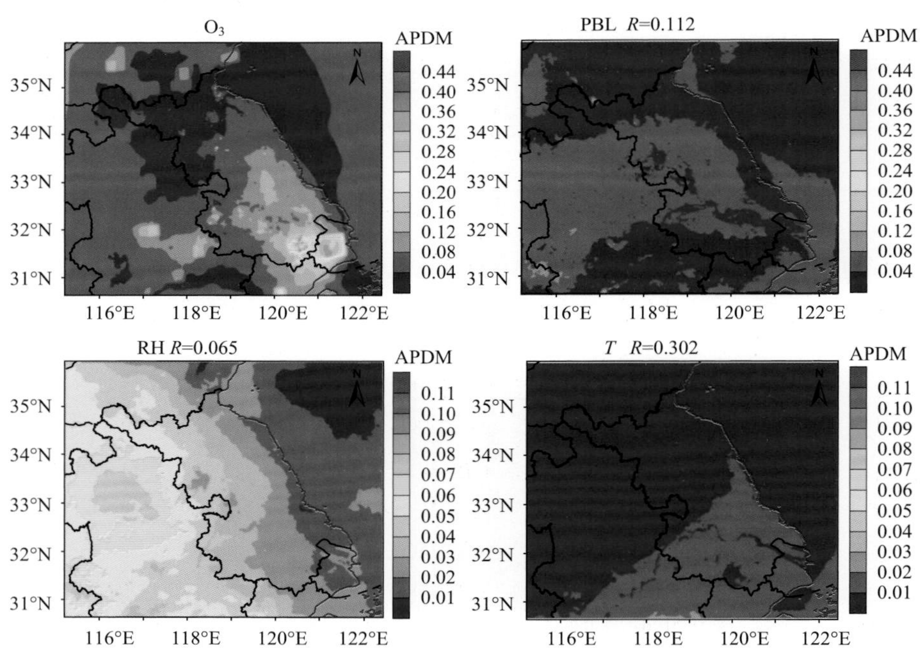

图 11.21　2015～2019 年 O_3 浓度与气象参数的 APDM 空间分布

从空间分布对比图来看，边界层高度年际变化的高值区分布在江苏中西部地区，低值区为沿海地区和以苏州、无锡为主的苏南南部地区、沿海地区、徐州北部和连云港北部地区；相对湿度年际变化的高值区分布在江苏西部，低值区主要分布在南通沿海地区；温度年际变化的高值区分布在江苏中南部地区，低值区主要分布在以徐州、宿迁为主的北部地区。江苏省 O_3 浓度年际变化的高值区主要分布在以苏州为核心的苏南地区，可能主要受温度和边界层高度的影响；O_3 浓度年际变化的低值区的分布以徐州、宿迁地区为主，可能受边界层高度和温度变化影响，相对湿度削弱了徐州、宿迁地区 O_3 浓度的变化。

本书应用逐步多元线性回归模型来确定多个气象变量对 O_3 浓度变化贡献的相对重要性。为了降低回归分析中气象参数之间的共线性，避免过度拟合，我们选取边界层高度（PBL）、相对湿度（RH）、温度（T）、风速（WS）和降水量（PREC）五个关键气象参数进行回归分析。对江苏全省、苏南地区、苏中地区和苏北地区分别建模，模型拟合 R^2 为 0.37、0.42、0.44 和 0.39，P 值均小于 0.05，具有显著性。各气象变量的回归系数如表 11.10 所示，当回归系数为正数时，数值越大表明该参数对 O_3 变化的影响越大；当回归系数为负数时，数值越小表明该参数对 O_3 变化的影响越大。

表 11.10　气象参数的回归系数

气象参数	回归系数 β			
	江苏全省	苏南地区	苏中地区	苏北地区
PBL	0.15	0.20	0.14	0.11
RH	–0.23	–0.31	–0.19	–0.31
T	0.57	0.55	0.46	0.52
WS	–0.07	–0.05	–0.1	–0.16
PREC	–0.1	–0.12	–0.11	–0.09

结果表明，影响江苏全省 O_3 浓度变化的重要的气象参数是温度（β 为 0.57）、相对湿度（β 为–0.23）、边界层高度（β 为 0.15）；在苏南地区，多元线性回归模型识别出的关键气象参数是温度、相对湿度和边界层高度，其回归系数 β 分别是 0.55、–0.31 和 0.20；影响苏中地区 O_3 浓度变化的气象参数主要是温度（β 为 0.46）、相对湿度（β 为–0.19）和边界层高度（β 为 0.14）；苏北地区的 O_3 浓度变化主要受温度、相对湿度、风速的影响，β 分别是 0.52、–0.31 和–0.16。整体而言，影响江苏全省、苏南、苏中和苏北地区 O_3 浓度变化的关键气象参数是温度和相对湿度。随着温度的上升，紫外线辐射加强，光化学反应速率提高，促进了大气中氧分子的分解，导致 O_3 浓度升高。雨季和非雨季导致的相对湿度变化也是影响江苏 O_3 浓度变化的重要气象参数。位于苏北的沿海地区可能受亚热带季风条件影响和海洋传输影响的综合作用，因此风速对其 O_3 浓度变化也产生一定影响。

本节选取长三角典型省份江苏省，基于精细化大气污染物排放清单，应用 WRF-CMAQ 模拟了 2015～2019 年 O_3 的时空分布和变化特征；基于不同模拟情

景下 O_3 浓度年际变化指标(MAD、APDM 和增长速率等)量化气象条件和排放变化对 O_3 浓度年际变化的贡献;采用空间相关性分析法和多元线性回归法初步确定影响 O_3 浓度变化的具体气象参数。2015～2019 年，江苏省 NO_x 和 VOC 排放量逐年下降，而 O_3 浓度总体呈逐年上升的趋势。江苏全省 O_3 浓度年际变化受气象条件的影响高于排放因素(36%)，但苏南地区受排放影响更大；春季、夏季和秋季 O_3 浓度的年际变化主要受气象条件影响；冬季排放因素的影响略高于气象。温度是影响 O_3 浓度年际变化的最主要气象参数，其次是边界层高度。鉴于气象条件对江苏省 O_3 浓度变化的重要影响，在未来短期 O_3 污染防治和前体物排放控制规划中，须充分考虑气象条件对不同地区 O_3 污染的影响，持续推动 VOC 排放削减。

参 考 文 献

蒋美青, 陆克定, 苏榕, 等. 2018. 我国典型城市群 O_3 污染成因和关键 VOCs 活性解析. 科学通报, 63(12): 1130-1141.

Boersma K F, Eskes H J, Dirksen R J, et al. 2011. An improved tropospheric NO_2 column retrieval algorithm for the Ozone Monitoring Instrument. Atmospheric Measurement Techniques, 4(9): 1905-1928.

Dang R J, Liao H, Fu Y. 2021. Quantifying the anthropogenic and meteorological influences on summertime surface ozone in China over 2012-2017. Science of the Total Environment, 754(9): 142394.

Emery C, Liu Z, Russell A G, et al. 2017. Recommendations on statistics and benchmarks to assess photochemical model performance. Journal of the Air & Waste Management Association, 67(5): 582-598.

Wu Y, Zhang S J, Li M L, et al. 2012. The challenge to NO_x emission control for heavy-duty diesel vehicles in China. Atmospheric Chemistry and Physics, 12(19): 9365-9379.

Zhang K, Zhou L, Fu Q Y, et al. 2019. Vertical distribution of ozone over Shanghai during late spring: A balloon-borne observation. Atmospheric Environment, 208: 48-60.

Zhao Y, Yuan M C, Huang X, et al. 2020. Quantification and evaluation of atmospheric ammonia emissions with different methods: A case study for the Yangtze River Delta region, China. Atmospheric Chemistry and Physics, 7(20): 4275-4294.

第 12 章　区域排放清单的应用：环境政策效果及二次污染生成评估

通过对多空间尺度、多数据来源和多表征方法的排放清单进行比较和检验，集成和整合得到的区域排放清单，能够提升排放清单对空气质量模拟的支撑能力，进而提高对污染控制措施实施效果和二次污染生成机制的认识，为有效开展重点地区大气复合污染防治提供科学依据。本章主要以长三角地区为例，介绍区域排放清单在环境健康效益评估和二次污染生成研判中的应用。

12.1　长三角超低排放政策的空气质量和人体健康效益

12.1.1　超低排放政策对长三角地区大气污染改善的模拟量化

12.1.1.1　达标排放情景设定及减排潜力分析

中国燃煤电厂现行排放标准为《火电厂大气污染物排放标准》(GB 13223—2011)，它规定了不同地区火电厂大气污染物排放浓度限值、监测和监控要求。为降低电力部门污染物排放量，缓解其对大气环境和人体健康的危害，国家在现行排放标准的基础上，针对燃煤电厂进一步实施超低排放政策，即要求在基准氧含量为 6%的条件下，燃煤锅炉排放烟气中的二氧化硫(SO_2)、氮氧化物(NO_x)和颗粒物(PM)浓度分别低于 35 mg/m^3、50 mg/m^3 和 5 mg/m^3。表 12.1 对比了现行排放标准和超低排放政策下燃煤锅炉污染物排放浓度限值。与 GB 13223—2011 针对全国重点地区[包括“三区十群”19 个省(区、市)共 47 个城市]设定的排放浓度

表 12.1　不同排放标准/控制政策下主要大气污染物排放浓度限值对比　(单位：mg/m^3)

<table>
<tr><th>排放标准/控制政策</th><th>实施地区</th><th>SO_2</th><th>NO_x</th><th>PM</th></tr>
<tr><td rowspan="3">GB 13223—2011</td><td>重点地区</td><td>50</td><td>100</td><td>20</td></tr>
<tr><td>一般地区新建</td><td>100
200[a]</td><td rowspan="2">100</td><td rowspan="2">30</td></tr>
<tr><td>一般地区现有</td><td>200
400[a]</td></tr>
<tr><td>超低排放</td><td>全部</td><td>35</td><td>50</td><td>5</td></tr>
</table>

注：a，位于广西壮族自治区、重庆市、四川省和贵州省的火力发电锅炉执行该限值。

限值相比，超低排放政策对于 SO_2、NO_x 和 PM 的排放浓度限值将分别降低 30%、50%和 75%。因此，若严格实施超低排放政策将使燃煤电厂大气污染物排放量在现有基础上显著下降。

为评估超低排放政策的实施对区域空气质量的影响，本节基于不同排放标准/控制政策设计了四组达标排放情景(表 12.2)，依次为现行排放达标情景(情景 1，假设所有燃煤电厂实现对 GB 13223—2011 的达标排放)、超低排放政策达标情景(情景 2，假设所有燃煤电厂实现对超低排放政策的达标排放)、电厂排放置零情景(情景 3)及燃煤电厂和工业锅炉排放同时实现超低排放达标情景(情景 4)。其中，情景 1 和情景 2 的设计旨在评估超低排放政策的实施为燃煤电力部门带来的减排效果；情景 3 是一种理想化情景，旨在评估电力部门对大气污染的贡献；情景 4 则是在情景 2 的基础上，进一步假设工业锅炉也实现对超低排放政策的达标排放，以评估超低排放政策推广至非电力行业带来的空气质量改善效益。目前，我国部分省份发布或更新了工业锅炉污染物排放标准，体现了超低排放的要求。本节设计的情景 4 要求工业锅炉达到或优于上述标准排放限值，并直接将排放浓度限值作为年均排放浓度，结合统计年鉴中各省份工业锅炉燃煤量计算得到工业锅炉的超低排放达标量。需要注意的是，该估算方法相对保守，若考虑 95%的保证率将使工业锅炉达标排放量更低。

表 12.2　不同达标排放情景设定

情景	排放情景设定
1	假设所有燃煤电厂实现对现行排放标准 GB 13223—2011 的达标排放
2	假设所有燃煤电厂实现对超低排放政策的达标排放
3	假设所有燃煤电厂排放为零
4	假设所有燃煤电厂和工业锅炉均实现对超低排放政策的达标排放

进一步基于连续排放监测系统(CEMS)数据对不同达标排放情景下中国燃煤电厂减排量进行了预测，研究区域包括 22 个省、4 个自治区和 4 个直辖市(香港、澳门、台湾地区暂缺；西藏自治区内无燃煤电厂)，并根据电厂供电服务区域将其划分为六大电网，包括西北电网、东北电网、华北电网、华中电网、华东电网和南方电网。各电网划分区域如图 12.1 所示，其中内蒙古东部地区的呼伦贝尔、兴安盟、通辽和赤峰归属于东北电网，西部地区的锡林郭勒盟、乌兰察布、呼和浩特、包头、巴彦淖尔、鄂尔多斯、乌海和阿拉善盟则划分为华北电网。

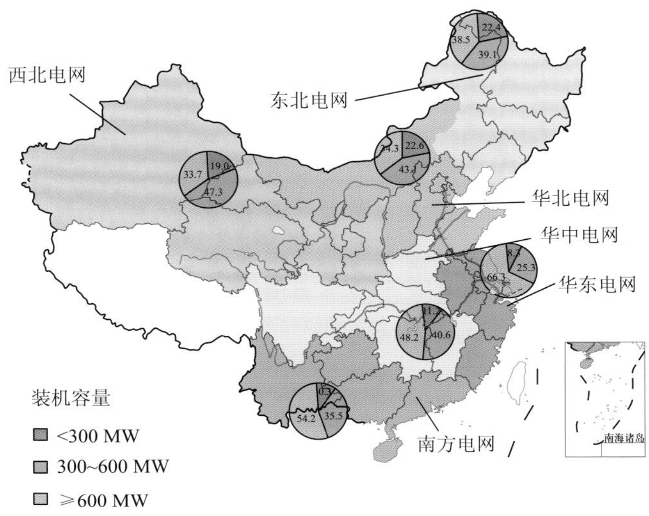

图 12.1　2015 年中国六大电网划分及装机容量分布

图 12.2 为不同达标排放情景下 2015 年中国各电网燃煤电厂污染物减排量，现有污染物排放量以融合了CEMS数据的燃煤电厂排放清单UEI(B)为基准(见第5章介绍)。可以看到，情景 1 中全国燃煤电厂 SO_2、NO_x 和 PM 排放总量分别为 1171 Gg、1229 Gg 和 255 Gg，与现有排放量相比分别下降了 150 Gg、201 Gg 和 79 Gg，减排比例为 11%、14%和 24%；在六大电网中的下降比例分别为 0%～38%、2%～30%和 0%～54%。大部分电网对现行排放标准的减排潜力比较有限，反映当前电力行业减排措施的有效性，其中华北电网的燃煤电厂 SO_2 和 PM 均已实现对现行排放标准的达标排放。当燃煤电厂全部实现超低排放达标时(情景 2)，全国燃煤电厂 SO_2、NO_x 和 PM 排放总量分别为 417 Gg、653 Gg 和 63 Gg，将在情景 1 的基础上进一步分别降低 754 Gg、576 Gg 和 192 Gg，较现有排放情况分别减排 68%、55%和 81%；六大电网污染物排放量较现有排放分别下降了 54%～82%、43%～66%和 71%～90%。情景 2 中所有污染物的减排幅度要远大于情景 1，表明超低排放政策的实施能有效降低电力部门的排放。由于各电网中煤电装机结构和污染控制设备的先进水平不同，污染物减排幅度存在区域差异。西北电网在现行排放达标情景(情景 1)中污染物排放的下降比例远高于其他地区，尤其是 SO_2 和 PM。华北地区作为污染物排放的重点管控区域，已经执行了多项短期和长期减排政策来改善其区域空气质量，包括制定“2+26”城市大气污染治理任务，以切实加大京津冀及周边地区大气污染治理力度；该地区也是超低排放政策较早推广实施的地区，因此在两种达标排放情景下该电网的减排潜力均小于其他电网。

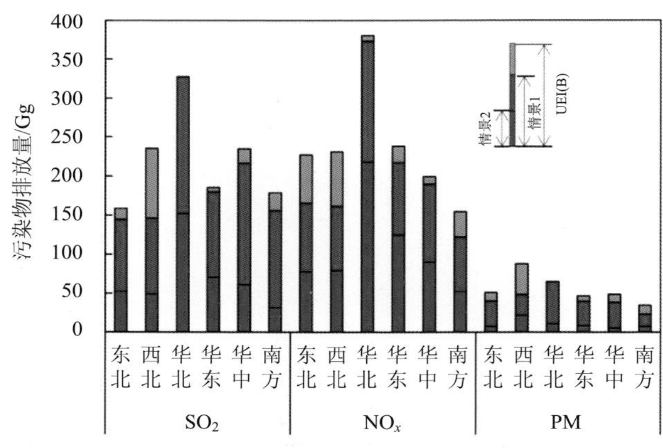

图 12.2　不同达标排放情景下中国各电网燃煤电厂污染物减排量

图12.3进一步分析了不同达标排放情景中燃煤电厂大气污染物排放量在人为源总排放量中的占比情况，并与以往排放清单结果进行了对比。根据未融合CEMS数据的排放清单，即 Xia 等(2016)、Zhao 等(2018)、中国多尺度排放清单模型(MEIC；http://meicmodel.org/)和我们基于"自下而上"法(即由最微小的环节开始，逐渐加和至宏观层面)构建的BEI(见第5章介绍)的结果，燃煤电厂的SO_2、NO_x和PM排放量在全国总排放量中的占比从2006年的48%～53%、31%～36%和8%下降到2015年的22%～28%、14%～21%和5%～6%。而融合CEMS数据估算的2015年燃煤电厂排放清单[UEI(B)]则发现3种污染物的占比大幅下降至8%、7%和1.5%。作为我国大气污染控制政策中最重要的减排目标之一，电力部门污染物排放量对全国总排放量的贡献已显著降低。在现有排放基础上，两种达标排放情景中的电厂污染物排放量将进一步减少，该部门排放占比也持续下降，情景1中燃煤电厂SO_2、NO_x和PM排放量占比分别为7.5%、5.9%和1.1%，情景2中继续下降至2.8%、3.2%和0.3%。因此，随着控制措施的不断严格，未来对燃煤电厂实施超低排放政策为总排放量带来的减排效益有限，建议同时对工业锅炉和工艺过程源等其他污染部门采取更严格的排放控制措施，以进一步有效地减少人为源大气污染物总排放量，并带来更大的环境和健康效益。

12.1.1.2　超低排放政策对长三角地区空气质量的影响

长三角地区经济发达且能源消耗量大，大气污染问题突出，是国家排放控制政策包括超低排放政策的重点关注区域，也是最早实施电力行业超低排放政策的地区之一。量化减排量及随之带来的空气质量变化对于充分了解该政策的环境效益至关重要。将上述构建的不同情景中的燃煤电厂达标排放量与MEIC结合，利用中尺度气象模式(WRF)–多尺度区域空气质量模式(CMAQ)开展针对长三角地

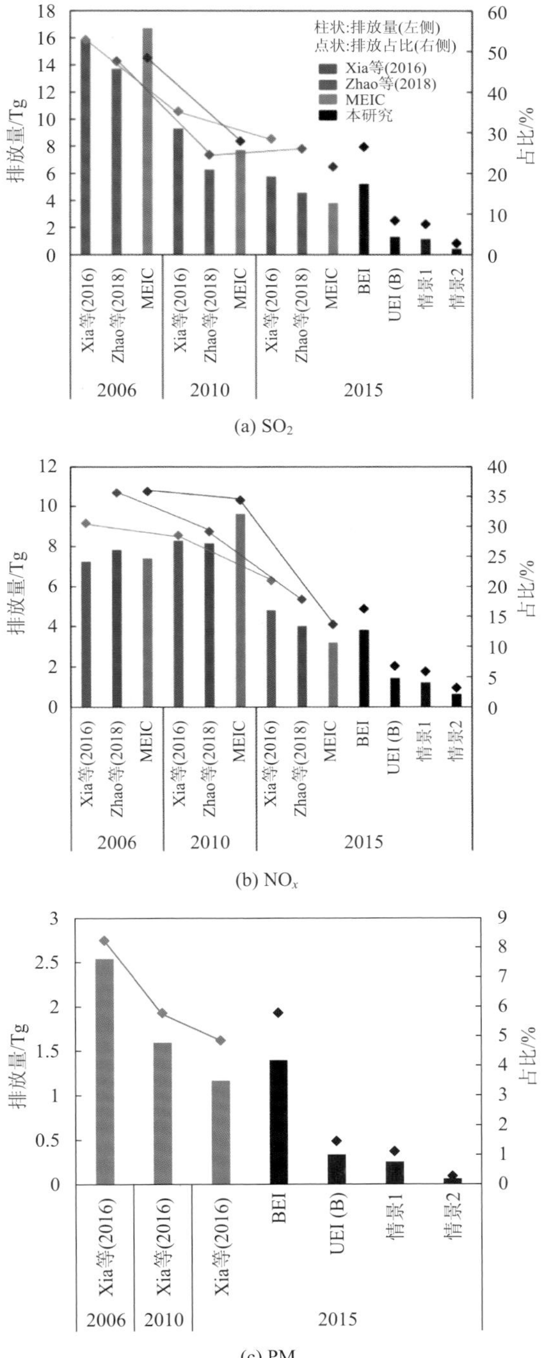

图 12.3　不同研究中燃煤电厂污染物排放量及其在总排放量中的占比

区的空气质量模拟研究，进一步量化多情景下关键大气污染物二氧化硫(SO_2)、二氧化氮(NO_2)、臭氧(O_3)和细颗粒物($PM_{2.5}$)的模拟浓度在现有排放基础上的变化程度。

相比现有排放情况[基准，即 UEI(B)排放清单]，不同达标排放情景下污染物排放量发生了不同程度的下降。在情景 2 中，长三角地区人为源 SO_2、NO_x 和 PM 的总排放量分别为 1557 Gg、3578 Gg 和 2720 Gg，与现有排放量相比分别仅下降了 7%、4%和 1%；情景 3 中 SO_2、NO_x 和 PM 总排放量较现状排放量分别下降了 11%、7%和 2%。由于电厂排放的占比较小，即使将电厂的排放量全部降为零，所带来的人为源排放总量的变化也不明显。在 UEI(B)耦合排放清单中，长三角地区工业污染源 SO_2、NO_x 和 PM 排放量占比分别为 78%、35%和 66%，远高于电力部门的排放占比。进一步考虑工业锅炉实现超低达标排放(情景 4)，SO_2、NO_x 和 PM 的总排放量分别为 501 Gg、2711 Gg 和 1442 Gg，较现状排放量分别下降了 70%、27%和 48%，可见对电厂和工业锅炉均实现超低达标排放能大幅减少污染物的排放。

基于 WRF-CMAQ 对不同达标排放情景下的长三角地区主要大气污染物浓度进行数值模拟，以量化超低排放政策实施对区域空气质量的改善效果。表 12.3 统计了 2015 年 1 月、4 月、7 月和 10 月不同达标排放情景中 SO_2、NO_2、O_3 和 $PM_{2.5}$ 的月均模拟浓度相较于现行排放情景[UEI(B)情景]的变化比例和月均绝对浓度值变化。可以看到，相较 UEI(B)情景，情景 2 下长三角地区 SO_2、NO_2、O_3 和 $PM_{2.5}$ 的月均模拟浓度变化幅度在 4 个模拟月份均小于 7%，绝对值变化均小于 1 $\mu g/m^3$。一次污染物 SO_2 和 NO_2 浓度变化较 O_3 和 $PM_{2.5}$ 更加明显，其中 SO_2 和 NO_2 的模拟浓度与 UEI(B)情景相比分别下降了 2.7%～6.1%和 2.0%～2.9%，O_3 浓度上升了 0.8%～2.2%，$PM_{2.5}$ 浓度的下降幅度在 0.1%～1.3%。情景 3 中 SO_2 模拟浓度在现有排放基础上的下降比例在 4.3%～12.1%，略高于情景 2 中 SO_2 浓度的下降比例，但其余三种污染物的变化仍不明显。若同时考虑电厂和工业的超低排放达标(情景 4)，与 UEI(B)情景相比，SO_2、NO_2 和 $PM_{2.5}$ 的模拟浓度在 4 个月份分别下降了 1.5～2.4 $\mu g/m^3$、2.5～3.7 $\mu g/m^3$ 和 4.6～6.5 $\mu g/m^3$，下降比例分别在 32.9%～64.1%、16.4%～22.8%和 6.2%～21.6%。这是由于长三角地区工业污染物排放量比重大，针对工业部门的排放削减会引起污染物排放总量的明显下降。而对于 O_3 而言，同时考虑电厂和工业的超低排放控制则导致其大气浓度上升了 0.8～4.8 $\mu g/m^3$，变化比例为 2.6%～14.0%。这是由于长三角大部分地区属于挥发性有机物(VOC)控制区，而所有达标排放情景中仅削减了 NO_x 排放而未对 VOC 排放加以控制，因此为改善长三角地区日益严峻的 O_3 污染问题，需对 NO_x 和 VOC

进行协同控制。此外，由于污染物排放量与环境浓度的非线性响应关系，且其他行业的排放对长三角地区污染物浓度也具有一定的贡献，各达标排放情景中污染物模拟浓度的变化幅度均低于对应的排放量削减比例。

表 12.3　不同情景下长三角地区污染物模拟变化比例及浓度变化

污染物	[情景 2–UEI(B)]/UEI(B)				[情景 3–UEI(B)]/UEI(B)				[情景 4–UEI(B)]/UEI(B)			
	1 月	4 月	7 月	10 月	1 月	4 月	7 月	10 月	1 月	4 月	7 月	10 月
SO_2	–2.7 (–0.2)	–4.8 (–0.2)	–6.1 (–0.1)	–4.3 (–0.2)	–4.3 (–0.3)	–11.4 (–0.4)	–12.1 (–0.3)	–12.1 (–0.5)	–32.9 (–2.0)	–57.3 (–1.8)	–64.1 (–1.5)	–55.1 (–2.4)
NO_2	–2.0 (–0.4)	–2.9 (–0.4)	–2.0 (–0.3)	–2.5 (–0.4)	–2.6 (–0.5)	–5.9 (–0.8)	–4.1 (–0.6)	–6.2 (–1.0)	–16.4 (–3.2)	–21.9 (–3.0)	–17.1 (–2.5)	–22.8 (–3.7)
O_3	1.7 (0.4)	2.2 (0.9)	0.8 (0.3)	2.2 (0.8)	–2.0 (–0.5)	2.7 (1.2)	–1.6 (–0.5)	4.5 (1.5)	10.4 (2.6)	9.7 (4.1)	2.6 (0.8)	14.0 (4.8)
$PM_{2.5}$	–0.1 (–0.1)	–0.5 (–0.2)	–1.3 (–0.4)	–0.5 (–0.2)	–1.7 (–1.3)	–2.4 (–1.0)	–4.3 (–1.3)	–0.9 (–0.4)	–6.2 (–4.6)	–14.6 (–6.0)	–21.6 (–6.5)	–14.3 (–6.3)

注：括号外数据表示不同情景相对于 UEI(B)的污染物浓度变化率(单位：%)，括号内数据表示污染物浓度的变化量(单位：$\mu g/m^3$)。

由于采用了相同的月排放系数对年排放总量进行时间分配，同一达标排放情景下各月份污染物排放量相较于现有排放的下降幅度一致。然而，太阳辐射、风速、风向等气象条件和大气中复杂的化学反应等因素的综合影响会使各月份污染物浓度变化幅度存在差异，主要表现为 7 月份 SO_2 和 $PM_{2.5}$ 的模拟浓度变化幅度较其他月份更为明显。一方面，基于现有排放[UEI(B)情景]的长三角地区 7 月份 SO_2 和 $PM_{2.5}$ 模拟浓度最低(图 12.4)，而不同月份污染物排放量的下降比例一致，这可能是导致一次污染物 SO_2 浓度变化幅度在 7 月份最大的原因；另一方面，7

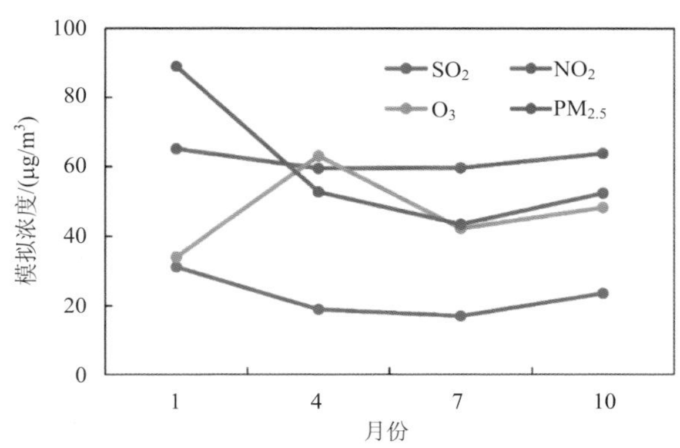

图 12.4　长三角地区现有排放情况[UEI(B)]下 SO_2、NO_2、O_3 和 $PM_{2.5}$ 月均模拟浓度

月份农业源的排放量较低，而电力和工业部门排放占比较高，因此对这两种污染源进行减排造成的排放总量变化比例大于其他月份，使得 7 月份 SO_2 和 $PM_{2.5}$ 模拟浓度变化幅度较大。此外，7 月份的大气环境较为活跃(温度高、光照强)，二次污染物的转化与生成速度快，排放变化带来的 $PM_{2.5}$ 浓度变化也大。情景 2 和情景 4 中长三角地区 7 月份 $PM_{2.5}$ 平均模拟浓度分别较 UEI(B)情景下降了 0.4 μg/m^3 和 6.5 μg/m^3，降幅高于其他三个月份。O_3 浓度由于受其前体物 NO_x 的影响，与 NO_2 浓度变化幅度的季节特征一致，均在 4 月和 10 月表现出更高的浓度变化。

针对情景 2 和情景 4，进一步分析了不同达标排放情景下污染物模拟浓度相较于 UEI(B)情景模拟结果的空间变化特征。当燃煤电厂均实现超低排放达标时，如图 12.5 所示，长三角地区一次污染物 SO_2 和 NO_2 的浓度变化比例普遍低于 10%，二次污染物 O_3 和 $PM_{2.5}$ 的浓度变化幅度更小，基本在 5%以下。空间上，安徽省中北部和江苏省中南部地区模拟得到的 SO_2 浓度变化较大。这些地区的电厂分布较为密集，使得不同情景中该污染物排放量变化也较大。与现有排放情况相比，燃煤电厂的超低排放达标使上海市的 SO_2 和 NO_x 排放量分别下降了 2.2%和 0.8%，远低于其他省份(安徽省为 6.1%和 2.5%，江苏省为 9.5%和 4.4%，浙江省为 5.5%和 2.7%)。结果表明，仅在电力部门实施更严格的控制措施限制了减排和改善空气质量的潜力，特别在大气污染防治已达到较高实施水平的发达城市。

若同时考虑对工业锅炉的超低排放达标，如图 12.6 所示，长三角地区大气污染物模拟浓度与现状排放的模拟结果相比则呈现出明显变化。其中，SO_2 和 NO_2 的模拟浓度在整个长三角地区的平均下降幅度达到 40%和 25%以上，二次污染物 O_3 和 $PM_{2.5}$ 的变化幅度在大部分地区也明显高于情景 2。

其中，SO_2 浓度的相对变化较其他污染物更为显著，模拟浓度相对差异在空间分布上呈现出更大范围的高值区，这是由于 SO_2 受一次排放的影响很大。此外，由于长三角地区工业企业数量众多且分布广泛，大气 SO_2 浓度水平变化的区域差异不大。可以注意到，对于 NO_2 浓度变化，长三角中部相对较少的 NO_2 降幅就可导致该区域 O_3 浓度的显著增加，而 10 月份安徽省南部类似的 O_3 增加水平则是由更大的 NO_2 浓度降幅引起。与其他 VOC 敏感区相比，长三角中部的 O_3 形成对 NO_x 的减排更为敏感。因此，长三角发达的中部地区的 O_3 污染控制面临着很大的挑战，需要在 VOC 减排方面做出更大努力。

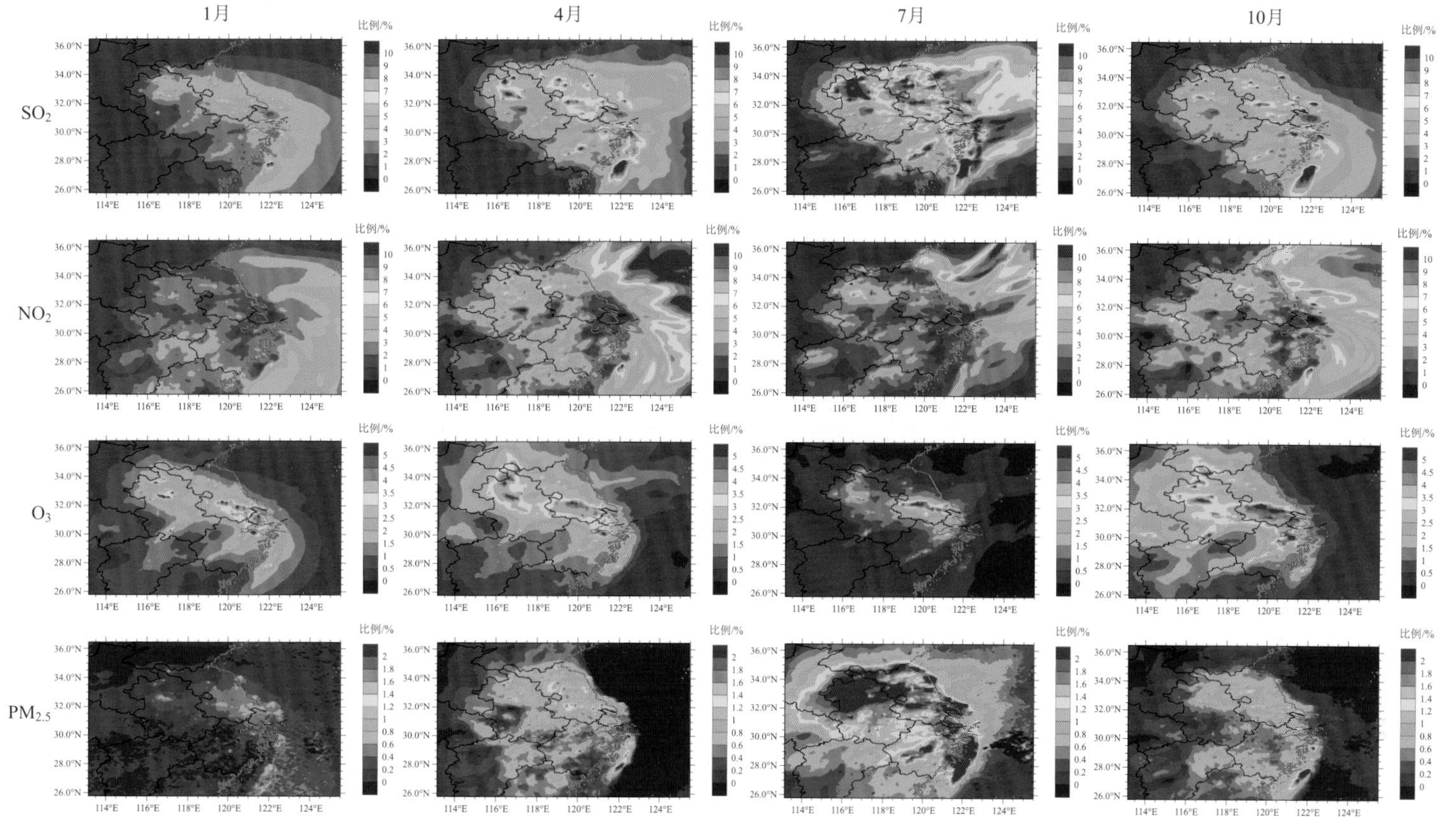

图 12.5　情景 2 相较于 UEI(B) 情景的 SO_2、NO_2、O_3 和 $PM_{2.5}$ 模拟浓度下降比例的空间分布

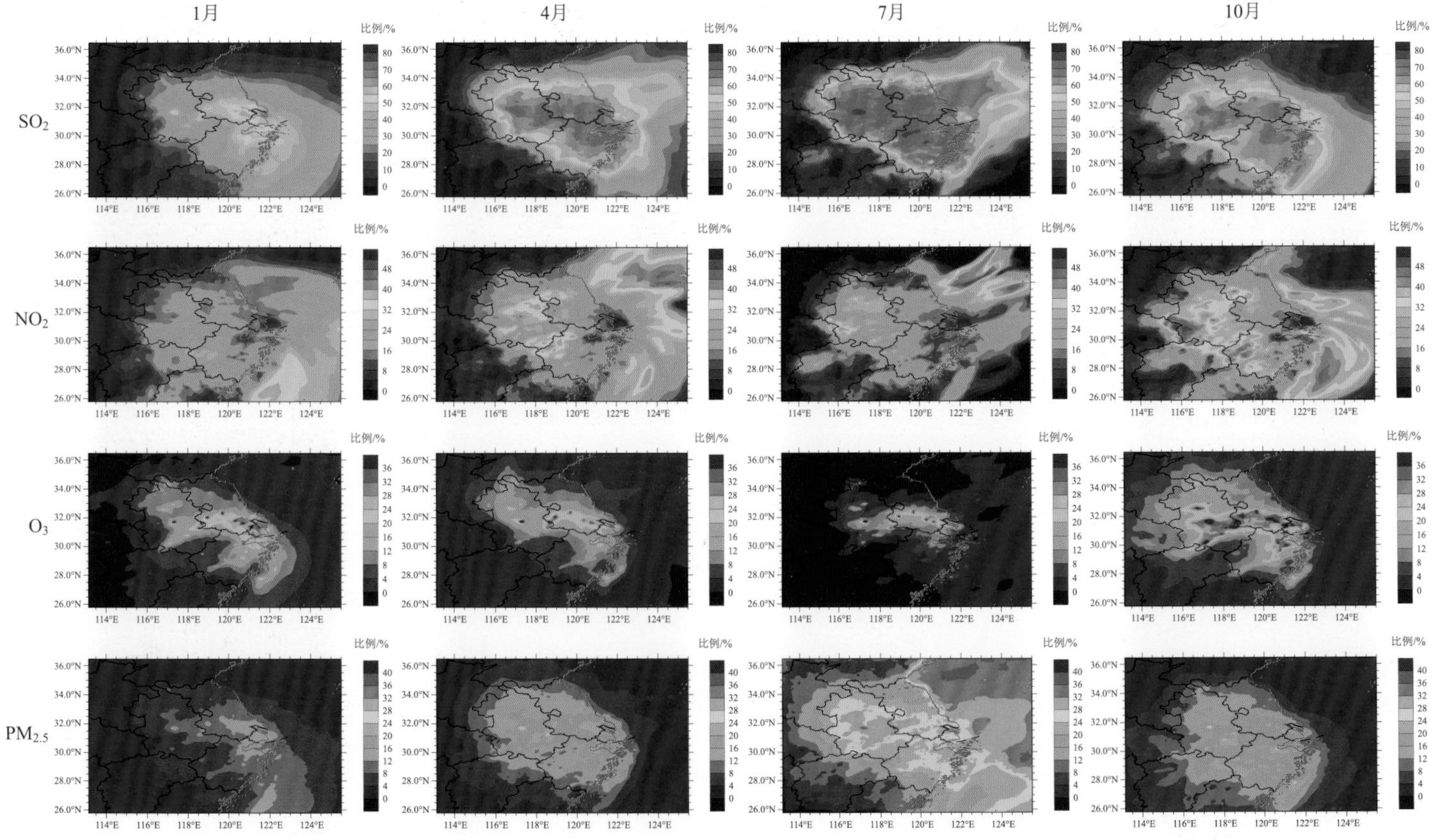

图 12.6　情景 4 相较于 UEI(B)情景的 SO_2、NO_2、O_3 和 $PM_{2.5}$ 模拟浓度下降比例空间分布

12.1.2　超低排放政策对 $PM_{2.5}$ 归因人群死亡及寿命损失的改善评估

12.1.2.1　大气污染的人群健康风险计算方法

空气污染与人体健康效应间的研究主要包括空气污染暴露响应参数研究和空气污染健康定量评估两个方面。暴露响应参数是通过流行病学研究寻求影响群体健康状况的因素和二者间的相互作用关系，表征污染物单位浓度变化导致的健康效应变化。空气污染健康定量评估分为短期和长期效应评估，前者着重研究大气污染引起的人群各疾病住院率、门诊率和日死亡率等，后者则侧重研究污染物所导致的各疾病死亡率和人群平均寿命损失等方面。空气污染健康定量评估的重点在于污染物暴露浓度-死亡响应参数(β)与相对危险度(relative risk，RR)的换算，目前流行病学研究多采用泊松分布的 Cox 回归分析模型获取暴露浓度-死亡响应参数，从而得到 RR 与 β 的关系，如式(12.1)所示。当污染物浓度 C 和临界浓度 C_0 相差不大时，可进一步简化为式(12.2)。

$$\mathrm{RR}=\exp[\beta\times(C-C_0)] \tag{12.1}$$

$$\mathrm{RR}=\beta\times(C-C_0) \tag{12.2}$$

2004 年世界卫生组织(WHO)也采用式(12.1)评估 RR，使用了 Pope 等(2002)计算的 $PM_{2.5}$ 浓度-死亡响应参数。但该项研究中 $PM_{2.5}$ 浓度区间为 5～30 μg/m^3，无法判断在 $PM_{2.5}$ 高浓度条件下该响应关系的适用性。基于此，Ostro(2004)对 RR 的计算进行了修正，提出将简单线性关系改为对数线性关系。然而该修正方程与如今的流行病学研究结果并不相符，因此未被广泛应用。

为弥补以上研究的不足，Burnett 等(2014)融合了西方流行病学研究中全球大气污染、主动吸烟和二手烟、家庭烹饪和加热过程中固体燃料燃烧(室内空气污染)等数据，拟合了与 $PM_{2.5}$ 暴露密切相关的主要死因的 RR 函数。该函数可以在较大的 $PM_{2.5}$ 暴露浓度范围内描述暴露-反应关系，减少线性外推法可能带来的误差，对于心脑血管疾病还给出了分年龄段的拟合曲线。

由于中国现有能源结构在短时间内难以发生重大调整，空气污染问题仍非常突出，暴露于大气污染环境将直接或间接地对人体各系统或组织、器官等产生危害，从而增加疾病致死率并缩短人口预期寿命。2015 年全球疾病负担、伤害和风险因素研究(The Global Burden of Diseases, Injuries, and Risk Factors Study，GBD)已将大气污染视为全球疾病负荷的主因，尤其是在低收入和中等收入的国家(Cohen et al.，2017)。有研究表明，大气 $PM_{2.5}$ 与一系列死因息息相关(Dockery et al.，1993；Hoek et al.，2013；Butt et al.，2017)。相比于粗颗粒物，$PM_{2.5}$ 由于粒径小、质量轻、比表面积大，在大气中的生命周期较长，易富集重金属和类金属(铅、砷)、有机毒物(二噁英等)、细菌、病毒等物质，进入人体后会对呼吸系统、心血管系统、中枢神经系统和免疫系统等造成危害，且具有一定的遗传毒性。

$PM_{2.5}$污染作为中国人群重要死因(Lim et al.，2012)之一，其环境浓度与人体健康效应间的关系是研究者们关注的重点。Lelieved 等(2015)的研究结果表明，中国每年有近 1300 万人由于 $PM_{2.5}$ 暴露丧命，其中 18%的死亡人数与电力部门的排放相关。由于 SO_2 和 NO_x 是 $PM_{2.5}$ 的重要前体物，而电力部门是这两种污染物的主要贡献源。Gao 等(2018)基于 WRF-Chem 的 $PM_{2.5}$ 模拟浓度和综合暴露响应(integrated exposure response，IER)模型，认为中国电力部门的排放将导致 1500 万人(95%CI[①]：1000 万～2100 万人)丧命，印度电力部门的排放将导致 1100 万人(95%CI：700 万～1500 万人)丧命。近年来，城市水平的健康风险评估也受到广泛关注。Maji 等(2018)以中国 161 个城市为研究对象，采用 IER 模型计算得到 2015 年 $PM_{2.5}$ 暴露引起的早逝人数为 65.2 万人，占总死亡人数的 6.92%；其中，人口密集城市(包括天津市、北京市、保定市、上海市和重庆市等)早逝人数非常高。饶莉等(2016)利用武汉市 2008～2013 年环境质量和公共卫生数据，根据暴露-反应关系公式及统计学意义上的生命价值计算方法，发现自 2008 年以来，武汉市 $PM_{2.5}$ 人体健康损失呈现升高趋势，2008 年 $PM_{2.5}$ 造成的死亡人数占总死亡人数的 1.7%，2013 年则占 3.7%。

除了大气污染现状的居民健康风险评估，诸多研究者针对污染控制政策带来的人群健康效益开展了相关研究。张翔等(2019)利用综合评价模型估算了实施“煤改电”政策对京津冀地区环境质量、健康效益和经济效益的影响，预测该政策带来的 $PM_{2.5}$ 浓度下降将避免 2020 年该地区约 2.22 万人过早死亡和 60.78 万人致病。雷宇等(2015)结合“支付意愿法”和“疾病成本法”，系统评估了《大气污染防治行动计划》实施后，$PM_{2.5}$ 浓度变化带来的环境健康效益，发现该政策中空气质量目标的完全实施可避免城镇 8.9 万居民的过早死亡，减少 12 万人次住院及 941 万人次的门诊和急诊病例。然而，目前结合最新的排放控制政策(如超低排放改造)及其带来的环境质量改善开展人群健康效益的相关研究还有待进一步加强。

本节基于 2015 年 GBD 中的 IER 模型，针对大气中 $PM_{2.5}$ 长期暴露带来的人群健康危害开展排放控制政策的健康效益评估。该模型的基础是确定浓度-死亡响应关系，通过将污染物暴露浓度-死亡响应参数(β)换算成相对危险度(RR)来表征一定暴露浓度情景下的人群健康效应与无暴露情景下健康效应的比值，得到污染物所致死亡数占总死亡数的比例，再将该参数乘以实际总死亡率，估算出因污染物导致的死亡率。本书选取 $PM_{2.5}$ 长期暴露导致的死亡人数和寿命损失为健康终点，结合 GBD 研究进展共选取了 5 种疾病进行研究，包括成年人疾病——缺血性心脏病(ischemic heart disease，IHD)、卒中(stroke，STK)、肺癌(lung cancer，LC)

① CI 即 confidence interval，置信区间。

及慢性阻塞性肺疾病(chronic obstructive pulmonary disease，COPD)，以及青少年和儿童常见疾病——急性下呼吸道感染(acute lower respiratory infection，LRI)。

RR 函数基于以下公式计算：

$$\mathrm{RR}_{i,j,k}(\mathrm{Cl})=\begin{cases}1+\partial_{i,j,k}\left(1-\mathrm{e}^{-\beta_{i,j,k}(\mathrm{Cl}-C_0)^{\gamma_{i,j,k}}}\right), & \mathrm{Cl}\geqslant C_0\\ 1, & \mathrm{Cl}<C_0\end{cases} \tag{12.3}$$

式中，i、j、k 分别为年龄、性别和疾病类型；Cl 为基于 WRF-CMAQ 模拟的 $PM_{2.5}$ 年均浓度，本书中取 UEI(B)耦合排放清单中 1 月、4 月、7 月、10 月四个月份的 $PM_{2.5}$ 模拟浓度平均值；C_0 为反事实浓度，即假设低于该浓度则没有额外健康风险，而超过该阈值时，RR 随浓度升高而增加；∂、β、γ 分别为描述 IER 曲线的参数。C_0、∂、β 和 γ 等参数均来源于 GBD 提供的参考值(Cohen et al.，2017)。

RR 将用来计算人群死亡归因分数(population attributable fractions，PAF)，计算公式如下：

$$\mathrm{PAF}_{i,j,k}=\frac{\mathrm{RR}_{i,j,k}(\mathrm{Cl})-1}{\mathrm{RR}_{i,j,k}(\mathrm{Cl})} \tag{12.4}$$

基于以上步骤，不同疾病中由 $PM_{2.5}$ 暴露引起的死亡便可由式(12.5)计算。

$$\Delta M_{i,j,k,l}=\mathrm{PAF}_{i,j,k,l}\times y_{0i,j,k,l}\times \mathrm{Pop}_{i,j,l} \tag{12.5}$$

式中，ΔM 为污染物浓度变化的健康影响估计；y_0 为基线死亡率；Pop 为各网格中特定年龄性别的暴露人口。本节中分省、分性别人口数据来源于各省份 2016 年

表 12.4　中国不同年龄阶段的基线死亡率　　(y_0，$\times10^{-5}$)

年龄/岁	IHD		STK		COPD		LC	
	男	女	男	女	男	女	男	女
25～29	5.9	2.1	4.9	1.8	0.7	0.4	1.1	0.6
30～34	9.7	3.1	7.8	2.9	1.0	0.7	2.5	1.3
35～39	15.3	5.0	13.6	5.8	1.8	1.1	4.7	2.9
40～44	26.7	9.2	27.3	13.2	3.8	2.3	10.9	6.1
45～49	45.2	16.4	52.2	27.0	7.5	4.1	25.4	11.4
50～54	77.5	29.7	100.3	52.8	17.5	8.9	55.4	21.7
55～59	125.8	50.2	176.6	89.2	39.3	18.6	102.9	35.4
60～64	215.1	99.0	326.5	165.4	97.8	46.2	180.3	57.1
65～69	372.6	182.9	571.1	300.5	221.6	105.2	270.5	83.1
70～74	615.0	364.0	996.8	553.3	494.7	238.5	381.2	126.3
75～79	1050.4	676.3	1648.7	993.2	910.6	475.1	495.2	175.5
80+	2865.5	2551.6	3551.5	3037.6	2459	1782.1	622	268.7

的统计年鉴；2015 年中国 IHD、STK、LC、COPD 和 LRI 的基线死亡率数据来源于全球健康数据交换(global heath data exchange，GHDx)数据库，其中不论年龄大小，男性和女性的 LRI 的基线死亡率分别为 13.7×10^{-5} 和 11.4×10^{-5}，其他疾病的基线死亡率见表 12.4，各省份的基线死亡率基于 Xie 等(2016)的研究中各省所占比例计算得到。2015 年全国人口数据来源于美国能源部橡树岭国家实验室(Oak Ridge National Laboratory，ORNL)开发的《Landscan 全球人口动态统计分析数据库》，并将其处理至 9 km×9 km 的网格中，以获得各网格内的人口数据，如图 12.7(a)所示。可以看出，长三角地区中，江苏和浙江北部，以及上海的人口密度较大。

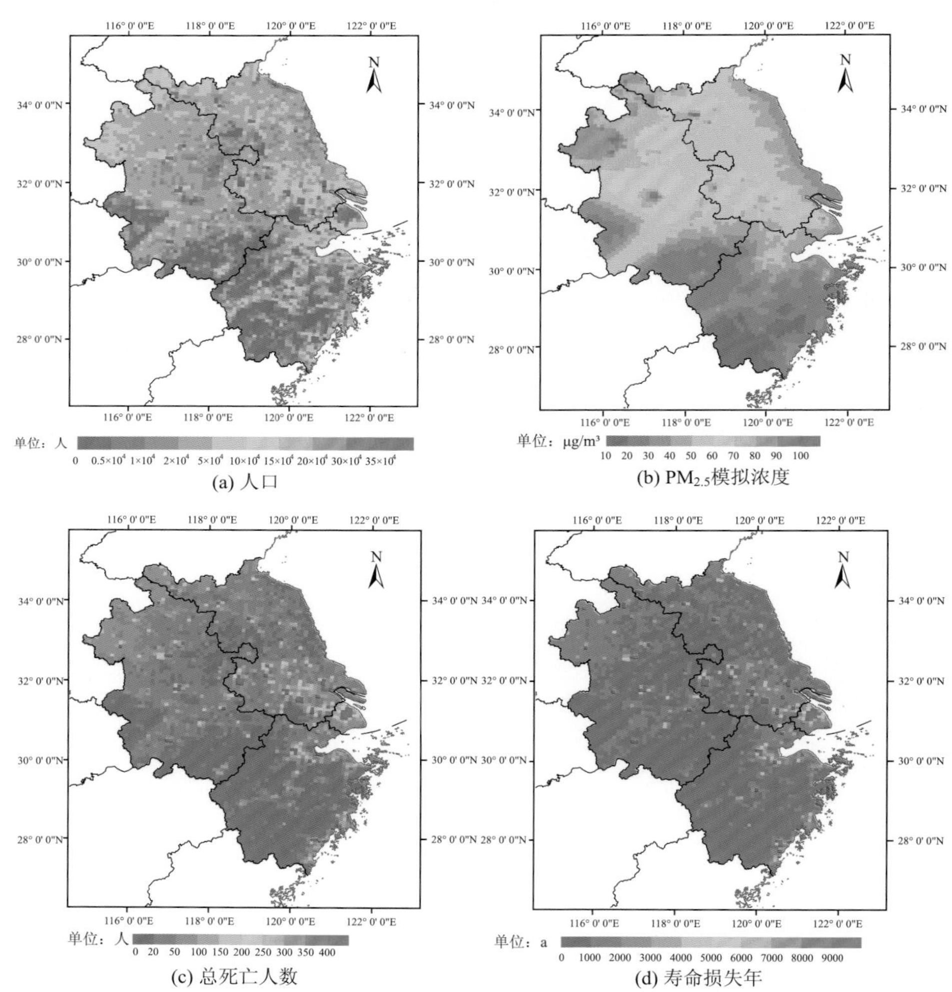

(a) 人口　(b) $PM_{2.5}$模拟浓度　(c) 总死亡人数　(d) 寿命损失年

图 12.7　2015 年长三角地区人口、实际排放情景[UEI(B)情景]下 $PM_{2.5}$ 模拟浓度、因 $PM_{2.5}$ 暴露引起的总死亡人数和寿命损失年空间分布

本节进一步计算了 $PM_{2.5}$ 暴露对人口预期寿命的影响，计算公式如下：

$$\mathrm{YLL} = \sum_{i,j} N_{i,j} \times L_{i,j} \tag{12.6}$$

式中，YLL(year of life lost)为 $PM_{2.5}$ 暴露引起的寿命损失年份；i 和 j 分别为年龄和性别；N 为各年龄段分性别的死亡人数；L 为各年龄阶段分性别的剩余寿命期望，该数据来源于世界卫生组织官网，如表 12.5 所示。最后，将各年龄阶段和性别的结果加和。中国 2015 年男性和女性的新生人口寿命预期分别为 74.8 岁和 77.7 岁。

表 12.5　中国不同年龄段寿命预期值

年龄/岁	男性/a	女性/a
<1	74.8	77.7
1～4	74.5	77.4
5～9	70.6	73.5
10～14	65.7	68.6
15～19	60.8	63.7
20～24	55.9	58.8
25～29	51.1	53.9
30～34	46.2	49.0
35～39	41.5	44.2
40～44	36.7	39.4
45～49	32.0	34.6
50～54	27.3	29.9
55～59	22.9	25.3
60～64	18.6	20.9
65～69	14.8	16.8
70～74	11.4	13.2
75～79	8.7	10.0
80～84	6.7	7.5
85～89	4.9	5.5
90～94	3.7	4.2
95～99	2.9	3.2
100+	2.4	2.8

12.1.2.2　现状排放情况下长三角地区人群健康风险评估

本节选取长三角地区为重点研究对象，探究在现状排放情况下[UEI(B)，2015 年]由大气 $PM_{2.5}$ 暴露引起的死亡人数和寿命损失年，如表 12.6 所示。表中括号内数值代表 95%不确定性置信区间，该不确定性仅考虑了 IER 曲线参数的不确定性，而不包括其他不确定性来源，如空气质量模式机制、排放清单、人口数据、浓度响应方程的不确定性等。对比现有排放情况下 $PM_{2.5}$ 浓度模拟值与观测值时间序列发现，二者的标准平均偏差(NMB)仅为–1.4%，远小于由 IER 曲线参数带来的不确定性，因此本节不考虑模拟值与观测值之间的偏差对健康效应计算结果的影响。

表 12.6　2015 年长三角地区在现状排放情况下 $PM_{2.5}$ 暴露引起的死亡人数和寿命损失年

	STK	IHD	COPD	LC	LRI	总和
死亡人数/(×10^3 人)						
安徽	19.6 (10.7～29.0)	19.1 (11.0～29.8)	15.2 (9.8～21.0)	8.0 (5.5～10.3)	3.1 (2.4～3.8)	65.0 (39.4～93.9)
上海	4.3 (2.3～6.5)	4.2 (2.4～6.6)	4.4 (2.7～6.1)	2.6 (1.7～3.3)	0.8 (0.6～1.0)	16.3 (9.8～23.4)
江苏	23.6 (12.7～35.0)	31.3 (17.8～48.8)	12.8 (8.1～17.7)	8.1 (5.5～10.5)	3.7 (2.8～4.5)	79.5 (46.8～116.5)
浙江	8.7 (4.2～13.4)	6.8 (3.6～10.4)	10.8 (6.2～15.4)	5.0 (3.1～6.9)	1.6 (1.1～2.0)	32.9 (18.2～48.2)
总和	56.2 (29.9～83.8)	61.4 (34.7～95.5)	43.3 (26.8～60.2)	23.6 (15.8～31.0)	9.2 (7.0～11.3)	193.8 (114.2～281.9)
YLL/(×10^4 a)						
安徽	30.1 (16.6～44.0)	29.6 (17.3～45.6)	66.0 (42.3～91.1)	34.5 (23.7～44.4)	13.6 (10.4～16.4)	173.7 (110.3～241.5)
上海	6.7 (3.6～9.8)	6.5 (3.8～10.0)	19.0 (11.9～26.2)	11.0 (7.4～14.4)	3.5 (2.7～4.3)	46.7 (29.4～64.8)
江苏	36.2 (19.7～53.1)	48.6 (28.0～74.7)	55.6 (35.0～76.7)	35.0 (23.6～45.6)	16.0 (12.3～19.4)	191.4 (118.5～269.5)
浙江	13.3 (6.5～20.5)	10.6 (5.7～16.0)	46.9 (26.7～66.6)	21.8 (13.6～30.0)	6.8 (4.8～8.9)	99.4 (57.2～141.9)
总和	86.3 (46.3～127.4)	95.3 (54.7～146.4)	187.4 (115.9～260.6)	102.3 (68.3～134.4)	40.0 (30.1～48.9)	511.3 (315.5～717.7)

根据计算结果，长三角地区 $PM_{2.5}$ 暴露引起的所有疾病的死亡总人数为 19.38 万人(95%置信区间为 11.42 万～28.19 万人)，其中 STK、IHD 和 COPD 导致的死亡人数较多，分别占总死亡人数的 29%、32%和 22%。安徽省和江苏省的人口数分别占长三角地区总人口数的 32%和 37%，因 $PM_{2.5}$ 暴露导致的总死亡人数及各

疾病的死亡人数均高于浙江和上海，二者对总死亡人数的贡献率分别为 35%和 42%。安徽省由 $PM_{2.5}$ 暴露引起的 STK 死亡人数占比最大，共造成约 2.0 万人死亡；江苏省 IHD 死亡人数最多，约为 3.1 万人；上海市和浙江省 COPD 死亡人数最多，分别约为 0.4 万人和 10.8 万人。对于寿命损失年，长三角地区 $PM_{2.5}$ 暴露引起的总寿命损失为 511.3 万 a(95%置信区间为 315.5 万～717.7 万 a)。安徽省和江苏省因 $PM_{2.5}$ 暴露导致的寿命损失年较高，在长三角地区总寿命损失年中的占比分别为 34%和 37%。寿命损失年的计算涉及不同年龄段的预期寿命，COPD 和 LC 对其贡献占比较大，分别 37%和 20%。安徽、上海、江苏和浙江由 $PM_{2.5}$ 暴露引起的寿命损失中均为 COPD 最大，分别造成了 66.0 万 a、19.0 万 a、55.6 万 a 和 46.9 万 a 的寿命损失。

各省(市)健康效应同时受人口分布和 $PM_{2.5}$ 环境浓度等影响。基于现有排放情况的模拟结果显示，2015 年长三角地区 $PM_{2.5}$ 年均浓度值为 47.09 μg/m^3，是《环境空气质量标准》(GB 3095—2012)中二级标准的 1.35 倍、一级标准的 3.14 倍。$PM_{2.5}$ 模拟浓度在长三角地区的空间分布如图 12.7(b)所示，基本呈现北高南低、内陆高沿海低的特点。$PM_{2.5}$ 暴露造成的死亡人数和寿命损失年的空间分布与人口分布基本一致，二者与人口的空间分布相关性系数 R^2 分别高达 0.94 和 0.96。图 12.7(c)和图 12.7(d)分别为 $PM_{2.5}$ 暴露引起的长三角地区总死亡人数和寿命损失年的空间分布，可以看到，在现有排放情况下大气 $PM_{2.5}$ 污染对苏锡常镇一带、上海市区及安徽部分城区造成的人群健康影响较大，这些地区的明显高值与当地密集的人口数量有关。将计算的 $PM_{2.5}$ 暴露引起的人口死亡数与各省(市)统计年鉴报道值进行对比，如图 12.8 所示。可以看到，2015 年安徽、江苏、上海和浙江由 $PM_{2.5}$ 暴露引起的死亡人数在总死亡人数中的占比分别为 18%、14%、15%和 11%。

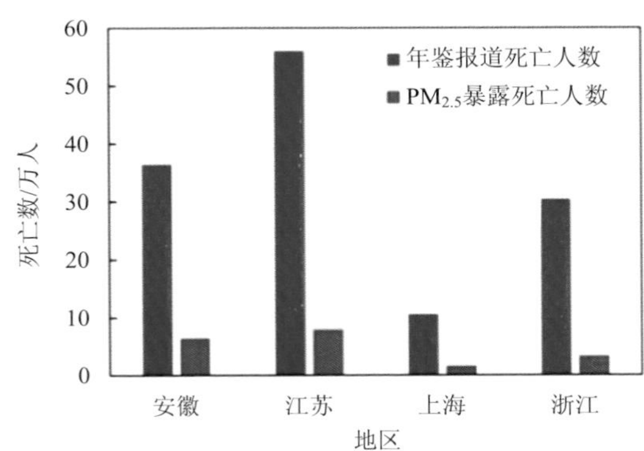

图 12.8　长三角地区死亡人数(年鉴报道)及归因 $PM_{2.5}$ 死亡人数(本书)对比

此外，诸多研究者也针对中国空气污染引起的人群健康效应进行了研究，不同的研究方法及选取的健康终点等因素导致的研究结果存在一定差异。图 12.9 对比了现有研究对长三角地区 $PM_{2.5}$ 暴露引起的早逝人数的估算结果，可以看到，对于同一年份的同一地区，不同研究结果较为接近。例如，Hu 等(2017)和 Liu 等(2016)估算的 2013 年长三角地区因 $PM_{2.5}$ 暴露引起的早逝成年人数量(>30 岁)分别为 22.3 万人和 24.5 万人；但二者选取的健康终点不完全一致，前者选取 COPD、LC、IHD 和脑血管疾病(cerebrovascular disease，CEV)，而后者选取的是 COPD、LC、IHD 和 STK。Maji 等(2018)、Song 等(2017)和本节估算的 2015 年上海市因 $PM_{2.5}$ 暴露引起的早逝人数分别为 1.9 万人、1.5 万人和 1.6 万人，三者均采用 IER 模型进行估算且选取的健康终点一致，但前两项研究的 $PM_{2.5}$ 浓度来源于观测站点而不是空气质量模式模拟结果。其中，Maji 等(2018)和本节估算的 2015 年长三角地区归因 $PM_{2.5}$ 的早逝人数差异较大，二者分别为 12.2 万人和 19.4 万人，这是由于前者只选取部分典型城市进行计算而未包括长三角所有地区。不同年份之间的早逝人数估算结果也存在差异，2015 年 $PM_{2.5}$ 归因早逝人数普遍低于 2013 年。虽然人口和年龄结构会随着时间的推移发生变化，但整体上相对稳定，因此早逝人数的降低一定程度上反映了这两年间污染物排放量的下降。根据上海市人群健康效应的相关研究发现，2005～2013 年该地区早逝人数上升，在 2013 年之后又有所下降，也反映了上海市在这 10 年间污染控制措施的成效(Liu et al.，2016；Xie et al.，2016；Hu et al.，2017；Song et al.，2017；Maji et al.，2018)。

12.1.2.3 超低排放政策的健康收益研究

超低排放控制政策的实施将降低研究区域内 $PM_{2.5}$ 环境浓度，根据空气质量模式的模拟结果，长三角地区 $PM_{2.5}$ 环境浓度在现有排放情况[UEI(B)]、情景 2 和情景 4 的 $PM_{2.5}$ 年均暴露(人口加权)浓度分别为 57.39 μg/m^3、57.12 μg/m^3 和 49.17 μg/m^3，浓度下降的空间分布如图 12.10 所示。与 UEI(B)相比，仅对燃煤电厂实施超低排放引起的 $PM_{2.5}$ 浓度变化较小，均在 1 μg/m^3 以下，下降幅度相对较高的地区为安徽、江苏北部及苏南城市群一带。对燃煤电厂和工业锅炉均实施超低排放后长三角地区 $PM_{2.5}$ 模拟浓度出现显著下降，平均下降 5.8 μg/m^3，安徽中部及苏南城市群浓度变化较大，其中最大下降浓度出现在合肥市附近，达到 28 μg/m^3。

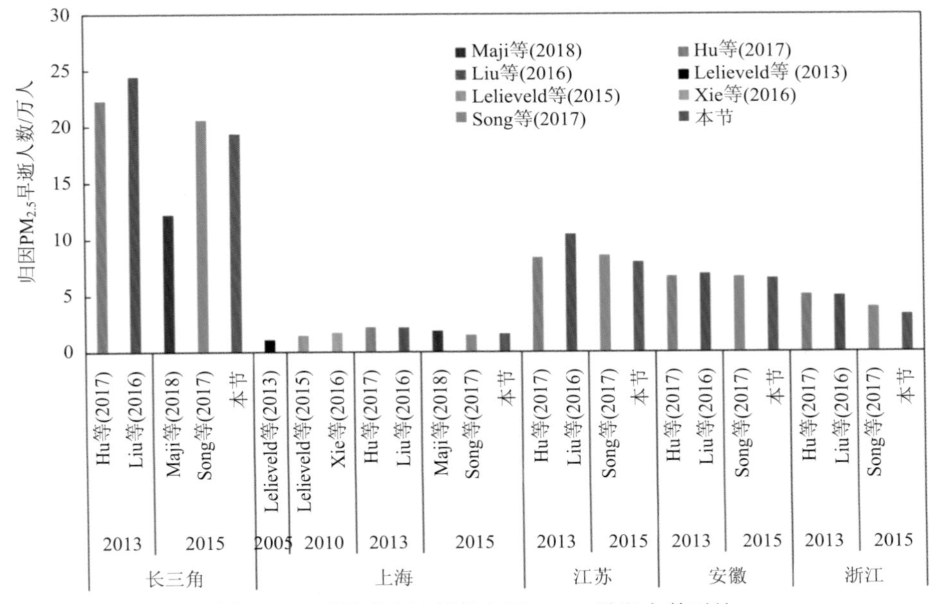

图 12.9　不同研究计算的归因 $PM_{2.5}$ 早逝人数对比

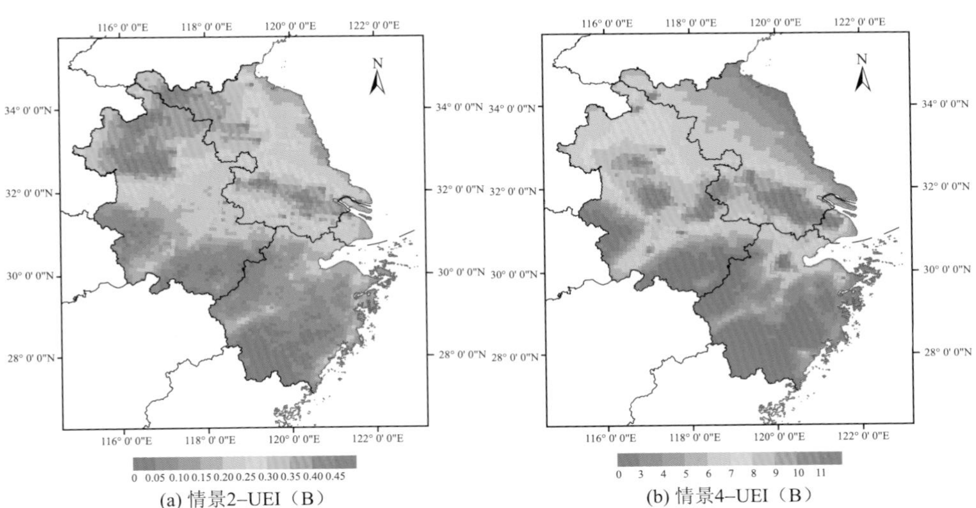

图 12.10　不同达标排放情景下长三角 $PM_{2.5}$ 年均环境浓度较现行排放[UEI(B)]的下降值(单位：μg/m^3)

本节进一步对不同 $PM_{2.5}$ 暴露水平下的人口比例分布进行了计算，如图 12.11 所示。可以看到，情景 2 和 UEI(B) 相比变化很小，而在情景 4(对电厂和工业锅炉均实施超低排放) 下人口暴露情况变化较大。在情景 4 中，$PM_{2.5}$ 年均暴露浓度在 35 μg/m³ 以下的人口比例由实际情况的 14.1%上升至 21.3%，年均暴露浓度在 35～45 μg/m³ 范围内的人口比例由 11.0%上升至 15.6%，年均暴露浓度在 45～55 μg/m³ 范围内的人口比例由 16.2%上升至 30.4%，年均暴露浓度在 55 μg/m³ 以上的人口比例由 58.7%下降至 32.7%。由此可见，电厂和工业锅炉超低排放政策的实施对降低人口 $PM_{2.5}$ 暴露水平作用明显。

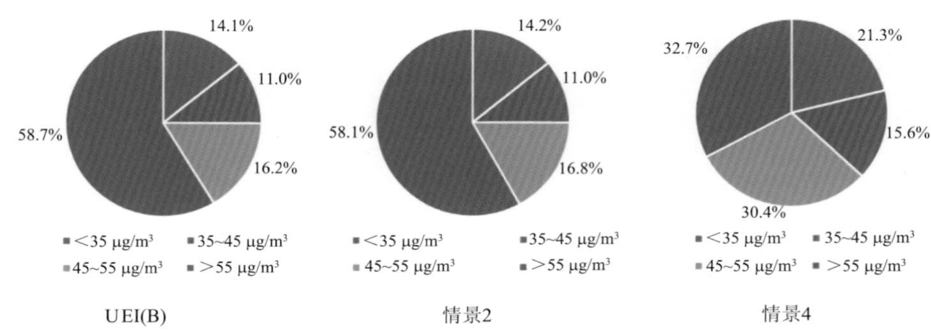

图 12.11　不同排放情景下暴露在不同水平 $PM_{2.5}$ 浓度下的人口比例

基于 IER 模型和 WRF-CMAQ，本节预测了长三角地区实施超低排放政策可避免的由 $PM_{2.5}$ 污染造成的主要疾病死亡人数和寿命损失年，结果如表 12.7 和表 12.8 所示。若长三角地区燃煤电厂全部超低排放达标，将比 2015 年现有排放水平避免约 305 人早逝，下降比例仅为 0.16%。若同时考虑工业锅炉的超低排放，则能避免 10651 人早逝，下降比例为 5.50%。规避的早逝人数最多的省份是安徽省和江苏省，二者之和在情景 2 和情景 4 中分别占规避的总死亡人数的 88.2%和 68.7%。在情景 2 和情景 4 中，$PM_{2.5}$ 浓度的降低均对 STK 的影响最大，可规避的该疾病死亡人数分别为 85 人和 2848 人。诸多研究者也针对长三角地区污染控制政策实施带来的健康效应进行了探究。戴海夏等(2019)同样基于 IER 模型，以 IHD、CEV、COPD 和 LC 早逝人数为健康终点，发现清洁空气行动计划将规避上海市因 $PM_{2.5}$ 暴露造成的死亡人数 3439 人，高于本书中情景 2 和情景 4 规避的上海市死亡人数(分别为 5 人和 1185 人)。李惠娟和李明全(2018)基于泊松回归比例风险模型，以 2015 年为基准年，假设江苏省达到《环境空气质量标准》(GB 3095—2012)中 $PM_{2.5}$ 国家二级浓度标准，估算得到的该地区规避的早逝人数为 15709 人，远高于本书情景 2 和情景 4 中规避的江苏省死亡人数(分别为 177 人和 4114 人)。上述两项研究中假设的排放控制情景是针对研究区域实现全行业的整体减排，由此带来的健康效益远高于本节的计算结果。此外，估算方法和数据来源的不一致也导致了不同研究结果的差异，但也在一定程度上反映了仅对电厂和工业锅炉考虑超低排放带来的健康效益相对较小。若长三角地区燃煤电厂全部超低排

表 12.7　超低排放政策实施的长三角地区规避的死亡人数及下降比例　（单位：人）

	STK	IHD	COPD	LC	LRI	总和
情景 2						
安徽	26(0.13%)	19(0.10%)	24(0.16%)	18(0.22%)	6(0.18%)	92(0.14%)
上海	1(0.03%)	1(0.02%)	1(0.03%)	1(0.04%)	0(0.04%)	5(0.03%)
江苏	51(0.22%)	51(0.16%)	34(0.27%)	30(0.37%)	11(0.31%)	177(0.22%)
浙江	7(0.08%)	4(0.06%)	11(0.10%)	7(0.14%)	2(0.13%)	31(0.10%)
总和	85(0.15%)	74(0.12%)	71(0.16%)	55(0.23%)	19(0.21%)	305(0.16%)
情景 4						
安徽	901(4.59%)	650(3.41%)	848(5.56%)	605(7.60%)	196(6.23%)	3200(4.92%)
上海	281(6.46%)	204(4.84%)	348(7.95%)	277(10.86%)	75(9.20%)	1185(7.26%)
江苏	1192(5.05%)	1179(3.76%)	794(6.19%)	684(8.47%)	264(7.14%)	4114(5.17%)
浙江	475(5.49%)	283(4.16%)	765(7.06%)	491(9.77%)	138(8.72%)	2152(6.54%)
总和	2848(5.06%)	2316(3.77%)	2755(6.37%)	2058(8.71%)	673(7.28%)	10651(5.50%)

表 12.8　超低排放政策实施的长三角地区规避的寿命损失年及下降比例　（单位：a）

	STK	IHD	COPD	LC	LRI	总和
情景 2						
安徽	396(0.13%)	285(0.10%)	1058(0.16%)	760(0.22%)	243(0.18%)	2743(0.16%)
上海	17(0.03%)	13(0.02%)	60(0.03%)	45(0.04%)	13(0.04%)	148(0.03%)
江苏	783(0.22%)	774(0.16%)	1480(0.27%)	1282(0.37%)	491(0.31%)	4809(0.25%)
浙江	107(0.08%)	66(0.06%)	483(0.10%)	301(0.14%)	87(0.13%)	1044(0.11%)
总和	1303(0.15%)	1138(0.12%)	3118(0.16%)	2388(0.23%)	834(0.21%)	8744(0.17%)
情景 4						
安徽	13733(4.56%)	9946(3.36%)	36709(5.56%)	26218(7.60%)	8480(6.23%)	95086(5.47%)
上海	4284(6.43%)	3127(4.78%)	15083(7.95%)	11993(10.86%)	3233(9.20%)	37719(8.07%)
江苏	18192(5.02%)	18066(3.72%)	34393(6.19%)	29638(8.47%)	11451(7.14%)	111740(5.84%)
浙江	7297(5.49%)	4380(4.13%)	33115(7.06%)	21255(9.77%)	5972(8.72%)	72018(7.25%)
总和	43506(5.04%)	35518(3.73%)	119300(6.37%)	89104(8.71%)	29135(7.28%)	316562(6.19%)

放达标，在 2015 年现有排放水平基础上避免的寿命损失年为 8744 a，下降比例仅为 0.17%。若同时考虑工业锅炉的超低排放，则能规避的寿命损失年为 316562 a，下降比例为 6.19%。规避的寿命损失年最高的省份是安徽和江苏，二者之和在情景 2 和情景 4 中分别占规避的总寿命损失年的 86.4%和 65.3%。在情景 2 和情景 4 中 $PM_{2.5}$ 浓度的降低均对 COPD 的影响最大，规避的该疾病寿命损失年分别为 3118 a 和 119300 a。

图 12.12 展示了长三角地区不同超低排放政策实施规避的死亡人数和寿命损失年的空间分布情况。可以看到，仅针对燃煤电厂实施超低排放带来的健康效益较小，地区差异不明显，死亡人数高值出现在南京、无锡和淮安，寿命损失年高值分布较零散。而对燃煤电厂和工业锅炉同时实施超低排放带来的人群健康效益的空间分布差异相对较大，在安徽北部、江苏南部、上海市区及浙江北部等人口分布密集且空气质量改善幅度较大的地区，其获得的健康效益也更为明显。对比情景 4 下规避的寿命损失年与人口的空间分布相关性，发现二者相关性系数 R^2 为 0.87，表明排放控制政策的实施可以为人口密集地区带来更大的健康效益。

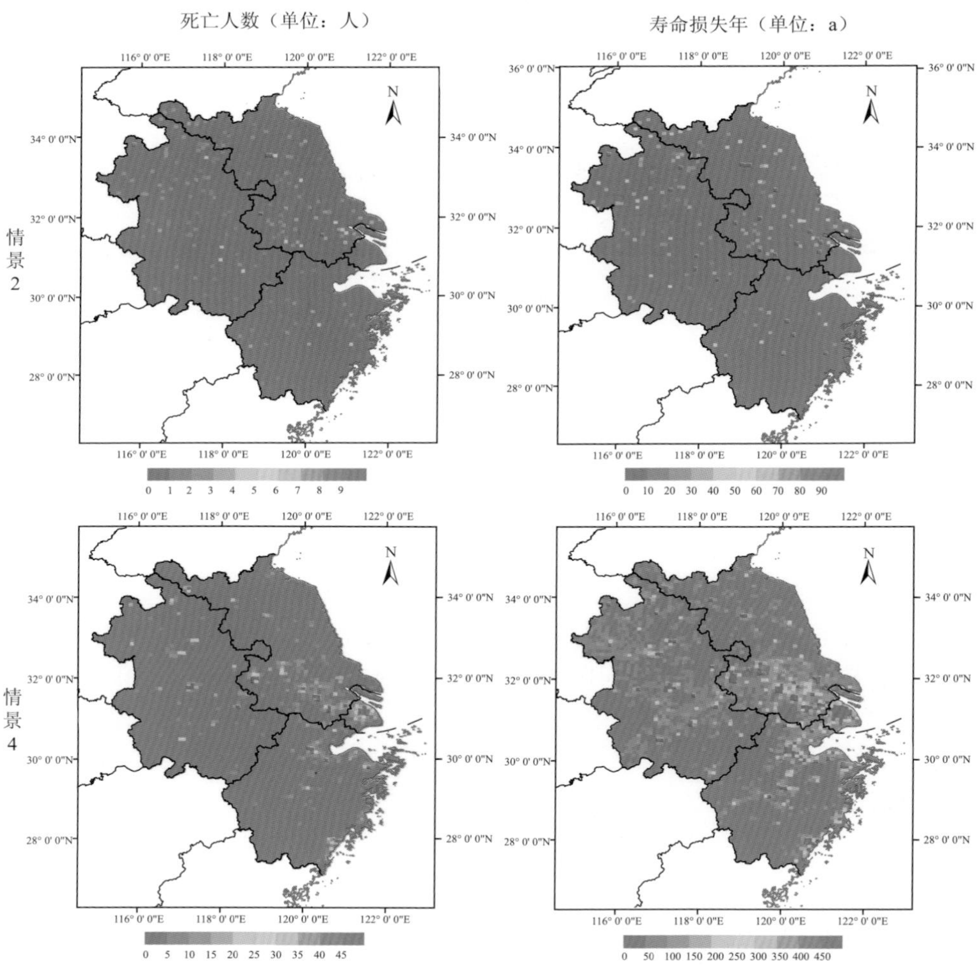

图 12.12　超低排放政策实施避免的归因 $PM_{2.5}$ 污染的疾病死亡人数及寿命损失年空间分布

12.2　长三角前体物排放控制对二次无机气溶胶和 O_3 污染的影响

12.2.1　二次无机气溶胶生成对前体物减排的敏感性分析

为探究长三角地区二次无机气溶胶(SNA)污染的成因和潜在的控制途径，本节基于 2016 年 1 月“自上而下”(即由空气中的污染物含量推测地面排放强度)的 NO_x 排放清单(详见第 10 章)设置了 4 组敏感性分析情景，选取 1 月为研究月份，主要是由于长三角地区在该月的 SNA 浓度最高。各情景具体设置如表 12.9 所示：情景 1～3 中分别只削减 30%的 NO_x、SO_2 和氨(NH_3)排放；而在情景 4 中，三种前体物的排放同时削减 30%。

表 12.9　2016 年 1 月长三角地区 SNA 生成敏感性模拟情景设置及对应 SNA（NO_3^-、NH_4^+ 和 SO_4^{2-}）浓度变化比例　　(单位：%)

情景	NO_x 排放	SO_2 排放	NH_3 排放	NO_3^-	NH_4^+	SO_4^{2-}	SNA
1	–30	—	—	–3.3	–1.2	3.8	–1.0
2	—	–30	—	2.0	0.2	–2.4	0.5
3	—	—	–30	–16.3	–14.5	–0.6	–11.7
4	–30	–30	–30	–15.5	–15.5	–4.0	–12.4

进一步对 2016 年 1 月不同敏感性分析情景下的各类 SNA 浓度变化比例进行统计。结果表明，只削减 30%的 NO_x 排放(表 12.9 中情景 1)时，NO_3^- 和 NH_4^+ 浓度分别下降了 3.3%和 1.2%，而 SO_4^{2-} 的浓度是上升的。这主要是由于 NO_x 排放下降会引起 NH_4NO_3 浓度的降低，使更多的 NH_3 与 SO_2 结合生成 $(NH_4)_2SO_4$。同时，NO_x 排放下降会引起 O_3 浓度的上升，这对 SNA 生成具有促进作用，因而减缓了 SNA 大气浓度的下降。当只削减 30%的 SO_2 排放(表 12.9 中情景 2)时，NO_3^- 的浓度上升，表明冬季长三角整体处于贫氨状态，这主要是由于冬季 NH_3 排放较其他季节低。贫氨状态下，NO_3^- 和 SO_4^{2-} 的生成呈现竞争状态，削减 SO_2 排放会使更多 NH_3 与 NO_2 发生反应生成 NH_4NO_3，故 NO_3^- 浓度增加，进而导致整体 SNA 浓度增加。当只削减 NH_3 排放时，如表 12.9 的情景 3 所示，NO_3^-、NH_4^+ 分别下降了 16.3%和 14.5%，其下降比例远高于 SO_4^{2-} (0.6%)。这是由于 NH_4^+ 一般优先和 SO_4^{2-} 结合，当 NH_3 不足时，NH_4NO_3 浓度先下降(Pinder et al.，2008)。当同时削减三种前体物时，三种 SNA 的浓度均出现下降，NO_3^-、NH_4^+ 和 SO_4^{2-} 下降比例分别为 15.5%、15.5%和 4.0%。这表明同时削减三种前体物能有效降低 NH_4NO_3

和$(NH_4)_2SO_4$浓度，尤其是NH_4NO_3。

整体而言，在大多数情景下 SNA 总浓度表现为下降，表明削减 SNA 前体物排放可以有效控制 SNA 污染。但相对于 30%的前体物削减比例，SNA 浓度的下降比例相对较小。当 NH_3 排放或三种前体物排放同时下降 30%时，SNA 的下降比例最高，两种情景下分别下降了 11.7%和 12.4%，表明降低 NH_3 排放是控制长三角地区冬季 SNA 污染的最有效手段。但当 NO_x 排放和 SO_2 排放削减 30%时，SNA 浓度只分别下降了 1.0%和上升了 0.5%，可能意味着需要对前体物排放削减做出更大的努力才能进一步降低 SNA 浓度。

图 12.13 为 2016 年 1 月长三角地区不同敏感性分析情景下的 SNA 浓度变化的空间分布特征。当只削减 NO_x 排放时，安徽省西北部地区的 NO_3^- 浓度下降最为明显，这与 NO_2 的浓度空间分布特征不同。这表明当削减 NO_x 排放时， NO_3^- 浓度下降的高值区与 NO_2 浓度变化高值区并不一致。当只将 NH_3 排放削减 30%时，

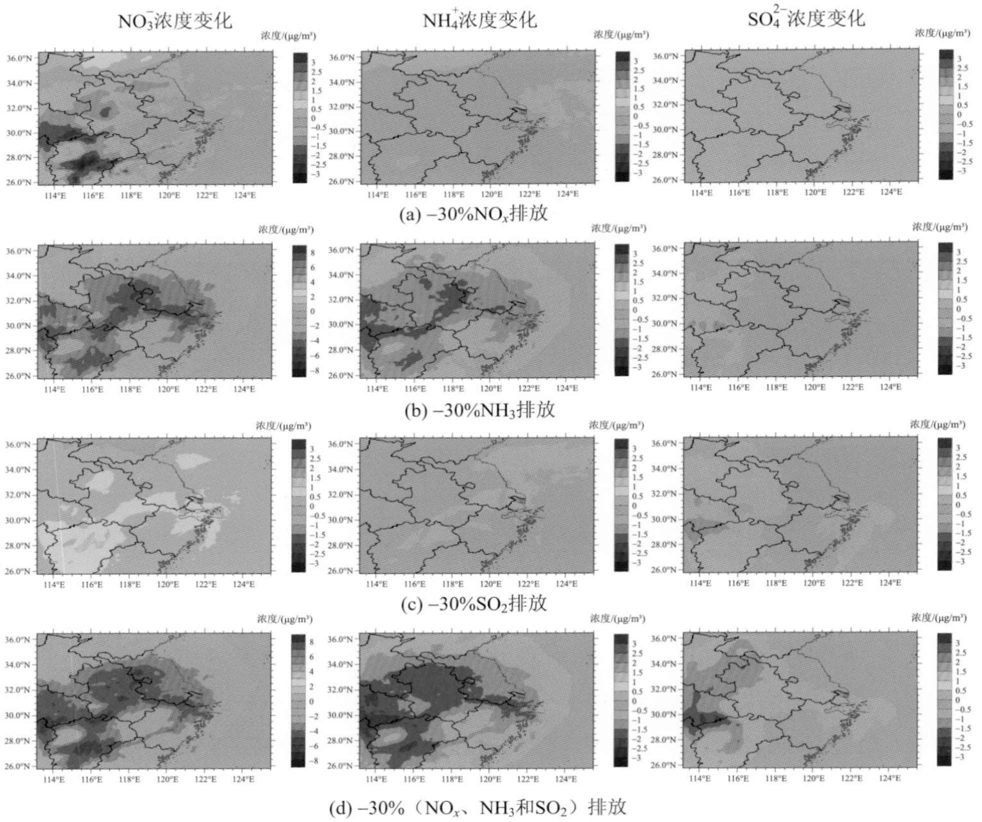

图 12.13　2016 年 1 月不同敏感性模拟分析情景下 SNA 浓度变化空间分布特征

长三角地区的 NO_3^- 、 NH_4^+ 和 SO_4^{2-} 浓度基本上都会下降，并且 NO_3^- 和 NH_4^+ 的削减浓度在长三角大部分地区都超过了 3 μg/m^3，明显高于 SO_4^{2-} 的削减浓度。这表明削减 NH_3 排放是控制长三角大部分地区冬季 SNA 污染的有效手段。NO_3^- 和 NH_4^+ 浓度变化的空间分布类似，下降的高值区均位于长三角中部地区。当只削减 SO_2 排放时，SO_4^{2-} 浓度下降的高值区位于安徽省大部分地区。当三种前体物的排放都削减时，NO_3^- 、NH_4^+ 和 SO_4^{2-} 浓度的下降水平要高于仅针对单一前体物排放的削减。这表明同时削减三种前体物可以更好地控制长三角大多数地区的 SNA 污染。该情景下，NO_3^- 和 NH_4^+ 浓度变化的空间分布与仅削减 NH_3 排放时相似，而 SO_4^{2-} 浓度变化的空间分布与仅削减 SO_2 排放时的结果相似。

12.2.2　O_3 生成对前体物减排的敏感性分析

为探究长三角地区 O_3 污染成因和潜在的控制方法，本节基于 2016 年 4 月“自上而下”NO_x 排放设置了 8 组敏感性分析情景，选取 4 月为研究月份主要是由于长三角地区在该月 O_3 浓度较高且模拟表现较好。各情景具体设置如表 12.10 所示。其中，情景 1 和情景 6 只降低 NO_x 排放，削减比例分别为 30%和 60%；类似地，情景 2 和 7 只降低 VOC 排放，削减比例也分别为 30%和 60%；情景 3 和情景 8 则同时降低 NO_x 和 VOC 排放，且削减比例相同，分别为 30%和 60%；而在情景 4 和情景 5 中，虽然也同时降低 NO_x 和 VOC 排放，但削减的比例不同。

表 12.10　2016 年 4 月长三角地区 O_3 生成敏感性模拟情景设置及对应的 O_3 浓度变化比例

情景	NO_x 排放/%	VOC 排放/%	O_3 浓度/%
1	–30	—	14.2
2	—	–30	–8.9
3	–30	–30	7.1
4	–30	–60	–2.1
5	–60	–30	23.7
6	–60	—	23.7
7	—	–60	–19.5
8	–60	–60	14.5

如表 12.10 所示，当只削减 VOC 排放时，O_3 浓度会降低，且下降程度随减排比例的增加而增大。例如，当 VOC 排放分别削减 30%和 60%(情景 2 和情景 7)时，O_3 浓度分别下降了 8.9%和 19.5%。这表明削减 VOC 排放是控制长三角地区 O_3 污染的有效途径。与之相反，当 NO_x 排放削减比例分别为 30%和 60%(情景 1 和情景 6)时，长三角地区 O_3 浓度则分别上升了 14.2%和 23.7%。这表明仅削减

NO_x 排放会加重长三角地区的 O_3 污染。类似地，当 NO_x 削减比例等于或大于 VOC 削减比例时，O_3 的浓度比例也会上升。在 NO_x 和 VOC 排放同时下降 30%和 60%（情景 3 和情景 8）时，长三角地区 O_3 平均浓度分别上升了 7.1%和 14.5%；当 NO_x 排放和 VOC 排放分别降低 60%和 30%（情景 5）时，O_3 浓度会升高 23.7%。但是，当 NO_x 排放和 VOC 排放分别降低 30%和 60%（情景 4）时，O_3 浓度下降了 2.1%。这表明当 VOC 排放削减比例达到 NO_x 排放的二倍时也会对长三角地区 O_3 浓度的降低产生有利的影响。因此，为有效控制长三角地区 O_3 污染，需合理确定 NO_x 和 VOC 排放削减比例。

图 12.14 给出了 2016 年 4 月长三角地区不同敏感性模拟分析情景下 O_3 浓度变化的空间分布。大多数情景的 O_3 浓度变化高值区位于长三角中东部地区，主要是由于该地区为 NO_x 和 VOC 排放的高值区。当只降低 VOC 排放时，长三角几乎所有地区的 O_3 浓度都会降低，表明仅削减 VOC 排放是控制长三角地区整体 O_3 污染的有效手段。当只降低 NO_x 排放时，长三角大部分地区的 O_3 浓度变化表现为升高，而浙江省西南部的 O_3 浓度出现下降。这表明只降低 NO_x 排放会加重长三角大部分地区的 O_3 污染，但会减轻浙江省西南部地区的 O_3 浓度。类似的结果还出现在同时削减 NO_x 和 VOC 排放，且 NO_x 排放削减比例等于或大于 VOC 排放削减比例的情景下。值得注意的是，当 VOC 排放削减比例达到 NO_x 排放削减比例的两倍时，长三角绝大部分区域的 O_3 浓度呈下降特点，这意味着在考虑通过同时削减 NO_x 排放和 VOC 排放来控制长三角地区 O_3 污染时，VOC 排放的削减比例可能需要达到 NO_x 排放削减比例的二倍。与主要来自化石燃料燃烧的 NO_x（Zheng et al.，2018）相比，确定在 O_3 生成过程中最活跃的特定 VOC 组分的来源更为复杂（Wei et al.，2014；Zhao et al.，2017）。此外，大量的 VOC 排放来自复杂工业过程和溶剂使用，相应的排放控制技术去除效果还有待提升。因此，对 VOC 的减排一般难于对 NO_x 的减排，通过削减比 NO_x 更多的 VOC 排放量来降低 O_3 污染是一个很大的挑战。

12.3 长三角年际间 NO_x 排放变化对空气质量的影响

12.3.1 2011～2016 年长三角 NO_x 排放变化

对比分析通过“自上而下”校验方法（详见第 10 章介绍）获得的 2011 年和 2016 年 1 月、4 月、7 月和 10 月的长三角 NO_x 排放总量（图 12.15）可以看到，2016 年 NO_x 月平均排放量较 2011 年下降了 14.8%，这得益于该期间长三角地区一系列大气污染物排放控制措施的有效实施，如工业源排放治理、电厂超低排放改造和机动车排放标准升级等。具体来看，大部分月份的 NO_x 排放总量在 2011～2016 年有所下降，且不同月份 NO_x 排放下降比例存在较大差异。其中，7 月份的排放下降比例最大，达到 32.5%；其次是 1 月和 10 月，分别为 15.6%和 11.3%；而 4 月份的 NO_x 排放在 2011～2016 年几乎不变。出现这种现象的主要原因可能是目前卫星观测数据和逆向表征方法都具有一些不确定性，导致“自上而下”的 NO_x 排放结果存在一定的误差，因而并未准确地捕捉到 2011～2016 年 4 月的 NO_x 排放变化。

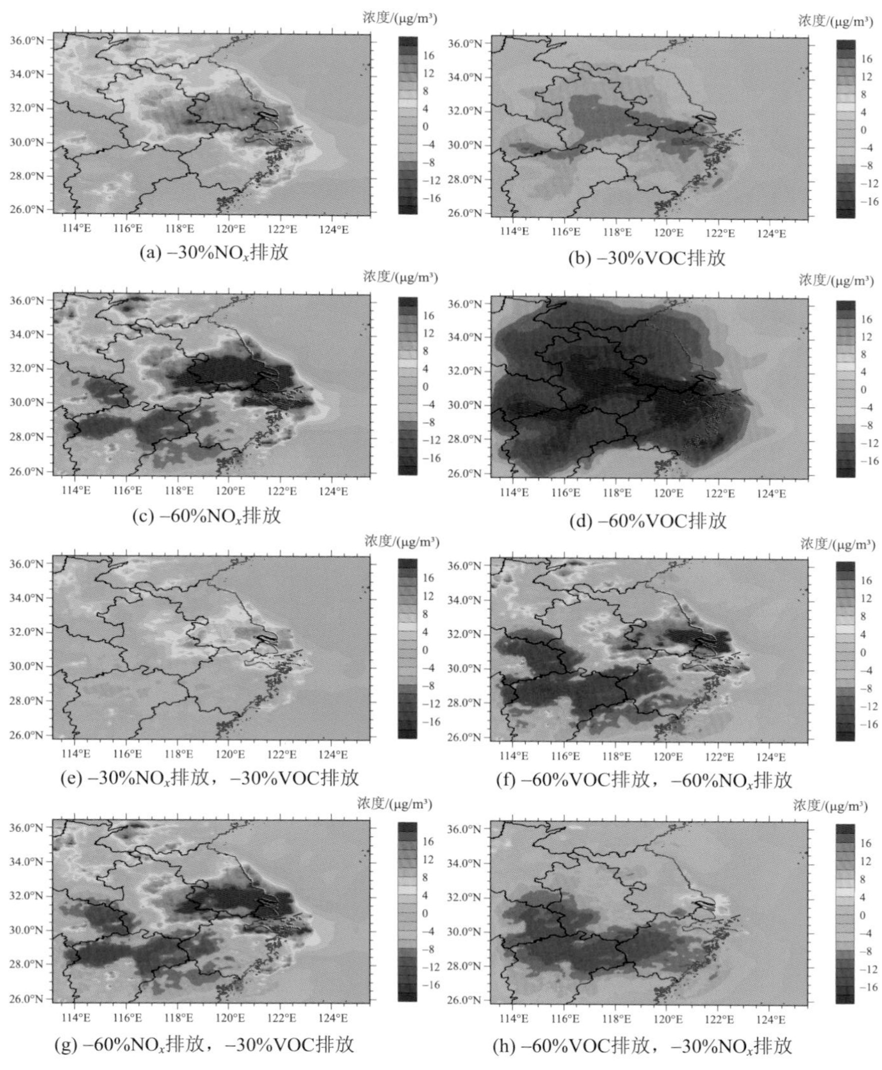

(a) −30%NO_x排放　(b) −30%VOC排放

(c) −60%NO_x排放　(d) −60%VOC排放

(e) −30%NO_x排放，−30%VOC排放　(f) −60%VOC排放，−60%NO_x排放

(g) −60%NO_x排放，−30%VOC排放　(h) −60%VOC排放，−30%NO_x排放

图 12.14　2016 年 4 月不同敏感性模拟分析情景下 O_3 浓度变化空间分布特征

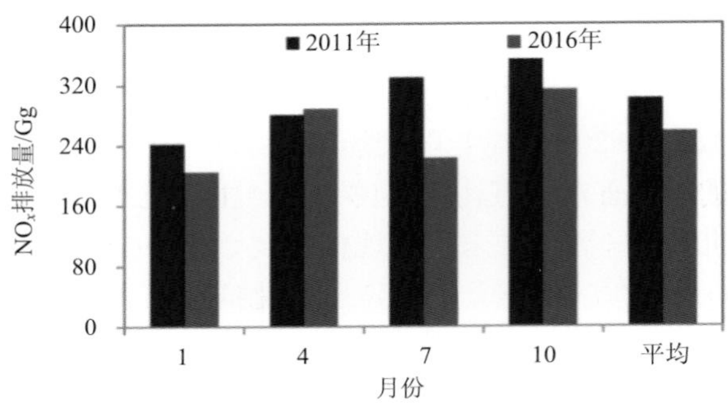

图 12.15 2011 年和 2016 年长三角地区 1 月、4 月、7 月和 10 月“自上而下”的 NO_x 排放总量

为降低个别月份排放不确定性的影响，更好地了解 2011～2016 年长三角地区 NO_x 排放空间分布变化，我们比较了两个年份 1 月、4 月、7 月和 10 月 NO_x 平均排放量，结果如图 12.16 所示。我们发现，在大部分区域 NO_x 排放都存在明显降低，变化的高值区位于经济发达且排放水平较高的长三角中东部，表明该区域的 NO_x 污染物控制效果最为明显。

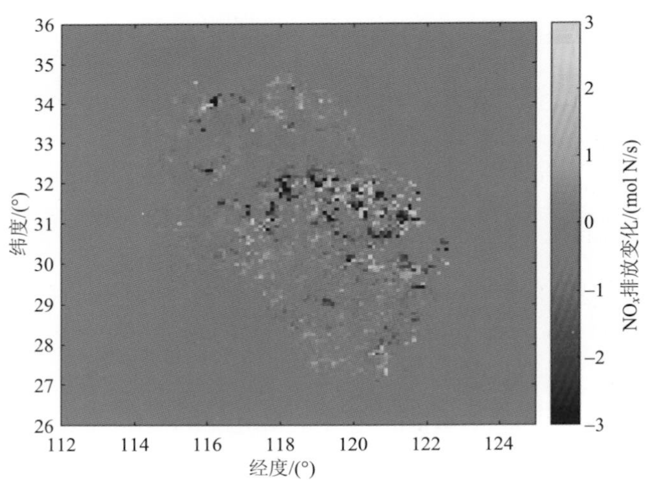

图 12.16 2016 年与 2011 年“自上而下” NO_x 排放的空间分布差异

12.3.2 NO_x 排放变化对空气质量的影响

12.3.2.1 2011～2016 年污染物浓度变化

基于 2011 年和 2016 年长三角地区 4 个月份的“自上而下” NO_x 排放清单进行对应年份的空气质量模拟(其他污染物排放来自 2012 年和 2015 年 MEIC)，获

得了 2011～2016 年长三角地区地面污染物浓度的空间分布变化。图 12.17 为 2011～2016 年 NO_2 和 O_3 浓度的空间分布变化特征。可以看到，2011～2016 年长三角大部分地区 NO_2 浓度存在一定程度的下降，下降幅度在 0～5 μg/m^3；NO_2 浓度变化具有显著的空间分布特征，下降的高值区主要位于长三角中东部地区，部分地区的 NO_2 浓度下降幅度可达 15 μg/m^3。这主要是由于 2011～2016 年长三角大部分地区的 NO_x 排放存在下降，NO_2 浓度变化的空间分布与 NO_x 排放变化特征较为相似。

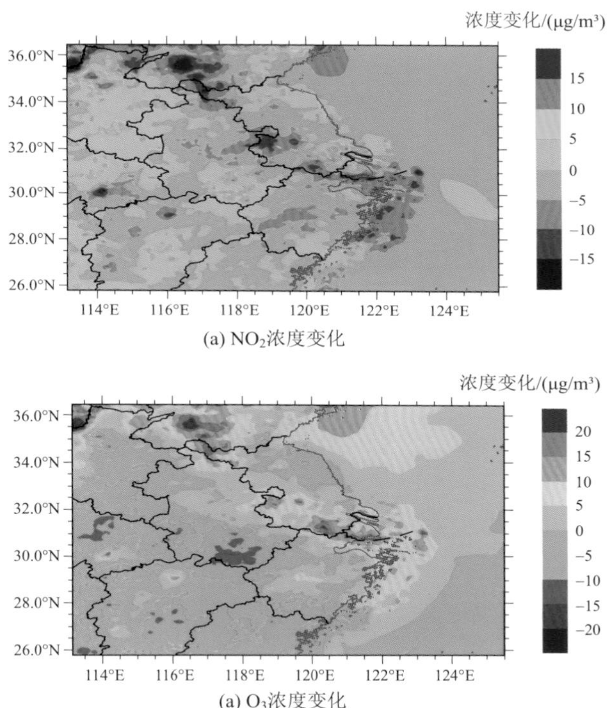

(a) NO_2浓度变化

(a) O_3浓度变化

图 12.17　2011 年与 2016 年长三角地区“自上而下”NO_x 排放模拟的 NO_2 和 O_3 地面浓度的空间分布变化(2016 年–2011 年)

与 NO_2 的结果不同，2011～2016 年长三角大部分地区的 O_3 浓度上升，且大部分地区浓度增加幅度在 0～10 μg/m^3。值得注意的是，O_3 浓度上升区域与 NO_2 浓度下降区域较为一致，高值区均位于长三角中东部，部分地区的 O_3 浓度增量超过了 20 μg/m^3。这主要是由于长三角大部分地区主要是 VOC 控制区，故 NO_2 浓度的下降导致了 O_3 浓度的上升。

图 12.18 展示了 2011～2016 年 NO_3^-、NH_4^+ 和 SO_4^{2-} 地面浓度空间分布变化特征。整体而言，三种无机气溶胶的浓度在长三角所有区域都是下降的，其中 NO_3^-

浓度下降的程度最大，大部分地区的浓度下降超过了 4 μg/m^3。NO_3^- 浓度变化具有明显的空间分布特征，浓度下降高值区与 NO_2 浓度变化一致，集中分布在长三角中东部地区，在部分区域的下降幅度超过了 12 μg/m^3。这表明 NO_2 浓度的变化对 NO_3^- 浓度变化有较大影响。NH_4^+ 和 SO_4^{2-} 浓度的下降幅度在大部分地区近似，大部分地区的地面浓度下降幅度在 2～4 μg/m^3。

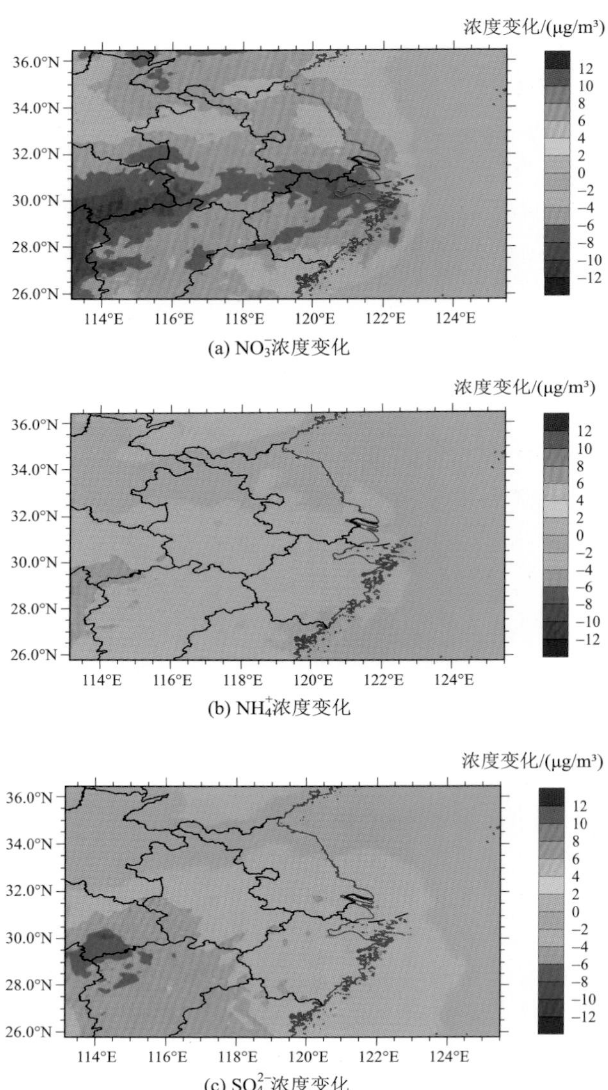

图 12.18　2011 年与 2016 年长三角地区“自上而下”NO_x 排放模拟的 NO_3^-、NH_4^+ 和 SO_4^{2-} 地面浓度的空间分布变化(2016 年–2011 年)

12.3.2.2　NO_x排放变化引起的污染物浓度变化

为评估 NO_x 排放变化对 2011～2016 年空气质量的影响，我们首先对 12.3.2.1 节得到的 2011 年和 2016 年不同污染物浓度的模拟结果(具体模拟设置见 12.3.2.1 节)进行比较，二者相减得到 2011～2016 年长三角地区不同污染物的浓度总变化；进而固定气象条件(2012 年)和其他污染物排放水平(MEIC)，分别基于 2011 年和 2016 年“自上而下”NO_x 排放清单开展模拟，将两者的差异作为 2011～2016 年 NO_x 排放变化对污染物浓度变化的贡献。图 12.19 为 2011～2016 年长三角地区各污染物(NO_2、O_3、NO_3^-、NH_4^+ 和 SO_4^{2-})浓度总变化和仅 NO_x 排放变化对这些污染物浓度变化的贡献。由图可知，2011～2016 年 NO_x 排放变化降低了 NO_2 浓度，平均浓度下降了 1.0 μg/m^3，低于 NO_2 的总变化(1.7 μg/m^3)。除 NO_x 外，气象条件和其他污染物排放变化对 NO_2 浓度也产生影响。例如，2016 年平均风速较 2011 年高 7.4%，更强的大气扩散条件使得 NO_2 浓度下降程度更大；此外，SO_2 排放的下降导致大气中更多的 NO_2 向 NO_3^- 转化，促进了 NO_2 浓度的下降。对于 O_3 而言，NO_x 排放的下降导致其平均浓度呈上升趋势，这主要是由于长三角地区整体为 VOC 控制区。NO_x 排放变化贡献的 O_3 浓度上升了 1.1 μg/m^3，高于 O_3 浓度总变化(0.9 μg/m^3)，这也可能与气象因素有关：2016 年较高的风速可能削减了近地面 O_3 浓度的上升幅度。NO_x 排放变化对 NO_3^- 浓度的影响很小，这是由于 NO_x 排放的下降虽然在理论上可以降低 NO_3^- 的生成，但 NO_x 排放下降引起的 O_3 浓度上升会促进 NO_3^- 的生成，两种作用在一定程度上相互抵消。

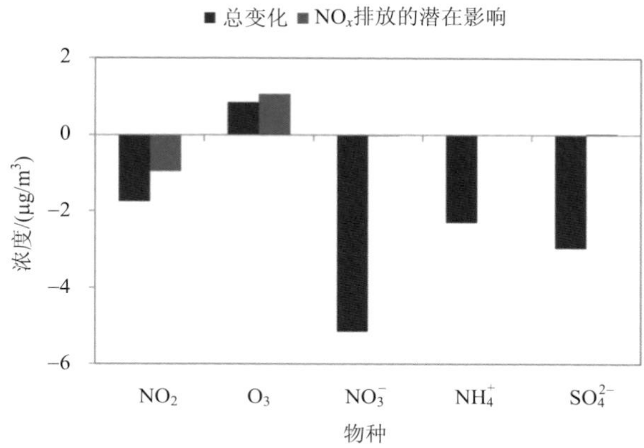

图 12.19　2011～2016 年长三角地区不同污染物浓度总变化和 NO_x 排放变化对不同污染物浓度的贡献

2011～2016 年 NO_x 排放变化对 NO_2 和 O_3 浓度变化贡献的空间分布如图 12.20 所示。可以看到，NO_x 排放变化对 NO_2 浓度变化贡献的空间分布[图 12.20(a)]与 2011～2016 年 NO_2 浓度空间变化特征[图 12.17(a)]十分相似，NO_2 浓度下降的高值区均位于长三角中东部。这表明 2011～2016 年长三角大部分区域 NO_2 浓度变化是由 NO_x 排放引起的。NO_x 排放变化对 O_3 浓度变化贡献[图 12.20(b)]的空间分布与 2011～2016 年 O_3 浓度空间变化特征[图 12.17(b)]也较为一致，O_3 浓度上升的高值区同样位于长三角中东部，但 O_3 浓度增加的区域范围有所扩大。这表明 NO_x 排放变化是 2011～2016 年长三角地区 O_3 浓度变化的重要原因，但其他因素也对长三角地区 O_3 浓度变化存在一定影响。2016 年较为有利的气象条件使部分地区的 O_3 浓度有所降低。此外，NO_x 排放变化引起的长三角东部 O_3 浓度上升幅度明显低于 O_3 浓度总变化，这可能是由于 2011～2016 年长三角东部 VOC 排放的增加使该地区 O_3 浓度存在更明显的增长。

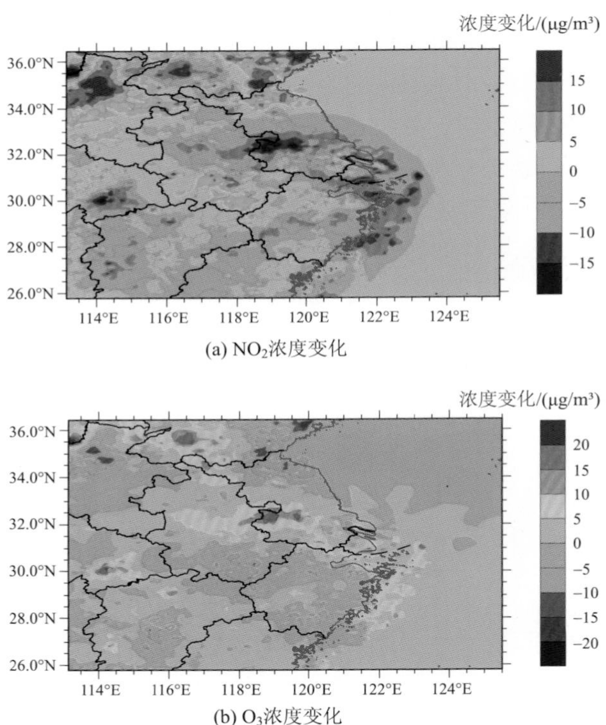

图 12.20　2011～2016 年 NO_x 排放变化对 NO_2 和 O_3 浓度变化贡献的空间分布

图 12.21 展示的是 2011～2016 年 NO_x 排放变化对 NO_3^-、NH_4^+ 和 SO_4^{2-} 浓度变化贡献的空间分布。由图可知，NO_x 排放变化在长三角所有区域引起的 SNA 浓度

变化都很小，远小于这三种组分在 2011～2016 年的整体变化值。这说明，NO_x 排放变化不是引起这三种污染物在 2011～2016 年浓度变化的主因。其中，NO_3^- 和 NH_4^+ 浓度的空间分布较为一致，NO_x 排放变化在长三角大部分地区导致了其浓度的降低；但对于 SO_4^{2-}，在长三角大部分地区 NO_x 排放变化导致了其浓度的升高。

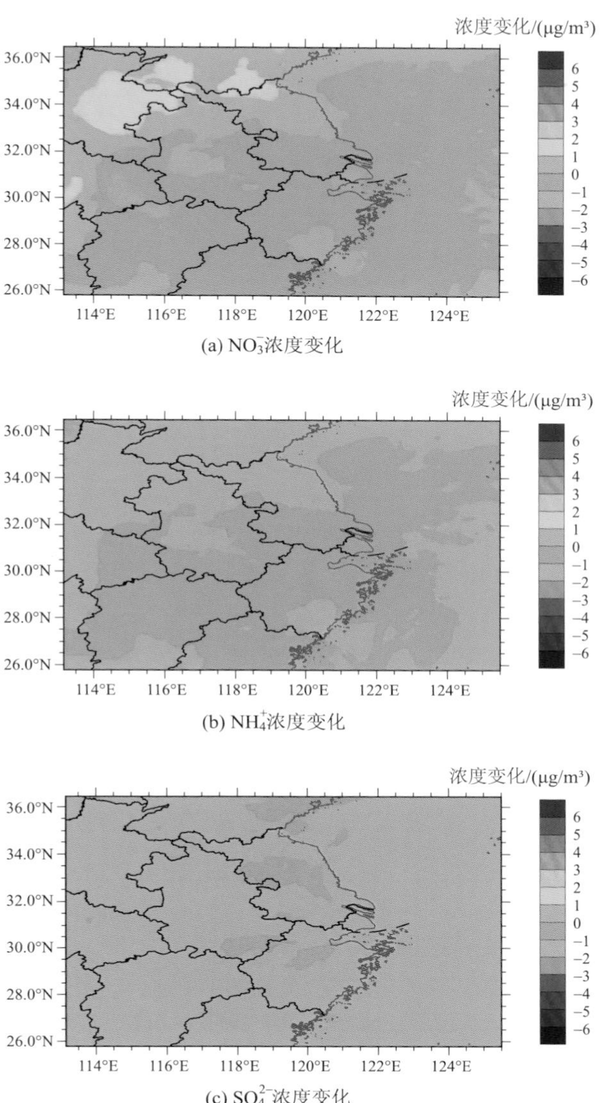

(a) NO_3^-浓度变化

(b) NH_4^+浓度变化

(c) SO_4^{2-}浓度变化

图 12.21　2011～2016 年 NO_x 排放变化对 NO_3^-、NH_4^+ 和 SO_4^{2-} 浓度变化贡献的空间分布

本章以长三角为对象，应用典型行业(电力)高精度“自下而上”排放清单和典型成分(NO_x)“自上而下”排放校验结果，基于空气质量模拟开展了大气污染控制政策成效评估和二次污染生成研判，为区域排放清单在大气污染精细溯源方面的应用提供了示范，同时为大气复合污染防治与空气质量改善提供了合理启发和有效建议。本书研究表明，在减排政策成效评估方面，通过实施多污染源协同控制，将超低排放控制政策大幅度扩大到工业锅炉等非电力行业排放源，可有效改善区域空气质量并显著降低人体健康风险；在污染成因和潜在控制途径方面，削减 VOC 排放是目前控制长三角地区 O_3 污染的最有效手段，而降低 NH_3 排放则是有效减缓冬季 SNA 污染的重要途径。上述发现为进一步推动长三角地区 $PM_{2.5}$ 和 O_3 污染协同控制提供了科学依据，并在改善区域空气质量和降低人群健康风险方面发挥了积极的作用。

参考文献

戴海夏, 安静宇, 李莉, 等. 2019. 上海市实施清洁空气行动计划的健康收益分析. 环境科学, 40(1): 24-32.

雷宇, 薛文博, 张衍桑, 等. 2015. 国家《大气污染防治行动计划》健康效益评估. 中国环境管理, 7(5): 50-53.

李惠娟, 李明全. 2018. 江苏省控制空气污染健康效益评估. 中国公共卫生, 34(12): 1631-1637.

饶莉, 陈锐凯, 钱宽, 等. 2016. 武汉市 $PM_{2.5}$ 的健康损失评价. 中国农学通报, 32(11): 161-166.

张翔, 戴瀚程, 靳雅娜, 等. 2019. 京津冀居民生活用煤“煤改电”政策的健康与经济效益评估. 北京大学学报(自然科学版), 55(2): 367-376.

Burnett R T, Pope C A, Ezzati M, et al. 2014. An integrated risk function for estimating the global burden of disease attributable to ambient fine particulate matter exposure. Environmental Health Perspectives, 122(4): 397-403.

Butt E W, Turnock S T, Rigby R, et al. 2017. Global and regional trends in particulate air pollution and attributable health burden over the past 50 years. Environmental Research Letters, 12(10): 104017.

Cohen A J, Brauer M, Burnett R, et al. 2017. Estimates and 25-year trends of the global burden of disease attributable to ambient air pollution: An analysis of data from the Global Burden of Diseases Study 2015. Lancet, 389(10082): 1907-1918.

Dockery D W, Pope C A, Xu X P, et al. 1993. An association between air pollution and mortality in six U.S. cities. New England Journal of Medicine, 329(24): 1753-1759.

Gao M, Beig G, Song S J, et al. 2018. The impact of power generation emissions on ambient $PM_{2.5}$ pollution and human health in China and India. Environment International, 121(1): 250-259.

Hoek G, Krishnan R M, Beelen R, et al. 2013. Long-term air pollution exposure and cardio-respiratory mortality: A review. Environmental Health, 12: 43.

Hu J L, Huang L, Chen M D, et al. 2017. Premature mortality attributable to particulate matter in

China: Source contributions and responses to reductions. Environmental Science & Technology, 51(17): 9950-9959.

Lelieveld J, Barlas C, Giannadaki D, et al. 2013. Model calculated global, regional and megacity premature mortality due to air pollution. Atmospheric Chemistry and Physics, 13(14): 7023-7037.

Lelieveld J, Evans J S, Fnais M, et al. 2015. The contribution of outdoor air pollution sources to premature mortality on a global scale. Nature, 525(7569): 367-371.

Lim S S, Vos T, Flaxman A D, et al. 2012. A comparative risk assessment of burden of disease and injury attributable to 67 risk factors and risk factor clusters in 21 regions, 1990-2010: A systematic analysis for the Global Burden of Disease Study 2010. Lancet, 380(9859): 2224-2260.

Liu J, Han Y Q, Tang X, et al. 2016. Estimating adult mortality attributable to $PM_{2.5}$ exposure in China with assimilated $PM_{2.5}$ concentrations based on a ground monitoring network. Science of the Total Environment, 568: 1253-1262.

Maji K J, Dikshit A K, Arora M, et al. 2018. Estimating premature mortality attributable to $PM_{2.5}$ exposure and benefit of air pollution control policies in China for 2020. Science of the Total Environment, 612: 683-693.

Ostro B. 2004. Assessing the environmental burden of disease of national and local levels. Geneva: World Health Organization.

Pinder R W, Gilliland A B, Dennis R L. 2008. Environmental impact of atmospheric NH_3 emissions under present and future conditions in the eastern United States. Geophysical Research Letters, 35(12): L12808.

Pope C A, Burnett R T, Thun M J, et al. 2002. Lung cancer, cardiopulmonary mortality, and long-term exposure to fine particulate air pollution. Journal of the American Medical Association, 287(9): 1132-1141.

Song C B, He J J, Wu L, et al. 2017. Health burden attributable to ambient $PM_{2.5}$ in China. Environmental Pollution, 223: 575-586.

Wei W, Wang S X, Hao J M, et al. 2014. Trends of chemical speciation profiles of anthropogenic volatile organic compounds emissions in China, 2005-2020. Frontiers of Environmental Science & Engineering, 8(1): 27-41.

Xia Y M, Zhao Y, Nielsen C P. 2016. Benefits of China's efforts in gaseous pollutant control indicated by the bottom-up emissions and satellite observations 2000-2014. Atmospheric Environment, 136: 43-53.

Xie R, Sabel C E, Lu X, et al. 2016. Long-term trend and spatial pattern of $PM_{2.5}$ induced premature mortality in China. Environment International, 97: 180-186.

Zhao B, Zheng H T, Wang S X, et al. 2018. Change in household fuels dominates the decrease in $PM_{2.5}$ exposure and premature mortality in China in 2005-2015. Proceedings of the National Academy of Sciences of the United States of America, 115(49): 12401-12406.

Zhao Y, Mao P, Zhou Y D, et al. 2017. Improved provincial emission inventory and speciation profiles of anthropogenic non-methane volatile organic compounds: A case study for Jiangsu, China. Atmospheric Chemistry and Physics, 17(12): 7733-7756.

Zheng B, Tong D, Li M, et al. 2018. Trends in China's anthropogenic emissions since 2010 as the consequence of clean air actions. Atmospheric Chemistry and Physics, 18(19): 14095-14111.

索　引

X

Y

Z

其 他

“十三五”国家重点出版物出版规划项目

大气污染控制技术与策略丛书

书名	作者	定价（元）	ISBN 号
大气二次有机气溶胶污染特征及模拟研究	郝吉明等	98	978-7-03-043079-3
突发性大气污染监测预报及应急预案	安俊岭等	68	978-7-03-043684-9
烟气催化脱硝关键技术研发及应用	李俊华等	150	978-7-03-044175-1
长三角区域霾污染特征、来源及调控策略	王书肖等	128	978-7-03-047466-7
大气化学动力学	葛茂发等	128	978-7-03-047628-9
中国大气 PM2.5 污染防治策略与技术途径	郝吉明等	180	978-7-03-048460-4
典型化工有机废气催化净化基础与应用	张润铎等	98	978-7-03-049886-1
挥发性有机污染物排放控制过程、材料与技术	郝郑平等	98	978-7-03-050066-3
工业挥发性有机物的排放与控制	叶代启等	108	978-7-03-054481-0
京津冀大气复合污染防治：联发联控战略及路线图	郝吉明等	180	978-7-03-054884-9
钢铁行业大气污染控制技术与策略	朱廷钰等	138	978-7-03-057297-4
工业烟气多污染物深度治理技术及工程应用	李俊华等	198	978-7-03-061989-1
京津冀细颗粒物相互输送及对空气质量的影响	王书肖等	138	978-7-03-062092-7
清洁煤电近零排放技术与应用	王树民	118	978-7-03-060104-9
室内污染物的扩散机理与人员暴露风险评估	翁文国等	118	978-7-03-064064-2
挥发性有机物（VOCs）来源及其大气化学作用	邵敏等	188	978-7-03-065876-0
黄磷尾气净化及资源化利用技术	宁平等	198	978-7-03-060547-4
室内空气污染与控制	朱天乐等	150	978-7-03-066956-8
排放源清单与大气化学传输模型的不确定性分析	郑君瑜等	158	978-7-03-071848-8
气溶胶化学	葛茂发等	118	978-7-03-074867-6
大气颗粒物污染在线源解析技术：基于单颗粒质谱	周振等	150	978-7-03-077943-4
区域大气污染源排放清单的优化、校验和应用	赵瑜等	299	978-7-03-077782-9